# 冶金石灰生产技术手册

初建民　高士林　主编

北　京

冶金工业出版社

2022

## 内 容 提 要

《冶金石灰生产技术手册》介绍了冶金石灰的基本知识、所使用的原料和燃料、焙烧原理、成品加工、生产过程控制及环境保护、主要生产过程所使用的设备以及生产系统附属装置等，特别对于冶金石灰的焙烧使用的各种窑炉的窑型、热工原理、结构规格、附属设备、施工、操作维修等作了重点介绍。

本书可供冶金石灰、化工、建材和窑业等专业技术人员使用，也可供大专院校有关专业师生参考。

### 图书在版编目(CIP)数据

冶金石灰生产技术手册/初建民，高士林主编. —北京：冶金工业出版社，2009.9（2022.9 重印）

ISBN 978-7-5024-4993-3

Ⅰ. 冶… Ⅱ. ①初… ②高… Ⅲ. 冶金—石灰—生产工艺—技术手册 Ⅳ. TF044-62

中国版本图书馆 CIP 数据核字(2009)第 141017 号

**冶金石灰生产技术手册**

| | | | |
|---|---|---|---|
| 出版发行 | 冶金工业出版社 | 电　话 | (010)64027926 |
| 地　址 | 北京市东城区嵩祝院北巷 39 号 | 邮　编 | 100009 |
| 网　址 | www.mip1953.com | 电子信箱 | service@mip1953.com |

责任编辑　程志宏　王悦青　美术编辑　彭子赫　版式设计　孙跃红
责任校对　王贺兰　责任印制　禹　蕊
北京虎彩文化传播有限公司印刷
2009 年 9 月第 1 版，2022 年 9 月第 4 次印刷
787mm×1092mm　1/16；32 印张；854 千字；491 页
定价 198.00 元

投稿电话　(010)64027932　投稿信箱　tougao@cnmip.com.cn
营销中心电话　(010)64044283
冶金工业出版社天猫旗舰店　yjgycbs.tmall.com
（本书如有印装质量问题，本社营销中心负责退换）

# 《冶金石灰生产技术手册》编写人员

主　　编　初建民　高士林

副 主 编　尹　高　杨耕桃

编写人员　（以姓氏笔画为序）

| | | | | | |
|---|---|---|---|---|---|
| 于凌云 | 王学义 | 王洪涛 | 王海波 | 王景玉 | 王维山 |
| 尹　高 | 左大武 | 关世文 | 孙贵春 | 李云华 | 李福海 |
| 杜连喜 | 沈　浩 | 初建民 | 陈庆明 | 单永丰 | 杨耕桃 |
| 张　超 | 柏　杉 | 洪艳萍 | 赵宝海 | 赵新桥 | 侯成巍 |
| 宫雪松 | 高　磊 | 高士林 | 郭惠明 | 夏敬山 | 曹　旗 |
| 黄德民 | 隆知洪 | 程伟丰 | 潘洪文 | 霍　欣 | 霍延中 |
| 管少鹏 | | | | | |

# 前　言

冶金石灰是钢铁生产的重要熔剂和造渣材料之一，我国各大、中型钢铁企业基本上都有冶金石灰的生产设施。在20世纪50~60年代，我国钢铁企业的冶金石灰生产设施极其简陋。窑炉基本上采用竖窑。有些竖窑机械化程度稍高些，但大部分是以人工操作为主。燃料多数使用焦炭和无烟煤。生产的冶金石灰的质量参差不齐，生烧、过烧较多，一般活性度都在250mL以下。由于石灰的质量较差，活性度较低，有效氧化钙含量低，炼钢消耗石灰量较大。冶金石灰的生产和使用也没有被高度重视。

1974年以后，随着武钢1700引进工程及宝钢的建设，钢铁冶炼技术有大幅度改进，生产品种不断增多，质量水平也不断提高。随之钢铁生产，特别是转炉炼钢生产对冶金石灰提出了更加严格的要求。要求石灰具有较高的活性度和较低的硫含量，即要求使用"活性石灰"。业界开始重视冶金石灰的生产和使用。为提高冶金石灰的质量，使得石灰石的选取、开采、运输、加工，焙烧窑炉的选型、改进，成品石灰的加工等技术都逐渐被提到日程上来。

首先就是要提高对原料石灰石的质量要求。选择氧化钙含量高、低硫的石灰石，有些企业在石灰石进厂后增设了控制粒度和水洗去除泥沙杂质的工艺。对焙烧窑炉和燃料的使用更是下了一番工夫。选择带预热器的大型回转窑、并流蓄热式双膛竖窑、套筒式竖窑等各种先进窑炉，采用无灰的气体燃料等。成品的贮存和粒度控制也更加讲究。这些都大大提高了冶金石灰的质量。如今，我国冶金石灰的生产技术和装备水平都达到了较高水平。

采用高质量的石灰可为钢铁生产带来一系列好处，特别是对于转炉炼钢更是如此。有资料统计，采用高质量的石灰（活性石灰）与使用普通石灰相比，转炉吹炼时间可缩短10%，钢水收得率可提高1%，石灰消耗可减少30%以上，萤石使用量可节省25%左右，原料的废钢比可提高2.5个百分点左右。此外，使用活性石灰还有利于炼钢过程的脱硫、去磷和提高转炉炉衬的寿命。有专家认为，氧气炼钢工艺的最大改进之一要依赖改进化渣操作，而改进化渣操作则须由提高石灰质量来实现。

当前我国钢铁工业的飞速发展，产量的急剧增加，生产技术的快速提高，使得冶金石灰生产与装备越来越引起人们的重视。为提高冶金石灰的生产水平，企业生产人员和技术人员亟须掌握一些冶金石灰的知识，目前有关石灰方面的书籍很少。为满足石灰生产人员和技术人员的需求，中冶焦耐工程技术有限公司组织了有实际生产经验的工程技术人员，认真编制大纲，并广泛收集资料，为编写本手册做了充分的准备。尽管参编人员面临着繁忙的生产任务，但在公司领导全力支持和编写人员共同努力下，使得手册顺利完成。手册的编写还得到了其他相关企业生产一线具有丰富实际生产经验的技术人员大力支持，他们不仅参加了手册部分内容的编写工作，还为本书提供了大量宝贵的技术资料。手册在编写过程中参考引用了国内外一些技术资料，编者对文献作者表示感谢。编者在编写过程中也邀请了一些专业人员对书中内容反复审读与推敲，力求准确无误。但由于时间紧迫及参考资料有限，难免存在缺憾、不足甚至错误，恳请广大读者多提宝贵意见。

值此出版之际，编者谨向给予本书出版鼎力支持的中冶焦耐工程技术有限公司领导致谢，向对本书给予过大力支持和帮助以及提供技术资料的人们致谢。

编　者
2008 年 10 月

# 目　录

# *1* 石　　灰

## 1.1　石灰的性能

　　石灰，又称生石灰，主要成分是氧化钙，化学式 CaO，相对分子质量 56.08；白色块状或粉状，立方晶系，工业品中常因含有氧化镁、氧化铝和三氧化二铁等杂质而呈暗灰色、淡黄色或褐色；相对密度 3.25 ~ 3.38g/cm³，真密度 3.34g/cm³，体积密度 1.6 ~ 2.8g/cm³，熔点 2614℃，沸点 2850℃；溶于酸；在空气中放置可吸收空气中的水分和二氧化碳，生成氢氧化钙和碳酸钙，与水作用（称消化）生成氢氧化钙，同时并放出热量（生成物呈强碱性）。

　　冶金行业还经常用到消石灰或称熟石灰，其主要成分是氢氧化钙，化学式为 Ca(OH)₂，相对分子质量 74.08；亚白色粉状，六方晶系，板状或棱柱体状，真密度 2.24g/cm³，体积密度 0.4 ~ 0.55g/cm³。消石灰是由生石灰与水反应（消化或熟化）的产物。

　　将主要成分为碳酸钙（CaCO₃）的天然岩石，在适当温度下煅烧，排除分解出的二氧化碳后，所得的以氧化钙（CaO）为主要成分的产品即为石灰。通常将这种含 CaCO₃ 不小于 40% 的天然岩石称为石灰石，它是生产石灰的主要原料。

　　碳酸钙分解过程是吸热反应：

$$CaCO_3(固体) \longrightarrow CaO(固体) + CO_2(气体) - 176.68 \ kJ$$

　　碳酸钙的分解与水的沸腾很相似，当其加热至分解压等于外界总压时，碳酸钙就强烈分解，此时的温度称为化学沸腾温度。

　　由实验测得的碳酸钙分解压数据，可用下式表示：

$$\lg p_{CO_2} = -\frac{8920}{T} + 7.54$$

　　不同温度下碳酸钙的分解压如表 1-1 所示。

表 1-1　不同温度下碳酸钙的分解压

| $t/℃$ | 600 | 700 | 800 | 910 | 1000 | 1100 |
|---|---|---|---|---|---|---|
| $p_{CO_2}/Pa$ | $2.1 \times 10^2$ | $2.3 \times 10^3$ | $1.7 \times 10^4$ | $1.0 \times 10^5$ | $3.4 \times 10^5$ | $1.1 \times 10^6$ |

　　分解压不只决定于温度，还与反应物的分散度有关。

　　由于 CO₂ 的分离是由石灰石表面向内部慢慢进行的，大粒径石灰石比小粒径的煅烧要困难，需要的时间也长。

　　小粒度的石灰石在 882 ~ 895℃ 温度下分解，中间状态的石灰石，按地质成因不同，在 890 ~ 916℃ 之间，而大粒度的石灰石则需在较高的温度（911 ~ 921℃）下才分解，而粒径超过 150mm 的石灰石煅烧就十分困难了。

　　很多工业部门都需要石灰，对石灰的质量要求各不相同。为了指导各个工业部门的石灰生产，我国相继制定了建筑用、化工用、电石用、有色冶金用、黑色冶金用石灰的行业标准。

　　黑色冶金行业用的新烧石灰，也就是我们通常所称的冶金石灰。冶金石灰按原料不同分为普通冶金石灰和镁质冶金石灰，普通冶金石灰是由普通石灰石煅烧而成，而镁质冶金石灰则由镁质石灰石煅烧而成。

冶金石灰作为炼钢用的"造渣剂"，它的重要性已逐步得到人们的重视和认知。它不仅影响着钢水的冶炼过程，还直接影响钢水的最终质量。冶金石灰的质量指标有两部分，一是化学成分，有效 CaO 含量要高，有害杂质成分 $SiO_2$、P、S 要低；另一个质量指标是石灰的活性度，即石灰中 CaO 具有活泼的化学性质，能快速参与造渣反应的程度。炼钢加入石灰的目的是脱硫、脱磷、脱硅，主要造渣反应有：

$$x(CaO) + [Si] + \{O_2\} === (xCaO \cdot SiO_2)$$

$$2[P] + 5(FeO) + 4(CaO) === (4CaO \cdot P_2O_5) + 5[Fe]$$

$$[FeS] + (CaO) === (CaS) + (FeO)$$

石灰中的 CaO 不能以固态参与上述反应，必须进入渣中成为 CaO 才能参与造渣反应，即只有熔化的 CaO 才是有效的 CaO，未熔化的 CaO 直接进入钢渣，不能起到造渣作用。

国际上已广泛采用品质好、反应快、造渣彻底的优质"活性石灰"取代过去使用的"普通冶金石灰"，为冶炼优质钢水奠定了基础。

所谓活性石灰就是一种优质轻烧石灰，它具有晶粒小、气孔率高、体积密度小、比表面积大、反应性强、杂质低、粒度均匀，同时还具有一定强度等优点。活性石灰的活性度一般在 300mL 以上（4mol/mL 的 HCl，$40 \pm 1℃$，10min 盐酸滴定值），其用于转炉炼钢造渣化渣快，冶炼时间短，脱硫、脱磷效果好。因为炼钢脱硫、脱磷的共同特点是高碱度，活性石灰因化渣快，可快速提高炉渣碱度，且石灰本身硫、磷含量低（一般在 0.03% 以下），因此冶炼中具有很好的脱硫、脱磷效果。

### 1.1.1　石灰的化学成分

石灰的化学成分主要为 CaO，一般还含有各种杂质，如 MgO、$SiO_2$、S、P、$Al_2O_3$、$Fe_2O_3$、$CO_2$ 等。

石灰的化学成分是衡量石灰质量的基础，CaO 纯净度越高，其质量越好。在实际生产中，由于纯的 $CaCO_3$ 很难获得，石灰石中均夹杂有各种杂质，如碳酸化合物的同晶杂质、铁、铝、硅的氧化物等，这部分杂质在煅烧后仍残存在石灰中，因此，这类杂质的含量主要与石灰石原料的品质有关，杂质的种类主要有 MgO、$SiO_2$、$Al_2O_3$、$Fe_2O_3$ 等。石灰中另一部分杂质则与生产过程有关，如燃料燃烧后产生的灰分、石灰石分解不完全（生烧）后残留下的 $CO_2$，以及在石灰贮运期间会吸收空气中的 $CO_2$ 和 $H_2O$，这部分的杂质主要有 S、P、$CO_2$ 和 $H_2O$ 等。

石灰中的各种杂质对炼钢造渣所带来的危害也有很大的区别，下面分别加以介绍。

#### 1.1.1.1　二氧化硅（$SiO_2$）

石灰中的 $SiO_2$ 主要来自石灰石，因此，低 $SiO_2$ 石灰的生产首先要从石灰石矿的选点、剥离和筛洗开始，生产高质量石灰的石灰石要求 $SiO_2$ 含量小于 1.0% ~ 1.5%。对成品石灰质量要求高的石灰窑对石灰石 $SiO_2$ 和其他杂质的成分要求也比较严格，如表 1-2 所示。

$SiO_2$ 含量对炼钢用石灰加入量的影响很大，对于碱度为 3 ~ 4 的炼钢炉渣，加入的石灰必须先消耗自身所含的 $SiO_2$ 量的 3 ~ 4 倍的 CaO，其余的含量才能用于中和其他来源的 $SiO_2$，并达到规定的碱度，其结果使石灰耗量增加。

表 1-2 部分石灰窑型对石灰石的要求

| 石灰石成分 | 武钢回转窑 | 宝钢回转窑 | 太钢双膛竖窑 | 套筒窑 | 梁式烧嘴竖窑 |
|---|---|---|---|---|---|
| $w(CaO)/\%$ | ≥54.5 | 52.5 ~ 54 | >53 | 50.4 ~ 55.0 | >53 |
| $w(SiO_2 + Al_2O_3 + Fe_2O_3)/\%$ | ≤1.1 | 1.1 ~ 1.5 | $w(SiO_2) < 1\%$, $w(R_2O_3) < 1\%$ | $w(SiO_2) < 1.5\%$ | $w(SiO_2) < 1\%$ |
| $w(MgO)/\%$ | ≤0.7 | ≤0.4 | <3 | <3.5 | |
| $w(S)/\%$ | ≤0.025 | ≤0.02 | <0.025 | | |
| $w(P)/\%$ | 痕迹 | — | <0.01 | | |
| 烧 减 | 43.67 | — | — | | |
| 块度/mm | 18 ~ 50 | 12 ~ 35 | 40 ~ 60 或 60 ~ 80 | 60 ~ 90 | 10 ~ 45 |

此外，石灰的 $SiO_2$ 含量高，也会使其活性降低，这是因为 $SiO_2$ 在煅烧过程中已和自身的 CaO 结合生成了硅酸二钙 $2CaO \cdot SiO_2$ 而包裹在石灰表面，在造渣时这层致密的 $2CaO \cdot SiO_2$ 外壳会阻碍石灰的熔解，使成渣过程变慢，影响了脱 P 和脱 S 的效率。所以石灰中 $SiO_2$ 含量的增加对炼钢是十分有害的。

#### 1.1.1.2 氧化镁（MgO）

MgO 主要以方镁石形式存在于石灰中。对 MgO 含量的要求，在生产和使用中大家的看法不尽相同，有的甚至是相对立的。一方面对于生产高质量石灰所用的石灰石提出了很严格的 MgO 含量限制；另一方面，国内外氧气转炉又广泛地应用轻烧白云石造渣，而轻烧白云石的主要成分之一就是 MgO。

石灰的水活性随着 MgO 含量的增加而降低。而有的研究表明：造渣材料中有一定量的 MgO 对转炉初期渣的形成是有利的，因为 $Mg^{2+}$ 半径为 $7.2 \times 10^{-11}$ m，与 $Ca^{2+}$ 离子半径相近，渣中 $Mg^{2+}$ 可取代 $Ca^{2+}$，这样就破坏了石灰的 $2CaO \cdot SiO_2$ 致密外壳，促进了石灰的熔化。

石灰中 MgO 含量的确定应考虑到炼钢造渣工艺的实际情况，因此，有的钢厂采用镁质石灰，有的用轻烧白云石与低镁石灰配合使用。

如果炉渣中 MgO 含量过高，会由于存在未熔解的 MgO 而使其黏度提高，从而增加萤石等熔剂的用量。电炉一般都在出钢后用镁砂修补炉底和炉坡，因未经良好烧结而脱落进入炉渣。因此，即使用低镁石灰造渣，炉渣中 MgO 含量仍然很高，这可能是传统的炼钢石灰限制 MgO 含量的重要原因。

转炉采用高质量碱性耐火材料而使由炉衬和补炉材料进入炉渣的 MgO 量减少，使炉衬的侵蚀减慢、炉龄提高。

石灰中 MgO 含量或补充加入的白云石量应根据炼钢生产的具体情况而定。炉衬材料质量高、侵蚀量少，则造渣材料补充的 MgO 可相应增加，其原则是保持炉渣中有适量的 MgO 且有良好的反应能力和一定的流动性。

#### 1.1.1.3 硫（S）

石灰用作造碱性渣材料，脱 S 是重要的任务。S 参与了炼钢炉中炉气-炉渣-金属的平衡，因此石灰中 S 含量的提高会使炉渣的脱 S 能力降低，成品钢中 S 含量会有不同程度的升高。有的研究认为：在氧气转炉中，当石灰 S 含量约为 0.1%，加入量占钢铁料的 5.4%，硫的分配系数 $L_S$（渣中含硫量与铁中含硫量之比称为硫的分配系数，用 $L_S$ 表示，$L_S = m(S)/m[S]$，其中 $m(S)$ 为炉渣中含硫量，%；$m[S]$ 为生铁中含硫量，%）为 4 时使钢中 S 含量增加 0.004%。电弧炉中石灰的 S 影响小些，在同样的条件下使钢中 S 含量增加 0.0015%。

石灰石的 S 含量一般仅为 0.02% 左右，经过焙烧后，有的 S 能被烧掉，有的则不能，这与 S 在石灰石中的结构形态有关。由石灰石带入的 S，一般按其 S 含量的 50% 进入成品石灰中估算。

石灰中 S 的含量高低主要决定于燃料的 S 含量和石灰窑的结构。竖窑燃料中所带的 S 约有 50% ~60% 被石灰表面吸收，细粒石灰的 S 含量会高于平均值；回转窑中燃料带进的 S 有 90% 以上被废气和石灰粉尘带走，因而对石灰 S 含量影响很小；固体燃料窑改烧油或气体燃料，石灰中的 S 含量就会大幅度降低。

氧气转炉和电炉炼钢，因不用含 S 的燃料，钢铁料带入的 S 占炉料带入的总 S 量 75% ~85%，辅助材料的 S 主要由石灰带入。由于氧气转炉炉渣与金属的 $L_S < 10$，因此，在经过深度预脱 S 的铁水炼钢时，必须采用低 S 石灰，如果用竖窑以固体燃料烧制的石灰，炼钢过程不仅不能脱 S，甚至可能发生增 S 现象。

当采用高 S 石灰炼钢时，在氧气转炉吹炼初期，由于石灰熔化较少，碱度较低，富集于石灰表面的 S 会先进入熔池，使金属液的 S 含量有所升高，吹炼继续进行，石灰大量熔化成渣，金属液的 S 才逐渐降低。

在吹炼后期，加石灰后补充短时间吹氧，在使用高 S 石灰时也会出现增 S 现象。

#### 1.1.1.4　三氧化二铝（$Al_2O_3$）和三氧化二铁（$Fe_2O_3$）

炼钢生产的实践表明：$Al_2O_3$ 和 $Fe_2O_3$ 对造渣是有利的，但石灰带入的这两种成分的量是很有限的。对石灰石和石灰的这两种成分的限量主要是从石灰煅烧时容易熔结考虑的，这对于固体燃料竖窑更为重要。

氧气转炉经常加入一定量的铁矿石用以促进石灰的熔解。有的钢厂甚至在煅烧石灰时加入 10% 以下的 $Fe_2O_3$，专门生产铁质石灰供氧气转炉用；还有的在石灰石中配加一定量的铁矾土生产复合石灰，取得了较好的化渣效果。

#### 1.1.1.5　二氧化碳（$CO_2$）和水（$H_2O$）

出窑石灰的 $CO_2$ 和 $H_2O$ 的含量在贮运过程中是要增加的。根据现有的经验表明，在 24h 内 $CO_2$ 和 $H_2O$ 的总增量约为 1%，其中绝大部分是水，其来源是 CaO 的再碳酸化和吸潮。因此，石灰不宜长途运输和过量贮备。

出窑石灰样中的灼烧减量主要是煅烧时石灰石分解不完全造成的。不同种类的窑生烧率会有很大的差别，固体燃料竖窑产的石灰灼烧减量有的甚至达到 10% 以上；回转窑产石灰的灼烧减量则有 1% ~3%。更低的灼烧减量对炼钢生产的热平衡影响已没有实际意义，相反会使石灰窑的生产率降低，燃料消耗增加，并影响石灰的活性度；但是对石灰烧失的稳定性却应给以重视，否则会使炼钢失去石灰加入量的准确依据。

石灰中的水分对炼钢十分有害，吸水后的石灰表层与石灰块之间结合力很弱，使石灰在运输中受到机械力作用时更易磨损，从而增加了细粒和粉尘。石灰中的水分也是炼钢时钢中[H]的主要来源。铁水带入的[H]在炼钢过程由石灰又得到了补充，即使在氧气转炉的激烈脱 C 期，脱[H]也并不充分。在电炉的还原期，石灰中的水分影响就更严重，此时带入的水分未排除的问题，只能采用石灰烘烤脱 $H_2O$ 或用真空处理进行钢液脱[H]。

### 1.1.2　石灰的化学性质

#### 1.1.2.1　水化性

CaO 在消化时与水或水蒸气按下式反应，并放出热量：

$$CaO + H_2O \Longrightarrow Ca(OH)_2 + 64.9kJ$$

在100℃以内随着温度的升高反应速度加快，反应放出的热量又大大地提高了温度，进而又加速了反应；当温度大于100℃时，反应速度下降，直至在该温度下呈可逆反应，$Ca(OH)_2$吸热后分解为CaO和$H_2O$。

石灰的水化性与其煅烧程度有关，在同样的条件下，石灰的煅烧程度越高，则水化性越差。正是基于上述原理，建立了各种测定石灰水活性的方法。

#### 1.1.2.2 再碳酸化性

再碳酸化是石灰石分解的逆反应，其反应式为

$$CaO + CO_2 \rightleftharpoons CaCO_3 + 176.68kJ$$

它对石灰的贮运，特别是对石灰乳的硬化很重要。在正常温度和压力条件下，干燥状态的CaO与$CO_2$的反应不明显；当温度超过600℃时才能看到CaO大量而迅速地吸收$CO_2$。

再碳酸化与消化反应相反，即使在较高的温度下反应也进行得不完全。其原因是形成了一个碳酸盐层表面，有了这一覆盖层，气孔缩小，从而限制了$CO_2$的渗透。

再碳酸化的程度取决于粒度大小，即取决于$CO_2$作用的表面积。

石灰表面层再碳酸化后，形成的碳酸盐层可以大大降低石灰的吸水能力。在钢水的炉外精炼中，为了减轻石灰粉剂对钢中增氢的程度，正是基于石灰的碳酸化原理进行了石灰表面的"钝化"处理。

### 1.1.3 石灰的物理性质

#### 1.1.3.1 煅烧度

石灰石经过热分解形成的生石灰组织结构主要取决于煅烧温度，其次是温度的作用时间。此外，也与石灰石的种类及其杂质含量有关。

根据生产过程中石灰的煅烧程度（主要是使用的窑内温度），可分为轻烧石灰、中烧石灰和硬烧石灰。

轻烧石灰与硬烧石灰相比，晶体小，比表面积大，单个气孔较小而总气孔体积大，体积密度小，反应性强。

根据不同煅烧石灰的电子显微镜照片可知，体积密度为$1.51g/cm^3$的轻烧石灰绝大部分由最大为$1 \sim 2\mu m$的小晶体组成，很多这种初生晶体都增长成直线或蜂窝状排列的二次粒子，绝大部分气孔的直径为$0.1 \sim 1\mu m$。中烧与轻烧石灰相比，可以看出单个晶体强烈聚集，晶体直径为$3 \sim 6\mu m$，同时气孔直径增大，约为$1 \sim 10\mu m$。

体积密度为$2.44g/cm^3$的硬烧石灰晶粒大部分由致密CaO聚集体组成，CaO晶体的直径远大于$10\mu m$，CaO的聚集造成气孔进一步增大，其直径有的大大超过$20\mu m$。

表1-3列出了轻烧、中烧和硬烧石灰物理性质的主要差别。

**表1-3 不同煅烧度石灰的物理性质**

| 参　　数 | 轻　烧 | 中　烧 | 硬　烧 |
|---|---|---|---|
| 密度/g·cm⁻³ | 3.35 | 3.35 | 3.35 |
| 体积密度/g·cm⁻³ | 1.5 ~ 1.6 | 1.8 ~ 2.2 | >2.2 |
| 总气孔率/% | 46 ~ 55(52.5) | 34 ~ 46(37.6) | <34(16.1) |
| 开口气孔率/% | 52.2 | 35.9 | 10.2 |
| BET 比表面积/m²·g⁻¹ | >1.0 | 0.3 ~ 1.0 | <0.3 |
| 湿消化 R-值/℃·min⁻¹ | >20 | 2 ~ 20 | <2 |
| 粗粒滴定10min、4mol/mL 的活性度 HCl/mL | >350 | 150 ~ 350 | <150 |

#### 1.1.3.2 密度、体积密度和堆积密度

由于很快出现水化作用，所以很难测定 CaO 的密度，可以认为其平均值为 $3.35g/cm^3$。生石灰的体积密度随煅烧度的增加而提高，如果石灰石在分解时未出现收缩或膨胀，那么理论上轻烧石灰的体积密度应为 $1.57g/cm^3$，总气孔率为 52.5%；中烧石灰为 $1.8\sim2.2g/cm^3$；硬烧石灰为 $2.2\sim2.6g/cm^3$。堆积密度主要取决于体积密度。

#### 1.1.3.3 气孔率和比表面积

气孔率分为总气孔率和开口气孔率。总气孔率可由密度和体积密度算出，它包括开口气孔和闭口气孔。不同煅烧度石灰的气孔率、比表面积和体积密度的数值示于表 1-3。

由表可见，随着煅烧程度的增加，体积密度增加，而气孔率和比表面积下降。

研究表明，随着煅烧度的提高，气孔的半径趋于增大。轻烧石灰由于它的晶体小，比表面积要比中烧石灰大得多。

#### 1.1.3.4 硬度和强度

生石灰的硬度也取决于它的煅烧度。硬烧石灰的莫氏硬度约为 3，轻烧石灰的硬度约为 2.2。生石灰的强度对贮运来说很重要。

随着体积密度的增加，抗压强度提高。轻烧石灰由于体积密度很小强度低，因此在贮运过程中防止它的粉碎是一重要问题。

#### 1.1.3.5 灼减

所谓灼减，一般是指石灰加热到 1000℃ 左右所失去的质量。石灰灼减一是由于石灰未烧透；二是由于石灰在大气中吸收了水分和 $CO_2$。

#### 1.1.3.6 颗粒组成

颗粒组成也是石灰的一项重要指标，由于石灰生产方式的不同，颗粒组成会有很大的差别。回转窑和并流蓄热式石灰窑生产的石灰可以不经破碎，直接供炼钢应用。普通固体燃料竖窑出窑石灰的最大粒径甚至有 $150\sim200mm$，这种石灰在使用前必须再经过破碎和筛分。

氧气转炉炼钢用石灰块度的下限一般规定为 $6\sim8mm$，再小的石灰粒会被抽风机带走而损失掉，上限一般认为以 $30\sim40mm$ 为宜。电炉炼钢用石灰块度可适当增大。有的炼钢方法甚至采用小于 $1mm$ 的石灰粉作造渣剂。

采用块度适中而均匀的石灰对加速造渣过程有利，轻烧石灰的优越性中也包括了合适的石灰块度的作用，因为这种石灰多数是回转窑中用小颗粒石灰石煅烧的。

采用小于 $1mm$ 的石灰粉的好处是显而易见的，用机械力粉碎石灰，使单位质量石灰与渣的直接接触的表面积增加几百倍，甚至上千倍。炉渣向石灰颗粒中心渗透的途径大大缩短，熔化速度会因此加快，以致使硬烧石灰制成的石灰粉也有相当好的反应性能。只是由于需要有粉碎、输送和喷吹装置才限制了石灰粉的广泛应用。但在吹炼生铁的 LDAC 炼钢法中应用得比较成功。

### 1.1.4 石灰的矿物组成

石灰是煅烧石灰石的产品，呈白色，由 CaO 和一些杂质组成。CaO 结晶类型为立方面心格子结晶，晶格常数 $a_0 = 4.8 \times 10^{-10}m$，晶体结构较为疏松，密度为 $3.35g/cm^3$。由于煅烧时 $CaCO_3$ 菱形晶格分解产生新生态立方晶格 CaO，具有很高的活性。最初生成的晶体总是高弥散度的，而且有大量的晶格畸变，因而有大的比表面积、低的体积密度和高的气孔率。随着烧成温度的提高，初生的畸变晶格得到恢复，晶粒长大。

石灰的活性高是因为晶体结构存在大量缺陷和具有很高的分散性。在用电子显微镜拍摄的照片上，CaO 微粒的外形（在真空中煅烧，$t_{煅烧}=750℃$）仿佛布满非常小的微晶体，微晶体的尺寸不超过 $0.03\sim0.05\mu m$。如果煅烧温度为 $950\sim1200℃$ 时，石灰的结构密结，强度增高（烧结过程），气孔率减小，由于晶体粒度生长（长大到 $8\sim12\mu m$），石灰颗粒增大。在煅烧温度为 $1100℃$ 下烧得的 CaO 颗粒照片上，可看到 CaO 的微孔结构，但在颗粒表面上几乎看不到亚微观晶体。

杂质在煅烧过程中可部分地同 CaO 发生反应生成其他化合物，正是煅烧时的这些次生反应，使石灰的组成中还包含其他的矿物组成，或使 CaO 颗粒上包裹着矿渣薄膜，并降低石灰的活性。

### 1.1.4.1　CaO 与 SiO$_2$ 的反应

CaO 与 SiO$_2$ 反应生成下列化合物：

$CaO\cdot SiO_2$——偏硅酸钙（$t_{熔}=1540℃$）

$3CaO\cdot2SiO_2$——二硅酸钙（$t_{熔}=1475℃$）

$2CaO\cdot SiO_2$——硅酸二钙（$t_{熔}=2130℃$）

$3CaO\cdot SiO_2$——硅酸三钙（$t_{熔}=1900℃$）

硅酸二钙有 α、β 及 γ 三种变体，其中 $\gamma\text{-}2CaO\cdot SiO_2$ 最稳定；$\beta\text{-}2CaO\cdot SiO_2$ 的密度为 $3.28g/cm^3$，而 $\gamma\text{-}2CaO\cdot SiO_2$ 的密度为 $2.97g/cm^3$。因此，由 β 型向 γ 型转换时，体积约增大 10%，致使石灰变得疏松，这可能是高 SiO$_2$ 石灰出窑时易碎的原因之一。

由于石灰中有过量的 CaO，虽然反应开始先生成 $2CaO\cdot SiO_2$，反应总朝着 CaO 最大饱和方向进行，直至产生 $3CaO\cdot SiO_2$。煅烧过程中生成的硅酸钙是生石灰不可回复的损失。

### 1.1.4.2　CaO 同 Fe$_2$O$_3$ 及 Al$_2$O$_3$ 的反应

氧化铁和氧化铝也是碳酸盐岩的必然伴生矿物，天然碳酸盐的颜色常常受氧化铁含量的影响。CaO 同杂质 Fe$_2$O$_3$ 反应可以生成 $CaO\cdot Fe_2O_3$ 或 $2CaO\cdot Fe_2O_3$，同 Al$_2$O$_3$ 反应生成 $CaO\cdot Al_2O_3$ 或 $3CaO\cdot Al_2O_3$，这些生成物在 $1250\sim1300℃$ 熔解（该温度的高低与生成的系统的组成有关），并能大量地熔解游离的 CaO（达熔体的 40%~50%）。在生成大量熔体的情况下，熔体向下流，当它与比较凉的气体相遇时发生凝结，在窑壁上结块，即所谓的"窑瘤"（熔体块）。

## 1.2　轻烧白云石

从 20 世纪 70 年代起，轻烧白云石被作为一种造渣、护炉（衬）的材料和冶金石灰一起使用，故本手册将轻烧白云石列入，供读者参考。

白云石的分子式为 $CaCO_3\cdot MgCO_3$，是由 CaCO$_3$ 和 MgCO$_3$ 构成的复盐。白云石在 $950\sim1000℃$ 下煅烧生成 CaO 与 MgO 的混合物，称为轻烧白云石或苛性白云石。

### 1.2.1　轻烧白云石的化学成分

轻烧白云石的化学成分主要是 CaO 和 MgO，但 CaO 和 MgO 含量随着原料白云石的种类不同，波动很大。随着白云石在交代共生过程中矿物组成的不同，CaO 和 MgO 的含量波动较大。2007 年黑色冶金行业白云石标准《白云石》（YB/T 5278—2007），分为冶金炉料用白云石和耐火材料用白云石。冶金炉料用白云石仅有一个牌号，具体指标要求如表 1-4 所示。

表 1-4　冶金炉料用白云石化学成分

| 级　别 | 化学成分 $w$/% | | | | | | |
| --- | --- | --- | --- | --- | --- | --- | --- |
| | $SiO_2$ | $MgO$ | $CaO$ | $Al_2O_3$ | $P_2O_5$ | $S$ | $Fe_2O_3$ |
| LBYS19 | ≤3.0 | ≥19 | ≥30.0 | ≤0.85 | ≤0.16 | ≤0.025 | ≤1.2 |

白云石通过轻烧后,原料中的杂质会随着进入产品中,在煅烧过程中还会发生部分固相反应,产生固溶物,降低产品的活性;并且煅烧过程有部分燃料灰分带入产品中,影响产品的纯度。

轻烧白云石的产品目前只有企业标准,还没有制定行业标准。各生产厂根据冶金行业的使用要求及生产情况制定相应的企业标准,表 1-5 为某厂生产的块状轻烧白云石的技术要求及实际指标。

表 1-5　某厂轻烧白云石技术要求及实测指标

| 化学成分 $w$ | $SiO_2$ | $MgO$ | $CaO$ | $Al_2O_3$ | $P$ | $S$ | $Fe_2O_3$ | 残留 $CO_2$ | 粒度 |
| --- | --- | --- | --- | --- | --- | --- | --- | --- | --- |
| 技术要求/% | ≤5.7 | ≥29.1 | 52.4 | | ≤0.14 | ≤0.045 | | | 3~30mm |
| 实测指标/% | <5.7 | >34.1 | >52.4 | <1.6 | <0.14 ($P_2O_5$) | | <2.7 | <2.0 | |

## 1.2.2　轻烧白云石的理化性质

白云石在低于 1000℃ 焙烧时的产物称为轻烧白云石,它的化学活性很强,遇水反应生成 $Mg(OH)_2$ 和 $Ca(OH)_2$,使颗粒粉化。在 1300℃ 时由于 $Fe_2O_3$、$Al_2O_3$ 等杂质生成低熔点矿物铁铝酸四钙($4CaO \cdot Al_2O_3 \cdot Fe_2O_3$,熔点 1415℃)、铁酸二钙($2CaO \cdot Fe_2O_3$,1436℃ 分解出 $CaO$)或铝酸三钙($3CaO \cdot Al_2O_3$,1535℃ 分解出 $CaO$),出现一定数量的液相有助于物料中的石灰与方镁石晶体的增长,会加速烧结作用的进行。到 1800℃ 以上的高温煅烧则生成烧结白云石,失去了活性。

### 1.2.2.1　水化性

轻烧白云石加水搅拌,会立刻生成 $Ca(OH)_2$ 和 $Mg(OH)_2$。在 20℃ 的温度条件下,$Mg(OH)_2$ 的溶解度为 $5 \times 10^{-4}$ mol/L,而 $Ca(OH)_2$ 的溶解度为 $1.8 \times 10^{-2}$ mol/L。因此在加过量水的条件下搅拌,$Mg(OH)_2$ 沉淀下来,而 $Ca(OH)_2$ 留在溶液中,过滤会分离出 $Mg(OH)_2$ 沉淀物。但 $Mg(OH)_2$ 沉淀物呈絮状胶体悬浮于溶液中,很难彻底沉淀下来。

### 1.2.2.2　再碳酸化性

再碳酸化是白云石分解的逆反应,其反应式为

$$CaO + CO_2 \Longleftrightarrow CaCO_3 + 176.68kJ$$

$$MgO + CO_2 \Longleftrightarrow MgCO_3 + 98.23kJ$$

再碳酸化对轻烧白云石的贮运很重要。在正常温度和压力条件下,干燥状态的 $MgO$、$CaO$ 与 $CO_2$ 的反应不明显;当温度超过 600℃ 时才能看到 $MgO$ 和 $CaO$ 大量而迅速地吸收 $CO_2$。

再碳酸化与水化反应相反,即使在较高的温度下反应也进行得不完全。其原因是形成了一个碳酸盐层表面,有了这一覆盖层,气孔缩小,从而限制了 $CO_2$ 的渗透。

再碳酸化的程度取决于粒度大小,即取决于 $CO_2$ 作用的表面积。

## 1.3　石灰的检测方法

在冶金石灰的生产、销售、使用过程中，都要对石灰的质量进行检测。检测数据直接影响到生产的调节、销售的价格、能否满足用户要求等。因此，冶金行业对冶金石灰的检测制定了本行业的标准，进行冶金石灰检测时必须严格按照行业标准所规定的方法和步骤执行。

黑色冶金行业标准《冶金石灰》（YB/T 042—2004）中规定了冶金石灰的检测方法。

### 1.3.1　组批

批是指在假定相同条件下加工的一定质量的石灰。决定批量的目的是为了确定每批的平均品位或者对批量采取相应措施，而且，批量必须界别清晰，每一批的波动要小。

出厂产品的批量按表1-6规定，每批产品为一个检验单位。

**表 1-6　出厂产品的批量**

| 日产量/t | 批量/t | 日产量/t | 批量/t |
|---|---|---|---|
| <500 | ≤100 | >1000 | ≤500 |
| 500~1000 | ≤200 | | |

### 1.3.2　取样和制样方法

要对石灰进行检测，首先要取样和制样，然后才能按照行业标准的规定进行石灰的理化指标检测。《冶金石灰》（YB/T 042—2004）中规定了冶金石灰的取样和制样方法。

#### 1.3.2.1　取样

在成品输送皮带上或进入成品库前的卸料槽处取样，取样工作要严格按照 GB/T 2007.1 的规定进行。该标准在手工取样的一般程序、取样工具、份样数、份样量、组成大样或副样的方式、取样方法等方面做了一般规定。《冶金石灰》（YB/T 042—2004）又对以下几方面做了具体说明。

（1）样品量。连续出料生产时，每2h采取样品约10kg；间歇出料生产时，每出一次料采取样品约10kg。

（2）取样方法。用取样机、取样铲或铁锹均匀截取整个料流；每采取10kg样品，其截取次数不得少于4次。

（3）样品贮存。贮存样品的容器必须密闭、防潮，并置于干燥处。

#### 1.3.2.2　制样

将所抽取的份样合成大样，然后破碎至全部通过40mm筛，再按《散装矿产品取样、制样通则　手工制样方法》（GB/T 2007.2）有关规定制备样品。

根据 GB/T 2007.2 的规定，制样工具有颚式破碎机、对辊破碎机、圆盘粉碎机、密封式振荡研磨机、三头研磨机（附玛瑙研钵）、二分器、份样铲及挡板、钢板、盛样容器、干燥箱（能调节温度，使箱内任一点的温度在设定温度±5℃之间）、不锈金属十字分样板及分样筛（22.4mm×22.4mm、10mm×10mm、1mm×1mm、180μm）。

样品的制备按以下操作顺序（必要时进行预先干燥）进行：

（1）破碎，经破碎或研磨以减少样品的浓度；

（2）混合，使样品达到均匀；

（3）缩分，缩分样品为两部分或多份，以减少样品的质量。

样品的破碎应根据矿石的硬度、粒度大小和样品用途选用适宜的破碎机和研磨机。手工破碎只限于破碎个别大块样品至第一阶段破碎机的最大给料粒度。

样品的混合可采用手工混合或机械混合方式。

样品的缩分可以采用机械方法或手工方法。

机械缩分法使用机械缩分器完成，机械缩分器分为定比缩分器（旋转容器缩分机、旋转圆锥缩分机、回转式缩分器等）和定量缩分器（转换溜槽式、切割式缩分机等）。

手工缩分法可使用下列的一个方法或几个方法并用：二分器缩分法、份样缩分法、圆锥四分法（适用粒度小于 1mm 的样品）。

### 1.3.3　化学检验方法

在行业标准中需通过化学检验方法测定的项目有：氧化钙量、氧化钙氧化镁合量及氧化镁量的测定；二氧化硅量的测定；硫量的测定；灼烧减量的测定等。

1.3.3.1　氧化钙、氧化钙氧化镁合量及氧化镁的测定

氧化钙、氧化钙氧化镁合量及氧化镁的测定按《氧化钙量和氧化镁量的测定》（GB/T 3286.1）的规定进行，该标准规定了用络合滴定法测定氧化钙、氧化镁量和用原子吸收光谱法测定氧化镁量，该法适用于石灰石、白云石中氧化钙量和氧化镁量的测定，也适用于冶金石灰中氧化钙量和氧化镁量的测定。络合滴定法测定范围：氧化钙量大于 25%，氧化镁量大于 2.5%；原子吸收光谱法测定范围：氧化镁量 0.10% ~ 2.5%。

氧化镁量大于 2.5% 的络合滴定法，其试料用碳酸钠-硼酸混合熔剂熔融，稀盐酸浸取。分取部分试液，以三乙醇胺掩蔽铁、铝、锰等离子，在强碱介质中，以钙指示剂作指示剂，用 EDTA 或 EGTA 标准溶液滴定氧化钙量。对高镁试样，在试液调节至碱性前预置 90% ~ 95% 的 EDTA 或 EGTA 标准溶液，以消除大量镁的影响。另取部分试液，以三乙醇胺掩蔽铁、铝、锰等离子，在氨性缓冲溶液中，以酸性铬蓝 K 和萘酚绿 B 作混合指示剂，用 EDTA 标准溶液滴定氧化钙、氧化镁含量，或以稍过量的 EGTA 标准溶液掩蔽钙，用 CyDTA 标准溶液滴定氧化镁量。

试样中含氧化铁、氧化铝量大于 2.0%，或含氧化锰大于 0.10%，用铜试剂沉淀分离铁、铝、锰等离子，分取滤液用 EDTA 或 EGTA、CyDTA 标准溶液滴定氧化钙量和氧化镁量。

络合滴定法需准备、配制盐酸、三乙醇胺、氨水、氢氧化钾溶液、二乙胺二硫代甲酸钠、氨性缓冲溶液、钙指示剂、酸性铬蓝 K 溶液、萘酚绿 B 溶液氧化钙标准溶液、氧化镁标准溶液、EDTA（乙二胺四乙酸二钠）标准溶液、EGTA（乙二醇二乙醚二胺四乙酸）标准溶液、CyDTA（环己烷二胺四乙酸）标准溶液等试剂。分析中用通常的实验室仪器、设备。

按 GB/T 2007.2 制备试样，试样应加工至粒度小于 0.125mm，石灰石、白云石试样分析前在 105 ~ 110℃ 干燥 2h，置于干燥器中冷却至室温。冶金石灰试样的制备应迅速进行，制成后试样立即置于磨口瓶或塑料袋中密封，于干燥器中保存，分析前试样不进行干燥。

快速称取 0.50g 试料。按规定进行分析滴定、计算出氧化镁量和氧化钙量。

氧化镁量 0.10% ~ 2.5% 的用火焰原子吸收光谱法，其试料以盐酸、氢氟酸分解，高氯酸冒烟。试料溶液喷入空气-乙炔火焰中，用镁空心阴极灯做光源，于原子吸收光谱仪波长 285.2nm 处测量吸光度。测量时，加入氰化锶做抑制剂消除铝、钛、硅等元素的干扰。

火焰原子吸收光谱法需准备、配制盐酸、氢氟酸、高氯酸、氯化锶溶液、氧化镁标准溶液

等试剂。分析中要用原子吸收光谱仪，备有空气-乙炔燃烧器，镁空心阴极灯。空气和乙炔气体要足够纯净（不含水、油及镁），以提供稳定清澈的贫燃火焰。并按 GB/T 7728 对原子吸收光谱仪性能的判断，所用仪器应达到标准要求。

同前，按 GB/T 2007.2 制备试样。快速称取 0.20g 试料。

按规定进行分析测量、计算出氧化镁量。

### 1.3.3.2　二氧化硅的测定

二氧化硅的测定按《二氧化硅量的测定》（GB/T 3286.2）的规定进行，该标准规定了用硅钼蓝光度法和高氯酸脱水重量法测定二氧化硅量。适用于石灰石、白云石中二氧化硅的测定，也适用于冶金石灰中二氧化硅量的测定。硅钼蓝光度法测定范围：二氧化硅量 0.05% ~ 4.00%；高氯酸脱水重量法测定范围：二氧化硅大于 2.00%。

二氧化硅量 0.05% ~ 4.00% 的硅钼蓝光度法，其试料用碳酸钠-硼酸混合熔剂熔融，稀盐酸浸取。分取部分试液，在约 0.15mol/L 的盐酸介质中，钼酸铵与硅酸形成硅钼杂多酸，加入草酸-硫酸混合酸，消除磷、砷干扰，用硫酸亚铁铵将其还原为硅钼蓝，于分光光度计波长 680nm（或 810nm）处测量吸光度。

硅钼蓝光度法需准备、配制盐酸、钼酸铵溶液、草酸-硫酸混合酸、硫酸亚铁铵溶液、无水乙醇、二氧化硅标准溶液等试剂。分析中使用通常实验室仪器、设备。

同前，按 GB/T 2007.2 制备试样。快速称取 0.50g 试料。

按规定进行分析测定、计算出氧化硅量。

二氧化硅大于 2.00% 的用高氯酸脱水重量法，其试料经高温灼烧，盐酸分解，加高氯酸蒸发冒烟使硅酸脱水，过滤，灼烧称量。不纯二氧化硅加氢氟酸、硫酸处理，使硅以四氟化硅形式挥发除去，再次灼烧。由氢氟酸处理前后质量差计算二氧化硅含量。

高氯酸脱水重量法需准备、配制盐酸、高氯酸、硫酸、氢氟酸等试剂。分析中使用通常实验室仪器、设备。

同前，按 GB/T 2007.2 制备试样。快速称取 1.00g 试料。

按规定进行分析测定、计算出氧化硅量。

### 1.3.3.3　硫的测定

硫的测定按《硫量的测定》（GB/T 3286.7）的规定，用硫酸钡重量法和燃烧-碘酸钾滴定法测定。硫酸钡重量法测定范围：硫量大于 0.10%；燃烧-碘酸钾滴定法测定范围：硫量 0.01% ~ 0.50%。

硫量大于 0.10% 的用硫酸钡重量法，其试样用硝酸、氯酸钾、盐酸分解，将硫转化成硫酸盐，以高氯酸冒烟除去硝酸。试液过滤去硅，用抗坏血酸-EDTA 掩蔽铁、铝等离子，在稀盐酸溶液中，加入氯化钡溶液，使其成硫酸钡沉淀，过滤，灼烧，称量，以硫酸钡重量法测定硫量。

硫酸钡重量法需准备、配制硝酸、盐酸、高氯酸、氨水、氯酸钾饱和溶液、抗坏血酸溶液乙二胺四乙酸二钠（EDTA）溶液、氯化钡溶液、甲基橙溶液、硝酸银溶液等试剂。分析中使用通常实验室仪器、设备。

同前，按 GB/T 2007.2 制备试样。快速称取 2.00g 试料。

按规定进行分析测定、计算出硫量。

硫量 0.01% ~ 0.50% 的用燃烧-碘酸钾滴定法，其试料与三氧化钨混合，在氮气流中于 1275 ± 25℃ 加热燃烧，将试样中硫全部转化为二氧化硫，以酸性碘化钾-淀粉溶液吸收，用碘酸钾标准溶液滴定。

燃烧-碘酸钾滴定法需准备、配制氮气、助熔剂：三氧化钨、盐酸、碘化钾-淀粉溶液、碘酸钾标准溶液等试剂。分析中使用硫量测定装置，该装置包括有管式高温炉（卧式）、高铝质瓷管、瓷舟、吸收杯等部分。

同前，按 GB/T 2007.2 制备试样。按不同硫含量分别快速称取 0.50g 或 0.20g 试料和 3.0g 或 1.5g 助熔剂。

按规定进行分析测定、计算出硫量。

1.3.3.4　灼烧减量的测定

灼烧减量的测定按《灼烧减量的测定》（GB/T 3286.8）的规定进行。该标准规定了用重量法测定灼烧减量，适用于石灰石、白云石和冶金石灰中灼烧减量的测定。它是将试料置于铂坩埚内，于高温炉中逐渐升温至 1050 ± 50℃，灼烧至恒量，其减少的质量即为灼烧减量。

该法同样需按 GB/T 2007.2 制备试样。快速称取 1.00g 试料，并按规定步骤测定、计算出灼烧减量。

## 1.3.4　物理检验方法

行业标准中需通过物理检验方法测定的项目有活性度和粒度。

1.3.4.1　活性度

冶金石灰中活性度的测定按《冶金石灰物理检验方法》（YB/T 105）的规定进行。

测定活性度就是测定石灰消化速度。测定活性度方法原理为：将一定量的试样水化，同时用一定浓度的盐酸将石灰水化过程中产生的氢氧化钙中和。从加入石灰试样开始至试验结束，始终要在一定搅拌速度的状态下进行，并须随时保持水化中和过程中的等量点。准确记录恰好 10min 时盐酸的消耗量，以 10min 消耗盐酸的毫升数表示石灰的活性度。

试验所需试剂有：盐酸（4mol/L）、酚酞指示剂（5g/L）。酚酞指示剂的配制方法为：称取 0.5g 酚酞加入 50mL 乙醇溶解，加水稀释至 100mL。

试验所需设备有：

（1）颚式破碎机：60mm × 100mm；

（2）分样筛：1mm 和 5mm 圆孔筛；

（3）磨石瓶：500mL；

（4）扁棕刷：20mm；

（5）天平：最大称量大于 100g，感量不大于 0.1g；

（6）试样铲：长和宽不少于 30mm，帮高不低于 10mm；

（7）表皿：直径 120mm；

（8）干燥器：直径 250mm；

（9）搅拌仪：功率不小于 100W，转速 250～300r/min，叶片厚约 0.5mm，长度 80mm，宽 25mm，叶片垂直通过并固定在直径约 6mm 搅拌杆下端，叶片为"一"字形，距杯底 15mm，叶片两端与水平成 90°角；

（10）烧杯：3000mL；

（11）量筒：2000mL；

（12）滴定管：500mL，最小刻度不大于 1mL；

（13）温度计：最高温度 100℃，刻度不大于 1℃；

（14）滴瓶：50mL；

（15）秒表（或定时钟）。

试样的制取方法如下所述。将按 YB/T 042 的规定取到的全部副样合并成大样，将大样破碎至全部通过 22.4mm 筛孔，再按 GB/T 2007.2 手工制样方法缩分，破碎至全部通过 10mm 筛孔。机械缩分法或四分缩分保留量不低于 15kg；份样缩分法缩分保留量约 3.5kg。继续将试样破碎至全部通过 5mm 筛孔，再用 1mm 筛筛去细粉，充分混合后用份样缩分法分出约 500g，贮存于写有标签的磨口瓶中备用。

试样制取完毕后就可进行试验，试验步骤为：

（1）准确称取粒度为 1～5mm 的试样 50.0g，放于表皿或其他不影响检验结果的容器中，置于干燥器中备用；

（2）量取稍高于 40℃ 的水 2000mL 于 3000mL 的烧杯中，开动搅拌仪，用温度计测量水温；

（3）待水温降到 40±1℃ 时，加酚酞指示剂溶液 8～10 滴，将试样一次倒入水中消化，同时开始计算时间；

（4）当消化开始呈现红色时，用 4mol/L 的盐酸滴定，整个滴定过程都要保持溶液滴定至红色刚刚消失，记录恰好到第 10min 时消耗的 4mol/L 盐酸毫升数。如果需要也可记录任何时间内消耗的盐酸毫升数。

活性度检验需做平行试验，以两次测定结果的平均值报出。同一试验室检验活性度的允许误差为试验结果的 4%。试验结果按 GB/T 8170 规定修约至整数位。

活性度检验的装置如图 1-1 所示。

活性度检验方法还有使用 25g 试样的方法，试验步骤和方法基本和 50g 试样一样。

冶金石灰反应活性还有一些其他的表示方法，例如温升法。所谓温升法是测定生石灰与水反应而产生的温度上升判定其反应性的方法，有代表性的方法中有 ASTM 法和德国消化速度试验法等。

### 1.3.4.2  粒度

冶金石灰中粒度的测定按《散装矿产品取样、制样通则  粒度测定方法——手工筛分法》（GB/T 2007.7）的规定进行。

检验方法的要点：试样按规定的筛网和操作方法进行粒度分级，检验结果采用各粒级质量的百分率表示。

检验所需的工具设备：

（1）方孔冲孔筛，筛孔规格尺寸与尺寸偏差符合国家标准 GB/T 6003.2 规定，筛面尺寸约为 800mm×600mm，筛框帮高度约为 120mm，筛帮两端装有手柄；

（2）盛样容器，用金属或其他不吸收水分的材料制造；

（3）衡器，感量不大于筛分试样质量的 0.1%；

（4）试样铲、盘、毛刷和扫帚等。

试样的制取方法为：按 YB/T 042 的规定执行，石灰最大粒度大于 40mm 时，应适当增加取样份数或份样质量。

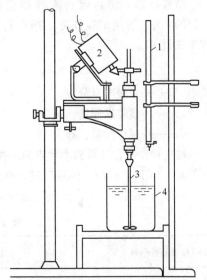

图 1-1  活性度检验装置
1—滴定管；2—搅拌仪（电机）；
3—搅拌杆；4—烧杯

试样制取完毕后就可进行筛分试验。筛分试验步骤为：

（1）试样由大孔至小孔进行筛分，筛子距地面、钢板或接受盘高度不超过200mm；

（2）最大粒度大于50mm的试样，每次筛分给料量不大于20kg；最大粒度小于或等于50mm的试样，每次筛分给料量不大于10kg；

（3）给料时将试样均匀散布在系列筛中孔径最大的筛子上，将明显大于筛孔孔径的石灰块拣出放于一个备用的试样盘中；

（4）沿水平方向摇动筛子，摇动频率每分钟约30次，摇动距离不超过200mm，不可产生冲击力，以使石灰块能在筛面上滚动为准；

（5）筛上物合并于拣出的石灰块中，筛下石灰用同样方法，继续在选用的系列筛中较小一级的筛子上筛分，以下类推，直至筛分完毕；

（6）筛分终点，按《散装矿产品取样、制样通则　粒度测定方法——手工筛分法》（GB/T 2007.7）的有关规定执行，即继续筛分1min，下筛石灰不超过装样量的0.1%为筛分终点；

（7）把筛分石灰按各级产物仔细称量并记录。

结果计算：将各级石灰样质量相加，总质量与原试样质量之差应在原试样质量的1.5%以内，否则试验作废。损失石灰计算在最小的一个级别内。每个筛级试样质量分数按下式计算：

$$w = (w_s/w_t) \times 100\%$$

式中　$w$——粒级质量分数；

　　　$w_s$——该粒级质量，kg；

　　　$w_t$——试样质量，kg。

粒度检验报告计算到小数点后一位，小数点后第2位按《数据修约规则与极限数值的表示和判断》（GB/T 8170）的规定进行修约。

粒度分布测试的允许差应符合表1-7的规定。

表1-7　粒度分布测试允许差

| 粒级分布/mm | < 10 | ≥10 ~ < 50 | ≥50 ~ < 80 | ≥80 |
|---|---|---|---|---|
| 允许差/% | 6.0 | 7.0 | 8.0 | 3.0 |

## 1.4　冶金石灰的技术指标

### 1.4.1　冶金石灰的行业标准

为指导冶金石灰生产厂家的生产，2004年中国钢铁工业协会对1992年的冶金石灰标准进行了修订，对项目和指标值作了调整，即新的黑色冶金行业标准：《冶金石灰》（YB/T 042—2004），而轻烧白云石目前只有企业标准。

根据原料将冶金石灰分为普通冶金石灰和镁质冶金石灰两类。普通冶金石灰由普通石灰石煅烧而成，镁质冶金石灰由镁质石灰石煅烧而成。

冶金石灰的理化指标应符合表1-8的要求。

产品粒度应符合表1-9的规定，其他粒度的要求由供需双方协商确定。

**表 1-8 冶金石灰的理化指标**

| 类 别 | 品 级 | $w(CaO)/\%$ | $w(CaO+MgO)/\%$ | $w(MgO)/\%$ | $w(SiO_2)/\%$ | $w(S)/\%$ | 灼减/% | 活性度/mL |
|---|---|---|---|---|---|---|---|---|
| 普通冶金石灰 | 特级 | ≥92.0 | | | ≤1.5 | ≤0.020 | ≤2 | ≥360 |
| | 一级 | ≥90.0 | | | ≤2.0 | ≤0.030 | ≤4 | ≥320 |
| | 二级 | ≥88.0 | — | <5.0 | ≤2.5 | ≤0.050 | ≤5 | ≥280 |
| | 三级 | ≥85.0 | | | ≤3.5 | ≤0.100 | ≤7 | ≥250 |
| | 四级 | ≥80.0 | | | ≤5.0 | ≤0.100 | ≤9 | ≥180 |
| 镁质冶金石灰 | 特级 | | ≥93.0 | | ≤1.5 | ≤0.025 | ≤2 | ≥360 |
| | 一级 | | ≥91.0 | ≥5.0 | ≤2.5 | ≤0.050 | ≤4 | ≥280 |
| | 二级 | — | ≥86.0 | | ≤3.5 | ≤0.100 | ≤6 | ≥230 |
| | 三级 | | ≥81.0 | | ≤5.0 | ≤0.200 | ≤8 | ≥200 |

**表 1-9 产品粒度范围**

| 用 途 | 粒度范围/mm | 上限允许波动范围/% | 下限允许波动范围/% | 允许最大粒度/mm |
|---|---|---|---|---|
| 电 炉 | 20~100 | ≤10 | ≤10 | 120 |
| 转 炉 | 5~50 | ≤10 | ≤10 | 60 |
| 烧 结 | ≤5 | ≤10 | — | 6 |

## 1.4.2 部分国外企业冶金石灰的技术指标

国外炼钢冶金石灰消耗水平如表 1-10 所示。

**表 1-10 国外炼钢消耗冶金石灰水平**

| 国家或地区 | 冶金石灰消耗/kg·t⁻¹ | 轻烧白云石/kg·t⁻¹ | 工 艺 特 点 |
|---|---|---|---|
| 欧共体 | 40 | 5 | (1) 铁水全脱 S；<br>(2) 轻烧白云石的 MgO 含量高 |
| 日 本 | 30 | 15 | (1) 铁水全三脱；<br>(2) 少渣炼钢 |

美国炼钢消耗冶金石灰水平介于欧共体与日本之间。

国外冶金石灰的质量指标列于表 1-11。

**表 1-11 国外冶金石灰质量指标**

| 国 别 | 化学成分 $w/\%$ | | | | | | 活性度 HCl 4mol/mL, 40±1℃, 10min /mL | 温升法 /℃ |
|---|---|---|---|---|---|---|---|---|
| | CaO | MgO | $SiO_2$ | S | P | 灼减 | | |
| 美 国 | 92~96 | | 0.5~2 | 0.036 | | 0.5~1.5 | | 13~15 |
| 德 国 | 94~97 | <1.5 | 1~2.5 | 0.002 最大为 0.08 | | 1 最大为 3 | | 10~20 |
| 俄罗斯 | >92 | <8 | <2 | <0.06 | <0.1 | <5 | | |
| 日本（特级） | >93 | | | | | <2 | >360 | |

## 1.5　国内主要钢铁企业冶金石灰的质量标准和现状

在我国，冶金石灰一直是作为冶金炉料之一，起初并未引起太大的注意，特别是 20 世纪 70 年代以前，主要是平炉炼钢，对石灰质量并无特别要求。当时，炼钢厂（车间）都有石灰车间（工段），其装备主要是一般的使用焦炭作为燃料的石灰竖窑。这种竖窑的操作水平较低，生产的石灰质量也较低，生烧、过烧量较大，石灰块度也较大，无石灰活性度的测定。

从 70、80 年代开始，氧气顶吹转炉逐渐成为主要的炼钢方法，转炉炼钢技术的提高，对冶金石灰的质量要求也逐渐严格。特别是 70 年代中期，武钢"一米七"工程，为炼制优质硅钢片用钢，硅钢前工序对冶金石灰提出了较高的要求，在我国首次提出"活性石灰"的概念，采用了包括带有竖式预热器和竖式冷却器的回转窑、原料石灰石洗石筛分等工艺、设备，冶金石灰产品的品质质量有了较大的提高。武钢活性石灰工程生产的石灰可以达到：活性度约 400mL；石灰硫含量≤0.02%；石灰残留 $CO_2$ ≤2.0%；石灰灰分≤2.0%。满足了武钢"一米七"工程硅钢前工序对冶金石灰的要求。

至此，采用优质活性石灰，已在冶金企业取得共识。众多企业兴建、改扩建优质高效的生产活性石灰的装备，冶金石灰产品的品质质量有了很大的提高，保证了冶金生产技术的发展和提高。

### 1.5.1　我国主要钢铁企业的石灰质量标准

2002 年某钢铁企业全年石灰用量及消耗指标列于表 1-12。

表 1-12　2002 年某钢铁企业石灰用量及消耗指标

| 产　品 | 一炼钢 | | 二炼钢 | | 电　炉 | | 烧　结 | | 水处理 /万 t | 化工 /万 t |
| --- | --- | --- | --- | --- | --- | --- | --- | --- | --- | --- |
| | 供量 /万 t | 单耗 /kg·t$^{-1}$ | 供量 /万 t | 单耗 /kg·t$^{-1}$ | 供量 /万 t | 单耗 /kg·t$^{-1}$ | 供量 /万 t | 单耗 /kg·t$^{-1}$ | | |
| 块　灰 | 23.31 | 28 | 10.22 | 26.4 | 3.71 | 45 | | | | |
| 轻烧白云石 | 13.85 | 20 | 6.89 | 19 | — | — | | | | |
| 粉　灰 | | | | | | | 37.07 | 28.4 | 0.7076 | 0.058 |

冶金石灰消耗与炼钢技术操作水平、原料铁水条件、石灰质量等密切相关，部分企业已达到国际先进水平。但国内总体冶金水平与国外先进水平还有相当差距。

某些钢铁企业对石灰质量的要求参见表 1-13、表 1-14，我国主要钢铁企业的石灰质量现状参见表 1-15。

表 1-13　某钢铁企业 A 对石灰质量要求

| 原料名称、粒度 | 化学组成 $w$/% | | | | | | | | 活性度 /mL |
| --- | --- | --- | --- | --- | --- | --- | --- | --- | --- |
| | CaO | MgO | $SiO_2$ | $Al_2O_3$ | $Fe_2O_3$ | P | S | $CO_2$ | |
| 转炉用石灰 5~30mm | >91.3 | <0.70 | <2.80 | — | — | 0.05 | <0.025 | <2.0 | >180 |
| 电炉用石灰 15~30mm | >91.3 | >0.70 | <2.80 | — | — | 0.05 | <0.025 | <2.0 | >180 |
| 烧结用灰 <3.0mm | >88.5~ 90.5 | <0.68 | <2.70 | — | — | | | <3.0~ 5.0 | >160 |

| 原料名称、粒度 | 化学组成 w/% | | | | | | | | 活性度 /mL |
| --- | --- | --- | --- | --- | --- | --- | --- | --- | --- |
| | CaO | MgO | SiO$_2$ | Al$_2$O$_3$ | Fe$_2$O$_3$ | P | S | CO$_2$ | |
| 转炉用轻烧白云石灰 5～30mm | >52.4 | >34.1 | <5.7 | <1.6 | <2.7 | <0.14 | 0.04 | <2.0 | >120 |
| 铁水脱 S 等用石灰 <1.0mm | >91.3 | <0.70 | <2.80 | — | — | 0.05 | <0.025 | <2.0 | >180 |
| 硬烧石灰 <0.35mm | >91.3 | | | | | 0.05 | <0.020 | <0.5 | ≤150 |

注：活性度测定方法不同于行业标准，其方法为取 25g 生石灰 4mol/mL HCl 的滴定值。

**表 1-14　某钢铁企业 B 对石灰质量要求**

| 原料名称 | | 化学组成 w/% | | | | | | | 灼减 | 活性度 /mL |
| --- | --- | --- | --- | --- | --- | --- | --- | --- | --- | --- |
| | | CaO | MgO | SiO$_2$ | Al$_2$O$_3$ | Fe$_2$O$_3$ | P | S | | |
| 炼钢用石灰 | 一级品 | ≥90 | <5.0 | ≤2.5 | | | | ≤0.015 | ≤5 | ≥310 |
| | 合格品 | ≥88 | <5.0 | ≤2.5 | | | | ≤0.020 | ≤5 | ≥300 |
| 烧结用石灰 | 一级品 | 85±1.0 | <5.0 | ≤3.0 | | | | ≤0.1 | ≤6 | ≥200 |
| | 合格品 | 85±2.5 | <5.0 | ≤3.5 | | | | ≤0.1 | ≤7 | ≥200 |

　　由表 1-13 中可以看出，该钢铁企业冶炼对石灰质量要求比较严格，反映在要求活性度高，CaO 含量高，P、S 含量低。其要求的指标高于行业标准一级普通冶金石灰，接近特级普通石灰的指标。该公司确定这样的指标要求，一是根据冶炼对石灰质量的要求，也是根据其原料供给条件来确定的。

## 1.5.2　我国主要钢铁企业的冶金石灰概况

　　我国 2005 年主要钢铁企业的冶金石灰概况如表 1-15 所示。

**表 1-15　我国主要钢铁企业的石灰概况（2005 年）**

| 生产厂家或部门 | 产量/t | 化学成分 w/% | | | | 灼减/% | 活性度 /mL | 生过烧率 /% | 窑　型 |
| --- | --- | --- | --- | --- | --- | --- | --- | --- | --- |
| | | CaO | MgO | SiO$_2$ | S | | | | |
| 邯郸钢铁公司原料部 | 293569 | 86.7 | | | 0.041 | 4.44 | 267 | | 竖窑 |
| | 44859 | 86.7 | | | 0.041 | 4.44 | 267 | | 气烧竖窑 |
| 首钢第二耐火材料厂 | 228584 | 80.8 | 5.54 | 3.89 | 0.110 | 5.08 | 189 | 13.1 | 竖窑 |
| | 258466 | 91.3 | 2.17 | 1.31 | 0.001 | 2.42 | 366 | 6.4 | 套筒窑 |
| 广钢石灰厂 | 47894 | 91.2 | 2.53 | 0.45 | 0.065 | 3.42 | 308 | 4.4 | 竖窑 |
| 通化嘉成耐火有限公司 | 102811 | 79.7 | 8.16 | 3.60 | | 5.84 | 262 | | 节能竖窑 |
| 唐山钢铁公司原料部 | 255781 | 81.0 | 11.32 | 1.72 | | | | | 竖窑 |
| 本溪钢铁公司石灰石矿 | 463273 | 83.3 | 4.76 | 3.69 | 0.124 | | 227 | | 竖窑 |
| 柳钢耐火材料公司 | 192944 | 93.3 | 1.33 | 0.98 | | | 330 | | 竖窑 |
| 北京首钢建材化工厂 | 237200 | 83.1 | 5.11 | 3.07 | | 6.15 | 269 | 9.4 | 竖窑 |
| 首钢鲁家山石灰石矿 | 83102 | 83.3 | 6.20 | 2.36 | | 11.1 | 235 | | 竖窑 |

| 生产厂家或部门 | 产量/t | 化学成分 $w$/% | | | | 灼减/% | 活性度/mL | 生过烧率/% | 窑型 |
| --- | --- | --- | --- | --- | --- | --- | --- | --- | --- |
| | | CaO | MgO | SiO$_2$ | S | | | | |
| 攀钢矿业公司石灰石矿 | 70930 | 60.5 | 35.07 | | | | | | 普立窑 |
| | 362071 | 87.0 | 2.19 | 1.76 | | 8.0 | 215 | | 竖窑 |
| 淄博齐林傅山钢铁公司 | 138240 | 89.6 | 1.63 | 1.59 | | 5.2 | 320 | | 竖窑 |
| 莱钢股份公司炼钢厂 | 134667 | 89.0 | 1.43 | 1.78 | | 5.7 | | | 竖窑 |
| 酒泉钢铁公司烧结厂 | 323583 | | | | | | 275 | | 竖窑 |
| 安吉明辉冶金石灰制品厂 | 39846 | 89.0 | 1.50 | | | 4.80 | 290 | | 竖窑 |
| 宝盛冶金石灰制品厂 | 312900 | 86.0 | | | 0.08 | | 280 | | 竖窑 |
| 鞍钢集团耐火材料公司 | 725683 | 81.3 | 3.90 | 2.73 | 0.108 | 10.36 | | | 竖窑 |
| | 444835 | 88.9 | 3.95 | 1.38 | 0.039 | 4.05 | 337 | | 回转窑 |
| 龙凤山炉料有限公司 | 159170 | 85.2 | | 2.41 | | | | | 节能竖窑 |
| | 218511 | 82.7 | | 2.85 | | | | | 竖窑 |
| 黄石市陈家山钙业集团 | 448188 | 86.1 | 0.81 | 1.02 | 0.018 | | 245 | | 气固混合 |
| 南昌钢铁公司烧结厂 | 95140 | 85.8 | 7.03 | | | 5.31 | 294 | | 竖窑 |
| 重庆钢铁公司炉料总厂 | 90819 | 91.0 | 0.98 | 1.97 | 0.095 | 4.60 | 306 | 8.2 | 竖窑 |
| 丰南宏达原料厂 | 90471 | 81.0 | 7.45 | 2.6 | | 6.5 | 305 | 10.4 | 竖窑 |
| 涟钢田湖公司 | 21827 | 80.0 | 2.53 | 2.95 | | | 273 | 19.1 | 竖窑 |
| | 39514 | 82.5 | 2.55 | 2.53 | | | 315 | 10.6 | 回转窑 |
| 安钢集团冶金炉料公司 | 302142 | 88.2 | 1.22 | 1.23 | 0.064 | | 298 | 11.5 | 竖窑 |
| 本溪北营炼钢公司 | 312330 | 86.2 | 2.96 | 1.83 | | | 285 | 8.8 | 梁式烧嘴窑 |
| 吴江联申建材有限公司 | 37336 | 91.2 | 2.16 | | | | 308 | | 竖窑 |
| 石源冶金炉料责任公司 | 398410 | 83.0 | 6.50 | 4.90 | 0.02 | 7.00 | 310 | 9.0 | 节能竖窑 |
| 石钢公司转炉炼钢厂 | 97323 | 86.8 | 3.5 | 1.61 | | 8.4 | 336 | 3.11 | 梁式烧嘴窑 |
| 韶钢松山股份公司 | 443821 | 90.2 | 4.52 | 1.12 | 0.014 | | 331 | 2.96 | 气烧竖窑 |
| 湘钢渣钢回收加工厂 | 111619 | 92.5 | | | 0.054 | | 369 | 9.5 | 气烧竖窑 |
| 吉林建龙钢铁有限公司 | 160000 | 90.1 | | | | | 312 | | 气烧竖窑 |
| 新余钢铁公司石灰厂 | 90884 | 87.9 | 3.43 | 2.57 | | | 304 | 9.8 | 气烧竖窑 |
| 太钢新临耐火材料厂 | 118587 | 85.3 | 3.50 | 2.04 | 0.046 | 6.47 | 273 | | 气烧竖窑 |
| 涟钢炉料公司 | 129615 | 91.2 | 1.60 | 0.60 | 0.03 | | 360 | 8.0 | 气烧竖窑 |
| 通化嘉成耐火有限公司 | 128400 | 82.6 | 8.30 | 3.09 | | 3.87 | 299 | | 气烧竖窑 |
| 三明钢铁厂矿山公司 | 239336 | 89.8 | 1.96 | 1.01 | | | 331 | | 回转窑 |
| 河北新兴铸管有限公司 | 248936 | 88.6 | | 1.80 | | | 362 | | 回转窑 |
| 天铁集团石灰石矿 | 271867 | 85.6 | | 1.34 | | 7.11 | 292 | | 气烧竖窑 |
| 邢台钢铁有限责任公司 | 131044 | 85.3 | 2.38 | 1.61 | | | | | 气烧竖窑 |
| | 143937 | 91.1 | | 1.20 | 0.010 | | 371 | | 回转窑 |
| 江西萍乡钢宏盛公司 | 60666 | 88.1 | | 2.13 | | 6.91 | | | 气烧竖窑 |

| 生产厂家或部门 | 产量/t | 化学成分 $w$/% | | | | 灼减/% | 活性度/mL | 生过烧率/% | 窑 型 |
|---|---|---|---|---|---|---|---|---|---|
| | | CaO | MgO | SiO_2 | S | | | | |
| 唐山钢铁公司原料部 | 75130 | 83.1 | 11.85 | 1.56 | | | 327 | | 双膛窑 |
| 杭钢物资供应分公司 | 111083 | 90.1 | 0.92 | 0.62 | | | 343 | 13.9 | 双膛窑 |
| 广钢石灰厂 | 54714 | 92.8 | 1.86 | 0.47 | 0.055 | 2.57 | 322 | 4.9 | 双膛窑 |
| 太原钢铁公司加工厂 | 148120 | 93.9 | 1.22 | 1.20 | 0.260 | | 367 | 9.2 | 气烧竖窑 |
| | 164250 | 93.9 | 1.22 | 1.20 | 0.370 | | 349 | 11.0 | 双膛窑 |
| 昆钢龙山熔剂厂 | 235000 | 90.0 | 1.89 | 0.83 | 0.07 | 7.0 | 330 | | 双膛窑 |
| 天津钢铁公司炼钢厂 | 113795 | 88.2 | | 2.32 | | 3.67 | 325 | 3.1 | 双膛窑 |
| 涟钢炉料公司 | 151505 | 93.0 | 1.50 | 0.60 | 0.03 | | 385 | 5.5 | 双膛窑 |
| 马钢第一烧结厂 | 74949 | 86.0 | 0.61 | 1.12 | 0.046 | 9.49 | 320 | | 回转窑 |
| 新疆八钢选矿分厂 | 124642 | 85.8 | 2.68 | 3.56 | 0.034 | 10.72 | 310 | | 回转窑 |
| 本溪钢铁公司石灰石矿 | 128635 | 91.3 | 1.73 | 1.38 | 0.034 | 3.94 | 360 | | 回转窑 |
| | 60993 | 91.5 | 1.56 | 1.34 | 0.058 | 3.57 | 358 | | 套筒窑 |
| 大友企业公司镁冶炼厂 | 170143 | 92.2 | 0.68 | 0.98 | 0.046 | 1.62 | 364 | 7.8 | 回转窑 |
| 攀钢冶金材料有限公司 | 184549 | 93.8 | 1.81 | 0.54 | 0.007 | 0.4 | 380 | 2.96 | 回转窑 |
| 宝山钢铁公司焙烧分厂 | 1080039 | 94.4 | 0.60 | 0.50 | 0.006 | | 363 | 1.9 | 回转窑 |
| | 145798 | 80.0 | 0.90 | 1.20 | 0.043 | | 223 | 16.7 | 悬浮窑 |
| 河北宣钢石灰厂 | 82314 | 88.8 | 3.56 | 2.71 | | 1.79 | 383 | | 回转窑 |
| 武钢耐火材料公司 | 348000 | 88.4 | | 1.06 | 0.013 | | 359 | | |
| 梅山钢铁公司炼钢厂 | 264213 | 94.3 | | | 0.010 | | 362 | | 套筒窑 |
| 首钢迁钢公司作业区 | 108053 | 84.0 | 11.14 | 1.03 | 0.030 | 2.76 | 389 | 3.2 | 套筒窑 |
| 张家港宏发炼钢有限公司 | | | | | | | | | 回转窑 |

我国部分企业石灰石原料及生产能耗情况如表 1-16 所示。

**表 1-16 我国部分企业石灰石原料及生产能耗情况表**

| 生产厂家或部门 | 石灰石化学成分 $w$/% | | | 吨灰标准煤耗/kg | 吨灰热耗/GJ | 吨灰电耗/kW·h | 窑 型 |
|---|---|---|---|---|---|---|---|
| | CaO | MgO | SiO_2 | | | | |
| 宝山钢铁公司焙烧分厂 | | | | 159.1 | 4.213 | 42.0 | 回转窑 |
| | | | | 163.0 | 4.216 | 56.8 | 5 号回转窑 |
| | | | | 134.0 | 3.247 | 58.2 | 悬浮窑 |
| 武钢耐火材料公司 | 54.3 | | 1.1 | 193.0 | 5.130 | 45.0 | 回转窑 |
| 鞍钢集团耐火材料公司 | 53.2 | | | 181.0 | 4.540 | 60.2 | 回转窑 |
| | | | | 107.2 | 2.830 | 24.0 | 竖 窑 |
| 攀钢冶金材料有限公司 | 54.6 | 1.0 | 0.3 | 165.0 | | 35.0 | 回转窑 |
| 本溪钢铁公司石灰石矿 | 53.3 | 1.7 | 0.9 | | 5.950 | 48.0 | 回转窑 |
| | 53.7 | 1.4 | 0.9 | | 5.000 | 52.0 | 套筒窑 |
| | 51.4 | 2.1 | 2.3 | 103.0 | 3.030 | 20.0 | 竖 窑 |

| 生产厂家或部门 | 石灰石化学成分 $w/\%$ | | | 吨灰标准煤耗/kg | 吨灰热耗/GJ | 吨灰电耗/kW·h | 窑　型 |
|---|---|---|---|---|---|---|---|
| | CaO | MgO | SiO$_2$ | | | | |
| 首钢第二耐火材料厂 | 49.6 | 4.1 | 0.6 | 156.6 | 4.583 | 37.3 | 套筒窑 |
| | 49.7 | 3.9 | 1.0 | 116.4 | 3.406 | 46.3 | 竖　窑 |
| 马钢第一烧结厂 | | | | 112.9 | | 81.7 | 回转窑 |
| 马钢第三炼钢厂 | 54.4 | | | | | | 套筒窑 |
| | 54.4 | | | | | | 梁式烧嘴窑 |
| 韶钢松山股份公司 | 54.4 | 1.6 | 0.7 | 162.4 | 4.160 | 49.0 | 气烧竖窑 |
| 通化嘉成耐材有限公司 | 49.1 | 5.0 | 2.1 | 155.9 | | 21.8 | 气烧竖窑 |
| | 48.2 | 5.7 | 2.4 | 140.0 | 5.206 | 10.0 | 节能竖窑 |
| 天铁集团石灰石矿 | 47.1 | | 1.7 | 220.2 | 5.903 | 41.6 | 气烧竖窑 |
| 太原钢铁公司加工厂 | 53.5 | 1.1 | 0.3 | 141.5 | 4.870 | 32.0 | 双膛窑 |
| | 53.5 | 1.1 | 0.3 | 137.8 | 3.710 | 38.3 | 气烧双膛窑 |
| 南京钢铁集团有限公司 | 54.9 | 0.4 | 0.4 | | | 71.3 | 双 D 窑 |
| 太钢新临钢耐火材料厂 | 51.8 | 1.4 | 1.0 | 236.4 | 5.760 | 43.6 | 气烧竖窑 |
| 唐山钢铁公司原料厂 | 48.8 | 5.6 | 0.8 | 112.6 | 2.700 | 70.5 | 双膛窑 |
| | 48.8 | 5.6 | 0.8 | 124.7 | 2.990 | 25.3 | 竖　窑 |
| 广钢石灰厂 | 54.5 | 1.5 | 0.4 | 134.5 | 3.940 | 74.0 | 双膛窑 |
| | 54.5 | 1.5 | 0.4 | 120.5 | 3.530 | 23.8 | 竖　窑 |
| 北营钢铁股份有限公司 | 52.4 | 1.2 | 1.3 | 149.7 | 4.380 | 52.4 | 梁式烧嘴窑 |
| 重庆钢铁公司炉料总厂 | 53.6 | | 1.4 | | | 7.8 | 节能竖窑 |
| 昆钢龙山冶金熔剂公司 | 51.8 | 3.0 | | 111.1 | 4.284 | 54.4 | 双膛窑 |
| 新兴铸管股份有限公司 | 52.4 | | 1.0 | 123.1 | | 27.5 | 回转窑 |
| 宣钢实业公司石灰厂 | 53.33 | 1.17 | 1.54 | 131.1 | 3.822 | 25.2 | 回转窑 |
| 梅山钢铁公司炼钢厂 | 55.0 | | 0.4 | 174.0 | | 42.0 | 套筒窑 |

根据"全国重点冶金石灰企业生产量表",摘除未报活性度企业产量,余下企业产量用《冶金石灰》(YB/T 042—2004)行业标准全面衡量。其中有一些冶金石灰活性度符合高等级石灰,但因 CaO 含量低或灼减高,或因 CaO 含量和灼减量两项同时都差,也有少数是 SiO$_2$ 含量高而降级。经整理得出表 1-17。

**表 1-17　部分重点冶金石灰企业质量汇总表**

| 项　目 | 2001 年 | | 2002 年 | | 2003 年 1～9 月 | |
|---|---|---|---|---|---|---|
| 检查量/t | 6633071 | | 8214473 | | 6008851 | |
| | 数量/t | 百分比/% | 数量/t | 百分比/% | 数量/t | 百分比/% |
| 冶金石灰 | 5913513 | 89.15 | 7261261 | 88.40 | 4625933 | 76.99 |
| | 平均活性度 309.2mL | | 平均活性度 301.4mL | | 平均活性度 317.2mL | |
| | 数量/t | 百分比/% | 数量/t | 百分比/% | 数量/t | 百分比/% |
| 镁质冶金石灰 | 719558 | 10.85 | 953212 | 11.60 | 1382918 | 23.01 |
| | 平均活性度 258.4mL | | 平均活性度 250.9mL | | 平均活性度 261.8mL | |

| 项 目 | | 2001 年 | | 2002 年 | | 2003 年 1~9 月 | |
|---|---|---|---|---|---|---|---|
| 满足各项指标 | | 数量/t | 百分比/% | 数量/t | 百分比/% | 数量/t | 百分比/% |
| 冶金石灰 | 特级 | 1100657 | 16.59 | 1174895 | 14.30 | 1037329 | 17.26 |
| | 一级 | 1238827 | 18.68 | 1442791 | 17.56 | 1219450 | 20.17 |
| | 二级 | 1874636 | 28.26 | 2595082 | 31.59 | 1336366 | 22.24 |
| | 三级 | 1455010 | 21.94 | 1705688 | 20.76 | 620157 | 10.32 |
| | 四级 | 244383 | 3.68 | 342805 | 4.17 | 420136 | 6.99 |
| 镁质冶金石灰 | 特级 | 0 | 0 | 0 | 0 | 0 | 0 |
| | 一级 | 53505 | 0.81 | 87000 | 1.06 | 208549 | 3.47 |
| | 二级 | 191340 | 2.88 | 274915 | 3.35 | 664211 | 11.05 |
| | 三级 | 474713 | 7.16 | 591297 | 7.20 | 510158 | 8.49 |

注：1. "检查量"指全国冶金石灰企业报表中有活性度指标的产量；

2. 表中列出的冶金石灰平均活性度和镁质冶金石灰平均活性度是各自算术平均数。

冶金石灰生产的装备以热工窑炉为主，不同窑型其产品质量有很大的不同。

目前技术先进的石灰窑炉的产量占总产量不到30%。装备落后是多年来的话题，冶金石灰生产企业装备应进行调整。国际上几种比较先进的石灰窑，我国都有使用，并已掌握设计、制造技术，这些窑型不但对于提高冶金石灰质量起了很大作用，对于冶金石灰行业节能降耗也有明显效果，应予推广使用。不同窑型的石灰质量情况如表1-18所示。

**表1-18 不同窑型石灰质量情况**

| 窑 型 | | 指 标 | | | | | | 燃 料 | |
|---|---|---|---|---|---|---|---|---|---|
| | | $w(CaO)$ /% | $w(MgO)$ /% | $w(SiO_2)$ /% | $w(S)$ /% | 活性度 /mL | 生过烧率 /% | 种 类 | 热耗 /kJ·kg$^{-1}$ |
| 回转窑 | 宝钢 | 95.1 | 0.71 | 0.3 | 0.006 | 370 | 1.7 | 混合煤气 | 5016~5225 |
| | 武钢 | 90.7 | | 1.2 | 0.014 | 362 | | 焦炉煤气 | |
| | 鞍钢 | 87.7 | 3.84 | 1.62 | 0.013 | 303 | | 重油、混合煤气 | |
| | 马钢 | 90.5 | 0.69 | 1.0 | 0.032 | 369 | | 混合煤气 | 8795 |
| 并流蓄热式双膛竖窑 | 太钢 | 93.7 | 1.22 | 1.2 | 0.025 | 370 | 6.1 | 混合煤气 | 3553~3825 |
| | 唐钢 | 82.0 | 9.0 | 2.0 | | 326 | 12.6 | 煤粉 | |
| | 杭钢 | 88.0 | 0.38 | 0.3 | | 342 | 15.7 | 煤粉 | |
| | 包钢 | 87.4 | 3.38 | 3.4 | 0.065 | 341 | | 煤粉 | |
| | 昆钢 | 95.4 | 0.75 | 1.0 | 0.068 | | | 煤粉 | |
| | 广钢 | 92.9 | 2.41 | 0.4 | 0.050 | 325 | | 煤粉 | |
| 套筒窑 | 梅钢 | 96.5 | | | 0.010 | 395 | | 混合煤气 | 3344~4389 |
| | 马钢 | 95.2 | 1.90 | 1.3 | | 365 | 3.0 | 混合煤气 | |
| | 首钢 | 89.3 | 4.71 | 1.5 | | 343 | 5.2 | 混合煤气 | |
| | 本钢 | 91.6 | 1.21 | 1.0 | 0.037 | 372 | | 混合煤气 | |
| 双D窑 | 南钢 | 92 | | 0.2~0.3 | 0.07 | 360~370 | 11~12 | 混合煤气 | 3558 |

| 窑　型 | | 指　标 | | | | | | 燃　料 | |
|---|---|---|---|---|---|---|---|---|---|
| | | $w(\mathrm{CaO})$ /% | $w(\mathrm{MgO})$ /% | $w(\mathrm{SiO_2})$ /% | $w(\mathrm{S})$ /% | 活性度 /mL | 生过烧率 /% | 种　类 | 热耗 /kJ·kg$^{-1}$ |
| 梁式烧嘴窑 | 石钢 | 88.3 | 3.40 | 1.73 | | 345 | 11.2 | 转炉煤气、煤粉 | 3678~4138 |
| | 承德 | 82.4 | 8.75 | 2.52 | | 332 | 17.1 | 转炉煤气 | |
| 废气调控窑 | 安钢 | ~92 | ~3 | ~1.3 | ~0.05 | ~313 | ~7 | 焦　炭 | 3900~4200 |
| 新型气烧窑 | 天铁 | 84.7 | | 1.4 | | 298 | | 混合煤气 | 4600~5000 |
| 煤气旧式窑 | 新余 | 91.2 | 1.86 | 1.6 | | 288 | 8.7 | 煤　气 | 4600~6500 |
| | 萍钢 | 86.7 | 3.34 | 1.8 | | | 7.9 | | |
| | 涟钢 | 92.0 | 2.31 | 0.5 | 0.070 | 350 | 6.1 | | |
| | 湘钢 | 90.0 | | | 0.049 | 357 | 7.6 | | |
| | 新临钢 | 88.1 | 3.27 | 1.6 | 0.031 | 298 | | | |
| 旧式竖窑 | 一般厂 | 80~88 | 2~4 | 1.7~3 | | 190~250 | 8~25 | 焦炭、煤 | 3900~5000 |

# 2 石灰在冶金工业中的应用

在冶金工业中，炼铁原料烧结、炼铁还原冶炼、铁水预处理、炼钢及炉外精炼过程中，铁水中的 P 和 S 对钢的品质质量会产生极大的影响。P 以固溶体的形式存在，由于它的偏析，增加了钢的冷脆性，使冲击值降低；S 以 FeS 的形式存在，通过与 FeO 的共同作用使钢的热脆性增加。因此，这两种元素是对钢极其有害的杂质，必须在冶炼过程中去除掉。石灰作为冶炼过程中的添加材料、造渣材料，可有效地去除 P、S，是一种不可替代的材料。

石灰作为添加材料、造渣材料，在不同的冶炼工艺、工序或阶段根据不同的形态、不同的加入方式以及不同的现场操作条件等对石灰的粒度、活性度、纯度等方面都有着一定的要求和限制。

石灰在使用过程中普遍存在的问题是有效 CaO 含量低，或 $SiO_2$ 含量高，有时 S 含量高，并且经常出现生烧率和过烧率高、块度不均匀，引起化渣时间的延长，效果的减弱，不利于正常的冶炼操作。

冶金用石灰，特别是炼钢用石灰，首先是对石灰焙烧程度的要求。石灰的焙烧程度可以分为软烧（Soft，又称轻烧）、硬烧（Hard）、死烧（Dead）三大类。当石灰石分解时，放出 $CO_2$ 达总质量的 40% 以上所产生的石灰具有 CaO 晶粒细小、比表面积大、空隙大，反应性能好的特性，一般把这种石灰称为软烧石灰，即活性石灰。长时间在高温下焙烧，其细晶粒逐渐融合、长大，整个体积收缩，这样形成的石灰一般称为硬烧石灰。再提高焙烧温度，达到 1800℃以上就变成了水化反应性极小的石灰，这种石灰称为死烧石灰。冶金石灰一般要求如下：

| 项　目 | 内　容 |
| --- | --- |
| CaO( + MgO) | 含量要大 |
| 杂质 | $SiO_2$，$Al_2O_3$，$Fe_2O_3$（MgO）及其他杂质要小 |
| 残留 $CO_2$ | $CaCO_3 = CaO + CO_2$ 要进行完全 |
| 风化程度 | 不应吸收 $H_2O$、$CO_2$ 等 |
| 粒度 | 按用途要求提供石灰的粒度 |

近年来各国对石灰质量均提出严格要求，并相应制定一些质量标准，如表 2-1 所示。

**表 2-1　各国冶金石灰的质量要求**

| 国　家 | 美 国 | 日 本 | 英 国 | 德 国 | 苏 联 |
| --- | --- | --- | --- | --- | --- |
| CaO/% | >96 | >92 | >95 | >87 ~95 | >90 ~92 |
| $SiO_2$/% | <1 | <2 | <1 | — | <2 |
| S/% | <0.035 | <0.02 | <0.05 | <0.05 | <0.04 |
| MgO/% | — | <5.0 | — | <3.0 | — |
| 烧损/% | <2.0 | <3.0 | <2.5 | <3.0 | <2.0 |
| 活性度(25g)/mL | | >180 | | >200 | |
| 块度/mm | 7 ~30 | 4 ~30 | 7 ~40 | 8 ~40 | 8 ~30 |

我国黑色冶金行业标准对冶金石灰的化学成分要求和粒度提出了具体要求（详见1.4）。各个企业根据自己的实际情况，粒度范围都有适当的调整。

## 2.1　石灰在烧结中的应用及烧结对石灰的要求

石灰作为一种烧结矿石的熔剂材料或胶结材料而被广泛地应用在烧结矿的生产过程中。

下面将国内部分钢铁企业1999年烧结矿质量及主要技术经济指标列于表2-2。

**表 2-2　部分企业 1999 年烧结生产技术经济指标**

| 企业简称 | 烧结机台×面积/m² | 年产量/万 t | 烧结矿化学成分 $w$/% | | | | | | |
|---|---|---|---|---|---|---|---|---|---|
| | | | TFe | FeO | $SiO_2$ | CaO | MgO | S | $m(CaO)/m(SiO_2)$ |
| 柳州三烧 | 2×50 | 127.19 | 54.33 | 6.25 | 6.05 | 10.36 | 2.94 | 0.050 | 1.71 |
| 昆明三烧 | 2×130 | 236.37 | 55.03 | 8.61 | 6.02 | 9.89 | 1.90 | 0.020 | 1.64 |
| 通(化)钢 | 3×64 | 224.57 | 52.48 | 10.86 | 7.82 | 13.90 | 2.72 | 0.047 | 1.78 |
| 邢(台)钢 | 4×24 | 193.83 | 57.26 | 12.72 | 5.92 | 9.86 | 2.583 | 0.032 | 1.67 |
| 承(德)钢 | 3×50 | 115.55 | 50.28 | 15.65 | 5.42 | 11.82 | — | — | 2.18 |
| 凌(源)钢 | 2×29 | 69.69 | 50.74 | 10.82 | 7.54 | 17.33 | — | 0.045 | 2.30 |
| 涟(源)钢二烧 | 1×40 | 122.96 | 53.54 | 10.23 | 5.74 | 11.42 | 3.65 | 0.03 | 1.99 |
| 济钢一烧 | 2×90 | 261.75 | 56.27 | 6.71 | 5.78 | 10.49 | 1.60 | 0.025 | 1.82 |
| 邯钢二烧 | 2×90 | 183.0 | 56.80 | 10.70 | — | | | 0.020 | 1.76 |
| 莱　钢 | 2×105 | 234.7 | 54.29 | 9.10 | 6.17 | 10.89 | 1.67 | 0.024 | 1.82 |
| 安(阳)钢一烧 | 5×28 | 226.1 | 57.28 | 10.61 | 5.60 | 9.45 | 1.96 | 0.014 | 1.69 |
| 新(余)钢 | 3×27 | 123.87 | 53.88 | 12.24 | 6.11 | 12.36 | 3.42 | 0.048 | 2.02 |
| 合(肥)钢一烧 | 2×18 | 46.41 | 51.79 | 15.18 | 7.36 | 13.59 | 2.74 | 0.147 | 1.85 |
| 鄂(城)钢一烧 | 3×24 | 303.43 | 52.88 | 11.43 | 6.84 | 11.49 | 4.28 | 0.046 | 1.68 |
| 成(都)钢 | 2×24 | 58.0 | 50.48 | 11.38 | 6.82 | 11.94 | 1.92 | 0.07 | 1.75 |
| 南(京)钢一烧 | 2×39 | 150.46 | 56.37 | 12.43 | 5.74 | 9.13 | 2.50 | 0.03 | 1.59 |
| 韶钢一烧 | 2×24 | 83.0 | 54.7 | 11.16 | 4.86 | 10.92 | 3.60 | 0.028 | 2.25 |
| 临(汾)钢 | 2×24 | 89.38 | 52.25 | 12.62 | 7.15 | 13.38 | 2.35 | 0.057 | 1.87 |

从以上数据可以看出，基本上烧结矿中的 CaO 含量在 11% 左右，属于仅次于铁的含量，而 CaO 的引入多数是以添加石灰的方式，所以石灰对于烧结矿的生产具有重要的意义。

烧结矿配料中加入含 CaO 的材料可以减少高炉配料中石灰石的用量，如果高碱度烧结矿带入的 CaO 量能够满足高炉渣碱度的要求而不需外加石灰石则是最理想的方案。在生产自熔性或高碱度烧结矿时，主要的高温下起液相黏结作用的则是铁酸钙系的化合物及共熔体。

烧结矿中 CaO 的引入可以采用添加石灰或石灰石的方式，也可以采用两种材料按照不同比例混加来实现。当加入的材料中有部分石灰石时，物料在通过烧结机时，烧结配料中的燃料点着火后由上向下层燃烧，并依此将其中的石灰石分解为石灰，然后再和铁矿石起烧结作用。

以石灰代替石灰石用于烧结是基于它水解后能与铁矿粉混合得更均匀，同时使得矿粉湿度降低，提高了烧结料的透气性能；此外，石灰水解放出的热量可以使配料温度提高 30～50℃，这样一来不仅可以提高烧结矿的质量，而且也提高了烧结机的生产效率。

高碱度烧结矿的应用使烧结用石灰石或石灰的消耗增加，如果全部采用石灰，则矿山生产的小粒度石灰石得不到合理利用，矿山资源成矿率降低，因此实际上往往是石灰石和石灰以一定比例配用。

针对石灰在烧结过程中所起的作用，对应石灰的性能指标有一些具体的要求，以便控制石灰生产过程中各个环节，发挥其最大的效能。

在粒度方面的要求，一般厂家控制在上限为3mm，也有的厂家上限放大到5mm，下限不做限制。粒度较细决定了运输的方式经常采用封闭式罐车、气力输送等，尽量少采用皮带输送机等输送设备。

在化学成分指标方面的要求是：$w(CaO) > 88.5\% \sim 90.5\%$，$w(MgO) < 0.68\%$，$w(SiO_2) < 2.70\%$，残余 $w(CO_2) < 3.0\% \sim 5.0\%$。目前，烧结过程对于石灰中S含量的高低未做进一步的控制，因为其占烧结矿的总体比例较低，但通常也是S含量越低，越能减少后续炼铁过程中脱S的时间，可以相应降低铁水温度，有利于整个炼铁过程。

在活性度方面的要求，按照《冶金石灰物理检验方法》（YB/T 105—2005）进行检测，各个企业根据本身使用铁矿原料特性，要求石灰的活性要大于280mL，要求较高的控制在320mL以上。

## 2.2 石灰在炼铁中的应用及炼铁对石灰的要求

### 2.2.1 高炉炼铁过程中S的来源和变化

高炉中的S主要由炉料如焦炭、矿石等带入的，由炉料带入的S量称为S负荷，一般每吨生铁中由炉料带入的S量有4~6kg，而其中大部分又是由焦炭带入的，焦炭含S一般为0.6%~0.8%，占S负荷的70%以上。矿石中的S主要是以 $FeS_2$ 的形态存在，而在烧结矿中又主要以CaS的形态存在，也有的以硫酸盐或其他金属硫化物如 $CaSO_4$、$BaSO_4$ 等形态存在。焦炭中的S主要是有机S。

有机S在高炉炉料下降过程中受热挥发，到达风口前焦炭中50%~75%的硫已失去。剩余的S在风口前燃烧成 $SO_2$，而 $SO_2$ 在上升过程中被C还原成S的蒸气或其他硫化物如CS、$CS_2$、HS、COS、$H_2S$ 等，但是不论是S的蒸气还是硫化物在上升的过程中被炉料吸收形成CaS和 $FeS_2$，而其中的 $FeS_2$ 在下降过程中被加热到565℃以上就分解：

$$FeS_2 \rightleftharpoons FeS + S$$

因而S在高炉中也形成循环现象。这些分解出来的或反应生成的 $SO_2$、$SO_3$ 等部分进入煤气，部分被炉料吸收再下降到高炉下部，而CaS则进入炉渣，FeS则分配于铁水和炉渣之间。即由炉料带入高炉中的S有三条出路：一随煤气带走；二进入炉渣；三进入生铁。

从分配情况可以看出，影响生铁中[S]含量的因素有：

(1) 炉料带入的S越多，则生铁中[S]越高，这主要取决于焦比及原料中S含量；

(2) 挥发的(S)越多越好，可是实际生产中挥发的S量有限；

(3) 渣量越大，炉渣带走的S相对越多，但一般不采用加大渣量的办法脱S；

(4) S在渣铁之间的分配系数越大，说明渣中含S越多。

降低生铁中的S含量，最好的办法是提高炉渣的脱S能力。生产实践与研究表明，铁水中的S主要是当铁水滴落过程中穿过渣层时，以及与渣相接触的过程中去掉的，另有20%~30%是在渣铁界面上脱掉的。关于脱S过程，用分子理论来说明，其过程如下：

（1）FeS 由铁水扩散到炉渣中：

$$[FeS] \longrightarrow (FeS)$$

（2）在渣中反应：

$$(FeS) + (CaO) = (CaS) + (FeO)$$

（3）渣中（FeO）被 C 还原：

$$(FeO) + C = [Fe] + CO$$

总的脱 S 反应是

$$[FeS] + (CaO) + C = [Fe] + (CaS) + CO$$

要降低生铁中的含 S 量，通常需要采取以下措施：

（1）提高温度，由于反应是吸热的，提高温度有利于平衡常数的增加，有利于炉渣脱 S 能力的增加，同时因为温度升高，炉渣的黏度降低，便于成分扩散和均化；

（2）提高碱度有利于脱 S，碱性渣可以提供大量的 $O^{2-}$，但碱性氧化物脱 S 能力不同，其脱 S 能力大小依此排序为：$CaO > MnO > MgO > FeO$；而酸性氧化物 $SiO_2$，由于吸收 $O^{2-}$，形成 Si-O 离子团，因而不利于脱 S。$Al_2O_3$ 在碱性渣中呈酸性，因而不利于脱 S；

（3）气氛的影响，还原气氛有利于 FeO 的还原，因此 C、[Si]、[P] 等都有利于脱 S 反应；

（4）从传质系数的特点看，（S）在渣中的扩散远比在铁中扩散要慢得多，因此要降低炉渣黏度改善其流动性。

### 2.2.2　石灰在炼铁中的应用

石灰作为高炉炼铁过程的造渣材料，被广泛应用在高炉生产过程中。

高炉渣中的 CaO 来源于烧结矿或补加的石灰和白云石。石灰生产车间通常不向高炉直接提供石灰，钢铁厂的石灰石矿有约半数的产品是间接地（通过烧结矿）供给高炉炼铁的，这是因为，高炉炼铁的铁渣量要比炼钢的钢渣量大得多。

高炉炼铁，炉渣一般应该具备以下 5 方面的作用：

（1）Fe 与脉石分离　碱性熔剂、酸性脉石与灰分中和形成在高炉温度条件下能够熔化的炉渣，并在高炉操作温度下，具有良好的流动性，并借助于 Fe 密度的不同而与铁水分层，顺利地排出炉外，这是对炉渣的首要要求；

（2）铁水脱硫，有足够的脱 S 能力　在日常的生产过程中，为保证生铁的质量，降低 S 含量是高炉炉渣最重要的职能；

（3）调整生铁的成分　在液态的渣铁之间进行着多种元素的再分配，炉渣成分要具有选择性还原的能力，也即尽可能还原 Fe、Mn、V 及 Nb 等有用金属，并根据生铁的用途控制 $SiO_2$ 的还原量，因而具有调整生铁成分的作用；

（4）促进高炉顺行　初渣的形成，明显出现在软熔带的上沿，在固态的焦炭孔隙中，初成渣的数量和性质，对上升气流的通过、炉料的顺利下降及铁氧化物的还原等过程都有很大的影响；

（5）保护炉衬　较高熔点的炉渣易于附着在炉衬上，形成所谓"渣皮"，它具有保护炉衬的作用，但如果炉渣熔点过低，黏度过小，它将侵蚀炉衬，故炉渣的性能也影响着炉衬的寿命。

炉渣物理性质和化学性质是保证完成以上任务的条件，而化学成分则是它具有良好物理和化学性质的基础。

我国部分钢铁厂高炉渣的典型化学成分如表2-3所示。

表 2-3 高炉渣的典型化学成分

| 厂名 | 炉容/m³ | 铁种 | CaO/% | MgO/% | SiO₂/% | Al₂O₃/% | FeO/% | S/% | $\dfrac{m(\text{CaO})}{m(\text{SiO}_2)}$ | $\dfrac{m(\text{CaO}+\text{MgO})}{m(\text{SiO}_2)}$ |
|---|---|---|---|---|---|---|---|---|---|---|
| A | 1513 | 炼钢 | 42.14 | 7.03 | 40.06 | 6.88 | 0.53 | 0.72 | 1.04 | 1.23 |
| B | | 炼钢 | 38.60 | 12.30 | 36.80 | 12.30 | 0.56 | | 1.05 | 1.38 |
| C | 917 | 炼钢 | 43.59 | 7.98 | 38.53 | 10.02 | 0.46 | 0.92 | 1.13 | 1.34 |
| D | 1386 | 炼钢 | 38.77 | 5.68 | 38.36 | 12.67 | 0.83 | 1.08 | 1.01 | 1.16 |
| E | 1059 | 铸造 | 42.66 | 6.72 | 36.99 | 8.96 | 0.65 | 1.03 | 1.15 | 1.34 |
| F | 1513 | 炼钢 | 31.07 | 3.29 | 25.43 | 7.77 | 0.95 | 0.90 | 1.24 | 1.32 |

由表可见，冶炼普通铁矿的高炉渣中，CaO 含量占 40% 左右，CaO、MgO、SiO₂ 和 Al₂O₃ 四种成分之和占 90% 以上，是影响炉渣物理和化学性质的主要成分。渣中 CaO 及 MgO 来自熔剂，SiO₂ 和 Al₂O₃ 则主要来自于铁矿石和焦炭的灰分，常将 $m(\text{CaO})/m(\text{SiO}_2)$ 称为炉渣碱度，而将 $m(\text{CaO}+\text{MgO})/m(\text{SiO}_2)$ 称为总碱度。

CaO 的含量对于高炉炉渣的熔化温度、炉渣的黏度、碱度、炉渣的组分、炉渣的表面性能、炉渣的热稳定性和化学稳定性都起着至关重要的影响。

### 2.2.3 炼铁对石灰的要求

为了保证炼铁用原料的质量稳定，通常对添加的石灰或石灰石等材料有一定的要求：

（1）化学成分稳定，水分含量少；

（2）粒度要细；

（3）S 含量要低；

（4）易于运输、贮存和配料。

上述要求都是基于高炉冶炼对原料的常温强度（转鼓指数、抗磨指数、落下指数、抗压强度、贮存强度等）、高温冶金性能（低温还原粉化率、中温还原度、高温还原度、还原速率、还原膨胀率、还原后抗压强度、还原软熔性能等）严格控制。

## 2.3 铁水预处理对石灰的要求

通过高炉炼铁之后，铁水预处理作为深一层次的去除铁水中 S、P 等杂质，减轻炼钢造渣和炉外精炼的负担，缩短炼钢时间，更大地发挥炼钢产能，起到了至关重要的作用。

由于炼钢生产技术的发展，对铁水的成分、质量要求越来越高，促进了铁水脱 S 的迅速发展。

铁水预处理方法有很多种，但基本环节不外乎是：加脱 S 剂、搅拌、扒渣取样和测温。实践证明：脱 S 剂加入方式、加入量、搅拌方式不同，脱 S 效率也不同。

在铁水脱 S 中，石灰以复合脱 S 剂的方式，经过物理或者化学的方法进行工业化生产加工后，通常以喷吹的方法加入到铁水罐中与铁水混合，进行脱 S。

石灰基复合脱 S 剂的组成和用量，主要根据要求的脱 S 率和成本而定。

用于铁水脱 S 的石灰应该是低 S 和高活性的，通常以 $10 \sim 1000 \mu m$ 的粉剂供应。因使用石灰、碳化钙等材料时，脱 S 反应至少在开始阶段是固-液反应，其反应速度和程度主要取决于脱 S 剂固体粒子的表面积及其与铁水的混合程度。

CaO 与铁水的反应只在石灰表面生成 CaS，而其核心则根本未参加反应。故使用粗粒石灰的利用率必然降低。

用固体燃料的竖窑石灰的筛下物含有较多的燃料灰分，小粒石灰的 S 含量也高于产品的平均值，不宜作为铁水脱 S 剂的原料。通常采用气体或者液体为燃料的回转窑所产筛下的石灰粉比较纯净，是很好的脱 S 剂原料。

实践表明，用石灰作为主料的复合脱 S 剂处理 S 含量为 0.25% 的铁水，1t 铁的加入量为 $20 \sim 30 kg$ 时，脱 S 率可达 95%。

铁水预处理过程及其操作方式决定了其对石灰的生产方式和一些物理和化学性能的特殊要求，满足这些要求才能保证应有的脱 S 效果和脱 S 效率。

铁水预处理一般对石灰有以下的要求：

(1) 采用回转窑煅烧的活性石灰；

(2) 石灰的本身 S 含量较低，尽量低于 0.015%；

(3) 石灰的活性较高，大于 350mL；

(4) 石灰的细度很细，通常控制在 $10 \sim 1000 \mu m$ 的粉料；

(5) 与表面钝化剂配合使用，以保证粉状活性石灰具有良好的贮存和运输、输送性能。

## 2.4　石灰在炼钢中的应用及炼钢对石灰的要求

炼钢过程基本上是一个氧化过程，整个过程中 O 是一个活跃的和关键性的元素。目前，常用的炼钢方法是氧气顶吹炼钢法（LD 炼钢法）。

炼钢的基本任务可以归纳为：脱碳、去磷和去硫、去气和去非金属夹杂物、脱氧与合金化、调温和浇铸。磷和硫是生铁中主要的有害杂质，炼钢的主要目的之一就是去除这些杂质。

钢水中的 S 主要来源于铁水、废钢、铁合金、造渣材料等。

钢水中的 S 对钢的性能的不良影响主要有以下几点：

(1) 使钢的热加工性能变化。因为 S 与 Fe 在晶界上形成连续或不连续的网状组织，加热后产生"热脆"现象。含 S 钢在 $950 \sim 1050℃$ 时有一个脆性区域，称为"红脆区"，在 1300℃ 附近再次出现一个脆性区域，称为"白脆区"，这种钢锭或钢坯在轧制或锻造过程中，将出现断裂。有些研究认为在含锰量不高时，S 含量达到 0.09% 时，钢已经不能进行热加工。

(2) 对钢的力学性能产生不良影响。钢中含 S 高时，硫化物夹杂增加。许多硫化物夹杂在热加工时，随着钢材延伸而伸长，因而使钢材横向力学性能降低，即横向延伸率和断面收缩率有所下降。

(3) 焊接性能变坏。含 S 钢材往往在高温焊接时出现龟裂，其影响程度随着钢中碳、磷的存在而加大。同时 S 在焊接过程中易于氧化，变成 $SO_2$ 气体而逸出，以至于在焊接金属中产生很多气孔和疏松，降低了焊接部位的机械强度。

(4) 当钢中的 S 含量超过 0.06% 时，钢的耐腐蚀性能显著恶化。

(5) 纯铁或硅钢随着 S 含量的提高，磁滞损失增加。

各类钢种对 S 含量要求大致分为三级：

普通级：要求[S]含量≤0.055%（普碳钢即属此级）；

优质级：要求[S]含量≤0.040%（优质碳素钢即属此级）；

高级优质钢：要求[S]含量≤0.020% ~0.030%（各种带 A 字的钢种和硅钢、滚动轴承钢等特殊用途钢即属此级）。

P 也是钢中有害元素，它增加了钢的冷脆性，使焊接性能变坏；降低塑性，使冷弯性能变坏等。

正是由于 S、P 对钢的质量影响，去除钢中的 S、P 至关重要，去 S、去 P 是炼钢的主要任务之一。石灰作为炼钢过程中的造渣和有效脱 S、脱 P 的材料被广泛地应用在炼钢生产过程中。

## 2.4.1 炼钢造渣过程及工作机理

转炉吹炼时，铁水中杂质的氧化物和氧化铁与熔剂相结合生成钢渣，在吹炼过程中发生的反应主要有：

$$Fe + \frac{1}{2}O_2 =\!=\!= FeO(一部分进入渣中)$$

$$Si + 2FeO =\!=\!= 2Fe + SiO_2(进入渣中)$$

$$Mn + FeO =\!=\!= Fe + MnO(进入渣中)$$

$$C + FeO =\!=\!= Fe + CO(气体)$$

$$2P + 5FeO =\!=\!= 5Fe + P_2O_5$$

$$4FeO + P_2O_5 =\!=\!= 4FeO \cdot P_2O_5$$

$$4FeO \cdot P_2O_5 + 4CaO =\!=\!= 4FeO + 4CaO \cdot P_2O_5(进入渣中)$$

$$FeS + CaO =\!=\!= FeO + CaS(进入渣中)$$

由此可见，造渣的主要材料就是石灰。随着钢铁料中 Si、P、S 等杂质含量的增高，石灰消耗量也增加。如果将冶炼前期 Si、P 氧化生成的 $SiO_2$ 及 $P_2O_5$ 随低碱度渣部分排除，会显著降低石灰单耗。此外，成品钢要求 P、S 越低，石灰消耗也越高。

电炉炼钢以废钢做原料，所含 Si、P 等杂质通常低于以铁水为主要原料的转炉炼钢。废钢熔化后排除初期渣，还原渣具有较强的脱 S 能力，使电炉石灰单耗低而稳定，一般在 50kg/t 钢左右。

氧气转炉炼钢，原料中铁水约占 80%，因此除石灰质量外，铁水成分对石灰消耗影响很大。吹氧 2~3min 后，Si 已氧化至微量，并伴随着有部分脱 P，此时低碱度 $[m(CaO)/m(SiO_2) \approx 1.0]$ 初期渣含有大量未熔石灰，流动性很差，不易顺利地排除。转炉整个操作过程，也不允许因为放渣延误时间。因此除少数小容量转炉曾采取人工扒渣操作外，大部分转炉初期形成的酸性氧化物，在整个吹炼期一直保留在炉内，并靠加入石灰将碱度提高到 3.0~4.0，因此石灰消耗增加。采取在临近吹炼终点时利用取样、测温的时机排出部分碱度已较高的炉渣，并根据情况再补加石灰的操作，对降低石灰消耗的作用也不大，甚至会把部分未及熔化的石灰浪费掉。

转炉冶炼低 P(0.1%)铁水时的石灰消耗量主要决定于铁水的 Si 含量。Si 含量每增加 0.1%，为使炉渣碱度达到 3.5~4.0，每吨铁水就要多加石灰 8~9kg，相应地增加渣量 16~18kg。

铁水 P 含量对石灰消耗量的影响比较复杂，炉渣碱度、FeO 总量及出钢温度对 P 的分配系数都有明显影响。出钢温度升高，分配系数将下降，这也是小容量转炉因需适当提高出钢温度而使石灰单耗偏高的原因之一。采用连铸代替模铸，也需要更高的出钢温度，同样也会使炼钢石灰消耗增加。

提高炉渣碱度会使得 P 的分配系数提高，即提高炉渣的碱度是脱 P 的重要条件，这意味着增加石灰耗量和渣量。

氧气转炉炼钢脱 S 能力有限，因此脱 S 任务应该尽量由高炉完成，保证供应转炉 S 含量小于 0.05% 的铁水。对于低 S 钢种，最好采用铁水预脱 S 处理。如果铁水含 S 量高于 0.07%，转炉炼钢造渣用石灰消耗会显著增加。

此外，铁水罐带渣、出钢前用石灰当冷却剂也使炼钢石灰消耗增加。

铁水罐表面经常带有一层高炉渣，低碱度、高 S 含量的高炉渣随着铁水装入转炉需要额外消耗石灰。在铁水罐车运输和等待时间较长的炼钢厂，如果采用蛭石等酸性无机材料保温，也会增加石灰消耗。

计算和控制手段不完善的炼钢厂，出钢前钢水温度往往偏离目标值，如过高，常采用石灰作冷却剂，也额外地增加石灰消耗。

此外，转炉加石灰时，一部分细粒度石灰被排烟机抽至除尘系统，其量也计入炼钢石灰消耗量中。

由于以上原因，炼钢厂统计的石灰消耗量，往往比理论计算或物料平衡测定值高 10%～20%。

### 2.4.2　石灰在炼钢过程中的熔解机理

石灰熔解成渣过程的研究表明，石灰的熔解分为三步：

（1）石灰块的加热和炉渣的渗透；

（2）渗入石灰孔隙的 FeO、MnO、$CaF_2$ 等与 CaO 形成熔点较低的熔体，使石灰熔解；

（3）熔解的石灰与石灰粒本体分离进入炉渣。

加入炉内的石灰与炉渣接触后立即被加热和渗透。渗透过程是通过石灰本身的气孔进行的，随着熔解使气孔外口扩大。渗入的炉渣饱吸 CaO，因而降低了渗透速度。随后渗入的 FeO、MnO、$CaF_2$ 等组元与 CaO 形成固熔体，使石灰熔解。已熔石灰使石灰块分解为多个小粒，因此炉渣与石灰的接触面增大，石灰熔化加快。

石灰的熔解成渣过程，其限制性步骤是炉渣向石灰孔隙内的渗透。炉渣的渗透与石灰的气孔大小和种类有关，硬烧石灰因初生晶合并长大使得气孔半径增大，而气孔率降低，因而较快地被渣渗透饱和；软烧或称轻烧石灰因为气孔率高，吸收的渣量比较多，在炉渣渗入气孔并不太深时就与 CaO 反应，生成低熔点固熔体离开本体。硬烧石灰的炉渣渗透虽然较深，但因气孔率低，渗透进的炉渣量相对较少，而且因为石灰的 CaO 晶粒大、活性低，与炉渣形成低熔点固熔体速度慢，数量少，因而石灰的熔解速度就比较慢。

根据多项反应的动力学条件，石灰在熔渣中的熔解过程由以下两个环节组成：

（1）外部传质　它指的是 FeO、MnO 和其他氧化物向石灰块表面的扩散传质和已熔 CaO 向渣相深处的传质，这一环节受熔渣黏度、浓度梯度、熔池搅拌程度以及石灰-熔渣接触面积大小的影响；

（2）内部传质　它指的是熔渣沿石灰块的孔隙、裂隙和晶界面的传质以及 $Fe^{2+}$ 在石灰晶格中的进一步扩散以形成比 CaO 熔点低的共晶、化合物或共熔体，决定熔渣对石灰块表面润湿程度的因素和决定质点在 CaO 晶体中扩散的因素影响着第二环节。

了解了石灰在炼钢过程中的熔解机理，有助于我们更好地生产出优质的石灰，为炼钢提供合格的造渣原料。

### 2.4.3 炼钢对石灰及相关生产工艺的要求

炼钢对石灰及相关生产工艺的要求如下：

（1）对于活性石灰的 CaO 含量越高越好，才能相应减少杂质的含量；

（2）尽量选用低 S 石灰石原料和低 S 燃料生产出低 S 石灰，确保炼钢造渣过程中脱 S 的效果；

（3）石灰的灼减应该尽量控制在 4% 以下，灼减高表示石灰生烧率高，使用这种石灰，会显著降低炉子的热效率，且使造渣、温度控制和终点控制遇到困难；

（4）块度对石灰的熔解速度有很大影响，块度过大的石灰熔解速度很慢，甚至到吹炼终点还来不及熔解，不能及时成渣并发挥作用，过于细碎的石灰容易被炉气带走，石灰的块度以 5~40mm 为宜；

（5）保证炼钢使用石灰的活性度，争取达到 330mL 以上的水平，同时控制好石灰的灼减、体积密度、颗粒组成、气孔率、强度等指标；

（6）块状石灰的强度能够满足皮带或者汽车倒运的需要，在成品石灰的倒运过程中，少采用斗式提升机，并且在成品贮仓中多采用螺旋滑道，尽量在使用前降低块状石灰的破损量；对于来料石灰石的块度要保证不合格粒度原料不大于 5%，有条件的厂家要对原料采取水洗措施；成品石灰的筛分机械能够保证筛分效率不小于 95% 以上；

（7）石灰容易吸水和粉化变成 Ca(OH)$_2$，应该尽量使用新烧成的石灰，并尽量采用密闭的容器贮存和运输，成品贮料仓在进出口处均采用封闭效果良好的设备，有条件的厂家可以采用惰性气体保护措施，保证活性石灰在贮存期间吸潮量较少，提高产品利用效率；

（8）对于除尘粉灰和成品石灰筛下料部分，一部分除了供应烧结外，其余采取压球制粒等方法，提高粉灰的利用率。

### 2.4.4 活性石灰在炼钢中应用的效果

近年来经过实践检验用软烧活性石灰代替普通石灰在氧气转炉、电炉中应用得比较多，使用软烧活性石灰具有良好的技术和经济效果。具体表现在以下几个方面：

（1）石灰的熔解速度加快，也比较安全，因而石灰的消耗量降低，渣量也相应减少；

（2）脱 P 过程提前，成品钢 P、S 含量降低；

（3）喷溅减少，最终钢渣中 FeO 含量低，金属收得率提高，钢中含氧量降低，脱氧用 Mn、Fe 消耗降低；

（4）炉衬寿命提高。

在炼钢对石灰的各项具体要求中，石灰的活性度是石灰生产过程中应该控制的最重要的指标。例如，鞍钢在 20 世纪 80 年代末期进行了一次系统的石灰活性对炼钢生产过程影响的试验，通过对转炉冶炼过程中枪位控制、造渣工艺条件的控制，同时监控吹炼过程中炉渣碱度和渣中 TFe、MgO、P$_2$O$_5$、S 等成分的变化；并且相应监控金属中 C、Si、P、S 含量的变化，对吹炼过程中炉渣岩相的变化又进行了显微分析，获得了一系列的数据，经过整理并绘制出相应的表格，最终得出石灰活性提高后，明显改善了冶金效果，提高了经济技术指标的结论。

下面将炼钢使用活性较高的石灰主要冶金效果和主要技术经济指标列于表 2-4、表 2-5 中。

**表 2-4　使用活性石灰的主要冶金效果**

| 项　目 | 用活性石灰第二炉役 | 用普通石灰第一炉役 | 对比结果 |
|---|---|---|---|
| 抠枪/次 | 5 | 13 | 减少 61.5% |
| 爆发性喷溅/次 | 12 | 21 | 减少 42.85% |
| 脱 S/% | 31.25 | 17.4 | 提高 79.60% |
| 利用系数/t·(d·t)$^{-1}$ | 21.66 | 19.99 | 提高 8.35% |
| 吹炼 5min 的炉渣碱度 | 1.65~1.87 | 1.10~1.20 | 提高 50%~56% |
| 渣量/(罐·炉)$^{-1}$ | 0.5 | 1.0 | 减少 50% |
| 炉衬平均侵蚀速度/(mm·炉)$^{-1}$ | 0.837 | 1.276 | 减少 34.40% |
| 终点碳温协调率/% | 77.19 | 63.47 | 提高 21.62% |

注：1. 第二炉役铁水平均 S 含量在 0.035% 以下；
　　2. 炉衬侵蚀速度是通过 IMI600 激光测厚仪测定的。

**表 2-5　使用活性石灰的主要技术经济指标**

| 炉号及石灰 | 石灰消耗/kg·t$^{-1}$ | 废钢比/% | 钢铁料消耗/kg·t$^{-1}$ | 炉龄/次 |
|---|---|---|---|---|
| 3 号，普通石灰 | 85.1 | 7~8 | 1120.8 | 1133 |
| 3 号，活性石灰 | 58.5 | 10~12 | 1113.3 | 1605 |

注：炉龄指 1987 年平均炉龄。

马钢二炼钢厂使用活性石灰后也有明显效果，当年，在 20t 转炉使用效果如下：

（1）使用的两种石灰的成分、活性度比较如表 2-6 所示；

**表 2-6　两种石灰成分、活性度的比较**

| 名　称 | $w(CaO)$/% | $w(SiO_2)$/% | $w(MgO)$/% | $w(S)$/% | 生过烧/% | 灼减/% | 活性度/mL |
|---|---|---|---|---|---|---|---|
| 普通石灰 | 80.18 | 2.28 | – | 0.066 | 33.45 | 13.35 | 214 |
| 活性石灰 | 92.52 | 2.76 | 0.82 | 0.029 | 1.94 | 2.57 | 392 |

（2）使用效果，使用两种石灰吹炼半钢前期的去磷参数结果如表 2-7 所示；

**表 2-7　两种石灰的去磷结果比较**

| 参　数 | 活性石灰 | | 普通石灰 | |
|---|---|---|---|---|
| | 波　动 | 平　均 | 波　动 | 平　均 |
| 供氧时间/min | 5.5~9.17 | 7.28 | 7.0~9.67 | 7.92 |
| $w(C)$/% | 1.13~2.64 | 1.72 | 0.79~2.20 | 1.46 |
| 去磷率/% | 85.9~98.3 | 91.77 | 70~98 | 86.79 |
| 去磷速度/%·min$^{-1}$ | 0.053~0.103 | 0.067 | 0.037~0.082 | 2.48 |
| $w(P_2O_5)$/% | 107~1181 | 313 | 82~862 | — |

（3）使用两种石灰的废钢比、钢铁料和石灰消耗等技术经济指标比较如表 2-8 所示。

**表 2-8　使用两种石灰的主要消耗指标比较**

| 指标 | 活性石灰 | 普通石灰 | 指标 | 活性石灰 | 普通石灰 |
|---|---|---|---|---|---|
| 钢铁料消耗/kg·t$^{-1}$ | 1174 | 1182 | 石灰消耗/kg·t$^{-1}$ | 85 | 103 |
| 废钢比/% | 8.3 | 4.2 | 吹损/% | 10.43 | 11.0 |

使用效果分析如下。

（1）在石灰加入量和供氧制度相同的条件下，使用普通竖窑石灰吹炼半钢，开吹后 4 ~ 5min 才开始化渣，吹到 8min 时渣仍呈黏稠状，颗粒粗，混有未熔石灰团块；而使用活性石灰时，开吹约 3min 就开始化渣，到 7 ~ 8min 时渣较稠但黏度小、颗粒细，未发现未熔石灰块。即化渣时间提前 1 ~ 2min，前期去磷率可达 90% 以上。

正因为活性石灰熔化快，易化透，所以能充分发挥渣的高脱磷能力，加速冶炼前期去磷，而保留较高的金属含量。活性石灰的去磷保碳的特点，为使用半钢直接炼高碳钢创造了有利条件。

（2）用活性石灰吹炼钢，废钢比增加 4.1 个百分点。废钢比增加的原因主要是活性石灰生烧率低和石灰用量减少，约减少 18kg/t。根据石灰的热效应计算结果，活性石灰吸热量比普通竖窑石灰约少 293kJ/kg。另外，石灰用量减少，渣量随之减少，因而成渣和溅渣带走的热量大大减少。其综合效果，使吹损减少约 0.60 个百分点，钢铁料消耗降低约 8kg/t。

（3）结果表明，无论是吹炼前期还是吹炼后期，使用活性石灰时渣中 MgO 含量都比用普通竖窑石灰低。这是由于从炉衬中熔蚀下来的 MgO 量减少，即炉衬的消耗量也降低，炉衬的使用寿命延长。

通过上述案例有效说明了石灰对于整个炼钢过程的重要意义，生产出合格的高活性的石灰是广大石灰工作者的责任和义务。

## 2.5  石灰在炉外精炼中的应用及炉外精炼对石灰和相关材料的要求

炉外精炼也称二次精炼，是指钢水从转炉或电炉出钢到引入到结晶器的过程中，对钢水所做的全部处理操作。

连铸能有今天这样迅速地发展是与炼钢技术，尤其与二次精炼技术的进步分不开的，反过来，连铸的发展，又要求在整个连铸过程中，钢的温度和成分保持稳定、均匀以及钢的清洁性日益严格，这样又不断推动了二次精炼技术的进步。

依产品质量要求不同，通常钢水在钢包中进行如下处理：

（1）吹氩；

（2）喷粉、渣处理；

（3）喂丝、倒包/扒渣；

（4）真空脱气；

（5）加热。

二次精炼的四项任务即二次冶金处理过程中要控制的主要目标如下：

（1）成分  现在发展的趋势是钢中各种成分控制范围变得越来越窄，而且杂质元素的最高含量要求越来越低；

（2）温度  欲获得最佳的产品质量和顺利浇铸，在连铸时，钢水温度控制在很窄的范围内，钢包炉作为温度控制的一个重要组成部分被广泛采用，每种钢在钢包内的控制目标温度与钢种有关，通常在 1640 ~ 1730℃ 之间，波动范围在 ±10℃ 之内；

（3）时间  时间顺序实际上是与调度系统结合在一起的，以保证钢水以准确的温度和时间抵达过程的每个阶段并最终抵达铸机；

（4）清洁性  由脱氧产物、外来的夹杂物或两者结合的产物形成的大多数夹杂物在钢中都成为脆弱点，损害产品的性能，质量高的钢种不仅要求钢中夹杂物的总量和它们的单个尺寸都要降低，而且在许多情况下，夹杂物的种类和形态也要加以控制，因此采用适当的技术措施，正确控制夹杂物类型和形态在实际生产中变得越来越重要，其中 Ca 处理就是一种常用的方法。

石灰作为深脱 S 材料和改变氧化物/硫化物被广泛应用在钢包炉外精炼的生产过程中。

钢水的炉外精炼是出钢后在钢包中进行再精炼的一种冶金工艺，故又称二次精炼或钢包冶金，它与氧气转炉和连铸是钢铁冶金技术发展中最重要的几项成就。

炉外精炼的方法有：真空精炼法（ASEA-SKF 法、VOD 法、MVOD 法、RH 法、DH 法、VAD 法、LF 法）、非真空精炼法（AOD 法、CAS-OB 法）、渣洗精炼法（合成渣洗法、同炉渣洗法）等等。

根据炉外精炼目的的不同采用不同的精炼方法，但并非所有的方法都涉及造渣工艺，石灰主要用于合成渣脱 S 和喷吹用粉剂。

### 2.5.1　合成渣洗法

合成渣洗是用几种物质组成的液体或固体合成渣在钢包内进行的精炼方法。

电弧炉炼钢采用钢水与还原性渣混出的出钢方法也是一种同炉渣洗工艺，由于钢与渣在钢包里产生激烈的搅拌，使出钢过程能够脱除 50% 左右的 S。

氧化性冶炼的转炉炼钢，由于炉渣含有较高的氧化铁，就不允许渣钢混出，以免影响钢的脱氧和合金化，甚至还要采取技术措施限制出钢完毕后炉渣进入钢包。因此，合成渣处理主要用于氧化性冶炼，并以脱 S 作为主要目标。

固体合成渣洗时，有的在出钢前把渣料先加入钢包，随包烘烤；也有的为防止渣料在包底黏结，影响开浇，部分或全部渣料在出钢过程中随钢流加入钢包。为了提高处理效果，除利用钢流动落差能搅拌外，还经常采用钢包吹氩气补充搅拌，使钢与渣充分混合。

合成渣主要材料为细粒（0 ~ 3mm 石灰），并配以适量的萤石、铝矾或苏打灰等。试验表明，在终点钢水含 0.016% ~ 0.048% S 的转炉钢水，加入 5 ~ 12kg/t 钢合成渣，平均脱 S 率可以达到 46.2% 以上。

合成渣洗是一种简易的钢包精炼方法，设备投资少，操作工艺简便，但也有脱 S 率不稳定，以及为补偿加热和熔化合成渣的热量消耗而需要提高出钢温度 10 ~ 20℃ 的缺点。

### 2.5.2　喷射冶金法

石灰粉剂（小于 1.0mm）是喷射冶金的粉剂材料之一。喷射冶金精炼法是用氩气作载气将不同粉剂，包括合金粉剂、石灰粉剂等用喷枪直接喷射到钢水内的一种工艺。由于粉剂的弥散度高，与钢水有良好的接触，由于氩气泡的浮力而带动钢水按一定的规律运动，以达到均匀钢水温度、成分、脱氧、脱硫和控制夹杂形态等多种冶金目标。

脱 S 粉剂采用 CaSi 或石灰粉。一般石灰粉因为粒度细小，当包装、贮存稍有不慎即会从大气中吸收水分。这种水解的石灰粉剂不但流动性差，而且使钢水增氢，因此，对用于喷射冶金的石灰粉剂要求采用专门生产的硬烧石灰或钝化石灰粉，并采用与空气隔绝的密封包装。

石灰钝化处理的原理是利用 CaO 在一定温度下与 $CO_2$ 发生可逆反应生成 $CaCO_3$，使石灰粉粒表面包上一层坚实的 $CaCO_3$ 外壳，以降低吸水性。钝化石灰表面的 $CaCO_3$ 外壳占石灰总量的 6% ~ 10%，分解吸热量较石灰石要少得多。

石灰的钝化可以在 350 ~ 500℃ 及 600 ~ 700℃ 两个温度区进行，低温碳酸化的石灰 $CaCO_3$ 外壳薄而致密，高温处理的厚而疏松，因此低温处理的石灰粉有较好的抗水化性能。

最近几年国内的一些生产厂家和科研院所合作开发出采用物理方法对粉状石灰的表面进行

物理方法的钝化处理，成本较低，也取得了很好的钝化效果，同时，又保证钝化后的粉状石灰具有一定的流动性能，有效地阻碍了粉状石灰的进一步吸潮和水化，值得推广和使用。

### 2.5.3 炉外精炼对石灰及相关生产工艺的要求

目前，采用较多的炉外精炼方法是喷射冶金法，喷射的方式就要求石灰：

(1) 石灰的粒度要细，并且流动性要好，能够很好地被惰性气体运载；

(2) 石灰的活性要高，在几分钟的炉外精炼时间内，即可达到很好的脱 S 效果；

(3) 石灰的粒度要均匀，在钢水中分散的效果要好；

(4) 石灰的防水化效果要强，减少吸潮的程度，不能将氢等杂质带到钢水中；

(5) 石灰本身的纯度要高，S 含量及其他杂质含量要降到最低；

(6) 石灰要便于贮存和运输。

只有尽量满足以上要求，才能更加有效地发挥石灰在炉外精炼过程中的作用。

## 2.6 轻烧白云石对转炉炼钢溅渣护炉的影响

轻烧白云石在炼钢中常用于转炉的溅渣护炉。转炉炼钢溅渣护炉工艺基本原理是：在出完钢后摇正转炉，将适量的镁质调渣剂加入到留下的炉渣中，调整好炉渣成分，同时利用氧枪以高速吹入的高压氮气将炉渣溅起，黏结在炉衬上，形成对炉衬的保护层，从而减缓炉衬的侵蚀速度，达到提高炉龄，降低炉衬耐材消耗，提高转炉效率及经济效益的目的。

对溅渣护炉效果影响最大的因素有：渣中 FeO 的含量、MgO 的含量、碱度 $R(CaO/SiO_2)$。有关研究表明，当 $w(MgO) > 8.4\%$ 时，随 MgO 含量的提高，炉渣熔点上升。在吹炼前期，加入 MgO 有利于化渣；到吹炼后期，随着渣中碱度 $R$ 升高，MgO 饱和溶解度下降，有颗粒状的 MgO 析出，可以使炉渣变黏，溅到炉衬上后能较好地黏附在炉衬上，不至于被机械冲刷下来。过饱和的 MgO 还可以阻止炉渣侵蚀炉衬。此时，溅渣层随着温度下降可析出 MgO 结晶小颗粒，与 $C_2S$、$C_3S$ 构成溅渣层网络状骨架而更耐侵蚀。但 MgO 含量过高，炉渣黏度增大，不易吹溅黏附到炉衬上，影响了溅渣层的厚度；而且对于过饱和的 MgO 的炉渣，由于 MgO 未溶解在渣中，造成溅渣层中低熔点相增多，势必降低渣层的抗浸透、抗侵蚀能力。MgO 含量应在出钢前和出钢后调整，在吹炼初期加轻烧白云石代替部分石灰造渣，白云石造渣可增加渣中 MgO 含量，生成含镁硅酸盐矿物相，同时可推迟 $C_2S$ 壳的生成，有利于保护炉衬。

# 3 原 料

## 3.1 石灰石

### 3.1.1 概述

用于生产石灰的原料是碳酸盐类岩石，以 $CaCO_3$ 为主要成分，通称为石灰岩，即石灰石。

石灰石按其成因类型可分为海相沉积矿床、陆相沉积矿床、重结晶作用形成的矿床和岩浆以及热液生成的碳酸岩矿床。沉积矿床是由生物残骸、骨骼及贝壳等沉入淡水湖底形成的 $CaCO_3$ 在淡水中沉积而成。由于藻类或更高级水生植物沉积，其中含钙有机碳化合物在高温高压下形成分子碳酸盐，这类碳酸盐呈细末状，形成泥灰岩矿。贝壳、腹足类软体动物的钙质贝壳也可以形成这种淡水 $CaCO_3$ 沉积岩，所形成的沉积岩岩层在若干年的高温高压作用下逐渐形成致密岩石。因此，石灰岩随时间的长短，其化学性质和物理性质明显不同，沉积时间长则致密坚硬，反之则疏松质地柔软。

自然界岩石的风化、溶解，在水的大循环过程中，有大量的 Ca 以离子状态被带入海洋，再由于无机过程或生物过程，在海洋的某个地区以 $CaCO_3$ 形式沉积下来，同样形成石灰岩。自然界中也曾发现有残余岩浆结晶原生方解石——$CaCO_3$。地球化学中的变质岩也有 $CaCO_3$ 形成，即由岩浆形成的含 Ca 盐类岩石，由于温度和压力的作用分解为 $CaCO_3$、$CaO$ 或 $Ca(OH)_2$ 等，其中 $Ca(OH)_2$ 与 $CO_2$ 作用生成 $CaCO_3$。

石灰岩的性质有很大差异，石灰石分类如下：

(1) 粒状结晶石灰石 方解石及白云石化大理石属于粒状结晶石灰石，大理石是由碳酸盐类岩石经变质形成的一种变质岩，纯大理石呈白色，由于有不同的杂质，又呈现不同的颜色。化学成分纯净，色泽单一的大理石一般用于建筑业的装饰材料；

(2) 致密石灰石 又称大理石状石灰石，其中方解石的细小晶粒群体被各种黏结物结合在一起，形成具有细粒而致密的结晶构造，它的纯度比大理石差，硬度小，是烧制石灰的主要原料，亦称普通石灰石。质地较纯净杂质较少的致密石灰石为青灰色或浅灰色，含有碳化物呈深灰色，含有黄铜矿呈灰蓝色，含 Mg 及 Mn 一般呈黄、褐、粉红或棕色，一般色泽暗淡的含 Mg 较多，有闪亮光点甚至色泽发白的则含硅石较多；

(3) 多孔石灰石 贝壳质石灰石、石灰质凝灰岩、鱼卵石等属于这类石灰石，这类石灰石结构疏松、孔隙可达 50% ~60%，强度低；

(4) 土状石灰石 即白垩，海洋微小生物的外壳沉积形成细小颗粒碳酸盐结构，质地酥软松散，具有白、浅黄和浅绿等颜色；

(5) 泥灰质石灰石 它是含黏土质较高的石灰石，黏土质含量 8% ~10% 为普通泥灰质石灰石；黏土质含量 10% ~20% 为石灰泥质岩；黏土质含量大于 20% 时，不能烧制石灰。

### 3.1.2 石灰石的性质

石灰石主要成分是 $CaCO_3$，但常含有白云石（$CaCO_3 \cdot MgCO_3$）、石英（结晶 $SiO_2$）、燧石

（又称玻璃质石英、火石，主要成分是 $SiO_2$，属结晶 $SiO_2$）、黏土质和铁质等杂质，其杂质的主要成分是 $SiO_2$、$Fe_2O_3$、$Al_2O_3$。在石灰石的表面会黏附一些黏土、沙子，由它们引入上述杂质成分。

### 3.1.2.1 石灰石的物理性质

石灰石的主要成分是 $CaCO_3$，它以方解石和文石两种矿物存在于自然界。方解石属三方晶系，六角形晶体，纯净的方解石无色透明，一般为白色，含有 56% CaO，44% $CO_2$，密度为 $2.715g/cm^3$，莫氏硬度为 3，性质较脆。文石属于斜方晶系，菱形晶体，呈灰色或白色，密度为 $2.94g/cm^3$，莫氏硬度为 $3.5 \sim 4$，性质致密。

石灰石的物理性质中方解石的结晶大小是十分重要的。致密石灰石呈现出低气孔率的细粒晶体组织结构具有很高的强度。石灰石的密度约为 $2.65 \sim 2.80g/cm^3$，白云石质石灰石为 $2.70 \sim 2.90g/cm^3$，白云石为 $2.85 \sim 2.95g/cm^3$。体积密度取决于气孔率，各种石灰石和白云石的体积密度和气孔率如表3-1所示。

**表 3-1　各种石灰石和白云石的体积密度和气孔率**

| 岩石 | 气孔率/% | 体积密度/g·cm$^{-3}$ | 岩石 | 气孔率/% | 体积密度/g·cm$^{-3}$ |
|------|---------|---------------------|------|---------|---------------------|
| 石灰石 | $0.1 \sim 30$ | $1.90 \sim 2.80$ | 白垩 | $15 \sim 40$ | $1.50 \sim 2.30$ |
| 大理岩 | $0.1 \sim 2.0$ | $2.70 \sim 2.80$ | 白云石 | $1 \sim 10$ | $2.60 \sim 2.90$ |

石灰石的热膨胀：有资料显示，石灰石在 800℃ 以下的范围内，微晶体石灰石的平均热膨胀系数为 $(4.5 \sim 5.0) \times 10^{-6}/℃$，而粗晶体则增加到 $10.1 \times 10^{-6}/℃$。

石灰石的加热实验在石灰生产中有很重要的意义。根据 Hedin 的实验，在石灰石的分解点以下的 800℃ 时石灰石结晶体内产生膨胀，在高度结晶化的石灰石中会形成裂纹，而那些晶体更大的通过加热会由破裂而成粉末，对于结晶发育很好、含有许多致密方解石的石灰石粉化较严重。这一点，对于石灰石的焙烧工艺和焙烧设备的选择至关重要。因而，在选择焙烧设备前，需要对作为原料的石灰石做试验。

### 3.1.2.2 石灰石的化学性质

石灰石的主要成分碳酸钙（$CaCO_3$）最主要的化学性质就是在较高温度下分解成氧化钙（CaO）和二氧化碳（$CO_2$），此外还有以下一些化学性质。

（1）抗化学性　除酸以外，许多侵蚀性物质都不能侵蚀或只能缓慢侵蚀石灰石。

（2）抗酸的性状　石灰石与所有的强酸都发生反应，生成钙盐和放出二氧化碳，反应速度取决于石灰石所含杂质及它们的晶体大小。杂质含量越高、晶体越大，反应速度越小。白云石的反应速度慢于石灰石。

白云石、石灰石的判定方法：用 10% 盐酸滴在白云石上有少量的气泡产生，滴在石灰石上则剧烈地产生气泡。

（3）抗各种气体的性状　氯（$Cl_2$）和氯化氢（HCl）在干燥状态和常温下与 $CaCO_3$ 的反应极慢，直到 600℃ 以后才开始加快，生成 $CaCl_2$；二氧化硫在常温下无论是气态还是液态对 $CaCO_3$ 都没有显著作用；而二氧化氮（$NO_2$）在 15℃ 时就与 $CaCO_3$ 反应生成 $Ca(NO_3)_2$、NO 和 $CO_2$。

## 3.1.3 石灰石的分解

主要碳酸盐的差热分析曲线如图3-1所示。

### 3.1.3.1 分解温度

$CaCO_3$ 分解温度与 $CO_2$ 分解压力有关，在一个标准大气压的纯 $CO_2$ 气相中，$CaCO_3$ 分解温度为 898 ~ 910℃，实际生产时 $CO_2$ 气相分压力远低于一个标准大气压，因此石灰石表面在 810 ~ 850℃ 就开始分解。

分解温度还与 $CaCO_3$ 晶粒大小有关，细晶粒 $CaCO_3$ 分解温度为 882 ~ 895℃，粗晶粒 $CaCO_3$ 分解温度为 911 ~ 921℃。

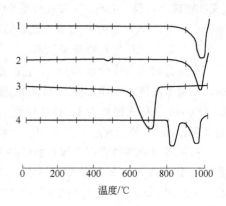

图 3-1　主要碳酸盐的差热分析曲线
1—方解石；2—文石；3—菱镁石；4—白云石

### 3.1.3.2　分解吸热

理论上 25℃ 时每 1kg $CaCO_3$ 分解反应吸热量为 1780kJ；也有人认为理论上 20℃ 时每 1kg $CaCO_3$ 分解反应吸热量为 1764kJ，在分解温度下每 1kg $CaCO_3$ 分解反应吸热量为 1655kJ。

热量平衡：

$CaCO_3$ 从 20℃ 加热到 900℃ 需要热量 978kJ/kg；

$CaCO_3$ 在 900℃ 分解热为 1655kJ/kg；

CaO 从 900℃ 冷却到 20℃ 时 1kg $CaCO_3$ 放热 438.5kJ；

$CO_2$ 从 900℃ 冷却到 20℃ 时 1kg $CaCO_3$ 放热 430.5kJ；

978 + 1655 – 438.5 – 430.5 = 1764kJ。

前两项加窑壳散热是热工窑炉必须付出的热量，后两项应考虑采取必要的节能措施，进行热量再利用。

### 3.1.3.3　分解速度

$CaCO_3$ 分解速度与煅烧温度有关，随煅烧温度提高完全分解时间缩短，但完全分解时间趋向恒定。当给热系数 $\alpha > 100$kJ/$(m^2 \cdot h \cdot ℃)$ 时，强化外部热交换对总传热系数几乎没有影响，可以说完全分解时间不变。因此试验 $CaCO_3$ 分解温度一般只做到 1300℃。

对于块状 $CaCO_3$ 分解深入内部的速度，在接近 1200℃ 时，石灰石分解深入速度大体上在 25 ~ 30mm/h 之间。因此石灰石原料的粒级要控制在一定的范围内，粒级最大与最小的比例在一定范围之内，要求粒级外石灰石所占比例小于 10%。采用竖窑时，石灰石粒级大小比一般为 2 ~ 2.5；选用回转窑时，石灰石粒级大小比为 3（大块料在回转窑中走行速度快），以免产生生烧或过烧。控制粒级也改善了热工条件。

### 3.1.3.4　石灰石结晶与石灰活性度

对于石灰石的晶形结构与煅烧成石灰后的活性度的关系有各种观点，有的观点甚至截然相反。一般认为，石灰石晶体粒度大时，在煅烧过程中容易生成 CaO 晶核，但不易长大，所得石灰多为细晶 CaO，比表面积大活性度高；反之小晶粒石灰石所得石灰晶粒大，活性差。有的学者认为，在相同焙烧制度下，石灰石晶粒大于 100μm 焙烧得到的石灰活性度小于 300mL，石灰石晶粒小于 100μm 焙烧得到的石灰活性度大于 300mL。也有的学者认为，石灰石晶粒不小于 1mm，在 1150℃ 煅烧，所得石灰晶粒都是粗晶，其活性度均小于 300mL；石灰石晶粒不大于 1mm，在 1150℃ 煅烧，所得石灰晶粒都是细晶，其活性度均大于 300mL。有的学者认为，大晶粒石灰石几乎不受煅烧条件影响，即使低温短时间煅烧也能得到初期水活性良好的石灰；但是微晶质石灰石则不同，必须高温和长时间煅烧才可得到良好活性度石灰。各位研究者在各自特定条件下，得出一定范围内正确的结论。单纯从石灰石矿物结晶，目前还难以指导确定石灰石的煅烧条件，因此在勘探石灰石矿的同时，委托研究部门对特定矿山石灰石的全面研究是十分必要的。

### 3.1.4 石灰石的开采

开采石灰石矿前，要确定以下情况：

(1) 矿层的类型和规模；

(2) 地质情况，如覆盖层厚度、杂质类型和数量、地质结构、岩石硬度及水文情况；

(3) 最低开采标高和最低可采数量；

(4) 石灰石质量，可开采的数量；

(5) 矿山交通运输、供水、供电、材料供应及施工条件等。

总之，石灰石的储量、质量、经济性是开采前必须确定的基本条件。

石灰石储量的分级及储量要求：根据矿床的勘探程度及其工业用途，将矿产储量分为 A、B、C、D 四级。各级储量的工业用途如下：

A 级储量——用于矿山编制采掘计划的储量；

B 级储量——是矿山建设首期开采地段作设计依据的储量；

C 级储量——是矿山建设设计依据的储量；

D 级储量——是矿山建设远景规划依据的储量。

以上 B + C 为工业储量。

石灰厂所需石灰石矿工业储量，按矿山服务 30 年计算：

$$石灰石矿工业储量 = 年产石灰量 \times 工厂消耗系数 / 地质可采系数$$

式中，工厂消耗系数约 2.0~2.2；地质可采系数为 0.65~0.80。

石灰石的质量：只有少数石灰石矿具有很高的纯度和均匀度，通常都会带有一些杂质，作为冶金用石灰石，其 $CaO$、$MgO$、$SiO_2$、$Al_2O_3$、$Fe_2O_3$、$P$、$S$ 的含量更重要。

经济性：有一些很好的石灰石矿，因距离远，交通不方便不能开采；有一些矿，因剥离量大或白云石和页岩夹层太多而开采困难，这些矿层开采费用高，不经济不宜开采。

### 3.1.5 石灰石的应用领域

石灰石广泛应用于冶金、化工、建筑、建材、环保、农业、食品等，如表 3-2 所示。

表 3-2 石灰石的主要用途

| 应用领域 | | 主 要 用 途 |
| --- | --- | --- |
| 冶金工业 | | 炼钢铁中作为氧化钙载体，以结合焦炭灰分和硅、铝、硫、磷等不需要的或有害伴生元素，变成易熔的矿渣排出炉外 |
| 化学工业 | | 橡胶工业的填充剂，制造电石的原料，制造漂白粉、制碱、苏打、硝酸钙、氯化钙、硫酸钙、磷酸钙、有机酸及其衍生物、环氧乙烷、甘油、海水提取镁砂、氮肥、二氧化碳、氧化钙等 |
| 建筑工业 | | 建筑用灰浆、各种类型的石灰、碎石、筑路时沥青配料等 |
| 农业、林业 | | 钙肥、酸性土壤改良剂、饲料钙添加剂、防疫、杀虫剂、消毒剂等 |
| 建筑工业 | 水泥 | 硅酸盐水泥的主要原料 |
| | 玻璃 | 引入 CaO 的主要原料，其主要作为玻璃中的稳定剂 |
| | 陶瓷 | 引入 CaO 的主要原料 |
| | 耐火材料 | 用石灰乳作为矿化剂，以在熔烧硅砖时获得坚固的料坯和加速石英转化为鳞石英和方石英的过程；含 CaO 耐火材料的原料之一 |
| 食品工业 | | 制糖、食品储藏（防腐剂）等 |
| 环境保护 | | 烟气脱硫、工业废水处理等 |
| 其 他 | | 鞣革、印染、有色金属等 |

### 3.1.6　冶金用石灰石

冶金工业需要大量石灰石及石灰石煅烧产品——石灰。

炼钢过程中常用石灰作造渣材料，铁矿粉造块过程中也用石灰作溶剂，石灰中的 CaO 是炉渣的主要成分，它参与脱 P、脱 S 反应。

石灰是冶金过程的溶剂，为了使冶炼达到理想的技术经济指标，石灰质量显得至关重要。在相同的生产条件下，石灰质量的好坏取决于石灰石的质量。

石灰石的主要成分是 $CaCO_3$，含有少量的 $SiO_2$、$MgCO_3$ 等。在 900℃ 左右时，$CaCO_3$ 受热分解，生成 CaO，释放出 $CO_2$。

$CaCO_3$ 的含量表示了石灰石的纯度，它直接影响着煅烧石灰中的 CaO 的含量，因此 $CaCO_3$ 含量越高越好，特级冶金石灰石要求达到 96.4%，较差的四级石灰石为 89.3%。

$SiO_2$ 是石灰石中的有害杂质。特级冶金石灰石 $w(SiO_2)$ 要求小于等于 1.5%，较差的四级石灰石 $SiO_2$ 要求小于等于 3.5%。$SiO_2$ 的害处是冶炼造渣过程中消耗自身含有的 CaO。转炉炼钢通常要求渣碱度 $m(CaO)/m(SiO_2)$ 等于 3~4，石灰中每含 1% 的 $SiO_2$ 就要消耗掉 3%~4% 的自身 CaO 与之中和，从而降低了石灰的 CaO 含量，并增加了冶金石灰消耗量和渣量，恶化了炼钢的经济技术指标。

石灰石中含有一定量的 S，它在煅烧后部分或全部仍保留在石灰中。冶金石灰中的 S 降低了石灰脱 S 的效果，故石灰石中的 S 含量应加以限制。特级冶金石灰石 S 含量要求小于等于 0.025%，四级石灰石 S 含量小于等于 0.15%。

冶金石灰中还含有 P，P 在钢铁中为有害元素，故石灰石中 P 含量越低越好。特级冶金石灰石 P 含量要求小于等于 0.005%，四级石灰石 P 含量小于等于 0.04%。

冶金用石灰石的化学成分如表3-3 所示。

表 3-3　石灰石化学成分（摘自 YB/T 5279—2005）

| 类　别 | 等　级 | 化学成分 $w/\%$ | | | | | |
|---|---|---|---|---|---|---|---|
| | | CaO | CaO + MgO | MgO | $SiO_2$ | P | S |
| | | 不小于 | | | 不大于 | | |
| 普通石灰石 | PS540 | 54.0 | | 3.0 | 1.5 | 0.005 | 0.025 |
| | PS530 | 53.0 | | | 1.5 | 0.010 | 0.035 |
| | PS520 | 52.0 | — | | 2.2 | 0.015 | 0.060 |
| | PS510 | 51.0 | | | 3.0 | 0.030 | 0.100 |
| | PS500 | 50 | | | 3.5 | 0.040 | 0.150 |
| 镁质石灰石 | GMS545 | | 54.5 | 8.0 | 1.5 | 0.005 | 0.025 |
| | GMS540 | | 54.0 | | 1.5 | 0.010 | 0.035 |
| | GMS535 | — | 53.5 | | 2.2 | 0.020 | 0.060 |
| | GMS525 | | 52.5 | | 2.5 | 0.030 | 0.100 |
| | GMS515 | | 51.5 | | 3.0 | 0.040 | 0.150 |

### 3.1.7　冶金石灰石的物理性质

冶金石灰石结构应致密、坚硬，具有一定的强度，具有较好的耐热不崩裂性能，这样的石灰石经煅烧后才有可能获得具有一定强度、粒度和化学成分的冶金石灰。石灰石原料一般会混入泥沙和其他杂物及碎石灰石料，通常入窑前需筛分，有条件的地区还应水洗。

石灰石除应具有一定的强度外，还应具有均匀的块度。石灰石块度的大小不同，对煅烧所需的时间及燃料消耗上有重大影响。石灰石块度过大，在炉内分解慢，增加热量消耗，易产生生烧；块度过小，料块间孔隙小，热量传递不均匀，局部产生过烧。

根据理论和生产实践，各种窑都有一个较为合适的原料粒度范围。原料的最大粒度与最小粒度的比值称为原料粒度比，生产实践证明无论是各种竖窑和回转窑，采用较小的粒度比，对于缩短物料在窑内停留时间，减少料层阻力，改善热传导条件，使得煅烧程度均一都有重要意义；减少粒度比是达到高产、优质、低耗的重要条件。

竖窑粒度比一般为 2～2.5，最大不超过 3，为了提高原矿利用率，可以采用分级入窑，例如取 40～80mm，80～150mm 等。视窑径大小和在窑内停留时间，可以适当增大或缩小粒度和粒度比。回转窑的原料粒度比不宜大于 3。

石灰石的粒度要求如表 3-4 所示。

**表 3-4　石灰石粒度要求**

| 用　途 | 粒度范围/mm | 最大粒度/mm | 允许波动范围/% | |
|---|---|---|---|---|
| | | | 上　限 | 下　限 |
| | | | 不大于 | |
| 烧　结 | 0～3 | 8 | 10 | |
| | 0～60 | 80 | 10 | |
| 炼　铁 | 15～60 | 80 | 10 | 10 |
| | 20～60 | 80 | 10 | 10 |
| 烧石灰 | 50～90 | 110 | 10 | 10 |
| | 80～120 | 140 | 10 | 10 |

注：1. 烧石灰用石灰石粒度级差一般要求不超过 40mm；

　　2. 其他粒度的要求，由供需双方协商确定。

### 3.1.8　主要钢铁企业使用石灰石质量指标

主要钢铁企业使用石灰石质量指标如表 3-5 所示。

**表 3-5　主要钢铁企业使用石灰石质量指标**

| 厂家名称 | 石灰石化学成分 w/% | | | 厂家名称 | 石灰石化学成分 w/% | | |
|---|---|---|---|---|---|---|---|
| | CaO | MgO | SiO₂ | | CaO | MgO | SiO₂ |
| 武钢耐火材料公司 | 54.3 | | 1.1 | 马钢第三炼钢厂 | 54.4 | | |
| 鞍钢集团耐火材料公司 | 53.2 | | | 韶钢松山股份公司 | 54.4 | 1.6 | 0.7 |
| 攀钢冶金材料有限公司 | 54.6 | 1.0 | 0.3 | 通化嘉成耐材有限公司 | 49.1 | 5.0 | 2.1 |
| 本溪钢铁公司石灰石矿 | 53.3 | 1.7 | 0.9 | | 48.2 | 5.7 | 2.4 |
| | 53.7 | 1.4 | 0.9 | 天铁集团石灰石矿 | 47.1 | | 1.7 |
| | 51.4 | 2.1 | 2.3 | 太原钢铁公司加工厂 | 53.5 | 1.1 | 0.3 |
| 首钢第二耐火材料厂 | 49.6 | 4.1 | 0.6 | | 53.5 | 1.1 | 0.3 |
| | 49.7 | 3.9 | 1.0 | 南京钢铁集团有限公司 | 54.9 | 0.4 | 0.4 |

| 厂家名称 | 石灰石化学成分 w/% | | | 厂家名称 | 石灰石化学成分 w/% | | |
|---|---|---|---|---|---|---|---|
| | CaO | MgO | SiO₂ | | CaO | MgO | SiO₂ |
| 太钢新临钢耐火材料厂 | 51.8 | 1.4 | 1.0 | 北营钢铁股份有限公司 | 52.4 | 1.2 | 1.3 |
| 唐山钢铁公司原料厂 | 48.8 | 5.6 | 0.8 | 重庆钢铁公司炉料总厂 | 53.6 | | 1.4 |
| | 48.8 | 5.6 | 0.8 | 昆钢龙山冶金熔剂公司 | 51.8 | 3.0 | |
| 广钢石灰厂 | 54.5 | 1.5 | 0.4 | 新兴铸管股份有限公司 | 52.4 | | 1.0 |
| | 54.5 | 1.5 | 0.4 | 宣钢实业公司石灰厂 | 53.33 | 1.17 | 1.54 |

## 3.2　白云石

### 3.2.1　概述

　　白云石是单矿物岩——白云岩的组成矿物，习惯上称白云岩为白云石。白云岩是一种非常普通且分布广泛的碳酸盐岩，以碳酸钙和碳酸镁的复盐为主要成分，但纯的白云岩，一般含有少量的（小于 5%）的方解石。白云石是一种沉积岩，它是构成白云岩的主要矿物成分。大量白云岩是次生的，经白云岩化作用，由白云岩受含镁热液交代而成。矿床成规则的板状或具有不规则舌状边缘，几乎世界上所有国家和所有较老的岩层中都有白云岩。拥有大型白云石矿的国家有：美国、加拿大、墨西哥、比利时、德国、印度、日本、波兰、俄罗斯、西班牙、英国和中国。我国白云石矿产资源遍布各省，其中以辽宁大石桥、海城一带蕴藏最多。

　　白云石或白云岩是一种含钙、镁高的碳酸盐岩，其化学式为 $CaMg(CO_3)_2$ 或 $CaCO_3 \cdot MgCO_3$。$CaCO_3$ 和 $MgCO_3$ 之间存在着分子键，其 $w(CaO) = 30.4\%$，$w(MgO) = 21.9\%$，$m(CaO)/m(MgO) \approx 1.39$。白云石和方解石是常见的共生矿物，它们的化学成分和矿物结构相近，物理特性相似，无论肉眼或在显微镜下都难以区分。菱镁矿也是常见的共生矿物，类质同象的混入物有 Fe、Mn，偶尔也有 Zn、Ni 和 Co。此外还有云母、石英、滑石、含铁矿物等杂质，在开采和运输过程中不可避免地带进黏土等物质，所以 $SiO_2$、$Al_2O_3$ 和 $Fe_2O_3$ 是白云石的主要杂质。天然的白云石中常有一些白云石和石灰石的过渡成分存在。含有 $w(MgCO_3) =$ 0% ~ 5% 为石灰石，5% ~ 10% 为镁质石灰石，10% ~ 25% 为白云石化石灰石，当 $MgCO_3$ 的含量大于 25% 时才称之为白云石。

　　白云石按 CaO/MgO 的比值的分类，如表 3-6 所示。

### 表 3-6　白云石分类

| 名　称 | $m(CaO)/m(MgO)$ | 煅烧后 MgO 含量<br>（质量分数）/% | 名　称 | $m(CaO)/m(MgO)$ | 煅烧后 MgO 含量<br>（质量分数）/% |
|---|---|---|---|---|---|
| 白云石 | 1.39 | 35 ~ 45 | 镁质白云石 | < 1.39 | 50 ~ 65 |
| 钙质白云石 | > 1.39 | | 高镁白云石 | ≪ 1.39 | 71 ~ 80 |
| 白云石质灰岩 | ≫ 1.39 | 8 ~ 35 | | | |

　　白云石属于三方晶系菱面体结晶体，有粒状结构、微密板状结构和鳞状结构，密度 2.8 ~ 2.9t/m³，莫氏硬度 3.4 ~ 4.0。白云石晶体结构与方解石相似，在标准的白云石晶体结构中，镁离子、钙离子和碳酸钙离子呈现有规律的层状排列，即一层镁离子、一层碳酸钙离子、一层钙离子依次排列。白云石常含有 Si、Al、Fe、Mn 等元素的氧化物。颜色随地质环境、沉积条

件不同有很大差别，一般为白色、灰白色，有时带浅黄色、浅褐色或浅绿色，具有玻璃光泽。高温煅烧后其产品为烧结白云石，在低于1000℃焙烧的产品为轻烧白云石，也有称为镁质石灰。白云石的主要物理化学性质如表3-7所示。

表3-7 白云石的主要物理化学性质

| 化学式 | 理论化学成分/% | 烧失量/% | 晶体结构 | 颜 色 | 光 泽 | 密度/g·cm$^{-3}$ | 硬 度 |
|---|---|---|---|---|---|---|---|
| $CaMg(CO_3)_2$ | CaO 30.4<br>MgO 21.9<br>$CO_2$ 47.9 | 44.5~47.0 | 菱面体 | 灰白色 | 玻璃光泽 | 2.8~2.9 | 3.4~4.0 |

白云石$CaMg(CO_3)_2$差热分析曲线（见图3-1）中有2个吸热效应，第一次发生在790℃为$MgCO_3$分解，第二次发生在940℃，为$CaCO_3$分解。在940℃左右$CO_2$全部被排出，白云石成为MgO和CaO的混合物。

$$n[CaMg(CO_3)_2] \xrightarrow{790℃} (n-1)MgO + MgCO_3 + nCaCO_3 + (n-1)CO_2\uparrow$$

$$MgCO_3 + nCaCO_3 \xrightarrow{940℃} MgO + nCaO + (n+1)CO_2\uparrow$$

### 3.2.2 白云石的应用领域

白云石广泛应用于冶金、耐火材料、建材、陶瓷、玻璃、化工、农、林业、环保节能等领域，如表3-8所示。

表3-8 白云石或白云岩的主要用途

| 应用领域 | 主 要 用 途 |
|---|---|
| 冶金耐火材料工业 | 炼钢铁中作为镁质造渣剂，结合熔融的硅、铝、硫、磷等有害元素，使之成为炉渣；生产镁白云石质耐火材料 |
| 化学工业 | 生产硫酸镁、氧化镁、轻质碳酸镁等 |
| 建材工业 | 生产氧化镁水泥，高性能氧化镁水泥、处理石膏制品和木制品的裂缝等 |
| 农、林业 | 酸性土壤改良、中和剂、防疫、杀虫剂等 |
| 玻璃、陶瓷 | 除硅砂和苏打粉外，白云石是玻璃原料中的成分，陶瓷的坯料和釉料等 |
| 环境保护 | 水处理用白云石过滤材料等 |

### 3.2.3 冶金用白云石

在转炉炼钢工艺中，为了帮助化渣，又能达到减少石灰消耗量，提高炉衬寿命，用部分白云石代替萤石和石灰。

1999年黑色冶金行业白云石标准将白云石分为五个品级，又将镁化白云石分为两个品级，如表3-9、表3-10所示。镁化白云石的粒度规格如表3-11所示。

表 3-9    白云石化学成分

| 级    别 | | 化学成分 $w/\%$ | | |
|---|---|---|---|---|
| | | MgO<br>（不小于） | $Al_2O_3 + Fe_2O_3 + SiO_2 + Mn_3O_4$<br>（不大于） | $SiO_2$<br>（不大于） |
| 特级品 | Ⅰ | 20 | 2 | 1.0 |
| | Ⅱ | 20 | 3 | 1.5 |
| 一级品 | | 19 | — | 2.0 |
| 二级品 | | 19 | — | 3.5 |
| 三级品 | | 18 | — | 4 |
| 四级品 | | 16 | — | 5 |

表 3-10    镁化白云石化学成分

| 级    别 | 化学成分 $w/\%$ | | |
|---|---|---|---|
| | MgO（不小于） | $SiO_2$（不大于） | CaO（不小于） |
| 一级品 | 22 | 2 | 10 |
| 二级品 | 22 | 2 | 6 |

表 3-11    镁化白云石粒度

| 粒度规格<br>/mm | 上限<br>/mm | 百分比含量<br>（不大于） | 下限<br>/mm | 百分比含量<br>（不大于） | 粒度规格<br>/mm | 上限<br>/mm | 百分比含量<br>（不大于） | 下限<br>/mm | 百分比含量<br>（不大于） |
|---|---|---|---|---|---|---|---|---|---|
| 0~5 | 5~6 | 5 | — | — | 25~50 | 50~60 | 10 | 20~25 | 10 |
| 5~20 | 20~25 | 5 | 3~5 | 10 | 40~80 | 80~100 | 10 | 30~40 | 10 |
| 10~40 | 40~45 | 5 | 8~10 | 10 | 80~120 | 120~140 | 10 | 70~80 | 10 |

注：可根据需要变更粒度规格。

根据需要可供 MgO 不小于 21%，$SiO_2$ 不大于 0.7% 产品。

2007 年对 1999 年白云石标准进行了修改，取消了镁白云石，技术要求中按用途划分为冶金炉料和耐火材料用白云石，并增加了牌号及代号。冶金炉料用白云石仅有一个牌号，其化学成分如表 3-12 所示。

表 3-12    冶金炉料用白云石化学成分（摘自 YB/T 5278—2007）

| 牌    号 | 化学成分 $w/\%$ | | | | | | |
|---|---|---|---|---|---|---|---|
| | $SiO_2$ | MgO | CaO | $Al_2O_3$ | $P_2O_5$ | S | $Fe_2O_3$ |
| LBYS19 | ≤3.0 | ≥19 | ≥30.0 | ≤0.85 | ≤0.16 | ≤0.025 | ≤1.2 |

耐火材料用白云石的化学成分如表 3-13 所示。

**表 3-13 耐火材料用白云石化学成分**（摘自 YB/T 5278—2007）

| 牌 号 | 化学成分 $w/\%$ | | | |
|---|---|---|---|---|
| | MgO（不小于） | $Al_2O_3 + Fe_2O_3 + SiO_2 + Mn_3O_4$（不大于） | $SiO_2$（不大于） | CaO（不小于） |
| NBYS22A | 22 | | 2 | 10 |
| NBYS22B | 22 | | 2 | 6 |
| NBYS20A | 20 | 1.0 | | 25 |
| NBYS20B | 20 | 1.5 | 1.0 | 25 |
| NBYS20C | 20 | 3 | 1.5 | 25 |
| NBYS19A | 19 | | 2.0 | 25 |
| NBYS19B | 19 | | 3.5 | 25 |
| NBYS18 | 18 | | 4 | 25 |
| NBYS16 | 16 | | 5 | 25 |

### 3.2.4 白云石资源及质量指标

我国白云石矿产资源丰富，地域分布也比较普遍。表 3-14 列出部分资源情况。

**表 3-14 白云石资源及质量指标**

| 产地 | 灼减量/% | $w(SiO_2)$/% | $w(Al_2O_3)$/% | $w(Fe_2O_3)$/% | $w(CaO)$/% | $w(MgO)$/% | $m(CaO)/m(MgO)$ | 耐火度/℃ | 气孔率/% | 吸收率/% | 体积密度/$g \cdot cm^{-3}$ | 真密度/$g \cdot cm^{-3}$ |
|---|---|---|---|---|---|---|---|---|---|---|---|---|
| 辽宁大石桥 | 43.48 | 1.94 | 0.56 | 0.73 | 32.38/58.73 | 19.52/35.41 | 1.66/1.65 | | 2.43/3.01 | 0.89 | 2.78/3.24 | 3.30 |
| 河北 | 46.88 | 0.50 | 0.12 | 0.06 | 30.51/57.43 | 21.84/41.11 | 1.40/1.40 | >1790 | 6.5/20.6 | 2.4 | 2.66/2.65 | 2.84/3.21 |
| 内蒙古 | 46.13 | 1.53 | 0.14 | 0.75 | 30.10/55.87 | 19.48/36.16 | 1.54/1.54 | | 0.96/7.82 | 0.35 | 2.84/3.06 | 2.87 |
| 山西 | 47.03 | 0.17 | 0.38 | 0.44 | 31.32/59.132 | 1.03/39.70 | 1.48/1.48 | | 0.4/0.7 | 0.1 | 2.79/3.15 | 2.89/3.45 |
| 甘肃 | 46.37 ~ 46.92 | 0.18 ~ 0.30 | 0.02 ~ 0.41 | 0.16 ~ 0.36 | 31.11 ~ 31.47 | 21.05 ~ 21.45 | 1.47 | | 0.8 ~ 1.9 | 0.3 ~ 0.7 | 2.80 ~ 2.85 | |
| 四川 | 47.14 | 0.38 | 0.24 | 0.25 | 30.83/58.32 | 21.40/40.48 | 1.44/1.44 | | 1.40/6.6 | 0.50 | 2.82/2.99 | 2.86/3.38 |
| 湖北乌龙泉 | 45.52 | 1.05 | 0.20 | 0.42 | 32.71/60.65 | 19.58/36.38 | 1.67/1.66 | | 3.93/50.40 | 1.43 | 3.81/1.72 | 2.85/3.15 |
| 湖北钟祥 | 45.94 | 0.45 | 0.32 | 0.32 | 31.52/54.93 | 20.76/34.15 | | | —/6.13 | | —/2.98 | |
| 江苏镇江 | 47.07 | 1.17 | 0.37 | 0.18 | 30.80 | 21.16 | 1.46 | | | | | |
| 山西太原 | 47.03 | 0.17 | 0.38 | 0.44 | 31.32 | 21.03 | 1.48 | | | | | |
| 河北玉田 | 46.80 | 0.37 | 0.10 | 0.03 | 30.52 | 21.91 | 1.39 | | | | | |

注：分子表示生料指标，分母表示熟料指标。

### 3.2.5 部分国外白云石原料化学成分

部分国外白云石原料的化学成分如表 3-15 所示。

**表 3-15 部分国外白云石原料化学成分**

| 产　地 | $w(CaO)/\%$ | $w(MgO)/\%$ | $w(SiO_2)/\%$ | $w(Al_2O_3)/\%$ | $w(Fe_2O_3)/\%$ | 灼减/% | $m(CaO)/m(MgO)$ |
|---|---|---|---|---|---|---|---|
| 德　国 | 29.3 | 20.0 | 1.6 | 9.0 | | 46.7 | 1.46 |
| 美　国 | 30.36 | 21.83 | 0.17 | 0.12 | 0.02 | 47.70 | 1.39 |
| 日　本 | 35.05 | 18.08 | 0.57 | 0.15 | 0.49 | 44.74 | 1.93 |
| 奥地利 | 30 | 22 | 0.1 | 0.1 | 0.1 | 47 | 1.5 |

## 3.3 部分企业石灰石、白云石原料情况

部分企业对石灰石、白云石技术条件要求及原料情况如表 3-16 ~ 表 3-18 所示。

**表 3-16 镇江船山石灰石、南京幕府山白云石**

| 原料名称 | 化学组成 $w/\%$ | | | | | | |
|---|---|---|---|---|---|---|---|
| | CaO | MgO | $SiO_2$ | $Al_2O_3$ | $Fe_2O_3$ | P | S |
| 10 ~ 30mm 石灰石 | >52.4 | 0.4 | 1.1 ~ 1.5 | — | — | <0.0027 | <0.020 |
| 10 ~ 30mm 石灰石 | >52.4 | 0.4 | 1.1 ~ 1.5 | — | — | <0.0027 | <0.015 |
| 0 ~ 10mm 石灰石 | >52.4 | 0.4 | 1.1 ~ 1.5 | — | — | <0.0027 | <0.020 |
| 10 ~ 30mm 白云石 | 30.0 ~ 31.0 | 19.5 ~ 20.0 | 2.0 ~ 3.0 | 0.85 | 0.5 ~ 1.2 | <0.070 | <0.025 |

**表 3-17 某企业石灰石、白云石粒度及含泥量**

| 原料名称 | 粒度组成/% | | 产　地 | 活性度/mL |
|---|---|---|---|---|
| | 10 ~ 30mm | <0.15（泥分） | | |
| 石灰石 | >85 | <2.5 | 镇江船山 | >180(3 ~ 30mm)<br>>160( <3mm) |
| 白云石 | >85 | <4.0 | 南京幕府山 | >120 |

**表 3-18 乌龙泉石灰石原料条件**

| 原料名称 | 化学组成 $w/\%$ | | | | | 灼减/% |
|---|---|---|---|---|---|---|
| | CaO | MgO | $SiO_2 + Al_2O_3 + Fe_2O_3$ | P | S | |
| 石灰石 | ≥54.5 | ≤0.7 | ≤1.1 | 痕迹 | ≤0.025 | 43.67 |

## 3.4 石灰石、白云石的检测方法

作为生产冶金石灰、轻烧白云石原料的石灰石、白云石，严格控制其质量要求，是生产出优质合格产品的基本条件。对于石灰石、白云石的试验方法、检验规则等，国家黑色冶金行业标准都作出规定。

### 3.4.1 组批

每一交货批为一检验批。

### 3.4.2 取样、制样

取样按《散装矿产品取样、制样通则 手工取样方法》(GB/T 2007.1) 的规定进行。

制样按《散装矿产品取样、制样通则 手工制样方法》(GB/T 2007.2) 的规定进行。

该标准在手工取样、制样的一般程序、取样、制样工具、份样数、份样量、组成大样或副样的方式、取样方法、样品破碎混合缩分等加工方法做了一般规定。

### 3.4.3 试验方法

3.4.3.1 氧化钙、氧化镁含量的测定

氧化钙、氧化镁含量的测定按 GB/T3286.1 的规定进行，1.3 小节已有叙述。

3.4.3.2 二氧化硅含量的测定

二氧化硅含量的测定按 GB/T 3286.2 的规定进行。1.3 小节已有叙述。

3.4.3.3 磷含量的测定

磷含量的测定按《磷量的测定》(GB/T 3286.6) 的规定进行。该标准规定用磷钼蓝光度法测定磷量，适用于石灰石、白云石中磷量的测定，也适用于冶金石灰中磷量的测定，测定范围：磷量 0.001% ~0.20%。

其试样高温灼烧，用盐酸分解，高氯酸冒烟。在约 0.5mol/L 的盐酸介质中，以盐酸羟胺和抗坏血酸为还原剂，将生成的磷钼杂多酸还原为磷钼蓝，于分光光度计波长 825nm 处测量吸光度。

该测定方法需准备、配制盐酸、高氯酸、氢溴酸、盐酸羟胺溶液、抗坏血酸溶液、柠檬酸钠溶液、钼酸铵溶液、磷标准溶液等试剂。使用通常的实验室仪器、设备。

按 GB/T 2007.2 制备试样。试样应加工至粒度小于 0.125mm。石灰石、白云石试样分析前在 105 ~110℃ 干燥 2h，置于干燥器中冷却至室温。冶金石灰试样的制备应迅速进行，制成后试样立即置于磨口瓶或塑料袋中密封，于干燥器中保存，分析前试样不进行干燥。根据试样中含磷量不同，分别称取 1.00g 或 0.50g 试样，对冶金石灰试样，应快速称取试料。

按规定进行分析测定、计算出磷量。

3.4.3.4 硫的测定

硫的测定按《硫量的测定》(GB/T 3286.7) 的规定进行。1.3 小节已有叙述。

3.4.3.5 氧化铁的测定

三氧化二铁的测定按《氧化铁量的测定》(GB/T 3286.4) 规定用邻二氮杂菲光度法和火焰原子吸收光谱法测定氧化铁量。邻二杂菲光度法测定范围：氧化铁量 0.02% ~4.00%；火焰原子吸收光谱法测定范围：氧化铁量 0.05% ~2.00%。

氧化铁量 0.02% ~4.00% 的用邻二氮杂菲光度法，其试样用碳酸钠-硼酸混合熔剂熔融，稀盐酸浸取。分取部分试液，以抗坏血酸将三价铁还原成亚铁，在乙酸-乙酸钠介质中，亚铁与邻二氮杂菲生成橙红色络合物，于分光光度计波长 510nm 处测量吸光度。

邻二氮杂菲光度法需准备、配制盐酸、抗坏血酸溶液、乙酸-乙酸钠缓冲溶液、邻二氮杂菲溶液、三氧化二铁标准溶液等试剂。采用通常的实验室仪器、设备。

同前，按 GB/T 2007.2 制备试样。称取 0.50g 试料，对冶金石灰试样，应快速称取试料。

按规定进行分析测定、计算出氧化铁量。

氧化铁量 0.05% ~2.00% 的用火焰原子吸收光谱法。其试样以盐酸、氢氟酸分解，高氯酸冒烟。试样溶液喷入空气-乙炔火焰中，用铁空心阴极灯做光源，于原子吸收光谱仪波长 248.3nm 处测量吸光度。

火焰原子吸收光谱法需要准备、配制盐酸、氢氟酸、高氯酸、三氧化二铁标准溶液等试剂。并准备原子吸收光谱仪，备有空气-乙炔燃烧器，铁空心阴极灯。空气和乙炔气体要足够纯净（不含水、油及铁），以提供稳定清澈的贫燃火焰。原子吸收光谱仪的性能应达到 GB/T 7728 对所用仪器的指标要求。

同前，按 GB/T 2007.2 制备试样。称取 0.20g 试料，应快速称取试料。

按规定步骤进行分析测定、计算出氧化铁量。

### 3.4.3.6　氧化锰的测定

氧化锰的测定按《氧化锰量的测定》（GB/T 3286.5）的规定进行。该标准规定用高碘酸盐氧化光度法测定氧化锰量。测定范围为氧化锰量大于 0.005%。

其试样经高温灼烧，用盐酸、高氯酸分解，于磷酸介质中，在加热条件下用高碘酸盐将二价锰氧化为高锰酸，于分光光度计波长 525 处测量吸光度。

需准备、配制盐酸、高氯酸、磷酸、高碘酸钠（钾）溶液、亚硝酸钠溶液、不含还原性质的水、氧化锰标准溶液等试剂。采用通常实验室仪器、设备。

同前，按 GB/T 2007.2 制备试样。按不同的锰含量分别称取 1.00g 和 0.25g 试料，应快速称取试料。

按规定步骤进行分析测定、计算出氧化锰量。

### 3.4.3.7　粒度的测定

粒度的测定按《散装矿产品取样、制样通则　粒度测定方法——手工筛分法》（GB/T 2007.7）的规定进行。1.3 小节已有叙述。

# 4 燃 料

## 4.1 焙烧石灰对燃料的要求

焙烧石灰用燃料分为固体燃料、液体燃料和气体燃料三种。

### 4.1.1 焙烧石灰对固体燃料的要求

常用的固体燃料有煤和焦炭两种，它们的主要成分包括固定碳、灰分、挥发分和水分等。焙烧石灰对固体燃料的要求如下。

#### 4.1.1.1 灰分

固体燃料的灰分主要由 $SiO_2$、$Al_2O_3$、$CaO$、$MgO$、$Fe_2O_3$ 等组成。在竖窑和回转窑内，燃料灰分在高温下形成的低熔点化合物是导致粘窑和结圈的重要原因。灰分对石灰的品质质量是有害杂质，低熔点化合物对窑衬有腐蚀作用，能造成窑衬损坏。在外火箱竖窑中，煤灰使喷火孔堵塞；煤灰附着于制品上，使产品质量降低。所有这些使窑的热工制度遭到破坏，降低窑的技术经济指标，给生产操作带来困难。因此，采用低灰分燃料十分重要。

#### 4.1.1.2 灰分熔点

灰分的熔点低将加重竖窑和回转窑内的粘窑和结圈。在外火箱竖窑中，低熔点灰分因熔融而黏结，导致通风不良，给窑温的控制带来困难。因此，宜采用灰分熔点较高的燃料。

#### 4.1.1.3 挥发分

对于竖窑，燃料挥发分高将使焙烧带拉长，不利于石灰焙烧，因而，竖窑宜采用挥发分含量低的无烟煤或焦炭为燃料；回转窑通常采用烟煤粉为燃料，挥发分高有利于煤粉点火和稳定燃烧，但挥发分过高不利于煤粉制备系统安全生产，因此，回转窑所用燃料的挥发分含量宜适中。

#### 4.1.1.4 硫分

在焙烧石灰的竖窑内，燃料中的硫部分转移到石灰内，燃料中的硫分大，必将增加石灰中硫的含量。冶金石灰主要用于炼钢，这势必给炼钢脱硫带来困难。另外，燃料中的硫分含量大时，燃烧产生的烟气中的二氧化硫将增加，这将加重二氧化硫与水蒸气作用产生的亚硫酸对设备和管道的腐蚀。因此，焙烧石灰必须采用低硫分的燃料。

#### 4.1.1.5 水分

燃料中水分高将影响燃料在竖窑内的均匀分布，并增加燃料消耗，同时加重石灰的粉化现象。燃料中水分高将使回转窑的煤粉制备系统加料不畅，影响其正常工作。因此，应采用水分含量低的燃料。

#### 4.1.1.6 热稳定性和机械强度

热稳定性是燃料在窑内受热时不产生炸裂的性质；机械强度是反映燃料在运输、装料等过程中抵抗碎裂的性质。热稳定性不良和机械强度低就难以在竖窑内保持合理的粒度组成，而造成竖窑通风不良。因此，燃料应该有较高的热稳定性和机械强度。

### 4.1.2　焙烧石灰对液体燃料的要求

常用液体燃料为重油，重油是蒸馏石油时得到的塔底产品，不可燃成分很少，其中可燃基元素含量范围是：C 85% ~ 88%，H 10% ~ 13%，（N + O）0.5% ~ 1%；而灰分为0.1% ~ 0.3%，水分为1% ~ 4%。重油低发热值(3.7 ~ 4.2) × 10⁴kJ/kg。国产重油可分为20、60、100、200四个牌号，其质量指标如表4-1所示。

表4-1　重油的质量指标

| 质 量 指 标 | 20 | 60 | 100 | 200 |
|---|---|---|---|---|
| 恩氏黏度(80℃)(不大于)/°E | 5.0 | 11.0 | 15.5 | |
| 恩氏黏度(100℃)(不大于)/°E | | | | 5.5 ~ 9.5 |
| 闪点(开口)(不低于)/℃ | 80 | 100 | 120 | 130 |
| 凝点(不高于)/℃ | 15 | 20 | 25 | 36 |
| 灰分(不大于)/% | 0.3 | 0.3 | 0.3 | 0.3 |
| 水分(不大于)/% | 1.0 | 1.5 | 2.0 | 2.0 |
| 硫分(不大于)/% | 1.0 | 1.5 | 2.0 | 3.0 |
| 机械杂质(不大于)/% | 1.5 | 2.0 | 2.5 | 2.5 |

焙烧石灰对液体燃料的要求如下。

#### 4.1.2.1　含硫量

硫在石油产品中主要以高分子的有机硫化物存在，如硫醇（RSH）、硫醚（RSR）、环状硫化物、噻吩及其衍生物和小部分硫化氢及元素硫等。硫部分进入石灰内，增加了炼钢脱硫的工作难度，进而影响炼钢。燃烧后生成的 $SO_2$、$SO_3$ 将会腐蚀管道和金属设备。所以，重油中含硫不能太高。我国重油规格中规定供给冶金企业的重油含硫不能大于1%，但由含硫量0.5%以上的原油制得之重油，含硫量允许不高于3%。

#### 4.1.2.2　水分

重油中含有的机械水分对燃烧不利，不仅水分在蒸发时要消耗热量，降低重油发热值，而且水分过多会造成燃烧火焰的不稳定，同时加重石灰的粉化现象。为了降低重油中的水分，卸油应尽量采用蒸汽间接加热，并在贮油罐中进行油水分离以控制重油中含水在2%以下。

#### 4.1.2.3　黏度

重油的黏度对喷嘴的雾化有直接的影响，黏度过大或不稳定都会使雾化质量变坏，各种喷嘴要求燃油的黏度如表4-2所示。

表4-2　各种燃油喷嘴要求的适宜黏度

| 烧嘴类型 | 油压式 | 低压雾化 | 高压雾化 | 涡流式机械雾化 | 转杯式机械雾化 |
|---|---|---|---|---|---|
| 要求黏度/°E | 2.5 ~ 3.5≤7 | 3 ~ 5≤8 | 4 ~ 6≤15 | 2 ~ 3.5≤7 | 2.5 ~ 5≤8 |

#### 4.1.2.4　供油压力

各种类型燃油喷嘴喷出的油量都随喷嘴处的压力波动而变化，油压波动也使火焰长度、窑膛温度不稳定。为了保证窑的操作稳定和降低油耗，应保持喷嘴前的供油压力稳定在允许的范围内，为此，供油系统中应采用自动调节系统来保持供油压力的稳定。各种喷嘴要求的供油压力如表4-3所示。

**表 4-3 各种燃油喷嘴要求的供油压力**

| 烧嘴类型 | 油压式 | 低压雾化 | 高压雾化 | 涡流式机械雾化 | 转杯式机械雾化 |
|---|---|---|---|---|---|
| 要求压力/MPa | 1.0~5.0 | 0.02~0.15 | 0.03~0.7 | 1.0~3.0 | 0.02~0.1 |

### 4.1.3 焙烧石灰对气体燃料的要求

焙烧石灰所用的气体燃料品种较多，常用气体燃料有焦炉煤气、转炉煤气、高炉煤气、电石炉煤气、天然气及由上述煤气配制的混合煤气等。焙烧石灰对气体燃料的要求如下。

#### 4.1.3.1 发热值

在其他条件相同时，煤气燃烧所能达到的火焰温度取决于煤气的发热值。在窑内，煤气燃烧所达到的火焰温度应高于石灰的焙烧温度，两者的差值如下：

竖　窑：不低于 50~80℃；

回转窑：不低于 100~150℃。

保持较大的温度差值对窑的温度调节和加速石灰的焙烧是有利的。

#### 4.1.3.2 烟气产率

不同发热值的煤气，在相同的燃烧条件下，以单位低发热值计的烟气量各不相同。发热值低的煤气比发热值高的煤气烟气产率较高，在窑燃料消耗相同的条件下，将产生较多的烟气，易充满窑内空间，有利于石灰的均匀加热。

但是烟气量较多将使排烟系统负荷增大，设备投资和运行成本增加。在已有的系统上更换燃料时，应注意对排烟系统的能力进行核算。

#### 4.1.3.3 火焰的黑度

火焰黑度表征火焰的热辐射能力。烟气中的三原子气体（$H_2O$、$CO_2$）含量越大，火焰的黑度也越高。在回转窑内，火焰与物料和衬砖的热交换主要依靠热辐射，因此，火焰的黑度对于物料的加热具有突出的意义。

## 4.2 焙烧石灰用焦炭

焦炭是炼焦煤料经高温干馏得到的可燃固体产物，是质地坚硬、多孔、有裂纹、呈银灰色的块状炭质材料。焦炭按用途可分为冶金焦、气化焦和电石用焦。冶金焦又分为高炉焦、铸造焦、铁合金焦和有色冶金用焦。焙烧石灰一般采用冶金焦炭，冶金焦炭技术指标见表4-4。

**表 4-4 冶金焦炭技术指标**（GB/T 1996—2003）

| 指　　标 | 等　　级 | 粒度/mm | | |
|---|---|---|---|---|
| | | >40 | <25 | 25~40 |
| 灰分 $A_d$/% | 一　级 | | ≤12.0 | |
| | 二　级 | | ≤13.0 | |
| | 三　级 | | ≤15.0 | |
| 硫分 $S_{t,d}$/% | 一　级 | | ≤0.60 | |
| | 二　级 | | ≤0.80 | |
| | 三　级 | | ≤1.00 | |

| 指　　标 | | | 等　　级 | 粒度/mm | | |
|---|---|---|---|---|---|---|
| | | | | >40 | <25 | 25~40 |
| 机械强度 | 抗碎强度 | $M_{25}/\%$ | 一　级 | ≥92.0 | | 按供需双方协议 |
| | | | 二　级 | ≥88.0 | | |
| | | | 三　级 | ≥83.0 | | |
| | | $M_{40}/\%$ | 一　级 | ≥80.0 | | |
| | | | 二　级 | ≥76.0 | | |
| | | | 三　级 | ≥72.0 | | |
| | 耐磨强度 | $M_{10}/\%$ | 一　级 | $M_{25}$时：≤7.0；$M_{40}$时：≤7.5； | | |
| | | | 二　级 | ≤8.5 | | |
| | | | 三　级 | ≤10.5 | | |
| 反应性 CRI/% | | | 一　级 | ≤30 | | |
| | | | 二　级 | ≤35 | | |
| | | | 三　级 | | | |
| 反应后强度 CSR/% | | | 一　级 | ≤55 | | |
| | | | 二　级 | ≤50 | | |
| | | | 三　级 | | | |
| 挥发分 $V_{daf}/\%$ | | | | ≤1.8 | | |
| 水分含量 $M_t/\%$ | | | | 4.0±1.0 | 5.0±2.0 | ≤12.0 |
| 焦末含量/% | | | | ≤4.0 | ≤5.0 | ≤12.0 |

注：百分号为质量分数。

### 4.2.1　焦炭化学成分

　　焦炭的化学成分分为有机成分和无机成分两大部分。有机成分是以平面碳网为主体的类石墨化合物，其他元素氢、氧、氮和硫与碳形成的有机化合物，存在于焦炭挥发分中；无机成分是存在于焦炭中的各种无机矿物质，以焦炭灰成分表征其组成。

　　按焦炭元素分析，焦炭成分($w$)为：C：82%~87%，H：1%~1.5%，O：0.4%~0.7%，N：0.5%~0.7%，S：0.7%~1.0%，P：0.01%~0.25%。

　　按焦炭工业分析，其成分($w$)为：灰分：10%~18%，挥发分：1%~3%，固定碳：80%~85%；可燃基挥发分为0.7%~1.2%。焦炭水分含量因熄焦方法而异，采用干法熄焦时一般小于0.5%；采用湿法熄焦时一般为4%~6%。

### 4.2.2　焦炭化学性质

　　焦炭化学性质包括焦炭反应性和焦炭抗碱性。

#### 4.2.2.1　焦炭的反应性和反应后强度

　　焦炭反应性指焦炭与二氧化碳、氧和水蒸气等进行化学反应的能力。

$$C + O_2 \longrightarrow CO_2 + 393.3 \text{ kJ/mol}$$

$$C + 0.5O_2 \longrightarrow CO + 110.4\ kJ/mol$$

$$C + H_2O \longrightarrow CO + H_2 - 131.3\ kJ/mol$$

由于焦炭与氧和水蒸气的反应有与二氧化碳的反应类似的规律，因此大多数国家都用焦炭与二氧化碳间的反应特性评定焦炭反应性。焦炭与二氧化碳间的反应属气固相反应，其反应速率不仅取决于化学反应速度，还受扩散因素的影响。因此，与焦炭粒度、气孔结构、光学组织、比表面、灰分的成分和含量等有关。

在 $1000 \pm 5℃$ 下测定块状焦炭与二氧化碳的反应性时，同时得到块焦反应性指数和反应后强度两个指标，用它们来评价焦炭反应性。反应性指数是用 $CO_2$ 反应后块焦的质量损失百分数表示；焦炭反应后强度是指反应后的焦炭在机械力和热应力作用下抵抗碎裂和磨损的能力，大多用转鼓测定。

《焦炭反应性及反应后强度试验方法》（GB/T 4000—1996）规定了焦炭反应性及反应后强度试验方法。其做法是使焦炭在高温下与二氧化碳发生反应，然后测定反应后焦炭失重率及其机械强度。焦炭反应性及反应后强度的试验结果均取平行试验结果的算术平均值。

#### 4.2.2.2  焦炭抗碱性

焦炭抗碱性是指焦炭在高炉冶炼过程中抵抗碱金属及其盐类作用的能力。因与石灰焙烧关系不大，不赘述。

### 4.2.3  焦炭的物理性质

焦炭的物理性质包括根据阿基米得原理测量的焦炭散密度、焦炭真相对密度、焦炭视相对密度、焦炭气孔率；根据气体动力学测量的焦炭透气性；焦炭热学性质：比热容、焦炭热导率、焦炭热应力、焦炭着火温度、焦炭热膨胀系数、焦炭收缩率；焦炭的电阻率等电性质以及表述焦炭粒度分布状况的焦炭筛分组成等。

焦炭的物理性质与其常温机械强度和热强度及化学性质密切相关。焦炭的主要物理性质如下：

（1）焦炭排除空隙后单位体积的质量称为焦炭的真密度，一般为 $1.8 \sim 1.95 g/cm^3$；

（2）干燥的块状焦炭单位体积的质量称为焦炭视密度，一般为 $0.88 \sim 1.08 g/cm^3$；

（3）块状焦炭的气孔体积与块焦体积之比称为焦炭气孔率，它分为总气孔率和显气孔率两种，总气孔率为块焦的开气孔与闭气孔体积之和与总体积的比率，显气孔率为焦块开气孔与总体积的比率，均以百分数表示，大多数焦炭的气孔率（总气孔率）波动范围为 35% ~ 55%；

（4）单位体积内块焦堆积体的质量称为焦炭堆积密度，又称焦炭散密度，焦炭堆积密度取决于焦炭视密度和焦块之间的空隙体积，一般为 $400 \sim 500 kg/m^3$；随着焦炭平均块度增加，焦炭堆积密度成比例减少，焦炭的堆积密度直接影响竖窑热负荷和料柱的透气性，另外，焦炭堆积密度在料仓设计和运输计量中也是有用的物理参数；

（5）单位质量的焦炭温度升高1K所需要的热量称为焦炭比热容，以 $kJ/(kg \cdot K)$ 表示，焦炭平均比热容为 $0.808 kJ/(kg \cdot K)$（100℃），$1.465 kJ/(kg \cdot K)$（1000℃）；

（6）热量从焦炭的高温部位向低温部位传递时，单位距离上温差为1K的传热速率称为焦炭热导率，其值为 $2.64 kJ/(m \cdot h \cdot K)$（常温），$6.91 kJ/(m \cdot h \cdot K)$（900℃）；

（7）焦炭在空气或氧气中加热时达到连续燃烧的最低温度称为着火温度，同一焦炭的着火温度，因测定方法和实验条件不同，差异很大，焦炭在空气中的着火温度为 450 ~ 650℃，焦炭的化学活性越高，其着火温度越低；

（8）焦炭的可燃基低热值为 30 ~ 32kJ/g；

（9）焦炭的比表面积为 0.6 ~ 0.8m$^2$/g。

### 4.2.4 焦炭机械强度

焦炭在机械力和热应力作用下抵抗碎裂和磨损的能力称为焦炭机械强度，一般用在一定的机械功作用下焦炭粒度和比表面的变化来表示。我国主要采用米库姆转鼓试验评定，用 $M_{25}$（$M_{40}$）表示抗碎强度，$M_{10}$ 表示耐磨强度。转鼓机的鼓体是由钢板制成的密封圆筒，经转鼓机试验的样品从鼓内取出后，用直径 25mm（40mm）和 10mm 的圆孔筛进行筛分，以大于 25mm（40mm）的焦块质量占焦样质量的百分率作为抗碎强度 $M_{25}$（$M_{40}$），小于 10mm 焦粉质量占焦样质量的百分率作为耐磨强度 $M_{10}$。

### 4.2.5 焦炭的粒度组成

焦炭分级使用可得到较好的经济技术效果。焦炭的粒度可按如下范围进行分级：0 ~ 10mm、10 ~ 25mm、25 ~ 40mm 和 40 ~ 70mm。

### 4.2.6 焦炭的灰分及灰分熔点

灰分是焦炭中所含的矿物杂质（主要是多种氧化物的混合物）在燃烧过程中经过高温分解和氧化作用后生成的一些固体残留物中各种氧化物的含量。大致成分 $w$ 是：$SiO_2$：40% ~ 60%，$Al_2O_3$：15% ~ 35%，$Fe_2O_3$：5% ~ 25%，CaO：1% ~ 15%，MgO：0.5% ~ 8%，$Na_2O + K_2O$：1% ~ 4%。

灰分是一种有害成分，它不仅能附着于产品上，使产品质量降低，还会在高温下形成低熔点化合物，导致粘窑和结圈，并对窑衬有腐蚀作用，造成窑衬损坏，给生产操作和设备维护带来困难。

灰分的熔点是焦炭的一项重要技术指标，它与灰分的组成及窑内的气氛有关，其波动范围大约在 1000 ~ 1500℃ 之间。灰分的主要组分是 $SiO_2$ 和 $Al_3O_2$，它们的熔点分别是 1713℃ 和 2050℃；而灰分是多种氧化物的混合物，灰分熔点就是多种氧化物在受热时形成共溶物的熔融温度。一般说来，含 $SiO_2$ 和 $Al_2O_3$ 等酸性成分较多的灰分，其熔点较高；含 $Fe_2O_3$、CaO、MgO 及 $Na_2O + K_2O$ 等碱性成分多的灰分，其熔点较低。如以酸性成分与碱性成分之比 [（$SiO_2$ + $Al_2O_3$）/（$Fe_2O_3$ + CaO + MgO）] 作为灰分的酸度，则酸度接近 1 时灰分熔点低，酸度大于 5 时，灰分熔点将超过 1350℃。此外，灰分在还原性气氛中的熔点比在氧化性的气氛中高，二者相差约 40 ~ 170℃。

### 4.2.7 不同窑型对焦炭的要求

焦炭主要用于竖窑。机械化焦炭竖窑一般对焦炭的要求如下：

理化指标：

灰分 $A^g \leqslant 14.0\%$　　水分 $W^y \leqslant 6.0\%$　　挥发分 $V^r \leqslant 1.5\%$　　硫 $S^g \leqslant 0.6\%$

灰分熔点　　≥1250℃

发热值 $Q_{DW}^Y$　　≥28052kJ/kg

粒度：25 ~ 40mm，大于 40mm 及小于 25mm 的颗粒量分别不大于 5%，且粒度上限为 50mm，下限为 15mm。

## 4.3 焙烧石灰用气体燃料

### 4.3.1 焦炉煤气

焦炉煤气是炼焦生产的副产品，装炉煤在焦炉炭化室中干馏时产生的黄褐色汽气混合物即焦炉煤气。每生产1t焦炭约产生300m³左右的焦炉煤气，其主要成分是$H_2$，约占50%~58%，其次是$CH_4$，约占22%~25%，另外还含有少量CO、$CO_2$和$N_2$等，它的发热值较高，约为16750kJ/m³左右。

从焦炉排出的焦炉煤气含有大量粉尘、焦油、硫等杂质，对石灰生产不利，必须经过脱除焦油、脱硫等净化工序后，得到的净煤气才能用于焙烧石灰。

表4-5是一种典型的焦炉煤气成分和发热值参数。

表4-5 一种典型的焦炉煤气成分和发热值

| 发热值/kJ·m⁻³ | | 水分(体积分数) /% | 干煤气成分(体积分数)/% | | | | | | |
|---|---|---|---|---|---|---|---|---|---|
| 湿煤气 $Q_{DW}^Y$ | 干煤气 $Q_{DW}^g$ | | CO | $CO_2$ | $H_2$ | $CH_4$ | $C_mH_n$ | $O_2$ | $N_2$ |
| 16915 | 17290 | 2.3 | 6.5 | 2.0 | 57.0 | 25.2 | 2.0 | 0.8 | 6.5 |

### 4.3.2 高炉煤气、转炉煤气、混合煤气

#### 4.3.2.1 高炉煤气

高炉煤气是高炉炼铁过程中得到的一种副产品，每生产1t生铁约产生2000m³左右的高炉煤气。高炉煤气中含有CO 25%~30%、$H_2$ 2%~4%、$N_2$ 55%~58%、$CO_2$ 13%~16%以及少量$CH_4$等，发热值约为3768~4187kJ/m³左右，理论燃烧温度为1400~1500℃左右。当冶炼特殊生铁时，高炉煤气的发热值比冶炼普通炼钢生铁时高419~628kJ/m³。高炉煤气一般用于竖窑焙烧石灰，由于理论燃烧温度较低，窑的利用系数较低。为提高窑的利用系数，有的竖窑采用高炉煤气和空气双预热的方法来提高窑温，效果较好。

根据有关资料，当大气中CO的浓度超过16mg/L时即有中毒危险。由于高炉煤气中含有大量的CO，在使用中应特别注意安全，生产和维修时必须采取必要的安全措施，注意防止CO中毒事故的发生。

表4-6是两种典型的高炉煤气成分和发热值参数。

表4-6 两种典型的高炉煤气成分和发热值

| 发热值/kJ·m⁻³ | | 水分(体积分数) /% | 干煤气成分(体积分数)/% | | | | | | |
|---|---|---|---|---|---|---|---|---|---|
| 湿煤气 $Q_{DW}^Y$ | 干煤气 $Q_{DW}^g$ | | CO | $CO_2$ | $H_2$ | $CH_4$ | $C_mH_n$ | $O_2$ | $N_2$ |
| 3726 | 3810 | 2.3 | 27.2 | 12.3 | 2.5 | 0.3 | | | 57.7 |
| 4090 | 4187 | 2.3 | 30.8 | 10.4 | 2.3 | 0.1 | | | 55.1 |

#### 4.3.2.2 转炉煤气

转炉煤气是转炉炼钢过程中产生的一种副产品，每冶炼1t钢约产气70m³左右，其主要成分是CO，含量约为45%~65%左右，其次是$CO_2$和$N_2$，$CO_2$约为15%~25%，$N_2$约为24%~38%，另外还有少量的$H_2$、$O_2$等，一般$O_2$ 0.4%~0.8%，$H_2$<2%，发热值约为6280~7536kJ/m³左右。

使用转炉煤气应注意下列安全问题：

（1）回收转炉煤气时必须保持炉口微正压操作，氧枪采用氮封，防止煤气外逸和空气吸入；

（2）回收的转炉煤气必须经常进行分析，进入煤气柜前必须使含氧量降低到 2% 以下，以防引起爆炸；

（3）在转炉煤气加压机和用户之间应设置水封或回火防止器，以防发生回火爆炸事故；

（4）转炉煤气烧嘴前必须保持足够的煤气压力，煤气喷出速度应大于 15m/s，以防发生烧嘴回火；

（5）各主要管道都应安装防爆阀，并严防漏气，以免发生 CO 中毒事故。

表 4-7 是一种典型的转炉煤气成分和发热值参数。

**表 4-7　一种典型的转炉煤气成分和发热值**

| 发热值/kJ·m⁻³ | | 水分(体积分数) | 干煤气成分(体积分数)/% | | | | | | |
|---|---|---|---|---|---|---|---|---|---|
| 湿煤气 $Q_{DW}^{Y}$ | 干煤气 $Q_{DW}^{g}$ | /% | CO | $CO_2$ | $H_2$ | $CH_4$ | $C_mH_n$ | $O_2$ | $N_2$ |
| 7285 | 7578 | 4.2 | 58.8 | 19.3 | 1.5 | | | 0.4 | 20 |

#### 4.3.2.3　混合煤气

混合煤气是由两种或两种以上的煤气混配而成的煤气，它主要是为满足用户对煤气的特定发热值的需求而采用高发热值煤气与低发热值煤气调配而成。

表 4-8 是几种典型的高炉焦炉混合煤气成分和发热值参数。

**表 4-8　几种典型的高炉焦炉混合煤气成分和发热值**

| 发热值/kJ·m⁻³ | | 水分(体积分数) | 干煤气成分(体积分数)/% | | | | | | |
|---|---|---|---|---|---|---|---|---|---|
| 湿煤气 $Q_{DW}^{Y}$ | 干煤气 $Q_{DW}^{g}$ | /% | CO | $CO_2$ | $H_2$ | $CH_4$ | $C_mH_n$ | $O_2$ | $N_2$ |
| 4480 | 4605 | 2.3 | 26.0 | 11.7 | 5.7 | 1.7 | 0.1 | | 54.8 |
| 5736 | 5862 | 2.3 | 24.0 | 10.7 | 10.8 | 4.1 | 0.3 | 0.1 | 50.0 |
| 6531 | 6699 | 2.3 | 22.8 | 10.1 | 14.2 | 5.6 | 0.4 | 0.2 | 46.7 |
| 7369 | 7536 | 2.3 | 21.2 | 9.4 | 17.6 | 7.2 | 0.5 | 0.2 | 43.6 |
| 9002 | 9211 | 2.3 | 18.9 | 8.2 | 24.3 | 10.3 | 0.8 | 0.3 | 37.2 |
| 9818 | 10048 | 2.3 | 17.6 | 7.5 | 27.7 | 11.9 | 0.9 | 0.4 | 34.0 |
| 10634 | 10886 | 2.3 | 16.3 | 6.9 | 31.1 | 13.4 | 1.1 | 0.4 | 30.8 |
| 11451 | 11723 | 2.3 | 15.0 | 6.3 | 34.5 | 14.9 | 1.2 | 0.5 | 27.6 |
| 12267 | 12560 | 2.3 | 13.8 | 5.6 | 37.9 | 16.4 | 1.3 | 0.5 | 24.5 |

### 4.3.3　天然气、电石炉煤气

#### 4.3.3.1　天然气

天然气一般可分为 4 种：从气井开采出来的气田气或纯天然气、伴随石油一起开采出来的石油气称为油田伴生气、含石油轻质馏分的凝析气田气、从井下煤层抽出的煤矿矿井气。天然气主要是由低分子量的碳氢化合物组成的混合物，纯天然气的组分以 $CH_4$ 为主，含量在 90% 以上，其他为少量的 $CO_2$、$H_2S$、$N_2$ 和微量的氦、氖、氩等气体，热值约为 33494 ~ 36425kJ/m³；油田伴生气的 $CH_4$ 含量约为 80% 左右，$C_2H_6$、$C_3H_8$、$C_4H_{10}$ 和 $C_5H_{12}$ 等含量约为 15%，热值约为

$41868kJ/m^3$；矿井气的主要可燃组分是 $CH_4$，其含量随采气方式而变化，根据各煤矿的实测资料，矿井气的各体积组分为：$CH_4$ 30% ~55%、$N_2$ 30% ~55%、$O_2$ 5% ~10%、$CO_2$ 4% ~7%，低热值约为 12560 ~18841kJ/$m^3$。

我国天然气分布较广，表 4-9 是我国某些产地的天然气成分和发热值。

表 4-9　我国某些产地的天然气成分和发热值

| 发热值 /kJ·$m^{-3}$ | 天然气成分(体积分数)/% | | | | | | | | | |
|---|---|---|---|---|---|---|---|---|---|---|
| | $CH_4$ | $C_2H_6$ | $C_3H_6$ | $C_3H_8$ | $C_4H_{10}$ | $CO_2 + H_2S$ | $CO$ | $H_2$ | 不饱和烃 | $N_2$ |
| 35295 | 97.1 | 0.48 | | 0.06 | | 0.31 | 0.01 | 0.09 | | 1.95 |
| 35479 | 96.67 | 0.63 | 0.26 | | | 1.64 | 0.13 | 0.07 | | 1.3 |
| 35789 | 97.78 | 0.64 | 0.15 | | | 1.64 | 0.03 | 0.09 | 0.02 | |
| 35914 | 95.84 | 1.5 | 0.41 | | | 1.7 | 0.02 | 0.10 | 0.07 | 0.92 |
| 35801 | 97.08 | 1.06 | 0.26 | | | 0.35 | 0.03 | 0.14 | 0.10 | 0.58 |
| 36040 | 99.56 | 0.10 | 0.10 | | 0.21 | | | | | 0.02 |
| 38502 | 95.13 | 1.46 | 2.19 | | 1.09 | | | | | 0.12 |
| 40738 | 82.86 | 6.73 | | 3.24 | 2.97 | 0.82 | | | | 3.38 |

#### 4.3.3.2　电石炉煤气

电石炉煤气是化工行业电石炉生产电石时产生的烟气。电石炉从炉型上来说分为开放式电石炉、半密闭电石炉和全密闭电石炉三种，炉型不同，其烟气性质完全不同。开放式电石炉烟气量大，烟温低，一般不超过 200℃；半密闭电石炉烟温较高，一般达到 400℃ 以上，烟气量大幅降低；全密闭电石炉烟温最高，一般为 400 ~600℃，最高可达 800 ~1000℃，但烟气量很小。某厂统计的不同炉型电石炉的烟气工艺参数如表 4-10 所示。

表 4-10　不同炉型电石炉的烟气工艺参数

| 炉　型 | 开放式电石炉 | 半密闭电石炉 | 全密闭电石炉 |
|---|---|---|---|
| 烟气温度/℃ | 160 ~200 | 350 ~550 | 600 ~1000 |
| 生产 1t 电石产生烟气量/$m^3$·$h^{-1}$ | 30000 | 9000 | 400 |
| 含尘浓度/g·$m^{-3}$ | 1 ~3 | 8 ~20 | 130 ~200 |
| 氧含量/% | 19 | 17 | 微　量 |
| 一氧化碳含量/% | 1.2 | 5.0 | 70 ~90 |
| 二氧化碳含量/% | 微　量 | 微　量 | 1 ~3 |
| 氢气含量/% | 微　量 | 微　量 | 2 ~6 |

从表 4-10 可以看出，开放式电石炉和半密闭电石炉烟气中的可燃成分很少，不能作为燃料使用，而全密闭电石炉烟气中的可燃成分含量很高，可以作为气体燃料使用。

电石炉煤气中的主要可燃成分是 CO，根据有关资料，一般 CO 的含量约为 80% ~90%，当电石炉密封性差时可降低到约 60%，另外还含有少量 $H_2$、$CO_2$、$O_2$、$N_2$ 等，发热值约为 10048 ~11304kJ/$m^3$ 左右。

电石炉煤气中含有大量的粉尘和焦油，某厂统计的粉尘成分如表 4-11 所示，粉尘粒径分布如表 4-12 所示。如果采用干法除尘，由于粉尘的性质比较特殊，粉尘颗粒细，比表面积大，比重轻，同时还具有一定的黏性，难以清灰，粉尘中还含有较多的焦炭粉尘，磨蚀性比较强，粉尘中的比电阻也比较高，治理难度比较大；如果采用湿法除尘，将产生大量含氰废水，造成严重的环境污染。所以，目前电石炉煤气大多未经处理或稍加处理便直接供给用户使用。因此，设计用户燃烧系统时一定要考虑这一问题。

表 4-11　电石炉煤气中粉尘的化学成分

| 粉尘种类 | CaO | C | $SiO_2$ | $Fe_2O_3$ | $Al_2O_3$ | 其　他 |
|---|---|---|---|---|---|---|
| 质量分数/% | 37.2 | 34.1 | 15.8 | 0.96 | 7.1 | 4.84 |

表 4-12　电石炉煤气中粉尘的粒径分布

| 粒径/$\mu$m | 0~2 | 2~5 | 5~10 | 10~20 | 20~40 | >40 |
|---|---|---|---|---|---|---|
| 质量分数/% | 37.5 | 19.6 | 21.8 | 15.6 | 4.1 | 1.4 |

由于电石炉煤气中主要成分是 CO，操作安全性很差，生产和维修中必须采取必要的安全措施，注意防止 CO 中毒。

### 4.3.4　不同窑型对气体燃料的要求

由于气体燃料具有易于点火和停窑、燃烧调节准确迅速、易于实现自动控制、可燃成分燃烧完全利用率高、对工艺要求的适应性强、温度和火焰易于调整等特点，气体燃料在各种常见的石灰窑型上得到了广泛的应用。同时，由于各种窑型的焙烧原理和工作方式的不同，它们对气体燃料又有各自的特殊要求。表 4-13 列出了几种常见窑型对气体燃料的要求。

表 4-13　常见窑型对气体燃料的要求

| 窑　型 | 对煤气热值的要求 /kJ·m$^{-3}$ | 适用的煤气种类 |
|---|---|---|
| 低热值燃气石灰竖窑 | ≤7536 | 高炉煤气、转炉煤气、混合煤气 |
| 并流蓄热式双膛竖窑 | ≥6489 | 天然气、焦炉煤气、电石炉煤气、转炉煤气、混合煤气 |
| 双 D 竖窑 | ≥7536 | 天然气、焦炉煤气、电石炉煤气、转炉煤气、混合煤气 |
| 套筒式竖窑 | ≥6699 | 天然气、焦炉煤气、电石炉煤气、转炉煤气、混合煤气 |
| 梁式烧嘴竖窑 | ≥6699 | 天然气、焦炉煤气、电石炉煤气、转炉煤气、混合煤气 |
| 回转窑 | ≥12560 | 天然气、焦炉煤气、混合煤气 |
| CID 窑 | ≥7536 | 天然气、焦炉煤气、电石炉煤气、转炉煤气、混合煤气 |

## 4.4　焙烧石灰用煤

### 4.4.1　烟煤和无烟煤

#### 4.4.1.1　煤的种类

煤是由古代植物经过了漫长的地质年代和极其复杂的变化过程演变而来的，根据母体物质炭化程度的不同，可将煤分为泥煤、褐煤、烟煤和无烟煤四大类。

　　A　泥煤

泥煤是最年轻的煤，也就是由植物刚刚变成的煤。在结构上，它尚保留着植物遗体的痕迹，质地疏松，吸水性强，含天然水分高达 40% 以上，需进行露天干燥，风干后的体积密度为 300~450kg/m$^3$。在化学成分上，与其他煤种相比，泥煤含氧量最多，高达 28%~38%，含碳较少。在使用性能上，泥煤的挥发分高，可燃性好，反应性强，含硫量低，机械性能很差，灰分熔点很低。在工业上，泥煤的主要用途是用来烧锅炉和做气化原料，也可制造成焦炭供小高炉使用。由于以上特点，泥煤的工业价值不大，更不适于远途运输，只可作为地方性燃料在产区附近使用。

B 褐煤

褐煤是泥煤经过进一步变化后所生成的，它已完成了炭化过程，在性质上与泥煤有很大的不同。与泥煤相比，它的密度较大，含碳量较高，氢和氧的含量较小，挥发分产率较低，体积密度为 $750 \sim 800 kg/m^3$。褐煤的使用性能是黏结性弱，极易氧化和自燃，吸水性较强。新开采出来的褐煤机械强度较大，但在空气中极易风化和破碎，因而也不适于远地运输和长期储存，只能作为地方性燃料使用。

C 烟煤

烟煤是一种炭化程度较高的煤，与褐煤相比，它的挥发分较少，密度较大，吸水性较小，含碳量增加，氢和氧的含量减少。烟煤是冶金工业不可缺少的燃料。烟煤的最大特点是具有黏结性，这是其他固体燃料所没有的。根据黏结性的强弱和挥发分产率的大小等物理化学性质，进一步将烟煤分为长焰煤、气煤、肥煤、结焦煤、瘦煤等不同的品种。其中，长焰煤和气煤的挥发分含量高，因而容易燃烧和适于制造煤气；结焦煤具有良好的结焦性，适于生产优质冶金焦炭。

D 无烟煤

无烟煤是矿物化程度最高的煤，也是年龄最老的煤。它的特点是密度大，含碳量高，挥发分极少，组织致密而坚硬，吸水性小，适于长途运输和长期储存。无烟煤的主要缺点是受热时容易爆裂成碎片，可燃性较差，不易着火。但由于其发热量大（约 29308kJ/kg），灰分少，含硫量低，而且分布较广，因此受到重视。将无烟煤进行热处理后，可以提高抗爆裂性，称为耐热无烟煤，可以用于气化，或在小高炉和化铁炉中代替焦炭使用，也可代替焦炭直接用于石灰竖窑。

#### 4.4.1.2 煤的化学组成

煤是由某些结构极其复杂的有机化合物组成，根据元素分析值，煤的主要可燃性元素是碳，其次是氢，并含有少量的氧、氮、硫，它们与碳和氢一起构成可燃化合物，称为煤的可燃质。除此之外，煤中还含有一些不可燃的矿物质灰分和水分，称为煤的惰性质。煤各组分的主要特性如下。

A 碳（C）

碳是煤的主要可燃元素，它在燃烧时放出大量的热。煤的炭化程度越高，含碳量就越大。各种煤的可燃质中含碳量大致如表4-14所示。

表 4-14 煤中可燃质的含碳量

| 煤 种 | $w(C)/\%$ | 煤 种 | $w(C)/\%$ |
|---|---|---|---|
| 泥 煤 | ~70 | 黏结性煤 | 83 ~ 85 |
| 褐 煤 | 70 ~ 78 | 强黏结性煤 | 85 ~ 90 |
| 非黏结性煤 | 78 ~ 80 | 无烟煤 | 90 以上 |
| 弱黏结性煤 | 80 ~ 83 | | |

　　B　氢（H）

氢也是煤的主要可燃元素，它的发热量约为碳的三倍半，但它的含量比碳少得多。图 4-1 给出了煤的含氢量与炭化程度的关系，由图中可以看出，煤中氢的含量是随着煤的炭化程度的加深而逐渐增加的，并且在含碳量为 85% 时达到最大值；以后在接近无烟煤时，氢的含量又随着炭化程度的提高而不断减少。

氢在煤中有两种存在形式，一种是与碳、硫结合在一起的氢，叫做可燃氢，它可以进行燃烧反应和放出热量，所以也叫有效氢；另一种是与氧结合在一起，叫做化合氢，它不能进行燃烧反应。在计算煤的发热量和理论空气量时，氢的含量应以有效氢为准。

　　C　氧（O）

氧是煤中的一种有害物质，因为它和碳、氢等可燃元素构成氧化物而使它们失去了进行燃烧的可能性。

图 4-2 给出了煤的含氧量与炭化程度的关系。

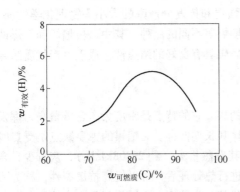

图 4-1　煤的含氢量与炭化程度的关系

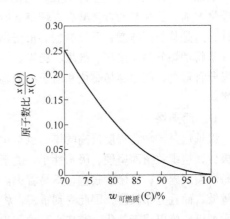

图 4-2　煤的含氧量与炭化程度的关系

　　D　氮（N）

氮一般不参加燃烧反应，是煤中的惰性元素。但在高温条件下，氮和氧形成 $NO_x$，这是对大气有严重污染作用的有害气体。煤中含氮量约为 0.5% ~ 2%。

　　E　硫（S）

硫在煤中有三种存在形态：

（1）有机硫　来自母体植物，与煤成化合状态，均匀分布；

（2）黄铁矿硫　与铁结合在一起，形成 $FeS_2$；

（3）硫酸盐硫　以各种硫酸盐的形式（主要是 $CaSO_4 \cdot 2H_2O$ 和 $FeSO_4$）存在于煤的矿物杂质中。

有机硫和黄铁矿硫都能参与燃烧反应，因而总称为可燃硫或挥发硫；而硫酸盐硫则不能进行燃烧反应。

硫在燃料中是一种极为有害的物质，这是因为硫燃烧后生成的 $SO_2$ 和 $SO_3$ 能危害人体健康和造成大气污染，并能造成金属的氧化、脱碳和腐蚀，硫进入金属还可造成金属的物理力学性能变坏，因此，必须严格控制含硫量。

　　F　灰分（A）

灰分指的是煤中所含的矿物杂质（主要是碳酸盐、黏土矿物质以及微量稀土元素等）在燃烧过程中经过高温分解和氧化作用后生成的一些固体残留物。即由各种金属氧化物和非金属氧化物组成的混合物，大致成分 $w$ 是：$SiO_2$：40%～60%，$Al_2O_3$：15%～35%，$Fe_2O_3$：5%～25%，$CaO$：1%～15%，$MgO$：0.5%～8%，$Na_2O + K_2O$：1%～4%。

煤中的灰分是一种有害成分，它不仅能降低煤的发热量，而且能附着于产品上，使产品质量降低，还会在高温下形成低熔点化合物，导致粘窑和结圈，并对窑衬有腐蚀作用，造成窑衬损坏，给生产操作和设备维护带来困难。

灰分的熔点是煤的一项重要技术指标，它与灰分的组成及窑内的气氛有关，其波动范围大约在1000～1500℃之间。在一般情况下，煤灰中 $SiO_2$ 含量与煤灰熔点的关系不明显，但当 $SiO_2$ 含量在45%～60%时，随 $SiO_2$ 含量增加，灰分熔点降低。$Al_2O_3$ 含量大，则煤灰熔点高；含 $Fe_2O_3$、$CaO$、$MgO$ 及 $Na_2O + K_2O$ 等碱性成分多的灰分，其熔点较低。如以酸性成分与碱性成分之比作为灰分的酸度，则酸度接近1时灰分熔点低，酸度大于5时，灰分熔点将超过1350℃。此外，灰分在还原性气氛中的熔点比在氧化性的气氛中高，二者相差约40～170℃。

G 水分（$M$）

水分也是燃料中的有害组分，它不仅降低了燃料的可燃质，而且在燃烧时还要消耗热量使其蒸发和将蒸发的水蒸气加热。

煤中水分的存在状态分为外在水分、内在水分和结晶水。外在水分和内在水分属于游离水；结晶水则为化合水。外在水分又称表面水分，是附着在煤颗粒表面的水，即在一定条件下，煤样与周围空气的湿度达到平衡时所失去的水分，也叫湿分或机械附着水，指的是不被燃料吸收而是机械地附着在燃料表面上的水分，它的含量与大气湿度和外界条件有关，当把燃料磨碎并在大气中自然干燥到风干状态后即可除掉。内在水分为吸附或凝聚在煤颗粒内部毛细孔中的水，即煤样达到空气干燥状态时仍保留在煤中的水分。煤样在温度为30℃、相对湿度为96%的大气气氛中达到平衡时，即煤颗粒中毛细管所吸附的水分达到饱和状态时，内在水分达到最高值，称为最高内在水分。结晶水是以化学方式与煤中矿物质结合的水，要在200℃以上才能从煤中分解析出，不属于工业分析的范围。煤的外在水分和内在水分的总和称为全水分，工业分析一般只测定收到煤样的全水分和空气干燥煤样的水分。

### 4.4.1.3 煤的工业分析

煤的工业分析内容是测定水分、灰分、挥发分和固定碳的百分含量。根据国家标准，煤的工业分析是将一定质量的煤加热到110℃，使其水分蒸发，以测出水分的含量，再在隔绝空气的条件下加热到850℃，并测出挥发分的含量，然后通以空气使固定碳全部燃烧，以测出灰分和固定碳的含量。

挥发分和固定碳的含量与炭化程度有关，随着炭化程度的提高，挥发分逐渐减少，固定碳不断增多。

### 4.4.1.4 煤的发热量

煤的发热量大小是评价煤质量好坏的一个重要指标，也是计算燃烧温度和燃料消耗量时不可缺少的依据。工程计算中规定，1kg煤完全燃烧后所放出的燃烧热叫做它的发热量，单位为kJ/kg。

煤的发热量有两种表示方法，即：

（1）高发热量（$Q_{GW}^Y$），指的是燃料完全燃烧后燃烧产物冷却到使其中的水蒸气凝结成0℃的水时所放出的热量；

（2）低发热量（$Q_{DW}^{Y}$），指的是燃料完全燃烧后燃烧产物中的水蒸气冷却到20℃时所放出的热量。

煤的发热量随着煤的炭化程度的提高不断增大，当含碳量为87%左右时，发热量达到最大值。

#### 4.4.1.5　煤的黏结性

煤的黏结性指的是粉碎后的煤在隔绝空气的情况下加热到一定温度时，煤的颗粒相互黏结形成焦块的性质。

煤的黏结性对于煤的气化和燃烧性能有很大的影响，例如具有强黏结性的煤在气化和燃烧时，由于煤的黏结，容易结成大块，严重影响窑内气流的均匀分布；若使用煤粉喷吹，强黏结性煤粉易结焦，造成喷枪口堵塞，因此，喷吹用煤要求 $Y$ 值小于10。

通常用黏结序数来评价煤的黏结性强弱，即以实验室条件下用坩埚法测定煤的挥发分产率之后，根据所形成的焦块的外形特征将其分为七个等级，称为黏结序数，各黏结序数所代表的特征如下：

（1）焦炭残留物均为粉状；

（2）焦炭残留物黏着，以手轻压即成粉状；

（3）焦炭残留物黏结，以手轻压即碎成小块；

（4）不熔化黏结，用手指用力压方裂成碎块；

（5）不膨胀熔化黏结，成浅平饼状，表面有银白色金属光泽；

（6）膨胀熔化黏结，表面有银白色金属光泽，且高度不超过15mm；

（7）强膨胀熔化黏结，表面有银白色金属光泽，且高度大于15mm。

#### 4.4.1.6　煤的粒度分级标准

煤炭粒度分级标准如表4-15所示。

**表 4-15　无烟煤和烟煤粒度划分**（GB/T 17608—2006）

| 序　号 | 粒度名称 | 粒度/mm | 序　号 | 粒度名称 | 粒度/mm |
|---|---|---|---|---|---|
| 1 | 特大块 | >100 | 7 | 混　块 | >13，>25 |
| 2 | 大　块 | >50～100 | 8 | 混粒煤 | >6～25 |
| 3 | 混大块 | >50 | 9 | 粒　煤 | >6～13 |
| 4 | 中　块 | >25～50，>25～80 | 10 | 混　煤 | <50 |
| 5 | 小　块 | >13～25 | 11 | 末　煤 | <13，<25 |
| 6 | 混中块 | >13～50，>13～80 | 12 | 粉　煤 | <6 |

注：1. 特大块最大尺寸不得超过300mm；

　　2. 煤炭筛分应按 GB/T 477 执行。

#### 4.4.1.7　煤的使用性能

不同产区和不同品种的煤，其物理化学和工艺性能差别很大。表4-16列举了我国部分产区所产煤的成分和特性。

**表 4-16 我国各地所产煤的成分和特性表**

| 产地 | 煤种 | 工业分析/% | | | 元素分析/% | | | | | 发热量/kJ·kg$^{-1}$ | | 灰熔点/℃ | | | $K_m$ |
|---|---|---|---|---|---|---|---|---|---|---|---|---|---|---|---|
| | | $W^y$ | $A^g$ | $V^r$ | $C^r$ | $H^r$ | $N^r$ | $O^r$ | $S^r$ | $Q_{GW}^Y$ | $Q_{DW}^Y$ | $t_1$ | $t_2$ | $t_3$ | |
| 大同 | 弱黏结性煤 | 2.28 | 4.69 | 29.59 | 83.38 | 5.24 | 0.64 | 10.21 | 0.53 | 30848 | 29684 | 1292 | 1304 | 1350 | |
| 大同 | 混煤 | 6.0 | 10.9 | 32.5 | | | | | 1.5 | | 27298 | | | | 1.1~1.3 |
| 铜川 | 瘦煤 | 1.62 | 17.18 | 15.58 | 82.93 | 3.3 | 1.13 | 5.51 | 5.83 | 29094 | 28445 | 1320 | 1320 | 1450 | |
| 抚顺 | 气煤 | 3.5 | 7.89 | 44.46 | 80.2 | 6.1 | 1.4 | 11.6 | 0.63 | 29140 | 27809 | 1318 | 1395 | 1450 | |
| 抚顺 | 原煤 | 14.0 | 15.0 | 46.0 | | | | | 0.8 | | 21771 | | | | |
| 焦块 | | 4.36 | 13.14 | 1.60 | 96.42 | 0.97 | 1.93 | | 0.72 | | 27842 | | | | |
| 阳泉 | 无烟煤 | 2.44 | 16.61 | 9.57 | 89.78 | 4.37 | 1.02 | 4.37 | 0.38 | 28830 | 27784 | 1245 | >1500 | | |
| 阳泉 | 三号混煤 | 5.0 | 16.5 | 9.1 | | | | | 0.5 | | 27633 | | | | 1.32 |
| 阳泉 | 四号混煤 | 5.0 | 19.0 | 9.8 | | | | | 1.5 | | 25958 | | | | 1.8 |
| 兰州阿干镇 | 不黏结烟煤 | 4.28 | 11.6 | 25.66 | 80.2 | 4.5 | 0.74 | 12.0 | 2.31 | 28315 | 27352 | 1252 | 1287 | 1309 | |
| 京西城子 | 无烟煤粉 | 2.5 | 15.0 | 7.2 | | | | | 0.26 | | 26666 | | | | |
| 京西城子 | 无烟煤中块 | 2.8 | 18.0 | 6.5 | | | | | 0.32 | | 25983 | | | | 0.78~1.1 |
| 京西门头沟 | 无烟煤中块 | 2.5 | 22.0 | 6.4 | | | | | 0.24 | | 24170 | | | | |
| 鹤岗 | 气煤 | 2.79 | 19.43 | 35.22 | 82.8 | 5.67 | 1.5 | 9.87 | 0.12 | 26435 | 25368 | 1275 | 1343 | 1393 | |
| 焦作 | 无烟煤 | 4.32 | 20.0 | 5.62 | 92.29 | 2.87 | 1.05 | 3.32 | 0.38 | 26126 | 25117 | | | | |
| 淮南 | 气煤 | 4.6 | 18.6 | 36.1 | 84.1 | 6.24 | 6.5 | 1.42 | 1.37 | 26168 | 24970 | >1500 | >1500 | >1500 | |
| 焦坪 | 气煤 | 8.91 | 12.56 | 37.51 | 80.71 | 5.11 | 0.84 | 11.45 | 1.63 | 26042 | 24911 | 1045 | 1092 | 1160 | |
| 开滦 | 肥煤三号原煤 | 5.0 | 28.0 | 32.0 | | | | | 1.73 | | 23350 | | | | |
| 开滦 | 肥煤三号原煤 | 5.0 | 31.0 | 34.0 | | | | | 1.07 | | 22207 | | | | |
| 扎赉诺尔 | 褐煤 | 19.17 | 7.67 | 49..69 | 66.48 | 7.11 | 1.56 | 24.62 | 0.26 | 21508 | 19850 | | | | |

注：1. 灰熔点：$t_1$ 为变形温度；$t_2$ 为软化温度；$t_3$ 为熔化温度；

2. $K_m$ 为可磨性系数。

## 4.4.2 煤粉

### 4.4.2.1 煤粉制备对煤的要求

（1）挥发分　由于煤在燃烧时，挥发分首先析出，燃烧后放热，促进炭粒的燃烧，有利于提高煤粉燃烧速度和完全燃烧，因而，一般要求煤的挥发分大于15%；另一方面，当挥发分含量过高时，将影响煤粉制备系统的运行安全，因而，一般要求煤的挥发分小于25%。

（2）灰分　一般要求煤的灰分小于10%，灰分的熔点大于1250℃。

（3）水分　不同的磨煤机对原煤的水分要求不同，钢球磨煤机要求原煤的水分不超过12%，悬辊磨煤机要求原煤的水分不超过8%。在上述情况下，原煤的干燥可在粉磨的同时进行，当水分超过上述规定值时，则需另设干燥器预先干燥。

（4）硫分　焙烧石灰时，煤中的硫部分地转移到石灰内，煤中的硫分大，必将增加石灰中硫的含量。由于冶金石灰必须是低硫石灰，因此，焙烧石灰必须采用低硫分的煤。一般要求煤的硫分小于0.8%。

#### 4.4.2.2　煤的可磨性

煤的可磨性是指将煤磨制成煤粉的难易程度，用可磨性系数表示。可磨性系数指的是在实验室条件下，将粒度相同的标准煤和被测定煤磨制成同样细度时所消耗的能量之比。可磨性系数越大，表示该种煤越容易磨细。烟煤的可磨性系数约为1.2~1.4，无烟煤约为0.8~1.1。

#### 4.4.2.3　煤粉的流动性

煤粉能吸收大量的空气，它和空气结合在一起形成混合物，具有和流体一样的性质，因此常用风力沿管道输送。

#### 4.4.2.4　煤粉的细度

煤粉的细度一般用筛分法来求得，并用筛上的剩余量（或称筛余量）R来表示。R通过下式求得：

$$R = \frac{a}{a+b} \times 100\% \tag{4-1}$$

式中　R——筛上的剩余量,%；

　　　a——筛子上剩余的燃料量；

　　　b——通过筛子的燃料量。

在筛子上剩余的煤粉越多，煤粉就越粗。筛分时应采用一定尺寸的筛子，常用的筛子如表4-17所示。

表 4-17　试验筛号规格

| 筛　号 | 每 1cm² 中的筛孔数 | 筛孔的内边长/μm | 筛　号 | 每 1cm² 中的筛孔数 | 筛孔的内边长/μm |
|---|---|---|---|---|---|
| 10 | 100 | 600 | 70 | 4900 | 90 |
| 30 | 900 | 200 | 80 | 6400 | 75 |
| 50 | 2500 | 120 | 100 | 10000 | 60 |

煤粉的细度通常用$R_{90}$来评定，即用70号筛子（筛孔的内边长90μm）的筛上剩余量来表示。过去70号筛子的筛孔内边长为88μm，所以煤粉的细度用$R_{88}$来表示。

煤粉越细燃烧越快，但动力消耗也越大；颗粒大于0.1~0.15mm时，未燃尽的颗粒容易从火焰中坠落。所以，应该合理确定所要求的煤粉细度。

根据煤的挥发分确定所要求煤粉细度的经验公式为：

$$R_{88} = 6 + \frac{1}{2}V \qquad (4\text{-}2)$$

式中 $R_{88}$——70 号筛子的筛上剩余量,%;

    $V$——煤的挥发分含量,%。

根据经验,烟煤的煤粉细度 $R_{88} = 10\% \sim 20\%$,无烟煤的煤粉细度 $R_{88} = 5\% \sim 10\%$。

#### 4.4.2.5 煤粉的爆炸性

煤粉和空气混合物在一定的条件下会产生爆炸,生产实践和试验研究证明,影响煤粉爆炸的主要因素有:

(1)挥发分 挥发分越高越容易爆炸;

(2)细度 煤粉越细,与空气的接触面越大,爆炸性也越大;

(3)浓度 煤粉的爆炸性随着它在空气中的浓度增加而变大,但当浓度增加到一定限度后,爆炸性又开始减小,煤粉浓度的爆炸范围为 $0.3 \sim 0.6 \text{kg/m}^3$;

(4)介质含氧量 悬浮在含氧量大的气体介质中的煤粉,可爆性大并且爆炸力强,实践表明在氧含量小于 16% 的气体中,煤粉不会爆炸;

(5)混合物温度 煤粉空气混合物温度越高,爆炸的可能性越大,一般不超过下列温度:

原煤水分 $<25\%$ 时:烟煤     $\leqslant 70^\circ\text{C}$

               贫煤     $\leqslant 130^\circ\text{C}$

               无烟煤   不限

原煤水分 $>25\%$ 时:烟煤     $\leqslant 80^\circ\text{C}$

               褐煤     $\leqslant 100^\circ\text{C}$

(6)硫分 实验证明,煤中硫的存在并不影响煤粉的可爆性,但煤粉中 FeS 含量多时,煤粉易自燃而成为爆炸的根源。

## 4.5 主要钢铁企业石灰生产使用燃料的现状及技术指标

我国各主要钢铁企业所用煤的成分和特性如表 4-18 所示。

**表 4-18 我国各主要钢铁企业石灰生产所用煤的成分和特性表**

| 厂名 | 窑型 | 燃料种类 | 粒度/mm | $W^y/\%$ | $A^g/\%$ | $V^r/\%$ | $S^g/\%$ | 发热量 $Q_{DW}^Y$ /kJ·kg$^{-1}$ |
|---|---|---|---|---|---|---|---|---|
| 鞍钢 | 430m³ 竖窑 | 无烟煤 | 20 ~ 40 | | 15 | | | 27214 |
| 鞍钢 | 430m³ 竖窑 | 焦炭 | 20 ~ 40 | | 14 | | | 27214 |
| 宝钢 | 600t/d 回转窑 | 烟煤 | <0.090 | | 9.02 | 15.81 | 0.37 | 27997 |
| 天钢 | 220t/d 双膛窑 | 烟煤 | <0.090 | | <12 | >15 | <0.5 | >24995 |
| 广钢 | 150m³ 双膛窑 | 烟煤 | <0.090 | ≤10 | ≤10 | 20 ~ 30 | ≤0.5 | >26000 |
| 石钢 | 300t/d 梁式烧嘴窑 | 烟煤 | <0.090 | 0.1 ~ 0.85 | 12 ~ 15 | 11 ~ 12 | 0.6 ~ 0.9 | 26959 |

我国各主要钢铁企业石灰生产所用煤气的成分和特性如表 4-19 所示。

### 表 4-19 我国各主要钢铁企业石灰生产所用煤气的成分和特性表

| 厂名 | 窑型 | 燃料种类 | 成分 w/% | | | | | | | | 发热值 $Q_{DW}^{Y}$ /kJ·m$^{-3}$ |
| --- | --- | --- | --- | --- | --- | --- | --- | --- | --- | --- | --- |
| | | | CO | CO$_2$ | H$_2$ | CH$_4$ | C$_m$H$_n$ | O$_2$ | N$_2$ | H$_2$O | |
| 宝钢 | 600t/d 回转窑 | 转炉煤气 | 62.2 | 15.6 | 2.5 | 0.5 | 0.1 | 0.1 | 19.1 | | 8374 |
| 宝钢 | 1000t/d 回转窑 | 焦炉转炉混合煤气 | 6.3 | 1.9 | 55.7 | 24.6 | 2.0 | 0.8 | 6.4 | 2.3 | 15910 |
| 梅钢 | 500t/d 套筒窑 | 转炉煤气 | 59 | 17.4 | 0.9 | | | 0.5 | 22.2 | | 7536 |
| 南钢 | 300t/d 双膛窑 | 转炉煤气 | 60~70 | 15~20 | 1.5 | | | 1 | 10~20 | | 7536 |
| 武钢 | 600t/d 回转窑 | 焦炉煤气 | 7.4 | 2.6 | 60.5 | 22.8 | 2.2 | 0.5 | 4.0 | | 16747 |
| 本钢 | 600t/d 回转窑 | 高炉焦炉混合煤气 | 9.9 | 5.2 | 48.6 | 19.7 | 2.1 | 0.3 | 13.0 | | 15072 |
| 凌钢 | 150t/d 竖窑 | 高炉焦炉混合煤气 | 23.9 | 10.6 | 9.5 | 3.6 | 0.3 | 0.1 | 49.7 | 2.3 | 5443 |
| 北钢 | 200m³ 梁式烧嘴窑 | 转炉煤气 | 58.8 | 18.4 | | | | | 22.8 | | 7432 |

注：宝钢 600t/d 回转窑所用转炉煤气是与煤粉同时使用。

我国各主要钢铁企业 2006 年 1~8 月份石灰生产使用燃料的技术指标如表 4-20 所示。

### 表 4-20 我国各主要钢铁企业 2006 年 1~8 月份石灰生产使用燃料的技术指标

| 厂 名 | 窑型 | 利用系数 /t·(m³·d)$^{-1}$ | 设备作业率 /% | 1t 石灰标准煤耗 /kg | 1t 石灰热耗 /×10⁶kJ | 1t 石灰实物焦(煤)耗 /kg | 1t 石灰煤气(油)耗 /m³ | 1t 石灰电耗 /kW·h |
| --- | --- | --- | --- | --- | --- | --- | --- | --- |
| 韶钢松山股份公司 | 气烧竖窑 | 0.83 | 95.2 | 155.1 | 4.050 | | 1057.4 | 46.3 |
| 湘钢渣钢回收加工厂 | 气烧竖窑 | 0.61 | 97.6 | 258.1 | 6.864 | | 2027.5 | 51.7 |
| 萍钢宏盛公司 | 气烧竖窑 | 0.62 | 93.9 | 219.9 | | | 1635.0 | 26.1 |
| 新余钢铁公司石灰厂 | 气烧竖窑 | 1.03 | 98.2 | | | | 1553.0 | 15.0 |
| 太钢新临钢耐火厂 | 气烧竖窑 | 0.72 | 97.9 | 230.4 | 5.650 | | 1475.5 | 40.9 |
| 三明钢铁厂矿山公司 | 气烧竖窑 | 0.74 | 96.5 | | 5.859 | | 1515.9 | 48.0 |
| 邢台钢铁公司 | 气烧竖窑 | 0.86 | 98.4 | 181.2 | 5.150 | | 1522.2 | 32.9 |
| 天铁集团石灰石矿 | 气烧竖窑 | 1.01 | | 217.0 | 5.790 | | 1186.3 | 44.6 |
| 涟钢炉料公司 | 气烧竖窑 | 0.57 | 92.0 | | 5.780 | | | |
| | 双膛窑 | 0.84 | 93.6 | | 3.280 | | | |
| 杭钢物资供应分公司 | 双膛窑 | 1.70 | 96.0 | | 4.436 | 134.1 | | |
| 广钢石灰厂 | 双膛窑 | 1.00 | 89.7 | 140.3 | 4.530 | 151.7 | | 74.8 |
| 昆钢龙山熔剂公司 | 双膛窑 | 1.48 | 96.5 | 111.5 | 4.344 | 172.4 | | 56.8 |
| 新兴铸管股份公司 | 回转窑 | 1.42 | 98.4 | 123.3 | | | 271.3 | 26.6 |
| 鞍钢集团耐火公司 | 回转窑 | | | 179.1 | 4.500 | | 243.2 | 58.5 |
| 攀钢冶金材料公司 | 回转窑 | | 97.5 | 146.0 | | 129.0 | | 37.0 |

续表 4-20

| 厂 名 | 窑 型 | 利用系数 /t·(m³·d)⁻¹ | 设备作业率 /% | 1t石灰标准煤耗 /kg | 1t石灰热耗 /×10⁶kJ | 1t石灰实物焦(煤)耗 /kg | 1t石灰煤气(油)耗 /m³ | 1t石灰电耗 /kW·h |
|---|---|---|---|---|---|---|---|---|
| 宝钢公司焙烧分厂 | 回转窑 | | 91.5 | 163.4 | 4.416 | | | 35.5 |
| | 回转窑 | | 91.4 | 149.8 | 4.032 | | | 41.3 |
| | 悬浮窑 | | 95.4 | 135.5 | 3.341 | | | 56.7 |
| 武钢耐火材料公司 | 回转窑 | 1.04 | 92.4 | 186.3 | 4.970 | | 306.3 | 44.7 |
| 宣钢实业公司石灰厂 | 回转窑 | 1.15 | 90.5 | 142.1 | 4.140 | | 248.6 | 28.5 |
| 涟钢田湖公司 | 回转窑 | 0.50 | 40.0 | 213.0 | 6.200 | 250.0 | | 59.0 |
| 水钢实业发展公司 | 回转窑 | 0.72 | 87.0 | 140.0 | | 211.0 | | 42.0 |
| 本钢公司石灰石矿 | 回转窑 | | | | 5.450 | | | 41.6 |
| | 套筒窑 | 0.95 | | | 4.290 | | | 47.5 |
| 邢台钢铁公司 | 套筒窑 | 0.75 | 98.3 | 128.2 | 3.550 | | 201.4 | 33.3 |
| 上海一钢公司炼铁 | 套筒窑 | 0.49 | | | | | 285.0 | 67.0 |
| 梅山钢铁公司炼钢厂 | 套筒窑 | 0.70 | 98.1 | 157.7 | | | 511.2 | 38.6 |
| 首钢第二耐火材料厂 | 套筒窑 | 0.77 | 92.0 | 159.5 | | | 593.0 | 44.0 |
| 广钢石灰厂 | 竖 窑 | 0.78 | 85.0 | 133.7 | 4.340 | 137.5 | | 23.3 |
| 本钢公司石灰石矿 | 竖 窑 | 0.98 | | 102.0 | 3.000 | 120.0 | | 19.7 |
| 柳钢耐火材料厂 | 竖 窑 | 0.60 | | 187.7 | | 196.5 | | 23.7 |
| 北京首钢建材化工厂 | 竖 窑 | 0.71 | 97.5 | 159.5 | 3.780 | 164.2 | | 10.3 |
| 首钢鲁家山石灰石矿 | 竖 窑 | 0.83 | | 151.8 | | | | |
| 首钢第二耐火材料厂 | 竖 窑 | 0.58 | 82.0 | 124.6 | | 113.0 | | 41.9 |
| 安钢冶金炉料公司 | 竖 窑 | 0.83 | 98.8 | 136.8 | | 137.0 | | 9.4 |
| 攀钢矿业石灰石矿 | 竖 窑 | 1.03 | | | | 121.5 | | |
| | 节能立窑 | 0.58 | | | | 148.8 | | |
| 酒泉钢铁公司烧结厂 | 竖 窑 | 0.84 | 88.2 | | | 151.7 | | 33.4 |
| 鞍钢集团耐火公司 | 竖 窑 | | | 115.5 | 3.060 | 110.4 | | 25.4 |
| 涟钢田湖公司 | 竖 窑 | 0.53 | 85.0 | 168.0 | 4.790 | 239.0 | | 32.0 |
| 南昌钢铁公司炉料厂 | 竖 窑 | 1.45 | 96.3 | | | | 6.0 | 43.2 |
| 水钢实业发展公司 | 竖 窑 | 0.96 | 90.0 | 115.0 | | 157.0 | | 12.7 |
| 重庆钢铁公司炉料厂 | 节能立窑 | 0.28 | 50.0 | | | 249.0 | | 7.8 |
| 北营钢铁股份公司 | 梁式烧嘴窑 | 0.88 | 96.0 | 181.0 | 5.820 | | | 49.0 |
| 马钢第三炼钢厂 | 梁式烧嘴窑 | 0.66 | 97.9 | | | | 650.0 | |
| 石钢公司转炉炼钢厂 | 梁式烧嘴窑 | 0.83 | 97.3 | | | 94.1 | 67.0 | |

注：表中数据源自中国石灰协会冶金石灰专业委员会编制的《全国重点冶金石灰企业生产技术经济指标汇总表》。

# 5 进厂原料的控制及贮存

## 5.1 进厂原料的不同生产工艺

从矿山开采的石灰石在进入焙烧设备前要进行破碎、混匀、水洗、脱泥和筛分分级等加工处理工序，即石灰石的制备。这些工序一般在矿山进行加工处理后以合格料进厂，但有的将粗破碎后的石灰石运进厂内制成合格料；也有的距矿山较近的石灰厂，将从矿山开采的石灰石直接运进厂内进行石灰石的制备。

### 5.1.1 以合格料进厂的石灰石生产工艺

一般以合格料即理化性质和粒度组成均符合入窑标准要求的原料进入石灰车间，不设破碎、筛分设备。一般这种情况较少，多数情况是进厂的石灰石碎石量超过粒度下限控制量，因此要设筛分设备。加上石灰石倒运过程中的破损，会有较多碎料，碎料不利于窑内通风和窑况的控制。一般，竖窑要求颗粒度小于粒度下限的料量小于5%。因此，在石灰石入窑前设给料与筛分合一的设备——给料筛分机（又称悬臂振动筛），进行二次筛分。

### 5.1.2 以不合格料进厂的石灰石生产工艺

以不合格料进厂即原料粒度组成不符合要求，需要在车间内进行破碎、筛分等加工处理。原料的破碎分一级或多级破碎，依据石灰石来料粒度和产品要求粒度，来选择破碎机的类型和工作方式。一般选用颚式破碎机，破碎后的石灰石要经过双层筛进行筛分，筛中料入窑；筛上料返回颚式破碎机重新破碎；筛下料为窑炉不需要的料，装车外运。

某公司石灰生产线即为原料从矿山开采出来直接进入石灰车间，其生产工艺流程如图5-1所示。

工艺流程要点如下：

(1) 采用液压破碎机将从矿山来的石灰石破碎成破碎设备允许的进料粒度；

(2) 石灰石采用二级破碎，一级和二级破碎设备均为颚式破碎机，若仅用一级破碎，虽然设备投资和操作费用较低，但缺点是筛出细料组分多。选用单层振动筛筛出合格粒度的石灰石，不再进入二级破碎设备，虽然二级破碎的投资和操作费用都较高，但筛下料比例小，提高了原料的利用率；

(3) 入窑前采用两个双层振动筛进行筛分，90～150mm 和 40～90mm 的石灰石分级入窑，提高了原矿的利用率。

## 5.2 原料的破碎与筛分

对符合窑炉对原料粒度要求的原料即合格料，不进行破碎和筛分；对不符合窑炉对原料粒度要求的原料，就要在厂内进行破碎、筛分处理。

### 5.2.1 不同窑炉对原料粒度的要求

各种焙烧窑都有一个较为合适的原料粒度范围，原料的最大粒度与最小粒度的比值称为原

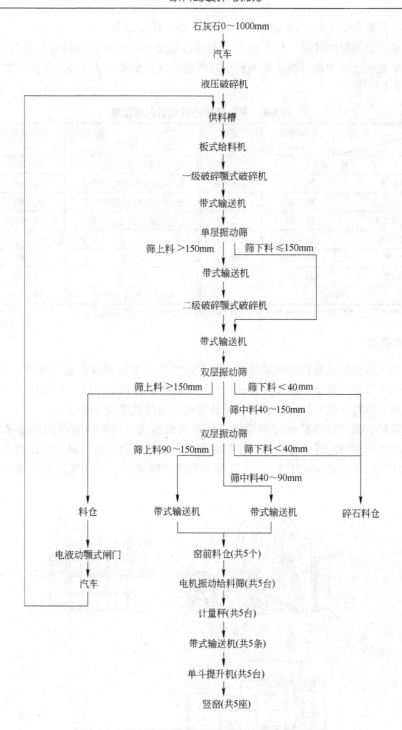

图 5-1　以不合格料进厂的石灰石生产工艺流程

料粒度比。生产实践证明无论是各种竖窑和回转窑，采用较小的粒度比，对于缩短物料在窑内停留时间，减少料层阻力，改善热传导条件，使得焙烧程度均一都有重要意义，降低粒度比是达到高产、优质、低耗的重要条件。

竖窑粒度比一般 2~2.5 较为合适，最大不超过 3，为了提高原矿利用率，根据矿山石灰石原料条件，可采取分级入窑，例如取 40～80mm，80～150mm 等。

带竖式预热器的短回转窑，粒度比可参照竖窑粒度比，对于长回转窑粒度比可适当提高，但由于回转窑运转过程中物料的粒度偏析，原料的粒度比仍不宜大于 3。不同窑炉的石灰石入窑粒度如表 5-1 所示。

表 5-1　不同窑炉的石灰石入窑粒度

| 炉型　＼　项目 | 允许粒度/mm | 进窑粒度比 | 炉型　＼　项目 | 允许粒度/mm | 进窑粒度比 |
|---|---|---|---|---|---|
| 竖窑 | | | 传统长回转窑 | 3～65 | 3:1 |
| 普通竖窑 | 50～250 | 1.5:1 | 带箅式预热器短回转窑 | 5～45 | 4:1 |
| 混合给料竖窑 | 90～200 | 2:1 | 带竖式预热器短回转窑 | 10～60 | 2.5:1 |
| 双斜坡式竖窑 | 25～55 | 2:1 | 旋流预热器短回转窑 | 0～3(平均) | 0.1:2 |
| 套筒式竖窑 | 25～125 | 2.5:1 | 其他窑炉 | | |
| 双膛窑 | 20～200 | 2:1 | CID 窑 | 10～45 | 4.5:1 |
| 双梁窑 | 20～250 | 2:1 | 环形窑 | 3～75 | 3:1 |
| 回转窑 | | | 固定式气体悬浮窑 | 0～2.5 | 1:0.1 |

注："允许粒度"为该窑型允许的粒度范围，但进窑粒度须控制在粒度比范围内。

### 5.2.2　破碎设备

根据被加工原料的原始粒度和最终产品的粒度要求，确定破碎作业（粗碎、中碎、细碎）和段数，对每一段破碎作业，按其所需的破碎比来选择破碎机的形式。石灰厂一般采用颚式破碎机破碎石灰石原料，最大粒度一般不大于破碎机进料口宽度的 0.85 倍。

颚式破碎机的破碎部件是由固定颚板和活动颚板组成，当活动颚板间歇地靠近固定动颚时，对物料产生挤压与磨碎的作用。由于颚板表面具有波纹状牙齿，对物料还有劈碎和折断的作用。复摆式颚式破碎机参见图 5-2。大型和中型颚式破碎机多半制成简摆式颚式破碎机，简

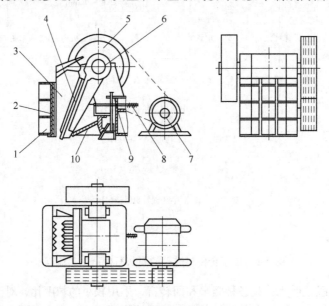

图 5-2　颚式破碎机

1—机架；2—固定颚板；3—侧衬板；4—活动颚板；5—飞轮；6—偏心轴；
7—电动机；8—锁紧弹簧；9—调整螺栓；10—推力板

摆式颚式破碎机的生产能力较复摆式低，但造价相对也少。

颚式破碎机产品粒度特性曲线如图 5-3 所示。

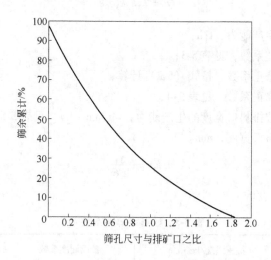

图 5-3　颚式破碎机产品粒度特性曲线

颚式破碎机主要技术性能参见表 5-2。

表 5-2　颚式破碎机主要技术性能

| 型 号<br>项 目 | | PEF250<br>×400 | PEF400<br>×600 | PEF900<br>×1200 | PEF1200<br>×1500 | PEJ900<br>×1200 | PEJ1200<br>×1500 |
|---|---|---|---|---|---|---|---|
| 进料口<br>尺寸 | 宽/mm | 250 | 400 | 900 | 1200 | 900 | 1200 |
| | 长/mm | 400 | 600 | 1200 | 1500 | 1200 | 1500 |
| 最大给料粒度/mm | | 210 | 340 | 750 | 1000 | 750 | 1000 |
| 排料口<br>宽度 | 公称尺寸/mm | 40 | 60 | 130 | 200 | 130 | 155 |
| | 调整范围/mm | ±20 | ±30 | ±35 | +80<br>-70 | ±35 | ±40 |
| 公称排料口生产能力/t·h$^{-1}$ | | 10 | 18 | 130 | 238 | 180 | 310 |
| 偏心轴转速/r·min$^{-1}$ | | 275 | 250 | 225 | 190 | 180 | 160 |
| 电动机 | 型 号 | Y180L-6 | Y225M-6 | JR126-8 | JR138-8 | JR126-8 | YR450-12 |
| | 功率/kW | 15 | 30 | 110 | 200 | 110 | 160 |
| | 转速/r·min$^{-1}$ | 970 | 980 | 730 | 730 | 730 | 492 |
| 外形尺寸 | 长/mm | 1033 | 1560 | 5000 | 4378 | 4455 | 5572 |
| | 宽/mm | 1016 | 1742 | 4471 | 3395 | 3356 | 4580 |
| | 高/mm | 1140 | 1593 | 3280 | 4750 | 3321 | 3715 |
| 最重部件质量/t | | 740 | 1700 | 18800 | 41400 | 20000 | 24500 |
| 设备总重（不包括电动机）/kg | | 2325 | 6550 | 44130 | 97500 | 55363 | 110380 |

注："PEF"表示复摆颚式破碎机；"PEJ"表示简摆颚式破碎机。

颚式破碎机的生产能力可按下式进行计算:

$$Q = k_1 k_2 k_3 q_0 e \tag{5-1}$$

式中　$Q$——破碎机的生产能力, t/h;

　　　$k_1$——矿石可碎性系数, 见表5-3;

　　　$k_2$——矿石比重修正系数, 按式 (5-2) 计算;

　　　$k_3$——给料粒度修正系数, 见表5-4;

　　　$q_0$——破碎机单位排料口宽度的生产能力, t/(mm·h), 见表5-5;

　　　$e$——破碎机排料口宽度, mm。

$$k_2 = \frac{\gamma}{1.6} \tag{5-2}$$

式中　$\gamma$——矿石容重, t/m³。

**表 5-3　矿石可碎性系数 $k_1$**

| 矿石强度 | 抗压强度/kg·cm⁻² | 普氏硬度系数 $f$ | $k_1$ |
|---|---|---|---|
| 硬 | 1600 ~ 2000 | 16 ~ 20 | 0.9 ~ 0.95 |
| 中硬 | 800 ~ 1600 | 8 ~ 16 | 1.0 |
| 软 | <800 | <8 | 1.1 ~ 1.2 |

**表 5-4　给料粒度修正系数 $k_3$**

| 给料最大粒度 $D_{max}$ 和进料口宽度 $B$ 之比 $\alpha = \dfrac{D_{max}}{B}$ | 0.85 | 0.6 | 0.4 |
|---|---|---|---|
| 粒度修正系数 $k_3$ | 1.0 | 1.1 | 1.2 |

**表 5-5　颚式破碎机单位排料口宽度的生产能力 $q_0$**

| 破碎机规格/mm × mm | 250 × 400 | 400 × 600 | 600 × 900 | 900 × 1200 | 1200 × 1500 |
|---|---|---|---|---|---|
| $q_0$/t·(mm·h)⁻¹ | 0.4 | 0.65 | 0.95 ~ 1.0 | 1.25 ~ 1.30 | 1.90 |

颚式破碎机允许入料块度较大, 构造简单, 坚固耐用, 工作可靠, 便于维修, 但是该设备为间歇作业, 效率较低。破碎机运转时, 必须注意均匀给料, 通常应配制专用给料设备, 不允许将物料充满破碎腔, 更要防止过大的物料块或金属块进入破碎机中。

为满足产品粒度变化的需要, 以及衬板不断磨损造成排矿口的不断增大, 可通过调整装置, 定期调整排矿口的尺寸。

PEF(J)900 × 1200 以及大于此规格的颚式破碎机不以整机进厂, 而是以单个部件进厂, 石灰车间应设有组装用起吊设备。

在破碎机使用过程中应注意维护和检修。在日常维护中常见的故障、发生的原因和排除的方法参见表5-6; 检修情况参见表5-7; 生产备件更换情况参见表5-8。

表 5-6　颚式破碎机常见故障、发生原因和排除方法

| 常见故障 | 发生原因 | 排除方法 |
|---|---|---|
| 在操作时有不正常的声响 | 衬板固定不紧；<br>拉紧弹簧压的不紧；<br>其他紧固件没有拧紧 | 紧固衬板；<br>压紧弹簧；<br>各紧固处复查一遍 |
| 破碎产品粒度增大 | 衬板下部显著磨损 | 将衬板调转180°或调整排料口 |
| 弹簧拉杆断裂 | 弹簧压得过紧；<br>在减小排料口时忘记放松弹簧 | 放松弹簧；<br>每次调整排料口应相应调整压紧弹簧 |

表 5-7　颚式破碎机检修情况

| 项　目 | 大　修 | 中　修 | 小　修 |
|---|---|---|---|
| 周　期 | 1～2年 | 0.5～1年 | 1～3月 |
| 所需时间 | 6～10班 | 3～6班 | 1～2班 |
| 检修工种 | 起重工、钳工、气、电焊工配合 | 起重工、钳工、气、电焊工配合 | 起重工与钳工 |
| 内　容 | 检查轴承、偏心轴、槽轮、撑板、B形铁及颚板，根据具体情况补修或更换；<br>校正开口方牙螺杆；<br>检查及补焊机身，检查基础螺栓，补焊防尘罩壳 | 检查及清洗偏心轴、轴承等；<br>更换或补修边护板、颚板拉杆螺钉、撑板等；<br>包括小修项目 | 颚板上、下调转方向或更换肘板及轴承；<br>有时清洗电动机及加油，多以单项部件进行检修 |

表 5-8　颚式破碎机生产备件更换情况

| 项　目 | 周　期 | 所需时间 | 项　目 | 周　期 | 所需时间 |
|---|---|---|---|---|---|
| 更换活动颚板 | 3～6月 | 1h | 更换固定颚板 | 15～25天 | 0.5～1h |

### 5.2.3　筛分设备

筛分设备常用的有振动筛、回转筛和固定筛，其中振动筛应用最广。

#### 5.2.3.1　筛分机的筛面

筛面是筛分设备的工作面，其上有一定形状和尺寸的筛孔，按其结构不同有棒条筛面、板状筛面和编织筛面等。筛子的生产能力与筛网宽度有关，实际应用中，筛网宽度均与给料设备宽度相一致。筛子的筛分效率与筛网长度有关，同时与有效面积率有关。筛孔面积与筛网面积之比称为有效面积率，一般约为50%～80%。有效面积率大，筛分效率高。编织筛网和条状筛网的有效面积率较大，冲孔筛网的有效面积率较小，如冲孔筛网的筛孔按梅花状排列，可提高有效面积率。

（1）棒条筛面：　它是由平行排列的上宽下窄异形断面的钢棒与连接横杆组成，适用于粗粒级物料的筛分。通常用在固定筛和重型振动筛上。

（2）板状筛面　板状筛面是由厚度为5～12mm的钢板经冲孔制成。筛孔的形状有圆形、方形和长方形等，其筛孔尺寸通常在12～50mm之间。通常用于中等粒级物料的筛分。

板状筛面具有较大的强度和刚度，使用寿命较长。其缺点是开孔率较低，约为40%～60%。

（3）编织筛面　编织筛面可用钢丝和铜丝等编织而成，筛孔的形状为方形或长方形，开孔率可达75%，适于中细粒级物料的筛分，是振动筛中应用最广的一种筛面。这种筛面的优点是开孔率高，质量轻，易于制造，但其寿命较短。

**5.2.3.2　振动筛**

振动筛按其筛箱的运动轨迹不同可分为单轴惯性振动筛、双轴惯性振动筛、自定中心振动筛和共振筛。

振动筛常用的是惯性振动筛。惯性振动筛工作原理是由电动机带动振动器回转，振动器的偏心重块旋转所产生的离心惯性力激起筛子振动，筛上物料受到筛面向上运动的作用力而被抛起，前进一段距离后，又落到筛面，周而复始，完成筛分作业。安装形式有吊挂式和座式两种，由于座式惯性振动筛使用方便，而得到广泛使用。

惯性振动筛具有很多优点：筛箱以低振幅、高频率振动，物料颗粒易接近筛孔，消除堵塞现象，筛分效率高，可达90%以上，具有较大的生产能力；结构较简单、紧凑；能耗少；操作与维护检修较方便等。

A　惯性振动筛生产能力的计算

（1）计算公式为：

$$Q = F \cdot q \cdot \gamma \cdot K_{xi} \cdot L_{cu} \cdot J_x \cdot N_k \cdot O_{sh} \cdot E_f \tag{5-3}$$

式中　$Q$——振动筛的生产能力，$t/h$；

　　　　$F$——有效筛分面积，$m^2$；

　　　　$q$——单位筛分面积平均容积处理量，$m^3/(m^2 \cdot h)$，见表5-9；

　　　　$\gamma$——物料容重，$t/m^3$。

$K_{xi}$、$L_{cu}$、$J_x$、$N_k$、$O_{sh}$、$E_f$见表5-10。

**表 5-9　单位筛分面积平均容积处理量**

| 筛孔尺寸/mm | 0.16 | 0.20 | 0.30 | 0.40 | 0.60 | 0.80 | 1.17 | 2.0 | 3.15 | 5 | 8 | 10 | 16 | 20 | 25 | 31.5 | 40 | 50 | 80 | 100 |
|---|---|---|---|---|---|---|---|---|---|---|---|---|---|---|---|---|---|---|---|---|
| $q/m^3 \cdot (m^2 \cdot h)^{-1}$ | 1.9 | 2.2 | 2.5 | 2.8 | 3.2 | 3.7 | 4.4 | 5.5 | 7.0 | 11 | 17 | 19 | 25.5 | 28 | 31 | 34 | 38 | 42 | 56 | 63 |

**表 5-10　筛面处理量**

| 系数 | 考虑的因素 | 筛分条件及各系数值 | | | | | | | | | |
|---|---|---|---|---|---|---|---|---|---|---|---|
| $K_{xi}$ | 细粒的影响 | 给料中粒度小于筛孔之半的颗粒的含量/% | 0 | 10 | 20 | 30 | 40 | 50 | 60 | 70 | 80 | 90 |
| | | $K_{xi}$ | 0.2 | 0.4 | 0.6 | 0.8 | 1.0 | 1.2 | 1.4 | 1.6 | 1.8 | 2.0 |
| $L_{cu}$ | 粗粒的影响 | 给料中过大颗粒（大于筛孔）的含量/% | 10 | 20 | 25 | 30 | 40 | 50 | 60 | 70 | 80 | 90 |
| | | $L_{cu}$ | 0.94 | 0.97 | 1.0 | 1.03 | 1.09 | 1.18 | 1.32 | 1.55 | 2.00 | 3.26 |
| $J_x$ | 筛分效率 | 筛分效率/% | 40 | 50 | 60 | 70 | 80 | 90 | 92 | 94 | 96 | 98 |
| | | $J_x$ | 2.3 | 2.1 | 1.9 | 1.6 | 1.3 | 1.0 | 0.9 | 0.8 | 0.6 | 0.4 |

| 系数 | 考虑的因素 | 筛分条件及各系数值 | | | |
|---|---|---|---|---|---|
| $N_k$ | 颗粒的形状 | 颗粒形状 | 各种破碎后的物料（除煤外） | 圆形颗粒（例如海砾石） | 煤 |
| | | $N_k$ | 1.0 | 1.25 | 1.5 |
| $O_{sh}$ | 湿度的影响 | 物料的湿度 | 筛孔小于 25mm | | 筛孔大于 25mm |
| | | | 干的 | 湿的　　成团 | 视湿度而定 |
| | | $O_{sh}$ | 1.0 | 0.75 ~ 0.85　　0.2 ~ 0.6 | 0.9 ~ 1.0 |
| $E_f$ | 筛分的方法 | 筛分方法 | 筛孔小于 25mm | | 筛孔大于 25mm |
| | | | 干的 | 湿的（附有喷水） | 任何的 |
| | | $E_f$ | 1.0 | 1.25 ~ 1.4 | 1.0 |

（2）多层筛的生产能力计算。多层筛的生产能力应按单层筛逐层计算，算出每层相应的生产能力所需要的筛分面积，然后，取其中最大的值来选择筛子。因为下层筛不仅在头部受料，而且沿着筛面的整个长度受料，筛面没有完全利用，所以下层筛筛面的有效面积较上层筛面积小。

单层、双层、三层筛每层筛面的有效计算面积按下列各式计算。

对于单层筛和双层筛、三层筛的上层：

$$F_1 = 0.9 ~ 0.85F \tag{5-4}$$

式中　$F$——名义筛分面积，$m^2$；

　　　$F_1$——上层筛网有效面积，$m^2$。

对于双层筛的下层和三层筛的中层：

用于分级作业时：

$$F_2 = 0.75 ~ 0.65F \tag{5-5}$$

式中　$F$——名义筛分面积，$m^2$；

　　　$F_2$——中层筛网有效面积，$m^2$。

双层筛作单层筛作业时：

$$F_2' = 0.7 ~ 0.6F \tag{5-6}$$

式中　$F$——名义筛分面积，$m^2$；

　　　$F_2'$——双层筛的下层筛网有效面积，$m^2$。

对于三层筛的下层：

$$F_3 = 0.5 ~ 0.6F \tag{5-7}$$

式中　$F$——名义筛分面积，$m^2$；

　　　$F_3$——下层筛网有效面积，$m^2$。

振动筛有效筛分面积随倾角的增大而减小，同时应按给料位置确定其大小值。双层筛作为单层筛使用时，其生产能力可以提高，又可保护筛网。

B　石灰厂常用的惯性振动筛类型

惯性振动筛分单轴惯性振动筛和双轴惯性振动筛。单轴惯性振动筛的物料运动轨迹为圆，具有一套振动器；双轴惯性振动筛的物料运动轨迹为直线，具有两套振动器。筛石灰石一般选用单轴振动筛，常用 YA 型圆振筛和 ZD 型矿用单轴振动筛两种形式，也可选用直线振动筛，但造价较高。

（1）YA 型圆振筛。圆振筛是引进国外技术，物料运动轨迹为圆。采用先进的管梁托架结构和环槽冷铆技术，具有坚固耐用，噪声低，维修方便等特点。YA 型圆振筛如图 5-4 所示，其主要技术性能如表 5-11 所示。

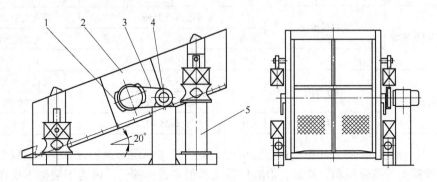

图 5-4  YA 型圆振筛

1—偏心重块；2—筛箱；3—皮带轮；4—电动机；5—支撑装置

表 5-11  YA 型圆振筛主要技术性能

| 项 目 | | 型 号 | YA1536 | YA1848 | YA2160 |
|---|---|---|---|---|---|
| 筛 面 | | 层 数 | 1 | 1 | 1 |
| | | 面积/m×m | 1.5×3.6 | 1.8×4.8 | 2.1×6.0 |
| | | 倾角/(°) | 20 | 20 | 10 |
| | | 筛孔尺寸/mm×mm | 12×12 | 12×12 | 12×12 |
| | | 结 构 | 棒条、编织 | 棒条、编织 | 棒条、编织 |
| | 给料粒度/mm | | ≤100 | ≤100 | ≤100 |
| | 处理量/t·h⁻¹ | | 150~200 | 200~250 | 250~300 |
| | 振次/次·min⁻¹ | | 845 | 845 | 748 |
| | 双振幅/mm | | 9.5 | 9.5 | 9.5 |
| 电动机 | | 型 号 | Y160M-4 | Y160L-4 | Y180M-4 |
| | | 功率/kW | 11 | 15 | 18.5 |
| | | 转速/r·min⁻¹ | 1460 | 1460 | 1470 |
| 外形尺寸 | | 长/mm | 3757 | 4904 | 6092 |
| | | 宽/mm | 2670 | 3023 | 3463 |
| | | 高/mm | 2419 | 2943 | 3674 |
| | 重量/kg | | 5137 | 6289 | 9926 |

（2）ZD 型矿用单轴振动筛。单轴振动筛结构简单，为焊接件，质量也较轻，维修方便，作业可靠，筛分效率高，透筛性能好。常用的 DD、ZD 型单轴振动筛运动轨迹为圆形，主要用于中等粒度物料进行干式分级。

带链箅预热机、日产 600t 石灰的回转窑窑前物料分级采用 ZD1224 单轴振动筛就可满足生产的要求。

图 5-5 为 ZD 型矿用单轴振动筛，其主要技术性能如表 5-12 所示。

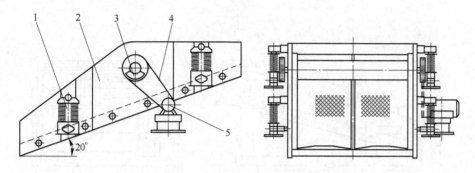

图 5-5　ZD 型矿用单轴振动筛
1—支撑装置；2—筛箱；3—偏心重块；4—皮带轮；5—电动机

**表 5-12　矿用单轴振动筛技术性能及参数**

| 型　号 | 筛　面 | | | | | 给料粒度 /mm | 处理量 /t·h⁻¹ | 振次 /次·min⁻¹ | 双振幅 /mm | 电机功率 /kW | 设备总重 /kg |
| | 层数 | 面积 /m² | 倾角 /(°) | 筛孔尺寸 /mm | 结构 | | | | | | |
|---|---|---|---|---|---|---|---|---|---|---|---|
| ZD918 | 1 | 1.6 | 20 | 1~25 | 编织 | ≤60 | 10~80 | 1000 | 6 | 2.2 | 553 |
| 2ZD918 | 2 | 1.6 | 20 | 1~25 | 编织 | ≤60 | 10~80 | 1000 | 6 | 2.2 | 702 |
| ZD1224 | 1 | 2.9 | 20 | 6~40 | 编织 | ≤100 | 60~180 | 850 | 6~7 | 4 | 1130 |
| 2ZD1224 | 2 | 2.9 | 20 | 6~40 | 编织 | ≤100 | 60~180 | 850 | 6~7 | 4 | 1545 |
| ZD1224J | 1 | 2.9 | 20 | 11×42、13×42、26×35 | 橡胶 | ≤100 | 95~145 | 850 | 6~7 | 4 | 1086 |
| 2ZD1224J | 2 | 2.9 | 20 | 13×42、26×35、43×58 | 橡胶 | ≤100 | 100~180 | 800 | 6~7 | 4 | 1637 |
| ZD1530 | 1 | 4.5 | 20 | 6~50 | 编织 | ≤100 | 90~300 | 920 | 6~7 | 5.5 | 1650 |
| 2ZD1530 | 2 | 4.5 | 20 | 6~50 | 编织 | ≤100 | 90~300 | 850 | 6~7 | 5.5 | 2260 |
| ZD1530J | 1 | 4.5 | 20 | 11×42 | 橡胶 | ≤150 | 148 | 850 | 7 | 5.5 | 1875 |
| 2ZD1530J | 2 | 4.5 | 20 | 13×42、26×35、43×58 | 橡胶 | ≤100 | 160~280 | 850 | 7 | 5.5 | 2653 |
| ZD1540 | 1 | 6 | 20 | 6~50 | 编织 | ≤100 | 125~380 | 850 | 7 | 7.5 | 2070 |
| 2ZD1540 | 2 | 6 | 20 | 6~50 | 编织 | ≤100 | 125~380 | 850 | 7 | 7.5 | 2850 |
| ZD1836 | 1 | 6.5 | 20 | 6~50 | 编织 | ≤150 | 135~440 | 850 | 7 | 11 | 1960 |
| ZD1836J | 1 | 6.5 | 20 | 43×58、87×104 | 橡胶 | ≤150 | 250~600 | 850 | 7 | 11 | 4754 |
| ZD2160 | 1 | 12 | 20 | 10~50 | 编织 | ≤150 | 230~540 | 900 | 8 | 22 | 6529 |

注：表中处理量是依据松散密度为 1.6t/m³ 的矿石按上层筛面最大和最小筛孔进行干式分级给定的，分级物料中小于筛孔之半的颗粒含量占 40%，大于筛孔尺寸颗粒含量占 25%，筛分效率为 80%。

（3）直线振动筛。图5-6为直线振动筛，其主要技术性能如表5-13所示。直线振动筛属于双轴惯性振动筛，物料的运动轨迹为直线。

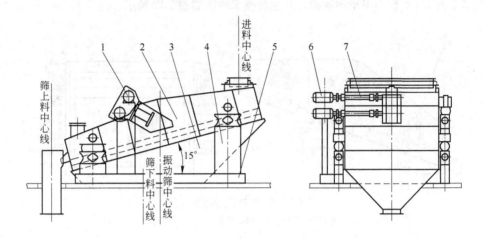

图 5-6  直线振动筛

1—振动器；2—筛箱；3—落料斗；4—支撑装置；5—底托；6—电动机；7—传动装置

表 5-13  直线振动筛主要技术性能

| 项　目 | | 型　号 | 1536<br>直线振动筛 | 1842<br>直线振动筛 |
|---|---|---|---|---|
| 筛　面 | | 层　数 | 1 | 1 |
| | | 面积/m×m | 1.5×3.6 | 1.8×4.2 |
| | | 倾角/(°) | 10 | 10 |
| | | 筛孔尺寸/mm×mm | 12×12 | 12×12 |
| | | 结　构 | 编织或聚氨酯 | 编织或聚氨酯 |
| 给料粒度/mm | | | ≤50 | ≤50 |
| 处理量/t·h⁻¹ | | | 150~200 | 200~250 |
| 振次/次·min⁻¹ | | | 975 | 975 |
| 双振幅/mm | | | 6~9 | 6~9 |
| 电动机 | | 型　号 | Y160M-6 | Y160L-6 |
| | | 功率/kW | 2×7.5 | 2×11 |
| | | 转速/r·min⁻¹ | 970 | 970 |
| 外形尺寸 | | 长/mm | 4066 | 4385 |
| | | 宽/mm | 2850 | 3150 |
| | | 高/mm | 2506 | 2215 |
| 重量/kg | | | 5800 | 8300 |

### 5.2.3.3  回转筛

回转筛按筒形状不同可分为圆柱形回转筛、圆锥形回转筛、六角锥形回转筛等三种。筛分石灰石原料一般用圆锥形回转筛。

根据筒形筛面个数不同，圆锥形回转筛有单、双层筛面之分。单层圆锥形回转筛如图5-7所示，回转筛水平安装，筛面随主轴一起做等速回转运动，靠筛面的转动使物料在筛面上产生相对滑动，达到筛分的目的。由小端进料，大端排出。

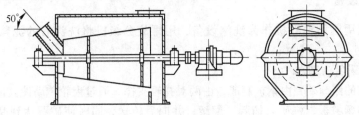

图 5-7　单层圆锥形回转筛

回转筛的转速不宜过高，转速过高时，物料在离心力作用下随筛面一起回转而无相对运动，失去了筛分作用。适宜的转速应是筛内物料被提升到一定高度后在重力作用下，产生相对运动方可使筛分作业正常进行。回转筛的筛分效率较低，约为60%。

单层圆锥形回转筛主要技术性能如表5-14所示。

**表 5-14　单层圆锥形回转筛主要技术性能**

| 项　目 | | 数　值 | 项　目 | | 数　值 |
|---|---|---|---|---|---|
| 回转筛筛网 | 进料端/mm | $\phi1030$ | 处理量/t·h$^{-1}$ | | 100 |
| | 出料端/mm | $\phi1730$ | 电动机 | 型　号 | Y112M-4 |
| | 长度/mm | 2000 | | 功率/kW | 4 |
| 回转筛转速/r·min$^{-1}$ | | 15.1 | 重量/kg | | 3000 |

#### 5.2.3.4　固定筛

固定筛有格筛和条筛两种形式。格筛用于受料槽和粗碎矿仓上部，以便控制进仓的物料粒度，它允许将物料直接卸到筛面上，一般多为水平安装。条筛用于粗碎、中碎前的预先筛分，一般倾斜安装，为了保证物料能向下自流，条筛的倾斜角 $\alpha$ 应大于物料对于筛面的摩擦角，一般取 $\alpha = 35° \sim 45°$。条筛的结构简单，坚固耐用，不消耗动力，投资省，但易堵塞，安装高度较大，筛分效率低，仅为50%～60%。

## 5.3　原料的洗涤

### 5.3.1　洗涤必要性及洗涤工艺

#### 5.3.1.1　洗涤必要性的分析

根据石灰石污染情况及对石灰产品的质量要求，决定是否需要水洗除污。如果石灰石表面有大量土沙、泥浆等杂物，在焙烧石灰时，它们就会同石灰反应，形成低熔物等不良后果，影响石灰质量。必须将这些杂物用水洗净，才能获得纯度尽可能高的石灰。

#### 5.3.1.2　洗涤工艺

为除去泥土，通常采用水洗方式。水洗工艺有以下两种：

（1）在筛网上用压力水喷洒，一边筛分，一边水洗；

（2）为了得到更好的水洗效果，装入洗石机进行水洗，筛下的泥土一般是和小于3mm的石灰石混合形成泥沙浆一起放入螺旋分级机，大部分沙状（0.3mm）的石灰石被旋分出来，有时，还进一步将其溢流出的泥水放入湿式旋流器，收集砂状的石灰石之后，送进浓缩工序。但通常是对分级机的溢流进行浓缩。

### 5.3.2　洗涤用设备

目前通常采用圆筒洗石机作为洗涤设备，用螺旋分级机将洗涤后的泥浆中的矿沙分离出来。

#### 5.3.2.1　圆筒洗石机

圆筒洗石机的圆筒外壳由钢板制成，由两对托辊支撑，通过齿轮传动使其回转。筒体内部设螺旋状配置的扬料板，将矿石扬起、翻滚，并向后传送，同时使矿石达到摩擦和刷洗的作用。摩擦和刷洗下的杂物悬于水中，有一个伸进筒内的给料溜槽供给石灰石。洗过的矿石由滑动叶片送到同样伸进筒内的溜槽上，排出筒外。净化的水从出料端引入，而带泥的浆水则从进料端排出，因而洗石过程是逆流的。洗石筒工作时，装入的矿石占筒容积的 1/2。为减少洗矿时产生的噪声，圆筒的内壁采用橡胶内衬，其使用寿命在 6 个月以上。

石灰石出了洗石机以后，表面还附一层脏水膜，可以在筛分机上或运输设备上喷水除去。

图 5-8 为 $\phi2100\,\text{mm} \times 4500\,\text{mm}$ 圆筒洗石机，其主要技术性能如表 5-15 所示。

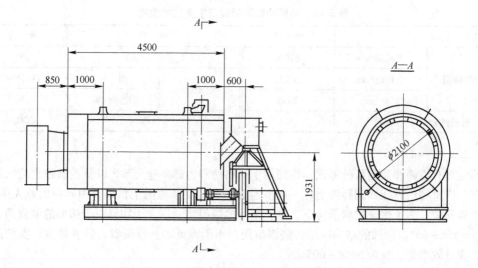

图 5-8　$\phi2100\,\text{mm} \times 4500\,\text{mm}$ 圆筒洗石机

**表 5-15　$\phi2100\,\text{mm} \times 4500\,\text{mm}$ 圆筒洗石机主要技术性能**

| 项　目 | $\phi2100\,\text{mm} \times 4500\,\text{mm}$ 圆筒洗石机 | 项　目 | | $\phi2100\,\text{mm} \times 4500\,\text{mm}$ 圆筒洗石机 |
|---|---|---|---|---|
| 圆筒尺寸/mm×mm | $\phi2100 \times 4500$ | 安装场所 | | 室　外 |
| 圆筒转速/r·min$^{-1}$ | 25 | 电动机 | 功率/kW | 90/8P |
| 物料粒度/mm | <30 | 电　源 | 电压/V | 380 |
| 处理量/t·h$^{-1}$ | 180 | | 频率/Hz | 50 |
| 给水量/t·h$^{-1}$ | 180~210 | 重量/kg | | 27000 |

#### 5.3.2.2　螺旋分级机

螺旋分级机用来将冲洗的矿沙进行分级。它的工作原理是：冲洗的矿砂从位于沉降区中部

的进料口给入水槽，倾斜安装的水槽下端是矿浆分级沉降区，螺旋低速转动，对矿浆起搅拌作用，使轻细颗粒悬浮到上面，流到溢流边沿处溢出，进入下一道工序处理，粗重颗粒则沉降到槽底，由螺旋输送到排料口排出。$\phi$910mm×6000mm 螺旋分级机参见图 5-9，其主要技术性能如表 5-16 所示。

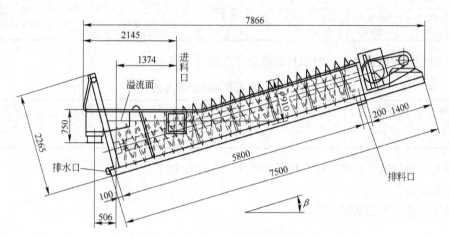

图 5-9  $\phi$910mm×6000mm 螺旋分级机

**表 5-16  $\phi$910mm×6000mm 螺旋分级机主要技术性能**

| 项 目 | 参 数 | 项 | 目 | 参 数 |
|---|---|---|---|---|
| 公称尺寸/mm×mm | $\phi$910×6000 | | 功率/kW | 5.5 |
| 物料粒度/mm | <10 | 电动机 | 防护等级 | IP54（户外型） |
| 处理量/t·h$^{-1}$ | 32 | | 绝缘等级 | B 级 |
| 转速/r·min$^{-1}$ | 7.8 | | 电压/V | 380 |
| 物料分级粒度/mm | 0.15~10、<0.15 | 电源 | 频率/Hz | 50 |
| 安装场所 | 室 外 | | 重量/kg | 5000 |
| 安装倾角 $\beta$/(°) | 16.5 | | | |

### 5.3.3 洗涤用水及用后水处理

洗石工序总的耗水量 1t 石灰石约为 0.8~1.3m³。

由圆筒洗石机和螺旋分级机出来的洗石水由泵送到浓缩池内进行浓缩，在浓缩池内投加絮凝剂，加快泥浆沉降速度，浓缩后的污泥与上部清水分离。然后用机械刮泥机将泥渣刮到底部锥斗，清水则由池壁周边的出水堰流至循环水回水槽，重新用泵供给洗石机使用，达到循环使用之目的。泥渣（含水量约70%）由泥浆泵送到分配槽，从分配槽流至真空过滤机，过滤所得的泥饼（含水量约30%）被送往泥饼堆场。过滤机中溢流和气水分离器吸得残留的泥浆水经气液分离器用泥浆泵送回浓缩池重新浓缩处理。

### 5.3.4 部分企业原料来源状况及洗涤工艺

#### 5.3.4.1 甲厂原料来源状况及洗涤工艺

A 原料的来源状况

（1）原料的质量指标。原料的质量指标如表 5-17 所示。

表 5-17　石灰石质量指标

| 原料名称 | w(CaO)/% | w(MgO)/% | w(SiO₂)/% | w(Al₂O₃)/% | w(Fe₂O₃)/% | w(P)/% | w(S)/% | 泥沙量/% | 粒度/mm | 原料产地 |
|---|---|---|---|---|---|---|---|---|---|---|
| 石灰石 | 52.4~54.0 | 0.4 | 1.1~1.5 | — | — | 0.0027 | <0.020 | 5 | 10~30 | 镇江船山 |
| 白云石 | 30.0~31.0 | 19.5~20.0 | 2.0~3.0 | 0.85 | 0.5~1.2 | 0.070 | — | | 10~30 | 南京青龙 |

（2）对原料的质量要求。对原料的质量要求如表 5-18 所示。

表 5-18　对石灰石的质量要求

| 原料名称 | w(CaO)/% | w(MgO)/% | w(SiO₂)/% | w(S)/% | 泥沙量 | 粒度/mm |
|---|---|---|---|---|---|---|
| 石灰石 | >54 | <2 | | | 不可 | 10~30 |
| 白云石 | 33~40 | 15~20 | <1 | <0.04 | 不可 | 10~30 |

根据对原料的质量要求，对石灰石原料在厂内设水洗。

B　洗涤工艺

洗涤工艺参见工艺流程图 5-10。

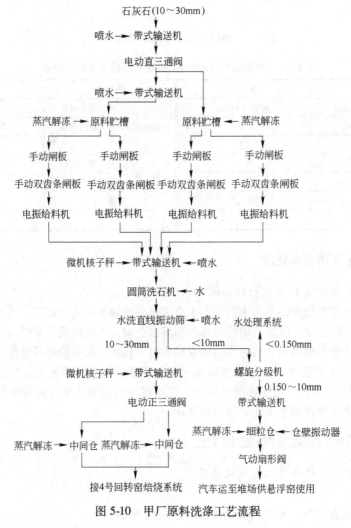

图 5-10　甲厂原料洗涤工艺流程

工艺流程要点：

（1）采用圆筒洗石机，并且在进洗石机前的带式输送机上设喷水，有利于石灰石与泥沙的分离；

（2）在圆筒洗石机后设水洗筛，在螺旋分级机后的带式输送机上设喷水，以除去石灰石表面附着的脏水膜；

（3）原料贮槽中间仓和细粒仓设蒸汽解冻，以防止在0°以下，石灰石和水冻在一起影响出料；

（4）出螺旋分级机的大于0.15mm的石灰石用作悬浮窑的原料。

**5.3.4.2 乙厂原料来源状况及洗涤工艺**

A 原料的来源状况

（1）原料的质量指标如表5-19所示。

表 5-19 石灰石来料的质量指标

| 原料矿 | 化学成分 $w/\%$ | | | | | 粒度/mm |
| --- | --- | --- | --- | --- | --- | --- |
| | CaO | MgO | SiO$_2$ | P | S | |
| 镇江船山矿 | 54.34 | 0.50 | 0.32 | 0.006 | 0.03 | 40~80 |
| 南京汤山矿 | 54.67 | 0.33 | 0.37 | 0.005 | 0.03 | 40~80 |

（2）对原料的质量要求。要求石灰石达到冶金部一级品指标，经过洗涤，采用双D石灰竖窑，石灰活性度可达350mL。

B 洗涤工艺

洗涤工艺参见工艺流程图5-11。

工艺流程要点：

采用两台串联的滚筒筛，第一台滚筒筛主要用于筛碎料，第二台滚筒筛主要用于水洗，高压水从不同方向喷向筛网内的矿石，可确保矿石的纯净和合适的块度。

# 5.4 原料贮存

厂内需贮存一定数量的原料，以便缓冲或调节由于外部原料供应的不均衡，从而保证生产的连续进行。

## 5.4.1 原料贮存方式

根据原料开采情况、矿山距离、来料运输条件、装卸方法、贮存量、地形条件及气象条件等因素来选择原料仓库的形式。原料仓库主要有桥式抓斗起重机仓库、门式抓斗起重机仓库、地上料仓仓库、地下料仓仓库、堆取料机仓库、小型机械化仓库等形式。

布置原料仓库时要考虑以下因素：

（1）原料仓库具体位置的确定，必须考虑风向及对周围环境的影响；

（2）粒度不同的原料要分级堆放，根据原料仓库的装备水平，对采用的主要设备进行相适应的布置，充分发挥设备的作用；

（3）原料采用铁路运输直接运入仓库时，受料地坪的标高低于轨面标高，标高差一般不小于1.5m；

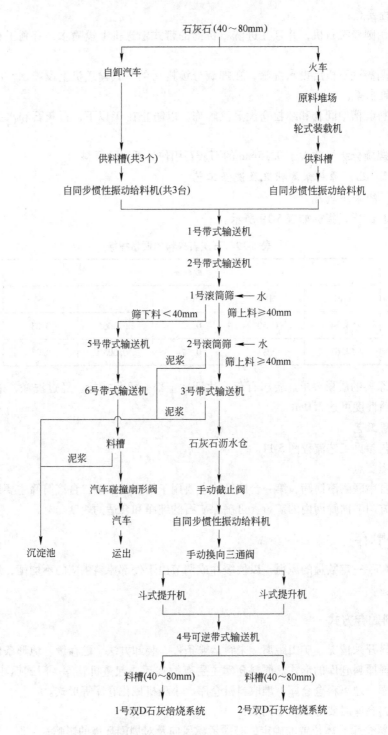

图 5-11　乙厂原料洗涤工艺流程

（4）原料仓库周围，一般设置高度为 1.5m 的挡料墙。

### 5.4.1.1　桥式抓斗起重机仓库

桥式抓斗起重机仓库的主要特点是操作灵活可靠，可完成卸车、倒运和取料等作业，仓库面积利用率高。石灰厂常用5t和10t两种桥式抓斗起重机，对其原料仓库要求如下。

（1）桥式抓斗起重机原料仓库厂房结构形式，要根据当地气象条件、下一工序的要求、周围环境的防尘要求等因素而定，目前主要分为以下四种：

封闭式：有房盖，两侧有墙，如图5-12（a）所示；

敞开式：有房盖，两侧无墙，如图5-12（b）所示；

敞开防雨式：有房盖，两侧上部有墙，下部有雨搭，如图5-12（c）所示；

露天式：无盖，无墙，如图5-12（d）所示。

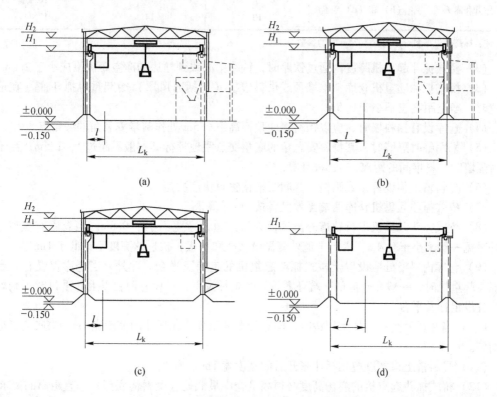

图 5-12　桥式抓斗起重机原料仓库厂房结构
（a）封闭式；（b）敞开式；（c）敞开防雨式；（d）露天式

根据不同物料的要求，同一仓库内各部位可有不同的结构形式，其选用原则如表5-20所示。

表 5-20　原料仓库厂房结构形式的选用

| 仓库结构形式 | 形式代号 | 适用条件 |
| --- | --- | --- |
| 封闭式 | （a） | 适用于风沙大、多雨的地区，或环保有特殊要求的地区 |
| 敞开式 | （b） | 适用于多雨、但风沙不大的地区 |
| 敞开和露天式 | （b）和（d）组合 | 适用于一般地区，但料槽处需局部防雨 |

常用的各种桥式抓斗起重机仓库的主要尺寸如表5-21所示。

表 5-21　各种桥式抓斗起重机仓库的主要尺寸

| 仓库结构形式 | 形式代号 | 起重机质量/t | 起重机轨面高 $H_1$/m | 屋架下弦标高 $H_2$/m |
|---|---|---|---|---|
| 封闭式 | (a) | 5 | 13 | 15.3 |
| | | 10 | 14 | 16.5 |
| 敞开式 | (b) | 5 | 13 | 15.3 |
| | | 10 | 14 | 16.5 |
| 敞开和露天式 | (b) 和 (d) 组合 | 5 | 13 | 16.2 |
| | | 10 | 14 | 17.4 |

注: 标高是以原料仓库跨度为 24m 时的参数。

(2) 桥式抓斗起重机跨度内通过铁路时, 铁路中心线到柱边的净空距离不应小于 2.5m。

(3) 桥式抓斗起重机仓库料堆堆顶或供料槽顶 (包括通风罩) 距起重机抓斗底 (在最小位置时) 净空距离应不小于 0.5m。

(4) 仓库设有挡料墙时, 应以挡料墙墙顶标高下 0.5m 处作料堆安息角的底角点。

(5) 采用临时隔墙时, 其物料安息角的底角交点距地坪标高一般不超过 1~1.5m; 当不设临时隔墙时, 料堆间的距离按 1.5m 计算。

(6) 受料槽上须设算条或筛格, 其间距根据物料块度决定。

(7) 桥式抓斗起重机仓库两端无效区各按 5m 计算。

(8) 桥式抓斗起重机走行轨道外侧须设人行走道, 净宽不小于 0.6m。当仓库有盖时, 支柱处净宽一般不小于 0.4m。人行走道外侧需设扶栏和护板, 扶栏的高度不得低于 1m。

(9) 仓库内料槽处应设置上桥式抓斗起重机的走梯及平台。此外, 当仓库仅设有一台桥式抓斗起重机时, 一般在仓库的一端还需设一个走梯及平台; 设有两台以上起重机时, 仓库两端均各设走梯及平台。

(10) 当卸料处受料地坪采用沟时, 沟底的宽度至少应比抓斗的宽度宽 1m。沟底应考虑排水措施。

(11) 受料槽上口宽度应比抓斗张开后的宽度宽 1m 左右。

(12) 桥式抓斗起重机的卷扬高度必须满足仓库最低处 (受料沟底部) 垂直距离的要求。

(13) 经常受矿石冲击的部位, 如料槽壁、仓库柱子底部须加设保护措施, 如铺设钢板或钢轨等。

(14) 原料仓库吊车梁两端均须设置车挡及大车限位开关碰撞装置, 碰撞装置应距车挡 1~1.5m。

(15) 受料槽处根据要求考虑洗涤用供水点。

### 5.4.1.2　门式抓斗起重机仓库

门式抓斗起重机适用于露天堆场中各种散装物料的搬运, 可以完成卸车和堆取料作业。同桥式抓斗起重机仓库比较, 具有堆场存量大, 堆场面积利用率高, 操作可靠, 土建工程量比较小等优点。但大车走行速度慢, 操作不灵活, 常用的为 5t 和 10t 两种。门式抓斗起重机原料仓库要求如下:

(1) 门式抓斗起重机轨道, 一般应采用刚性基础;

(2) 同 5.4.1.1 小节中要求 (3)、(6)、(11)、(12)、(15)。

### 5.4.1.3　地上料仓仓库

地上料仓仓库适用于贮存中等块度 (<150mm) 的石灰石, 要求如下:

（1）地上料仓仓库的来料，一般由带式输送机由厂区外运入，或在厂区内由提升机提升，经可逆移动带式输送机或带卸矿车的带式输送机卸入贮料仓内，有条件时，亦可由机车车辆直接运入；料仓的容量和高度，应根据贮量、运输条件和地形等因素确定；贮料仓有圆形和方形之分，一般设房盖或采取密封形式；

（2）采用带式输送机将原料运入料仓时，屋架下弦的高度应根据卸矿车外形及除尘设备而定；

（3）由机车车辆直接卸料的贮料仓，其长度应结合车辆长度和车位来考虑，铁路轨道两侧需设走台，走台高出轨面 1.1m，其宽度不小于 0.6m，走台内侧边与轨道之中心距离为 2.1m。

### 5.4.1.4 地下料仓仓库

地下料仓仓库是由运输条件和地形的因素决定，主要是采用机车车辆自动卸入，要求如下：

（1）主要卸料线轨道铺设于地沟料槽上，卸料线两侧各设走台，走台宽度不小于 0.6m，其标高比卸料线轨面标高高出 1.1m，走台边距卸料中心线的距离为 2.1m；

（2）考虑到来料不均衡性，需另设原料堆场，在原料堆场内还应铺设卸料线，其长度根据车辆调度情况确定；

（3）受料槽大小应结合机车车辆长度和容量考虑，一般两个料槽的长度为一个车位的长度，两个料槽的容料量为 1~2 个机车车辆的容量；

（4）受料槽下之地下构筑部分应设排水沟及集水坑，并设置水泵；

（5）同 5.4.1.1 小节中要求（6）。

### 5.4.1.5 堆取料机仓库

堆取料机仓库适用于贮量比较大的露天堆场，堆取料机是兼有堆料和取料两种功能的连续作业机械，但堆料和取料作业不能同时进行。采用堆取料机可以提高原料堆场的机械化程度，可达 80% 以上。并且可以从料堆上部分层取料，可以保证石灰石成分的均匀性，保证产品质量稳定。

堆取料机仓库要求如下：

（1）堆取料机用于堆料场时一般设置两台，以便在堆料的同时又可取料送往生产车间，两台堆取料机一般为并列布置，不宜共用同一台地面带式输送机，并列布置时，两台堆取料机的中心距离一般等于或稍大于斗轮臂架长度的两倍，两侧副料堆的最外边缘与堆取料机中心的距离一般不大于斗轮的臂架长度与料堆高度之和；

（2）堆取料机走行轨道的轨面应高出堆场地坪 1.5m 左右，轨道基础一般为钢筋混凝土结构，堆场底边与铁轨的中心或与供电滑触线地沟边缘的距离一般取 2m；

（3）石灰石堆场顶面标高一般比斗轮下缘的极限高度低 0.5m；

（4）堆取料机的供电，根据制造厂规定的技术条件，有滑触线供电和软电缆供电两种方式，当采用滑触线供电时，滑触线一般设在地面上的地沟内，地沟应有保护盖或保护网，沟内应排水，沟的宽度与深度视设备上的集电器位置、滑触线的安装、检修等条件确定；当采用软电缆供电时，供电电源应从堆场长度方向的中部引入，并设电缆换向翻板；

（5）堆取料机上的斗轮和悬臂胶带输送机的电动机应与胶带运输系统中的电气装置连锁，堆取料机的司机室内应装调度电话，借助馈电滑触线接受调度控制室的调度；

（6）根据堆取料机的型号选取在堆场两端的运行终点位置（设备中心线）至转运站的最小距离（$L_3$ 和 $L_4$）以及至走行轨道端部的最小距离（$L_1$ 和 $L_2$），以满足设备在堆场两端的正常运行以及取料和检修的要求，一台堆取料机露天堆场两端的布置示意图参见图5-13；

（7）在寒冷地区，堆场地面的胶带输送机头、尾部转运站须有采暖设施；

（8）在堆取料机的两条走行轨道之间考虑排水设施，排水沟不应设在胶带输送机的下部。

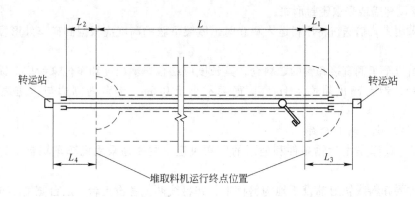

图 5-13　堆取料机露天堆场两端的布置示意图

### 5.4.1.6　小型机械化仓库

一般中、小型厂可采用小型机械化原料仓库。在小型机械化原料仓库内，可采用轮式装载机、移动式带式输送机等搬运机械。这种仓库布置灵活，不受地形、地势的限制。

## 5.4.2　原料仓库用设备

根据不同的原料仓库形式，原料仓库用设备主要有桥式抓斗起重机、门式抓斗起重机、轮式装载机和移动式带式输送机等。

### 5.4.2.1　桥式抓斗起重机

**A　桥式抓斗起重机生产能力的计算**

桥式抓斗起重机的生产能力是指单位时间内其作业完成的物料质量，一般可按下式进行计算：

$$Q = \frac{60 V \rho \psi K_n K_r}{T} \qquad (5-8)$$

式中　$Q$——抓斗起重机连续运转的生产能力，t/h；

$V$——抓斗容积，$m^3$；

$\rho$——物料的堆积密度，$t/m^3$；

$\psi$——抓斗的充满系数，可参照表5-22选取；

$K_n$——时间利用系数，取 $K_n = 0.8 \sim 1.0$；

$K_r$——抓斗中物料堆积密度修正系数，粉状物料取 $K_r = 1.5$；块状取 $K_r = 1.0$；

$T$——抓斗每次作业循环时间，min，可按式（5-9）求得。

$T$ 值根据抓斗起重机的类型及其作业内容不同而异，而抓斗起重机的生产能力随 $T$ 值而变化。

对于桥式、门式抓斗起重机的每个抓取循环作业时间包括：大车行走、小车行走、抓斗升降、抓斗闭合、开启等作业耗用时间。除抓斗开启、闭合外，其余各项时间均因抓斗升降距离、大车和小车走行距离及机构的运行速度而异。在实际作业时，有些动作在时间上往往是重合的，因此 $T$ 值与实际作业内容有关。

**表 5-22 抓斗的充满系数 ψ**

| 抓斗起重机吨位/t | | 10 | 10 | 5 | 5 |
|---|---|---|---|---|---|
| 抓斗性能 | 容积/m³ | 3 | 3 | 1.5 | 1.5 |
| | 型 式 | 中 | 中 | 中 | 中 |
| | 口 型 | 平口 | 平口 | 平口 | 平口 |
| 物料特性 | 名 称 | 石灰石 | 石灰石 | 石灰石 | 石灰石 |
| | 粒度/mm | <200 | <200 | 40 | 40 |
| | 堆积密度/t·m⁻³ | 1.6 | 1.6 | 1.6 | 1.6 |
| 抓取条件 | | 从斜坡上抓 | 从平堆顶部抓 | 从顶尖上抓 | 从平堆上抓 |
| 料堆厚/m | | >2 | >2 | 6 | 0.5 |
| 抓斗充满系数 ψ | | 0.7 | 0.8~1 | 1.0 | 0.6~0.7 |

$T$ 值可通过下式求得：

$$T = \frac{2(t_1 + t_2 + t_3 + t_4) + f}{60} \tag{5-9}$$

式中　$T$——每次作业循环时间，min；

$t_1$——大车行走时间，见式（5-10），s；

$t_2$——小车行走时间，见式（5-11），s；

$t_3$——抓斗升降一次时间，见式（5-12），s；

$t_4$——每次抓料及放料的启闭共需时间，s，取 $t_4 = 18\text{s}$；

$f$——抓斗每循环一次所损耗的时间，s，一般取 $f = 40 \sim 45\text{s}$。

$$t_1 = \frac{S_1}{v_1} \tag{5-10}$$

式中　$S_1$——大车行走距离，按物料的抓料点至放料点的平均值计，m；

$v_1$——大车行走速度，根据起重机技术性能表选取，m/min。

$$t_2 = \frac{60S_2}{v_2} \tag{5-11}$$

式中　$S_2$——小车行走距离，根据实际行走距离而定，可以按宽度（$L_k$）来考虑，但必须减去跨度的极限距离，m；

$v_2$——小大车行走速度，根据起重机技术性能表选取，m/min。

$$t_3 = \frac{60S_3}{v_3} \tag{5-12}$$

式中　$S_3$——抓斗升降的高度，m；

$v_3$——抓斗升降的速度，根据起重机技术性能表选取，m/min。

抓斗起重机每小时可以抓取物料的次数按下式确定：

$$m = \frac{60}{T} \tag{5-13}$$

式中　$m$——抓斗起重机 1 小时抓料的次数，次/h；

$T$——起重机抓取作业循环时间，min。

　　起重机每小时的抓取次数以 30 ~ 40 为宜。当计算结果不能满足这一要求时，则另选抓斗容积并重新验算。

　　抓斗起重机所需的台数，可通过下式计算来确定：

$$n = \frac{T_总}{24 \times 60 \times \eta} \tag{5-14}$$

式中　　$n$——所需要的抓斗起重机台数，台；

　　　　$T_总$——抓斗起重机每天总作业时间，根据抓斗每作业一次循环时间来计算，但由于抓斗起重机要综合作业，故应将计算所得的总和时间 $\Sigma T$ 增加 40%，即 $T_总 = 1.4\Sigma T$，min；

　　　　$\eta$——设备利用率，一般取 $\eta = 60\%$。

　　根据上述计算，若一台能力不够可选用 2 台，但不宜超过 3 台，且应选用同一规格、类型的。

　　B　桥式抓斗起重机主要技术性能

　　桥式抓斗起重机如图 5-14 所示，其主要技术性能如表 5-23 所示。

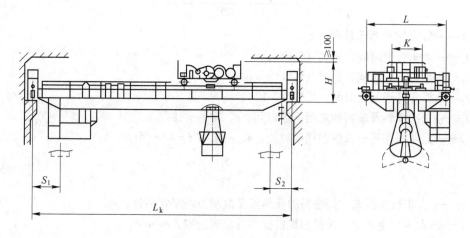

图 5-14　桥式抓斗起重机

**表 5-23　桥式抓斗起重机主要技术性能**

| 起升质量/t | | 5 | | | | | | | 10 | | | | | | |
|---|---|---|---|---|---|---|---|---|---|---|---|---|---|---|---|
| 跨度 $L_k$/m | | 13.5 | 16.5 | 19.5 | 22.5 | 25.5 | 28.5 | 31.5 | 13.5 | 16.5 | 19.5 | 22.5 | 25.5 | 28.5 | 31.5 |
| 起升高度/m | | 20 | | | | | | | 20 | | | | | | |
| 工作级别 | | 重　级 | | | | | | | 重　级 | | | | | | |
| 速度 /m·min⁻¹ | 起　升 | 40.1 | | | | | | | 40.26 | | | | | | |
| | 小车运行 | 44.6 | | | | | | | 45.6 | | | | | | |
| | 大车运行 | 93.7 | | | 113 | | | | 112.5 | | | | 101 | | |
| 电动机型号 | 起　升 | YZR225M-8/22 | | | | | | | YZR280S-10/37 | | | | | | |
| | 小车运行 | YZR132M$_2$-6/3.7 | | | | | | | YZR160M$_1$-6/5.5 | | | | | | |
| | 大车运行 | YZR160M$_2$-6/2 ×7.5 | | | YZR160L-6/2 ×11 | | | | YZR160M$_2$-6/2 ×7.5 | | | YZR160L-6/2 ×11 | | | |

续表5-23

| 最大轮压/kN | 室　内 | 9 | 9.6 | 10.4 | 11.2 | 12.4 | 13.2 | 14.4 | 13 | 13.9 | 15 | 16.2 | 17.3 | 18.5 | 19.6 |
|---|---|---|---|---|---|---|---|---|---|---|---|---|---|---|---|
|  | 室　外 | 9.4 | 10.1 | 10.9 | 11.7 | 12.8 | 13.8 | 14.8 | 13.4 | 14.4 | 15.6 | 16.6 | 17.9 | 20 | 20.1 |
| 质量/t | 起重机总重 室内 | 21.6 | 23.7 | 26.4 | 29.3 | 34.3 | 38 | 41.3 | 28.4 | 31.1 | 35 | 38.4 | 43 | 26.8 | 50.5 |
|  | 起重机总重 室外 | 22.3 | 24.7 | 27.3 | 30.3 | 35 | 38.8 | 42.1 | 29.3 | 32.5 | 35.8 | 39.3 | 43.9 | 47.8 | 51.2 |
|  | 小车自重 | 5.2 (5.9) | | | | | | | 8.2 (9.1) | | | | | | |

| 抓斗 | 类　型 | 轻　型 | 中　型 | 轻　型 | 中　型 |
|---|---|---|---|---|---|
|  | 容积/m³ | 2.5 | 1.5 | 5 | 3 |
|  | 容重/t·m⁻³ | ≤1.0 | 1.0~1.7 | ≤1.0 | 1.0~1.7 |
|  | 自重/kg | 2549 / 2615 | 2506 / 2568 | 4803 / 4866 | 4850 / 4913 |

| 荐用钢轨 | 43kg/m，QU70 |
|---|---|
| 电源 | 三相交流，380V，50Hz |
| 生产厂 | 大连重工起重集团有限公司 |

注：1. 进入操作室的走台门向位置为：端面、侧面、顶面；

　　2. 抓斗开闭方向为平行和垂直主梁两种；

　　3. 起升质量包括抓斗自重；

　　4. 括号内尺寸为室外起重机。

### 5.4.2.2　门式抓斗起重机

门式抓斗起重机本机有防雨装置。门式抓斗起重机示意图如图 5-15 所示，其主要技术性能如表 5-24 所示。

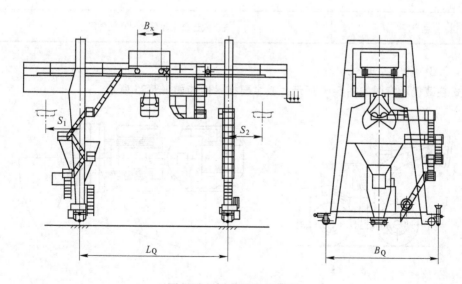

图 5-15　门式抓斗起重机

**表 5-24　门式抓斗起重机主要技术性能**

| 起升质量/t | | 5 | | | | | 10 | | | | |
|---|---|---|---|---|---|---|---|---|---|---|---|
| 跨度 $L_Q$/m | | 18 | 22 | 26 | 30 | 35 | 18 | 22 | 26 | 30 | 35 |
| 起升高度/m | | 轨上 10/轨下 18 | | | | | 轨上 10/轨下 18 | | | | | |
| 工作制度 | | 起升（开闭）为超重级；运行机构为重级 | | | | | 起升（开闭）为超重级；运行机构为重级 | | | | | |
| 速度/m·min⁻¹ | 起升 | 37.8（开闭） | | | | | 40.92（开闭） | | | | | |
| | 小车运行 | 49.4 | | | | | 49.6 | | | | | |
| | 大车运行 | 40.9 | | | 39.7 | | 40.9 | | 39.7 | | 30.54 | |
| 电动机型号 | 起升 | YZR225M-8/22 | | | | | YZR280M-8/45 | | | | | |
| | 小车运行 | YZR160M₂-6/7.5 | | | | | YZR160M₂-6/7.5 | | | | | |
| | 大车运行 | YZR225M-8/2×22 | | | YZR160L-6/4×11 | | YZR225M-8/2×22 | | YZR160L-6/2×11 | | | |
| 质量/t | 小车 | 13.6（包括抓斗重） | | | | | 17.7（包括抓斗重） | | | | | |
| | 总重 | 56.0 | 96.8 | 100.0 | 121.3 | 126.3 | 96.9 | 112.7 | 116.5 | 131.7 | 137.5 |
| 最大轮压/kN | | 30.1 | 34.6 | 35.3 | 22.2 | 22.9 | 36.6 | 22.3 | 22.7 | 25.8 | 26.6 |
| 抓斗 | 类型 | 轻　型 | | | 中　型 | | 轻　型 | | | 中　型 | | |
| | 容积/m³ | 3 | | | 1.5 | | 6 | | | 3 | | |
| | 容重/t·m⁻³ | 0.8~1.0 | | | 1.0~2.0 | | 0.8~1.0 | | | 1.0~2.0 | | |
| | 自重/kg | 2242 | | | 2544 | | 4243 | | | 4394 | | |
| 电源 | | 三相交流，380V，50Hz | | | | | | | | | | |
| 荐用钢轨 | | 43kg/m | | | | | | | | | | |
| 生产厂 | | 大连重工起重集团有限公司 | | | | | | | | | | |

### 5.4.2.3　轮式装载机

轮式装载机示意图如图 5-16 所示；其主要技术性能如表 5-25 所示。

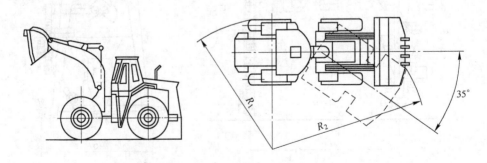

图 5-16　轮式装载机

**表 5-25 轮式装载机主要技术性能**

| 项 目 | | ZL40 | ZL50 | LW520F | ZL50G（高卸） | LW541F（高卸） |
|---|---|---|---|---|---|---|
| 额定载荷/kg | | 3600 | 5000 | 5000 | 5000 | 4500 |
| 额定铲斗容量/m³ | | 2 | 3 | 2.7 | 3.5 | 2.7 |
| 铲斗宽度/mm | | 2650 | 2940 | 3000 | 3000 | 3000 |
| 外形尺寸 | 长/mm | 6594 | 7130 | 7702 | 8110 | 7893 |
| | 宽/mm | 2650 | 2940 | 3000 | 3000 | 3000 |
| | 高/mm | 3150 | 3270 | 3230 | 3485 | 3440 |
| 轴距/mm | | 2660 | 2760 | 2760 | 3300 | 3200 |
| 轮距/mm | | 2060 | 2240 | 2240 | 2200 | 2200 |
| 卸载高度/mm | | 2820 | 2950 | 3130 | 3550 | 3710 |
| 卸载距离/mm | | 1110 | 1380 | 1220 | 1300 | 1180 |
| 铲斗举在最高位置时整机总高度 | | 4815 | 5250 | 5324 | 5768 | 5768 |
| 动臂提升时间(空载)/s | | 7.4 | 8.22 | 6 | ≤6 | 6.5 |
| 动臂下降时间(空载)/s | | ≤6 | ≤6 | 5 | ≤5 | 4 |
| 铲斗前倾时间(空载)/s | | 2.1 | 2.28 | 1 | 1 | 1 |
| 最小转弯半径 | 后轮外侧 $R_1$ | 5375 | 5633 | 5670 | 6400 | 6250 |
| | 铲斗外侧 $R_2$ | 6200 | 6598 | 6600 | 7330 | 7230 |
| 爬坡能力/(°) | | 28 | 28 | 28 | 28 | 28 |
| 行驶速度 | Ⅰ挡前进/km·h⁻¹ | 0~11 | 0~12 | 11.5 | 11.5 | 0~11.5 |
| | Ⅱ挡前进/km·h⁻¹ | 0~35 | 0~38 | 37 | 37 | 0~37 |
| | Ⅰ挡后退/km·h⁻¹ | 0~15 | 0~16.5 | 16.5 | 16.5 | 0~16.5 |
| 发动机 | 型 号 | 6135K-13 | 6135K-9 | G128G1b | WD615 67G₃-31A | WD615 67G₃-36 |
| | 功 率 | 150 马力 | 210 马力 | 162kW | 162kW | 162kW |
| | 转速/r·min⁻¹ | 2000 | 2200 | 1300~1400 | 2200 | 2200 |
| 重量/t | | 11.5 | 15.8 | 16.2 | 17.5 | 16.5 |

### 5.4.2.4 移动式带式输送机

移动式带式输送机见图 5-17；其主要技术性能见表 5-26。

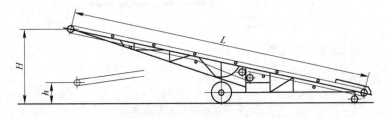

图 5-17 移动式带式输送机

表 5-26　移动式带式输送机主要技术性能

| 项目 \ 型号 | DY50 | | DY65 | | DY80 | | 103-53 | 104-20 |
|---|---|---|---|---|---|---|---|---|
| 带宽 $B$/mm | 500 | | 650 | | 800 | | 800 | 800 |
| 机长 $L$/m | 10 | 15 | 10 | 15 | 10 | 15 | 15 | 20 |
| 带速/m·s$^{-1}$ | 1.6 | | 1.6 | | 1.6 | | 1.6 | 1.6 |
| 输送量/m$^3$·h$^{-1}$ | 110 | | 195 | | 262 | | 262 | 296 |
| 输送高度/mm　最大 $H$ | 4380 | 6250 | 4380 | 6340 | 3730 | 5440 | 5400 | 2700 |
| 输送高度/mm　最小 $h$ | 2250 | 3300 | 2250 | 3320 | 500 | 500 | 2900 | |
| 最大输送角度/(°) | 10~22 | | 10~22 | | 20 | | 20 | 7 |
| 外形最大宽度/mm | 2390 | | 2390 | | 2138 | | 2600 | 2000 |
| 驱动功率/kW | 3 | 4 | 4 | 5.5 | 5.5 | 7.5 | 7.5 | 7.5 |
| 重量/kg | 1126 | 1547 | 1286 | 1747 | 1860 | 2295 | 2700 | 3100 |

## 5.5　部分企业原料仓库状况

### 5.5.1　某甲厂原料仓库

该厂活性石灰车间为10t抓斗桥式起重机封闭式原料仓库，仓库面积是 24m×180m，为2座并流蓄热式双膛竖窑生产提供原料，可贮存约10天生产用原料量，参见图5-18。石灰石由

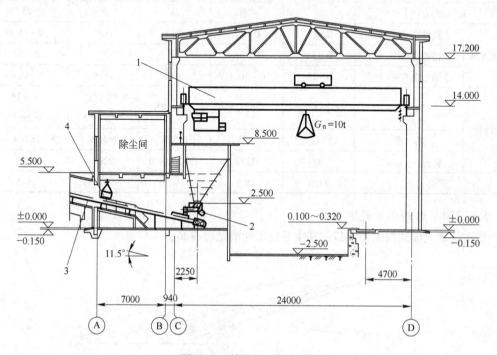

图 5-18　某甲厂原料仓库

1—10t 桥式抓斗起重机；2—GZ$_5$ 电磁振动给料机；3—No.1 带式输送机；4—RCDB-6 悬挂电磁除铁器

火车运至原料仓库内，石灰石块度为 40～60mm（适用于小粒双膛窑），仓库内设置 2 台 10t 抓斗桥式起重机，由桥式抓斗起重机将石灰石装入供料槽内。

### 5.5.2 某乙厂原料仓库

某乙厂石灰车间的原料仓库为 5t 桥式抓斗起重机敞开式原料仓库，仓库面积是 30m×114m，原料仓库为 5 座竖窑生产提供原料，可贮存约 15 天生产用原料量，参见图 5-19。原料从矿山由带卸矿车的带式输送机运进并卸入原料仓库，每座竖窑设 1 个供料槽，采用 5t 桥式抓斗起重机上料并倒运。

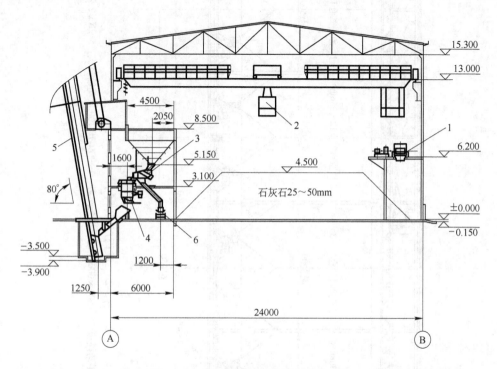

图 5-19　某乙厂原料仓库
1—No. 3 带式输送机；2—5t 桥式抓斗起重机；3—90180 电机振动给料筛；
4—电子称量斗；5—单斗提升机；6—No. 11 带式输送机

### 5.5.3 某丙厂原料仓库

某丙厂活性石灰工程原料仓库为地上料仓仓库，如图 5-20 所示。由矿山水洗后经筛选合格粒度的石灰石或白云石（18m～50mm），由带式输送机及其电动卸矿车送入石灰石或白云石贮仓，为 4 座 600t/d 回转窑供料。石灰石贮仓共有 4 个，每个仓储量为 2000t，4 个仓共贮存约 8000t 石灰石；白云石贮仓 1 个，可贮存约 2000t 白云石。

### 5.5.4 某丁厂原料仓库

某丁厂活性石灰车间原料仓库为小型机械化原料仓库，如图 5-21 所示，面积为 30m×42m，为 3 座 150t/d 气烧石灰竖窑提供原料，可贮存约 2 天生产用原料量。合格石灰石原料由自卸汽车卸入原料仓库，由 ZL40 轮式装载机将料送入受料斗。

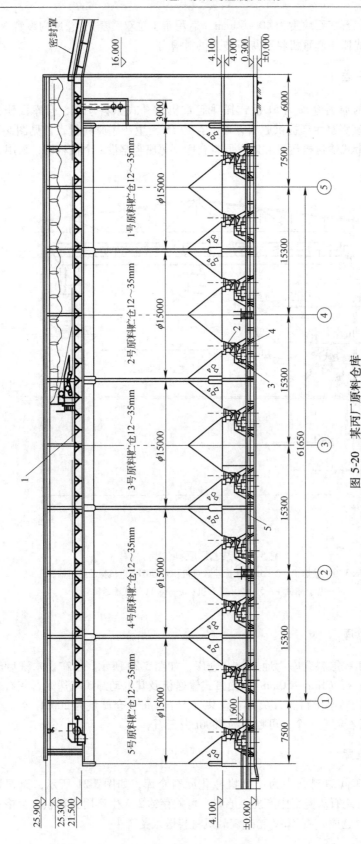

图 5-20 某丙厂原料仓库

1—No. 1 带式输送机；2—600×600 手动插板；3—600×600 手动双齿条闸板；4—TZG70-100 振动给料机；5—No. 2 带式输送机

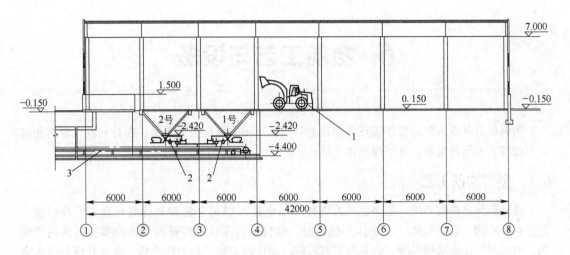

图 5-21　某丁厂原料仓库

1—ZL40 轮式装载机；2—K-O 往复式给料机；3—No.1 带式输送机

# *6* 窑前工艺与设备

为保证石灰石入窑后窑炉能正常焙烧运转，生产出质量合格的产品，在石灰石入窑前还需进行处理。不同的窑炉，处理流程也不同。

## 6.1 竖窑窑前工艺

根据所用燃料的不同，如竖窑分为气体（或液体）燃料竖窑和固体燃料竖窑，其窑前工艺也有所不同。采用气体（或液体）燃料时，燃料是由安装在窑壁四周的烧嘴送入窑内燃烧的，而采用固体块状燃料时，燃料与石灰石按一定比例配比，均匀混合后，由提升设备送入窑内焙烧。

### 6.1.1 气体（或液体）燃料竖窑窑前工艺

窑前供料仓内的石灰石经给料和筛分设备均匀地送入石灰石计量秤内，同时，原料中的碎料经给料和筛分设备筛分出来，由带式输送机运走，再由汽车外运。石灰石计量秤内的石灰石计量后落入单斗提升机的料斗内，经提升送入竖窑内焙烧。气体（或液体）燃料竖窑窑前工艺如图 6-1 所示。

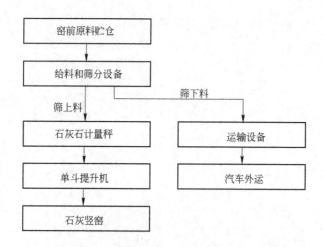

图 6-1　气体（或液体）燃料竖窑窑前工艺流程

为了提高竖窑内物料的通透性，改善热工条件，避免石灰石在焙烧过程中出现过烧或欠烧现象，气烧竖窑对入窑石灰石的粒级要求较高。

根据进厂原料粒度、杂质等情况的不同，经过破碎、筛分、水洗等工艺处理的原料被送入窑前供料仓内贮存。窑前供料仓内的石灰石在被送入贮仓以及在贮仓贮存过程中，会产生一定量的碎料。为了减少入窑碎料量，需在石灰石送入窑内前，再进行一次筛分过程。

贮仓下的给料和筛分设备应与石灰石计量秤实现连锁操作，并且根据称量斗内的物料量，给料和筛分设备可自动调整给料速度，以提高窑前上料工序的作业效率。

### 6.1.2　固体燃料竖窑窑前工艺

窑前无烟煤（或焦炭）贮仓内的块状燃料经振动给料机间断性地向无烟煤（或焦炭）称量斗内供料，经称量后落入调速式带式输送机，被均匀地送至载有石灰石的带式输送机上。

窑前石灰石供料仓内的石灰石经振动给料机间断性地向石灰石称量斗内供料，经称量后落入带式输送机上。石灰石与燃料在带式输送机上实现初步混合，初混后的物料经带式输送机送入单斗提升机的料斗内，同时也使石灰石与燃料更充分均匀地混合，再由单斗提升机送入窑内。固体燃料竖窑窑前工艺如图6-2所示。

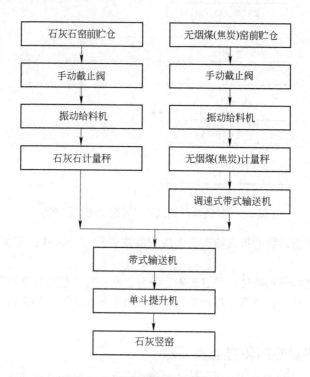

图6-2　固体燃料竖窑窑前工艺流程

为确保窑内焙烧均衡，窑内料位维持在一定的范围内，稳定窑的热工制度及产量，窑前工艺必须实现：控制入窑原料与燃料的比例，确保入窑原料与燃料混合充分，同时计量入窑原料与燃料的重量。

贮仓下的给料设备应与计量秤实现连锁，并且根据称量斗内的物料量，给料设备可自动调整给料速度，以提高窑前上料工序的作业效率。一般是每批料的90%～95%料量用快速给料，剩下的5%～10%的料量用慢速给料，这样不但加快了给料速度，而且还提高了称量的精确度。

## 6.2　带链箅预热机的回转窑上料工艺

经过破碎、筛分、水洗等工序的合格石灰石，经装有电子皮带秤的带式输送机送至单层振动筛，经过筛分，将石灰石分成大块（25～40mm）与小块（15～25mm）两种矿石，大块与小块物料分别经梭式带式输送机送至链箅式预热机前的供料仓内。带链箅预热机的回转窑上料工艺流程如图6-3所示。

为了计量入窑石灰石量，控制回转窑正常焙烧并考核回转窑的生产能力，将合格石灰石送

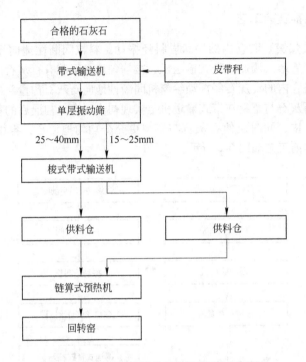

图 6-3　带链箅预热机的回转窑窑前工艺流程

至链箅预热机前单层振动筛的带式输送机上应安装皮带秤，并将数据送至集中操作室内显示、打印等。

　　因链箅预热机结构的特殊性，经过破碎、筛分、水洗等工艺的合格石灰石，在送入链箅预热机前，须通过一台单层振动筛，将合格料按粒度再筛分出大、小块矿石，分层分布在预热机链板上。

## 6.3　带竖式预热器的回转窑上料工艺

　　经过破碎、筛分、水洗等工序的合格石灰石，经装有皮带秤的带式输送机计量后，送入竖式预热器料仓内。带竖式预热器的回转窑上料工艺流程如图 6-4 所示。

　　为了计量入窑石灰石量，控制、考核回转窑的生产能力，输送合格石灰石至竖式预热器的

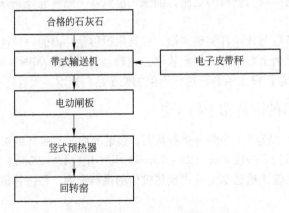

图 6-4　带竖式预热器的回转窑窑前工艺流程

带式输送机上应安装皮带秤，并将数据送至集中操作室内。

另外，有的企业要求回转窑定期进行石灰、白云石的换烧。当更换品种时，考虑到预热器顶部料仓内物料可能出现瞬间出空，为防止预热器顶部料仓进料口发生大量空气漏入，影响排烟系统正常工作，通常在竖式预热器料仓顶部进料口处设有电动闸板。

## 6.4 窑前设备

### 6.4.1 给料设备

给料设备是石灰生产企业机械化贮运系统中的一种辅助性设备，其主要功能是将已加工或尚未加工的物料从某一设备（料斗、贮仓等）连续均匀地喂料给承接设备或运输机械中去。

给料设备的种类很多，目前尚无较完整的分类方法，按其承载机构运动方式的不同，大致分类如表 6-1 所示。

**表 6-1  给料设备的分类**

| 牵引式 | 胶带给料机 | 振动式 | 电磁振动给料机 |
| | 板式给料机 | | 自同步惯性振动给料机 |
| | 埋刮板给料机 | | 往复式给料机 |
| 回转式 | 圆盘给料机 | | 摆动式给料机 |
| | 螺旋给料机 | | 振动给料斗 |
| | 叶轮式给煤机 | 重力式 | 链式给料机 |
| | 叶轮给料机 | | |

在石灰行业，常用的是电磁振动给料机、往复式给料机及自同步惯性振动给料机。

#### 6.4.1.1 电磁振动给料机

在石灰生产企业中，电磁振动给料机多用于散料贮运系统，承接从料仓卸出的物料向各种运输设备或破碎筛分设备给料。

电磁振动给料机与其他给料设备相比，具有以下特点：

（1）体积小、重量轻、结构简单，安装、维修方便；

（2）无转动的零部件，不需要润滑，不需要电动机和减速器，运行费用低；

（3）由于给料机运用了机械振动学的共振原理，双质体在低临界近共振状态下工作，因此消耗电能少；

（4）对于采用晶闸管半波整流线路控制的电磁振动给料机，可通过调节晶闸管开放角的办法方便地无级调节给料量，并可实现生产流程的集中控制和自动控制；

（5）由于在给料过程中，物料在给料槽中连续地被抛起，并按抛物线轨迹向前做跳跃运动，因此给料槽的磨损较小。

电磁振动给料机的缺点是安装后的调整较复杂，调试不好，不仅有噪声，且运行不好。

电磁振动给料机可以输送各种松散的粒状和粉状物料，也可以输送粒度达 500mm 的大块物料。对于粉状物料，则可采取密封给料方式。给料机不宜输送黏性较大的、潮湿的物料，也不适用于输送 300℃ 以上的热物料和具有防爆要求的场合。

根据生产工艺要求，对电磁振动给料机的给料能力进行调节，通常采用如下三种方法：

（1）调节给料机的振幅，在额定振幅范围内，通过旋转控制箱电位器旋钮，可以直接调节振幅，从而可以无级调节给料机的给料能力；

（2）调节料仓出料口闸门开度的大小，以增减给料槽中料层的厚度，达到调节给料机能力的目的；

（3）改变给料槽的安装倾角，可以实现调节给料量。

目前已定型生产的电磁振动给料机产品有 GZ 型通用系列电磁振动给料机、GZV 系列微型电磁振动给料机等。

常用的 GZ 系列电磁振动给料机规格齐全、生产能力大、应用范围广，该机的类型及用途为：

（1）基本型（型号：GZ1 ~ GZ11），其结构形式为下振式，用于无特殊要求情况下给料；

（2）上振型（型号：GZ3S ~ GZ8S），其结构形式为上振式，将电磁振动器安装在给料槽的上方与基本型相反的方向上，用于配置空间不够的情况下安装使用，其他均与相对应的基本型相同；

（3）封闭型（型号：GZ1F ~ GZ6F），适用于易碎颗粒、粉尘较大及具有挥发性的物料；

（4）轻槽型（型号：GZ5Q ~ GZ8Q），适用于容重较小的轻物料；

（5）平槽型（型号：GZ5P ~ GZ7P），适用于薄料层均匀给料，可用于配料（例如配煤）；

（6）宽槽型（型号：GZ5K1 ~ GZ5K4），适用于选煤，也可用于向筛分设备给料。

电磁振动给料机的工艺配置及安装的合理与否，直接影响其使用性能和给料能力，为此应注意以下各点。

（1）电磁振动给料机不能承受过大的仓压，因为这将降低给料机的振幅，从而影响给料能力。为保证给料机的正常运行，必须尽量减少仓压对给料机的影响，通常是控制作用在给料槽体上的垂直投影仓压面积，使其小于料仓出料口面积的 1/5 ~ 1/4 范围内；也可采用配置溜槽的方法，用溜槽的后侧板来承担料柱的垂直压力。

（2）为便于调节给料槽中料层的厚度和当检修给料机时截止物料从料仓中流出，应在料仓的出料口或在溜槽上设置闸门。为避免给料机槽体因物料的冲击而损坏，一般情况下，料仓不允许卸空，在料仓和给料机中应保持一定的斜料量。如因换料或其他原因需卸空料仓和给料机上的物料时，在卸空物料后应关闭闸门，防止再次装料时物料对槽体的冲击。

（3）电磁振动给料机的安装倾角选择得合适与否，对给料能力的影响很大。通常推荐安装倾角为向下 10°，因这时给料机的给料能力可增大 30% 以上。但倾角最好不大于 10° ~ 15°，因为倾角过大，物料的滑动增大，会加快槽体的磨损。根据工艺配置的需要，给料机槽体也可向上倾斜安装，但这将降低给料机的给料能力。

GZ 系列电磁振动给料机作给料用时，其安装倾角推荐为下倾 10°；对于黏性物料及含水量较大的物料也可将其下倾角度增加到 15°；作配料、定量给料或自动称量用时，为保证给料量的均匀稳定，防止物料自流，给料机应水平安装使用。

（4）GZ 系列电磁振动给料机均为悬挂式安装。悬挂吊杆通常采用钢丝绳，为了减少给料机的横向摆动，给料槽上的两根悬挂吊杆应向外张开 10° 布置；四根悬挂吊杆应吊挂在具有足够刚度的结构上。对于大型给料机，为了维修和更换给料槽方便，应布置移动滑架。

（5）电磁振动给料机一般均整体安装。安装后，在给料机上不允许连接任何刚性附件，并且其周围应有一定的游动间隙，使给料机不和其他设备碰撞。此间隙在给料机的长度方向上一般最小为 50mm；在宽度方向上为 25mm。

（6）安装后的给料机横向应水平，以免给料机工作时物料向一侧偏移。

GZ 型电磁振动给料机基本型如图 6-5 所示。

GZF 型电磁振动给料机封闭型如图 6-6 所示。

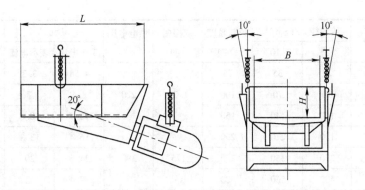

图 6-5 GZ 型电磁振动给料机基本型

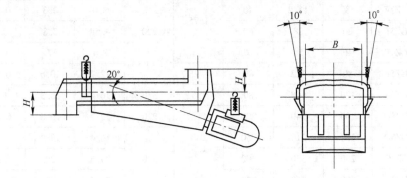

图 6-6 GZF 型电磁振动给料机

电磁振动给料机产品规格如表 6-2 所示。

表 6-2 GZ 系列电磁振动给料机技术数据

| 类型 | 型号 | 给料能力/t·h⁻¹ | | 给料粒度 /mm | 双振幅 /mm | 供电电压 /V | 电流/A | | 有功功率 /kW | 总重量 /kg |
|---|---|---|---|---|---|---|---|---|---|---|
| | | 水平 | −10° | | | | 工作电流 | 表示电流 | | |
| 基本型 | GZ1 | 5 | 7 | 50 | 1.75 | 220 | 1.34 | 1 | 0.06 | 77 |
| | GZ2 | 10 | 14 | 50 | | | 3 | 2.3 | 0.15 | 151 |
| | GZ3 | 25 | 35 | 75 | | | 4.58 | 3.8 | 0.2 | 233 |
| | GZ4 | 50 | 70 | 100 | | | 8.4 | 7 | 0.45 | 460 |
| | GZ5 | 100 | 140 | 150 | | | 12.7 | 10.6 | 0.65 | 668 |
| | GZ6 | 150 | 210 | 200 | 1.5 | 380 | 16.4 | 13.3 | 1.5 | 1271 |
| | GZ7 | 250 | 350 | 250 | | | 24.6 | 20 | 3 | 1920 |
| | GZ8 | 400 | 560 | 300 | | | 39.4 | 32 | 4 | 3040 |
| | GZ9 | 600 | 840 | 300 | | | 47.6 | 38.6 | 5.5 | 3750 |
| | GZ10 | 750 | 1040 | 500 | | | 39.4×2 | 32×2 | 4×2 | 6491 |
| | GZ11 | 1000 | 1400 | 500 | | | 47.6×2 | 38.6×2 | 5.5×2 | 7680 |

续表 6-2

| 类 型 | 型 号 | 给料能力/t·h⁻¹ | | 给料粒度 /mm | 双振幅 /mm | 供电电压 /V | 电流/A | | 有功功率 /kW | 总重量 /kg |
|---|---|---|---|---|---|---|---|---|---|---|
| | | 水平 | -10° | | | | 工作电流 | 表示电流 | | |
| 上振型 | GZ35 | 25 | 35 | 75 | 1.75 | 220 | 4.58 | 3.8 | 0.2 | 242 |
| | GZ45 | 50 | 70 | 100 | | | 8.4 | 7 | 0.45 | 457 |
| | GZ55 | 100 | 140 | 150 | | | 12.7 | 10.6 | 0.65 | 655 |
| | GZ65 | 150 | 210 | 200 | 1.5 | 380 | 16.4 | 13.3 | 1.5 | 1244 |
| | GZ75 | 250 | 350 | 250 | | | 24.6 | 20 | 3 | 1960 |
| | GZ85 | 400 | 560 | 300 | | | 39.4 | 32 | 4 | 3340 |
| 封闭型 | GZ1F | 4 | 5.6 | 40 | 1.75 | 220 | 1.34 | 1 | 0.06 | 77 |
| | GZ2F | 8 | 11.2 | 40 | | | 3.0 | 2.3 | 0.15 | 154 |
| | GZ3F | 20 | 28 | 60 | | | 4.58 | 3.8 | 0.2 | 246 |
| | GZ4F | 40 | 56 | 60 | | | 8.4 | 7 | 0.45 | 464 |
| | GZ5F | 80 | 112 | 80 | 1.25 | | 12.7 | 10.6 | 0.65 | 667 |
| | GZ6F | 120 | 168 | 80 | 1.5 | 380 | 16.4 | 13.3 | 1.5 | 1278 |
| 轻槽型 | GZ5Q | 100 | 140 | 200 | 1.5 | 220 | 12.7 | 10.6 | 0.65 | 683 |
| | GZ6Q | 150 | 210 | 250 | | 380 | 16.4 | 13.3 | 1.5 | 1326 |
| | GZ7Q | 250 | 350 | 300 | | | 24.6 | 20 | 3 | 1992 |
| | GZ8Q | 400 | 560 | 350 | | | 39.4 | 32 | 4 | 3046 |
| 平槽型 | GZ5P | 50 | 70 | 100 | 1.5 | 220 | 12.7 | 10.6 | 0.65 | 633 |
| | GZ6P | 75 | 105 | | | 380 | 16.4 | 13.3 | 1.5 | 1238 |
| | GZ7P | 125 | 175 | | | | 24.6 | 20 | 3 | 1858 |
| 宽槽型 | GZ5K1 | | 200 | 100 | 1.5 | 220 | 12.7×2 | 10.6×2 | 0.65×2 | 1316 |
| | GZ5K2 | | 240 | | | | | | | 1343 |
| | GZ5K3 | | 270 | | | | | | | 1376 |
| | GZ5K4 | | 300 | | | | | | | 1408 |

注：1. 给料机的振动频率为 3000 次/min，振动角 20°，调谐值 0.9，电源频率 50Hz，功率因数 cosφ = 0.3；

　　2. 基本型、上振型、封闭型的给料能力按堆积密度 ρ = 1.6t/m³ 给出，轻槽型的给料能力按 ρ = 1t/m³ 给出，平槽型、宽槽型的给料能力按配煤和选煤条件给出，如实际使用的物料密度与上述计算所用的密度有出入时，给料机的给料能力应按实际使用的物料密度进行折算；

　　3. 给料机的使用条件：海拔高度不超过 1000m，周围介质温度不超过 -20 ~ 40℃ 的范围，周围介质温度为 25℃ 时，相对湿度不大于 85%。

### 6.4.1.2　电机振动给料机

电机振动给料机又称自同步惯性振动给料机，这种给料机具有体积小、重量轻、结构简单、安装维修方便、给料量大、效率高、噪声低、对各种物料适应性强、运行稳定并可无级调节给料量等优点。

其配套的反接制动控制箱，可使给料机在短时间内迅速停机，同时还具有过流、过压、断相保护作用。根据使用要求，还可增加能自动、快慢加料、远程控制及无级变频调速等功能。

惯性振动给料机的使用条件：

（1）环境温度不超过 +40℃；

（2）在环境温度为 25±5℃ 时，周围介质相对湿度不大于 85%；

（3）周围没有爆炸危险介质；

（4）周围没有严重腐蚀及影响电气绝缘的介质。

在选型时考虑到空间位置限制，电机安装方式分为电机两侧安装和电机后置式安装两种。

GZG 型自同步惯性振动给料机普通槽型如图 6-7 所示；GZGF 型自同步惯性振动给料机封闭槽型如图 6-8 所示。

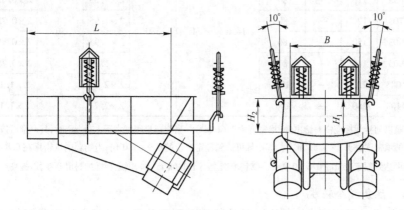

图 6-7　GZG 型自同步惯性振动给料机

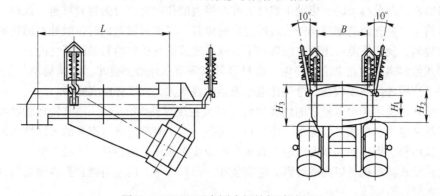

图 6-8　GZGF 型自同步惯性振动给料机

自同步惯性振动给料机产品规格及技术特性如表 6-3 所示。

表 6-3　自同步惯性振动给料机

| 类 型 | 型 号 | 生产率/t·h⁻¹ 水平 | 生产率/t·h⁻¹ -10° | 最大给料粒度/mm | 振动频率/min⁻¹ | 双振幅/mm | 额定电压/V | 额定电流/A | 电源频率/Hz | 功率/kW | 整机重量/kg |
|---|---|---|---|---|---|---|---|---|---|---|---|
| 敞开型 | GZG403 | 30 | 40 | 100 | 1450 | 4 | 380 | 2×0.73 | 50 | 2×0.25 | 171 |
| | GZG503 | 60 | 85 | 150 | | | | 2×0.73 | | 2×0.25 | 202 |
| | GZG633 | 110 | 150 | 200 | | | | 2×1.53 | | 2×0.55 | 379 |
| | GZG703 | 120 | 170 | 200 | | | | 2×1.53 | | 2×0.55 | 389 |
| | GZG803 | 160 | 230 | 250 | | | | 2×1.95 | | 2×0.75 | 563 |
| | GZG903 | 180 | 250 | 250 | | | | 2×1.95 | | 2×0.75 | 613 |
| | GZG1003 | 270 | 380 | 300 | | | | 2×2.71 | | 2×1.1 | 762 |
| | GZG1103 | 300 | 420 | 300 | | | | 2×2.71 | | 2×1.1 | 854 |

| 类　型 | 型　号 | 生产率/t·h⁻¹ | | 最大给料粒度/mm | 振动频率/min⁻¹ | 双振幅/mm | 额定电压/V | 额定电流/A | 电源频率/Hz | 功率/kW | 整机重量/kg |
|---|---|---|---|---|---|---|---|---|---|---|---|
| | | 水平 | −10° | | | | | | | | |
| 封闭型 | GZGF403 | 30 | — | 60 | 1450 | 4 | 380 | 2×0.73 | 50 | 2×0.25 | 163 |
| | GZGF503 | 60 | — | 60 | | | | 2×0.73 | | 2×0.25 | 202 |
| | GZGF633 | 110 | — | 80 | | | | 2×1.53 | | 2×0.55 | 385 |
| | GZGF703 | 120 | — | 80 | | | | 2×1.95 | | 2×0.75 | 414 |
| | GZGF803 | 150 | — | 80 | | | | 2×1.95 | | 2×0.75 | 531 |
| | GZGF903 | 170 | — | 80 | | | | 2×1.95 | | 2×0.75 | 605 |
| | GZGF1003 | 250 | — | 100 | | | | 2×2.71 | | 2×1.1 | 813 |
| | GZGF1103 | 280 | — | 100 | | | | 2×2.71 | | 2×1.1 | 893 |

注：生产率是以河沙为标准物料给出的（堆密度为 1.6t/m³）。当物料堆密度大于 1.6t/m³ 时，其产量可按额定值选取；
当物料的堆密度在 1.2~1.6t/m³ 时，其产量可达到额定产量的 0.9~1.0 倍；当物料的堆密度在 0.8~1.2t/m³ 时，
其产量可达到额定产量的 0.8~0.9 倍。物料堆密度小于 1.6t/m³ 时，须适当增加料层厚度，以提高产量。

### 6.4.1.3　往复式给料机

往复式给料机（又称槽式给料机）的给料槽由驱动装置经过偏心轮或曲柄传动而做往复运动。当给料槽向前移动时，借助于惯性力和摩擦力的作用将其上的物料移走，此时，料斗中的物料就落下，补充随槽前移的物料所空出的位置，当给料槽返回时，因补充的物料挡住了已前移的物料，使之不能后退而在前端卸下，故往复式给料机的给料是间断性的。

往复式给料机的优点是给料均匀，给料量可以调节，外形高度小，结构简单，工作可靠。其缺点是工作零件的磨损较快，电耗比电磁振动给料机大，在工作时有噪声。

这种给料机适用于输送松散的块状物料（最大粒度可达 550mm），不宜输送粉状物料，因为粉料容易从槽身和槽底之间漏出，造成粉尘飞扬，也不宜输送含水率高的或黏性大的物料。

往复式给料机有单向和双向两种，石灰生产企业多采用单向的往复式给料机。

双向往复式给料机可以两端给料。它安装在一个料斗下，向左右两台受料设备的任意一台给料。

往复式给料机能承受一定的料柱压力，因而可直接布置在料斗下。它的槽底与物料有相对滑动，槽底磨损较大，故当用于坚硬物料给料时，可考虑在槽内加设衬板。给料机的给料量可通过改变闸门的开度来调节料层厚度或调整偏心轮的偏心距进行控制。

往复式给料机如图 6-9 所示。

K 型往复式给料机产品规格及技术特性如表 6-4 所示。

**表 6-4　K 型往复式给料机技术特性**

| 型　号 | 曲　柄 | | 底板行程/mm | 给料能力/t·h⁻¹ | | 最大粒度/mm | | 减速机型号 | 电动机功率/kW | 重量/kg | |
|---|---|---|---|---|---|---|---|---|---|---|---|
| | 转速/r·min⁻¹ | 位置 | | 烟煤 | 无烟煤 | 含量10%以下 | 含量10%以上 | | | 带漏斗 | 不带漏斗 |
| K-0 | 57 | 1 | 50 | 22 | 25 | 250 | 200 | ZQ35 | 4 | 1164 | 1082 |
| | | 2 | 100 | 45 | 50 | | | | | | |
| | | 3 | 150 | 67 | 75 | | | | | | |
| | | 4 | 200 | 90 | 100 | | | | | | |

续表6-4

| 型　号 | 曲　柄 | | 底板行程/mm | 给料能力/t·h⁻¹ | | 最大粒度/mm | | 减速机型号 | 电动机功率/kW | 重量/kg | |
| | 转速/r·min⁻¹ | 位置 | | 烟煤 | 无烟煤 | 含量10%以下 | 含量10%以上 | | | 带漏斗 | 不带漏斗 |
|---|---|---|---|---|---|---|---|---|---|---|---|
| K-1 | 57 | 1 | 50 | 34 | 38 | 350 | 300 | ZQ35 | 4 | 1258 | 1162 |
| | | 2 | 100 | 68 | 75 | | | | | | |
| | | 3 | 150 | 100 | 112 | | | | | | |
| | | 4 | 200 | 135 | 151 | | | | | | |
| K-2 | 57 | 1 | 50 | 50 | 55 | 400 | 350 | ZQ35 | 4 | 1426 | 1290 |
| | | 2 | 100 | 100 | 113 | | | | | | |
| | | 3 | 150 | 150 | 170 | | | | | | |
| | | 4 | 200 | 200 | 225 | | | | | | |
| K-3 | 61.5 | 1 | 50 | 75 | 83 | 500 | 450 | ZQ40 | 7.5 | 1983 | 1834 |
| | | 2 | 100 | 150 | 165 | | | | | | |
| | | 3 | 150 | 220 | 247 | | | | | | |
| | | 4 | 200 | 300 | 330 | | | | | | |
| K-4 | 61.5 | 1 | 60 | 132 | 148 | 700 | 550 | ZQ50 | 17 | 2880 | 2676 |
| | | 2 | 120 | 268 | 295 | | | | | | |
| | | 3 | 180 | 385 | 440 | | | | | | |
| | | 4 | 240 | 530 | 590 | | | | | | |

注：表中之给料能力是当调节闸门在最大位置时的数值。

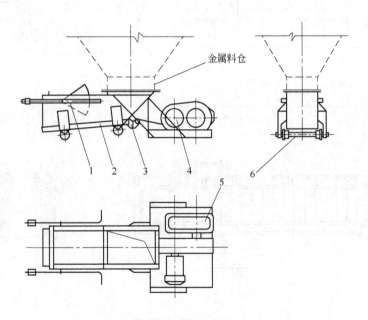

图 6-9　往复式给料机
1—闸门；2—给料槽；3—连杆；4—电动机；5—减速器；6—托辊

#### 6.4.1.4　板式给料机

板式给料机由输送槽、套筒滚子输送链、链轮、桁架结构的机架、整体全密封保护罩和驱动装置等组成。板式给料机多用于原料贮存系统,是常用的给矿设备。

板式给料机的优点:

(1) 不仅能输送轻的或中等质量的中块状物料,而且能输送质量大的、坚硬的大块物料(重型板式给料机的容许最大给料块度可达1200mm);

(2) 可以承受很大的料柱压力和冲击载荷;

(3) 运行平稳,给料均匀;

(4) 具有抗热变形能力;

(5) 能在露天和潮湿恶劣的环境下可靠工作。

其缺点是:

(1) 构造比较复杂,设备笨重;

(2) 金属消耗量大,耗电量大、设备价格较贵;

(3) 链板易磨损,而且链板之间容易漏料或卡住料块;

(4) 运行中噪声较大。

板式给料机有轻型、中型和重型三种,石灰厂通常采用中型。

中型板式给料机适用于沿水平或倾斜的线段连续输送堆积密度不大于2400kg/m³、块度不超过500mm的块料及大颗粒料,安装角度不超过15°。中型板式给料机如图6-10所示,其主要技术性能如表6-5所示。

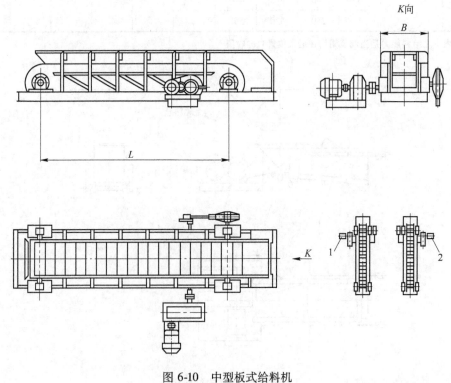

图 6-10　中型板式给料机
1—左传动装置;2—右传动装置

表 6-5 中型板式给料机主要技术性能

| 型 号 | $B$/mm | $L$/mm | 给料能力/$m^3 \cdot h^{-1}$ | 给料速度/$m \cdot s^{-1}$ | 给料最大粒度/mm | 电动机功率/kW | 重量/kg |
|---|---|---|---|---|---|---|---|
| B800-3 | | 3000 | | | | | 4300 |
| B800-4.5 | | 4500 | | | | 2.2~7.5 | 5500 |
| B800-6 | 800 | 6000 | 20~320 | 0.03~0.25 | 350 | | 6800 |
| B800-8 | | 9000 | | | | | 9600 |
| B800-12 | | 12000 | | | | 3~11 | 12500 |
| B800-15 | | 15000 | | | | | 16000 |
| B1000-3 | | 3000 | | | | | 5500 |
| B1000-4.5 | | 4500 | | | | 3~11 | 6800 |
| B1000-6 | | 6000 | | | | | 8200 |
| B1000-9 | 1000 | 9000 | 30~480 | 0.03~0.25 | 450 | | 11000 |
| B1000-12 | | 12000 | | | | | 14000 |
| B1000-15 | | 15000 | | | | 4~15 | 17000 |
| B1000-18 | | 18000 | | | | | 20000 |
| B1250-3 | | 3000 | | | | 4~15 | 7000 |
| B1250-4.5 | | 4500 | | | | | 8800 |
| B1250-6 | | 6000 | | | | 5.5~22 | 10500 |
| B1250-9 | 1250 | 9000 | 10~680 | 0.02~0.20 | 580 | | 14000 |
| B1250-12 | | 12000 | | | | | 18000 |
| B1250-15 | | 15000 | | | | 7.5~30 | 22000 |
| B1250-18 | | 18000 | | | | | 26000 |
| B1600-4.5 | | 4500 | | | | 5.5~22 | 12000 |
| B1600-6 | | 6000 | | | | | 15000 |
| B1600-9 | 1600 | 9000 | 45~900 | 0.02~0.20 | 700 | 7.5~30 | 20000 |
| B1600-12 | | 12000 | | | | | 26000 |
| B1600-15 | | 15000 | | | | 11~37 | 32000 |
| B1600-18 | | 18000 | | | | | 38000 |
| B1800-4.5 | | 4500 | | | | 7.5~30 | 16000 |
| B1800-6 | | 6000 | | | | | 19000 |
| B1800-9 | 1800 | 9000 | 50~1100 | 0.01~0.02 | 800 | 11~37 | 25000 |
| B1800-12 | | 12000 | | | | | 32000 |
| B1800-15 | | 15000 | | | | 15~45 | 38000 |
| B1800-18 | | 18000 | | | | | 45000 |
| B2000-4.5 | | 4500 | | | | 11~37 | 20000 |
| B2000-6 | | 6000 | | | | | 26000 |
| B2000-9 | 2000 | 9000 | 60~1350 | 0.01~0.02 | 900 | 15~45 | 32000 |
| B2000-12 | | 12000 | | | | | 40000 |
| B2000-15 | | 15000 | | | | 18.5~55 | 48000 |
| B2000-18 | | 18000 | | | | | 56000 |

| 型 号 | $B/mm$ | $L/mm$ | 给料能力<br>$/m^3 \cdot h^{-1}$ | 给料速度<br>$/m \cdot s^{-1}$ | 给料最大<br>粒度/mm | 电动机功率<br>/kW | 重量/kg |
|---|---|---|---|---|---|---|---|
| B2200-4.5 | 2200 | 4500 | 70～1300 | 0.01～0.16 | 1000 | 15～45 | 25000 |
| B2200-6 | | 6000 | | | | | 32000 |
| B2200-9 | | 9000 | | | | 18.5～55 | 39000 |
| B2200-12 | | 12000 | | | | | 48000 |
| B2200-15 | | 15000 | | | | 22～75 | 56000 |
| B2200-18 | | 18000 | | | | | 64000 |
| B2500-4.5 | 2500 | 4500 | 80～1800 | 0.01～0.16 | 1150 | 18.5～55 | 32000 |
| B2500-6 | | 6000 | | | | | 40000 |
| B2500-9 | | 9000 | | | | 22～75 | 48000 |
| B2500-12 | | 12000 | | | | | 60000 |
| B2500-15 | | 15000 | | | | 30～90 | 72000 |
| B2500-18 | | 18000 | | | | | 84000 |

注：1. 给料速度按下面的系列选取/m·s⁻¹：0.01、0.02、0.03、0.04、0.05、0.063、0.08、0.10、0.125、
0.16、0.20、0.25；

2. 表中给料能力按给料机水平运料方式所得的值；

3. 电动机选择为 Y 系列或 YCT 系列电动机。

## 6.4.2　窑前筛分设备

为严格控制进窑的石灰石块度，特别是尽量减少小于粒度下限的石灰石碎料进入竖窑，原料入厂后，除了通常进行的预处理加工外，进窑前通常要再过一次筛，其中带有给料功能的悬臂振动筛（用于窑前贮仓下）使用较多。

悬臂振动筛的特点是振动给料机的外形（见图 6-11），筛条作底板，靠进料端筛条间隙小于出料端筛条间隙，以使石灰石不塞筛条间缝。该设备安装在窑前贮仓下，安装时，应注意该设备不宜承受仓压。

国内气烧竖窑常用的型号是 XBS-90180
悬臂振动筛，其主要技术性能如下：

入料粒度：＜60mm；

筛孔尺寸：≤30mm；

生产率：120t/h；

振动电机：TZD-51-4C　2×1.2kW；

电压：380V；

筛面规格：900mm×1800mm；

振幅：5～7mm；

振次：1450 次/min；

筛面倾角：10°；

带控制箱，可实现物料的快给与慢给；

设备重量：1.32t。

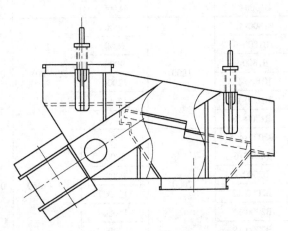

图 6-11　XBS-90180 悬臂振动筛示意图

### 6.4.3 运输、提升设备

常见的窑前运输、提升设备有：带式输送机、梭式带式输送机、大倾角带式输送机、斗式提升机、单斗提升机等设备。

#### 6.4.3.1 带式输送机

带式输送机是石灰工业中应用最广泛的一种连续式运输机械，主要用于石灰石、白云石、煤、焦炭的水平或倾斜提升运输。

冶金石灰厂一般常用的带式输送机，其输送带有橡胶带和塑料带两种，带宽为 500mm、650mm、800mm、1000mm 及 1200mm 五种，带速在 1.25m/s、1.6m/s 及 2.0m/s 的范围内。

带式输送机的基本布置形式有五种，如图 6-12 所示。

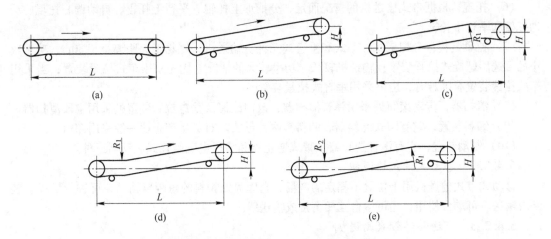

图 6-12　固定式带式输送机的布置形式
（a）水平输送机；（b）倾斜输送机；（c）带凸弧曲线段输送机；
（d）带凹弧曲线段输送机；（e）带凸弧及凹弧曲线段输送机

带式输送机的倾角一般不大于 16°。给料点、卸料点设在水平段，必要时也可设在倾斜段，在倾斜段时要考虑滚料等的情况。曲线段不设下料点和卸料点。

带式输送机由驱动装置、传动滚筒、输送带、卸料装置、托辊、改向辊筒、张紧装置和机架等部分组成。

（1）输送带，在带式输送机中起牵引和承载作用，常用的有橡胶带和塑料带两种。输送带的层芯为棉帆布，在输送带工作面设置一些凸块以阻止物料下滑的称为花纹带。

橡胶输送带覆盖胶的厚度应根据物料的性质选用，一般石灰厂多选用上胶厚为 3mm 的胶带，受砸和受磨较严重时可采用上胶厚为 6mm 的胶带；下胶厚均为 1.5mm。

带宽 $B$ 与层数 $Z$ 的范围如表 6-6 所示。

表 6-6　带宽与层数范围

| 带宽 $B$/mm | 500 | 650 | 800 | 1000 | 1200 |
|---|---|---|---|---|---|
| 层数 $Z$ | 3~4 | 4~5 | 4~6 | 5~8 | 5~10 |

橡胶带接头一般采用硫化接头。接头强度可达橡胶带本身强度的 85%~90%。当采用卡子连接时的机械接头，强度只相当于橡胶带本身强度的 35%~40%。

（2）驱动装置，它是由电动机、减速机、高速轴联轴器、低速轴联轴器以及制动轮、液压电磁制动器或滚柱逆止器和保护罩等组成。

（3）电动滚筒，它具有结构紧凑、重量轻、便于布置、操作安全等优点，适用于环境温度不超过40℃，物料温度不超过50℃的场合，但不能用于具有防爆要求的场所。

（4）传动滚筒，它分钢板滚筒和铸铁滚筒两类（一般选用钢板滚筒）。传动滚筒均采用滚动轴承，两类滚筒中又分光面、包胶和铸胶滚筒三种，在功率不大、环境湿度小的情况下采用光面滚筒；在环境潮湿、功率又大、容易打滑情况下应采用胶面滚筒。

（5）改向滚筒，它用于180°、90°及小于45°改向。改向滚筒作尾部滚筒、垂直拉紧滚筒及运输带改向与传动轮增面等使用。它分钢板滚筒和铸铁滚筒两类，其性能基本一致，一般选用钢板滚筒。

（6）托辊，根据带式输送机的情况而定，分槽形上托辊、平行上托辊、自动调心托辊、缓冲托辊和平行下托辊。

（7）拉紧装置，分螺旋式、车式和垂直式三种。输送机头尾轮带面距离小于80m、功率较小的可选用螺旋式拉紧装置；输送机较长、功率较大的情况下优先采用车式拉紧装置；当采用车式拉紧装置有困难时，也可采用垂直式拉紧装置。

（8）清扫器，传动滚筒处采用弹簧清扫器，改向滚筒及垂直拉紧装置处采用空段清扫器。

（9）卸料装置，它有犁式卸料器、卸料车两种形式。石灰生产企业一般采用卸料车。

（10）制动装置，它有滚柱逆止器、带式逆止器和液压电磁闸瓦式制动器三种。

#### 6.4.3.2　移动式带式输送机

移动式带式输送机用于位置不固定的料场、仓库等处物料的短距离输送，可进行堆垛、装卸或输送。可单台使用，还可多台互相搭接成输送线。

#### 6.4.3.3　可逆移动带式输送机

可逆移动带式输送机一般用于料槽配料，根据石灰厂贮仓大小特点，长度一般在6.5m到30.5m范围内。

#### 6.4.3.4　梭式带式输送机

梭式带式输送机属整体机架，可往复运行的带式输送机。它的工作部分与带式输送机是相同的，所不同的是它的整体机架可梭式往复运动，并且是两条皮带机并联工作，这样可使物料的大、小块按要求均匀分布。梭式往复运动通过行程开关控制，实现自动化操作。

### 6.4.4　计量设备

石灰窑前计量装置通常有皮带秤、电子称量斗等，用来称量石灰石、焦炭等固体燃料。

#### 6.4.4.1　皮带秤

A　PGL型滚轮式皮带秤

这种秤是一种机械自动连续计量衡器，安装在固定带式输送机上，把输送的物料重量自动称量显示出来。

使用技术条件如下：

（1）最大负荷：输送带上每1米长度最大负荷为：10kg、14kg、20kg、30kg、40kg、60kg、80kg、100kg、140kg、200kg；

（2）输送带速度：0.1～1.6m/s；

（3）输送机倾角：0°～20°；

（4）安装位置：秤体中心距给料口不得小于6m，距卸料口不得小于3m。

目前 PGL 型滚轮式皮带秤已逐渐被电子皮带秤和微机皮带秤所代替。

B DDPC-W 型多托辊双杠杆电子皮带秤

这种皮带秤是在带式输送机上对固体散状物料进行连续动态计量的衡器。

使用条件如下：

(1) 系统精度 ±0.5%；

(2) 托辊形式：三节槽形，槽角为 30°；

(3) 输送机倾角 0°~18°；

(4) 胶带速度 0~4m/s；

(5) 测重传感器：线性、滞后、重复性误差为 ±0.05% (S.F)；

(6) 仪表尺寸 375mm×245mm×480mm；重量 20kg。

C GGP-11 型皮带秤

该秤采用托辊框架配压式传感器或多组托辊称量框架配挂式传感器结构，由测速器作为传感器的供源，以确保使用精度和长期稳定性。

使用技术条件如下：

(1) 系统精度 1%；

(2) 称量范围 10~2000t/h；

(3) 恒流速度 -1~10mA(DC) 0.5%/0.5kΩ；

(4) 远传能力小于 200m；

(5) 输送带速度 0.4~2.0m/s；

(6) 输送机倾角小于 20°；

(7) 盘面开口尺寸 158mm×75mm(高×宽)，仪表重量约 4kg。

该秤适用环境温度 -10~40℃，湿度 ≤85%，适用带宽 500~1400mm。

D 微机皮带秤

这种皮带秤能连续计量在带式输送机上的散状物料，能显示出瞬时量及累计量并能实现控制。供应产品型号较多，有 PDZC-TⅢ型、PDZC-TⅢA 型、PDS-3 型、ICS-20 型等；另外还有 465A 型和 465C 型。它们的主要技术参数如表 6-7 所示。

表 6-7 微机皮带秤技术性能表

| 型 号 | PDZC | 465A、465C |
|---|---|---|
| 系统精度 | 一级秤：0.5%<br>二级秤：1% | 二托辊秤框：±0.5%<br>四托辊秤框：±0.25% |
| 称量范围/t·h⁻¹ | 6~1000 | 2~5000 |
| 适应输送机宽度/mm | 500~1400 | |
| 适应输送机带速/m·s⁻¹ | 0.2~3 | 二托辊秤框 0.05~4<br>四托辊秤框 0.05~4 |
| 输送机倾角/(°) | 0~20 | 0~20 |
| 工作温度范围/℃ | -10~40<br>(相对湿度 ≤80%) | 皮带秤系统 10~55<br>称重仪表 0~40 |
| 电源电压 | 220V±10%<br>50Hz±4% | 220V±10%<br>50Hz±4% |
| 传感器电缆线/m | | 1000 |

电子皮带秤的安装位置应给予充分重视，其基本原则是避免外力影响，要求保证的基本条件是：

（1）电子皮带秤最好安装在水平段上，秤体前后应各有3组水平托辊是空皮带段；

（2）电子皮带秤优先安排在胶带机尾部；

（3）安装电子皮带秤的胶带机，最好采用重锤张紧，保持恒定的张力，如采用螺旋张紧，随每次螺旋张紧的调整，要作秤的校正；

（4）电子皮带秤距离凹弧段、凸弧段及防跑偏托辊，应大于12～15m；

（5）胶带机倾角过大，物料有翻滚下滑可能时，在斜段不宜设电子皮带秤；

（6）当胶带机运输量较大，引起桥架变形 >0.4mm 时，应增加支腿或斜撑，以保证桥架的刚性；

（7）当胶带机运输量太小时，应降低胶带机运输速度，确保输送量大于5kg/m（与制造厂取得联系确认）；

（8）应按电子皮带秤制造厂要求，在设备订货表中写足必要的技术数据。

### 6.4.4.2　电子称量斗

电子称量斗是非连续式称量设备，其称量精度可达到0.125%，根据每次上料的物料量进行选择其最大称量范围。电子称量斗下部附带有卸料阀，在竖窑石灰石计量至关重要。

该设备下料阀门采用电动推杆，非严寒地区宜采用电液推杆，一般来说电液推杆更安全可靠。电子称量斗外形结构图如图6-13所示。

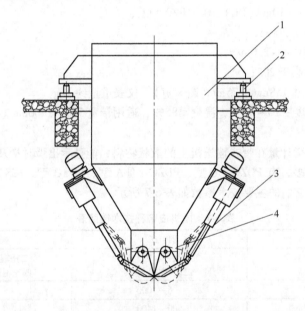

图 6-13　电子称量斗外形结构图

1—料斗；2—称重传感器；3—电液推杆；4—卸料阀

## 6.4.5　其他设备

手动闸板是用于启闭料仓的出料口或调节物料流量的一种机械装置，也是物料贮运系统常用的辅助设备之一。

# 7 石灰石的焙烧原理

## 7.1 碳酸钙的分解反应及分解速度

主要成分为碳酸钙（$CaCO_3$）的石灰石经 900～1100℃ 煅烧生成生石灰（CaO）和二氧化碳（$CO_2$），其分解反应为

$$CaCO_3 \longrightarrow CaO + CO_2 \uparrow$$

该分解反应为吸热反应，随着温度的升高分解速度加快。分解环境下 $CO_2$ 分压的大小也是影响分解速度的重要因素，$CO_2$ 分压低，分解速度加快。生产实际中，因为用燃料燃烧提供热量的工业窑炉中燃烧产物中有氮气等其他成分，实际的 $CO_2$ 分压低于标准大气压，因此在窑内焙烧时石灰石表面层部分的分解实际上在 810～850℃ 时就已经开始，但是在石灰石内层分解所需的温度还是很高的，在工业生产中尽可能控制在高温状态，一般为 1000～1100℃。当采用先进的焙烧技术和新型窑炉时，由于窑内温度比较均匀，燃烧温度要比物料焙烧温度高，在 1100～1300℃ 之间，而此时物料的焙烧温度通常大约在石灰焙烧可以承受的最高温度约 1100℃，因为石灰石在窑内的焙烧时间相对较短而且提高了产量。

在窑内温度、窑内气体成分和石灰石一定的情况下，石灰石的分解层深入速度也是一定的，所以要求同时加入的石灰石的粒径相差不能太大，最大粒径和最小粒径之比应控制在 2 以内。否则，由于较小粒径的石灰石分解完成以后还在高温环境下容易过烧，而粒径较大的石灰石没有分解完全而产生欠烧，影响产品质量。

## 7.2 石灰石焙烧过程的次生反应

天然石灰石中含有多种杂质，如 $SiO_2$、$Al_2O_3$、$Fe_2O_3$、FeO、S 等。这些杂质在一定的条件下与 CaO 发生反应，影响石灰质量。

CaO 与 $SiO_2$ 的反应，$SiO_2$ 以单独的包裹体形式或是均匀地分布在石灰石岩体中。

纯 $SiO_2$ 的熔点高达 1713℃，但 700～800℃ 时固体状态就能同 CaO、MgO 等碱性氧化物发生反应。$SiO_2$ 在石灰中分布越均匀，与碱性氧化物的中和反应进行得越快，越完全。

$SiO_2$ 与 CaO 反应生成下列化合物：$CaO \cdot SiO_2$——偏硅酸钙（熔点 1540℃），$3CaO \cdot 2SiO_2$——二硅酸钙（熔点 1475℃），$2CaO \cdot SiO_2$——硅酸二钙（熔点 2130℃），$3CaO \cdot SiO_2$——硅酸三钙（熔点 1900℃）。

硅酸二钙有 α、β 及 γ 三种变体，其中 β-$2CaO \cdot SiO_2$ 最稳定，它的密度为 $3.28g/cm^3$，而 γ-$2CaO \cdot SiO_2$ 的密度为 $2.97g/cm^3$，因此，由 β 型向稳定的 γ 型转变时体积增大约 10%，致使石灰变得松酥，因此高 $SiO_2$ 石灰出窑时易粉碎。

由于石灰中有过量的 CaO，虽然反应开始先生成 $2CaO \cdot SiO_2$，但反应总是朝着 CaO 最大饱和的 $3CaO \cdot SiO_2$ 方向进行。

存在于包裹体内的 $SiO_2$ 因在固相下与 CaO 接触不够好，反应不能充分进行。表面附着泥土的石灰石，在煅烧时易生成硅酸钙外壳，在此情况下还可能与 $Al_2O_3$ 及 $Fe_2O_3$ 等发生反应。

煅烧过程中生成的硅酸钙使石灰的活性降低。

CaO 与 $Fe_2O_3$ 的反应，石灰石中含的 $Fe_2O_3$ 在 $CaO \cdot Fe_2O_3$ 系统中已知有 $CaO \cdot Fe_2O_3$——铁酸一钙（熔点 1225～1250℃）和 $2CaO \cdot Fe_2O_3$——铁酸二钙（熔点 1300～1325℃）。这一反应在 800～900℃便已进行。由于在窑气中存在 CO，在烧成带有可能将 $Fe_2O_3$ 还原成 FeO，并生成易熔的化合物，构成对窑衬的危害。

CaO 与 $Al_2O_3$ 的反应，CaO 与 $Al_2O_3$ 在 500～900℃之间就可发生反应，到 1000℃时反应进行很快。首先生成的是 $CaO \cdot Al_2O_3$——铝酸一钙，随着温度的提高，铝酸一钙被 CaO 饱和生成 $3CaO \cdot Al_2O_3$——铝酸三钙，并使石灰的活性降低。当有 $CaO \cdot Fe_2O_3$ 存在时 $3CaO \cdot Al_2O_3$ 还可生成 $4CaO \cdot Al_2O_3 \cdot Fe_2O_3$——铁铝酸四钙（熔点 1380℃），由于其熔点比较低，在煅烧带易形成液相，是石灰窑内熔结的主要原因。

$CaSO_4$ 的反应，石灰石中通常含有少量的硫酸盐，燃料中的 S 也有一部分被石灰吸收而使石灰中 S 含量增加。石灰在 400℃下就可吸收 $SO_2$，达到 550℃时反应生成 $CaSO_3$——亚硫酸钙，温度更高时生成 CaS——硫化钙和 $CaSO_4$——硫酸钙。

$$4CaSO_3 \Longrightarrow CaS + 3CaSO_4$$

硫酸钙使石灰的活性降低。

$MgCO_3$ 的反应。石灰石中 $MgCO_3$ 含量变化很大，在煅烧过程中 $MgCO_3$ 也发生分解生成 MgO。$MgCO_3$ 的分解温度比 $CaCO_3$ 低很多，因此，含 $MgCO_3$ 的石灰石的分解是分两阶段进行的，首先分解的是 $MgCO_3$，然后再分解 $CaCO_3$。因此，在加热到 $CaCO_3$ 的分解温度时，石灰中的 MgO 大部分已失去活性。由于石灰中存在着大量的化学活性比 MgO 高的 CaO，因此，MgO 基本上不参与同其他杂质的反应。

因为 $MgCO_3$ 与 $CaCO_3$ 分解温度相差很大，因此在同一窑炉内同时混合煅烧 $MgCO_3$ 含量差异较大的碳酸盐会发生很大困难。高镁石灰石在预热带就开始了 $MgCO_3$ 的分解，由于分解反应的吸热而使其得不到充分的预热，致使其中 $CaCO_3$ 的分解发生滞后，导致出窑石灰的生过烧率增加。

# 7.3　用竖窑焙烧石灰石的热工原理

## 7.3.1　竖窑内的物料运动

竖窑是一个筒状窑体，物料从窑顶加入，煅烧后从窑底排除。竖窑加料方式多种多样，有的设有布料器，用来使原料石灰石按操作者的意图分布在窑内的各个部位；有的设有加料斗，连续向窑内提供原料石灰石，当窑底出料时加料斗内的原料石灰石自动落到窑内。窑顶都设有料位探测装置，用来测量窑内料位高度或加料斗内料位高度。物料在竖窑内需要经过预热带、煅烧带和冷却带。在预热带，物料借助于烟气的热量进行预热；在煅烧带，物料借助于燃料燃烧所放出的热量进行煅烧；在冷却带，煅烧好的物料与鼓入的冷空气进行热交换，本身被冷却，而空气被加热后进入煅烧带做助燃空气。为了保证物料煅烧过程各阶段充分完整地进行，竖窑内三带应维持一定高度，并应力求稳定。

引起物料在竖窑中运动的原因有两种：一种是由于物料（如石灰石）在煅烧过程中的体积收缩而引起上层物料的运动；另一种是由于下部物料的卸出而引起全窑物料的运动。由此而知，预热带上层物料的运动包含了全部收缩运动及出料运动，而冷却带几乎只有出料运动。

这两种不同性质的运动受着不同因素的支配，收缩运动决定于煅烧物料的收缩情况及燃料燃尽情况，而出料运动则取决于出料装置的性能及窑内情况。

物料在窑内某一断面处的下降速度可用下式计算

$$u = \frac{G_0}{0.785 D_i^2 \rho_m}$$ (7-1)

式中　$G_0$——窑的产量，kg/h；

　　　$D_i$——窑的内径，m；

　　　$\rho_m$——物料的平均堆积密度，kg/m³。

物料在各带停留时间可按下式计算

$$\tau = \frac{H}{u}$$ (7-2)

式中　$\tau$——物料在该带停留时间，h；

　　　$H$——该带的高度，m；

　　　$u$——物料在该带平均下降速度，m/h。

物料的运动速度影响物料在窑内停留时间，如果停留时间过短，必然会生烧；停留时间过长，则将使窑的产量降低，增加能耗，同时也会影响产品质量。

### 7.3.2　竖窑内的气流运动

石灰石在竖窑中焙烧所产生的气体包括：石灰石分解所产生的 $CO_2$、为燃料燃烧所提供的燃烧空气、为使石灰冷却所提供的冷却空气等。

石灰石分解所产生的 $CO_2$ 是在煅烧带产生的。

为燃料燃烧所提供的燃烧空气指当采用气体燃料、液体燃料或固体燃料的外燃烧装置时，为了使燃料能按操作者要求的燃烧速度充分燃烧而提供的空气。这部分空气与燃料反应变成具有一定温度的高温气体，为石灰石的分解提供适宜的温度环境和所需要的热量。在以焦炭或块煤为燃料的非外设燃烧室竖窑中没有这一部分气体。

为使石灰冷却所提供的冷却空气从窑底进入窑内，在冷却石灰的过程中自身被加热，往上进入煅烧带，作为燃烧空气的一部分参与燃烧。

这几部分气体一起从下往上经预热带至烟囱或排烟除尘系统排出，同时把热量传递给预热带的石灰石，使之得到加热。

当出窑废气温度较高时，采用换热器将废气降温，同时将空气或煤气加热。加热燃烧空气或煤气可以起到节约能源的作用，对废气降温有利于后续对废气的除尘处理。

竖窑中的空气由窑底部或窑中部烧嘴处鼓入，烟气由上部排出，气体穿过厚达数米至十几米的散料层时，能量损失很大。因此研究竖窑内气体的运动，对于保证煅烧带燃料燃烧所需空气量的供应、气流在窑断面上的合理分布、降低气流流动过程的能量损失、保证竖窑产量、质量等方面都是很有意义的。

#### 7.3.2.1　竖窑产量与鼓风条件的关系

在竖窑断面固定不变时，若空气流量增加，则气流速度也随之增大，燃料燃烧速度加快，窑内单位时间内窑内燃烧强度随之提高，同时，气流与物料间对流换热增强，从而加快了物料预热、煅烧和冷却过程，窑的产量可以得到提高。当然气流速度增加，气体流经物料层的能量损失也随之加大。因此，为了保证竖窑煅烧物料产量、质量的提高，必须保证竖窑所选用的风机具有足够的风量和风压。为减少动力消耗，在实际操作中应根据窑内气体运动的阻力和窑内的压力制度确定较为合理的气流速度。

### 7.3.2.2　窑内气体运动的阻力损失

竖窑内气体流动属于气体通过散料层的运动，气体流动过程的能量损失 $h_1$(Pa)可由下式表示

$$h_1 = \lambda \cdot \frac{9}{4} \cdot \frac{(1-\varepsilon)^2 H}{\varepsilon^3 \phi^2 d_m} \cdot \frac{1}{2}\rho u^2 \tag{7-3}$$

式中　$H$——料层高度，m；

$d_m$——颗粒平均直径，m；

$u$——空窑气体速度，m/s；

$\varepsilon$——物料堆积孔隙率；

$\phi$——球形度；

$\lambda$——阻力系数；

$\rho$——气体密度，kg/m$^3$。

由式（7-3）可以看出：料层高度越高，阻力损失越大；料块尺寸加大，阻力损失减少；气流速度增加，阻力损失增加；气体温度升高，实际流速增大，阻力损失也随之增加；此外，料块形状及物料堆积时形成的孔隙率都影响料层的阻力。

对于非球形颗粒的球形度，可用下式计算

$$\phi = \frac{1}{d_m} \cdot \sqrt[3]{\frac{6m}{n\pi\rho'}} \tag{7-4}$$

式中　$m$——料层采取的试样质量，kg；

$\rho'$——物料密度，kg/m$^3$；

$n$——试样中料块个数。

一般在工程设计中料层的阻力可以参考已有类似竖窑实际生产过程中所获得的经验值。

### 7.3.2.3　竖窑断面上气流分布——窑壁效应

由于竖窑中物料堆积方式不同，将明显影响气体流动过程。在靠近窑壁处，物料与窑壁之间的孔隙率较物料之间堆积的孔隙率大，使气体容易从周边通过，即在窑的同一断面上，周边的气流分配较窑中心多。由于气流分配不均匀，致使物料在窑的同一断面煅烧不均匀，这一现象称为窑壁效应。

由于窑壁效应窑内煅烧带位置发生变化或使煅烧带拉长，从而影响物料在窑内的正常煅烧。为克服这种现象，必须进行合理的布料，通常采取在窑顶加料时通过布料器将小料碎料布置于周边的方法，以增加窑周边的阻力，均衡窑断面的通风量。

双膛竖窑内气体的流动方向与普通竖窑不同，双膛竖窑的两个窑膛分别具有燃烧窑膛和预热窑膛的作用。在燃烧窑膛内，燃料及燃烧空气从中部的喷枪送入窑内并发生燃烧反应，产生的高温气体向下流动，然后经两窑膛之间的联通道进入预热窑膛向上流动，废气在预热窑膛内将热量传递给石灰石，废气的出窑温度可以降低到 100～200℃。冷却空气分别从两个窑膛的底部进入，同时加入预热窑膛。两个窑膛按一定的周期反复改变窑膛功能。

## 7.3.3　竖窑内的燃料燃烧

### 7.3.3.1　竖窑内固体燃料的燃烧

焦炭或无烟煤竖窑是借助焦炭或无烟煤在料层中直接燃烧放出热量来加热煅烧物料的，其加料方式根据燃料与物料接触方式分为混合加料法和分层加料法。前者是将燃料与物料按比例

均匀混合后加入窑内，后者是将燃料与物料分层交替加入窑内。

固体燃料燃烧后的灰分夹杂于熟料中，而灰分中的低熔点杂质不仅影响产品质量，还会因为在低温下熔融使窑内物料结坨，影响竖窑的正常操作，所以要求固体燃料的灰分及杂质含量要低。

竖窑预热带一般处于缺氧状态，燃料中逸出的挥发分不易得到充分燃烧就随烟气排走，所以固体燃料基本上采用挥发分较低的焦炭或无烟煤。

固体燃料在竖窑中的燃烧过程分为干燥、预热、燃烧、燃尽几个阶段。当燃料在预热带向下运动时被加热至着火温度，从冷却带来的空气在进入煅烧带下部时开始与燃料接触，燃烧在煅烧带中进行。燃料的块度大小直接影响到燃烧速度和煅烧带长度。燃料块度过小，燃烧速度快，使高温带过于集中，物料在高温带停留时间过短，煅烧使其主要反应来不及进行，影响煅烧质量；如果燃料块度过大，则燃烧速度减慢，燃烧带拉长，造成火力不集中，降低煅烧带温度，且使冷却带相应缩短，影响熟料质量，增加热耗。生产中常用的焦炭块度为 25 ~ 40mm，无烟煤由于其单位质量的表面积比焦炭小得多，燃烧速度慢，所以其块度比焦炭小一些。

竖窑内固体燃料的燃烧属于层式燃烧，燃烧由以下阶段组成：燃烧准备阶段、燃料表面上的 $CO_2$ 还原和焦渣燃烧阶段。

在燃烧准备阶段，燃料干燥、挥发物干馏，在还原带发生 $CO_2 + C = 2CO$ 反应；在氧化燃烧带的焦渣燃烧阶段，发生 C 和 $O_2$ 的氧化反应。焦渣燃烧阶段是决定并限制燃烧强度的阶段。

C 的燃烧可用下列化学反应式表示：

（1）$O_2$ 同 C 化合，反应物既可能是 CO，也可能是 $CO_2$。

$$C + O_2 = CO_2 + 393965 \text{ J/mol}$$

$$2C + O_2 = 2CO + 218614 \text{ J/mol}$$

（2）$CO_2$ 同 C 反应

$$C + CO_2 = 2CO - 175351 \text{ J/mol}$$

（3）$O_2$ 同 CO 反应

$$2CO + O_2 = 2CO_2 + 569316 \text{ J/mol}$$

层式燃烧过程由氧化和还原两个相互联系的阶段组成。燃烧过程不断由一个阶段向另一个阶段转化，氧化层的反应产物是 CO 和 $CO_2$，二者同时存在。

强化燃烧带的鼓风，相应提高温度能大大强化 $C + O_2 = CO_2$ 的反应过程。

料层中温度的最高值区域与 $CO_2$ 的最大浓度区域相吻合，即在氧化带的末端。

不论用什么方法强化燃烧过程，氧化带末端燃烧产物 CO 与 $CO_2$ 之比值不超过 1，而在还原带末端该比值却达到 10 以上。这证明燃烧产物的最终组成不取决于将 CO 从氧化带吹出的高速鼓风状况，而取决于活化反应区的热工状况。

当加大鼓风中 $O_2$ 的含量，并把空气稍加预热时，氧化带和还原带的高度都有明显缩小。

提高传质强度，尤其是加大鼓风速度可以强化 C 的燃烧，提高固体燃料的温度或活性，可以加速 $CO_2$ 的还原。

$CO_2$ 的还原反应比 C 的燃烧反应慢，因此燃料的颗粒越小，反应温度越低，则反应过程向颗粒内部扩展得也越深。大颗粒 C，由于燃料层单位体积中 C 的反应表面积小，CO 的产量也少。

固体燃料贫化层燃烧。石灰窑在配料中只加入 6.5% ~ 10% 的燃料，其余部分是不燃烧的石灰石料。因此在窑内不能形成连续的燃烧层，而是形成被煅烧物料相互隔开的许多燃烧中心，即贫化层。

像密实的层式燃烧一样，固体燃料的贫化层燃烧过程同样由若干阶段组成。在燃烧准备阶段，燃料排出水分，逸出挥发物，逐渐加热到燃点并形成焦渣；在燃料燃烧阶段，焦渣在空气中 $O_2$ 的作用下燃烧。

燃烧准备阶段，无烟煤中的挥发物在 200℃ 时开始逸出，在 1100～1200℃ 时结束，挥发物主要有 $N_2$、$H_2$ 和 $CH_4$。焦炭中的挥发物很少有可燃组分。

在竖窑里，由于预热带窑气中缺乏 $O_2$，挥发物不能燃烧。$CH_4$ 和 $H_2$ 的发热量很高，由无烟煤中的挥发物带走的化学不完全燃烧热损失竟占其燃料发热量的 8.5%；用烟煤作燃料的竖窑，挥发物带走的化学不完全燃烧热损失的比重更高；对于焦炭，这种损失不超过 2%。

燃料燃烧阶段，在通常的操作条件下，焦炭燃烧阶段只存在一个燃烧氧化带。这个带拉得很长（约比层式燃烧时长 30 倍），几乎没有还原带，因此废气中 CO 的含量很低（1%～2%）。

随着 $O_2$ 不断地消耗于燃料的燃烧，窑气温度起初上升，达到最大值后开始下降，这是因为热量大量地消耗在 $CaCO_3$ 分解上，消耗的热量超过了产生的热量。因此，在竖窑中，石灰石分解的限制环节不是传热和 $CaCO_3$ 的分解，而是燃料的燃烧过程。要强化窑的作业应当强化燃料燃烧过程。

窑气沿料层高度方向上的温度变化取决于配料中石灰石与燃料块度的比值。燃料块度越小，烧成带的容积热强度越高。石灰石块度增大，受热面积减小，烧成带温度就升高。相反，石灰石块度减小，温度会下降。

烧成带与预热带交界处的窑气温度低和燃料层贫化阻碍着燃烧还原带的扩展。CO 只有在 $O_2$ 浓度低于 2%～3% 的区段上才出现，并且达到最高值后在 $O_2$ 的浓度不变的条件下再下降。其最高值出现在窑气温度约为 1000℃ 时，其最终浓度大约出现在窑气温度约为 800℃ 时。

CO 含量与装料方式有关。在同样的焦比下，石灰石和焦炭混合装窑时废气中的 CO 浓度一般为 0.5%～0.7%；而分层装料时则有所增高。

分层装料时 CO 浓度有所增高是由于燃烧热量没有充分用于 $CaCO_3$ 的分解，造成燃烧层中的气体温度升高，促进了 $C + CO_2 = 2CO$ 反应的进行。随着温度的升高，该反应温度急剧增加。

竖窑内各带的分布。位于煅烧准备带下面的燃料燃烧带，在高度上与石灰的煅烧带不完全一致，煅烧带总是比燃烧带短，这是因为烧成的石灰在冷却带只能把送入窑内的空气加热到 600～700℃，因此有部分燃料在煅烧带的下面燃烧。按原料煅烧来分，从上往下分为预热带、煅烧带、冷却带。

石灰窑中贫化燃烧带的高度比层式燃烧时燃烧带的高度增大很多，它的高度主要取决于燃料的平均块径、燃料的贫化度和氧的浓度。

燃烧带从正常位置发生向上或向下位移时，将会给竖窑的热工状况产生不良的影响。当燃烧带向上移动时，预热带的容积缩小，气体来不及把正常数量的热量传递给石灰石，使得废气温度升高和由废气带走的热量增加。为了把物料加热到反应所需的温度，就要求气体进入预热带时有较高的温度。因此，废气带走的热量损失要从煅烧带补给，$CaCO_3$ 的分解数量将相应减少。结果，分解出的 $CO_2$ 量也减少，废气中 $CO_2$ 的浓度下降，煅烧 1 吨石灰的燃料消耗量增加。如果燃料量未相应增加，石灰的生烧率就会提高。

当燃烧带向下移动时，冷却带高度缩短，石灰含的热量不能充分地用于加热空气，空气未得到充分的预热便进入燃烧带。在燃烧带，将消耗部分燃料燃烧放出的热量来加热空气，而这部分热量本来是用来分解 $CaCO_3$ 的。这样，$CaCO_3$ 分解将减少，分解出的 $CO_2$ 也相应减少，降

低了废气中 $CO_2$ 的浓度。如果这时把烧得炽热的料块卸出，也将提高由于机械不完全燃烧造成的热损失，在这种情况下，石灰的生烧率也会升高。由于冷却带高度缩短，冷却石灰所需的时间加长，石灰出窑的速度需要减慢，降低了产量。

7.3.3.2 竖窑内气体燃料的燃烧

煤气通过设置在煅烧带的数对烧嘴送入窑内，助燃用的空气分别由烧嘴和冷却带送入。为保证窑中心部位的物料充分煅烧，煤气应具有足够压力。受煤气渗透深度的限制，窑断面直径不能太大或采用矩形，布置烧嘴的方向尺寸小一些。

气体燃料的燃烧分为动力燃烧状态和扩散燃烧状态。气体燃料动力燃烧状态的特点是煤气和空气混合均匀后的混合气体被送入燃烧空间，燃烧在均匀的介质中进行，当有一定数量的过量空气时，发热量一定；当热混合气体中氧不足时，动力燃烧至全部氧用完为止。在动力燃烧状态下，要保证在空气过剩量最少的情况下，燃气在工作空间内得到完全燃烧，燃烧强烈而又不生成发光火焰。

气体燃料扩散燃烧状态的特点是煤气同空气不预先混合而在煤气空气混合的瞬间燃烧，在煤气流和空气流的流动状态具有层流特性时，扩散火苗最长。

高温时，化学反应速度比气体混合速度要快得多，因此燃料燃烧的实际速度就取决于煤气同空气的混合速度。

石灰窑的特点是产品必须进行冷却，因此空气应全部或部分地经过冷却带进入窑内，这就决定在料块的空隙间处于扩散燃烧状态。块状料层对燃烧过程能产生不同的影响，一方面，密实的料层会阻碍煤气和空气充分、迅速混合，从而延缓燃烧进程；另一方面，炽热的物料能促进燃烧活化中心的形成，从而加速燃烧进程。因此气体混合速度是整个燃烧过程的限制步骤。

煤气和空气在块状层中混合，煤气中的烃通过热的块状料层时发生分解，并生成元素碳，以炭黑形式存在的元素碳在竖窑中很难再燃烧。这样不仅增加了单位石灰产品的燃料消耗量，而且由于炭黑落到窑衬缝里，对窑衬起破坏作用，会缩短窑衬的使用寿命。

竖窑中使用液化石油气混合气时，空气系数必须保持比烧 $CH_4$ 时高（采用同一类烧嘴时，前者为 1.1，后者为 1.2 ~ 1.3）。不容许采用周边单通道烧嘴，因为这种烧嘴会被炭黑很快堵塞。为了防爆，窑宜在正压下操作。

CO 没有其他气体燃料那种热分解现象，因此它在块状料层中的燃烧较完全。

7.3.3.3 竖窑内液体燃料的燃烧

重油通过计量泵由布置在煅烧带的数对烧嘴送入窑内，助燃用的空气分别由烧嘴和冷却带送入，液体燃料经初步蒸发或在燃烧空间内雾化可以加速燃料同空气的混合。重油在 150℃ 时就开始蒸发，在 200 ~ 300℃ 时，特别在雾化得很细时蒸发加快。重油烃热分解过程开始于 400℃，随着温度的升高逐渐加快。但在 650 ~ 700℃ 和 $O_2$ 不足时，会生成被 C 饱和（达95% ~ 98%）的高分子烃，在燃料分解的同时，一般要生成炭黑和碎焦等固体残渣。

## 7.3.4 竖窑的热工计算

7.3.4.1 竖窑容积及主要尺寸的确定

竖窑产量确定后，窑的容积按下式计算

$$V_k = \frac{G}{EN}K_v \qquad (7-5)$$

式中 $V_k$——窑的容积，$m^3$；

$G$——窑的产量，$t/d$；

$E$——窑的利用系数，$t/(m^3 \cdot d)$；

$N$——拟定的窑的数量，座；

$K_v$——竖窑容积备用系数，$K_v = 1.10 \sim 1.15$。

竖窑的利用系数为竖窑单位有效容积的日产品量，影响竖窑利用系数的因素是多方面的，如原料烧结的难易程度、入窑粒度、杂质含量、鼓风压力和风量、窑的结构、窑的热工制度等。根据生产经验，焦炭白云石竖窑利用系数一般为 $1.0 \sim 1.7t/(m^3 \cdot d)$；焦炭镁砂竖窑 $0.92 \sim 1.15t/(m^3 \cdot d)$；石灰竖窑 $0.75 \sim 1.0t/(m^3 \cdot d)$；高温镁砂竖窑 $5 \sim 10t/(m^3 \cdot d)$。

窑的内径 $D$ 可根据以确定的高径比 $K_L$ 及窑的容积按下式计算

$$D = \sqrt[3]{\frac{V_k}{0.785K_L}} \tag{7-6}$$

则竖窑有效高度应为 $H = K_L \cdot D$。

#### 7.3.4.2　竖窑热工参数的计算

**A　燃料消耗量的确定**

竖窑的燃料消耗指标通常以单位质量的出窑量所消耗的标准燃料量的百分数表示，称为单位标准燃料消耗。

影响单位标准燃料消耗的因素是多方面的，如原料的烧结性能、窑的利用系数、窑体结构、窑的热工制度等。竖窑单位标准燃料消耗可由有关设计参考资料查得，如焦炭竖窑烧结白云石、镁砂一般在 $32\% \sim 58\%$，超高温镁砂竖窑烧结镁砂约为 $9\% \sim 11\%$；石灰竖窑一般在 $12\% \sim 17\%$，高铝矾土一般在 $8.3\% \sim 10.5\%$。

已知单位标准燃料消耗和竖窑产量，则竖窑的实际燃料小时消耗量可以通过下式计算

$$b = G_0 B_0 \frac{29300}{Q_{DW}^Y} \tag{7-7}$$

式中　$b$——窑的实际燃料小时消耗量，$kg/h(m^3/h)$；

$G_0$——窑产量（按出窑量计），$kg/h$；

$B_0$——单位标准燃料消耗，%；

$Q_{DW}^Y$——燃料低位热值，$kJ/kg(kJ/m^3)$。

**B　竖窑鼓风量的确定**

竖窑鼓风量一般在不采取强化冷却时按窑内燃料燃烧所需空气量来确定，因此可采用燃烧计算来确定所需空气量。

按燃料燃烧计算标准状态下鼓风量

$$V_{in} = G_0 B_0 \frac{29300}{Q_{DW}^Y K_\tau} L_0 \alpha l \tag{7-8}$$

式中　$V_{in}$——竖窑鼓风量，$m^3/h$；

$\alpha$——空气过剩系数；

$K_\tau$——鼓风时间，对于停风出料的竖窑 $K_\tau = \dfrac{\tau}{60}$；

$\tau$——1 小时内竖窑实际鼓风时间，min；

$l$——漏风系数，根据鼓风系统密封情况取 $1.05 \sim 1.2$。

对于某些竖窑如超高温镁砂竖窑由于煅烧温度很高，而煅烧后的物料需要在一个比较短的时间内迅速冷却下来，在这种情况下需要对物料进行强化冷却，即向竖窑冷却带鼓入多量空气，并在冷却带设置过剩热风排出口，将超出燃料燃烧所需要的空气排出。此时，竖窑底风鼓

风量可按物料冷却所需空气量确定。

$$V_{in} = G_0 \frac{C_{料} t_{料} - C'_{料} t'_{料}}{\varphi(C'_{空} t'_{空} - C_{空} t_{空}) + (1 - \varphi) \cdot (C''_{空} t''_{空} - C'_{空} t'_{空})} \tag{7-9}$$

式中　　$V_{in}$——需向竖窑冷却带鼓入的空气量，$m^3/h$；

　　　　$\varphi$——过剩空气量占入窑空气量的百分率，%；

　　$t_{料}$，$t'_{料}$——分别为物料冷却开始和终了时的温度，℃；

　　$C_{料}$，$C'_{料}$——分别为 $t_{料}$、$t'_{料}$ 时物料的平均比热，$kJ/(kg \cdot ℃)$；

$t_{空}$，$t'_{空}$，$t''_{空}$——分别为入窑空气、过剩空气和到达煅烧带的热空气温度，℃；

$C_{空}$，$C'_{空}$，$C''_{空}$——分别为 $t_{空}$、$t'_{空}$、$t''_{空}$ 时空气的热容，$kJ/(m^3 \cdot ℃)$。

C　竖窑的送风方式

以焦炭或无烟煤为燃料的竖窑基本上是采用中心风帽单送风管，这种送风方式有利于料柱中心的通风，减弱"窑壁效应"。除此以外还有周边送风、周边送风与中心送风兼用等方式。

采用气体或液体燃料的竖窑除从窑底部送风外，还从烧成带布置的烧嘴中送入一部分风量。

D　竖窑废气量的确定

竖窑排出的废气量一般是根据废气分析判定的空气过剩系数来确定。可以通过下式进行计算

$$V_{out} = G_0 B_0 \frac{29300}{Q_{DW}^{Y}}[V_0 + (\alpha - 1)L_0] + G_0 V_{分} \tag{7-10}$$

式中　　$V_{out}$——出窑废气量，$m^3/h$；

　　　　$V_0$——燃料燃烧理论烟气量，$m^3/h(m^3/m^3)$；

　　　　$L_0$——燃料燃烧理论空气量，$m^3/kg(m^3/m^3)$；

　　　　$V_{分}$——按单位出窑量计的物料分解 $CO_2(H_2O)$ 量，按下式计算：

$$V_{分} = X \cdot i \cdot n \tag{7-11}$$

式中　　$X$——原料消耗系数，按出窑量计；

　　　　$i$——原料的灼减，%；

　　　　$n$——原料分解产物的比容，$m^3/kg$，对 $CO_2$，$n = 0.51$，对 $H_2O$，$n = 1.24$。

E　竖窑的排烟方式

竖窑自然排烟烟囱的配置方式主要有中央烟囱、侧部烟囱和顶部烟囱，如图7-1所示。竖

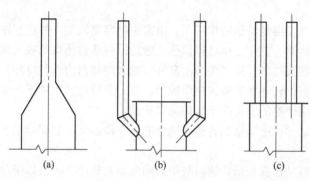

图7-1　竖窑烟囱的配置方式

（a）中央烟囱；（b）侧部烟囱；（c）顶部烟囱

窑自然排烟时，废气一般不经过除尘处理，由于环保的要求，自然排烟通常只作为应急使用的排烟方式。

当竖窑废气需要经过除尘处理或窑内采用负压操作制度时需要采用机械排烟，即排烟机排烟。采用机械排烟方法，废气自竖窑排出有如下几种方式：

（1）废气自烟囱排出，如图 7-2 所示，优点是结构简单，使用可靠，并可利用烟囱自然排烟；

（2）废气由中心管排出，如图 7-3 所示，中心烟管埋设于预热带料层内，其主要优点是可以加强竖窑中心部位的通风，烟管以上的料柱可起储料和密封作用，这种排烟方式比较适合于废气温度不太高的竖窑；

（3）废气由窑顶部周边排出，如图 7-4 所示。

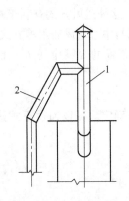
图 7-2　废气自烟囱排出
1—侧部烟囱；2—排烟管

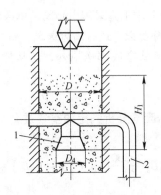
图 7-3　废气自中心烟管排出
1—中心烟管；2—排烟管

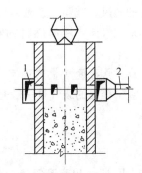
图 7-4　废气自周边排出
1—环形集气管；2—排烟管

## 7.4　用回转窑焙烧石灰石的热工原理

### 7.4.1　回转窑内的物料运动与气体运动

#### 7.4.1.1　回转窑内的物料运动

回转窑窑尾高，窑头低，斜度为 3% 左右，以 1～3r/min 的转速旋转，物料从预热器由窑尾进入，从窑头卸出窑外进入冷却器。石灰石在从窑尾至窑头的运动中受热分解。窑头设有烧嘴向窑内供热。

燃烧所产生的烟气在窑尾负压的作用下，由窑头向窑尾流动，并由窑尾排出。

物料与烟气逆向运动，首先经预热器预热，然后原料从窑尾均匀喂入窑内。在窑体的旋转过程中物料从窑尾向窑头移动，从窑头卸出窑外，进入冷却器内进行冷却。

在回转窑内由于窑的转动物料颗粒在摩擦力、重力及离心力作用下产生运动，其运动的形式有横断面的滚动和由于窑的斜度而形成的轴向运动。

横断面上的物料运动状态依窑的转速不同分有：下滑运动、翻塌运动、滚落运动、抛落运动等形式。

下滑运动是在窑转动速度较低，物料与炉衬间摩擦力较小，不足以带动提升物料或提升高度很小，在物料重力作用下不断产生少量上移和滑落，而物料颗粒之间处于相对静止状态。这种状态下，物料与气流之间的对流传热基本处于停止状态，辐射传热和窑衬对物料的传导传热也只限于物料的表面层。由于物料与窑衬之间长期处于相对运动状态，窑衬易磨损，物料易粉化。下滑运动状态对回转窑焙烧工艺不利，应避免产生。

翻塌运动是在窑转动速度较低，物料与炉衬间有足够大的摩擦力，物料可以被提升较大高度，并断续地以颗粒集团方式向下翻落。这种运动状态从传热角度来看是不理想的，而且物料之间、物料与炉衬之间冲击力大，物料易破碎。因此翻塌运动也不是回转窑焙烧工艺理想的运动状态。

滚落运动是当窑的转速不断提高至某一临界速度，物料便从翻塌运动过渡到滚落运动状态。倾斜的料面上物料沿斜面连续滚下，料层中有稳定的运动层，物料与炉衬无相对运动，运动冲击也较小。断面上单位时间被提升的物料量相等，物料有一个稳定的倾斜表面。此种情况物料受热均匀，传热效果较好。因此滚落运动是回转窑焙烧工艺理想的运动状态。

抛落运动是在窑的转速进一步加大，物料在离心力作用下，被提升高度加大，又在重力作用下被抛落下来，此时物料颗粒离开料面，沿着抛物线轨迹落下。物料之间，物料与炉衬之间冲击力大。这种运动状态也不是回转窑焙烧工艺所希望的。

回转窑内横断面上物料运动状态受窑转速、填充率、物料物理性质及窑半径等多种因素影响。

回转窑内物料的偏析。回转窑内物料分布不均匀的现象称为"偏析"，主要指的是物料粒度分布不均匀。由于偏析可能带来颗粒之间受热效果的差异，受热几率大的可能产生过热，受热几率小的可能产生生烧，从而影响煅烧质量。实验研究表明，回转窑内物料颗粒运动的轨迹为：物料颗粒从物料表面层向下运动，进入下面的提升层，其运动停止点因物料粒度不同而不同。各颗粒的运动轨迹是以回转窑轴线为中心的同心圆，由于颗粒状物料运动过程中的自行筛分作用，大颗粒集中在表面层。大颗粒流动性较好，在斜面上流动速度大，形成了大颗粒停止点在下部，较小颗粒停止在上部，即形成了横断面上物料颗粒分布的不均匀性，大颗粒集中于表面，小颗粒集中于物料层中心。由此看来回转窑所用原料的粒度直径比愈小愈好，必要时应采取分级入窑的操作工艺。

回转窑内物料的运动情况直接影响物料在窑内的受热时间、受热面积；影响料层温度的均匀性和气体与物料表面的温差，从而影响传热过程；影响煅烧物料的质量和产量。

物料在回转窑内的运动情况如图 7-5 所示。假设物料处于理想运动情况，即不考虑物料颗粒在窑壁上和料层内的滑动，以及物料颗粒大小对物料运动的影响。随着窑的回转，$A$ 点物料由于摩擦力的作用与窑壁一起像一个整体一样慢慢升起，直到倾斜的物料层表面与水平面所构成的夹角大于物料动力学静止角时，物料在重力作用下才会沿料层表面滑落下来。又由于回转窑是倾斜安装的，所以 $A$ 点的物料颗粒不会落回到原来的 $A$ 点，而是落在同 $B$ 点同在一条垂直投影线上的 $C$ 点。这样物料在筒体的轴线方向就向前移动了一段距离 $CA$。在 $C$ 点又重新被带回到 $D$ 点，落在 $E$ 点上，如此不断前进。

当然回转窑内物料运动的情况并非那么简单，而是非常复杂的，影响因素很多，因此要想用简单的公式来准确计算物料在窑内各带的运动速度是比较困难的。

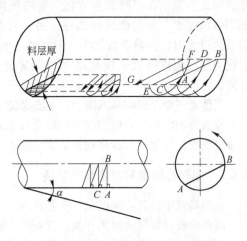

图 7-5 物料在回转窑内的运动情况

在对回转窑内物料运动规律进行分析和模型试验后得出物料在窑内运动速度的经验公式为

$$u = \frac{\alpha D_i n}{60 \times 1.77 \sqrt{\beta}}$$

(7-12)

式中　$u$——物料在窑内运动速度，m/s；

　　　$n$——窑转速，r/min；

　　　$\alpha$——窑的倾斜角，(°)；

　　　$D_i$——窑衬砖内径，m；

　　　$\beta$——物料在窑内动力学静止角，(°)。

物料在窑内的停留时间为

$$\tau = \frac{1.77 L \sqrt{\beta}}{\alpha D_i n}$$

(7-13)

式中　$\tau$——物料在窑内的停留时间，min；

　　　$L$——窑的长度，m。

由上面的公式可以看出：

（1）物料运动速度 $u$ 与窑的倾斜角 $\alpha$、窑的衬砖内径 $D_i$ 以及转速 $n$ 成正比，与物料动力学静止角的平方根成反比；

（2）当窑径一定时，$u$ 与 $n$、$\alpha$ 的乘积成正比，若使物料运动速度保持一定，则 $n$ 与 $\alpha$ 成反比，即窑的倾斜角越大，窑的转速应越低；

（3）实际生产中，$D_i$、$\alpha$、$\beta$ 已为定值，则 $u$ 与 $n$ 成正比，即改变窑速，窑内物料的运动速度随之变化。

#### 7.4.1.2　回转窑内的气体运动

回转窑内气体流动对燃料燃烧和传热过程有着直接的影响，进而也影响着回转窑的正常操作和产品的产量、质量。

在回转窑内气体流动的方向都是由窑头向窑尾流动。促使这种流动的方法有两种：一是自然抽风，即利用烟囱产生的抽力使窑内气体流动；另一种方法是强制通风，即用风机驱使窑内气体流动。目前绝大多数回转窑采用后一种方法。

窑内气体沿着窑的长度方向由窑头向窑尾流动时，气体的温度和组成都在不断地发生变化，因此流速也在不断发生变化。窑内气体流速的大小，一方面影响对流换热系数，因而影响传热速率、窑的产量和热耗；另一方面也影响窑内飞灰生成量，影响原料消耗系数。当流速过大时，传热系数增大，但气体与物料的接触时间减少，总传热量反而可能会减少，表现为废气温度升高、热耗增大、飞灰增多；相反流速低，传热速率低，产量会有显著下降。

气体通过整个窑筒体的阻力，主要来源于窑内流体的摩擦阻力，窑内阻力的大小主要决定于气体流速的大小。一般情况下回转窑每米窑长流体阻力为 5 ~ 10Pa。通常回转窑"零"压点一般控制在窑头附近，这样根据窑筒体的长度大致可以估算窑尾处所需的压力。

### 7.4.2　回转窑的燃料燃烧与热交换

在回转窑中，各不同部位气体温度不同，并且随着窑的旋转，物料及衬砖温度都在发生变化。因此分析回转窑内的热交换，首先应了解窑内衬砖及物料温度的变化规律。

当回转窑稳定运行时，一定截面上气体温度可认为不随时间而变化，而衬砖温度变化较大。因为随着窑的转动，对某部分衬砖来说时而与气流接触，时而又被物料所遮盖，其温度出现周期性的变化，如图 7-6 所示。

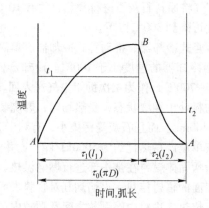

图 7-6 回转窑衬砖表面温度变化情况

$\tau_0$—回转窑转动一周所需时间；$\tau_1$—在一转中衬砖与热气体接触的时间；
$\tau_2$—在一转中衬砖与物料接触的时间；$l_1$—与热气体接触的衬砖弧长；
$l_2$—与物料接触的衬砖弧长；$t_1$—与热气体接触的衬砖表面平均温度；
$t_2$—与物料接触的衬砖表面平均温度

由图可见，对于某块衬砖从 $A$ 点转到 $B$ 点过程中，由于热气体传来的热量使得衬砖表面温度沿窑的转动方向逐渐升高，同时衬砖积蓄热量。当转到 $B$ 点时，温度达到最高，此时衬砖的温度高于物料的温度。当由 $B$ 点再转回到 $A$ 点过程中，由于高温衬砖与低温物料相接触，衬砖积蓄的热量将不断向物料传递，使衬砖温度 $B$ 点处的最高温度下降到 $A$ 点处的温度。另外由于从 $A$ 点到 $B$ 点的弧长大于从 $B$ 点至 $A$ 点弧长，因此衬砖的加热期比放热期长，即 $\tau_1 > \tau_2$。这样衬砖在与筒体一起回转的整个过程中反复进行着周期性的吸热和放热过程，与此同时衬砖的温度也相应发生着周期性的变化。

回转窑内某截面气体、物料、窑衬、环境间的传热可以通过图 7-7 加以说明。高温气体以辐射、对流方式传热给物料的表面和暴露的衬砖表面，同时对物料运动中所产生的存在于气体中的粉尘进行加热。衬砖接受的热量向三个方向传递：暴露的衬砖表面直接对物料表面进行辐射换热；暴露的衬砖表面转到物料层下面时，主要是以导热的方式将积蓄的热量直接传给物料；衬砖以综合传热方式通过筒体向环境散热。在物料内部属于散料层内的传热，物料上、下表面向中心的传热既包括物料间的接触导热作用，也包括空隙中气体的导热和气体与物料颗粒表面间的辐射换热。

沿回转窑长度方向气体与物料间的热交换，既有气体与物料间的辐射换热，也有气体与物料间的对流换热。由于沿窑长度方向气体的温度是变化着的，因此气体与物料间的主要热交换方式也是变化的。靠近窑尾端以对流换热为主；在接近煅烧带部位则以辐射和对流换热为主；在煅烧带主要以辐射换热为主。

为了改善回转窑的煅烧热工过程，在窑尾设有原料预热器，在窑头设有成品冷却器。成品冷却器兼有预热

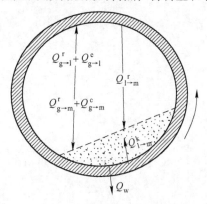

图 7-7 回转窑内热交换

助燃空气的作用。

　　与回转窑配套的预热器有竖式预热器和链箅式预热器两种。预热器的作用是利用具有1000~1100℃的回转窑窑尾烟气将原料石灰石进行预热，约有10%~20%的小颗粒石灰石得到分解。离开预热器的烟气温度可降到300℃以下。

　　与回转窑配套的冷却器有竖式冷却器、推动箅式冷却器、单筒和多筒冷却器等。石灰落入冷却器的温度约为1100℃，出冷却器的温度小于100℃。冷却器内的冷却介质为鼓入的空气，空气在冷却器内被预热至600~700℃，作为二次助燃空气送入回转窑内。

　　回转窑煅烧过程，由于物料处于翻滚状态，受热均匀，燃烧装置温度容易控制，煅烧质量好，石灰活性度可达到350~400mL。而且石灰受污染小，有利于获得高纯度石灰。

　　回转窑煅烧冶金活性石灰单位产品热耗约为5000kJ/kg，比并流蓄热式竖窑高15%~30%。

　　回转窑以气体、液体或粉状固体燃料在窑头部进行燃烧供热。窑内热交换过程复杂，包括火焰烟气对物料表面及窑壁表面的辐射传热，火焰烟气对物料表面及窑壁表面的对流传热，窑壁对物料表面辐射传热及传导传热，物料内部颗粒之间及颗粒内部的传导传热等。

　　对于回转窑而言，对流传热条件不好，低温传热效果差，所以煅烧石灰多采用短回转窑，窑尾烟气温度高于1000℃，烟气对物料以辐射传热为主，对流传热为辅，物料最高温度在直接受到热辐射的表面层，最低温度出现在料层的中间部分。

# *8* 焙烧石灰用机械化焦炭竖窑及低热值燃气竖窑

## 8.1 机械化焦炭竖窑

### 8.1.1 竖窑结构及规格

#### 8.1.1.1 竖窑结构

石灰竖窑是目前应用比较广泛的石灰焙烧设备，它由窑膛及围成窑膛的窑衬、窑壳、窑顶和窑下装置等组成。

A 竖窑窑膛

窑膛是由窑衬围成的用于焙烧石灰的空间，从上到下依次分为预热带、焙烧带和冷却带。

窑膛的截面形状对于物料在窑内的运动和气流在窑内的分布具有重要影响，使窑内物料均匀下沉和顺行，并使气流能均匀地沿截面分布，是确定竖窑截面形状和尺寸的前提条件。

气流在各种形状的截面内的分布状况如图 8-1 所示。

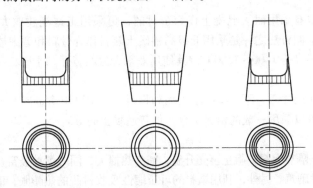

图 8-1 气流在各种形状的截面内的分布状况

按其横截面形状，窑膛可分为圆形和矩形两种，机械化焦炭竖窑一般采用圆形横截面。按其纵截面形状，窑膛可分为三种：直筒形、焙烧带收缩形和出料端收缩形。

直筒形窑膛是目前用得最普遍的一种截面形状，该形窑膛窑内直径上下相同，它的优点是结构简单稳固，有利于物料均匀下沉和顺行，不导致增强"窑壁效应"，并且砌筑方便，具有较小的窑容表面积，散热损失少，而且单位窑容的窑衬耐火材料消耗量少。

焙烧带收缩形是将窑膛从预热带到焙烧带高度 3~5m 的范围内窑的内径逐渐收缩的形状，下口一般较上口缩小 0.2~0.3m。缩小内径的出发点是周边物料在下沉过程中可向中心翻动，从而改善周边物料的焙烧条件。该形窑膛的缺点是在窑的内径过小时往往易在收缩口处发生悬料现象。

出料端收缩形窑膛在石灰竖窑上应用也很普遍，该形窑膛在出料端设置倒圆台形缩口是为了缩小出料机的尺寸，因而一般多用于较大型机械化竖窑。若窑采用底进风，设置缩口有助于削弱"窑壁效应";但缩口对周边物料的下沉又有一定的阻碍作用。所以,缩口宜平缓地过渡并与中心风帽配合使用。

　　B　竖窑窑衬

竖窑窑衬的作用是形成窑膛,维持窑温,保护窑壳及设备免受高温作用。砌筑窑衬的材料应能够耐高温和起隔热作用,具有抵抗下降物料的机械磨损和化学侵蚀的能力,还要有抵抗上升气流冲刷的能力。窑衬多以耐火砖砌筑,少数采用耐火混凝土构件砌筑或耐火混凝土整体浇注。

竖窑窑衬按其功用一般分为三层,即工作层、保护层和隔热层,各层窑衬材料应根据其工作特点和使用要求而定。

　　a　工作层

由于石灰竖窑焙烧温度不高,其窑衬工作层一般可采用 $Al_2O_3$ 含量稍高的黏土砖,但砖中氧化铁含量应少,以免炭素沉积破坏砖体结构。近些年,出于对延长窑衬整体使用寿命和提高竖窑作业率的考虑,在设计竖窑窑衬时,充分考虑各带窑衬工作层承受的温度、化学侵蚀、机械磨损、温度变化以及物料的撞击作用等工作条件的不同,对各带窑衬工作层分别选择与其工作条件特点相适应的耐火材料。

预热带窑衬工作温度较低,主要承受石灰石的撞击和磨损,一般采用致密的黏土砖砌筑。

焙烧带窑衬在高温下受到下降物料的磨损、上升气流的冲刷以及 CaO 的化学侵蚀作用,工作条件较为恶劣,损毁较快,中小型竖窑一般选用低气孔率的高铝砖和硅线石砖砌筑;大型竖窑大都采用镁铬砖、镁砖和镁铝尖晶石砖等碱性砖砌筑。

冷却带温度条件与预热带相似,一般冷却带上部采用高铝砖或优质黏土砖砌筑,下部采用普通黏土砖砌筑。

实际应用中,也有采用耐火混凝土作为窑衬的,可采用工地浇注或大型预制块砌筑的方式。耐火混凝土的配制方法之一是采用Ⅱ级高铝矾土熟料作为骨料和磨细掺和料,用矾土水泥作为胶结剂,使用温度为 1400 ~ 1500℃,其使用效果大致与普通黏土砖相同。

　　b　保护层

保护层位于工作层之后,不直接接触火焰和物料,其主要用途是当工作层过度磨损或烧穿时起保护作用。故可以采用一般的耐火材料,如普通黏土砖等。

　　c　隔热层

隔热层的作用是隔热保温,阻止窑壳升温,减少热损失,同时填补竖窑窑壳的形状和尺寸的制作误差,以利窑衬砌筑。另外,利用填料的可压缩性吸收衬砖的热膨胀,借以减轻窑壳所受的应力。竖窑要求特别良好的隔热,隔热层一般由隔热砖和隔热填料两层构成。隔热砖层一般选用轻质黏土砖,隔热填料层一般选用珍珠岩、硅藻土粉、蛭石、矿渣棉、黏土熟料、耐火纤维等。

窑衬的合理厚度理论上由技术经济比较来确定。实际应用中,确定衬砖厚度所考虑的因素只是使窑衬保持较长的使用寿命和较好的隔热条件。一般,窑衬由两层耐火砖(工作层和保护层)、一层轻质砖(隔热砖层)加上填料层构成,总厚度约为 1000mm 左右。近年来,随着耐火材料技术的进步和适应节能降耗的要求,窑衬普遍采用薄壁轻型结构,即窑衬由一层耐火砖、一层或两层轻质砖加上填料层构成,总厚度可降为 600 ~ 700mm 左右,这样的窑衬结构既保证了窑衬的使用寿命和隔热效果,又在不增加窑壳直径的情况下扩大了竖窑的容积,提高了竖窑的利用率。

　　C　竖窑窑壳

竖窑窑壳有钢窑壳、砖窑壳和钢筋混凝土窑壳三种结构形式。窑壳的作用是保证竖窑窑衬砌体牢固,保证窑体密封,支撑各种载荷,保证焙烧过程的正常进行。

a 钢窑壳

钢窑壳一般以 8 ~ 14mm 钢板焊成,下部采用较厚钢板,上部采用较薄钢板,采用连续焊缝且上下纵向焊缝相互错开,总高垂直度和不圆度都有严格的要求,一般分别小于 ±10mm 和 ±5mm。钢窑壳强度可靠,密封性好,制造容易,施工方便,应用较为广泛,多用于 80m³ 以上容积的竖窑。钢窑壳造价较高。

b 砖窑壳

砖窑壳一般应用于中小型竖窑(100m³ 以下),可以节省钢材,造价便宜。砖窑壳以石灰水泥砂浆砌筑,在窑壳与窑衬之间留有 60mm 缝隙,其中填入矿渣棉和水渣等,缓冲窑壳热膨胀对窑衬的作用。为了提高砖砌窑壳强度,防止产生裂缝,在砖砌窑壳外表面围以环形钢板箍,箍宽 100 ~ 150mm,间距约为 1m,下密上疏。

c 钢筋混凝土窑壳

钢筋混凝土窑壳用于中型竖窑,可以节省钢材,降低投资。钢筋混凝土窑壳一般厚度为 150mm,太厚时热应力大,太薄时强度不够,窑壳与窑衬间填以矿渣及水渣等隔热材料。工作过程中应随时注意由于窑衬损失减薄给窑壳带来的温升。

机械化焦炭竖窑一般采用钢窑壳。

D 竖窑窑顶和窑下装置

a 窑顶装置

机械化焦炭竖窑窑顶装置包括窑盖、烟囱、窑罩、加料装置等。

(1)窑盖,它是窑体顶部的围护支撑构件和密封设施,承受窑顶加料设备及烟囱等载荷,并密封窑内气体、承受高温作用,所以应具有一定的强度和耐热性能。窑盖有钢结构和耐热钢筋混凝土结构两种。

钢结构窑盖由 5 ~ 6mm 钢板和它们之间的型钢支撑梁组焊构成。两层钢板之间的空间与大气相通,便于空气流通冷却。钢结构窑盖制造安装方便,所以应用广泛。

耐热钢筋混凝土窑盖耐热温度应不低于 700℃,根据受力情况设置钢筋位置和间距。钢筋混凝土窑盖省钢材,但制造安装较为麻烦。

(2)烟囱,机械化焦炭竖窑在窑顶设置烟囱是为了在开工调试和设备故障、检修时使用,一般采用两根钢烟囱按窑的中心线对称地设置在窑罩的两侧。排烟方式一般为自然排烟,烟气流速为 2 ~ 4m/s。

(3)窑罩,在竖窑窑盖的下方设有窑罩。窑罩上部为圆台形,顶面或侧面连接烟囱,顶部设有加料口,用于安装加料设备;下部为圆筒形,镶嵌于窑衬内侧,下端伸入料层内 0.5 ~ 1m,保护竖窑上部窑衬在加料时免受物料冲击,其外径小于窑衬内径 10 ~ 20mm。窑罩以 10mm 左右钢板焊接而成,顶部固定于窑顶钢梁上,具有耐热和耐磨性能,它有保护窑盖、抵抗加料冲击和聚集烟气的作用。

(4)加料装置,它由加料斗及其支撑结构、加料密封装置等组成,起着缓冲作用,有些窑型还有料封作用。加料密封装置分为机械式和动力式两种。机械式加料密封装置主要是安装在加料斗进口的碰撞式加料门;动力式加料密封装置分为电动、气动和液动三种,主要有安装在加料斗出口或竖窑进料口的密封闸板、加料门等。加料密封装置能很好地阻断竖窑加料口内外的气体流通,稳定窑况,改善窑顶平台的工作条件,保护环境。

b 窑下装置

机械化焦炭竖窑窑下装置包括集风箱、风帽等。

(1)集风箱,它是由钢板焊接而成的环形通道,安装于窑下侧壁上,用于送风,使空气沿窑壁圆周方向均匀进入窑内，避免偏流。

（2）风帽，安装于窑下中央，用于中央供风，与集风箱配合使用，使空气在竖窑整个横断面上均匀分布。

### 8.1.1.2　竖窑规格及技术数据

#### A　竖窑的主要参数

##### a　窑的容积

窑膛的容积以竖窑的有效容积表示。有效容积按有效通风料柱高度求得。

竖窑产量确定后，窑的容积按下式计算：

$$V = \frac{G}{EN}k_{容} \tag{8-1}$$

式中　$V$——窑的容积，$m^3$；

　　　$G$——窑的产量，$t/d$；

　　　$E$——窑的利用系数，$t/(m^3 \cdot d)$；

　　　$N$——拟定的窑数，座；

　　　$k_{容}$——竖窑容积备用系数，宜取 $k_{容} = 1.10 \sim 1.15$。

必须指出的是，取过大的容积备用系数属有害无益，因为，生产能力超过实际需要，势必造成窑的生产间断和窑的热工制度不能稳定，其结果是产品质量下降和窑的技术经济指标低落。机械化焦炭竖窑的容积一般取 $80 \sim 250m^3$。近年来，随着冶金石灰需要量的增加，有些企业选用大于 $400m^3$ 的竖窑。

生产冶金石灰时，因必须在窑大修期间保持产品供应，竖窑的数量一般不应少于 2 座，其中 1 座为备用。

##### b　窑的高径比

高径比是窑的有效高度与内径的比值，以下式表示：

$$m = \frac{H}{D} \tag{8-2}$$

式中　$m$——高径比；

　　　$H$——有效高度，$m$；

　　　$D$——内径，$m$。

高径比值对于焦炭竖窑的截面尺寸的确定具有重大意义。当窑的容积一定时，随着高径比值的不同，可以得出不同的内径，也就得出不同的窑内空气流速，从而得到的焙烧温度也不同。石灰竖窑内燃料的燃烧方式属于层状燃烧，层状燃烧方式的竖窑焙烧带温度主要取决于窑内空气流速。试验表明，层状燃烧过程中，炭的燃烧速率与空气流速的 $0.5 \sim 0.6$ 次方成正比。故增加入窑空气量使窑内空气流速加快后，在燃料的反应能力范围内，燃料的燃烧速率提高，单位时间内燃烧的燃料量相应增加。由于发热强度增大，焙烧带温度也就相应升高。窑内空气流速与焙烧带温度和物料温度之间的对应关系如表 8-1 所示。

表 8-1　窑内空气流速、焙烧带气体温度和物料温度之间的对应关系

| 竖窑类型 | 标况下空气流速<br>（按空窑计）/$m \cdot s^{-1}$ | 焙烧带气体温度<br>/℃ | 物料温度/℃ | 热耗/$kJ \cdot kg^{-1}$ |
|---|---|---|---|---|
| 自然通风 | 0.06 | 1150 ~ 1200 | 1100 ~ 1140 | 3768 ~ 5024 |
| 小火焙烧 | 0.12 | 1230 ~ 1300 | 1180 ~ 1220 | 3768 ~ 5024 |
| 中火焙烧 | 0.18 | 1320 ~ 1400 | 1250 ~ 1300 | 4187 ~ 5024 |
| 强火焙烧 | 0.30 | 1500 | 1400 | 4187 ~ 5024 |

从表 8-1 可见，不同焙烧带温度各有其相应的空气流速。并且，流速愈大，温度愈高。因此，根据物料焙烧温度的要求，确定相适应的空气流速十分重要。

高径比值应根据与焙烧带温度相适应的窑内空气流速计算求得。当然，也可以参照生产状况及经济指标较好的竖窑来确定。

若空气流速已定，则高径比可按下式计算：

$$m = 5530V\left(\frac{v_0}{G_0 B_0}\right)^{1.5} = 5530\frac{v_0^{1.5}}{E_0 G_0^{0.5} B_0^{1.5}} \tag{8-3}$$

式中　$V$——窑的有效容积，$m^3$；

　　　$v_0$——窑内标准状况下空气流速，按空窑计，m/s；

　　　$G_0$——窑的产量，按出窑料计，kg/h；

　　　$B_0$——单位标准燃料消耗，按出窑料计，%；

　　　$E_0$——利用系数，$kg/(m^3 \cdot h)$。

由上式可知，高径比并非固定值，而是随着操作参数而定。若要求空气流速快，则高径比值应增大。若高径比值小，则窑应在较高的利用系数或热耗下操作才能达到必要的空气流速。

石灰竖窑因所需焙烧带温度较低，并且以低温焙烧石灰有利于提高石灰的活性度，故其高径比可取较小值，一般不大于 5.5。

c　窑的内径

窑的内径可根据已确定的高径比值及窑的容积按下式计算：

$$D = \sqrt[3]{\frac{V}{0.785m}} \tag{8-4}$$

石灰竖窑的内径一般在 2.4 ~ 4.0m 之间。

d　窑的有效高度

窑的有效高度是按窑内料柱的进风水平面算起的通风料柱高度。当高径比和内径已经确定，有效高度可按下式计算：

$$H = mD \tag{8-5}$$

B　竖窑规格及技术数据

几种常见的机械化焦炭竖窑规格如表 8-2 所示。

表 8-2　常见机械化焦炭竖窑规格

| 竖窑有效容积/$m^3$ | 100 | 120 | 150 | 170 | 200 | 250 | 400 |
|---|---|---|---|---|---|---|---|
| 竖窑内径/m | 2.85 | 3.0 | 3.3 | 3.4 | 3.6 | 4 | 4.8 |
| 竖窑有效高度/m | 16 | 17 | 18 | 18.7 | 19 | 20 | 24 |

常见机械化焦炭竖窑的技术数据如下：

机械化焦炭竖窑 1kg 石灰产品热耗量一般为 3894 ~ 4187kJ；

竖窑的利用系数一般为 0.7 ~ 0.75t/(d·$m^3$)，在强化操作的情况下利用系数可以达到 0.8 ~ 1.0t/(d·$m^3$)；

竖窑的年工作日一般为 330 天左右；

入窑石灰石块度一般为 40 ~ 80mm 或 30 ~ 60mm；

入窑焦炭块度一般为 25 ~ 40mm；

常用焦炭热值为：$Q_{DW}^Y \geq 28052$kJ/kg。

## 8.1.2　竖窑附属设备

竖窑的附属设备主要有上料设备、窑顶设备、出窑设备等。

#### 8.1.2.1　上料设备

上料设备是用于将石灰石和焦炭（或煤等固体燃料）送到窑顶的提升设备，多数使用单斗提升机。单斗提升机有垂直式、倾斜式、竖井式和多点式等多种。

**A　倾斜式单斗提升机**

倾斜式单斗提升机如图 8-2 所示，它的优点是：结构简单、运行可靠，因此得到广泛应

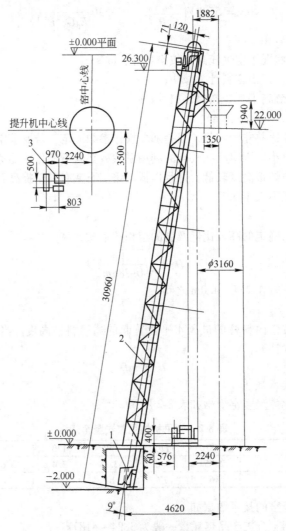

图 8-2　倾斜式单斗提升机
1—斗车；2—机架；3—卷扬机

用。其主要缺点是：料车卸料时易造成物料在窑顶受料斗内的分布呈现粒度偏析，从而导致窑内布料偏析，这是造成提升机对称一侧窑内上火偏快的主要原因。窑顶受料斗内物料粒度偏析状况如图 8-3 所示。

实践表明，受料斗内物料粒度偏析程度与料车的卸料位置有关，$\theta$ 和 $S_1$ 小，$S_2$ 大，偏析愈严重。

采用倾斜式单斗提升机应注意如下事项：

（1）采取改善卸料偏析的有效措施，通过溜槽直段向受料斗卸料，如图 8-4 所示，但提升机高度需有所增大，并且采用旋转布料装置。

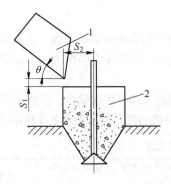

图 8-3 窑顶受料斗内物料块度偏析状况
1—料车；2—受料斗

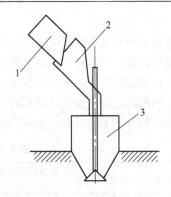

图 8-4 料车通过流槽向受料斗卸料
1—料车；2—溜槽；3—受料斗

（2）合理确定料车有效容积，对于分层布料的竖窑，料车的有效装料容积应根据窑内料层厚度的需要确定，可按下式计算：

$$V = 0.785D^2\delta = (G_0 X_3)/\gamma \qquad (8-5)$$

式中　$V$——料车的有效装料容积，$m^3$；

　　　$D$——窑的内径，m；

　　　$\delta$——料层厚度，m，对于白云石和镁石，一般取 $\delta = 0.11 \sim 0.13m$；对于石灰石和黏土等，一般取 $\delta = 0.12 \sim 0.15m$；

　　　$G_0$——按出窑料计算的窑产量，t/h；

　　　$X_3$——原料消耗系数，即每 1t 出窑料消耗的原料（计入燃料灰增重），t/t；

　　　$\gamma$——原料的容重，$t/m^{-3}$，按表 8-3 采用。

表 8-3 原料的容重

| 原　料 | 石灰石 | | 白云石 | 菱镁石球料 |
|---|---|---|---|---|
| 块度/mm | 30 ~ 70 | 70 ~ 150 | 30 ~ 70 | 102 × 74 × 62 |
| 容重/t·m$^{-3}$ | 1.5 | 1.55 | 1.65 | 1.61 |

倾斜式单斗提升机的技术性能如表 8-4 所示。

表 8-4 倾斜式单斗提升机技术性能

| 项　目 | 规　格　名　称 | | | | | | |
|---|---|---|---|---|---|---|---|
| | 0.5m$^3$ | 0.6m$^3$ | 0.75m$^3$ | 0.75m$^3$ | 0.8m$^3$ | 1.0m$^3$ | 1.0m$^3$ |
| 料车容积/m$^3$ | 0.5 | 0.6 | 0.75 | 0.75 | 0.8 | 1.0 | 1.0 |
| 料车行走速度/m·s$^{-1}$ | 0.467 | 0.83/0.7 | 0.565 | 0.48 | 0.479 | 0.565 | 0.77/0.65 |
| 电动机功率/kW | 7 | 10.5 | 10.5 | 10.5 | 14 | 10.5 | 19 |
| 质量/kg | 6340 | 8265 | 12099 | 8003 | 15504 | 15290 | 10260 |
| 配用竖窑类型 | 石灰竖窑 | 白云石竖窑 | 白云石竖窑 | 白云石竖窑 | 重油镁砂窑 | 石灰竖窑 | 石灰竖窑 |
| 容积/m$^3$ | 50 | 40 | 40 | 20 | 50 | 150 | 250 |

**B　多点上料机**

多点上料机是供大容积矩形竖窑上料之用。料车沿垂直式机架升降，并可水平走行。因此，可在矩形竖窑的长度方向上多点卸料，以使原料在窑内均匀分布。多点上料机技术性能如表 8-5 所示。

表 8-5 多点上料机技术性能

| 料车容积/m$^3$ | 布料点数/点 | 料车行走速度/m·s$^{-1}$ | 电动机功率/kW | 重量/kg |
|---|---|---|---|---|
| 0.7 | 4 | 0.51 | 14.5 | 14480 |

C　竖井式上料机

竖井式上料机是由底开门料斗、横行小车、升降料钟和垂直机架等所组成。提升底开门料斗到窑顶后，横行小车将料斗沿水平方向机架带到窑顶中央，在料斗下降的同时，由机械装置打开卸料门并使布料钟下降将原料布入窑内。

此上料机的主要优点是原料从料斗内垂直地卸落，能避免卸料块度偏析；但设备质量超过倾斜式单斗提升机 1 倍以上。65m³ 石灰竖窑用的竖井上料机的技术性能如表 8-6 所示。

**表 8-6　竖井式上料机技术性能**

| 料斗容积/m³ | 提升高度/m | 料斗行走速度/m·s⁻¹ | 料钟行程/m | 料钟升降速度/m·s⁻¹ | 电动机功率/kW | 重量/kg |
|---|---|---|---|---|---|---|
| 0.5 | 34 | 0.421 | 0.5 | 0.14 | 10.5 | 15330 |

#### 8.1.2.2　窑顶设备

窑顶设备主要指布料装置，是竖窑生产的关键设备。由于物料在窑内的分布状况能影响窑内气流的分布，从而影响窑的生产状况。因此，对布料装置的基本要求是消除"窑壁效应"，均衡窑内通风阻力，使整个截面"上火"速度趋于一致。这就要求布料装置能够实现大块料布在中心，中小块料布边缘，焦炭多布于"两列"和周边，中心少加焦的布料方式。若原料块度不均，这种布料方式尤其必要。

A　回转式分级布料器

回转式分级布料器如图 8-5 所示，是一可以旋转的溜槽，溜槽上设有筛网，布料时筛上大块料（>50mm）落于窑的中心部位，筛下料（50~20mm）则分布于窑的"两列"及边缘部位。布料时溜槽旋转，将原料均匀撒布于窑的整个截面上。

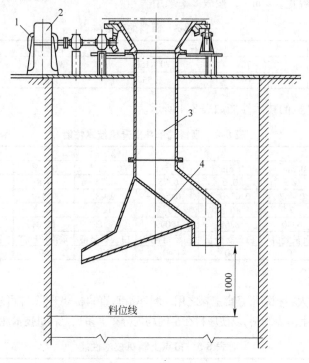

图 8-5　回转式分级布料器

1—电动机；2—减速器；3—旋转溜槽；4—筛网

采用这种布料器能改变竖窑的"偏火"和窑壁效应等现象，周边与中心的上火速度均匀。某镁砂竖窑采用回转式分级布料器后，窑的技术经济指标的改善情况如表8-7所示。

表 8-7 回转式分级布料器与固定式布料器的比较

| 布料器形式 | 产量/t·d$^{-1}$ | 欠烧率/% | 焦比/% | 废气温度/℃ |
|---|---|---|---|---|
| 固定式 | 49.5 | 12.6 | 20~22 | 明火出窑 |
| 回转分级式 | 57.4 | 10.5 | 18~20 | ≤250 |
| 效果比较 | +16% | -20% | -10% | 显著下降 |

回转式分级布料器的技术性能如下：

溜槽转速　　　1r/(10~15)s；

筛孔尺寸　　　50mm；

电动机功率　　3kW。

B 升降式布料钟

近年来普遍采用升降式布料钟（图8-6）作为焦炭石灰和白云石竖窑的布料装置。升降式

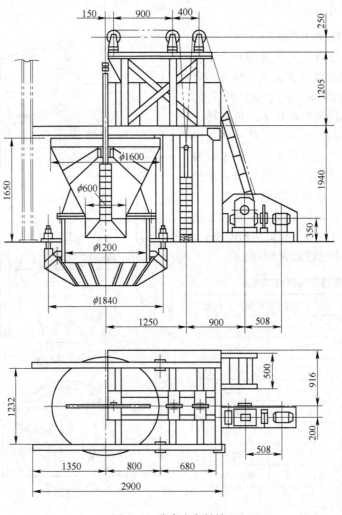

图 8-6 升降式布料钟

布料钟系由受料斗、布料钟及伞形调节器所组成。布料钟的升降机构有电动和气动两种，料钟行程一般是可调的（靠调节主令控制器转角或汽缸活塞行程调节），布料状态可借伞形调节器活动板的张度变化作一定程度的调节。

石灰和白云石竖窑用升降式布料钟的技术性能如表8-8所示。

**表 8-8　石灰和白云石竖窑用升降式布料钟的技术性能**

| 项　目 | 1 | 2 | 3 | 4 |
|---|---|---|---|---|
| 料钟直径/m | 0.64 | 0.6 | 0.58 | 0.78 |
| 下料口直径/m | 0.6 | 0.68 | 0.52 | 0.7 |
| 料钟行程 1/m | 1.0 | 1200（最大） | 1.05 | 1200（最大） |
| 料钟行程 2/m | 0.6 | 0～1100（可调） | 0.45 | 0～1100（可调） |
| 料钟升降速度/m·s$^{-1}$ | 0.34 | — | — | — |
| 传动方式 | 电动 | 气动 | 气动 | 气动 |
| 压缩空气压力/MPa | — | 0.4～0.6 | 0.4～0.6 | 0.4～0.6 |
| 电动机功率[1]/kW | 2.2 | — | — | — |
| 质量/kg | 3910 | 6100 | 2930 | 6116 |
| 配合竖窑规格/m$^3$ | 40 | 30 | 20 | 60 |

[1]电动机为 Y 系列。

C　双层布料钟（图8-7）

双层布料钟是由上下重叠的两个受料斗和两个升降式布料钟所组成。料钟的升降为气动操作，卸料时首先上部料钟下降，将原料卸入下部封闭料斗内，之后料钟上升关闭；而后下部料钟下降，将受料斗内原料布入窑内，然后复位关闭。由于布料时仍保持一道料钟密封和经常保持两道封闭，因此适用于窑顶负压较高的重油竖窑或煤气竖窑。对设备的主要要求是应有良好的气密性，故料钟与下料口应严密吻合。双层布料钟的技术性能如表8-9所示。

**表 8-9　双层布料钟技术性能**

| 项　目 | 1m$^3$ 布料钟 | 0.5m$^3$ 布料钟 |
|---|---|---|
| 料斗容量/m$^3$ | 1.0 | 0.5 |
| 最大装料量/kg | 1500 | 800 |
| 料钟最大行程/m | 0.5 | 0.4 |
| 小钟（上）直径/m | 0.88 | 0.65 |
| 大钟（下）直径/m | 1.0 | 0.8 |
| 传动方式 | 气动 | 气动 |
| 气缸直径/mm | 250 | 250 |
| 压缩空气压力/MPa | 0.3～0.5 | 0.3～0.5 |
| 配合竖窑规格/m$^3$ | 50 | 20～30 |
| 质量/kg | 10600 | 7250 |

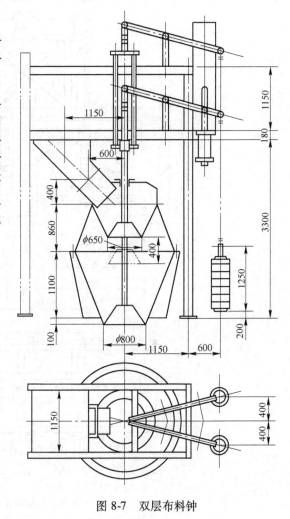

图 8-7　双层布料钟

D 旋转式蜗壳布料器

旋转式蜗壳布料器（图8-8）的工作部分由受料斗、升降料钟及蜗壳形撒石器组成。布料器采用两套电动机械，一套用于带动受料斗（连同料钟）和撒石器旋转，另一套则操纵料钟的升降。受料斗连同蜗壳撒石器在一个工作循环内能做四次不同角度的旋转，经三个循环后，撒石器蜗壳以12种相对于旋转轴的不同位置进行布料。这样即可完全消除窑顶受料斗内的料面倾斜和块度偏析的影响，因此使原料和燃料在窑内均匀分布。

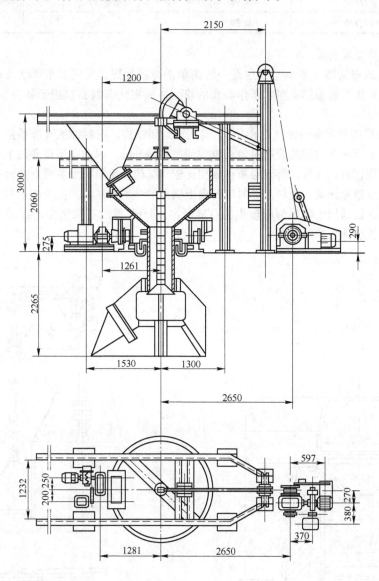

图 8-8 旋转式蜗壳布料器

旋转式蜗壳布料器目前主要用于大、中型石灰竖窑，使用效果良好，并且经久耐用。其托轮轨道使用期限一般达6～10年，托轮约3年，料钟和撒石器约10年，可配合竖窑大修以更换。

旋转式蜗壳布料器技术性能如表8-10所示。

**表 8-10　旋涡式蜗壳布料器技术性能**

| 项　目 | 数　据 | 项　目 | 数　据 |
|---|---|---|---|
| 料斗和撒石器一个循环的转角/(°) | 90、180、270、360 | 料钟行程/m | 0.4 |
| 料斗和撒石器的转速/r·min⁻¹ | 2.55 | 料钟升降速度/m·s⁻¹ | 0.4 |
| 料斗和撒石器传动电动机功率/kW | 2.2 | 料钟电动机功率/kW | 3.0 |
| 料钟直径/m | 0.98 | 质量/kg | 10303 |
| 料斗下料口直径/m | 0.89 | | |

E　其他类型布料器

（1）固定式布料器（图 8-9），这是一种简单的分料装置，无调节布料状态的功能，其尺寸往往需在竖窑生产时根据布料状态作必要的修正。固定式布料器仅用于装备水平要求不高、自然排烟的竖窑。

（2）带扇形阀双层布料钟（图 8-10），属两层封闭结构。布料钟的升降系由上料提升机的料车带动一个走行小车碰撞装置通过传动机构使布料钟升降，因此，不设专门的驱动装置。这是本设备的主要优点，此外，与双层布料器相比较，结构较简单，设备质量减轻一半以上。

布料钟依靠重锤压紧，受料斗进料口的扇形阀则借平衡锤压紧。由于构造较为简单，故气密性较差，因此仅适用于窑顶负压较小的石灰竖窑。65m³ 重油石灰竖窑的此种布料器及其配套提升机技术性能如表 8-11 所示。

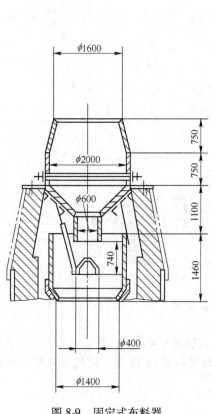

图 8-9　固定式布料器

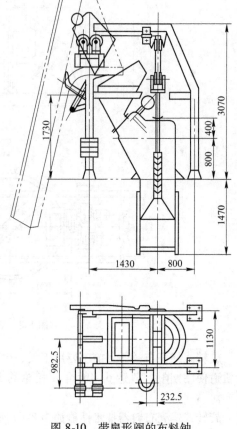

图 8-10　带扇形阀的布料钟

表 8-11　带扇形阀的布料钟及其配套提升机技术性能

| 项　目 | 数　据 | 项　目 | 数　据 |
|---|---|---|---|
| 料钟直径/m | 0.7 | 料车容积/m$^3$ | 0.5 |
| 料钟行程/m | 0.4 | 料车行走速度/m·s$^{-1}$ | 0.416 |
| 扇形阀尺寸/m | 0.64×0.44 | 电动机功率/kW | 7 |
| 行走小车行程/mm | 1600 | 提升机质量/kg | 1899 |
| 布料装置质量/kg | 3304 | | |

（3）多击式弯管布料器与三级料钟布料器，均是石灰竖窑用布料器。多击式弯管布料器布料面积呈浅盆形，并能将部分大块物料布到窑的中心部位，有利于中心通风；但弯管因受矿石撞击和废气的作用，其使用期限一般仅在 3 个月左右。石灰竖窑采用混末煤为燃料时，这两种布料器均可适用。

（4）弯管式布料器（图 8-11），是一种简单可行的布料装置。物料装入受料后，提起料钟物料经弯管落入窑内。弯管式布料器可以边向窑内加料边旋转，每次转 120°；亦可以加料前旋转 60°，然后定点加料，可以得到微凹形料面，部分大块滚向窑中心。这种布料密封性不好，受磨严重，弯管采用耐磨材质可以提高寿命。

（5）带可调反射板式布料器（图 8-12），是在单钟布料器下设置 12~14 块可调反射板，根据窑内物料分布情况调节其倾角。该种布料装置的窑内料面比较平整，有将大块物料弹向中心的作用，物料对窑衬冲击小，但本装置密封性不好。带可调反射板式布料器应用于中小（150m$^3$ 以下）竖窑。

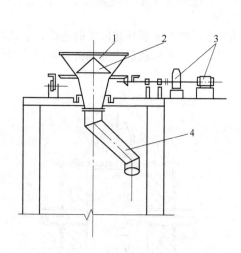

图 8-11　弯管式布料器

1—受料斗；2—料钟；3—传动机构；4—弯管

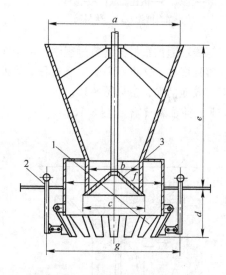

图 8-12　带可调反射板的布料器

1—反射板；2—调节杆；3—电动料钟

（6）固定式螺旋线形圆锥布料器，该布料器由受料斗、中间料斗、导向杯筒及撒料圆锥等组成如图 8-13 所示。撒料圆锥为一有缺口的圆锥，水平投影呈螺旋线形的一部分，每加一次料回转 45°，装料时具有一定下落速度的料块落到锥体上，部分料块撞到锥体上之后抛向窑的四周，部分料块下滑，由于圆锥母线长度不同，料块落到距中心不等的距离上，有些料块经扇形缺口落入窑中心。

（7）升降式螺线形圆锥布料器（图8-14），该结构中，圆锥被切割成两部分。上面部分可以做垂直移动，作为溜料装置的闸门，下面部分对于料斗是固定不动的，和料斗一起回转。

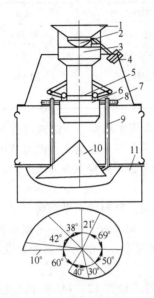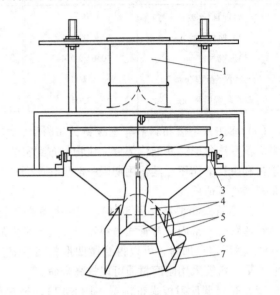

图 8-13　固定式螺线形圆锥布料器
1—受料斗；2—球形底；3—中间料斗；
4—配重；5—双扇底；6—导向环筒；
7—支架；8—滚柱支座；9—吊杆；
10—撒料圆锥；11—落料筒

图 8-14　升降式螺线形圆锥布料器
1—带可开启底的圆柱形料斗；2—回转料斗；
3—滑轮；4—可升降的圆锥（截锥）；
5—截锥支架；6—水平投影呈
螺线形的截锥；7—挡板

螺线形圆锥布料器装料过程中，由于大块物料质量大、惯性大容易抛向窑的边缘，小块物料多落到窑心，这将不利于煅烧过程。另外，料车式供料形式所形成的块度偏析及料面的倾斜没有有效地消除，参见图8-15。

F　料位调节器（图8-16）

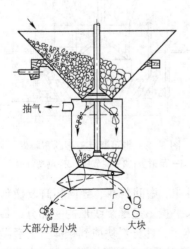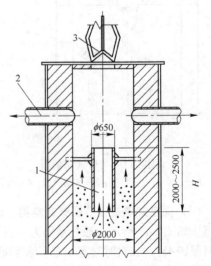

图 8-15　螺线形圆锥布料器布料情况

图 8-16　中心筒式料位调节器
1—中心筒；2—排烟管；3—布料钟

料位调节器用于窑内中心部位与周边部位的料位高度差，使中心与周边的上火速度趋于一致的有效设备。

调节器由一中空圆筒及支持横梁所组成，安装于窑内的预热带上端，支撑横梁埋设于砌砖内使之固定。

中心筒式料位调节器与升降式布料钟配合使用。料钟下降布料时由于钟体掩盖于中心筒上，因此，物料仅能布入中心筒范围以外的环形部位，从而造成中心部位与环形部位的料位高差；其另一功用是，当料面下沉时，环形部位的大块度物料趋向中心筒下部空间填充。这就使得中心部位的物料拥有较大的块度组成。

在重油镁砂竖窑上使用的效果表明，中心部位的通风阻力得以显著减小，上火滞后现象完全消除，亦即可以克服"窑壁效应"。

中心筒应采用耐热金属制作，并可采用套筒式结构，辅以风冷或水冷措施，使之适应较高的温度。

G 新型溜槽式旋转布料器

新型溜槽式旋转布料器（图8-17）是近年来由中冶焦耐开发研制的一种新型布料设备。它可使物料在竖窑内沿料面的不同半径的圆周上均匀分布，同一环带无凸凹现象，不同环带的料面差较小（一般可控制在小于300mm左右）。在布料过程中，经变频调速和挡料板适当调节，可使大块物料布在窑中心，小块物料均布窑周边以有效地减轻"窑壁效应"。该布料器经多年使用，较适用于各种类型石灰竖窑，实践证明使用效果良好。

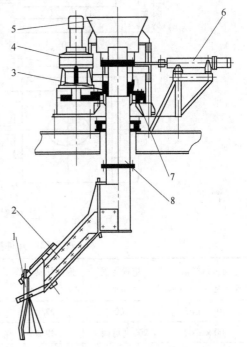

图8-17 新型旋转布料器
1—挡料板组装；2—衬板组装；3—密封圈；
4—主传动装配；5—固定进料斗；6—电动液压
推杆；7—回转支撑轴承；8—旋转筒组装

### 8.1.2.3 出窑设备

出窑设备为竖窑机械化操作的关键设备，可分为出料机和卸料密封装置两个部分。

A 出料机

出料机要保证竖窑横截面均匀出料，具有一定的生产能力和调节范围，以调节竖窑焙烧状况及产量，出料机还应具有对黏结物料破碎的能力。

a 拖板出料机（图8-18）

拖板出料机本体系有四个转轮的平板小车，安装于导轨之上。小车在轨道上往复运动以推动窑内物料落入窑下受料斗内。平板小车上方装设三角横梁借以减轻小车上的料压并起分料作用。

拖板出料机结构简单，运转可靠，设备较轻，但其出料均匀性较差，对黏结物料也无破碎能力，故只适用于卸出松散状物料。拖板出料机适用于在中、小型石灰竖窑及外火箱黏土竖窑上使用。几种拖板出料机技术性能如表8-12所示。

近年来，中冶焦耐设计的用在矩形石灰竖窑上的液压托板出料机，经生产实践证明使用效果良好。它由托板本体、四个带有单齿传动的托辊、驱动油缸和液压站等件组成，该机工作平稳，速度调整方便，运行可靠。其技术性能如表8-12所示。

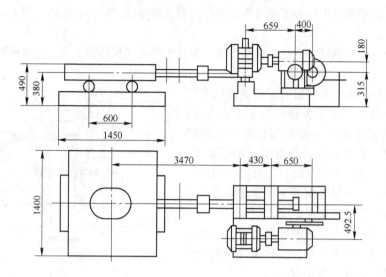

图 8-18　拖板出料机

**表 8-12　几种拖板出料机技术性能**

| 拖板机规格<br>（长×宽)/mm×mm | 拖板行程<br>/mm | 拖板往复次数<br>/次·min$^{-1}$ | 电动机功率<br>/kW | 重量/kg | 配用竖窑 | |
| --- | --- | --- | --- | --- | --- | --- |
| | | | | | 类　型 | 容积/m$^3$ |
| 1200×1400 | 100 | 27.8 | 4.5 | 1560 | 石灰竖窑 | 50 |
| 700×1200 | 200（可调) | 49.3 | 2.64 | 1328 | 石灰竖窑 | 150 |
| 1200×2500 | 60 | 18.8 | 4.5 | 1610 | 矩形黏土竖窑 | 100 |
| 1800×2650 | 150（可调) | 1~5 | 液压传动 | 2000 | 矩形石灰竖窑 | 150 |

b　回转式齿盘出料机

齿盘出料机主要用于白云石竖窑和镁砂竖窑的出料，在高铝竖窑上亦有使用。

齿盘出料机的工作部分是一旋转圆盘，盘上装有可拆换的铸钢衬板，衬板上有菱形齿并开有大小不等的下料孔。齿盘以各种方式支撑于底座上或固定于传送立轴上。齿盘转动时由于菱形齿的破碎作用，黏结的料坨被破碎，物料通过下料孔卸落于窑下受料斗内。但当物料过度黏结而形成巨大料坨时，齿盘的破碎能力有限，亦即出料能力会有明显下降。此外，开炉阶段物料尚呈散状时，料块有不受控制地从下料孔流出的现象。

齿盘出料机按齿盘的驱动方式有液压式、伞齿轮式、立轴式、棘轮式等多种。

（1）液压式齿盘出料机（图8-19），齿盘支撑于钢球滚道，滚道槽起密封作用。采用油压缸的活塞推杆直接推动齿盘边缘的锯齿状凸部或圆柱销使齿盘做回转运动。采用单缸推杆时，若物料黏结重并形成大坨，则在推杆回程时，因物料弹性反力的作用，齿盘会发生一定的传递，从而影响了对物料的破碎和出料能力。这种状况下需采用双缸推杆交替连续推动齿盘。

液压式齿盘出料机的优点是传动机构简单、运转平稳、设备轻、占用面积小。但其液压系统需加强维护。液压式齿盘出料机的技术性能如表8-13所示。

（2）伞齿轮驱动齿盘出料机，盘面结构与液压式相同，盘缘固定有大伞齿轮，有电动机、减速机，通过小伞齿轮驱动齿盘旋转。齿盘的支撑方式有两种：钢球滚道支撑，同上述液压式和托辊支撑，齿盘底的滑轨支撑于沿圆周均匀分布的几个辊子上。这种支撑方式存在的主要缺

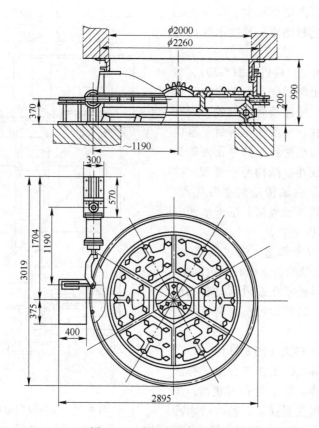

图 8-19 液压式齿盘出料机

点是，支撑部分不能密闭，因此，必须设置"大密封"罩，将出料机整个密闭，这样对出料机的维护、检修等均带来一定困难。

表 8-13 回转式齿盘出料机技术性能

| 项 目 | | 出料机规格表 | | | |
|---|---|---|---|---|---|
| | | $\phi2.0m$ | $\phi2.3m$ | $\phi1.65m$ | $\phi2.45m$ |
| 齿盘驱动方式 | | 油压推杆 | 伞齿轮 | 伞齿轮 | 蜗轮，立轴 |
| 齿盘有效直径/m | | 2.0 | 2.3 | 1.65 | 2.45 |
| 齿盘转数/r·h$^{-1}$ | | 3~6.6 | 0.4~4 | 1~11 | 1~6（可正反转） |
| 最大下料孔尺寸/mm | | ~200×350 | ~250×260 | ~185×320 | |
| 齿高/mm | | 80 | 80 | 80 | |
| 电动机功率/kW | | 11① | 5.5 | 5.5 | 17 |
| 质量/kg | | 10330 | 14968 | 17050 | 24968 |
| 配合竖窑 | 规格/m³ | 40 | 60 | 20 | 50 |
| | 类型 | 白云石窑 | 白云石窑 | 白云石窑 | 重油镁砂窑 |

①与油压三道闸门共用。

设备的传动机构占用面积大，齿盘上的大直径伞齿轮加工比较困难。其技术性能如表 8-13 所示。

（3）立轴传动齿盘出料机（图 8-20），齿盘盘面结构与上述出料机同，齿盘固定于传动轴上，由电动机、减速器通过蜗轮、蜗杆使立轴带动齿盘旋转。齿盘整体密封于窑内受料斗内，转动立轴在受料斗的穿孔处需另加密封，由于密封面小，结构易于处理，故密封性能良好，这是立轴传动的主要优点。因此，特别适用于高风压竖窑，用于水泥立窑工作风压可达 30kPa 左右。

其主要缺点是设备笨重，要求高度大，占用面积大，传动立轴的制造也有一定困难，所以，立轴传动出料机宜在鼓风压力较高的大型竖窑上应用。立轴传动齿盘出料机的技术性能参见表 8-13。

c　摆动式齿辊出料机（图 8-21）

摆动式齿辊出料机的工作部分由一排或两排重叠的辊子组成。辊上带有楞状齿，齿辊由液压推杆带动做往复摆动，辊内通水冷却使之能适应高温黏结料坨的破碎。设计用于煅烧 I、II 级高铝矾土和镁砂的矩形竖窑。

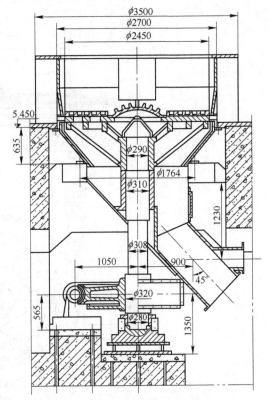

图 8-20　立轴传动齿盘出料机

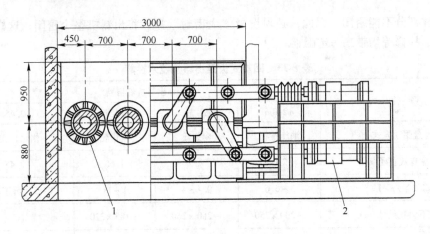

图 8-21　摆动式齿辊出料机

1—齿辊；2—液压缸

d　圆盘出灰机（图 8-22）

圆盘出灰机的工作部分是一带有风帽的圆盘，盘上一侧装有卸料刮板，随着圆盘转动，盘上物料沿卸料刮板卸出。

圆盘出灰机只适用于石灰竖窑的出料，其结构比较简单，设备较轻，但因是从圆盘一侧卸料，故下料的均匀性可能欠佳。此类出灰机尚能满足直径为 3m 左右的石灰竖窑的生产需要。

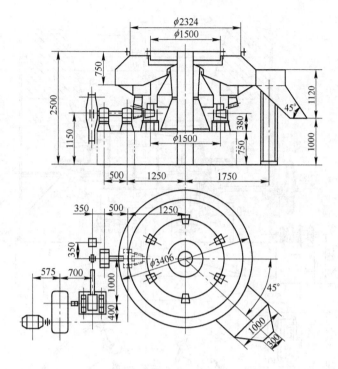

图 8-22  圆盘出灰机

各种圆盘出灰机大同小异。65m³ 重油石灰竖窑用圆盘出灰机的技术性能如表 8-14 所示。

**表 8-14  圆盘出灰机技术性能**

| 项 目 | 数 据 | 项 目 | 数 据 |
|---|---|---|---|
| 托灰盘直径/m | 3.2 | 传动方式 | 棘轮-伞齿轮 |
| 窑的下灰口直径/m | 1.3 | 电动机功率/kW | 4.5 |
| 圆盘转速/r·min⁻¹ | 0.2/0.133 | 质量/kg | 8019 |

e  螺锥出灰机（图 8-23）

螺锥出灰机的工作部分是一带有风帽的塔形螺旋锥体式托灰盘，盘支撑于托轮上。托灰盘的一侧装有卸料刮板，由电动机、减速器通过伞齿轮驱动托灰盘旋转。托灰盘分单层及双层两种，后者出料更为均匀。

螺锥出灰机具有竖窑整个截面均匀卸料的优点，对偶尔发生的石灰结坨也有一定的挤压破碎能力。因此，一般在内径为 4m 的大型石灰竖窑应用。对于要求装备水平较高的直径为 3m 的石灰竖窑也有应用。

螺锥出灰机的缺点是构造复杂，设备质量大。但使用寿命长，铸钢螺锥可达 6~7 年，托轮 3 年，托轮轨道 6~10 年，通常配合大修更换。250m³ 石灰竖窑用螺锥出灰机的技术性能如表 8-15 所示。

**表 8-15  螺锥出灰机技术性能**

| 项 目 | 数 据 | 项 目 | 数 据 |
|---|---|---|---|
| 托灰盘直径，上层/m | 3.27 | 出灰能力/t·h⁻¹ | 18~20 |
| 下层/m | 4.45 | 电动机功率/kW | 5.5 |
| 托灰盘转速/r·min⁻¹ | 0.17 | 重量/kg | 21019 |

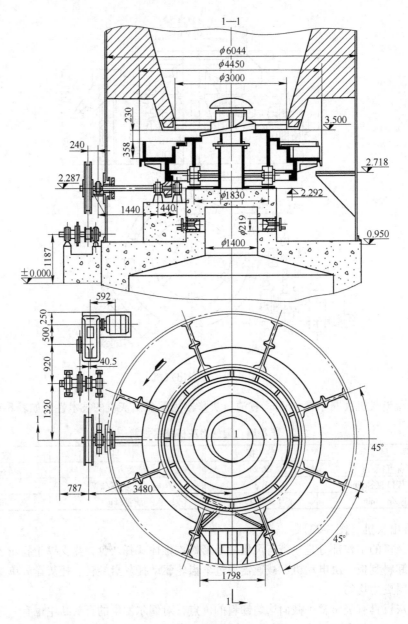

图 8-23  螺锥出灰机

B  卸料密封装置

卸料密封装置设于竖窑出料机下受料斗的卸料口，其功能是防止窑内空气的外泄。卸料密封装置有两种基本类型，一类仅能用在停风出料的竖窑，此类装置有单层阀和双层阀装置；另一类可在不停鼓风的条件下自受料斗卸出物料，此类装置有三道阀门、星形出灰机、料封管等。

必须指出，因密封装置还存在不同程度的漏风，高风压的竖窑现有的某些卸料密封方式尚需加以改进。中冶焦耐设计的矩形石灰竖窑上使用了带中间料封的两个卸料闸板，较好地解决了下料和密封的问题。

a  单层阀密封装置（图 8-24）

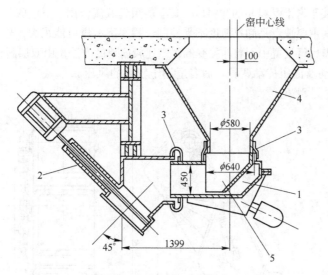

图 8-24　单层阀密封装置

1—电磁振动给料机；2—气动插板；3—密封胶圈；4—受料斗；5—挡料减压阀

单层阀密封装置由单层密封阀与电振给料机组成。电振给料机起截流、卸料作用，密封阀则对电振给料机的下料溜槽起密封作用。

本装置的优点是设计轻巧、结构简单，且电振给料机的卸料量可以调节，使与物料运输设备的能力协调。电振给料机前后连接处的密封结构需妥善处理，使之不漏风又不阻碍电振给料机的运动。

白云石竖窑用单层阀密封装置的技术性能如表 8-16 所示。

表 8-16　单层阀密封装置技术性能

| 型　号 | 电磁振动给料机 | | | 气动密封阀板 | | | |
|---|---|---|---|---|---|---|---|
| | 规格/mm | 功率/kW | 重量/kg | 规格/mm | 行程/mm | 工作气压/MPa | 质量/kg |
| DZ$_5$ | 700×1200 | 0.65 | 631 | 600×600 | 500 | 0.4~0.6 | 294 |

b　双层密封阀（图 8-25）

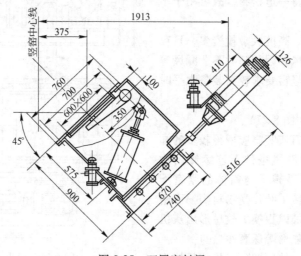

图 8-25　双层密封阀

双层密封阀安装于窑下受料斗的卸料口，其上层阀起截流作用，下层阀起密封作用。双层阀只适于停风出料，其主要缺点是卸料速度不受控制，瞬间下料量可能很大，故一般不宜将其与带式输送机配合，而需另行设置中间料斗接受卸料。比较简单的方法是由双层阀直接卸入小车内。

阀的开闭有气动及液压传动两种，后者适用于较高的风压。

c　三道阀门（图8-26）

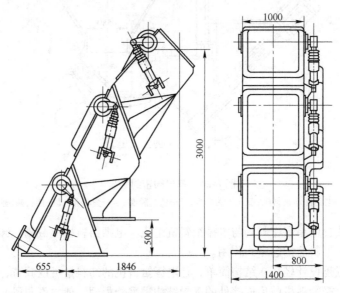

图 8-26　液压传动三道阀门

三道阀门由一道截流阀和两道密封阀组成，有机械传动、气动和液压传动三种方式。机械三道阀门的闭合是借重锤压紧，只能适应较低的鼓风压力；液压三道阀门则是油压活塞推动使其闭合，油压可达5MPa乃至更高，阀门的开闭平稳有力，能适应较高的风压。

三道阀门的阀是交错循环启闭，其第二与第三两道阀中始终保持一道密封，故可用于不停风连续出料。

三道阀门质量大、高度大、投资多，且存在阀门磨损后仍然漏风和因阀门关不严漏风等问题，所以仅当大型竖窑要求较高装备水平时方才采用。

d　星形出灰机（图8-27）

星形出灰机是在石灰竖窑应用得较多的卸料密封装置，能在不停风条件下连续卸出物料。起密封作用是依靠转子与筒体的紧密配合，但在长期运转中转子叶片受物料磨损而密封性能变差，需及时加以更换。故星形出灰机不适用于镁砂和高铝熟料等琢磨性强的物料。

星形出灰机转子的使用期限（指能保持必

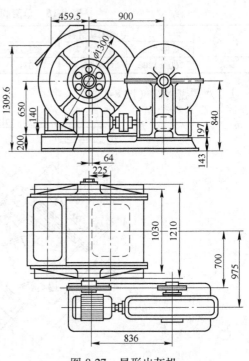

图 8-27　星形出灰机

要的气密性）与其单位容积通过的料量有关。因此，大型窑采用直径较大的转子可延长其使用期限，此外并能减少卡料的机会。转子材质也直接影响其寿命，一般条件下铸铁转子的寿命为5~6个月，铸钢转子则可达一年左右。转子更换需要的时间为2~4h。星形出灰机构造比较简单、占用面积小、需要的安装高度不大、质量较轻等。其技术性能如表8-17所示。

**表 8-17 星形出灰机技术性能**

| 项 目 | 规格/mm | | 项 目 | 规格/mm | |
|---|---|---|---|---|---|
| | $\phi 1100 \times 650$ | $\phi 760 \times 550$ | | $\phi 1100 \times 650$ | $\phi 760 \times 550$ |
| 转子直径/mm | 1080 | 750 | 电动机功率/kW | 5.5 | 4.5 |
| 转子长度/mm | 650 | 550 | 重量/kg | 3641 | 2746 |
| 转子转速/r·min$^{-1}$ | 6.6 | 10 | | | |

e 料封管（图8-28）

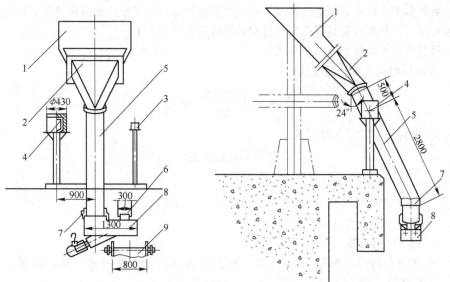

图 8-28 料封卸料装置（用 γ 射线控制）
1—立窑溜子；2—方变圆连接溜子；3—探测器；4—γ 射线料位计；5—料封管；
6—收尘管；7—防尘布；8—电磁振动给料机；9—板式输送机

料封管是一简单的下料溜管，直接与窑下受料斗卸料口相连接，溜管出口端一般装设有电磁振动给料机卸料。

在镁砂竖窑的使用实践表明，料封管具有良好的密封性能，能够满足竖窑不停风连续出料的要求，可用以取代三道闸门。

料封管是利用下料溜管中充填的物料层对气体运动起阻力作用达到密封，其密闭效果与料封管长度成正比，与管径的平方成反比。因此，管径越小、长度越大，漏风量就越少。水泥立窑料封管直径一般等于或小于400mm，长度则等于或大于2.5m。

料封管的漏风率，据在水泥立窑测定，当鼓风压力为15kPa 时，约为5%~10%；当风压升高至35kPa 时，电磁振动给料机设有抽风罩的情况下，料封管出口也不冒灰。

由于料封管内物料层对气体运动的阻力作用是相对于窑内物料层的阻力而定的,因此,料封管可以应用于任何竖窑而并不要求管内物料有特定的块度组成。影响漏风率的决定因素是料封管直径(或截面积)与窑的直径(或截面积)的比值和料封管内料柱高度与窑内料柱高度的比值。

欲使料封管顺利下料和保持气密性,应当准确控制料封管内料柱的高度。因此,料封管应装设料位测量控制装置,还应装设清除棚料的振打器。料封管较其他密封装置具有设备轻巧、构造简单、维护方便、气密性好,可不停风出料等优点。

### 8.1.2.4　风机系统

风机系统包括鼓风机、排烟机及各自的管道系统。

#### A　鼓风量的确定

鼓风量一般按窑内燃料燃烧所需空气量来确定。

燃料层状燃烧方式的特点是,当空气由燃料层下方鼓入时,单位时间内所能燃烧的燃料随鼓入的空气量而自动增减。若不在燃料层上另外引入空气,则燃烧产物的空气过剩系数,将大致保持一定的数值。故不宜假定任意一个空气过剩系数来确定竖窑内燃料燃烧所需的空气量。

一般情况下,焦炭石灰竖窑的空气过剩系数可近似取为 1.1。

鼓风量的确定可采用下述两种方法。

(1)按燃料燃烧计算鼓风量法:

$$V = G_0 B_0 \frac{29308}{Q_{DW}^Y} L_0 \alpha l k_{时}^{-1} \qquad (8\text{-}6)$$

当 $\alpha = 1.1$ 时,上式可化简如下:

$$V = 8400 G_0 B_0 l k_{时}^{-1} \qquad (8\text{-}7)$$

式中　$V$——竖窑的标况下鼓风量,$m^3/h$;

　　　$L_0$——燃料燃烧所需标准情况下理论空气量,$m^3/kg$;

　　　$\alpha$——燃料燃烧空气过剩系数,取 1.1;

　　　$k_{时}$——鼓风时间系数;

　　　$l$——管道和阀门等的漏风系数,%。根据鼓风压力和系统的密封条件而定,参见表 8-18。

表 8-18　漏风系数

| 系统密封条件 | 漏风系数/% | |
| --- | --- | --- |
| | 风压 >9.8kPa | 风压 <9.8kPa |
| 良好的密封:高压阀门、双层密封、密封结构可靠 | 1.1~1.15 | 1.05~1.1 |
| 欠佳的密封:一般阀门、单层密封、密封结构可靠性差 | 1.15~1.2 | 1.1~1.15 |

注:漏风点多,漏风面大或风压高时,取上限值。

对于停风出料的竖窑 $k_{时}$ 按下式计算:

$$k_{时} = \frac{\tau}{60} \qquad (8\text{-}8)$$

式中　$\tau$——1 小时内竖窑的实际鼓风时间,$min$。

(2)按单位鼓风量计算总风量法:

$$V = \Delta V G_0 B_0 \eta \qquad (8\text{-}9)$$

式中　$\Delta V$——按单位标准燃料计的标准状况下鼓风量（从同类生产竖窑测得），$m^3/kg$；

$\eta$——系数。若测定的与设计的鼓风时间系数和漏风系数相差较大时，$\eta$ 按下式计算：

$$\eta = \frac{k_1}{k_2} \cdot \frac{l_2}{l_1} \tag{8-10}$$

式中　$k_1$，$k_2$——分别为测定的和设计的鼓风系数；

$l_1$，$l_2$——分别为测定的和设计的窑的漏风系数。

B　废气量的确定

竖窑排除的废气量一般采用下述两种方法确定。

（1）按空气过剩系数计算废气量。根据废气分析判定的空气过剩系数来计算废气量，考虑到原料分解产生的 $CO_2$ 进入到废气中，改变了燃料燃烧产生的废气成分，故应对计算出的废气量加以校正。

按空气过剩系数计算废气量可采用下式：

$$V = G_0 B_0 \frac{29308}{Q_{DW}^Y} [V_0 + (\alpha - 1)L_0] + G_0 V_分 \tag{8-11}$$

式中　$V$——出窑的标准状况下废气量，$m^3/h$；

$V_0$——燃料燃烧生成的标准状况下理论烟气量，$m^3/kg$；

$\alpha$——空气过剩系数，根据废气分析结果，并修正因原料分解产生的 $CO_2$ 附加于废气成分后计算求得；

$L_0$——标准情况下燃料燃烧所需理论空气量，$m^3/kg$；

$V_分$——标准情况下按单位出窑料计物料分解的 $CO_2$ 量，$m^3/kg$，按下式计算：

$$V_分 = Xin \tag{8-12}$$

式中　$X$——原料消耗系数，按出窑料计；

$i$——原料灼减比率，%；

$n$——原料分解产物的比容，$m^3/kg$；对 $CO_2$，$n = 0.51$。

原料消耗系数可按下式计算：

$$X = \frac{1 - i'}{(1 - i)(1 - y) + B_焦 A(1 - i')} \tag{8-13}$$

式中　$X$——原料消耗系数，按出窑料计；

$i'$——产品残余灼减比率，%；

$y$——飞灰损失（按原料计），%；

$B_焦$——焦比，%；

$A$——燃料的灰分，%。

在缺乏实际数据时，原料消耗系数可参照表 8-19 的数据。

表 8-19　原料消耗系数计算数据

| 计算参数 | 符号 | 单位 | 石灰石 | 计算参数 | 符号 | 单位 | 石灰石 |
|---|---|---|---|---|---|---|---|
| 原料灼减比率 | $i$ | % | 43 | 焦　比 | $B_焦$ | % | 8 |
| 出窑料的残余灼减比率 | $i'$ | % | 5 | 燃料灰分 | $A$ | % | 15 |
| 飞灰损失（按原料计） | $y$ | % | 1.5 | 原料消耗系数计算值 | $X$ | t/t | 1.66 |

（2）按单位废气量计算总废气量。根据在竖窑测得的按单位燃料计的废气量指标，计算竖窑排出的废气总量可按下式：

$$V = \Delta V_0 G_0 B_0 \eta = \Delta V_{实} G_0 B_{实} \eta \qquad (8\text{-}14)$$

式中  $\Delta V_0$，$\Delta V_{实}$——分别为同类型竖窑测得的按标准燃料计和按实际燃料计的标准状况单位
废气量，$m^3/kg$；

$\eta$——系数，计算同鼓风量计算。

C  竖窑阻力的确定

（1）按经验公式计算。根据研究试验结果曾提出过许多料层阻力的计算公式，其中具有代表性的公式如下：

$$\Delta P = 4g \frac{\xi}{d_{孔}} \frac{v_{孔}^2}{2g} \gamma = 4g \frac{\xi}{d_{孔}} \frac{v^2}{2g} \frac{\gamma}{f^2} \qquad (8\text{-}15)$$

式中  $\Delta P$——单位料层高度的通风压力损失，$Pa/m$；

$\xi$——阻力系数，$\xi = \phi(Re)$，根据对具体对象的试验求得；

$v_{孔}$——气体在料层孔隙内的流速，$m/s$；

$v$——空窑气体流速，$m/s$；

$\gamma$——气体的密度，$kg/m^3$；

$f$——料层孔隙率，%；

$d_{孔}$——孔隙有效直径，$m$。

$d_{孔}$ 可按下列公式求得：

对球形料组成的料层：

$$d_{孔} = \frac{2}{3} \times \frac{f}{1-f} d \qquad (8\text{-}16)$$

对实际料块：

$$d_{孔} = (0.45 \sim 0.47) d \qquad (8\text{-}17)$$

式中  $d$——料层中物料的平均直径，$m$。

利用上式计算竖窑料层阻力时，需确定符合实际的计算参数才能得出接近实际的结果。

（2）按阻力比计算。竖窑单位高度的料层阻力可通过对实际生产竖窑的测定求得：

$$\Delta p_0 = \frac{p_1 - p_2}{H} \qquad (8\text{-}18)$$

式中  $\Delta p_0$——单位料柱高度压力损失（平均值），$Pa/m$；

$p_1$，$p_2$——分别为不同高度上两点的窑内压力，$Pa$；

$H$——两个压力测量点之间的有效通风料柱高度，$m$。

根据同类竖窑的 $\Delta p_0$ 值，确定生产操作参数不同的设计的单位压力损失可按下式：

$$\Delta p = \left(\frac{v_2}{v_1}\right)^2 \left(\frac{d_1}{d_2}\right) \left(\frac{k_{时1}}{k_{时2}}\right) \Delta p_0 \psi \qquad (8\text{-}19)$$

或

$$\Delta p = \left(\frac{H_2}{H_1}\right)^2 \left(\frac{E_1}{E_2}\right)^2 \left(\frac{B_2}{B_1}\right)^2 \left(\frac{d_1}{d_2}\right)\left(\frac{k_{时1}}{k_{时2}}\right)\Delta p_0 \psi \qquad (8\text{-}20)$$

式中　$\Delta p$——单位料柱压力损失（平均值），Pa/m；

$v_1$，$v_2$——分别为测定的和设计的窑内标准情况下气体流速，按空窑计，m/s；

$d_1$，$d_2$——分别为测定的和设计的原料块度，mm；

$k_{时1}$，$k_{时2}$——分别为测定的和设计的鼓风时间系数；

$H_1$，$H_2$——分别为测定的和设计的有效料层高度，m；

$E_1$，$E_2$——分别为测定的和设计的利用系数，按出窑料计，t/($m^3 \cdot d$)；

$B_1$，$B_2$——分别为测定的和设计的标准燃料单位消耗（或焦比），按出窑料计，%；

$\psi$——系数，根据测定的和设计的原料及燃料的平均块度、碎末含量、物料在窑内块度的变化和结坨程度等的不同适当考虑。

D　鼓风机和排烟机选择

（1）鼓风机和排烟机的风量与风压分别按以下公式计算：

$$V_{机} = kV \qquad (8\text{-}21)$$

$$p_{机} = k^2(\Delta p H + \Sigma \Delta p') \qquad (8\text{-}22)$$

式中　$V_{机}$——鼓风机或排烟机标准状况下风量，$m^3$/h；

$V$——竖窑的标准状况下鼓风量或废气量，$m^3$/h；

$k$——鼓风或排烟能力备用系数，考虑风机性能允差及竖窑生产波动，一般取 $k \approx$ 1.15~1.2；

$p_{机}$——鼓风机或排烟机的风压，Pa；

$H$——由鼓风机或排烟机负担通风的料柱高度，m，对于正-负压制操作的竖窑，排烟机的通风料柱高度自"0"压面算起；

$\Delta p$——单位料柱压力损失（平均值），Pa/m；

$\Sigma \Delta p'$——鼓风管道系统或排烟管道的压力损失，Pa。

（2）鼓风机类型选择。石灰竖窑所需鼓风压力不高，一般可采用离心鼓风机，但离心鼓风机的送风量随窑内阻力的变化而波动，当窑的阻力增加时，送风量就会减少。新型石灰竖窑多采用罗茨鼓风机，其优点是送风量稳定，窑的阻力变化对送风量的影响微小。

（3）排烟机类型选择。由于仅需从窑顶空间排出废气并克服管道及除尘器等的阻力，所需负压不大，一般采用锅炉引风机做排烟机。

E　窑的送风方式

（1）送风方式的选择。竖窑存在明显的"窑壁效应"，所以气体进入料层和从料层排出的条件，将在一定程度上影响气流沿窑截面上的分布，不是加强，就是减弱气体分布的不均匀性。

几种进风方式的比较及其应用如表8-20所示。

（2）单送风管和双送风管。竖窑采用中心风帽和底进风时，一般宜采用单送风管，仅当布置或结构处理有困难时才采用双送风管；周边进风时，向环管的送风采用单送风管或双送风管均可。

**表 8-20　竖窑几种送风方式的比较及其应用**

| 送风方式 | 送风方法 | 优 点 | 缺 点 | 应 用 |
|---|---|---|---|---|
| 底送风 | 从出料机下或炉箅下送风 | 管道简单、气流分布较均匀，冷却带全部高度能有效利用，并能冷却保护出料机 | 窑底需密封良好，否则漏风量大 | 适用于各种竖窑 |
| 中心风帽送风 | 从出料机上方的风帽送风 | 有利于料柱中心的通风，有减弱"窑壁效应"的作用 | 风管穿过出料机，结构较复杂。当物料结大坨时，风帽阻碍下料 | 适用于卸出松散物料的竖窑 |
| 周边送风 | 从出料机上方，窑壁四周的风口送风 | 风口下一段料柱能起不大的密封作用，若窑底密封条件相同，与底送风方式相比，漏风量可减少 | 管道比较复杂，不利于消除"窑壁效应"，不能充分利用冷却带高度 | 当采用中心送风方式或底送风方式有困难时采用 |
| 底送风与周边送风兼用 | 同时从出料机和窑壁四周的风口送风 | 有底送风方式的优点，并可根据竖窑阻力情况单独使用一种送风方式 | 兼具两种方式的缺点，并且压力分配不当时有空气回流现象 | 不推荐采用 |
| 高风帽或高周边送风 | 将中心风帽升高或将周边风口位置升高 | 因通风料柱高度缩小，可增加入窑风量，并各有中心风帽方式或周边送风方式的优点 | 除有中心风帽方式或周边送风方式的缺点外，更不能有效利用冷却带高度 | 仅适用于风机压力偏低，入窑风量不足时作为补救措施之一 |

对气体运动阻力分析和实际情况表明，单送风管的环管上各个风口前的压力差值极小，与环管内很高的风压相比较，这一差值足可忽略不计。即环管上各风口向窑内送入的风量，并不因送风管数不同而出现明显的差别。所以，一些采用单送风管的周边进风的竖窑并不存在送风管一侧有上火偏快的现象。

生产实践表明，无论竖窑环风管上进风点的位置如何，出现"偏火"的部位均在单斗提升机相对的一侧。显然，这是由于布料块度偏析造成的结果。实践也表明，改变环风管上风口截面的办法不能解决"偏火"，而改变布料状态才能减轻"偏火"现象。

(3) 环风管及其出风口截面的确定。环风管内风速宜采用较低数值，一般不超过 8~10m/s。出风口截面应按较高的空气流速确定。研究试验指出，其他条件相同时，气流对料层的穿透深度，基本上决定于风口处的空气流速及其质量流量（流股动能等于 $\frac{1}{2}mv^2$）。若空气流速过低，气体流股将很快向上弯曲，以致不能向中心扩展，这就可能在窑中心形成吹不透的"死区"。

设计应根据窑炉内径的大小来确定风口风速，一般可取 15~20m/s。

出风口截面形状宜采用竖缝状，不仅有利于气流向窑中心扩展，而且便利窑墙砌筑。

出风口一般不设调节阀，其位置应尽量接近窑的出料面，以使冷却带高度得以最充分的利用。

F　窑的排烟方式

(1) 自然排烟。自然排烟时，废气一般不经除尘处理，因此，仅当废气含尘浓度较低，窑数很少以及周围环境条件许可时，才采用自然排烟。

机械化焦炭竖窑烟囱的两种配置方式参见图 8-29。图 (a) 是侧部烟囱，一般在窑顶设有布料装置时采用。侧部烟囱适用于废气温度较高的情况，其进口位置应低于窑内布料装置，以免布料器经常处于高温下以致烧毁。其缺点是烟囱根部应力较大，与烟囱连接处的金属外壳易变形损坏。因此，烟囱根部需采取加强结构并需设置隔热内衬。

图 8-29（b）所示的是顶部烟囱，一般在窑顶平台有足够富余位置时采用，但仅适用于废气温度较低的竖窑。

（2）机械排烟。废气需经除尘处理或窑顶为负压操作的竖窑，需采用机械排烟，即排烟机排烟。排烟机排烟时，废气自竖窑排出有如下几种方式。废气自烟囱排出：如图 8-30 所示，其优点是结构简单，使用可靠，并可利用烟囱自然排烟。

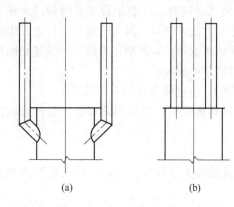

图 8-29　机械化焦炭竖窑烟囱的两种配置方式
（a）侧部烟囱；（b）顶部烟囱

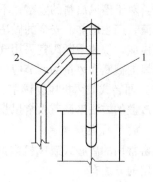

图 8-30　废气自烟囱排出
1—侧部烟囱；2—排出管

废气自中心烟管排出：如图 8-31 所示中心烟管埋设于预热带料层内，其主要优点是可加强竖窑中心部位的通风；烟管以上可起贮料和密封作用。中心烟管宜采用耐热材料制作以延长使用寿命。此种排出方式的缺点是中心烟管使预热带通风料柱高度固定，无调节余地，因此，预热带高度需准确；同时，烟管进口风速较高，废气携尘量将有所增大。所以进气管应设计为喇叭管，管口内径可按下式确定：

$$D_4 = (0.35 \sim 0.4)D \tag{8-23}$$

废气自周边排出：如图 8-32 所示此种排出方式并无明显优点，环形集气管易因粉尘沉降

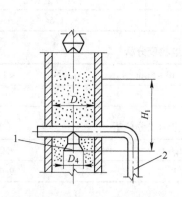

图 8-31　废气自中心烟管排出
1—中心烟管；2—排出管

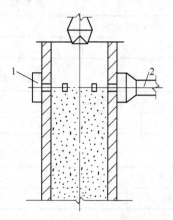

图 8-32　废气自周边排出
1—环形集气管；2—排出管

而堵塞。

(3) 废气管道。由于竖窑废气含尘量较大,为了避免粉尘在管道弯头处沉积,废气流速宜取稍大数值,按废气最高温度计,流速宜在 15～18m/s。一般来说,由于管内废气流速的变化,管内积灰难以完全避免;但积灰将使管道截面缩小,从而废气流速提高,又可将粉尘带走。如此,使积灰量达到一定限度为止。故对于废气管道水平管段一般无须设置灰斗,但弯头处情况两样,特别是当管道由垂直过渡到水平,或水平过渡到垂直位置时,弯头易被粉尘堵塞,故需设置清灰口。

G　窑的通风量调节

(1) 离心式鼓风机风量调节。采用离心式鼓风机鼓风时,一般用管道上的阀门来调节入窑风量。对于停风出料的竖窑,不宜采取风机停车的方法来停风。因为这样就有可能发生窑内煤气倒流,产生爆炸。安全的做法是出料时保持风机继续运转,而利用管道上的快速切断阀截断空气供应。快速截断阀宜采用气动或电动操作以利集中遥控。

鼓风的截断和风量的调节应分别采用专门的阀门,不宜两者共用一个阀门。

(2) 回转式鼓风机风量调节。采用回转式鼓风机鼓风时,宜采用调节鼓风机转数或通过放风阀放散的方法来调节入窑风量。

H　鼓风机噪声控制

竖窑常用的离心式鼓风机鼓风和回转式鼓风机的噪声都很大,因此,应采取噪声控制措施。常用的方法有:

(1) 隔声。将风机设置在密闭的风机房内,风机室的墙、屋面、门窗等在建筑上应满足隔声要求,以减少噪声外传;

(2) 消声。在风机的进出风管上装设消声器可以收到较好的降低噪声的效果。

I　废气除尘

竖窑废气的含尘浓度往往超过规定排放标准数十倍,因此,应考虑除尘。

(1) 废气含尘参数:

某厂焦炭石灰竖窑废气含尘浓度的测定值如表 8-21 所示;

某厂焦炭石灰竖窑废气粉尘粒度分析如表 8-22 所示;

某厂焦炭石灰竖窑废气粉尘化学成分分析如表 8-23 所示。

表 8-21　焦炭石灰竖窑废气含尘浓度　　　　　　　　　　　　(g/m³)

| 最大含尘浓度 | 最小含尘浓度 | 平均含尘浓度 |
| --- | --- | --- |
| 4.2 | 0.54 | 1.64 |

表 8-22　焦炭石灰竖窑废气粉尘粒度分析　　　　　　　　　　　(%)

| >40μm | 40～30μm | 30～20μm | 20～10μm | 10～5μm | 5～1μm | <1μm |
| --- | --- | --- | --- | --- | --- | --- |
| 11.6 | 13.6 | 51.2 | 18.5 | 4.2 | 0.7 | 0.2 |

表 8-23　焦炭石灰竖窑废气粉尘化学成分分析　　　　　　　　　(%)

| $w(Fe_2O_3)$ | $w(SiO_2)$ | $w(CaO)$ | $w(MgO)$ | $w(Al_2O_3)$ | $w(C)$ |
| --- | --- | --- | --- | --- | --- |
| 4.86 | 6.79 | 40.26 | 3.1 | 3.21 | 9.90 |

(2) 影响废气含尘浓度的因素。影响出窑废气含尘浓度的主要因素有:窑内气体流速、原料和燃料含有的粉尘量、物料在窑内的粉化情况等。

窑内气体流速增大，则废气含尘量和粉尘的粒度均增大，所以流速是最重要的影响因素。

（3）除尘设备的选择。目前竖窑废气除尘一般选用旋风除尘器、布袋除尘器或静电除尘器。旋风除尘器适用于脱除大颗粒粉尘的初级除尘，除尘后废气含尘量无法达到排放标准。布袋除尘器和静电除尘器除尘质量较高，可以满足排放标准要求。

### 8.1.2.5 窑内料位计等

**A 手动探尺**

手动探尺（图8-33）用于竖窑料位探测。石灰竖窑应用较多，但高温时容易被烧毁，故应用耐热材料制作。

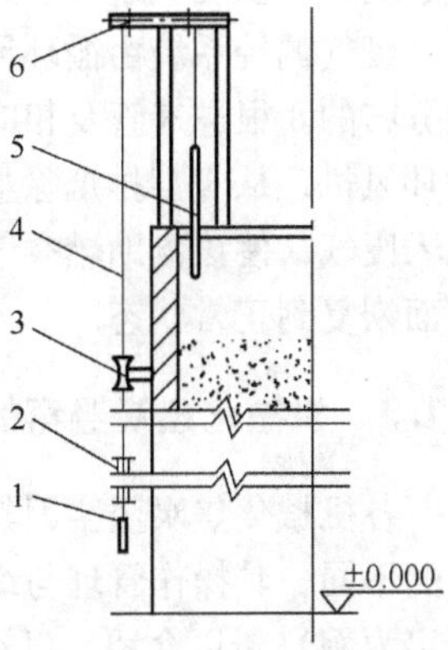

**B 重锤式料位计**

重锤式料位计（图8-34）用于竖窑料位探测，一般安装于窑顶平台上，可以输出连续料位信号，并且可以在微机控制下自动检测料位。重锤式料位计工作稳定、可靠，在自动控制水平较高的焦炭石灰竖窑上应用较多。根据传动方式的不同，重锤式料位计又可分为气动型和液动型。

**C 烟帽装置**

烟帽装置（图8-35）用于机械排烟竖窑的烟囱出口上，起密封作用，竖窑正常操作期间烟帽关闭。烟帽升降采用手摇蜗轮卷扬机经由钢绳、滑轮带动。手摇蜗轮卷扬装置一般位于窑顶平台上，亦可装设在窑的下部。

图 8-33 手动探尺

1—把手；2—标尺；3—导向槽；
4—钢绳；5—探尺；6—滑轮

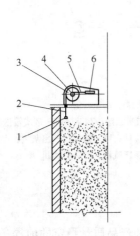

图 8-34 重锤式料位计

1—重锤；2，5—链子；3—大链轮；
4—小链轮；6—液压（汽）缸

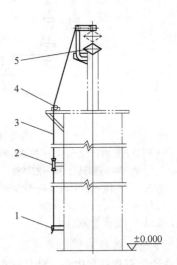

图 8-35 烟帽装置

1—卷扬机；2—导向槽；3—钢绳；
4—滑轮；5—烟帽

### 8.1.2.6 废气调控系统

在正常生产情况下，焦炭石灰竖窑内的焦炭与石灰石混合均匀，在窑内横截面上均匀分布，窑内物料均匀下沉和顺行，气流沿窑的横截面均匀分布，焦炭燃烧产生的高温焙烧料面呈水平状态。在实际生产操作中，经常由于物料偏析、结瘤等各种原因而导致窑内高温焙烧料面倾斜，即产生"偏窑"，使窑况恶化，产品质量下降。废气调控系统可以使已经发生倾斜的高温焙烧料面恢复到水平状态。

废气调控系统由循环风机、循环废气管道、在窑体上的预热带和焙烧带之间沿窑壁周边均匀分布的 8 根进气管及相应的手动闸板等组成。当出现窑温异常或已经发生"偏窑"时，启动循环风机，从竖窑排烟除尘器后抽出废气，打开高温焙烧料面上升一侧进气管上的手动闸板，鼓入废气，使该侧助燃空气中的氧气含量降低，从而使该侧的焦炭燃烧速度下降，使高温焙烧料面恢复到正常状态。

### 8.1.3　机械化焦炭竖窑的操作与维修

各机械化焦炭竖窑因其所配置的窑上设备、窑下设备、上料系统、成品贮运系统及生产工艺的不同，其操作管理与维修管理也各自不同，现就图 8-36 所示系统（以 170t/d 机械化焦炭竖窑为例）予以介绍，以资借鉴。

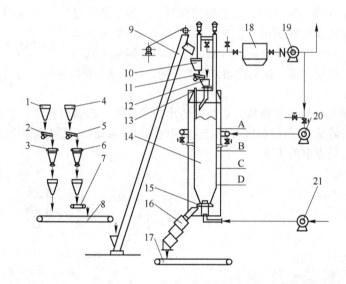

图 8-36　机械化焦炭竖窑系统图

1—石灰石贮槽；2，5，11—振动给料机；3，6—计量秤；4—焦炭贮槽；7，8，17—带式输送机；
9—单斗提升机；10—贮料槽；12—旋转布料器；13—料位计；14—窑；15—出灰机；
16—三段阀；18—除尘器；19—排烟机；20—废气循环风机；21—鼓风机

#### 8.1.3.1　操作管理

A　原料、燃料的供给与调整

正确计量石灰石和焦炭，并且混合均匀，是保证窑况和产品质量稳定的前提条件，因此，一定要加强对上料系统设备的管理。

（1）给料机的管理。

石灰石给料机：调整给料机的排料口，使给料机在按产量所计算的时间范围内，尽可能长时间供料，其目的在于使给料机停止时的落下误差减少。

焦炭给料机：条件与石灰石给料机相同，但是，因焦炭整体量小，使给料槽口过小，易造成料仓堵塞，为此需细心管理。

（2）计量秤的管理。

"0"点的调整：计量秤的物料彻底清扫干净后，按计量秤的使用说明书，用调整砝码调整"0"点，此工作在每天工作之前进行一次。

落下误差的调整：落下误差是计量秤的设定值和焦炭给料机停止后的计量误差。调整时，连续测定2次，取平均值。但是，2次测定值的误差较大时，要再次测定，用接近的2点平均值调整。此工作往往会出现焦炭给料机的出口以及料仓出口堵塞等情况，因此，一定要进行检查，此工作也应该每天进行一次。

数值显示部件的管理：要经常检查计量秤的数值显示部件如指针、数码显示器等是否指示正常，此工作要每天确认一次。

（3）配料管理。由石灰石计量秤贮料斗和焦炭计量秤贮料斗向给提升机料斗供料的带式输送机给料时，在开始供料与结束供料期间，焦炭与石灰石应能均匀混合，用调节器和焦炭带式输送机转速加以调整，也同其他设备一样，每日检查一次。此外，每日一次在开始工作之前检查带式输送机的堵塞、皮带的蠕动、磨耗、偏载、破裂和托辊沾上杂物旋转不良等意外情况。

B 原料、燃料的投入方法

为使原料、燃料在所规定的投入面料位可以均匀的混合、分散，进行稳定地操作，需要充分地管理。

（1）提升机料斗的管理。有关设备的管理，请参照第8.1.3.2节"维修管理"进行检查。在操作方面，发现有原料、燃料在提升机料斗配料、混合不顺利、偏载等情况时，要在未工作之前进行检查，采取相应措施。

（2）加料斗的管理。要注意加料斗内不要沾上泥土等异物，这些泥土等异物如送入窑内将对窑衬和成品产生不利影响，因此，要尽快除去。

（3）旋转布料器的管理。应根据投入面的高度、形状设定旋转速度，所以，每天应确认旋转设定值，也应检查顶端挡板角度、溜槽的磨耗程度等。

（4）料面的管理。调整出灰系统设备，将料面控制在设定的料面上下150mm（±15mm）以内。料面的变化将导致气流大小的变化、窑内温度的变化，使竖窑操作不稳定，对产品质量不利。因此，料面要控制在接近设定值。

C 产量的设定方法

（1）按石灰石投入量：

$$石灰石投入量(t/d) = \frac{计划石灰产量(t/d)}{0.576} \tag{8-24}$$

（2）按石灰石供给循环周期

$$循环周期(s) = \frac{86400(s)}{投入石灰石量(t/d)} \tag{8-25}$$

（3）按石灰石计量秤的设定

$$计量秤设定值(kg) = 实际重量(1000kg) - 落下误差重量(kg) \tag{8-26}$$

D 热耗的设定方法

要随时掌握焦炭的水分、发热值，并由此确定焦比。这对产品的质量（生烧、过烧、活性度等）影响很大，因此要加以注意。同时要经常检查窑下出灰质量和窑况，按实际情况对焦炭计量秤的设定值加以修正。

（1）测定焦炭的水分；

（2）设定一次投入焦炭质量

$$\text{一次投入焦炭设定值}(kg) = \text{石灰石实际重量}(1000kg) \times \frac{\text{焦比}(\%)}{100} \tag{8-27}$$

（3）水分补正

$$\text{实际投入焦炭重量}(kg) = \text{一次投入焦炭设定值}(kg) \times \left(1 + \frac{\text{焦炭水分}(\%)}{100}\right) \tag{8-28}$$

（4）焦炭计量秤的设定

$$\text{计量秤设定值}(kg) = \text{实际投入焦炭重量}(kg) - \text{落下误差重量}(kg) \tag{8-29}$$

E　燃烧空气量的设定方法

算出理论空气量，再把气温、泄漏、效率等考虑进去，加上适量过剩空气。如果燃烧空气量设定值不够，将导致焦炭燃烧不充分，产生生烧；如果燃烧空气量设定值过多，将导致焦炭燃烧过快，产生过烧、结坨，热耗增加。燃烧空气量用下式设定：

$$A = \frac{L_W \cdot L_C \cdot F_C \cdot R_a \cdot m \cdot (1.0 + L_0)}{100 \times 24} \tag{8-30}$$

式中　$A$——标准状况下送风量，$m^3/h$；

　　　$L_W$——石灰石投入量，$t/d$；

　　　$L_C$——实际投入焦炭量，$kg$；

　　　$F_C$——固定碳，$\%$；

　　　$R_a$——标准状况下理论空气量，一般取 $8.89 m^3/kg$；

　　　$m$——过剩空气率，大于 $1.0$；

　　　$L_0$——泄漏率，一般取 $0.01$。

用流量计测定此风量，同时设定风机转数。

F　启动操作顺序（自动启动的基本动作）

（1）给料顺序。

准备启动：按操作台上准备启动按钮。

启动加料系统：在机侧启动加料系统，使石灰石、焦炭输送系统工作，并要事先确认料斗刻度是否满量。

启动排烟机、燃烧空气鼓风机：用按钮启动排烟机、燃烧空气鼓风机。要使鼓风机达到设定风量，即：调整转数。此时，要注意窑顶压力为 $-100 \sim 0Pa$，同时打开排烟机入口调节阀。

启动自动加料：按生产计划，在计装盘上的周期调节器上调整算好的时间，开动自动加料工作按钮。

（2）出灰顺序。

启动出灰：上述自动加料操作达到规定料位后，即可启动出灰工作按钮。此时，三段卸灰阀和出灰机开始工作。

调整出灰机转数：将出灰机转数调整到任意转数。要使出灰机转数适合于预定的出灰时间，则要在每一规定时间记录，算出时间与加料料位的关系，再调整到合适的转数。

G　停止操作顺序（停止的基本动作）

（1）短时间停止时，降低燃烧空气鼓风机转数，逐渐使燃烧空气鼓风机转数降到最低；调整窑顶负压，逐渐关闭排烟机入口调节阀，将窑顶负压调整到 $-100 \sim 0Pa$；停止燃烧空气鼓风机，加料系统停止准备工作结束后，根据窑的工作状况，停止燃烧空气鼓风机。

（2）长时间停止时，降低燃烧空气鼓风机转数，逐渐使燃烧空气鼓风机转数降到最低；

调整窑顶负压，逐渐关闭排烟机入口调节阀，将窑顶负压调整到 -100 ~0Pa；停止燃烧空气鼓风机，加料系统停止准备工作结束后，根据窑的工作状况，停止燃烧空气鼓风机；打开窑顶放散闸板，将窑顶放散闸板全部打开；停止排烟机，清灰结束后，停止排烟机。

H 点火升温顺序

以下操作适用于新砌窑衬或窑衬大修后的点火升温操作，且为带料烘窑直接投入生产。

（1）烘窑，升温操作原则。烘窑升温过程的目的就是均匀排除窑体内部的水分，保证窑体正常膨胀，延长窑体的使用寿命，并使窑内物料得以充分的预热，焙烧，减少升温过程的废品率，同时为生产操作提供最佳操作参数。升温操作以采用手动操作为主，因此必须遵循以下原则：间断定时加料，间断定时出料，逐步增加热量；控制废气温度不要过高；废气通过窑顶烟囱自然放散；烘窑过程中要控制窑体排除水汽不可过快；升温过程所需时间以 7 ~10 天为宜。

（2）烘窑（冷窑点火）前的准备工作。准备好下列点火用的材料：粒度为 30 ~50mm 的石灰石约 150t；干燥劈柴 80 捆（$\phi$50mm×500mm×20 根）；刨花约 3m³；棉纱 1 捆；柴油 20L。

校正所有仪表，使其处于待备状态。所有公辅设施处于可用状态。所有机械设备均经过试车且无故障。关闭除窑顶放散闸板以外的与窑直接相通的全部阀门。

（3）冷窑点火。先将风帽用约 20mm 的厚橡胶捆住，然后用单斗提升机将垫窑用的粒度为 30 ~50mm 的石灰石送入窑内，观察垫窑料铺至快到橡胶垫处时，将橡胶垫取出，用石灰石将风帽盖住，然后继续加石灰石至窑下部检查门下缘 200 ~300mm 处停止。在装窑过程中每加 20t 石灰石，底部出灰系统出灰 2 ~3min，活动一下料面，防止棚料。将成捆劈柴由窑下部检查门装入窑内，成捆劈柴成"井"字形摆放，然后再放厚 200 ~300mm 的刨花及少量油棉纱。刨花上投入浸过油的劈柴厚度约 300mm，中间掺少量油棉纱，浸油劈柴装入窑内要快，以免柴油大量挥发后发生爆炸。将剩余柴油均匀地泼洒在劈柴堆上，然后将 6 个火把（将劈柴上缠棉纱并浸油）点燃后从窑顶检修门向窑内劈柴堆周围均匀投入将劈柴点燃。

（4）升温过程及其控制。升温过程需要 7 ~10 天，第一天维持烟气温度不超过 60℃；第二、第三天，升温每昼夜不超过 60℃；第四天开始少量加入焦炭（共约 4 ~5t，分批加入且窑温在 400℃以上）。焦炭从窑顶投入，当窑内焦炭燃烧不剧烈时，用鼓风机短时间送风。

火势增大后，窑顶方见有烟排出。当烟色由黄变黑，说明缺氧，将窑下部检查门封闭，启动鼓风机，送风开始时维持风压 200 ~400Pa，变白烟后，增加风量直到出青烟。当窑顶温度达 100℃以上时，可间隔少量投入混合料，并逐渐活动窑。前 20 次投入窑内的混合料焦比为 12%，然后再向窑内投入 2 ~3 斗焦比为 9% 的混合料，以后按正常焦比加料。待窑顶温度达 150℃，可增加投料和出灰直到正常操作。

鼓风控制：在窑底出料温度低于 100℃ 情况下，原则上不向窑内鼓风，只有高于 100℃ 时，才向窑内供入少量冷却空气，以控制出料温度在 90 ~100℃ 之间。

排烟控制：在窑顶温度达到 400℃ 以前，通过窑顶放散管排烟；在窑顶温度达到 400℃ 以后，启动排烟机，通过排烟除尘系统排烟。排烟机启动后，打开排烟入口调节阀，并关闭窑顶放散闸板，通过调节排烟机入口调节阀的开度来控制窑顶排气压力在 -100 ~0Pa 之间，且排烟温度以 100 ~130℃ 为宜。

加料控制：升温过程中，向窑内加料时，在未达到窑的正常料位之前，每 15min 加料一次，每次加料量 2t，到达窑的正常料位后，应根据窑的升温情况作临时调整。

出料控制：窑的出料在升温过程中采用慢速出料的方法，在最初的 24h 内，每 4h 出料一次，每次出料 10 ~15min，在 24 ~48h 内，每 2h 出料一次，每次出料 10 ~15min，在 48 ~72h

内，每 1h 出料一次，每次出料 10 ~ 15min。

(5) 向正常操作的转换。烘窑向正常操作的转换过程是产品由不合格向合格转变的一个过渡过程，也是摸索产品产量、质量、热耗等达到最佳状态的过程。合格的产品要经过一定的时间并通过调整有关参数才能生产出来。因此，必须调试出各种产量下的产品质量及热耗的最佳值，以便为正常生产提供依据。通常需在条件具备的情况下，通过必要的调节及控制手段才能实现。

升温过程中向正常操作转换应满足的条件：升温时间达 72 ~ 96h、窑内各点温度接近于正常工作温度、窑体水汽排出量明显减少、窑的料位达到正常料位、窑的全部设备工作正常、有关外部条件符合要求。

转换过程中主要操作参数的确定：转换过程中要依次按额定产量的 70% 、85% 、100% 、110% 进行调试，每种产量的调试及生产时间应不少于 48h，四种产量调试完毕后，再调试到适宜的产量下生产。

石灰石的消耗系数在有确切的化学成分时，按成分计算确定，若无化学成分时，推荐石灰石的消耗系数为 1.78kg/kg。

转换操作：将排烟机前的调节阀转入自动操作状态，以自动调节窑顶压力呈负压状态，窑顶负压的设定应根据窑顶的压力及出窑废气温度来确定，要求压力为负压或微负压，出窑废气温度既不过高也不过低。

如果冷风还未送入的话，则送入冷风，并根据窑的产量调整风量，且维持出料温度低于 120℃ 为宜，最高不超过 130℃ 。

I　灭火降温顺序

以下操作为在要修理窑衬等情况下需停窑冷却时的具体方法，目的在于灭火、冷却之前修正焦比，确保窑内石灰的质量，并把最后生产的优质成品顺利出窑，即边投入生石灰边灭火、冷却。

(1) 焦比的设定（草案）：

从预定灭火的 3 天前将焦比设定值增加：从 7.7% 至 7.9% ；

从预定灭火前 1 天的 3h 前将焦比设定值增加：从 7.9% 至 8.0% ；

从预定灭火的当天 3h 前将焦比设定值减少：从 8.0% 至 7.7% 。

按上述方法操作，变更焦比的设定值，从而保证灭火时窑内产品的质量，以及避免产生焦炭未燃烧情况。

(2) 灭火时投入生石灰的准备量。准备投入的生石灰要稍硬烧，并且粒度稍大些，生石灰的准备量为：

$$178m^3 \times 1.0t/m^3 + 100t = 278 ~ 300t$$

(3) 灭火时投入生石灰的设定方法：

投入速度　　　　　　170t/d；

设定值　　　　　　　900kg/斗；

送风量（标况）　　　75m³/min（4500m³/h）；

出灰　　　　　　　　按料位计的设定值（基准料位）断续出料（20min/60min）；

预定投入的生石灰除保留 120t 用于抑制排废气温度外，其余的全部按上述方法投入。

投入生石灰所需时间：

$$\frac{300 - 120}{170} \times 24 \approx 26h$$

（4）窑内生石灰的卸空。以170t/d的产量继续出灰，留下的120t生石灰应每3h投入12t，用于防止卸空时排出废气温度上升。当窑内料面下降到送风管上部约1m处时停止出灰。

卸出的生石灰量为：

$$\left(\frac{3.4^2 \times 3.14}{4} \times 17.1 + 9.5\right) + 300 \approx 465t$$

卸出上述生石灰所需的时间为：

$$465 \div 170 \times 24 \approx 66h$$

（5）窑内生石灰卸空时的注意事项。开始卸空时，因废气温度慢慢上升，所以，要每3h投入12t生石灰，以抑制废气温度，并且应打开人孔，用排烟机吸引外部气体，抑制排气温度。

排气温度管理：废气温度最高为400℃，集尘器前最高为140℃，成品温度最高为100℃

送风管理：送风量（标况）75m³/min，出灰机处压力最大为10kPa

料位管理：因料面低于正常料位后用窑顶料位计无法测定，所以要从检查孔处用细钢丝测定。

在卸空过程中易产生耐火砖脱落现象，因此，应充分注意，并在窑下成品输送机旁安排人员将混在成品中的耐火砖拣出。

（6）耐火砖的冷却。窑内卸空后，停止鼓风机，仅让集尘风机工作，将检查门和三段阀放开，进行通风冷却，排烟机的排烟量视废气温度调整，但应注意不能超过规定温度。

（7）冷却时间表（方案）。窑体冷却时间表如表8-24所示。

表 8-24 窑体冷却时间表

| 项目/日程 | 1 | 2 | 3 | 4 | 5 | 6 | 7 | 8 | 9 | 10 |
|---|---|---|---|---|---|---|---|---|---|---|
| 调整焦比 | ▬ | | | | | | | | | |
| 生石灰的投入 | | ▬▬ | | | | | | | | |
| 窑内生石灰卸空 | | | ▬▬ | | | | | | | |
| 送风机运转 | ▬▬▬▬▬▬ | | | | | | | | | |
| 集尘风机运转 | ▬▬▬▬▬▬▬▬▬▬▬▬▬▬▬▬▬▬▬▬ | | | | | | | | | |
| 耐火砖开始解体 | | | | | | | | | | ▬ |

（8）冷却温度曲线。窑体冷却温度曲线如图8-37所示。

J 焙烧管理办法

必须认真检查原料、燃料的排出量、混合状况、成品质量情况、排出状况以及各个温度、压力、风量等，如发现问题，应迅速采取措施，从而使质量稳定。

（1）操作管理人员必须经常掌握下述事项，进行操作：宏观地掌握成品质量情况，观察出窑成品，确认石灰的生烧、过烧等情况以及未燃焦炭的混入状况；掌握石灰石、焦炭状况，了解石灰石和焦炭的粒度是否合适、石灰石是否干净、焦炭的水分是否多等；掌握窑况，检查各点温度、压力是否处于正

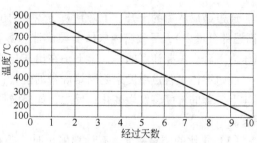

图 8-37 窑体冷却温度曲线

常状态，是否存在偏窑、结坨、气流不畅、料流不顺等问题。

（2）各测点操作管理基准。某厂机械化竖窑各测点基准值如表8-25所示。

表8-25　某厂机械化竖窑各测点基准值

| 项　目 | | 基准值 | 项　目 | | 基准值 |
|---|---|---|---|---|---|
| 各点温度/℃ | 废气温度 | 90～130 | 各点温度/℃ | 成品温度 | 10～50 |
| | A温度 | 500～700 | | 废气除尘器前 | <130 |
| | B温度 | 500～900 | 各点压力/Pa | 窑顶压力 | -50～0 |
| | C温度 | 500～700 | | 鼓风压力 | $(2～4)×10^3$ |
| | D温度 | 400～600 | | | |

（3）对焙烧带温度变化的判断方法。由于受焦炭和石灰石尺寸、产量等因素的影响，焙烧带的位置容易变动，要求焦炭燃烧与鼓风量相平衡。因此，鼓风量多则焙烧带向上移动；反之，鼓风量少则焙烧带向下移动。这样焙烧带难于在一定的位置稳定，因而操作管理人员要经常从温度状况等条件准确地判断出焙烧带的位置。

焙烧带位置判断方法如下：通过废气温度、成品温度的上升、下降判断焙烧带的位置，如图8-38所示，焙烧带向上部移动时，废气温度上升，成品温度下降；反之，焙烧带向下部移动时，废气温度下降，成品温度上升。值得注意的是，石灰石粒度、大气温度等变化时也会引起上述变化，因此，在具体应用时应仔细甄别引起变化的具体原因。

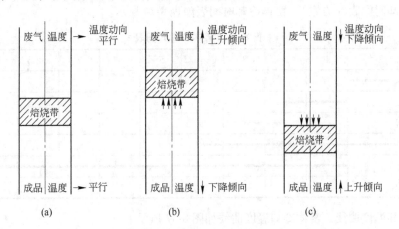

图8-38　焙烧带的位置与废气温度、成品温度的关系
（a）正常操作时；（b）焙烧带上移时；（c）焙烧带下移时

通过鼓风压力的上升、下降判断焙烧带的位置：焙烧带向上部移动时，窑内整体温度上升（高温部分增多），导致窑内气体受热膨胀，鼓风压力增加；反之，焙烧带向下部移动时，鼓风压力下降。需要注意的是，窑下正在出灰与停止出灰时压力是有差别的。

通过窑体上各点温度来判断焙烧带的位置：如图8-39所示，鼓风量如果处于过多的状态，窑体上各部的温度将发生变化；反之，如果鼓风量处于过少的状态，窑体上各部的温度动向将相反。

（4）焦比的调整基准。有计划停止时，要在停止之前调整焦比，焦比的调整基准值如表8-26所示。

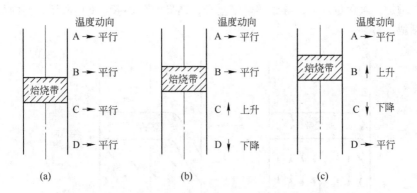

图 8-39 焙烧带的位置与窑体各点温度的关系

（a）正常操作时；（b）焙烧带上移初期；（c）焙烧带上移后期

**表 8-26 计划停止时焦比的调整基准值**

| 停止状态/h | 设定焦比的调整/% | 调整开始时间 | 停止状态/h | 设定焦比的调整/% | 调整开始时间 |
|---|---|---|---|---|---|
| 3～5 | 设定值 +0.05 | 3～5h 前 | 10～24h | 设定值 +0.1 | 7～8h 前 |
| 5～10 | 设定值 +0.1 | 3～5h 前 | ≥24 | 设定值 +0.15～0.2 | 8～12h 前 |

停止后再启动时，把停止时间焦比加进，焦比的调整基准值如表 8-27 所示。

**表 8-27 停止后再启动时焦比的调整基准值**

| 停止状态/h | 设定焦比的调整/% | 调整时间/h | 停止状态/h | 设定焦比的调整/% | 调整时间/h |
|---|---|---|---|---|---|
| 3～5 | 设定值 +0.05 | 3～5 | 10～24 | 设定值 +0.1 | 7～8 |
| 5～10 | 设定值 +0.1 | 3～5 | ≥24 | 设定值 +0.15～0.2 | 8～12 |

（5）提高容积的投入法（为了压火、多加冷料）。在停止前，为了防止废气温度上升、火焰上窜，要多投入原料压火，投入原料量的基准值如表 8-28 所示。

**表 8-28 停止前加入原料量基准值**

| 停止状态/h | 投入次数 | 停止状态/h | 投入次数 |
|---|---|---|---|
| 3～5 | 鼓风停止后 2～3 次 | 10～24 | 鼓风停止后 5～8 次 |
| 5～10 | 鼓风停止后 3～5 次 | ≥24 | 视窑内料面情况而定 |

（6）焙烧带温度倾斜的调整方法。

焙烧带倾斜的原因如下：由于石灰石与焦炭混合不好而导致石灰石与焦炭的分布状态不好；由于窑内料面形状与预定的形态不一致而导致石灰石与焦炭的分布状态不好；由于石灰石污染严重焙烧后相互粘连而导致窑内下料不均；由于焦比过高，窑内温度上升，使石灰石相互粘连焙烧后而导致窑内下料不均；由于出灰机堵塞不能均匀出灰而导致窑内下料不均；由于送风孔堵塞引起燃烧空气偏流而导致燃烧空气气流不稳定；由于窑顶废气抽气量不稳定而导致燃烧空气气流不稳定。

如图 8-40 所示，由于各种原因会产生部分焙烧带倾斜，如不加以调整，倾斜则日益增长，对成品质量产生波动。如图 8-40（a）所示，当焙烧带下降时，会使燃烧空气温度上升、体积膨胀、气流阻力增加，因而使该区域的氧含量降低，从而致使该部分焙烧带继续下降；反之，燃烧空气量增加，氧含量增大，导致焙烧带上升，结果如图 8-40（b）所示，窑内焙烧带发生整体性地倾斜。

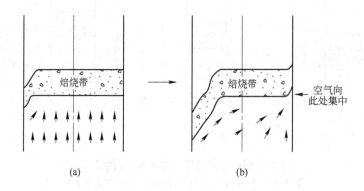

图 8-40　焙烧带发生倾斜的过程
（a）焙烧带产生部分倾斜；（b）一侧倾斜影响到另一侧

　　焙烧带倾斜的修正方法如下：用循环废气修正法（适用于带循环废气调节系统的机械化竖窑），原理是在预热带与焙烧带之间吹入焙烧带上部燃烧产生的废气（成分主要是 $CO_2$ 等惰性气体）其量为燃烧空气量的 $\frac{1}{12} \sim \frac{1}{8}$，具体做法是：由插入孔打入废气，稀释上部 $O_2$、降低废气温度促使燃烧气体下降，使废气循环以分散插入孔附近的燃烧空气。

　　对废气打入时间和打入量的说明：从插入孔附近温度达到石灰石分解温度并开始上升之前，尽快打入循环废气，因为打入的气体主要成分是 $CO_2$，如果窑内石灰石已分解生成生石灰，则生石灰将与 $CO_2$ 结合而发生逆反应。打入的方法因具体情况而不同，例如：152t/d，空气比 1.0，循环废气量 $11m^3/min$，打入点温度以 25℃/h 上升，从 1050℃ 开始打入废气，约 4h 后停止上升，而后，以 20℃/h 下降，在 950℃ 时，停止打入废气，温度在 900℃ 以下，废气打入时间约为 10h。再比如：152t/d，空气比 1.0，循环废气量 $20m^3/min$，打入点温度以 5℃/h 上升，从 1000℃ 开始打入废气后，约 16h 后停止上升，24h 后温度开始下降。

　　根据上述 2 例，由于窑内状态不同，效果有所不同。在实际应用中，如不充分了解窑内状况，则很难准确把握循环废气打入的合适量和时间。需要注意的是，废气打入的时间过长，温度下降将会过快。

　　投入面形状变更调整法：在这种情况下，焙烧带的位置一般沿一定的高度的投入面倾斜，温度向上部移动，即，在焙烧带移动到上边的位置上再投入 2～3 料次，把投入面加高，于是，如果投入面增高，通气阻力增大，燃烧的空气量产生变化，在焙烧带下降方向聚集燃烧空气，以此修正倾斜。

　　如上所述，修正焙烧带的方法虽有多种，但是真正掌握焙烧带的温度、废气温度以及燃烧空气压力等各方面情况，进行调整是最重要的。并要充分注意由于窑衬的原因（指间接测量的情况下），各参数的测量值与实际值之间会有一定的差值。

　　K　数据的汇总方法

　　一切数据，不论是日常的、定期的，还是非计划的、实验确认的以及事故处理、每日的操作、机械检查等都应记录整理，并且为确保连续稳定的产品质量，按质量管理图进行日常检查也是很重要的。

　　（1）机械检查记录/日：确认记录各机械的轴承及机械的振动、温度、给油情况，加以维护管理。

（2）操作记录/日：记录产量、燃烧比率、水分、粒度分布、温度记录、生过烧率等。

（3）管理图：各部温度管理图、石灰石粒度分布、焦炭粒度、燃烧空气压力、活性度、生过烧率，上述内容应由 X 管理图进行每日管理。

### 8.1.3.2 维修管理

**A 日常检修**

在可简单整修范围内，利用工作前后以及工作时由操作人员巡回检修的方法，迅速发现问题并马上处理。例如，给油、螺栓松弛、带式输送机蠕行、旋转不顺、声音异常、振动、怪味等问题。

**B 定期检修**

定期检修是要求比较高的检修、保养，由检修人员每周、每月 1 次或每年 1~2 次进行检修。对保养实际数据资料按类别、系列进行整理和定量地分析、评价。同时，对今后设备的研制、设计、购买计划及修补实施计划等可起到借鉴作用。

**C 设备登记卡**

对系统中的主要设备分门别类地建立登记卡，详细记录各个设备的名称、类型、公称能力、台数、用途等，以备查询。

**D 常见设备故障及处理措施**

常见设备故障及处理措施如表 8-29 所示。

表 8-29 常见设备故障及处理措施

| 故障名称 | 故障现象 | 处理措施 |
|---|---|---|
| 振动给料机漏电 | 石灰石、焦炭给料机漏电 | 1. 重调漏电断路器；<br>2. 检查给料盘 |
| 振动给料机过载 | 大块料混入给料机灰尘堆积 | 1. 去掉异物；<br>2. 复位继电器 |
| 带式输送机漏电 | 带式输送机漏电 | 1. 消除漏电原因；<br>2. 复位 |
| 带式输送机过载 | 带式输送机带轮卡住异物 | 1. 去掉异物；<br>2. 复位 |
| 带式输送机皮带偏移 | 带式输送机皮带已偏移 | 1. 清扫皮带轮灰尘；<br>2. 按复位按钮 |
| 旋转布料器漏电 | 旋转布料器电机漏电 | 1. 检查电机；<br>2. 使 ELR 复位 |
| 旋转布料器过载 | 电机有了负荷 | 1. 检查电机；<br>2. 使继电器复位 |
| 旋转布料器加料停止 | 开始加料后，旋转布料器在一定时间内不能旋转<br>滑动板在一定时间内不能全开、全闭 | 1. 检查检测器；<br>2. 检查旋转布料器堵塞；<br>3. 滑动闸板卡进东西；<br>4. 按复位按钮 |

| 故障名称 | 故障现象 | 处理措施 |
|---|---|---|
| 出灰机漏电 | 出灰机电机、润滑油泵电机漏电 | 1. 检查电机;<br>2. 使 ELR 复位 |
| 出灰机过载 | 出灰机电机、润滑油泵电机过载 | 1. 出灰机异物卡住,油泵不顺,检查;<br>2. 继电器复位 |
| 出灰停止 | 出灰三段阀不能正常开闭 | 1. 出灰量过多;<br>2. 手动开闭使内部石灰排空;<br>3. 用按钮开关复位 |
| 润滑油不足 | 漏油、油位下降 | 1. 修理泄漏处;<br>2. 补充机油 |
| 鼓风机漏电 | 定速风机电机可变速 | 1. 检查电机及整流器盘;<br>2. 使 ELR 复位 |
| 废气循环风机漏电 | 定速风机电机可变速 | 1. 检查电机及整流器盘;<br>2. 使 ELR 复位 |
| 废气除尘设备漏电 | 排烟机、输灰机电机等漏电 | 1. 检查电机;<br>2. 使 ELR 复位 |
| 废气除尘设备过载 | 排烟机、输灰机电机等过载 | 1. 检查电机;<br>2. 使继电器复位 |

**E　设备管理基准**

设备管理基准如表 8-30 所示。

**表 8-30　设备管理基准**

| 系统 | 设备名称 | 检查部位 | 管理项目 | 管理方法 | 检查周期 1天 | 检查周期 1周 | 检查周期 1月 | 检查周期 6月 | 检查周期 1年 | 判定基准 | 处理方法 | 备考 |
|---|---|---|---|---|---|---|---|---|---|---|---|---|
| 石灰石上料系统 | 振动给料机 | 输送槽 | 腐蚀 | 目视 | | | √ | | | 没有腐蚀,油漆脱落 | 涂漆 | |
| | | 输送槽 | 磨耗 | 目视 | | | √ | | | 没有磨耗 | 更换 | |
| | | 吊挂螺栓 | 松动 | 扳手 | | √ | | | | 不能松弛 | 加固 | |
| | | 弹簧 | 工作 | 目视 | | √ | | | | 四个位置的弹簧工作均匀 | 更换 | |
| | | 激振体 | 振幅 | 三角纸 | | √ | | | | 振幅为 0.5~1.0mm | 调整 | |
| | | 激振体 | 工作 | 目视 | | √ | | | | 出料均匀,移动面广 | | |
| | | 控制器 | 运行情况 | 目视 | √ | | | | | 在设定档次按基准表排出 | 修理 | |
| | 计量秤 | 料斗 | 损伤 | 目视 | | √ | | | | 没有产生对计量秤有影响的损伤、腐蚀 | 修理 | |
| | | 刀刃 | 磨耗 | 目视 | | | | √ | | 磨耗、损伤不能对精度产生影响 | 更换 | |
| | | 指示部 | 精度 | 仪表误差检验 | | √ | | | | 精度 1/500 以下 | 修理 | |
| | | 指示部 | 动作 | 目视 | √ | | | | | 指针转动顺利 | | |
| | | 闸口 | 动作 | 目视 | √ | | | | | 开闭工作顺利 | 修理 | |

续表 8-30

| 系统 | 设备名称 | 检查部位 | 管理项目 | 管理方法 | 检查周期 1天 | 检查周期 1周 | 检查周期 1月 | 检查周期 6月 | 检查周期 1年 | 判定基准 | 处理方法 | 备考 |
|---|---|---|---|---|---|---|---|---|---|---|---|---|
| 焦炭上料系统 | 振动给料机 | 输送槽 | 腐蚀 | 目视 | | | √ | | | 没有腐蚀，油漆脱落 | 涂漆 | |
| | | | 磨耗 | 目视 | | | √ | | | 没有磨耗 | 更换 | |
| | | 吊挂螺栓 | 松动 | 扳手 | | √ | | | | 不能松弛 | 加固 | |
| | | 弹簧 | 工作 | 目视 | | √ | | | | 四个位置的弹簧工作均匀 | 更换 | |
| | | 激振体 | 振幅 | 三角纸 | | √ | | | | 振幅为 0.5～1.0mm | 调整 | |
| | | | 工作 | 目视 | | √ | | | | 出料均匀，移动面广 | | |
| | | 控制器 | 运行情况 | 目视 | √ | | | | | 在设定档次按基准表排出 | 修理 | |
| | 计量秤 | 料斗 | 损伤 | 目视 | | | √ | | | 没有产生对计量秤有影响的损伤、腐蚀 | 修理 | |
| | | 刀刃 | 磨耗 | 目视 | | | | √ | | 磨耗、损伤不能对精度产生影响 | 更换 | |
| | | 指示部 | 精度 | 仪表误差检验 | | | √ | | | 精度 1/500 以下 | 修理 | |
| | | | 动作 | 目视 | √ | | | | | 指针转动顺利 | | |
| | | 闸口 | 动作 | 目视 | √ | | | | | 开闭工作顺利 | 修理 | |
| | 带式输送机 | 橡胶皮带 | 磨损、破损 | 目视 | √ | | | | | 1. 帆布露出全长的 1/10 以下；2. 顺长方向龟裂在 500mm 以下，不掉落矿物 | 更换 | |
| | | | 蛇行、垂弛 | 目视 | √ | | | | | 不能有蛇行、垂弛现象 | 调整 | |
| | | 托辊 | 旋转 | 目视 | √ | | | | | 应圆滑 | 更换 | |
| | | | 沾上异物 | 目视 | √ | | | | | 不沾黏土等异物 | 清扫 | |
| | | 驱动装置 | 同通用项 | | | | | | | | | |
| 混合料上料系统 | 带式输送机 | 橡胶皮带 | 磨损、破损 | 目视 | √ | | | | | 1. 帆布露出全长的 1/10 以下；2. 顺长方向龟裂在 500mm 以下，不掉落矿物 | 更换 | |
| | | | 蛇行、垂弛 | 目视 | √ | | | | | 不能有蛇行、垂弛现象 | 调整 | |
| | | 托辊 | 旋转 | 目视 | √ | | | | | 应圆滑 | 更换 | |
| | | | 沾上异物 | 目视 | √ | | | | | 不沾黏土等异物 | 清扫 | |
| | | 驱动装置 | 同通用项 | | | | | | | | | |
| | 单斗提升机 | 卷扬 | 龟裂、损伤 | 目视 | | | √ | | | 无龟裂及影响旋转的损伤 | 修理 | |
| | | 摩擦衬片制动片 | 损伤、磨耗 | 目视 | | √ | | | | 1. 不能有影响制动的损伤；2. 衬片至少 5mm 以上 | 更换 | |
| | | 料车 | 损伤 | 目视 | | √ | | | | 不能有影响升降的损伤、变形，内容物不可洒落 | 修理 | |

续表 8-30

| 系统 | 设备名称 | 检查部位 | 管理项目 | 管理方法 | 1天 | 1周 | 1月 | 6月 | 1年 | 判定基准 | 处理方法 | 备考 |
|---|---|---|---|---|---|---|---|---|---|---|---|---|
| 混合料上料系统 | 单斗提升机 | 料车车轮 | 磨耗、旋转 | 目视、听声音 | | | √ | | | 1. 应没有明显的磨耗;<br>2. 旋转顺利没有异声 | 修理 | |
| | | 钢索 | 磨耗 | 卡尺 | | | √ | | | 1. 断线不能超过10%;<br>2. 直径大于公称直径的70% | 更换 | |
| | | 钢索滑轮 | 磨耗、旋转 | 目视、听声音 | | | √ | | | 1. 应没有明显的磨耗;<br>2. 旋转顺利没有异声 | 更换 | |
| | | 导轨 | 损伤、磨耗 | 目视 | | | √ | | | 无影响滑走的损伤及磨耗 | 更换 | |
| | | 限位开关 | 工作 | 目视、手触 | | √ | | | | 应能正常工作 | 更换 | |
| | | 驱动装置 | 同通用项 | | | | | | | | | |
| 焙烧系统 | 旋转布料器 | 料斗 | 损伤 | 目视 | | | √ | | | 无影响加料的损伤、腐蚀 | 修理 | |
| | | 溜槽 | 磨耗 | 目视 | | | √ | | | 无影响布料的损伤、腐蚀 | 更换 | |
| | | | 旋转 | 目视 | √ | | | | | 放松顺利 | 修理 | |
| | | 驱动装置 | | | | | | | | | | |
| | 料位计 | 钢索 | 磨耗 | 卡尺 | | | √ | | | 1. 断线不能超过10%;<br>2. 直径大于公称直径的70% | 更换 | |
| | | 指示针 | 动作 | 目视 | √ | | | | | 指针转动顺利 | 修理 | |
| | 窑 | 窑壳 | 龟裂<br>腐蚀 | 目视 | | | √ | | | 1. 不能漏气,影响正常操作;<br>2. 没有明显腐蚀 | 修理 | |
| | | 窑衬 | 龟裂<br>松散<br>磨耗 | 目视<br><br>比例尺 | | 定时修 | | | | 不能有5mm以上的裂口<br>耐火砖不得松动<br>没有明显的烧损及脱落 | 修理<br>修理<br>更换 | |
| | | 温度计记录仪 | 精度 | 误差试验 | | | | | √ | 最小刻度的1/2以下 | | |
| | 出灰机 | 圆盘主体 | 损伤 | 目视 | √ | | | | | 没有影响出料的变形、损伤 | 修理 | |
| | | 运转部分 | 润滑、工作 | 目视 | | | √ | | | 动作顺利、没有异声 | 修理 | |
| | | 驱动装置 | 同通常项 | 目视 | | | √ | | | | | |
| | 三段阀 | 主体 | | 目视 | | | | | √ | 没有明显的损伤 | 修理 | |
| | | 闸板 | 1. 开闭状态<br>2. 密封状态 | 目视 | √ | | | | | 1. 开闭顺利;<br>2. 无影响正常操作的泄漏 | 修理<br>更换 | |
| | | 汽缸 | 磨耗、动作 | 目视 | √ | | | | | 不松弛,能正常工作 | 更换 | |
| | | 限位开关 | 动作 | 目视 | √ | | | | | 能正常工作 | 更换 | |
| | 助燃空气鼓风机 | 机壳 | 损伤 | 目视 | | | √ | | | 无龟裂和影响运转的损伤 | 修理 | |
| | | 叶片 | 损伤 | 目视 | | | | | √ | 无龟裂和影响运转的损伤 | 修理 | |
| | | | 振动 | 振动计<br>手触 | | | | √ | | 1. 振动150μm以下;<br>2. 键、螺栓不能松弛 | 修理 | |
| | | | 运转状态 | 同量、同压 | √ | | | | | 应同量、同压,不妨碍运转 | 修理 | |
| | | 驱动装置 | 同通用项 | | | | | | | | | |

| 系统 | 设备名称 | 检查部位 | 管理项目 | 管理方法 | 检查周期 | | | | | 判定基准 | 处理方法 | 备考 |
|---|---|---|---|---|---|---|---|---|---|---|---|---|
| | | | | | 1天 | 1周 | 1月 | 6月 | 1年 | | | |
| 排烟除尘系统 | 涡流式除尘器 | 机身主体 | 外筒损伤 | 目视 | | | ✓ | | | 没有影响运转的损伤 | 修理 | |
| | | | 内筒损伤 | 目视 | | | ✓ | | | 没有影响运转的损伤 | 修理 | |
| | | | 沾上灰尘 | 目视 | | | ✓ | | | 不能有明显沾着 | 修理 | |
| | 废气循环风机 | 机壳 | 损伤 | 目视 | | | ✓ | | | 无龟裂和影响运转的损伤 | 修理 | |
| | | 叶片 | 损伤 | 目视 | | | | | ✓ | 无龟裂和影响运转的损伤 | 修理 | |
| | | | 振动 | 振动计手触 | | | | ✓ | | 1. 振动150μm以下;<br>2. 键、螺栓不能松弛 | 修理 | |
| | | | 运转状态 | 同量、同压 | ✓ | | | | | 应同量、同压,不妨碍运转 | 修理 | |
| | | 驱动装置 | 同通用项 | | | | | | | | | |
| 全系统 | 通用 | 减速机 | 漏油 | 目视 | ✓ | | | | | 不漏油 | 修理 | |
| | | | 油量 | 目视 | | ✓ | | | | 在标准范围 | 给油 | |
| | | | 油脏 | 目视 | | | | ✓ | | 应干净 | 更换 | 1次/年,定期换 |
| | | | 运转状态 | 手触、听声音 | ✓ | | | | | 没有异常振动、声音、发热 | 修理 | |
| | | 电机 | 漏电 | 电表 | | | | ✓ | | 电流、电压应符合正常值 | 修理 | |
| | | | 运转状态 | 手触、听声音 | ✓ | | | | | 没有异常振动、声音、发热 | 修理 | |
| | | V皮带 | 张力 | 量规 | | ✓ | | | | 链条应在13~19mm范围 | 调整 | 用手指按中心 |
| | | | 损伤 | 目视 | | | ✓ | | | 不能有引起故障的龟裂、损伤 | 更换 | |
| | | V皮带轮 | 摇晃、振动 | 目视、手触 | | | ✓ | | | 1. 不摇晃、不振动;<br>2. 链不松弛 | 紧固 | |
| | | 链子及链轮 | 链条张力 | 量规 | | | | ✓ | | 中央的垂度在间距的2%~4%范围内 | 调整 | |
| | | | 摇晃、振动 | 目视、听声音 | | | ✓ | | | 1. 不摇晃、不振动;<br>2. 链不松弛 | 更换 | |
| | | | 工作状态 | 目视、听声音 | ✓ | | | | | 1. 没有异常声音;<br>2. 咬合紧凑 | 更换 | |
| | | 连接器 | 运转状态 | 目视、听声音 | | | ✓ | | | 没有异常声音、振动 | 更换 | |
| | | 挠性接头 | 偏摆、振动 | 目视、听声音 | | | ✓ | | | 1. 偏向在0.1mm以下;<br>2. 没有异常声音、振动 | 更换 | |
| | | | 磨耗、龟裂 | 卡尺 目视 | | | | | ✓ | 衬套磨耗在5mm以下;<br>没有龟裂 | 更换 | |
| | | 轴、轴承 | 给油点 | 分解检查 | | | | | ✓ | 不松弛,无磨损、振动 | 修理 | |
| | | | 油 | 目视 | | ✓ | | | | 不能断油 | 加油 | |
| | | 驱动轴齿轮 | 轴承、轴、齿轮 | 目视 | | | | ✓ | | 1. 没有异常的咬合声音;<br>2. 不松弛,无磨损、振动;<br>3. 齿形磨损应在1/3以下 | 修理<br>修理<br>更换 | |
| | | 给油装置 | 泄油器 | 目视 | ✓ | | | | | 积水应在水平标志以下 | 排水 | |
| | | | 泄漏空气 | 听声音、手触 | ✓ | | | | | 应不泄漏 | 修理 | |
| | | | 油量 | 目视 | ✓ | | | | | 应在标定范围内 | 加油 | |

### 8.1.4 部分企业机械化竖窑的统计技术资料

部分企业机械化竖窑 2006 年 1~10 月份的统计技术资料如表 8-31 所示。

表8-31　部分企业机械化竖窑2006年1~10月份的统计技术资料

| 单位 | 产量 /t | 利用系数 /t·(m³·d)⁻¹ | 设备作业率 /% | 石灰石化学成分 w/% CaO | MgO | SiO | 活性度 /mL | 生过烧 /% | 产品质量 灼减 /% | w(CaO) /% | w(MgO) /% | w(SiO) /% | w(S) /% | 吨石灰石标准煤耗 /kg | 吨石灰石热耗 /GJ | 吨石灰石实物焦耗 /kg | 吨石灰石电耗 /kW·h |
|---|---|---|---|---|---|---|---|---|---|---|---|---|---|---|---|---|---|
| 邯郸钢铁公司原料部 | 131043 | 0.61 | 53.5 | | | | 267 | | 4.85 | 86.9 | | | 0.040 | 156.0 | | 141.0 | 21.0 |
| 广钢石灰厂 | 32669 | 0.79 | 66.2 | 54.7 | 1.5 | 0.30 | 307 | 3.6 | 3.76 | 91.3 | 2.36 | 0.42 | 0.051 | 134.9 | 4.340 | 139.0 | 19.0 |
| 本溪钢铁公司石灰石矿 | 389505 | 1.00 | 97.9 | 50.4 | 2.1 | 2.28 | 238 | | 5.43 | 83.0 | 4.86 | 3.82 | 0.157 | 103.0 | 3.030 | 121.0 | 19.6 |
| 柳钢耐火材料厂 | 138190 | 0.63 | | | | | 323 | | | 92.6 | 1.36 | 1.02 | 0.050 | 187.6 | | 196.7 | 23.5 |
| 首钢建材化工厂 | 191307 | 0.74 | 97.4 | 51.7 | 3.1 | 2.28 | 234 | 7.4 | 9.77 | 82.7 | 4.22 | 1.73 | | 162.7 | 3.180 | 167.0 | 10.4 |
| 首钢鲁家山石灰矿 | 87095 | 0.82 | | | | | 232 | 11.1 | | 83.5 | 6.42 | 2.40 | | 151.4 | | | |
| 淄博齐林傅山钢铁公司 | 107188 | 0.66 | 90.4 | 55.1 | 0.5 | 0.7 | 308 | 5.9 | 4.70 | 90.2 | 0.52 | 1.11 | 0.011 | 179.0 | 4.121 | 165.0 | 5.6 |
| 黄石陈家山药业集团 | 391925 | 0.85 | 90.0 | 53.8 | 1.0 | 1.2 | 240 | 6.2 | | 86.0 | | | 0.035 | 145.0 | | 210.0 | 17.0 |
| 首钢第二耐火材料厂 | 135798 | | | 49.8 | 3.9 | 1.06 | 211 | 14.0 | 4.65 | 81.8 | 7.95 | 1.61 | 0.069 | | | | |
| 广东德宝盛冶金石灰制品厂 | 327590 | 0.96 | 98.0 | 55.1 | 0.8 | 0.4 | 291 | 6.7 | 5.30 | 89.2 | 0.84 | 1.27 | 0.050 | 190.0 | | | 8.1 |
| 安钢冶金炉料有限公司 | 293132 | 0.85 | 97.2 | | | | 250 | 15.1 | | 86.1 | 2.27 | 2.76 | 0.075 | 138.0 | | 138.0 | 10.0 |
| 攀钢矿业公司石灰石矿 | 390284 | 1.02 | | 53.6 | 1.43 | 0.76 | 212 | 11.8 | | 88.0 | 2.43 | 1.24 | | | | 120.8 | |
| 酒泉钢铁公司烧结厂 | 262265 | 0.86 | 90.0 | 54.7 | 0.8 | 0.91 | 274 | 11.3 | 89.8 | | | | | | | 152.2 | 33.3 |
| 涟钢田湖公司 | 34992 | 0.49 | 86.0 | | | | 278 | 18.2 | | 81.5 | 2.48 | 2.70 | | 168.0 | 4.790 | 235.0 | 26.0 |
| 安吉明辉冶金石灰制品厂 | 30240 | 0.90 | 65.0 | 54.0 | 0.2 | 0.7 | 280 | 0.9 | 5.00 | 88.0 | 1.36 | 1.25 | 0.450 | 185.0 | | 198.0 | 8.0 |
| 水钢实业发展公司 | 104943 | 0.96 | 90.0 | | | | 219 | | | 82.8 | | 2.20 | | 114.0 | | 156.0 | 12.0 |

注：表中数据源自中国石灰协会冶金石灰专业委员会编制的《全国重点冶金石灰企业生产技术经济指标汇总表》。

## 8.2 低热值燃气竖窑

长期以来，焙烧冶金石灰多采用焦炭为燃料。随着环保、节能要求的提高和技术发展，利用冶金工厂高炉、转炉及电石厂电炉回收的煤气为燃料焙烧冶金石灰得到了广泛的应用。

### 8.2.1 竖窑结构及规格

#### 8.2.1.1 竖窑结构

A 结构特点

低热值燃气石灰竖窑一般以高炉煤气、发生炉煤气、低发热值混合煤气等为燃料生产石灰，窑体按其功能分为预热带、焙烧带和冷却带三个部分。它的加出料设备与普通竖窑相类似，烧嘴多采用周边煤气烧嘴分上下两层安装在窑体焙烧带的下部，燃烧气体穿过石灰石填层的空隙而上升，石灰石经过受热、分解、出灰而下降。石灰石与燃烧气体相向运动，气流层紊乱，接触面大，其传热速度快，热效率高，生产能力也比较大，其优缺点如下。

优点：

(1) 因为是充填层方式，故预热、冷却效率高，热效率卓越；

(2) 呈垂直布置，故其占地面积小；

(3) 由于各带一体化和高度方向的梯度大，故本体较矮，设备费比较低；

(4) 生石灰的移动缓慢，故粉化得少。

缺点：

(1) 因为是充填层方式，故压力损失大，石灰石粒度受限制；

(2) 气流容易不均匀，要求高水平的操作技术；

(3) 因原料和成品与气体的接触时间长，故从燃料中吸收的硫量大。

B 预热带

在竖窑中预热带处于焙烧带的延长部位，带间界限很难区分，石灰烧成的单位热耗的高低取决于预热效果的好坏，也就是说尽可能使焙烧带和预热带交界处的气体和物料的温差减少，就能降低热耗。为达到此目的，采取下述方法：

(1) 使用小块石灰石，以加大传热面积；

(2) 加长预热带，延长滞留时间。

采用第一种方法，气体与物料的温差会变小，而且加热时间也会变短。但是，当物料的大小块度比增大时因孔隙率减小，气体的阻力变大，故粒度应有一定界限。一般认为取窑径的 1/30~1/25 为好。

虽然可取第二种方法作为第一种方法的补充，但也会随此而发生压力损失的问题，不能无限增高。这一点虽然可以由风机来做一些补偿，但会因压力损失增大，容易造成气流偏行，边缘气流更易发展。

C 焙烧带

焙烧带是对在预热带被加热了的石灰石脱 $CO_2$ 的区域。对于气体和石灰石相对逆向流动的逆流焙烧方式，在整个焙烧带断面上，要争取燃料和空气、废气的均匀分布，还要注意降低在脱 $CO_2$ 带下部由于燃烧而造成的最高温，因为在下部碳酸钙分解量小，吸热少，要特别注意调整火焰长度和物料下降通过焙烧带所需时间的关系，使在焙烧带上部氧气耗尽，而在物料降到燃烧带下沿时燃料又必须全部烧光。

D　冷却带

在竖窑中的冷却带，是自焙烧带下部延伸的区段，一般在冷却带要达到三个目的：

（1）冷却在焙烧带脱过 $CO_2$ 的生石灰；

（2）使在焙烧带未分解的"生核"在冷却带上部进行分解，得到所谓养生；

（3）有效利用脱 $CO_2$ 后的石灰所带有的热量。

就（1）而言，必须用较少的空气进行热交换，这可以认为与预热带的情况相同；关于（2），对石灰石粒度范围大的情况是必要的，要使大粒度的石灰石在焙烧带完全脱除 $CO_2$，小粒度的石灰石便有过烧的现象，降低生石灰的化学反应性，因此，在焙烧带下方的低温区用生石灰的显热使大粒径的未分解部分"生核"分解，但这需要充分注意，因为它可能造成生石灰的再碳酸化；（3）对焙烧炉的热效率影响很大，要解决的问题是如何有效地使用冷却生石灰的废气。最好的方法是把冷却空气直接作为燃烧用的二次空气使用，但是由于窑炉的燃烧方式不同，也有的不能完全被利用，从而会造成空气比过大。有的将其排到炉外靠热交换器用于预热二次空气，但从热效率来看，这不是最好的方法。

冷却带必须注意的问题是再碳酸化，即生石灰与包围着它的 $CO_2$ 在处于高温接触时 CaO 吸收 $CO_2$ 在外壳形成 $CaCO_3$ 层，这一过程从 290℃ 开始慢慢发生，在约 400℃ 以下反应进行得比较缓慢，但是在 500～750℃ 时，则发生迅速的反应。这个再碳酸化反应在很大程度上受到石灰的气孔率（软烧者气孔率高）和石灰粒径的影响。另外，对炉内环境来说，由于当烧成温度过高时，在焙烧带燃烧废气的分布不均匀和热交换的不同、排气不充分等原因，在冷却带便有 $CO_2$ 存在，并且还有在冷却带的石灰下料不均匀、长时间滞留等问题，所以在窑炉操作上必须予以注意。

E　竖窑的断面形状

目前，工业生产中采用的竖窑有圆柱形的、圆锥形的、截锥组合的或截锥同圆柱组合的、椭圆柱形的、矩形截面棱柱形（棱角做成圆角）的。

从块状物料分布的均匀性看，圆截面窑效果最好，因为它能使物料的分布在所有方向具有相等的概率。当窑是矩形或椭圆形的截面时，用一台加料设备实际上是难以保证物料均匀分布的，必须采取措施或在窑上安装两台或多台加料设备。

在正方形或矩形截面的窑中，配合料中的大料块可能总是集聚到远离窑中心线的窑角处，料块分布不均匀会造成气流的重新分布。因此，在窑顶内部必须采取特殊结构以消除物料偏析现象。

至于窑的下部形状，为了使空气沿窑的横截面良好分布，减小卸料装置的外形尺寸，窑体最好是圆锥形的。工业窑的使用经验表明，窑冷却带的锥度以 8° 的倾角较为合适。

8.2.1.2　竖窑规格及技术数据

目前，气烧竖窑常用的规格及技术数据如下：

窑的规格有：$80m^3$、$100m^3$、$120m^3$、$150m^3$、$200m^3$；

窑的有效容积：$80 \sim 200m^3$；

窑的有效高度：$16 \sim 20m$；

燃料发热值：高炉煤气低发热值 $3014 \sim 3559kJ/m^3$；

　　　　　　其他煤气低发热值 $3768 \sim 5443kJ/m^3$。

窑的利用系数：采用高炉煤气时：$0.6 \sim 0.8t/(m^3 \cdot d)$；

　　　　　　　采用其他低热值煤气时：$0.8 \sim 1.0t/(m^3 \cdot d)$。

产品粒度合格率（大于 10mm）：与原料的粒度及自身的性质有关，一般情况下约 90%。

原料消耗系数：约 1.75t/t。

单位产品热耗：5024 ~ 6280kJ/kg。

单位产品电耗：25 ~ 35kW · h/t。

## 8.2.2 竖窑附属设备

燃气石灰竖窑使用的上料设备、窑顶设备、出窑设备与普通竖窑相同。详见8.1。

### 8.2.2.1 风机系统

石灰竖窑所需的助燃空气由鼓风机提供，常用的鼓风机有离心通风机、罗茨鼓风机。长期以来因为价格的原因，国内的石灰竖窑的助燃空气大多采用离心通风机供给，但当窑内阻力变化时，离心通风机的供风量会随之产生变化，对克服窑内阻力变化的性能较差，在这一点上远不如罗茨鼓风机的性能稳定。一般对石灰质量要求不高及供风压力较低的石灰竖窑可以采用离心通风机，而对石灰质量要求较高或供风压力较高的石灰竖窑常采用罗茨鼓风机。

对于以煤气为燃料的石灰竖窑，由于作为石灰冷却空气的二次助燃空气及从烧嘴供入的一次助燃空气的压力相差较大，以及调节各自供风量的需要，最好单独设置一次助燃空气风机和二次助燃空气风机。风量的调节通常有阀门调节和变频器调节两种方式，一般离心通风机采用阀门调节风量，罗茨鼓风机采用变频器调节风量。此外，为了防止设备突然停机或窑内爆炸造成窑内气体的倒流现象，最好在风机出口侧安装止回阀以保护风机不受破坏。

由于石灰竖窑所用的助燃空气的压力较高，一般在风机的进出口处安装消声器及消声弯头，以降低风机噪声，满足环保要求。

### 8.2.2.2 窑内料位计

低热值燃气石灰竖窑的料位探测装置有机械重锤料位探测器、射线料位探测器、手动探尺等。

常用的机械重锤料位探测器有电动重锤料位探测器和液压重锤料位探测器。

常用的射线料位探测器有超声波料位探测器和雷达料位探测器。超声波料位探测器价格较适宜，但对烟气和粉尘的适应性较差，操作不当时烟气和粉尘易产生干扰信号而影响正常操作；雷达料位探测器烟气和粉尘的适应性较强，但其价格较高。

## 8.2.3 低热值燃气石灰竖窑的操作与维修

### 8.2.3.1 烘窑投产

正确的烘窑能保证砌筑材料的强度及使用寿命，每种耐火材料都有自己最佳的烘干曲线，在实际生产中，烘炉曲线几乎无法达到，为便于生产组织和取得尽可能好的烘炉效果，可采取带料烘炉转试生产的方案。以下以 200m³ 窑为例说明。

A　烘炉的前提条件

(1) 主体设备及附属装置全部进行单机试车运转、联动试车运转及热负荷试车运转，并已按有关技术要求检查验收合格，符合正常生产要求的条件。

(2) 炉体全部管道及附属装置打压实验完毕，并按有关技术要求检查、验收合格。

(3) 与窑炉相关的风、水、电、气等系统准备完毕。

(4) 窑内及卸料闸板等部位已彻底清扫干净，无碎砖、尘土及其他杂物遗留在窑内。

(5) 相关操作人员和管理人员全部到位。

B　开窑点火

设备及材料的准备：

（1）100～200mm 见方的木块 20m³，为保证燃烧时间，以松柏木为佳，粒度在不堵塞溜料管的前提下尽量大；

（2）点火枪及氧气、乙炔装置 2 套，点火枪长度以长出烧嘴长度 0.5m 为宜；

（3）柴油或煤油 20～30L；

（4）棉纱 1 包；

（5）20～40mm 石灰石 10m³；

（6）对讲机 2 个；

（7）充电灯 2 个；

（8）2m 长钎杆若干；

（9）煤气救护装置 2 套；

（10）消防用具若干；

（11）便携式煤气报警器 1 个。

开窑前的操作：

（1）将 10m³ 的 20～40mm 石灰石装入窑内垫底，以防大料对窑底造成冲击；

（2）将 40～80mm 石灰石装入窑内，并将 20～40mm 石灰石排出，保持窑内物料良好的透气性；

（3）将石灰石加至下排烧嘴以下 500mm 处，料面尽量保持平整；

（4）在窑内加入 6m³ 100～200mm 的木块，并保持平整；

（5）将若干浸油棉纱均匀投入窑内，并浇上 15L 柴油；

（6）将窑体相关的煤气、空气阀门全部关闭；

（7）打开窑顶放散阀，拆下窑顶料位计，打开窑顶人孔；

（8）以正确置换方式将煤气送至烧嘴前，并对称的将四个烧嘴拆下；

（9）低频启动二次风机，向窑内通风。

点火操作：

（1）用点火枪从卸下的烧嘴处点燃窑内木柴；

（2）观察燃烧状态稳定后，迅速将烧嘴装上；

（3）自点火开始约 20～30min，待燃烧稳定后，向窑内加入 2 斗木柴，然后加入 1 斗石灰石；

（4）以 3 号、12 号、10 号、5 号顺序，逐渐开启烧嘴煤气阀门，开度 20%，煤气流量 600～700m³/h，并注意调整窑底观察门的开度；

（5）待煤气燃烧稳定后，向窑内加入 3t 石灰石和 1m³ 木柴；

（6）观察窑内燃烧状况良好后，再加入 4t 石灰石和 1m³ 木柴；

（7）启动液压系统；

（8）以上各项操作应在 3～4h 内完成，之后，每小时加入石灰石 3～4t，每 1.5h 加入 1m³ 木柴，每小时活动 2 次料位（每次托板换向 2 次）；

（9）温度控制：自点火后 24h 内，升温速度不超过 10℃/h；窑顶温度在 150℃ 以下，煅烧带温度在 200℃ 以下，温度异常时，若温度过高，升温过快，可增加石灰石加入量，减少煤气量及风量，若火焰燃烧不稳定，可调整风量。

C　点火后的操作

第 2 天的操作：

（1）连续第 1 天的加料操作；

（2）温度控制：煅烧带温度控制在 200℃左右，保温 24h，窑顶温度控制在 150~200℃；

（3）做好下排其他烧嘴的开启工作。

第 3 天的操作：

（1）观察窑内燃烧状况良好后，按顺序开启 2 号、13 号、9 号、6 号烧嘴；

（2）将加料周期调整为 5t/h，每 2h 向窑内加入 1m³ 木材；

（3）增加出料量为 1~1.5t/h；

（4）温度控制：不短于 12h，将煅烧带温度升至 300~350℃，保温 24h，窑顶温度 200℃以下，温度异常时，可适当增加出料量；

（5）注意观察窑体内的水蒸气排除情况。

第 4 天的操作：

（1）继续第 3 天的加料和保温操作（12h 内）；

（2）木材用完后，按原加料速度继续加入石灰石，保持原出料速度；

（3）开启 4 号、11 号烧嘴，控制煤气流量 1500~1600m³/h，同时相应调整空气流量；

（4）调整加料周期为 6t/h；

（5）调整出料量为 2~3t/h；

（6）观察窑内水蒸气排除较前几天明显减少时，提高窑内升温速度至 20℃/h 左右；

（7）做好引风机开启的准备工作；

（8）温度控制：前 12 小时保持 300~350℃，后保持温度上升，但煅烧带温度控制在 600℃以下，窑顶温度 150℃以下，出料温度 150℃以下。

第 5 天的操作：

（1）依顺序开启 1 号、14 号、8 号、7 号烧嘴，同时相应调整空气流量；

（2）保持原加料速度至窑顶储料槽达到中料位，并保持；

（3）启动引风机，走旁通管道，注意调整阀门开度，保持窑顶负压为 -500~-300Pa；

（4）调整加料量为 3~4t/h，同时对应调整出料量；

（5）温度控制：全开进行煅烧带 600℃左右的保温操作，窑顶温度 100℃以下，出料温度 150℃以下，引风机入口温度约 150℃，煤气预热温度 280℃以下，废气温度不超过 500℃，温度异常时可采取适当的临时措施；

（6）关闭窑顶放散阀；

（7）密封窑顶人孔；

（8）观察石灰的生过烧情况，必要时进行化验；

（9）检查主体设备的运行情况；

（10）重新安装窑顶料位计，并调试正确料位。

第 6 天的操作：

（1）加料与出料维持第 5 天的操作；

（2）调整煤气流量为 4000m³/h 左右，同时相应调整空气流量；

（3）适当调整一、二次助燃空气的比例，使煅烧带中上部温度逐渐上升；

（4）做好上排烧嘴开启的准备工作；

（5）温度控制：窑顶温度 100℃以下，煅烧带中下部温度在 600~700℃，中上部温度在 500~600℃。

第 7 天的操作：

（1）加料与出料维持第 6 天的操作；

（2）观察上排烧嘴处物料状况，在中上部温度达到 600℃时开启 3 号、12 号、10 号、5号、4 号、11 号烧嘴，开度约 20%，控制煤气流量在 6000m³/h 左右，同时相应调整空气流量；

（3）温度控制：煅烧带中上部温度在 600~700℃，中下部温度在 700~800℃，窑顶温度不超过 70℃，废气温度 450℃以下，煤气预热温度不超过 270℃。

第 8 天的操作：

（1）开启上排烧嘴，调整煤气流量在 7000m³/h 左右，同时相应调整空气流量；

（2）根据窑况相应调整产量，并保持相应料位；

（3）调整引风机调节阀开度，保持窑顶负压在 -500 ~ -300Pa。

第 9 天的操作：

（1）将煤气流量调至 9000m³/h 左右，同时根据窑况调整一、二次风比例和日产量；

（2）温度控制：窑顶温度不超过 150℃，煅烧带温度升至 900~1000℃，出灰温度控制在 150℃以下，废气温度在 500℃以下，引风机温度 200℃以下，煤气预热温度小于 300℃。

第 10 天的操作：

（1）保持窑况稳定，修改不适合参数；

（2）根据产量、质量对窑况作相应调整；

（3）实现产量、质量双达标。

D　开窑及试生产阶段的注意事项及需要说明的几个问题

（1）严格遵守有关的安全操作规程和技术操作规程，设备检修时应采取必要的安全措施。

（2）在点燃煤气时，须保证有明火或红料，达到煤气着火温度，并间断性进行废气检修，废气中 CO 含量不超过 0.5%。

（3）在点火时会出现瞬时高温，属正常现象，如果油类加入过多，会伴随浓烟产生，甚至窑顶出现爆燃现象，所以应控制加入量。

（4）若想缩短烘窑时间，可适当对操作进行调整。在实际生产中，应通过现场观察及仪表反映的数据，及时进行分析调整。

### 8.2.3.2　正常生产的操作

A　气烧竖窑的几个重要参数

（1）温度。简单地从工艺角度上讲，石灰的烧制过程也就是 $CaCO_3$ 在高温状态下的分解过程，但煅烧石灰所需的温度却和 $CaCO_3$ 的分解温度是两个概念。理论上，$CaCO_3$ 的分解温度为 898~910℃，但这个温度并不是我们要控制的石灰煅烧温度，因为在一定区间内，随着温度的升高，$CaCO_3$ 的分解速度也加快，而且分解所需的热量降低，这是我们希望得到的。但由于 $CaCO_3$ 的分解速度并不是单纯的随温度升高而加快，而且在温度达到一定值后，石灰石会成为熔融状态，所以，一般煅烧石灰，理论上要求控制的最佳值为 1150±50℃。实际温度是需要用测温仪器测定的，在气烧竖窑上，窑温是由安装在窑墙上的热电偶测量的。受热电偶本身的技术性能、安装位置、插入深度以及热电偶保护管是否开口等诸多因素的影响，测量值 $T_{测}$ 和实际值 $T_{实}$ 存在着误差 $\Delta T$。如何正确把握 $\Delta T$，通过控制好测量温度来控制好实际温度，需要在实际生产中去逐渐摸索，找出规律，一般以能煅烧出高质量的石灰为确定控制温度的最终标准。如果片面追求理想的温度或表象上的温度均衡，只能导致窑况的恶化。

（2）压力。气烧竖窑中，压力包括煤气压力、一次风压力、二次风压力等，压力是保证风和煤气具有一定的穿透力、解决竖窑中心区域石灰生烧的前提条件。对于不同的竖窑、不同的窑况，所需的理想压力也是不同的，它要受窑内截面、窑温、物料粒度等因素的影响，压力也是分析窑况的一个主要参数。另外，压力的大小还直接关系到流量的大小，同时对气流状况、燃烧的稳定性带来影响。

（3）流量。气烧竖窑中，流量包括煤气流量、一次风流量、二次风流量。理论上讲，流量是不需控制的，消耗多少煤气，产出多少石灰，流量大多出石灰，流量小少出石灰。其实不然，每一个竖窑在每一个窑况下都有一个最佳煤气、风需求量。在这个量下，煤气才能最均衡稳定的燃烧，保证在煅烧带所有区域都有理想的热量供给，这时候的燃烧状况是最好的，热效率也是最高的。就像每一个人在不同的情况下需要不同数量的食物补充才能感觉既不饿又不胀并发挥最佳潜能一样。

（4）温度、压力、流量的关系。三者是密切相关、互相影响、互相作用的，综合分析三者是竖窑操作的关键所在。当我们对一座竖窑经过一段时间的摸索，确定了操作控制的最佳温度、流量、压力后，操作的基本方案也就确定了。但是随煤气热值、原料的粒度和成分等条件的变化，三者也是在不停变化的，如何把三者控制在一个较小的波动区间，就取决于对窑况的正确分析，也就是对三者变化原因的正确分析。而三者变化的趋势却是多种多样的，我们一定要透过表象看到本质，否则一旦分析错误，就会误导我们的操作。例如，当从仪表上检测煤气或风的压力增加时，理论上讲，在过流面积不变的情况下，压力增加，流量应该增大，而事实往往相反，一般情况下，压力的增加恰恰是窑况恶化的标志。测量的煤气、风压力增加了，但窑内的气体压力可能增加的幅度更大，也就是说，$P$ 增加了，$\Delta P$ 反而降低了，流量是随 $\Delta P$ 变化而不是随 $P$ 变化的。再如流量和温度的关系，一般情况下，煤气流量增大，当产量不变时，温度应该升高，但流量的升高往往是石灰向生烧发展、窑内透气性能增加所至，这时候，温度反而是降低的。

煅烧石灰的关键是对窑况的正确分析，尤其是对主要工艺参数的分析。温度、压力、流量作为主要参数，它们是密切相关的，分析窑况时必须综合考虑，割裂开其他因素去单独考虑一个参数，是极不可取的，那样，往往会给你提供错误的信息，使你作出错误的决策。

B　煅烧石灰的三带

在气烧竖窑的预热带、煅烧带、冷却带三带之间没有十分明显的界限，而且会随着窑况的波动不断移动。生产中比较理想的结果是形成合理而稳定的三带，保证石灰石在预热带能达到较高的温度，提高热效率；在煅烧带能实现完全分解；冷却带能快速冷却，以保证较高的 CaO 及活性度指标。所以我们用简短的话概括为：充分预热，集中煅烧，快速冷却。

C　风气配比及一、二次风的比例

合理的风气配比能稳定窑况，降低产品热耗。风气配比依据煤气中可燃物质燃烧所需氧气量来计算，同时辅之与废气分析来确定，空气量必须保证煤气中可燃物能充分燃烧。

一次风指从烧嘴进入的助燃空气，二次风指从窑底进入的空气，它首先冷却石灰，当上升至煅烧带后参与助燃。由风气配比确定总风量后就要合理分配一、二次风的比例，原则上只要二次风能保证将出窑石灰冷却到一定温度，不至烧坏出料设备即可，其余风量由一次风供给。

D　产量的标定

当煤气流量稳定在一定范围后，产量的标定就非常重要。有多大的煤气量，就能产生多少的热量，这些热量供给一定量的石灰石进行分解。如果产量确定高了，石灰就会生烧；产量低了，就会出现过烧，所以产量的确定非常关键。但是有时即使确定了合适的产量，如果产量的计量不准确，仍会造成操作的失误，所以产量的标定也很关键。

（1）皮带秤标定。在成品石灰的输送皮带上，通过皮带电子秤进行计量，但由于皮带秤计量不精确，而且经常出现零点漂移，需定期校验，此方案不易行。

（2）通过石灰石用量计算产量。入窑石灰石是通过电子称量斗进行计量的，斗秤的计量相对皮带秤而言，准确度是非常高的。我们用石灰石的消耗量，通过乘以一定的系数，就能推算出石灰的产量。

**E  窑况分析**

正确的窑况调整，对保持窑况顺行，提高石灰质量起关键作用；而正确的窑况调整来源于对窑况进行正确的分析和判断。活性石灰气烧竖窑的窑况分析虽然不复杂，但是由于石灰生产存在现象的滞后性、调整的超前性和分析的连续性，所以进行窑况分析一定要做到以下几点。

（1）综合分析。既要对石灰的质量指标进行视观观测和化学分析，又要对工艺参数作详细分析。参数分析中要对温度以及煤气、风的压力、流量等做全面分析。

（2）分析的连续性。由于生产的连续性，所以在分析上也要保持连续性。一般情况下，对于 $200m^3$ 的竖窑，产量在 $150 \sim 180t$ 左右，从入窑到出窑需要 30h 左右的时间，就是煅烧后通过冷却带也需要 10h 左右的时间。也就是说，我们现场看到的石灰是在 10h 以前烧成的，这就要我们去分析在当时情况下窑况的温度、压力等参数，进而制订调整方案。窑况的变化是缓慢的，石灰从生烧到过烧，从过烧到生烧都有一定过程，所以我们要从温度、压力、流量的变化趋势来分析窑内状况的变化趋势，我们制定调整的方案时要往前分析 12h，甚至 24h 的变化趋势，绝对不能看现在的参数和石灰质量或者看以前某个点的温度情况来制订方案，只有对现象的滞后性、调整的超前性和分析的连续性有全面认识，我们才能制订出最佳的调整方案。

**F  窑况故障的诊断与排除**

**a  生烧**

生烧一般是由热量供应不足、煅烧时间过短、分解不充分造成的，出现生烧时，首先要打开窑底观察门观察生烧石灰存在的部位，分情况进行调整。

（1）中心区域生烧。这时生烧料一般出现在紧贴托板的层面，这一般是煤气穿透能力差，中心区域供热不足造成，可通过增加煤气及一次空气的压力调整。

（2）局部点生烧。如果生烧石灰存在于矩形断面的某个点，这时要对对应点的烧嘴进行检查，看是否有堵塞造成煤气或空气进入量降低。

（3）石灰总体生烧。这一般是由产量偏高，造成热量供应不足，只需对产量进行调整，但产量降低后，可能会出现排废气温度过高的现象，尤其是燃料热值偏低时会更加明显，此时要对一次、二次风的比例要进行相应调整。

**b  过烧**

同生烧现象一样，首先要确定过烧料的存在部位，然后进行相应调整。

（1）边缘过烧。一般是燃气热值较高，燃烧火焰短造成的，如果条件允许的话，可以通过降低煤气热值来调整；这种情况也可能由于风气配比严重失调造成，就要进行相应调整，必要时要对流量计进行校验。

（2）总体过烧。一般是产量控制过低、热量供应过多造成的，只需对产量进行调整即可。

**c  生过烧同时存在**

生过烧同时存在的现象一般是中心区域生烧、边缘部位过烧，这是竖窑边缘效应的强烈表现。生产实际表明，热值在高于 $5024kJ/m^3$ 时就会出现这种现象，热值越高，现象越明显，所以解决这一问题的根本还在热值。当然，如果煤气及一次风压力和流量过低，也会造成轻微此状况的出现。

d 窑的偏析

窑的偏析是指在同一断面上的窑的温度不均匀，一侧温度高，一侧温度低，进而造成同一截面石灰质量不同，俗称为偏窑。在矩形竖窑中，产生窑的偏析的主要原因是出料设备发生故障，如托板行程不到位，造成下料量不均匀，进而引发偏析。解决的办法首先是对设备检修，保证两个托板行程及单个托板前后退行程一致。同时要对偏窑中煅烧带相对上移的一侧采用人工出料的方法使料位下移，保证同一断面温度的均匀性。

e 结瘤

结瘤是一种非常严重的生产事故，如果在结瘤初期早发现，早采取措施，就能降低结瘤的面积，减小事故的影响。

结瘤的征兆：

（1）温度变化，煅烧带及预热带的温度一般是直线上升趋势；

（2）压力变化，煤气压力、一次风压力、二次风压力呈上升趋势；

（3）流量变化，在外界无调整的情况下，煤气流量和一次风流量下降趋势；

（4）底部温度不均匀，尤其在个别点会出现高温；

（5）出现塌料、悬料现象。

结瘤的处理：

停窑后，打开窑底观察门，如果结瘤不严重，只是红料粘连，可通过现场手动操作托板，靠托板与窑壁挤压将粘连料挤碎；若结瘤严重，挤压不碎，可用外力将瘤块打碎。

### 8.2.3.3 气烧竖窑关键设备的选型及使用维护注意事项

A 十字横梁

十字横梁是竖窑烟气的主要通道（部分烟气通过烟囱外排），它主要保证烟气能顺利地从窑内导入废气管道。

十字横梁的材质一般选用16Mn钢，如果由于工况条件的限制，废气温度在到达十字梁处不能降至600℃以下，可选用不锈钢材质。

十字横梁的结构形式有单侧、双侧及三侧排气等结构，随排气点增加对气流的均匀分布能带来好处，但会使管道布局趋向杂乱。

十字横梁使用中应注意的事项：

（1）控制好废气温度，如果十字横梁经常处于较高温度环境，会发生严重变形，轻则造成管道堵塞，重则会塌落入窑内；

（2）经常进行清理，由于烟气中会有大量石灰石及石灰粉尘，而高温粉尘有很大黏性，会附着在十字横梁的内壁，并且会越积越厚，减小烟气通道面积，造成窑顶负压不能形成，最终影响石灰质量，所以需定期对十字横梁进行清理。

B 除尘器

除尘器既是粉尘处理设备，又是烟气的通道，它运行的好坏不仅对环境带来影响，而且对窑况也有直接制约作用。

在竖窑中一般选用布袋除尘器，布袋除尘器在运行过程中应注意以下问题。

（1）防止高温烧毁布袋。根据布袋材质不同，其耐高温程度不同。极限温度越高，布袋价格越高。一般情况下，烟气温度在竖窑中排出时在400～500℃之间，经过管道及预热器降温后到达除尘器时温度能降至280℃以下。在操作中要注意工艺参数的调整，将排出的废气温度控制在规定范围以内，如果出现异常情况，应及时采取临时措施，如强行外界掺冷空气、废气改走旁通等方式以保护布袋不受损坏。

（2）注意除尘器布袋的防潮。由于烟气中粉尘为石灰小颗粒，极易吸收外界水分，造成布袋板结，既影响除尘效果，又降低布袋使用寿命。水分一般有两个来源，一是除尘器箱盖等部位密封不严，吸收外界空气；二是反吹压缩空气中含有水分，应采取措施进行控制。

（3）对排灰系统经常进行检查。由于高温石灰粉尘具有一定黏性，极易附着在集灰斗内壁发生篷料现象，积灰多了会埋住布袋，损坏设备。

另外，在选取除尘器的规格时，一定要考虑除尘器压差和处理量与引风机能力及竖窑生产能力是否匹配，以免由于能力不足影响到竖窑的操作。

C 烧嘴

烧嘴作为燃烧器对竖窑的质量和产量起着至关重要的作用。烧嘴的外形结构各异，但必须满足以下几个条件：

（1）便于拆装更换；

（2）能通过视镜直观地对内部燃烧状况进行观察；

（3）风量和煤气量能进行适量的调整；

（4）烧嘴的喷头过流面积要满足工艺参数的要求，保证有足够的煤气和风通过。

D 预热器

预热系统不仅要保证将煤气、空气预热到理想温度，提高煤气热效率、降低产品热耗，还要将废气温度降至280℃以下，以防止进入除尘器的烟气烧毁除尘布袋。同时，必须保证自身的畅通，能使烟气顺利排出。

预热器一般采用列管式，利用热传导原理，金属管分为垂直和水平排列两种。垂直排列时烟气走金属管内，煤气走管外，煤气、烟气逆向流动；水平排列时煤气或空气走金属管内，烟气走管外。

### 8.2.4 部分企业低热值燃气石灰竖窑的统计技术资料

以下是部分企业使用低热值燃气石灰竖窑的不完全统计技术资料。

涟源钢铁公司于1988年建设两座127m³烧高炉煤气的石灰竖窑，该窑有效直径为3m，有效高度为18m，每座窑设置20支套管式煤气烧嘴，分上下两排交错布置。于1995年又建设两座140m³烧高炉煤气的石灰竖窑，有效高度为20m，其他参数同127m³石灰竖窑。使用的石灰石粒度为30~70mm；煤气发热值3400kJ/m³，窑的利用系数为0.5~0.55t/(m³·d)，产品活性度（4mol/mL HCl，10min）约为350mL，生过烧率3.8%~4.8%；单位产品热耗6800~7500kJ/kg。当烧嘴前煤气压力较低时中间部位生烧严重。

韶关钢铁集团有限公司于1993年利用原有两座焦炭石灰竖窑改建成两座150m³烧高炉煤气的石灰竖窑，该窑有效直径为3m，有效高度为21m，每座窑设置套管式煤气烧嘴，分上下两排交错布置。取消了窑顶布料器，物料沿窑轴线直落入窑。于1997年又建设一座相同规格的150m³烧高炉煤气的石灰竖窑。经过不断探索改进，2000年又建设3座150m³烧高炉煤气的石灰竖窑，到目前为止已建成13座同规格的石灰竖窑。使用的石灰石粒度为40~70mm，煤气发热值3500~3750kJ/m³，窑的利用系数为0.66~0.84t/(m³·d)，产品活性度（4mol/mL HCl，10min）约为340mL、生过烧率3.8%~7.0%，单位产品热耗4300~5650kJ/kg。

凌源钢铁公司于1992年建设两座80m³烧高炉煤气的石灰竖窑。

湘潭钢铁公司于 1996 年建设两座 150m³ 烧煤气的石灰竖窑，2003 年又建成一座，产品活性度（4mol/mL HCl，10min）约为 310mL、生过烧率约为 6%。

新余钢铁公司于 1977 年建设两座 80m³ 烧高炉煤气的石灰竖窑，煤气发热值 3990kJ/m³，窑的利用系数为 0.75 ~ 1.0t/（m³·d），产品活性度（4mol/mL HCl，10min）约为 310mL，生过烧率 12.2% ~ 14.5%，单位产品热耗 6000 ~ 7100kJ/kg。

邯郸钢铁公司于 2000 年利用原有一座焦炭石灰竖窑改建成一座 140m³ 烧混合煤气的石灰竖窑，该窑窑膛为椭圆形断面长 3.0m、宽 2.5m，有效高度为 19m，该窑设置套管式煤气烧嘴，分上下两排交错布置。使用的石灰石粒度为 50 ~ 90mm，煤气发热值 7500kJ/m³，窑的利用系数为 0.95 ~ 1.0t/（m³·d），产品活性度（4mol/mL HCl，10min）约为 310mL，生过烧率 3.8% ~ 7.0%，单位产品热耗约为 5000kJ/kg。

山西新临钢耐火材料厂建有两座 112m³ 烧高炉煤气的石灰竖窑，该窑有效直径约为 2.7m，有效高度为 20m，使用的石灰石粒度为 40 ~ 80mm，煤气发热值 3550kJ/m³，窑的利用系数为 0.65 ~ 0.80t/（m³·d），产品活性度（4mol/mL HCl，10min）约为 310mL，生过烧率 3.8% ~ 7.0%，单位产品热耗约为 5000kJ/kg。

舞钢钢铁公司石灰厂于 1986 年建成 2 座 120m³ 烧发生炉煤气的石灰竖窑。

安钢集团信钢有限责任公司建有两座 136m³ 烧高炉煤气的石灰竖窑，该窑有效直径约为 2.8/3.0m，有效高度为 21m，使用的石灰石粒度为 40 ~ 80mm，煤气发热值 3700kJ/m³，窑的利用系数为 0.60 ~ 0.70t/（m³·d），产品活性度（4mol/mL HCl，10min）不小于 280mL，生过烧率 ≤9%，单位产品热耗约为 6000kJ/kg。

最近几年，有以下一些企业使用 200m³ 带圆弧角的矩形截面石灰竖窑焙烧石灰取得了良好的效果。

天津铁厂石灰石矿于 2000 年到 2004 年期间，共建成 5 座 200m³ 烧混合煤气的石灰竖窑。

山西海鑫钢铁公司于 2001 年建成 1 座 200m³ 烧高炉煤气的石灰竖窑，2005 年又建成 1 座 200m³ 烧高炉煤气的石灰竖窑。

凌源钢铁公司于 2001 年建成 2 座 200m³ 烧混合煤气的石灰竖窑。

北满特钢公司石灰车间于 2002 年建成 1 座 200m³ 烧混合煤气的石灰竖窑。

河北武安焦化厂于 2003 年建成 2 座 200m³ 烧焦炉煤气的石灰竖窑。

山西兰盟石灰厂于 2004 年建成 2 座 200m³ 烧焦炉煤气的石灰竖窑。

吉林建龙钢铁公司石灰车间于 2004 年建成 2 座 200m³ 烧高炉煤气的石灰竖窑。

吉林通化钢铁公司石灰车间于 2006 年建成 2 座 200m³ 烧高炉煤气的石灰竖窑。

舞钢钢铁公司石灰厂于 2006 年建成 2 座 200m³ 烧发生炉煤气的石灰竖窑。

营口中厚板厂石灰车间于 2006 年建成 2 座 200m³ 烧高炉煤气的石灰竖窑。

这种竖窑为 2.5m × 4.0m 的矩形截面、有效高度为 20m，使用的石灰石粒度为 30 ~ 60mm 或 40 ~ 80mm；采用发热值为 3100 ~ 3300kJ/m³ 的高炉煤气为燃料时，窑的利用系数为 0.70 ~ 0.80t/（m³·d），产品活性度（4mol/mL HCl，10min）约为 310mL，生过烧率不大于 9%，单位产品热耗 5400 ~ 5800kJ/kg；采用发热值为 4500 ~ 5400kJ/m³ 的混合煤气或其他低热值煤气为燃料时，窑的利用系数为 0.80 ~ 1.05t/（m³·d），产品活性度（4mol/mL HCl，10min）不小于 310mL，生过烧率不大于 7%，单位产品热耗 5000 ~ 5400kJ/kg；采用焦炉煤气为燃料时，使用效果不好。

部分企业的气烧竖窑概况如表 8-32 所示。

**表 8-32　部分企业的气烧竖窑概况**

| 企业 | 建设时间 | 公称规格/m³ | 座数 | 窑横截面尺寸/m(直径)或 m×m | 有效高度/m | 烧嘴数/支 | 煤气种类 | 煤气热值/kJ·m⁻³ | 窑利用系数/t·(m³·d)⁻¹ | 入窑石灰石粒度/mm | 产品活性度/mL | 生过烧率/% | 单位热耗/kJ·kg⁻¹ |
|---|---|---|---|---|---|---|---|---|---|---|---|---|---|
| 涟钢 | 1988 | 127 | 2 | 3 | 18 | 20 | 高炉 | 3400 | 0.5~0.55 | 30~70 | ~350 | 3.8~4.8 | 6800~7500 |
|  | 1995 | 140 | 2 | 3 | 20 | 20 | 高炉 |  |  |  |  |  | 4300~5650 |
| 韶钢 | 1993 | 150 | 2 | 3 | 21 |  | 高炉 | 3500~3750 | 0.66~0.84 | 40~70 | ~340 | 3.8~7.0 |  |
|  | 1997 | 150 | 1 | 3 | 21 |  | 高炉 | 3500~3750 |  |  |  |  |  |
|  | 2000 | 150 | 3 | 3 | 21 |  | 高炉 | 3500~3750 |  |  |  |  |  |
|  | 2006 | 150 | 7 | 3 | 21 |  | 高炉 | 3500~3750 |  |  |  |  |  |
| 凌钢 | 1992 | 80 | 2 | 2.5×4.5 |  |  | 混合 |  |  |  |  |  |  |
|  | 2001 | 200 | 2 | 2.5×4.5 |  |  | 混合 |  |  |  | ~310 | ~6 |  |
| 湘钢 | 1996 | 150 | 2 |  |  |  |  |  |  |  |  |  |  |
|  | 2003 | 150 | 1 |  |  |  |  |  |  |  |  |  |  |
| 新余钢 | 1977 | 80 | 2 | 3×2 | 19 |  | 高炉 | 3990 | 0.75~1.0 |  | ~310 | 12.2~14.5 | 6000~7100 |
| 邯钢 | 2000 | 140 | 1 |  |  |  |  | 7500 | 0.95~1.0 | 50~90 | ~310 | 3.8~7.0 | ~5000 |
| 新临钢 |  | 112 | 2 | 2.7 | 20 |  | 高炉 | 3550 | 0.65~0.80 | 40~80 | ~310 | 3.8~7.0 | ~5000 |
| 舞钢 | 1986 | 120 | 2 | 2.5×4.5 |  |  | 发生炉 |  |  |  |  |  |  |
|  | 2006 | 200 | 2 | 2.5×4.5 |  |  | 发生炉 |  |  |  |  |  |  |
| 安钢 |  | 136 | 2 | 2.8/3.0 | 21 |  | 高炉 | 3700 | 0.60~0.70 | 40~80 | ≥280 | ≤9 | ~6000 |
| 天铁 | 2000 | 200 | 5 |  | 20 |  | 混合 | 4500~5400 | 0.80~1.05 | 30~60/40~80 | ~310 | ≤7 | 5000~5400 |
| 海鑫 | 2001 | 200 | 1 |  | 20 |  |  |  |  | 30~60/40~80 |  |  |  |
|  | 2005 | 200 | 1 |  | 20 |  |  |  |  | 30~60/40~80 |  |  |  |
| 北满 | 2002 | 200 | 1 | 2.5×4.5 | 20 |  | 混合 | 4500~5400 | 0.8~1.05 | 30~60/40~80 | ~310 | ≤7 | 5000~5400 |
| 武安焦化 | 2003 | 200 | 2 | 2.5×4.5 | 20 |  | 焦炉 |  |  | 30~60/40~80 |  |  |  |
| 山西兰盟 | 2004 | 200 | 2 | 2.5×4.5 | 20 |  | 焦炉 |  |  | 30~60/40~80 |  |  |  |
| 吉林建龙 | 2004 | 200 | 2 | 2.5×4.5 | 20 |  | 高炉 | 3100~3300 | 0.70~0.80 | 30~60/40~80 | ~310 | ≤9 | 5400~5800 |
| 通钢 | 2006 | 200 | 2 | 2.5×4.5 | 20 |  | 高炉 | 3100~3300 | 0.70~0.80 | 30~60/40~80 | ~310 | ≤9 | 5400~5800 |
| 营口中厚板 | 2006 | 200 | 2 | 2.5×4.5 | 20 |  | 高炉 | 3100~3300 | 0.70~0.80 | 30~60/40~80 | ~310 | ≤9 | 5400~5800 |

## 8.3 机械化焦炭竖窑及低热值燃气竖窑的内衬

### 8.3.1 竖窑内衬结构及对耐火材料的要求

竖窑内衬结构一般分为与物料接触的工作衬和起隔热保护作用的隔热衬，工作衬为一层结构，隔热衬为一到二层结构，工作衬和隔热衬按其工作部位的不同，采用不同的耐火材料砌筑。

#### 8.3.1.1 干燥、预热带

对于窑顶部的干燥带使用的耐火材料，因使用温度较低，窑温对其影响不大；但投入石灰石会造成激烈的磨损，而且石灰石带有的水分会引起耐火材料组织脆弱，故所用耐火材料要具有抗机械磨损能力。而且，耐火材料对炉气的耐侵蚀能力也至关重要。

对于预热带工作衬耐火材料必须具备以下性质：

（1）有致密的组织结构；

（2）有良好的耐磨性；

（3）耐压强度大；

（4）对于来自 $CO$、$SO_2$、$Cl_2$ 等的侵蚀、脆化的抵抗能力大；

（5）对溶渣的耐蚀性强；

（6）有足够的抗剥落性等。

虽然预热带工作衬耐火材料要求同时具备上述性能，但到目前为止，凡致密性、耐磨性好的耐火材料往往抗剥落性较差，很难两全。

#### 8.3.1.2 焙烧带

石灰石分解、石灰和砖衬的化学反应均发生在焙烧带，同时焙烧带工作衬耐火材料还要承受下降炉料的磨损。焙烧带工作衬耐火材料之选用应特别注意抵抗与石灰反应的性能，其组织结构要稳定。焙烧带工作衬耐火材料应具有以下性能：

（1）具有一定的荷重软化温度；

（2）耐腐蚀性好；

（3）高温状态下组织稳定；

（4）抗热震性强；

（5）耐磨性好。

以往，焙烧带多使用 $SiO_2$—$AlO_3$ 系黏土质耐火砖、高铝砖和硅线石质耐火砖，近年来也有采用与石灰反应少、化学稳定性好的碱性耐火砖，对于烧嘴宜采用刚玉莫来石质或镁尖晶石质材料。

焙烧带工作衬耐火材料与石灰的反应，在用 $SiO_2$—$AlO_3$ 系耐火材料的场合一般会生成的矿物是钙长石、钙（铝）黄长石。耐火砖被侵蚀的主要原因是与石灰反应生成玻璃相，它向砖的内部渗透，破坏颗粒间的结合，逐步侵蚀。在用黏土砖时，玻璃相的生成量比用高铝质和硅线石质耐火砖时多，故耐腐蚀性差，但是使砖的气孔率降低其抗蚀能力就增强。因而，应使用致密质耐火砖以提高耐蚀性。在用碱性耐火砖时，砖中的镁橄榄石 $2MgO \cdot SiO_2$ 和石灰反应，随后与铬矿反应生成钙镁橄榄石（$CaO \cdot MgO \cdot SiO_2$）和镁钙硅石（$3CaO \cdot MgO \cdot 2SiO_2$）、镁黄长石（$2CaO \cdot MgO \cdot 2SiO_2$）、铁酸二钙（$2CaO \cdot Fe_2O_3$）等而将铬矿分解，因而加速侵蚀。但和 $SiO_2$—$AlO_3$ 系相比，在同等温度下，这些反应的速度很慢，显示出优异的耐蚀性。这是因为耐火砖的成分和石灰同样属碱性，难以发生化学反应。然而，因为碱性砖大量使用的铬镁质耐火砖易发生爆裂和组织脆化，产生剥离和磨损而逐渐损耗，所以，为进一步谋求长寿化而使用镁质或镁尖晶石质耐火砖。

煅烧带工作衬也不是在整个范围内都用碱性砖。在靠近预热带的部分和冷却带附近，比起耐蚀性来更重视耐磨性，因而必须使用耐磨性好的高铝质或硅线石质耐火砖。

#### 8.3.1.3　冷却带

因为烧好的石灰带有相当多的热量移动，并被冷却，所以冷却带工作衬需要使用耐磨性和抗急冷急热的耐剥落性优异的耐火砖。冷却带工作衬耐火材料必须有以下性能：

（1）优良的耐磨性；

（2）优良的耐剥落性；

（3）具有致密的组织结构等。

直到现在，一直使用致密耐磨性好的高铝砖和具有耐剥落性的耐火黏土砖。对耐火材料而言，冷却带的损伤不会影响整个窑体的寿命。

#### 8.3.1.4　竖窑内衬对耐火材料的要求

竖窑工作衬的厚度应根据窑的大小、断面形状及实际使用经验确定，一般宜为300mm，最薄不宜小于230mm。

竖窑典型工作衬示意图如图8-41所示。

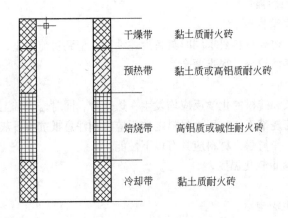

图8-41　竖窑典型工作衬示意图

竖窑的隔热衬一般根据使用部位的温度、要求的隔热效果和墙体厚度、所承受的压力等情况选择单层或双层材料及厚度。

在设计竖窑内衬的各层材质厚度及总厚度时，除考虑炉衬材料的寿命外，还必须考虑向炉外散热的问题。为了选择炉壁厚度和所要使用的筑炉材料，有必要根据外壁温度、蓄热量、热收支的平衡等，计算出窑壁各界面处的温度、热流量和蓄热量。以下是依据窑壁传热的多次热工计算来确定焙烧带窑衬的材质结构。

三层结构的窑壁如图8-42所示，设窑内温度为$t_i$，窑外壁温度$t_0$，各层的厚度分别以$l_1$、$l_2$、$l_3$表示，各层热导率用$\lambda_1$、$\lambda_2$、$\lambda_3$表示，层间界面相接处温度以$t_1$、$t_2$表示，则在稳定传热状态下窑内通过窑壁向外传导的

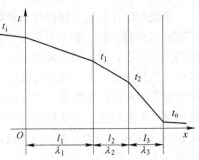

图8-42　三层结构的窑壁

热流量：

$$Q_1 = (t_i - t_o) \Big/ \left( \frac{l_1}{\lambda_1} + \frac{l_2}{\lambda_2} + \frac{l_3}{\lambda_3} \right)$$

$$= (1300 - 63) \Big/ \left( \frac{0.300}{1.210} + \frac{0.230}{0.427} + \frac{0.060}{0.080} \right)$$

$$= 805 \text{kcal/(m}^2 \cdot \text{h)} = 3370 \text{kJ/(m}^2 \cdot \text{h)} \tag{8-31}$$

式中　$t_i = 1300℃$；$t_0 = 63℃$；

$l_1 = 0.300\text{m}$；$l_2 = 0.230\text{m}$；$l_3 = 0.060\text{m}$；

电炉高铝砖：$\lambda_1 = 1.45 - 0.20 \times 10^{-3} \bar{t}_{S1}$，$\bar{t}_{S1} = \dfrac{1300 + 1100}{2} = 1200℃$

$$\lambda_1 = 1.45 - 0.20 \times 10^{-3} \times 1200 = 1.21 \text{kcal/(m} \cdot \text{h} \cdot ℃)$$

黏土质隔热砖：$\lambda_2 = 0.25 + 0.20 \times 10^{-3} \bar{t}_{S2}$，$\bar{t}_{S2} = \dfrac{1100 + 670}{2} = 885℃$

$$\lambda_2 = 0.25 + 0.20 \times 10^{-3} \times 885$$

$$= 0.427 \text{kcal/(m} \cdot \text{h} \cdot ℃) = 1.79 \text{kJ/(m} \cdot \text{h} \cdot ℃)$$

硅酸钙绝热板：

| $\bar{t}_{S3}$： | 200； | 400； | 600℃ |
| $\lambda_3$： | 0.052； | 0.086； | 0.103kcal/(m·h·℃) |

取　　　　　　　　　　$\lambda_3 = 0.080 \text{kcal/(m} \cdot \text{h} \cdot ℃)$

当环境温度 $t_a = 25℃$、风速 $W = 3.0\text{m/L}$ 时，则从窑外壁向大气中散出的热流量：

$$Q_2 = \alpha_c (t_o - t_a) = 21.09 \times (63 - 25) = 801 \text{kcal/(m}^2 \cdot \text{h)} \tag{8-32}$$

式中　$\alpha_c$——综合传热系数，

$$\alpha_c = \alpha_d + \alpha_f = 16.10 + 4.99 = 21.09 \text{kcal/(m} \cdot \text{h} \cdot ℃)$$

$\alpha_d$——对流传热系数，

$$\alpha_d = 5.3 + 3.6W = 5.3 + 3.6 \times 3.0 = 16.10 \text{kcal/(m} \cdot \text{h} \cdot ℃)$$

$\alpha_f$——辐射传热系数，

$$\alpha_f = 3.9 \frac{\left( \dfrac{273 + t_o}{100} \right)^4 - \left( \dfrac{273 + t_a}{100} \right)^4}{t_o - t_a}$$

$$= 3.9 \times \frac{\left( \dfrac{273 + 63}{100} \right)^4 - \left( \dfrac{273 + 25}{100} \right)^4}{63 - 25}$$

$$= 4.99 \text{kcal/(m} \cdot \text{h} \cdot ℃) = 20.89 \text{kJ/(m} \cdot \text{h} \cdot ℃)$$

由于在稳定传热状态下，窑内通过窑壁向外传导的热流量与窑外壁向大气中散出的热流量相等，即 $Q_1 = Q_2$。因此，上述计算结果正确，材质选择及厚度合理。

在图 8-42 所示的三层结构窑壁中，若去掉最外层 $l_3$，仅采用 $l_1$、$l_2$ 的二层结构窑壁，则在其他条件不变、稳定传热状态下窑内通过窑壁向外传导的热流量：

$$Q_1 = (t_i - t_o) \Big/ \left( \frac{l_1}{\lambda_1} + \frac{l_2}{\lambda_2} \right)$$

$$= (1300 - 88) \Big/ \left( \frac{0.300}{1.224} + \frac{0.230}{0.355} \right)$$

$$= 1357 \text{kcal}/(\text{m}^2 \cdot \text{h}) = 5681 \text{kJ}/(\text{m}^2 \cdot \text{h}) \tag{8-33}$$

式中，$t_i = 1300℃$；$t_o = 88℃$；$l_1 = 0.300\text{m}$；$l_2 = 0.230\text{m}$；

电炉高铝砖：$\lambda_1 = 1.45 - 0.20 \times 10^{-3} \bar{t}_{S1}$，$\bar{t}_{S1} = \dfrac{1300 + 965}{2} = 1133℃$

$$= 1.45 - 0.20 \times 10^{-3} \times 1133$$

$$= 1.224 \text{kcal}/(\text{m} \cdot \text{h} \cdot ℃) = 5.12 \text{kJ}/(\text{m} \cdot \text{h} \cdot ℃)$$

黏土质隔热砖：$\lambda_2 = 0.25 + 0.20 \times 10^{-3} \bar{t}_{S2}$，$\bar{t}_{S2} = \dfrac{965 + 88}{2} = 527℃$

$$= 0.25 + 0.20 \times 10^{-3} \times 527$$

$$= 0.355 \text{kcal}/(\text{m} \cdot \text{h} \cdot ℃) = 1.49 \text{kJ}/(\text{m} \cdot \text{h} \cdot ℃)$$

当环境温度 $t_a = 25℃$、风速 $W = 3.0\text{m/L}$ 时，则从窑外壁向大气中散出的热流量：

$$Q_2 = \alpha_c (t_o - t_a)$$

$$= 21.73 \times (88 - 25)$$

$$= 1369 \text{kcal}/(\text{m}^2 \cdot \text{h}) = 5732 \text{kJ}/(\text{m}^2 \cdot \text{h}) \tag{8-34}$$

式中，综合传热系数

$$\alpha_c = \alpha_d + \alpha_f$$

$$= 16.10 + 5.63$$

$$= 21.73 \text{kcal}/(\text{m} \cdot \text{h} \cdot ℃) = 90.98 \text{kJ}/(\text{m} \cdot \text{h} \cdot ℃)$$

对流传热系数

$$\alpha_d = 5.3 + 3.6W$$

$$= 5.3 + 3.6 \times 3.0$$

$$= 16.10 \text{kcal}/(\text{m} \cdot \text{h} \cdot ℃) = 67.41 \text{kJ}/(\text{m} \cdot \text{h} \cdot ℃)$$

辐射传热系数

$$\alpha_f = 3.9 \frac{\left( \dfrac{273 + t_o}{100} \right)^4 - \left( \dfrac{273 + t_a}{100} \right)^4}{t_o - t_a}$$

$$= 3.9 \times \frac{\left( \dfrac{273 + 88}{100} \right)^4 - \left( \dfrac{273 + 25}{100} \right)^4}{88 - 25}$$

$$= 5.63 \text{kcal}/(\text{m} \cdot \text{h} \cdot ℃) = 23.57 \text{kJ}/(\text{m} \cdot \text{h} \cdot ℃)$$

在稳定传热状态下，窑内通过窑壁向外传导的热流量与窑外壁向大气中散出的热流量相等，即 $Q_1 = Q_2$，上述计算结果正确。但是，由于取消了最外层 $l_3$ 隔热层，使窑体的散热量增加了约70%，不利于节能，因此，材质选择及厚度不够理想。

### 8.3.2　常用耐火材料的理化性能

常用耐火材料的荷重软化曲线、高温热膨胀曲线参见图8-43、图8-44。

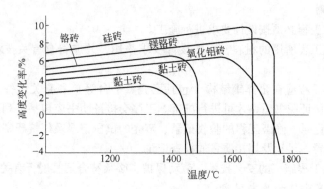

图 8-43　荷重软化曲线

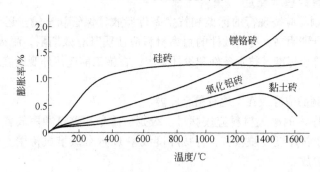

图 8-44　高温热膨胀曲线

### 8.3.3　竖窑内衬的使用效果及使用寿命

窑衬的耐久性对窑的不维修运行时间有很大的影响，从而对窑的生产技术经济指标也有很大的影响。窑的运行时间越长产品产量就越大，生产1t灰费用就越少。窑衬的使用效果及使用寿命取决于耐火材料的性能和质量、窑衬材质和结构的选择及设计的合理性、砌筑质量、烘窑质量、窑的工作强度、单位热耗、原料的杂质含量、燃料灰分含量及组成、生成杂质熔体的数量、气体中 CO 和元素碳的含量等。

耐火材料的性能和质量对窑衬的使用寿命有很大影响，因此，必须做到按要求合理选材和砌筑。

如果砌筑窑衬时必须砍砖，耐火窑衬的使用寿命将会大大缩短。耐火砖有缺棱掉角破面时，窑衬损坏得更快。因此，修理窑衬时，应当采用不需手工磨合的砖。

窑衬砌体中砖的规格、灰缝厚度也很重要。为了延长窑衬的使用寿命，应尽量采用大规格的砖或耐火砌块，以大量减少灰缝数量。

窑的作业强度和单位热耗决定着焙烧带的作业温度，随着温度的升高，将造成不利的使用条件，缩短其使用寿命。

原料中含有的杂质、燃料中的灰分，有可能生成熔体，熔体对耐火材料的磨损及侵蚀影响很大。窑内生成的熔体含有碱性氧化物，熔体很容易渗入砖缝，使熔体同耐火材料起化学反应的表面积增加。这将急剧地加快耐火材料的化学侵蚀。

### 8.3.4　竖窑内衬耐火材料的砌筑施工

8.3.4.1　总则

（1）窑体砌筑工程必须按设计要求进行施工。

（2）窑体砌筑工程所用的材料，应按设计要求采用，并应符合有关技术要求规定的质量标准。

（3）窑体砌筑工程应在窑体钢结构（包括窑壳、平台等）和有关设备安装完毕，经检查合格并签订工序交接证明书后，才可进行施工。工序交接证明书应包括下列内容：窑体中心线和控制标高的测量记录、隐蔽工程的验收记录、窑壳的试压记录及焊接严密性记录、窑内托砖梁和锚固件等的位置、尺寸及焊接质量的检查记录。

（4）窑体砌筑工程施工的安全技术、劳动保护，必须符合国家现行有关规定。

8.3.4.2　竖窑砌筑的基本规定

A　对砌筑材料的基本规定

（1）耐火材料制品应按现行的标准和技术条件验收、保管和运输。运至施工现场的耐火材料制品应具有质量证明书，有时效性的耐火材料应注明其有效期限，耐火材料制品的牌号、级别和砖号等是否符合标准、技术条件和设计要求，在施工前应按外观检查、挑选，必要时应进行试验室检验。

（2）耐火材料制品应存放在工地有盖仓库内。

（3）在工地仓库内的耐火材料应按牌号、级别、砖号和砌筑顺序放置，并作出标志。对重要部位的砖型要求按厚度逐块检查，并按厚度级差 1mm 分级堆放待用。运输、装卸耐火材料制品时，应轻拿轻放。

（4）运输和保管耐火材料时，应预防受潮。受潮易变质的耐火材料（如镁质制品等），不得受潮。

（5）耐火泥浆、粉料、骨料、结合剂、捣打料、可塑料、喷涂料、浇注料和耐火纤维，必须分别保管在能防止潮湿和污垢的仓库内，并不得混淆。有防冻要求的耐火材料，应采取防冻措施。

B　对砌筑用泥浆的基本规定

（1）砌筑耐火制品用的泥浆的耐火度和化学成分，应同所用的耐火制品的耐火度和化学成分相适应。泥浆的种类、牌号及其他性能指标，应根据窑的温度和操作条件选定。

（2）窑体砌筑前，应根据砌体类别通过试验确定泥浆的稠度和加水量，同时检查泥浆的砌筑性能（主要是黏结时间）是否能满足砌筑要求。

泥浆的黏结时间视耐火制品外形尺寸的大小而定，易为 1 ~ 1.5min。

（3）窑体砌筑应采用成品泥浆，泥浆的最大粒径不应大于规定砖缝厚度的 30%。

（4）调制泥浆时，必须称量准确，搅拌均匀。不应在调制好的泥浆内任意加水或结合剂，应注意水中氯离子（$Cl^-$）的含量不应大于 300mg/L。

（5）同时使用不同泥浆时，不得混用搅拌机和泥浆槽等机具。

（6）掺有水泥、水玻璃或卤水的泥浆，不应在砌筑前过早调制。已初凝的泥浆不得使用。

（7）调制磷酸盐泥浆时，必须保证规定的困料时间，有关要求按《高强磷酸盐泥浆施工技术暂行规定》。

C 对人员和机具的基本规定

(1) 窑体砌筑必须由专业筑炉队伍施工，未经培训的、不是熟练的筑炉工不得进行砌筑。

(2) 要严格按设计图纸施工，正确使用耐火材料及砖种，做到尺寸准确。

(3) 施工现场要配备人工和机械加工耐火砖的设备和工具。

### 8.3.4.3 窑体砌筑施工

A 窑体砌筑施工的一般规定

(1) 根据所要求的施工精细程度，竖窑砌体分为Ⅱ~Ⅳ类，各类砌体的砖缝厚度，应符合下列规定：Ⅱ类砌体不大于2mm；Ⅲ类砌体不大于3mm；Ⅳ类砌体大于3mm。

(2) 竖窑各部位砌体的砖缝厚度不应超过表8-33规定的数值。

**表8-33 竖窑各部位砌体砖缝的允许厚度**

| 项 次 | 部 位 名 称 | 各类砌体的砖缝允许厚度/mm | | |
|---|---|---|---|---|
| | | Ⅱ | Ⅲ | Ⅳ |
| 1 | 墙 体 | | 3 | |
| 2 | 拱 顶 | 2 | | |
| 3 | 烧嘴砖 | 2 | | |
| 4 | 隔热耐火砖（黏土质、高铝质） | | 3 | |
| 5 | 硅藻土砖、隔热板 | | | 5 |
| 6 | 红砖外墙<br>红砖拱顶 | | | 8~10<br>5~10 |

(3) 竖窑砌筑的允许误差，不应超过表8-34规定的数值。

**表8-34 竖窑砌筑的允许误差**

| 项次 | 误 差 名 称 | 允许误差/mm | 项次 | 误 差 名 称 | 允许误差/mm |
|---|---|---|---|---|---|
| 1 | 垂直误差：<br>(1) 墙<br>　每米高<br>　全高<br>(2) 拱脚底面标高<br>(3) 烧嘴中心标高<br>(4) 测量孔中心标高 | <br><br>±3<br>±15<br>±2<br>±1<br>±2 | 3 | 线尺寸误差：<br>(1) 矩（或方）形窑膛的长度和宽度<br>(2) 矩(或方)形窑膛的对角线长度差<br>(3) 圆形窑膛内半径误差<br>　内半径≥2m<br>　内半径<2m | <br>±10<br>15<br><br>±15<br>±10 |
| 2 | 表面平整误差：<br>(用2m靠尺检查，靠尺与砌体之间的间隙)<br>(1) 墙面<br>(2) 拱脚砖下面的窑墙上表面<br>(3) 底面 | <br><br>±3<br>±2<br>±5 | | (4) 拱的跨度和高度<br>(5) 膨胀缝的宽度<br>(6) 烧嘴水平定位尺寸 | ±5<br>±2<br>±2 |

(4) 对于第Ⅱ类砌体，应按砖的厚度选分，必要时可加工。选砖时，应保证砖的尺寸误差能满足所规定的砖缝要求。

(5) 对于重要部位应进行预砌筑，并做好技术记录。

（6）竖窑的中心线和主要标高控制线，应按设计要求由测量确定。砌筑前，应校核砌体的放线尺寸。

（7）固定在砌体内的金属埋设件，应于砌筑前或砌筑时安设。砌体与埋设件之间的间隙及其中的填料，应符合设计规定。

（8）耐火砌体和隔热砌体在施工过程中，直至投入生产前，应预防受潮。

（9）砌体应错缝砌筑。

（10）砌体的一切砖缝中，泥浆均应饱满，其表面应勾缝。

（11）不得在砌体上砍砖。砌砖时，应使用木槌或橡胶锤找正，不应使用铁锤。在泥浆硬化后，不得敲打砌体。

（12）砌砖中断或返工拆砖而必须留茬时，应做成阶梯形斜茬。

（13）砖的加工面，不宜朝向窑膛或窑通道的内表面。

（14）砌体内的各种孔洞、通道、膨胀缝以及隔热层的构造等，应在施工过程中及时检查。

（15）砌体膨胀缝的数值、构造及分布位置，均应由设计规定。

（16）留设膨胀缝的位置，应避开受力部位和砌体中的孔洞。

（17）砌体内外层的膨胀缝不应相互贯通，上下层宜相互错开。

（18）留设的膨胀缝应均匀平直，缝内应保持清洁，并按规定填充材料。

（19）砌体与设备、构件、埋设件和孔洞有关联时，应考虑膨胀后的尺寸变化，以确定砌体冷态尺寸或膨胀间隙。

（20）应及时检查耐火砌体的砖缝泥浆饱满度。泥浆饱满度不得低于90%。

（21）耐火砌体的砖缝厚度应用塞尺检查，塞尺宽度应为15mm，厚度应等于被检查砖缝的规定厚度。如果用塞尺插入砖缝的深度不超过20mm时，则该砖缝即认为合格。砌体的砖缝厚度应在每部分砌体每5m的表面上用塞尺检查10处，比规定砖缝厚度大50%以内的砖缝，不应超过下列规定的数值：Ⅱ类砌体为4处；Ⅲ类砌体为5处；Ⅳ类砌体为5处。

**B　窑墙的砌筑**

（1）砌筑窑墙前，应预先找平基础。必要时，应在最下一层砖加工找平。

（2）直墙应按标杆拉线砌筑。当两面均为工作面时，宜同时拉线砌筑。窑墙砌体应横平竖直。

（3）圆形窑墙应按中心线砌筑。当窑壳的中心线垂直误差和直径误差符合窑内形的要求时，可以窑壳为导面进行砌筑。

（4）窑墙不得有三层或三环重缝，上下两层与相邻两环的重缝不得在同一地点。

（5）拱脚砖下的窑墙上表面，应按设计标高找平，表面应平整。拱脚砖与中心线的间距，应符合设计尺寸。

**C　拱和拱顶**

（1）拱胎及其支柱所用的木材，应符合现行的国家标准《木结构工程施工及验收规范》中的承重结构选材标准，其树种可按各地区实际情况选用，材质不易低于Ⅲ等材。

（2）拱胎的弧度应符合设计要求，胎面应平整。支设拱胎时，必须正确和牢固，并经检查合格后，才可砌筑拱和拱顶。

（3）拱脚表面应平整，角度应正确。不得用加厚砖缝的方法找平拱脚。

（4）除有专门规定外，拱和拱顶应错缝砌筑。拱和拱顶在砌筑之前，应进行预砌筑，预砌后编排砖号备用。

（5）拱或拱顶上部找平层，采用加工砖的办法，小的局部可用相应材质的浇注料或捣打料代替。

（6）跨度不同的拱宜环砌，环砌拱和拱顶的砖环必须保持平整垂直。

（7）拱和拱顶必须从两侧拱脚同时向中心对称砌筑。砌筑时，严禁将拱砖的大小头倒置。

（8）拱和拱顶的放射缝，应与半径方向相吻合。拱和拱顶的内表面应平整，个别砖的错牙不应超过3mm。

（9）锁砖应按拱和拱顶的中心线对称均匀分布。

（10）锁砖砌入拱和拱顶内的深度宜为砖长的2/3～3/4，但在同一拱和拱顶内砌入深度应一致。打入锁砖应使用木槌；使用铁锤时，必须垫以木板。

（11）打入的锁砖如发现断裂、破损或锁砖不严，必须重新砌筑。不得使用砍掉1/3以上的或砍凿长侧面使大面成楔形的锁砖。

（12）拆除拱顶的拱胎，必须在锁砖全部打紧，拱脚处的凹沟砌筑完毕，火泥及相关的浇注料或捣打料硬化后方可进行。

**8.3.4.4　不定形耐火材料的施工**

A　不定形耐火材料的一般规定

（1）运至工地的不定形耐火材料，应具有现行的国家标准《不定形耐火材料（致密和隔热）分类》所规定的完整牌号。

（2）运至工地的不定形耐火材料，除应符合8.3.4.2小节中A款第（1）项的规定之外，还应具有生产厂制定的施工方法说明书。

（3）不定形耐火材料如包装破损物料明显外卸、受到污染或潮湿变质时，该包不应使用。

（4）在施工中不得任意改变不定形耐火材料的配合比；不应在搅拌好的不定形耐火材料内任意加水或其他物料。

（5）与不定形耐火材料接触的钢结构和设备的表面，应先除锈。

（6）不定形耐火材料内衬的允许尺寸偏差，可参照对耐火砖内衬的要求确定。

B　耐火浇注料

（1）搅拌耐火浇注料用的水，应采用洁净水。水中氯离子（$Cl^-$）的含量不应大于300mg/L。

（2）浇注用的模板应具有足够的刚度和强度，支模尺寸应准确，并防止在施工过程中变形；模板接缝应严密，不漏水，对模板应采取防粘措施。

（3）浇注料宜用强制式搅拌机搅拌。变更用料牌号时，搅拌机及上料斗、称量容器等均应清洗干净。

（4）搅拌好的黏土耐火浇注料、高铝水泥耐火浇注料、水玻璃耐火浇注料和已加促凝剂的磷酸盐耐火浇注料，应在30min内浇注完。已初凝的浇注料不得使用。

（5）浇注料中钢筋或金属埋设件，应在非受热面。

（6）整体浇注耐火内衬膨胀缝的设置，应由设计规定。对于黏土质或高铝质的耐火浇注料，当设计对膨胀缝数值没有规定时，每米长的内衬膨胀缝的平均数值，可采用下列数据：

黏土耐火浇注料为4～6mm；

高铝水泥耐火浇注料为6～8mm；

磷酸盐耐火浇注料为6～8mm；

水玻璃耐火浇注料4～6mm；

磷酸盐水泥耐火浇注料为5～8mm。

（7）浇注料应振捣密实。振捣机具宜采用插入式振捣器或平板振动器，在特殊情况下可采用附着式振动器或人工捣固。当用插入式振捣器时，浇注层厚度不应超过振捣器作用部分长度的 1.25 倍；当用平板振动器时，浇注层厚度不应超过 200mm。隔热耐火浇注料宜采用人工捣固。当采用机械振捣时，应防止离析和体积密度增大。

（8）隔热耐火浇注料的浇注，应连续进行。在前层浇注料凝结前，应将次层浇注料浇注完毕。间歇超过凝结时间，应按施工缝要求进行处理。

（9）浇注料的养护应按所用牌号规定的方法进行。浇注料养护期间，不得受外力及振动。

（10）不承重模板应在浇注料强度能保证其表面及棱角不因拆模而受损坏或变形时，才可拆除；承重模板应在浇注料达到设计强度 70% 之后，才可拆除。热硬性浇注料要烘烤到指定温度之后，才可拆模。

（11）浇注料的现场浇注质量，应以单项工程的每一种牌号或配合比，每 20m³ 为一批留设试块进行检验，不足批数亦作一批检验；每一单项工程采用同一牌号或配合比多次施工时，每次施工均应留设试块检验。检验项目和技术要求，可按现行的国家标准《黏土质和高铝质耐火浇注料》的规定执行。

（12）浇注料表面不应有剥落、裂缝、孔洞等缺陷，可允许有轻微的网状裂纹。

C　耐火可塑料

（1）可塑料必须密封良好，保持水分。施工前应按现行的国家标准《黏土质和高铝质可塑料可塑性指数试验方法》检查可塑料的可塑性指数。

（2）采用支模法捣打可塑料时，模板应具有一定的刚度和强度，并防止在施工过程中位移。

（3）可塑料坯铺排应错缝靠紧。如采用散装可塑料时，每层铺排厚度不应超过 100mm。如供料单位的施工方法说明书中没有具体规定，则捣锤应采用橡胶锤头，捣锤风压不应小于 0.5MPa。

（4）捣打窑墙和窑顶可塑料时，捣打方向应平行于受热面。

（5）可塑料施工宜连续进行。施工间歇时，应用塑料布将捣固体覆盖；如施工中断较长时，应将已捣实的接槎面刮去 10 ~ 20mm 后，表面应刮毛。气温较高，捣固体干燥太快时，其表面应喷雾状水润湿。

（6）窑墙可塑料应逐层铺排捣打，其施工面应保持同一高度。

（7）窑顶可塑料可分段进行捣打。"合门"处应捣打成漏斗状，并应尽量留小，分层铺料，分层捣实。

（8）窑顶"合门"处模板，必须在施工完毕停置 24h 后才可拆除。用热硬性可塑料捣打的孔洞，其拱胎宜在临烘窑时拆除。

（9）可塑料内衬的休整应在脱模后及时进行。可塑料内衬的受热面，应开设直径为 4 ~ 6mm 的通气孔，孔的间距宜为 150 ~ 230mm，深度宜为捣固体厚度的 1/2 ~ 2/3。可塑料内衬受热面的膨胀线，应按设计位置切割，宽宜为 5mm，深宜为 50 ~ 80mm。

（10）可塑料内衬休整后如不能及时烘窑，应用塑料布覆盖。

D　耐火捣打料

（1）捣打料捣打时，应分层铺料。如用风动锤捣打时，应一锤压半锤，连续均匀逐层捣实。风动锤的工作风压，不应小于 0.5MPa。

（2）捣打料如用模板施工时，模板应具有足够的强度和刚度。连接件、加固件捣打时不得脱开。

E 耐火喷涂料

(1) 喷涂料施工前，应按喷涂料牌号规定的施工方法说明书试喷，以确定适合的参数，如风压等。

(2) 喷涂前应检查金属支撑件的位置、尺寸及焊接质量，并清理干净。支撑架上有钢丝网时，网与网之间应搭接一个格，但重叠不得超过三层，绑扣应朝向非工作面。

(3) 喷涂料宜采用半干法喷涂。喷涂料加入喷涂机之前，应适当加水润湿，搅拌均匀。

(4) 喷涂时，料和水应均匀连续喷射，喷涂面上不应出现干料或流淌。喷涂方向应垂直于受喷面，喷嘴离受喷面的距离宜为 1~1.5m，喷嘴应不断地进行螺旋式移动，使粗细颗粒分布均匀。

(5) 喷涂施工中，宜直立平直模板一块，模板下沿开放架空，在模板上以同样操作方式及同样厚度喷涂一个大块，用来制作试块。

(6) 喷涂应分段连续进行，一次喷到设计厚度。如内衬较厚需分层喷涂时，应在前层喷涂料凝结前喷完次层，附着在支撑件上或管道底的回弹料、散射料，应及时清除，并不得回收使用。施工中断，继续喷涂时，宜将接槎处做成直槎，并应用水润湿。

(7) 喷涂层厚度应及时检查，过厚部分应削平。喷涂层表面不得抹光。检查喷涂层密实度可用小锤轻轻敲打，发现空洞或夹层及时处理。

(8) 当设计留膨胀线时，应在喷涂完毕后及时开设，可用 1~3mm 的楔形板压入 30~50mm 而成。

(9) 喷涂料的养护，应按所用料牌号的施工方法说明书进行。

F 工地自配不定形耐火材料

(1) 自配不定形耐火材料，应按选定的原材料和规定的配合比制成试块，并按指定项目进行试验。各项指标合格后，才可应用。在施工期间，如改变原材料来源，必须重新做试验。

(2) 工地常用的黏土质和高铝质浇注料配合比，应根据使用部位的温度和使用条件按表 8-35 选用。

(3) 用作耐火浇注料的结合剂和促凝剂，应符合下列要求：高铝水泥标号不得低于 425 号；硅酸盐水泥标号不得低于 425 号；受潮结块的水泥不得使用；工业磷酸的浓度不应低于 85%，使用时应稀释到所需浓度，一般宜为 40%~45%；水玻璃的模数宜为 2.6~3.0，密度宜为 1.38~1.40；工业氟硅酸钠，其纯度含 $Na_2SiF_6$ 不应低于 95%，含水率不应大于 1%，细度要求通过 0.125mm 筛孔的筛余量不应大于 10%。

(4) 粉料和骨料应根据使用温度按现行的行业标准选择。

(5) 促凝剂、水、各种结合剂和粉料称量的允许误差，应为该种物料重量的 1%；骨料称量的允许误差，应为其重量的 3%。对于受潮的骨料，应测定含水率，并以此调整搅拌时的用水量。

(6) 搅拌水玻璃耐火浇注料时，应先将粉料与促凝剂拌和均匀。搅拌磷酸盐耐火浇注料时，应先将磷酸用量的 1/2~3/5 加入混好的干料中，进行第一次搅拌，并不得加促凝剂，拌匀后应困料 1~3 昼夜。困料时应遮盖严密，防止水分蒸发、雨淋或混入杂质。浇注前应进行第二次搅拌，先加入促凝剂，搅拌均匀之后再加入余留下的磷酸，继续搅拌成浇料。

(7) 自配的不定形耐火材料在施工后，应按设计规定的方法养护。如无特殊规定，可按表 8-36 的规定进行。

**表 8-35　工地自配耐火浇注料配合比及使用范围**

| 项次 | 品　种 | 最高使用温度/℃ | 配合（质量）比/% | | | | | 110℃烘干后耐压强度/MPa | 适用范围 |
|---|---|---|---|---|---|---|---|---|---|
| | | | 粗骨料（5~15mm） | 细骨料（<5mm） | 粉　料 | 结合剂 | 水（外加） | | |
| 1 | 黏土耐火浇注料 | 1300~1400 | 矾土熟料（5~10mm）35 | 矾土熟料35 | 矾土熟料20 | 结合黏土10 高铝水泥① （外加）0.5~2.5 三聚磷酸钠 （外加）0.1~0.3 | 8~9 | ≥3 | 适用于要求热震稳定性好的内衬 |
| 2 | 高铝水泥耐火浇注料 | 1300~1350 | 黏土熟料 矾土熟料 30~40 | 黏土熟料 矾土熟料 30~40 | 黏土熟料 矾土熟料≤15 | 高铝水泥 12~15 | 9~11 | ≥20 | 适用于无酸碱侵蚀、厚度小于400mm的内衬 |
| 3 | 磷酸盐耐火浇注料 | 1400~1450 | 黏土熟料 矾土熟料 30~40 | 黏土熟料 矾土熟料 30~40 | 矾土熟料 25~30 | 磷酸（外加）12~14 高铝水泥① （外加）0~3 | — | ≥15 （加促凝剂） | 适用于要求热震稳定性好、耐磨性好的内衬 |
| 4 | 水玻璃耐火浇注料 | 1000 | 黏土熟料 30~40 | 黏土熟料 30~40 | 黏土熟料 25~30 | 水玻璃（外加）12~15 氟硅酸钠① （占水玻璃重量，%）10~12 | — | ≥20 | 适用于要求耐磨、耐酸（氢氟酸除外）、热震稳定性好的内衬，但不适用于经常有水及蒸汽作用的内衬 |
| 5 | 硅酸盐耐火浇注料 | 1200 | 黏土熟料 30~40 | 黏土熟料 30~40 | 黏土熟料 8~15 | 硅酸盐水泥 13~15 | 9~11 | ≥20 | 适用于无酸碱侵蚀的内衬 |

① 促凝剂。

表 8-36 自配不定形耐火材料的养护

| 项 次 | 结合剂 | 养护环境 | 适宜养护温度/℃ | 养护时间/d |
|---|---|---|---|---|
| 1 | 结合黏土 | 干燥养护 | 15 ~ 35 | ≥3 |
| 2 | 高铝水泥 | 潮湿养护 | 15 ~ 25 | ≥3 |
| 3 | 磷 酸 | 干燥养护 | 20 ~ 35 | 3 ~ 7 |
| 4 | 水玻璃 | 干燥养护 | 15 ~ 30 | 7 ~ 14 |
| 5 | 硅酸盐水泥 | 潮湿养护 | 15 ~ 25 | ≥7 |
| | | 蒸汽养护 | 60 ~ 80 | 0.5 ~ 1 |

蒸汽养护的升温速度宜为 10 ~ 15℃/h；降温速度不宜超过 40℃/h。

（8）用磷酸结合的黏土质和高铝质捣打料配合比的选择、搅拌和养护，可参照黏土质和高铝质浇注料配合比的选择、搅拌和养护的规定进行。并应适当减少结合剂的用量和减小骨料粒径，骨料最大粒径不应大于 5mm。

#### 8.3.4.5 耐火纤维的施工

A 一般规定

（1）耐火纤维、锚固件及黏结剂等材料，应按现行的有关标准及质量证明书验收。

（2）在窑壳上粘贴耐火纤维毡（板）前，应清除窑壳表面的浮锈和油污；在耐火砖或耐火浇注料面上粘贴耐火纤维毡（板）前，应清除其表面的灰尘和油污，粘贴面应干燥、平整。

（3）切割耐火纤维制品，其切口应整齐，不得任意撕扯。

（4）耐火纤维应防止雨淋和受湿。

（5）粘贴法施工用的成品黏结剂应密封保管，使用时应搅拌均匀，稠度适宜。

（6）粘贴施工时，在粘贴面的两面均应涂刷黏结剂。

B 层铺式内衬的施工

（1）设于窑顶的锚固钉中心距不应大于 250mm；设于窑墙的锚固钉中心距不应大于 300mm。锚固钉距受热面耐火纤维毡（板）的边缘宜为 50 ~ 70mm，最大距离不超过 100mm。

（2）锚固钉应垂直焊接于钢板上，焊后必须逐根进行锤击检查。

（3）耐火纤维毡、隔热板的铺设应严密，隔热板应紧贴窑壳。紧固锚固件时，应松紧适度。

（4）耐火纤维毡、隔热板均应错缝铺设，各层间应错缝 100mm 以上。隔热层可对缝连接，受热面层接缝应搭接，搭接长度宜为 100mm，搭接方向应顺气流方向。

（5）耐火纤维毡（板）在对接缝处，应留有余量以备压缩。

（6）在铺设窑顶耐火纤维毡（板）时，应用快速夹进行层间固定。

（7）在窑墙转角或窑墙与窑顶相连处，耐火纤维毡（板）应交错相接，不得内外通缝。

### 8.3.5 竖窑烘窑

烘窑的目的是通过缓慢加热，逐渐排除窑衬内部的水分，避免开窑过程中由于温度激烈升高，水分激烈排除给窑衬带来裂纹和脱落等损坏。因此，新窑或大中修的竖窑，在开窑前都必须进行烘窑。

#### 8.3.5.1 烘窑升温曲线的制定

烘窑最重要的问题是控制升温速度，由于窑衬具有一定的厚度和新窑衬具有一定的含水量，因此烘窑应保持足够的时间和一定的温度，一般以 5 ~ 10 天时间为宜，烘窑温度以控制废气温度最高 600~700℃。烘窑升温速度应严格控制。窑衬升温过程中除有水分排除外，还有矿物晶型的转变，并伴随有体积的变化；因此除在低温阶段应缓慢升温外，在晶型转变温度应适当保温。耐火竖窑窑衬烘窑时，200℃以下升温速度宜不大于 10℃/h；200~400℃，升温速度宜不大于 20℃/h。砖中矿物 $SiO_2$ 在 135℃、235℃、575℃和 875℃有晶型转变，在这些温度应给以足够的保温时间。

耐火混凝土竖窑窑衬含水多，低温升温速度应低于 10℃/h；而且应浇捣 3 天后才能烘窑。耐火混凝土内游离水在 100~150℃大量排出，结晶水在 350℃左右大量排出，因此在 150℃和 350℃左右应有足够的保温时间。考虑到厚度方向的传热速度，在 600℃左右应再次给予保温。

制定烘窑曲线应根据实际情况做到周密细致，烘窑曲线是烘窑工作的基础，必须认真执行。

### 8.3.5.2　烘窑和开窑方法

由烘窑过渡到开窑有两种方法：一是分开进行，即烘窑后将其冷却进行修补，再重装窑、点火和加料进行开窑，新建竖窑和大修后的竖窑常采用这种方法，稳妥可靠；二是烘窑和开窑一步进行，即烘窑后期在烘窑料上接着加开窑料，对于中小修竖窑或非检修停火竖窑可以采用这种方法，以节省时间和材料。

气烧石灰竖窑点火烘窑有采用气体燃料的，也有采用先用固体燃料而后再用气体燃料的。但无论采用哪个方案都对窑系统要有相应的适应性，由于新系统（包括设备及控制）在投入使用初期，处于摸索及磨合阶段，出现问题的几率比较大，因此用气体燃料点火时，首先要避免在点火开窑过程中发生煤气爆炸和人员伤亡事故，并要注意保护好燃烧装置、加料装置和卸料装置。而先用固体燃料然后再用气体燃料点火时，虽然操作繁琐，但安全性大，特别是对于使用低热值的燃气如高炉煤气等烘窑和开窑连续进行的操作是首选方案。

### 8.3.5.3　烘窑和开窑过程

烘窑和开窑过程包括铺料、点火和加料。铺料是先在窑底出料装置上铺以石灰石或石灰，直至点火孔水平面附近，作为保护层，底料厚度可为 1~3m。在保护层上面加 800~1000kg 木柴，其中软柴硬柴各半，可先在下面放少量硬柴，再投入所有软柴及刨花，浇上少量废柴油，将点燃的火把自窑上投下点火或由点火孔点火，观察到火已燃起一段时间后，再投入余下硬柴。铺底点火完成后，视其燃烧情况，每隔 30~60min 可加硬柴 300~500kg，煤块（3~5cm）1000kg；料层应薄而均，并见红见火苗加料，按烘窑曲线，通过控制进入窑内的风量，控制升温速度。烘窑结束前 1~2 天停止加煤，以余下的残煤维持烘窑温度。烘窑过程中可根据燃烧情况少量出底石活动底火。烘窑完毕出尽底石和灰渣，自然冷却后修补。

如果是进一步烘窑开窑法，则可以在烘窑后期投放开窑混合料，加混合料前应先加一层短硬柴，以缓冲石灰石对底火的冲击。开窑混合料燃料率比正常混合料高些，加料过程中逐渐减至正常混合料燃料率。开始投料量要少，随时检查料面，力求料面均匀见红，然后逐渐增加风量和逐渐增加加料量，并适当增加出料量，拉长燃烧层，形成高温区域，使窑身三带分布渐趋完成，转入正常生产。

对于气体燃料竖窑的点火开窑，首先应根据具体结构和条件制定点火开窑操作细则，其基本操作原则如下。

（1）检查窑内负压水平。点火前开动排烟机，抽风一定时间后，调整窑内呈微负压状态，方可进行点火。

（2）点火前对煤气管路系统及燃烧器应进行冲洗排污，直到排出煤气的含氧量小于 1% 为止，以防止点火时回火。排污过程中应禁止明火，清洗排污煤气由窑顶放入大气，窑内不得存留。排污后检查煤气压力，保证点火和焙烧过程要求。

（3）点火过程。启动向燃烧器供风的风机，供给最少的风量，将点燃的点火物送到梁式燃烧器喷嘴前，在窑内符合要求的负压条件下，逐渐送入煤气点火，点燃后根据燃烧情况逐渐增加煤气和助燃空气量。

对于使用高炉煤气等低热值的煤气，当窑内温度 ≥750℃，从烧嘴处观察有明火燃烧且持续时间约 30min 时，可进行煤气烧嘴的陆续点火。首先打开烧嘴空气阀供给烧嘴少量的助燃空气，然后再缓慢打开烧嘴煤气阀供煤气，从视镜观察烧嘴着火后，逐步调整煤气、空气配比使之达到稳定燃烧状态。

如送入煤气后未点燃或点燃后给风不当灭火时，应立即关闭煤气，并将窑通风换气一定时间，将窑内的煤气排除干净后再重新点火。

（4）点火调节期间，应不断分析窑顶废气成分，如 CO 含量超过 1.5% 或 $H_2$ 含量超过 0.5% 时，应适当增加空气鼓入量；如 $O_2$ 含量超过 3% 时，应适当减少空气量。

（5）窑顶废气温度达到 200℃ 时可加料，加料速度应维持窑顶废气温度不低于 150℃。一般点火 16～30h 后便可烧出合格石灰，此时可将煤气和风量加到额定值，竖窑转入正常生产。

## 8.4 机械化焦炭竖窑及低热值燃气竖窑的施工及设备安装

### 8.4.1 窑炉主体的施工和安装

#### 8.4.1.1 总则

（1）钢结构的制作和安装必须根据施工图进行，并应符合设计的有关规定。

（2）钢结构制作和安装单位在施工前，应按设计文件和施工图的要求编制工艺规程和安装的施工组织设计（或施工方案），并认真贯彻执行。

（3）在制作和安装过程中，应严格按工序检验，当上道工序合格后，下道工序方能施工。

（4）部分结构件的制作和安装要注意配合窑体砌筑工程进行施工。

（5）钢结构的制作和安装工作，应遵守国家现行的劳动保护和安全技术等方面的有关规定。

#### 8.4.1.2 材料

（1）用于钢结构制作的钢材应附有质量证明书，并符合设计文件的要求。

（2）连接材料和涂料应附有质量证明书，并符合设计文件要求的国家标准的规定。

#### 8.4.1.3 钢结构件的制作

（1）结构件在焊接时，要根据焊接件的材料使用相应的焊条。

（2）焊缝高度除注明外，未注焊缝均采用连续焊接，焊缝高度为被焊件较薄的厚度。

（3）焊缝坡口的基本形式应符合 GB/T 985 之规定。

（4）公差等级应满足设计要求。当设计未注明时，焊缝结构尺寸公差与形位公差应符合 JB/T 5000.3 之规定。

（5）外观检查及无损检验均应符合 GB/T 12469 焊缝质量检验标准。

（6）要注意某些结构件之间要制造成整体结构后才能安装。

#### 8.4.1.4 钢结构件的安装

（1）钢结构件在安装前应做好如下准备工作：

必须取得基础验收的合格资料，并能满足荷载的要求，同时应根据基础验收资料符合各项数据，校正偏差，并用防水材料标出基础标高和窑膛中心线等主要基准线；确定材料的储存区，储存时应符合安装程序；安装场地要保证有重载吊车移动的自由空间和配置位置；准备好足够的底板（0.5～25mm 厚度的钢板及楔子和木方），以便安装钢结构；在条件允许的情况下，可对结构件进行预组装，并做好记录。

（2）用于安装基础螺栓的基础底板，在安装时必须水平放置，且与基础孔洞的上表面紧密接触，其接触面积应不小于 80%，必要时可对基础面进行打磨。对于带有支撑结构的竖窑，支撑结构所用的底板要配置在正确的水平面上，其配置位置要考虑支撑柱的稳定性和受力的均匀性以及二次浇注层的方便，与底板接触的基础表面必须平整。

（3）在运输及安装条件允许时，零散的结构件可组装成较大的构件。

（4）在支撑结构等安装准确无误后，拧紧基础螺栓的螺母，并浇注好混凝土。

（5）检查完支撑结构框架的焊缝以后，应安装窑壳结构件并加以固定，在安装时，要注意安装方向及安装标志，一节窑壳构件安装上去以后，应立即检验尺寸、中心线和垂直线，在检验调整以后，窑壳构件才能准确地焊接好。要注意顶部窑壳内的衬砖保护板只能在砌筑工程完毕以后才能焊接上。

（6）在一个窑壳构件安装好以后，应立即安装该区域内的所有平台、梯子及护栏，对以后安装进程中可能有妨碍的护栏可暂时不装。

（7）如有可能，平台和护栏部分构件也可在制造厂或工地将之焊接到相应的窑壳构件位置上，但要注意安装方向。

（8）安装在窑壳构件上的检修门等，可在制造厂预先安装在有关窑壳构件上。

（9）窑顶储料槽上的平台和储料槽及烟囱等，在现场条件允许时，可在地面上组装成整体后，再吊装到窑顶上。

（10）窑体上的设备及钢结构安装的有关要求参照《机械设备安装工程施工及验收通用规范》（GB 50231）及《钢结构工程施工及验收规范》（GB 50205）。

### 8.4.2　窑炉附属设备及管道的安装

管道制作及安装应符合现行的国家标准及设计要求。管道在制作及安装时，一般视管道长度情况可分段制作及安装。所有管道焊缝均采取连续焊接，焊缝高度为被焊件较薄的厚度。连接设备的管道法兰，需与到货设备核对尺寸，无误后方可制作及安装。对于需要保温隔热的管道应根据工作介质的最高工作温度，确定保温材料和保温层厚度。管道安装的其他相关要求参照《工业管道工程施工及验收规范》（GB 50235）。

### 8.4.3　竖窑系统设备的空负荷试车和负荷试车

8.4.3.1　空负荷试车的前提条件

（1）窑体钢结构及砌筑工程施工完毕，并按有关技术要求检查、验收合格；

（2）全部附属设备安装完毕，并进行单机试运转，联动试运转，某些设备要进行负荷试运转，并按有关技术要求检查、验收合格；

（3）全部管道及金属结构件制作及安装完毕，有关管线打压试验完毕，并按有关技术要求检查、验收合格；

（4）与窑有关的水、电、风、气、燃气、油等系统按要求准备就绪。

8.4.3.2　设备的检查

A　设备的安装与润滑情况的检查

检查设备工作情况：地脚螺栓是否松动，润滑是否良好，启停或开闭是否灵活，有无异常现象。

B 计量、调节及电气设备的检查

在系统调试的同时需对以下有关项目进行检查。

（1）电动机的检查：对全部电动机进行运转试验，检查方法：首先用手检查电动机是否运转自如，这一点对于设备单体试运转之后较长时间再进行调试的情况尤为重要，供给电源之后，应反复启动电动机，检查其旋转方向，如果方向正确，则在电动机停止以后，鼓风机即慢慢停止；如果旋转方向不正确，鼓风机将会突然停止并产生较大的噪声。

（2）信号灯与液压油缸及闸板对应位置的检查：检查全部的液压油缸和闸板的位置，检查方法：用相应的信号灯显示其操作。开关或换向操作和检查需要重复进行，直至在冷态下保证不存在操作问题。

（3）模拟操作系统的检查：模拟各种设备工作状态及报警情况，检查报警系统是否正确操作。

（4）测量和控制设备的检查：在可能范围内检查各种仪表在冷态情况下的操作情况，最重要的是检查安全和报警电路，有些仪表要在烘窑过程中或以后进行进一步调整。

8.4.3.3 液压系统的空负荷试车和负荷试车

A 试车前应做的工作

（1）利用液压油泵把全部液压系统（包括管道及油缸）清洗干净；

（2）清除系统中全部液压油，同时拆除油过滤器；

（3）向系统中注入指定的规定量的干净液压油，并安装好新的油过滤器。

B 系统的调试

（1）系统的调试按其试验压力的高低，一般将升压过程分为若干阶段，直至试验压力为止。

（2）在向系统送油时，应将与系统有关的放气阀或排放口打开，待其空气排除干净以后，即可关闭放气阀或排放口（当有液压油从阀中喷出时，即可认为空气已排除干净）。

（3）每一阶段的调试，都要完成以下试验过程。用人工启动电磁换向阀来进行全部开关的操作，一组设备试验完毕之后再试验另一组设备，并分以下几个步骤：打开液压组件截止阀；打开液压组件和液压油缸之间的节流阀；依次打开电磁换向阀；控制液压油缸的位置；人工控制电磁换向阀；反复调节液压油缸的位置。

必须注意上述调试应使全部的液压油缸和机械部件（阀门等）能够自由地或轻松地移动。

（4）在调试过程中全部的液压油泵都要交替运转，以便试验每一台液压油泵。

（5）调试过程中，系统出现不正常声响时，应立即停止试验，彻底检查。待查出原因，并消除后，再进行试验。

（6）在试验压力下，每个液压油缸至少运行达2h方为合格。

（7）在系统调试合格后，将系统供油压力调至工作压力的80%下运行。

（8）从调试期间起，操作48h后必须更换液压油，更换液压油后500h再更换一次液压油，以后每隔2000h更换一次液压油。

（9）在调试期间，必须切实注意安全。

8.4.3.4 鼓风系统的空负荷试车和负荷试车

（1）对于离心鼓风机：在启动鼓风机前，要将与该鼓风机有关的进口或出口管路系统的阀门（止回阀除外）关闭，使鼓风机的启动接近于无负荷状态；

对于罗茨鼓风机：在启动鼓风机前，要将与该鼓风机有关的管路系统的阀门（止回阀除外）全部打开，保持进出口的管道通大气，使鼓风机的启动接近于无负荷状态。

（2）采用机旁控制开关启动鼓风机，观察鼓风机启动后的运转情况直至正常运转。

（3）采用压力侧管路阀门逐渐关闭的办法，将管路系统的升压过程划分为若干阶段，直至达到管路系统的试验压力为止。在此同时对每一升压阶段要做好以下工作：观察鼓风机在负荷状态下的运转情况，异常运转应及时停机处理；检查管路系统（包括阀板）的密封情况，对渗漏之处要采取相应措施及时处理。

升压过程的每一个升压阶段都要有一定的时间以观察系统的工作情况，直至合格为止。

### 8.4.3.5　排废气系统的空负荷试车和负荷试车

A　检查

（1）检查脉冲除尘器控制仪的工作情况；

（2）启动除尘器的卸灰机，检查运转情况；

（3）反复开关阀门，检查其运转情况；

（4）启动引风机，检查它在无负荷状态下的运转情况（关闭其入口阀门）；

（5）在可能情况下，利用引风机检查系统在负压下（在脉冲除尘器允许的范围内）的密封情况（此时要关闭除尘器闸板，并调节引风机入口闸板的开度），系统的密封应基本完好。

B　空负荷试车和负荷试车

空负荷试车要注意风机的电流变化，在冷态情况下风机不能过载；负荷试车要在窑点火以后的热负荷状态下进行。

### 8.4.3.6　加料系统的空负荷试车和负荷试车

A　装窑前的调整及准备

（1）石灰石称量秤的调整。采用标准砝码进行秤的校准，在石灰石称量料斗无负荷时，将秤的称量数值定为零点，然后放上标准砝码，在其量程范围内将秤校准。

（2）利用石灰石称量料斗闸板开关，调整石灰石称量料斗闸板直至开关自如。

（3）装窑物料的准备。准备约50t较小块的石灰石物料送入石灰石贮仓，这些小块物料首先要装入窑的底部（小块物料在窑底可填充3m的高度，上部就可以采用一般的合格物料装窑），以减轻对出料装置及下部窑衬的冲击。小块物料的最小块度一般约10mm，最大块度一般为合格物料的最小块度。

（4）利用机旁开关操作单斗提升机料车上升或下降，检查并调整单斗提升机的限位开关及安全保护开关的位置。

（5）检查并调整料位探测器，使其投入工作状态。

B　装窑过程中的手动操作及调试

（1）设定石灰石称量料斗每次的称量数值。最初阶段按单斗提升机料斗额定提升重量的60%，提升机正常运行约10次后，再设定提升机额定负荷的80%称量数值；提升机正常运行约10次后，再设定提升机额定负荷的100%称量数值至提升机正常工作。

（2）启动电振给料机向称量斗给料，调整电振给料机的给料速度，当称量料斗中的石灰石达到设定重量时，停止电振给料机，电振给料机的给料速度应根据要求的给料时间进行调节，一般调节给料机的给料速度的办法有两种：一种办法是调节给料机的振幅大小；另一种办法是调节给料机的倾斜角度。

（3）利用称量料斗的闸板开关，向停止在下限位置的单斗提升机料车供料。

（4）在单斗提升机的机旁开关箱中，将选择开关置于"机旁"位置，然后，利用提升机"上升"和提升机"下降"及"紧急停止"按钮，来控制提升机的安全运行。

C 手动操作向自动操作过程的转换

手动操作过程中，当确信手动操作阶段已安全可靠，并按规定要求装料后，则加料系统的操作过程可由手动操作转向自动操作。操作如下：

(1) 利用机旁开关将单斗提升机料车调整在"下限"位置后，将机旁提升机选择开关置于"自动"位置，再将操作台上提升机开关置于"自动"位置；

(2) 将机旁加料设备选择开关置于"自动"位置，再将操作台上加料设备开关置于"通位"位置；

(3) 设置好提升机"上升"及"下降"的变速时间；

(4) 打开料位探测器使其投入工作状态；

(5) 根据窑的产量，在操作台上设置加料周期计时器的加料周期数值，并启动该计时器。一般情况下，单斗提升机应按额定提升重量工作，窑的产量变化时，仅相应地调整加料周期计时器的加料周期数值。

上述工作完成后，加料过程即可实现自动操作。当加入窑内的物料上升到下部检修门附近时，要暂时停止装窑，须有人进入窑膛内，检查窑内有无异常情况，检查完毕后，继续装窑到下排烧嘴附近。

8.4.3.7 出料系统（包括出窑）的空负荷试车和负荷试车

A 出窑前的调整及准备

(1) 将出料机上下的杂物特别是出料机的支撑辊附近的焊渣及其他杂物彻底清除干净，使出料机能够工作自如。

(2) 手动操纵出料机的液压油缸之旁路阀门，检查出料机以高速运行及低速运行时的换向情况。在进行低速运行时，也可以从机旁或操作台上手动操作出料机开关来实现。

(3) 调整出料机的液压油缸行程。采用改变换向箱中极限开关位置的办法，使全部液压油缸的行程完全相同。

B 出窑过程中的手动操作及调试

(1) 手动操作出料机开关，使出料机以低速运行。

(2) 手动操作下部卸料闸板开关，关闭下部卸料闸板，然后，手动操作上部卸料闸板开关，打开上部卸料闸板，延时几秒后，关闭上部卸料闸板，再打开下部卸料闸板。完成一次卸料过程，每 30min 重复操作过程一次。

(3) 手动操作用于卸出石灰的电振卸料机（在此之前与此有关的成品输送系统运行起来），根据出料机卸出物料量的多少相应地调节电振卸料机的卸料量多少，其方法同石灰石称量料斗的电振给料机。

(4) 调节出料机的液压油缸之节流阀，使液压油缸在相同行程的条件下的换向时间相同，以保证出料速度相同。

(5) 标定缓冲料斗接近装满物料时的出料机换向次数即出料机单行程次数，以作为出料机换向次数计数器的极限值。

注意：在手动操作过程中，在有人入窑检查时，必须停止出料机的操作。

C 手动操作向自动操作过程的转换

手动操作过程中，当确信手动操作阶段已安全可靠，并按规定要求操作后，则出料系统的操作过程，可由手动操作转向自动操作，操作如下：

(1) 启动成品输送系统；

(2) 将操作台上电振卸料机开关置于"开"位置；

（3）将操作台上出料闸板开关置于"自动"位置；

（4）设置操作台上出料机换向次数计数器数值；

（5）一般在烘窑阶段或窑内物料填充未满阶段不能将操作台上的出料机选择开关置于"自动"位置，而只能采用手动操作方式进行出料，待窑的料位填充到超过窑顶储料槽"下限"位置时，方可将出料机的选择开关置于"自动"位置，否则，出料机将不予出料；在烘窑阶段应将窑底出料温度上限报警值设定在 150℃ 为宜；

（6）出料机转入自动后，具有两个速度即快速/慢速，一般情况下按快速/慢速的单程运行时间比约为 1：2 进行一次性调整，即将快速出料换向时间调整为 10～15L，慢速出料换向时间调整为 20～30L，必要时也可通过出料机快/慢电磁阀及旁通节流阀来调整。

上述工作完成后，出料过程即可实现自动操作。

注意：在点火烘窑之前，不要将窑内的物料出空，否则将按重新装窑进行操作。

### 8.4.3.8　煤气系统的置换

A　置换前的检查及准备

（1）在煤气未送到车间接点之前，应做好如下检查工作：检查眼镜阀、电动切断阀及调节阀、手动切断阀及调节阀的开关是否灵活，安装方向是否正确，有无其他异常情况。检查过程中，如发现问题应采取措施及时处理。

（2）准备好置换所需的介质——氮气，其流量不小于 $5m^3/min$，压力不低于 0.2MPa。

（3）准备好 $O_2$ 分析仪及煤气爆破试验筒。

（4）煤气系统的置换要与煤气站或煤气加压站系统密切配合进行。

B　用氮气置换空气的操作

（1）点煤气之前 4～6h，利用氮气对煤气系统管道进行分段置换，以车间接点的切断阀门处分界，接点之前为一段，接点之后的每座窑煤气管道系统为一段，其内部应根据管道系统设置情况再分为若干小段。

（2）打开系统的煤气放散阀，利用氮气吹扫装置向管道内通入氮气来排除空气。

（3）置换 20～30min 后，在放散管取样装置处取样，用 $O_2$ 分析仪或其他分析仪分析，当 $O_2 < 1.0\%$ 即可认为置换合格。

（4）按管道的流向顺序进行置换，车间接点处置换合格后，关闭该点放散阀；打开窑上煤气预热器的放散阀，关闭通往上下煤气环管的切断阀门，置换合格后，关闭该点放散阀；打开下煤气环管的切断阀门及该点放散阀进行置换，合格后关闭该点放散阀，然后依次完全打开下煤气烧嘴，延时 5s 后再关闭该烧嘴即认为置换合格；再按上述方法进行上煤气环管及上煤气烧嘴置换操作。

（5）全部置换合格后，关闭放散阀，停止氮气吹扫。即以氮气置换空气操作结束。

C　煤气置换氮气的操作

（1）在送煤气前，撤离窑体附近危险范围内的非有关人员。窑顶及以上平台严禁有人逗留。

（2）用氮气置换空气结束后，打开车间煤气切断阀门向窑供气。

（3）用煤气置换氮气的操作仍按氮气置换空气的操作方法进行，但不必置换煤气烧嘴支管的氮气。

（4）采用煤气爆破试验的方法检验置换是否合格，即在煤气放散管的取样装置处用煤气爆破试验筒取样，然后作爆破试验，如取样煤气能正常燃烧，即可认为置换合格。

（5）全部置换合格后，关闭煤气放散阀，煤气即可使用。

# $9$ 焙烧石灰用并流蓄热式双膛竖窑及双 D 窑

## 9.1 概述

并流蓄热式竖窑是用于煅烧石灰石、白云石、菱镁矿等矿石的轻烧窑，可采用煤粉、煤气、天然气、燃油为燃料。

并流蓄热式竖窑的生产原理是由奥地利人 Aiois Schmid 与 Hermann Hofer 提出的，故亦称施密特-霍佛窑。1957 年，第一座双膛竖窑（迈尔兹）在奥地利维也纳近郊的 Wopfimger Kalk Und Steinwer Ke & Co. 建成投产。此窑为并排双筒形，外有钢板窑壳，各窑膛具有 $3.5m^2$ 断面积，原料为 $60 \sim 110mm$ 石灰石，使用天然气做燃料，日产石灰 150t，次年改成重油燃料，运行良好。1963 年在 Wopfinger 石灰厂建成 $150t/d$ 方形石灰竖窑，燃料为天然气。1965 年在 Schaefer 石灰厂建成最初的圆形三膛石灰竖窑，$150t/d$，液化气为燃料。1968 年建成了 $250t/d$ 三窑膛竖窑和 $300t/d$ 的石灰竖窑。

初期的竖窑为方形，后来逐渐发展成圆形。初期竖窑使用二支旋转烧嘴的燃烧方式，从 1971 年起采用了喷枪燃烧的方式。由于这种并流蓄热式竖窑煅烧石灰的热耗量低，石灰质量好，尤其在窑的自动化控制及开发以煤粉为燃料等方面又取得了新的进展后，在世界范围内得到了很大发展。

我国已从瑞士迈尔兹（MAERZ）公司引进了十几座不同规格的双膛竖窑，也从意大利西姆（CIMPROGETTI）公司引进了双 D 窑，这些窑的生产运行都一直良好。

## 9.2 并流蓄热式双膛竖窑的热工特性及原理

### 9.2.1 并流蓄热式双膛竖窑的热工特性

石灰石的煅烧为物理化学过程，在加热后发生下式分解反应：

$$CaCO_3 \Longrightarrow CaO + CO_2 - 3152kJ/kg$$

其分解温度视 $CO_2$ 的分压不同而异。在生产轻烧石灰时，要使热量从表面通过一层层煅烧的石灰层传到物料核心，物料的表面温度一般是 $1100℃$。

温度过低，则核心部位的 $CaCO_3$ 分解不完全；温度过高，则发生 $CaO$ 过烧，这两种情况都会使石灰的活性降低。石灰石料块的分解吸热，以其煅烧开始时为最大，随着煅烧时间的继续，料块逐渐分解并向核心延伸，在其表面的 $CaO$ 绝热层加厚，阻碍了热量传入核心，从而使物料分解速度显著降低，此时，若烟气温度过高，很容易使 $CaO$ 产生过烧。见图 9-1 石灰煅烧过程的热工特性表明，在煅烧初期，石灰石的分解需要吸收大量的热，随着炉料的向下移动，石灰石在逐步分解，石灰石需要吸收的热量却相应降低，而在煅烧结尾阶段，为了避免石灰的过烧，必须大幅度降低石灰的吸热率。这是较理想的加热制度。这种加热制度无法在逆流加热方式的竖窑中实现。因为逆流加热的竖窑中石灰石允许的煅烧温度与热烟气之间的温差较大，容易导致窑内石灰的过烧。而采用并流蓄热式竖窑的加热系统可以实现开始煅烧时温差大，煅

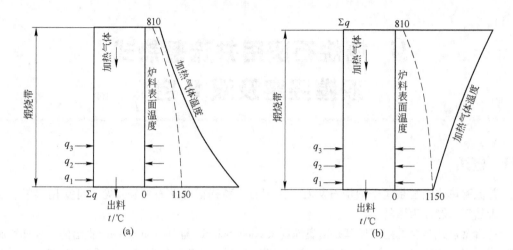

图 9-1　并流式与逆流式竖窑煅烧带温度的分布

（a）逆流加热方式；（b）并流加热方式

烧结尾时温差较小的要求，因而能煅烧出高质量的活性石灰。图 9-1 所示为并流蓄热式竖窑与传统的逆流加热式竖窑的煅烧带温度的分布情况。图中横坐标表示温度，纵坐标为窑的煅烧带高度，虚线表示物料所允许的表面温度，实线表示一次加热时的烟气温度。当在正常压力和 $CO_2$ 含量为 25% 时煅烧石灰，石灰石开始分解温度为 810℃；在纯 $CO_2$ 气氛中，开始分解温度约为 900℃。要使石灰石的核心部位得到分解，热量必须从表面通过一层已经煅烧好的石灰绝热层传递到物料核心，因此，石灰石的表面必须加热到 900℃ 以上。在生产活性石灰时，物料的表面温度一般是 1100～1150℃，温度过低，则核心部位 $CaCO_3$ 分解不完全；温度过高，则将产生 CaO 过烧，二者都会使石灰的活性降低。石灰石料块的分解吸热，以其煅烧开始时为最大，随着煅烧时间的继续，料块逐渐分解并向核心延伸，在其表面的 CaO 绝热层加厚，阻碍了热量传入核心，从而使物料的分解速度显著降低，此时，若温度过高，很容易使 CaO 过烧。生产石灰时，石灰石的表面温度不允许超过 1150℃。从图 9-1（a）可以明显看出对逆流加热式竖窑来说，在煅烧结尾段，由于物料所允许温度与热烟气温度间的温差甚大，容易导致石灰过烧。图 9-1（b）则表明并流蓄热式竖窑的热工特性：在该窑中物料和燃烧后的加热气体同向并流，在煅烧带起始处开始燃烧，所放出的热量为最大，加热气体和物料表面温差显著，适宜于料块的初始煅烧；随着二者并流向下运动，料块吸热量逐渐减少，加热气体温度也逐渐降低，既可使料块完成煅烧，又不至于产生 CaO 过烧而影响石灰活性。

　　由于并流蓄热式竖窑具有合理的煅烧石灰的热工特性，生产出的活性石灰质量才会较高。通常条件下，活性石灰的活性度达 350mL 以上（以 4mol/mL 的 HCl，5min 滴定值），石灰 $CO_2$ 含量在 2% 以下。

　　这种窑采用了蓄热换热系统，使窑的烟气废热得到充分的利用，单位产品的热耗量波动范围在 3558.78～3977.46kJ/kg 石灰，是所有煅烧石灰的窑炉中热耗最低的。

### 9.2.2　并流蓄热式竖窑工作原理

　　图 9-2 所示表明了并流蓄热式双膛竖窑的结构和工作原理。图中 A 和 B 两个窑膛在煅烧带底部相互联通，物料沿两个窑膛分别向下运行。在窑膛 A 煅烧时，燃烧空气和燃料在窑膛 A 中与物料并流，使最热的火焰与温度较低且吸收热量最大的物料接触，相对而言，温度较低的

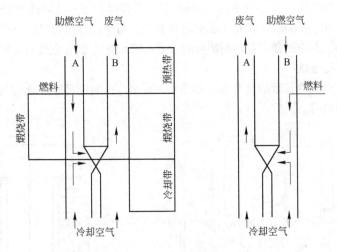

图9-2 并流蓄热式双膛竖窑操作原理示意图

燃烧气体与逐步煅烧好的物料接触，以达到均匀煅烧条件，且取得很高的热效率，燃烧后的产物与物料分解出的 $CO_2$ 经连接通道进入窑膛B。此时窑膛B作为蓄热窑膛，窑膛中的石灰石从废气中吸收热量，同时使废气冷却到较低温度，物料蓄积的热量，在下一周期时用于加热参加燃烧之前的助燃空气。在这种情形下窑膛A为燃烧窑膛，体现了并流特点；窑膛B为蓄热窑膛，体现了蓄热特点。下一周期将相互轮换，即窑膛A成为蓄热窑膛，窑膛B成为燃烧窑膛。如此循环往复，石灰石得以连续煅烧。

一般来说，每一周期延续 12～15min，然后停止向窑内供空气和燃料，以便换向进行下一循环。换向过程约需1min，在换向期间进行下列操作：

(1) 石灰石装入一个窑膛（现有的操作模式可在煅烧期间加料）；

(2) 烧成石灰从各窑膛下部料斗中卸出；

(3) 燃料流换向，往另一窑膛供送燃料；

(4) 燃烧空气与废气换向。

窑的煅烧过程和换向过程均由PLC计算机系统监测和控制。

## 9.3 并流蓄热式双膛竖窑的结构及规格

### 9.3.1 双膛竖窑结构

双膛竖窑的构造如图9-3所示。

#### 9.3.1.1 竖窑窑体

由两个圆形或方形窑身构成，窑外壳是钢板，内衬砌筑耐火砖和隔热砖。在两个窑身下部（煅烧带下部）有连接通道。

窑壳及金属结构是窑体砌砖、窑加料出料设备、窑内物料等多项目重力和作用力的承载体，并由其支撑结构将作用力传递到竖窑基础。

窑壳外围设有金属平台，可方便生产操作和检修维护。平台之间采用斜梯铰性连接，可以吸收受热等因素引进的形变。有的工厂为方便上下，还设有一台载货电梯。

#### 9.3.1.2 喷枪

向窑内供给燃料的喷枪悬挂于预热带中部窑的侧壁，液体燃料的喷枪由三层套管组成。最内部的管道送入雾化的燃料,第二层管道送入冷却空气,最外层管道内装隔热材料起隔热保护作用。为防止石灰石落下的冲击和磨损,喷枪上面装有保护盖。每个窑膛内装有数十根喷枪,燃料的分配如图9-4所示。生产过程中,需向蓄热侧窑身的喷枪内喷入空气,防止喷枪氧化和堵塞。

### 9.3.1.3　连接通道

通道处于煅烧带和冷却带的结合部。如图9-5所示,在煅烧窑膛生成的气体从窑身外侧均匀进入蓄热窑膛侧窑身。

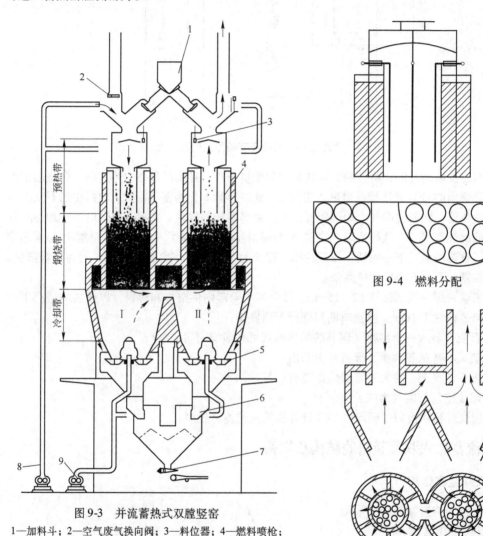

图 9-4　燃料分配

图 9-3　并流蓄热式双膛竖窑
1—加料斗；2—空气废气换向阀；3—料位器；4—燃料喷枪；
5—出料台；6—出料闸板；7—振动出料机；
8—燃烧空气鼓风机；9—冷却空气鼓风机

图 9-5　气流与通道

### 9.3.1.4　石灰石投料装置

对于超过300t/d 的圆形窑,石灰石投入装置由辅助料斗、可逆皮带机、装料口及料钟组成。石灰石由提升机或皮带机装入辅助料斗,然后由可逆皮带机存放到接受了指令的窑身的料钟内。转换动作完成后料钟内石灰石装入蓄热侧窑身内。装料口随后变成第 2 个系列程序,各个机器的动作按照窑炉的时间表进行。小于300t/d 的矩形窑石灰石投入装置由辅助料斗、溜槽及料钟组成。石灰石由提升机或皮带机装入辅助料斗,石灰石由溜槽放到接受了指令的窑内。

#### 9.3.1.5 窑顶气体转换装置

在窑顶各设置一个燃烧空气转换阀和废气转换阀。燃烧时燃烧空气转换阀打开，蓄热窑的燃烧空气转换阀关闭。空气从燃烧窑炉送入。燃烧窑炉的废气阀关闭，蓄热窑炉的废气阀打开，废气从蓄热窑炉向窑外排出。

#### 9.3.1.6 燃烧控制

根据窑的产量要求确定的各工作程序所需时间，由PLC来实现这些时间的设定。而根据窑的产量和每个周期的加料量来控制燃烧时间。按一定的周期将重锤降到石灰石投入面，据此测定石灰石的料位，与标准料位相比较向产品排出装置发出指令。通道温度是一重要煅烧参数，设有上限报警和超上限停窑保护。

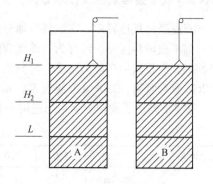

图9-6 炉身Ⅱ刚开始燃烧后的石灰石的位置

图9-6，图9-7和图9-8联合表示了窑身A和窑身B交替进行燃烧和蓄热状态过程中窑内物料面的循环变化，图9-7表示窑身A和窑身B的工作制度。黑色长方体表示燃烧状态，时间间隔 $t_1$ 空格长方体表示蓄热状态，时间间隔也是 $t_1$，其间为换向时间，时间间隔为 $t_2$，换向期间向刚结束燃烧状态的窑身装料（从 $L$ 料位装到 $H_1$ 料位）。即当窑身B开始进入燃烧阶段时窑身A料位为 $H_1$，窑身B为 $H_2$，随着时间间隔 $t_1$ 的延长，窑身A料位逐渐由 $H_1$ 降低到 $t_1$ 结束时 $H_2$ 处。此期间窑身B料位同步由 $H_2$ 降到 $L$ 料位处，然后进行换向，在换向期间窑身B料位由 $L$ 外装至 $H_1$ 料位，而后又进入窑身A燃烧。窑身B蓄热运行期，经过 $t_1$ 时间窑身A由 $H_2$ 降到 $L$，窑身B由 $H_1$ 降到 $H_2$ 再进行转换，如此周而复始。图9-8就反映了该两窑身料位随时间变化的情况。

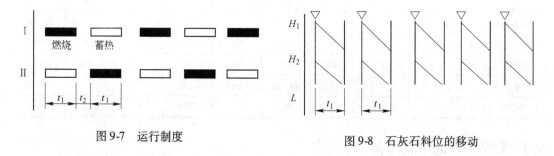

图9-7 运行制度

图9-8 石灰石料位的移动

#### 9.3.1.7 产品排出装置

液压驱动卸料装置把石灰产品排出到收集器内。在窑换向期间，开启收集器把产品排入产品料仓。

#### 9.3.1.8 鼓风装置

燃烧空气和冷却空气都由专用罗茨风机送入窑内。根据空气过剩系数和产量任意设定送风量。竖窑在燃烧过程中为正压，通常风压在30kPa以下操作。

#### 9.3.1.9 程序控制器

一个周期的时间一旦被确定，程序控制器便是指令此一周期中的各个工序（炉顶阀的转换、燃烧、原石的投入、其他）的开始及终了的控制装置。

**9.3.1.10　耐火材料**

各部窑衬的构造如下：

预热带（蓄热带）：硬质黏土砖，绝热材料；

煅烧带：碱性耐火砖，绝热材料；

冷却带：黏土砖，绝热材料。

### 9.3.2　双膛竖窑规格及技术数据

双膛竖窑规格较多，在世界各地分布较广，目前在生产和运行的窑就有数百座。

如果按燃料区分，可分为天然气双膛竖窑，烟煤煤粉双膛竖窑，燃油双膛竖窑，煤气双膛竖窑等。按石灰生产能力区分，可分为100t/d 双膛竖窑，120t/d 双膛竖窑，150t/d 双膛竖窑，200t/d 双膛竖窑，250t/d 双膛竖窑，300t/d 双膛竖窑，400t/d 双膛竖窑和600t/d 双膛竖窑等。

表9-1 列出了我国近年来引进的一些双膛竖窑规格和技术数据。

**表9-1　几种双膛竖窑规格和技术数据**

| 窑规格/t·d⁻¹ | 210 | 200 | 150 | 300 | 330 | 120 | 230 | 600 | 600 |
|---|---|---|---|---|---|---|---|---|---|
| 窑炉尺寸 | 2.3m×1.6m | 4.2m² | 4.2m² | 直径3m | 直径3.5m | 2.54m×1.27m | 直径2.97m | 直径4.3m | 直径4.3m |
| 窑高度/m | 15.8 | 14 | 13.6 | 15.5 | 16.5 | 15 | 15.5 | 21.0 | 21.0 |
| 预热带/m | | 4 | 4.5 | 4.1 | 4.1 | 5.835 | 4.5 | 6.0 | 6.0 |
| 煅烧带/m | | 6 | 5 | 6 | 6.0 | 5 | 6 | 8.0 | 8.0 |
| 冷却带/m | | 4 | 4.1 | 5.4 | 6.4 | 4.165 | 5 | 7.0 | 7.0 |
| 煅烧温度/℃ | 1100~1150 | 1050~1150 | 1050~1150 | 1050~1150 | 1050~1150 | 1050~1150 | 1100~1150 | 1100~1150 | 1100~1150 |
| 燃料 | 烟煤煤粉 | 天然气 | 烟煤煤粉 | 烟煤煤粉 | 烟煤煤粉 | 烟煤煤粉 | 烟煤煤粉 | 天然气、电石炉气 | 贫煤气 |
| 原料粒度/mm | 40~80 | 40~80 | 40~80 | 50~100 | 20~40 | 40~80 | 40~80 | 40~100 | 60~90 |
| 日产全灰量/t·d⁻¹ | 210 | 200 | 150 | 300 | 330 | 120 | 230 | 600 | 600 |
| 每年工作日/d | 340 | 330 | 340 | 340 | 340 | 340 | 330 | 8000h | |
| 喷枪数/支 | | | 12×2 | 18×2 | 22×2 | | | | 33×2 |
| 1kgCaO 的热耗/kJ | | 3553 | | 3824 | | 3824 | 3971 | 3760 | |

## 9.4　双膛竖窑的附属设备

双膛竖窑附属设备主要由加料设备、燃烧设备、出料设备、窑的换向设备、窑的辅助设备和窑的控制装置与程序控制等组成。

### 9.4.1　加料设备

**9.4.1.1　加料设备的组成**

加料设备主要由石灰石振动给料机、石灰石称量料斗、单斗提升机和窑顶加料料斗等组成。

**9.4.1.2　加料设备的控制**

**A　石灰石振动给料机**

振动给料机将石灰石从贮仓中卸入石灰石称量料斗，振动给料机的加料速度可以机旁手动调节。

当操作台上的石灰石振动给料机开关接通后，计算机控制给料机启动与停止。当称量料斗排空，称量料斗闸板关闭时，给料机立即启动，石灰石装入料斗，直到称量料斗中石灰石重量达到设定值时，给料机自动停止。

振动给料机的运转，可从计算机屏幕上进行监视，一旦振动给料机发生故障，计算机自动发出声光报警信号。

**B 石灰石称量料斗**

石灰石称量料斗放在窑的底部并由振动给料机给料，石灰石粒度 40~80mm。

石灰石称量料斗支撑在三个称量传感器上，料斗的总重经转为模拟信号后输入计算机，计算出实际石灰石重量，并显示出来。

称量料斗装载的石灰石量，可由操作台调整和设定，并输入计算机储存。石灰石的设定值在一定范围内任意可调。

料斗下部设有称量料斗闸板，将石灰石装入单斗提升机料车中。该闸板液压操作由计算机控制。

当下列条件都满足时，闸板自动打开：

(1) 石灰石称量料斗充满；

(2) 单斗提升机接通；

(3) 单斗提升机料车在"下"位；

(4) 窑顶加料料斗两加料闸板关闭。

称量料斗闸板打开数秒后，料斗中石灰石重量低于最小设定值时，闸板就自动关闭。

操作台上还设有一个称量料斗闸板按钮，可手动操作闸板。当闸板由于石灰石等堵塞不能完全关闭，或操作人员企图在称量料斗充满之前向单斗提升机料车加料的情况下，都可采用手动操作。手动打开称量料斗闸板的条件必须是具备除"石灰石称量料斗充满"外的其他上述条件。

石灰石称量料斗充满时，操作屏上可显示。当石灰石振动给料机启动 5min 以后，或料车在"下"位，窑顶加料斗处于"空"状态，而称量料斗尚未充满，此时 PLC 发出称量料斗未满故障信号。

**C 单斗提升机**

单斗提升机接受来自窑下面的单斗提升机称量料斗的石灰石料，并将其送至窑的称量料斗。

单斗提升机由一个带 4 个轮子的料斗，一或两根钢绳，减速机，一台变频电机和制动器组成。采用无配重的形式，框架结构简单，制造容易。上料行程控制方式采用限位开关配合计算机控制的方式，单斗提升机斜桥支撑结构采用了铰轴配合连接架的方式，使窑体与斜桥由于热膨胀不同而产生不同变形造成的相互影响较小。窑体和斜桥的受力状况会更好些。

由 PLC 控制单斗提升机的换向电机开关。单斗提升机通常在窑底部限位和窑顶部限位之间上下移动。

除了这些极限限位开关以外，还安装了下列安全极限开关：

(1) 底部的安全极限开关；

(2) 顶部的安全极限开关；

(3) 断绳开关；

(4) 顶部和底部紧急停车按钮。

这些安全开关通过断开单斗提升机的电源能立即停止单斗提升机运行。

设计的控制系统可保证窑顶称量料斗一直处于满的状态。也就是说，当双膛窑进入"停"位或按下"停窑"按钮，单斗提升机在窑顶称量料斗满了以后停止。

加料系统出现以下故障时将发出警报：

"断绳"：该警报切断控制单斗提升机的电源，单斗提升机卷扬只能通过操作现场控制箱上主开关"电源接通"后接"单斗提升机上"或"单斗提升机下"来运行。

"最底部限位开关"

"最顶部限位开关"

### 9.4.2　窑顶设备

由于窑身是两个窑膛，窑顶设备有加料斗、可逆皮带机、窑膛关闭闸板、旋转料斗、重锤式料位探测器等，根据不同情况选择不同的设备。

#### 9.4.2.1　带振动给料机的称量料斗

称量料斗安装在窑顶并由单斗提升机给料。实际操作时，设定称量料斗的最大值。料斗支撑在 3 个负载传感器上，放大器将来自负载传感器的信号转换成模拟信号，输送到 PLC，石灰石的实际重量显示在操作屏上。"称量料斗满"的信号显示出料斗中石灰石料位。

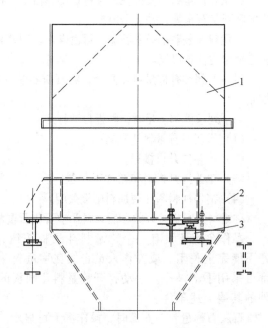

称量斗见图 9-9。

振动给料机安装在称量料斗底部，往可逆皮带上加设定好数量的石灰石。

通过可逆皮带第一次最多可加 2500kg 石灰石（指 300t/d 双膛窑）至 1 号窑膛加料斗，同样第二次加入 2 号窑膛加料斗。

窑的称量料斗最大容量为 5000kg 石灰石。

加料斗的加料公称总重由工艺参数计算机计算。

当两个加料料斗都充满石灰石（准备下个循环）并且称量料斗没满（空白），就开始加料。

窑的称量斗装备有：机旁启动和停止按钮；避免料斗安全放空的料位开关；电振给料机紧急停车开关。

窑的称量料斗由 PLC 控制。加料斗的加料公称总重由工艺参数计算机计算。

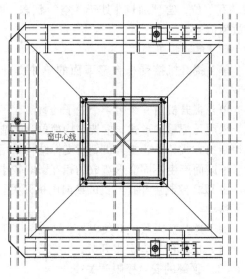

#### 9.4.2.2　可逆皮带输送机

可逆皮带输送机安装在窑顶，位于窑称量

图 9-9　窑顶称量料斗

1—料斗；2—支架；3—称量装置

料斗电振给料机的下面，在两窑膛之间，加料料斗之上。通过可逆皮带输送机一次可以加2500kg 石灰石（指 300t/d 窑）至 1 号窑膛加料料斗，同样第二次加入 2 号窑膛加料料斗。见图 9-10。

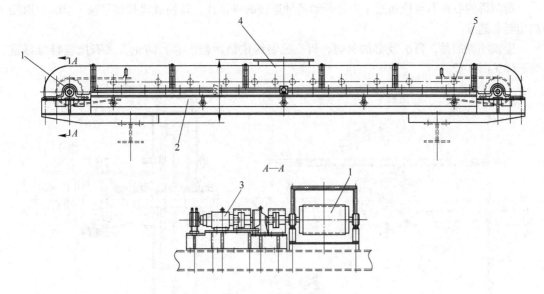

图 9-10　可逆皮带机

1—滚筒；2—皮带机机架；3—传动装置；4—罩子；5—槽托辊

可逆带式输送机配备有：双向移动开关、旋转控制开关、紧急停车开关、机旁启动和停止按钮。

可逆带式输送机由 PLC 控制。

### 9.4.2.3　石灰石加料料斗

石灰石加料料斗有 2 个，位于窑顶部，接受来自可逆带式输送机运来的石灰石。

加料斗闸板用来把石灰石加进窑内。

闸板采用液压操作并由 PLC 控制。只有当料斗充满和窑膛关闭闸板打开时，加料料斗闸板才打开。

当两个上加料斗充满料（准备下个循环），并且加料料斗没满，就开始加料。

### 9.4.2.4　窑内料位计

料位计安装在窑筒顶部，用于探测窑内石灰石的料位。料位计配有配重，配重连续跟随着窑筒内料位上下移动。在液压缸的管线上安装节流止回阀用以控制速度。安装一个特殊的压力阀使重锤平缓向下运动。其原理如图 9-11 所示。

料位指示器小链轮与一液压缸油塞杆相连接，液压缸可单向提升料位指标器重锤，反向

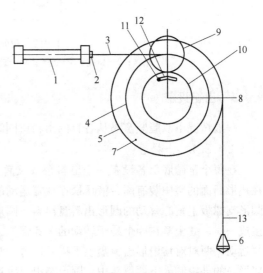

图 9-11　石灰石料位指示器原理图

1—液压缸；2—活塞杆；3—滚链；4—小链轮；
5—链轮；6—重锤；7—止动螺栓；8—止动板；
9—小齿轮；10—齿轮；11—螺栓；
12—齿轮内槽；13—链

则依靠重锤重力下降，同时测得窑内石灰石料位。料位计配有旋转传感器以提供与窑筒内石灰石实际料位相对应的类似信号。通过给电磁阀充电，配重向下运动到料位处并跟随料位变化。切断电磁阀电流，配重上升。

所测得的石灰石料位通过小齿轮带动同轴连接的电位计，转换成模拟信号输入 PLC，以控制出料台速度。

应该注意的是，每次竖窑加料时，PLC 控制料位指示器上移，防止石灰石掩埋料位器重锤。详见图 9-12。

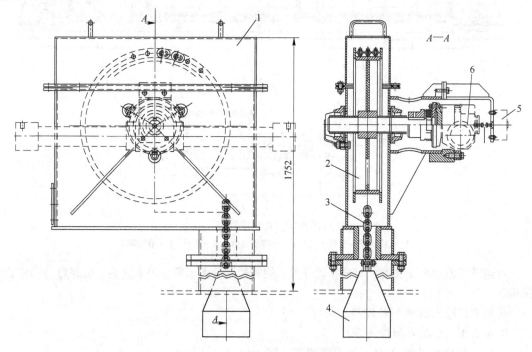

图 9-12　重锤式料位探测器
1—箱体；2—链轮；3—链子；4—重锤；5—旋转变送器；6—液压齿条油缸

### 9.4.3　出窑设备

一般情况下双腔竖窑是从各自的出料口同时出料，当有特殊要求时，也可以单独出料。

#### 9.4.3.1　出料台

在每个窑膛底部各设有一个出料台（又称托板出料机），以支撑窑内石灰和石灰石料位。在矩形断面的窑中装有两台液压操作往复运动的出料盘；在圆形断面的窑中，一般采用固定在圆形支撑板上偏心移动的圆形出料盘出料。圆形出料盘分成四个扇形面。每相对的两扇形块连接成一对，并坐落在四个易于转动的大托辊上，每一对对角形出料盘都由一个液压缸驱动做往复运动，两对对角扇形出料盘上下错开，每一对扇形块板的运动可从窑膛卸出石灰，石灰顺着扇形块的外缘卸入下部料斗中。圆形窑出料机见图 9-13。

出料盘是用液压缸通过连杆来驱动的，每个液压缸的行程为 150mm，用来转换液压缸的换向箱附装在液压缸上，换向箱内装有电磁阀和两个极限开关，液压缸的行程可通过改变极限开关的位置来改变，因而可以改变窑的出料量。此外，通过改变液压油流量，也可以自动控制出料速度，为了使整个窑膛横断面的石灰尽量均匀出料，每个窑的两个液压缸应具有相同的

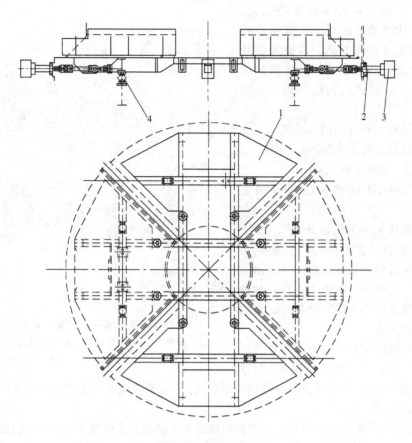

图 9-13　托板出料机

1—出料托板；2—液压驱动装置；3—换向控制装置；4—辊子

行程。

在每个出料盘的下部都有一个小料斗，每个换向周期内烧好的石灰均排到此料斗内。由于窑内压力较高，这些料斗都采用液压操作的闸板密封。在每个换向周期内，密封闸板定期打开，石灰便落入下部的小料斗中，然后经振动给料机和耐热带式输送机运至成品料仓内。

### 9.4.3.2　电振给料机

从窑膛出来的石灰由电振给料机卸至输送烧成石灰的带式输送机上。

开工初期，生烧的石灰石由带式输送机送至废品仓。

电振给料机装备有：

（1）机旁启动和停止按钮；

（2）紧急停车开关。

## 9.4.4　燃料燃烧系统

### 9.4.4.1　概述

双膛竖窑的燃烧系统具有广泛的适应性。前期的双膛窑是用燃油或燃气作为燃料的，后来，迈尔兹窑炉公司根据应用国国情又开发了一种用烟煤煤粉作燃料的燃烧技术。为保证固体燃料也能最大限度保持双膛窑的优点，在窑本体不作改动的情况下，煤粉也能通过喷枪送入窑膛内燃烧，需要在窑外设置对煤粉进行制备加工、输送和连续计量的设备，以保证均匀地供热。见图9-14。

　　燃烧系统可大致分为供风系统、点火烧嘴、燃料燃烧设备和排烟除尘系统。

### 9.4.4.2　供风系统设备

　　以某厂 300t/d 燃煤粉的双膛竖窑为例。

　　罗茨风机用来为供风系统供风。罗茨风机为定容风机，它提供的风量是定值的，即是说它提供的实际风量并不受出口阻力的影响。这样可以避免当石灰石加料量变化时，提供的空气量随物料在窑膛内阻力的变化而变化。

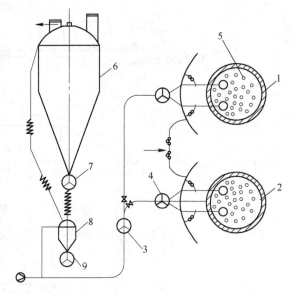

图 9-14　并流蓄热式竖窑供煤粉装置

1,2—窑膛；3—管式分配器；4—预选器；5—喷枪；6—贮煤粉仓；7—格式阀；8—称量料斗；9—计量阀

　　燃烧空气和冷却空气共用 6 台罗茨风机提供风量。如图9-15 所示。其中 3 台罗茨风机提供燃烧空气，2 台罗茨风机提供冷却空气，1 台罗茨风机作为燃烧空气和冷却空气共同的备用风机。

　　3 台燃烧空气风机中有 1 台风机采用变频调速电机驱动，速度从 250r/min 至 1500r/min 之间可以调整。2 台冷却空气风机中也有 1 台风机采用变频调速电机驱动。其余 4 台罗茨风机均由三相电机驱动，速度是恒定的。

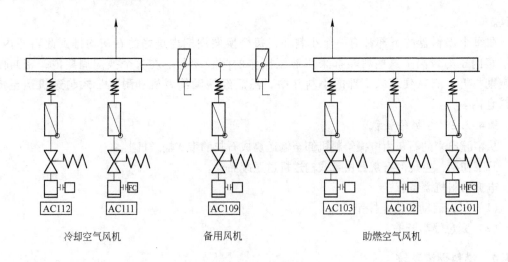

图 9-15　风机系统

　　选用 3 台罗茨风机为喷枪冷却空气系统供风。3 台风机中采用 2 开 1 备的方式布置。这 3 台风机均采用三相电机驱动，是恒速电机。如图9-16 所示。

煤粉输送空气由2台罗茨风机供风。如图9-17所示，2台风机1开1备。2台罗茨风机均配有三相电机驱动，电机恒速。

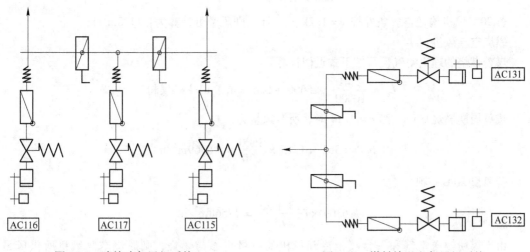

图 9-16　喷枪冷却风机系统　　　　　　　　图 9-17　煤粉输送空气风机系统

燃烧空气、冷却空气和喷枪冷却空气均通过风机旁混凝土通道的消声器和过滤器，吸入风机。膨胀节、控制阀和安全阀安装在空气出口侧的管道和风机之间。过滤器安在风机入口，它可以避免灰尘和大的物体（如纸张等）进入风机。

消声器和燃烧空气释放阀，冷却空气释放阀安装在风机旁通往竖窑的压力管道上，这些装置实际上是在双膛窑换向时，关闭通往竖窑的空气管道，同时开启通往大气的通道。这样可以避免窑膛闸板和加料闸板开启时，因空气压力产生飞灰。这些闸板是用于降低竖窑上部和竖窑下部压力的。

**A　燃烧空气系统**

燃烧空气通过换向闸板供入煅烧窑膛，并且从上部向下流进窑膛，燃烧空气在预热带被预热，然后到达烧嘴喷枪端部，同燃料混合，在煅烧带燃烧。燃烧带末端的高温烟气，则由窑底部连接通道进入第二个窑膛，并向上流动，与第二个窑膛中的物料逆向运行，进行换热。此时，烟气的体积由于增加了冷却石灰的空气而增大了。

过剩空气对石灰消耗的热量没有太大影响，这是由于过剩空气在第二个窑膛的预热带几乎将其热量全部传递给了石灰石。过剩空气多，则燃料燃烧速度加快并且燃烧带变短，在窑膛之间通道的温度相对降低；若过剩空气少，则燃料燃烧速度减慢并且煅烧带相应拉长，窑膛之间通道温度会上升。过剩空气量的变化会影响石灰的煅烧程度。

以300t/d煤粉双膛竖窑为例计算设备选型。煅烧周期一般为720s，其中60s为换向时间，二次换向需120s时间，燃料供给时间约600s，按此条件每周期需煤粉量为：

$$\frac{300 \times 10^3 \times 720 \times 3830}{24 \times 3600 \times 26.5 \times 10^3} = 361\text{kg/ 周期}$$

其中，1kg石灰热耗按3830kJ计。

煤粉热量 $Q$ = 26.5MJ/kg。

煤粉采用风动输送入窑燃烧。由于输送空气也作为助燃空气的一部分参与燃烧，因此煤粉输送以稀相动压输送为宜。通常重量输送比（煤粉重量:空气重量）为1.2~2.0。

取重量输送比为 1.60，则输送空气量为：

$$\frac{361 \times 3600}{600 \times 1.60} = 1354 kg/h$$

若 20℃风机输送空气条件按 $\gamma = 1.2 kg/m^3$ 计，则风量可计算为：$1128 m^3/h$。

燃烧空气风机：

煤粉燃烧的理论空气量可按下式近似计算：

$$L_o = \frac{2.41}{10000} \times 26500 + 0.5 = 6.9 m^3/kg(煤粉)$$

按每周期燃烧 630s，当 $a = 1.15$ 时，所需风量为：

$$6.9 \times 361 \times 1.15 \times \frac{3600}{630} = 16369 m^3/h$$

若风温 20℃，则

$$16369 \times \frac{273 + 20}{273} = 17568 m^3/h$$

由于煤粉输送空气和一台喷枪冷却风机的风量也参与燃烧，则燃烧空气风机所供风量应为：

$$17568 - 19.2 \times 60 - 32.9 \times 60 = 14442 m^3/h$$

其中，喷枪冷却风机流量按 $32.9 m^3/min$ 计。

燃烧空气量的增加，在石灰石料层中的气流阻力也增大。最大的空气供给量取决于风机的能力。燃烧空气风机的最大压力接近 35.0kPa。

燃烧用过剩空气量多可导致双膛竖窑的产量减小，而过剩空气量少则可增加双膛竖窑的产量。

由于燃烧空气量与所煅烧的石灰质量有关，因此生产每千克石灰所用的燃烧空气是应当同生产某种质量的石灰相对应。当竖窑的产量是一半时，所需的燃烧空气量也相应调到一半。

通往竖窑的燃烧空气管道主要装有节流阀。当窑加热时，此阀完全关阀而燃烧空气则导入点火烧嘴进入连接通道。节流阀仅用于开工点火时将燃烧空气送往点火烧嘴。在竖窑正常操作时，该节流阀处于打开状态。

B　冷却空气系统

冷却空气系统从竖窑底部同时向两个窑膛供气。

根据实际生产经验，冷却空气量可在 $0.6 \sim 0.8 m^3/kg$ 石灰之间变化。每千克石灰所用冷却空气量增人，双膛竖窑的热耗也随之增大，导致竖窑废气温度升高。选择取 $0.8 m^3/kg$ 石灰，则冷却风机风量为：

$$\frac{300 \times 10^3 \times 720 \times 3600}{24 \times 3600 \times 660} \times 0.8 \times \frac{273 + 20}{273} = 11708 m^3/h$$

冷却空气风机最大压力约为 30kPa。

冷却空气通过双膛竖窑底部卸料台下面的两个卸料斗进入窑膛。在每个窑膛的卸料斗的外部管道都安装一个手动蝶阀，用来分配冷却空气量。阀门的开度在竖窑开工调试时，根据出灰温度适当进行调整。

如果出窑的石灰中有欠烧石灰，应减小冷却空气的比例。

C 喷枪冷却空气

喷枪冷却空气由罗茨风机和环形通道正常供给两个窑腔的喷枪。喷枪冷却空气不参与换向操作。每个喷枪前的风管道上安装有孔板，用来调节分配喷枪冷却空气的流量。

根据实际生产经验，每支喷枪冷却风量取为 $100m^3/h$ 是合适的。

若每个窑腔按 18 支喷枪则每个窑腔的喷枪冷却所需风量为：

$$100 \times 18 \times \frac{273 + 20}{273} = 1932m^3/h$$

所选 3 台罗茨鼓风机中，1 台为 1 号窑腔供风，1 台为 2 号窑腔供风，另一台为二者的备用风机。

喷枪冷却空气风机的压力设定为 75kPa，用来克服燃烧空气压头。

当停窑时，或煤粉输送中空气风机关闭或没操作，窑腔的喷枪由喷枪冷却空气冷却。

D 煤粉输送空气系统

罗茨鼓风机供给输送煤粉到喷枪的空气，设计压力 75kPa，用以克服燃烧空气压头，将煤粉输送到喷枪。风机入口和出口装有消声器。管路上还装有调节阀和安全阀，在有压的一侧，空气分配器供给 9 条管线。每条管线上装有切断阀、孔板和一个压力表。

孔板控制每条管道内的煤粉输送空气量相等。每对喷枪由一条空气输送管道供应空气。

开工调试时，要调整煤粉输送空气量。

煤粉输送空气管线将输送空气送到煤粉计量阀底部，煤粉计量阀的空气入口和出口管线上都装有膨胀节。因此，在煤粉称量料斗和空气管道之间没有刚性连接。煤粉输送空气将经过计量阀计量后的煤粉输送到喷枪。

在双腔竖窑某一个循环周期内需要将大量煤粉输送到喷枪时，输送空气一直在流动，当这个周期送完煤粉后，输送空气仍需连续通过管路再流动一段时间，用以清洁管道，以防堵塞管道。

煤粉输送空气也用来清洁计量阀。压力传感器安装在空气集气管上。如果空气压力低于最小设定值，计量阀自动停止运转，煤粉就会中断进入输送管道。

### 9.4.4.3 点火烧嘴

点火烧嘴于竖窑开工前安装在两个窑腔之间的连接通道上。点火烧嘴仅在开工期间使用，约为 24~36h。在确认喷枪燃料点燃、窑内温度足够高时，即可撤离点火烧嘴，并将光学高温计安装在它的位置上。

开工时，首先用放置在连接通道中的木柴点燃，然后用压缩空气雾化柴油，从燃烧空气管道中引风助燃。柴油点火烧嘴同柴油泵相连在点火烧嘴和柴油泵之间的柴油管道安装如下设备：

手动调节阀、手动切断阀、压力表、电磁阀控制的安全阀、柴油流量计。

为了装拆点火烧嘴方便起见，应装一段可伸缩的软管。

点火烧嘴前的压缩空气管道上安有：

手动切断阀、手动调节阀、压力表、孔板。

### 9.4.4.4 燃料燃烧设备

A 煤粉燃烧设备

煤粉燃烧设备包括煤粉从煤粉仓到竖窑内喷枪的整个系统。主要由煤粉贮仓、除尘器、贮仓锥体、防爆阀、CO 传感器、料位计、温度计、转换闸板、加料闸板、加料喷嘴、密封闸板、称量料斗、分配器、预选器、搅拌器、压力计、安全阀、排气阀、称量系统、计量阀等设备组成。

　　a　工作原理

固体粉末燃料通过气力输送到贮仓内，来自气力输送的空气通过除尘器过滤并排出，用压缩空气清洁过滤袋。安装在除尘器上的压差测量仪用于检测除尘器袋的使用情况和调整除尘器清洁设备。安装在贮仓的料位计用于启动和停止向仓内的装填。在仓顶上的安全设备保护仓体免受损坏。为了防止爆炸，在贮料仓里安装温度监测器和 CO 探测器以便及早发现火灾。当仓内温度或 CO 含量之一超出极限，贮斗即被充 $N_2$ 气保护，此过程均由 PLC 自动操作和控制，在电源故障的情况下也可人工进行操作。

在窑转换期间燃料从贮斗通过转换闸板、加料闸板、加料喷嘴、密封闸板加装到称量料斗中，加料闸板和密封阀都配有气动传动机构。加料期间称量料斗内的气体被过滤并排出，在装填过程中排气阀起缓冲煤粉称量料斗作用。在称量料斗的装填管道和压缩空气连接及传输空气连接处，安装膨胀节和软管以除去所有施加在称量斗上的力，称量料斗带有三个测压元件。

在燃烧期间固体粉末燃料通过计量阀排入输送管道。计量阀由 PLC 控制的变频电机进行变速调节，频率控制器的速度参考信号由 PLC 给出。计量阀无论何时开启时，都要先打开压力补偿阀，以平衡称量料斗和传输管道间的压力。在计量阀上方是搅拌器，用于疏松固体燃料。这样，煤粉通过计量阀定量地供给喷枪。

　　b　煤粉仓

煤粉通过气动输送到达 $70m^3$ 煤粉仓。流态化和输送煤粉用的空气通过安装在煤粉仓顶部的布袋除尘器净化后排入大气中。

煤粉仓装有料位探测器用来控制向煤粉仓供料和停止供料。

煤粉仓的安全设备有一个紧急释放阀和两个防止煤粉仓爆炸的防爆膜。

煤粉仓易着火部位还装有 CO 探测仪并连有 $N_2$ 管道。若温度值或 CO 含量超标，则立即充入 $N_2$，防止意外。

在竖窑换向时，煤粉由煤粉加料机（即大格式阀）从煤粉仓加入到煤粉称量斗内。

　　c　煤粉称量斗

在竖窑换向时，由安装在煤粉仓底部的格式阀向煤粉称量斗中加料。

煤粉称量斗安装有释放阀和除尘器。煤粉称量斗与煤粉管道和空气管道的进出口都有软连接，用来缓冲应力。

煤粉称量斗由 3 个负载传感器支撑，称量斗容积大约是 $3.5m^3$，也叫煤粉秤。

在煅烧周期内，煤粉经过安装在煤粉称量斗下部的计量阀送入到输送管道中。计量阀由传动马达驱动，由 PLC 控制其速度。每个计量阀均装在压缩空气或煤粉输送管道的闭路系统中。

　　d　煤粉输送设备

利用罗茨风机为集气罐供气。在鼓风机入口和出口均装有消声器。出口侧还装有调节阀和安全阀。

　　B　气体燃料燃烧系统

主要组成设备：切断阀、安全阀、过滤器、双组关闭和流量控制阀、泄漏监控装置、温度测量装置、压力测量装置等。

工作原理：

燃气换向和安全阀板组被设计成"故障自动保险"，也就是在燃料阀门的电磁阀断电的情况下，依靠弹力自动关闭，放散阀门依靠弹力自动打开。

窑正常操作期间，切断阀必须打开。在燃料输入时间的期间内通过双组控制阀开、关，使燃料通过主环管分配到各个煅烧窑膛的喷枪内，每个喷枪有一个喷嘴控制其体的流量及喷枪间的分配。在下一周期双组控制阀换向，交替工作。喷枪冷却空气进入非燃烧窑膛的喷枪内，空气冷却并吹扫喷枪最大限度地延长喷枪的寿命。流量控制阀由窑操作人员设定成自动或手动模式。流量由转子流量计测量。

C  液体燃料燃烧系统

液体燃料燃烧系统与气体燃料燃烧系统相似。不同在于燃油系统的喷枪由两个同心管组成。冷却空气由喷枪的内、外之间的空间通过。采用蒸汽或压缩空气来物化燃油和吹扫喷枪，从而防止堵塞和在喷枪顶端的碳化。独立的计量泵或控制阀保证了每个喷枪的流量恒定和均匀。

D  喷枪

喷枪经法兰口进入竖窑内，在窑膛是一个保护套从窑壳内部中心一直延伸到每支喷枪的水平段，当石灰石从上面向下移动时起到保护喷枪的作用。当需要维修或更换坏的喷枪时，在竖窑内的石灰石料位要低于喷枪端头的位置，由法兰固定的输送管拆卸下来，然后分别将喷枪移开，重新安装喷枪之后将输送管连起来，窑膛重新装上石灰石点火，这样可保证在没有重大修工的情况下完成维修更换工作。

18 支喷枪用于每个窑膛的加热。这些喷枪以某种方式装在窑膛上，使每支喷枪在窑膛内燃烧的区域相同，供热均匀。

喷枪采用耐热钢制加工，以承受较高温度、延长使用寿命。

9.4.4.5  排烟除尘系统

双膛竖窑的烟气实际上包括燃料燃烧产物，物料分解产生的 $CO_2$、水蒸气等废气。竖窑的烟气从蓄热窑膛的换向闸板进入排烟除尘设备。在每个窑膛的顶部各设有一个放散烟囱，当排烟除尘设备不能正常工作时，烟气经除尘器闸板从放散烟囱排出。除尘器闸板采用液压操作，其液压电磁阀由 PLC 控制。在操作台上设有"自动/切断"开关，当达到下述条件时，除尘器闸板自动开向除尘侧：

（1）除尘器闸板开关位于"自动"位置；

（2）除尘排烟设备启动，准备好工作；

（3）竖窑已接通；

（4）竖窑烟气温度不低于最低设定点；

（5）除尘器壁温度正常。

竖窑正常的排烟温度为 70~130℃，可采用能承受温度达 180℃的耐温布袋除尘器，烟气不需要掺冷风降温可直接进入布袋除尘器既可简化控制程序，又可减少排风量，也达到了节能的目的。

排烟机前蝶阀采用电动蝶阀，启闭90°的时间要求不大于10s。

排烟机、排烟机前蝶阀和竖窑除尘器等都由 PLC 控制。在操作台上设有排烟除尘设备启动停止按钮，设备也可在机旁单独操作。

几种双膛竖窑窑型的主要附属设备表如表9-2所示。

## 9.4.5  机械系统

机械系统主要是竖窑的闸板。竖窑的闸板包括竖窑外围承担竖窑密封、换向、加出料等功能的液压操纵阀板。每个闸板都镶有硅橡胶密封件。

表 9-2 几种双膛竖窑窑型主要附属设备表

| 设备 \ 窑型 | 120t/d燃煤双膛窑 | 150t/d燃煤双膛窑 | 200t/d天然气双膛窑 | 210t/d燃煤双膛窑 | 230t/d燃煤双膛窑 | 300t/d燃煤双膛窑 | 600t/d燃煤双膛窑 |
|---|---|---|---|---|---|---|---|
| 单斗提升机 | 20kW | 2.4m³，30kW | 2.4m³，30kW | 2m³，22kW | 2m³，55kW | 30kW | 4m³，55kW |
| 喷枪冷却风机 | 500m³/h，60kPa，1台罗茨风机 | 750m³/h，1台罗茨风机，60kPa，22kW | 17m³/min，58.8kPa，1台罗茨风机，30kW | 3台罗茨风机 | 41.7m³/min，78.4kPa，1台罗茨风机 | 39.5m³，78.5kPa，1台罗茨风机，90kW | 2600m³/h，50kPa，2台罗茨风机，1台备用，55kW/台 |
| 燃烧空气风机 | 4000m³/h，35kPa，2台罗茨风机 | 5000m³/h，35kPa，2台罗茨风机，80kW | 77.1m³/min，39.2kPa，1台罗茨风机，75kW | 3台罗茨风机 | 118m³/min，39.2kPa，2台罗茨风机，110kW/台 | 122m³/min，39.2kPa，2台罗茨风机，110kW/台 | 8500m³/h，40kPa，5台罗茨风机，132kW/台 |
| 冷却空气风机 | 4650m³/h，30kPa，1台罗茨风机 | 6000m³/h，30kPa，1台罗茨风机，30kW | 4500m³/h，35kPa，90kW | 2台罗茨风机 | 125m³/min，29.4kPa，1台，90kW | 125m³/min，29.4kPa，1台，90kW | 8700m³/h，35kPa，3台罗茨风机，132kW/台 |
| 煤粉输送风机 | 580m³/h，100kPa，1台罗茨风机 | 800m³/h，100kPa，2台罗茨风机，37kW | | 2台罗茨风机 | 20.7m³/min，78.4kPa，1台，55kW | 20.8m³/min，78.5kPa，1台，55kW | 煤气加压机，6500m³/h，7.5Pa |
| 排烟机 | | 37100m³/h，3.57kPa，1台，90kW | 55626m³/h，2854Pa，1台，90kW | Y5-47-II，NO-12D，75kW | Y8-39，NO-14D，88916m³/h，2765Pa，1台，132kW | Y5-47-II，NO-12-4D，70410m³/h，3080Pa，1台，132kW | 140000m³/h，2.5kPa，1台风机，200kW |
| 煤粉仓 | | 30m³ | | 30m³ | 70m³ | 70m³ | |

9.4.5.1 燃烧空气释放阀和冷却空气释放阀

这两个阀又统称为窑释放阀。其主要功能是在竖窑换向和停窑期间，将燃烧空气和冷却空气放空，切断流向窑内的气流，降低窑内压力，避免其他阀板开启时灰尘外喷。在竖窑处于煅烧时间内，这两个阀又完全密封，燃烧空气和冷却空气可全部送入窑内。因此，在控制操作上这两个阀最先开启，最后关闭。

这两个阀分别安装于燃烧空气和冷却空气管道中，在液压操纵上采用同步控制。

9.4.5.2 换向闸板

在燃烧空气管线的顶部安装有两个两面均有密封件的换向闸板。该闸板与排烟管道和窑膛相接。这两个阀板均具有两种功能：一是将燃烧空气管与一个窑膛相通，同时密闭排烟管道；二是将窑膛与排烟管道相联通，同时密封燃烧空气侧管道。在正常操作中，两个闸板功能相反，这样的结果是：燃烧空气进入燃烧窑膛，烟气从蓄热窑膛排出。

在窑换向和停窑期间，两个闸板都打开并通向烟囱。

9.4.5.3 窑密封闸板

密封闸板位于窑顶部与加料斗连接处。在向竖窑加料之前，两个窑密封闸板均打开，当石灰石装入一个窑膛后关闭。在竖窑煅烧期间，密封闸板将窑体与外界密封，防止窑漏气泄压。

两个窑密封闸板进行同步控制。

9.4.5.4 除尘器闸板

除尘器闸板位于窑顶部。其功能是按照控制要求将烟气引入放散烟囱或排烟除尘设备。

两个除尘器闸板也进行同步控制。

9.4.5.5 出料闸板

出料闸板用于关闭各窑膛下面的料斗底部出料口。在竖窑换向期间，出料闸板打开，料斗中石灰卸出，待物料卸空，出料闸板关闭。竖窑煅烧期间，出料闸板用以密封竖窑。

9.4.5.6 加料闸板

加料闸板是窑顶加料料斗附带的闸板。两个加料阀板分别由液压控制，并设有配重，防止液压装置发生故障时加料闸板打开。在竖窑换向时，一个加料闸板打开，加料料斗排空后即关闭。

两个窑膛的加料闸板，各由一个液压电磁阀单独控制操作。

## 9.5 双 D 窑

### 9.5.1 双 D 窑的热工原理

双 D 窑的热工原理与圆形或方形双膛竖窑相似，它以两个半圆形断面的窑型取代圆形或方形的窑型。

### 9.5.2 双 D 窑的结构及规格

#### 9.5.2.1 双 D 窑的由来

传统的蓄热式石灰双膛窑，窑膛形状为矩形，两个窑膛由一个直通道相连接。当时石灰窑的最大生产能力为 250t/d。

从技术角度而言，连接两个窑膛的通道所允许通过的烟气量越多，则竖窑的工作状况越理想。但从石灰窑结构上看，当竖窑越大，墙体越长，窑体受热膨胀就会有变形的危险。因此，当窑的生产能力超过 300t/d 时，就出现了两种选择：窑断面为圆形窑膛的双膛竖窑；窑断面为半圆形窑膛的双 D 窑。

图 9-18 显示的是一个典型的圆窑膛双膛竖窑的断面。该窑构造和技术本质是：两个圆形窑膛，一个大的环形通道，由一系列用耐火材料支撑的拱门和竖筒构成，便于烟气尽可能地从一个窑膛流到另一个窑膛。

图 9-19 显示的典型的双 D 竖窑。

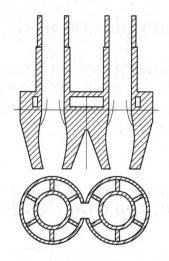

图 9-18　圆窑膛双膛竖窑断面图

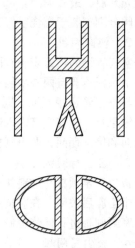

图 9-19　双 D 窑膛竖窑断面图

### 9.5.2.2　双 D 窑的结构

双 D 窑有两个半圆形窑膛，双 D 形设计，设有角，是传统长方形断面窑膛的发展。两个窑膛之间有直形短连接通道相连。

双 D 窑外壳为钢板结构，内衬有耐火材料。

双 D 窑窑体砌筑较简单，仅使用两种特型耐火材料，其余都是标准型耐火砖。

双 D 窑的布料板和用于接收石灰石的窑罩是半圆形的。

双 D 窑每个窑膛底部都有一个双抽屉式卸料装置。

双 D 窑的主要特点：

（1）使用 ULD 布料器。可以区分进料，使得不同尺寸的石灰石沿着整个窑断面分布。

（2）当热量交换比较困难时，可以增加预热带的高度。例如使用湿的或较大尺寸的石灰石料。或使用粉状固体燃料的情况。

（3）料位指示器的位置可调整。

（4）煅烧带可延展，确保"石灰石保留时间"在分解温度下长达 7h 以上。

（5）喷枪的数量和它们在石灰窑断面上的独特分布，可确保热量的分布达到最佳。

（6）两个窑膛之间连接通道短又直。确保了双 D 窑中碱性蒸气能迅速直接地从短直通道进入另一个窑膛，蒸气不会凝聚在生石灰上，避免在通道上产生任何结硬壳现象。

（7）短直通道不使用特型耐火材料。

（8）双 D 窑可不采用排烟机，利用窑内正压排烟。

（9）能耗低于圆型双膛窑。

（10）建窑的钢材料和耐火材料与同规格的圆形双膛窑比都有较大节省。

（11）双 D 窑操作灵活，投资低，运行费用低。窑的种类较多。目前设计的窑型以生产能力计从 100t/d 到 500t/d 等数十座，均在运行。

### 9.5.2.3 双 D 窑技术规格

下面是某厂300t/d以煤气为燃料的双 D 窑的技术规格：

| | |
|---|---|
| 双 D 窑断面积 | $2 \times 6.81 m^2$ |
| 其中预热带高度 | 1950mm |
| 煅烧带高度 | 6543mm |
| 冷却带高度 | 4377mm |
| 石灰石粒度 | $40 \sim 80mm$ |
| 石灰窑生产能力 | 300t/d |
| 燃料 | 转炉煤气 |
| 燃料热值 | $\geqslant 7524kJ/m^3$ |
| 喷枪数量 | 24 支/窑膛 |
| 1kg 石灰的电能消耗 | 25kW |
| 1kg 石灰的竖窑热耗 | $\leqslant 3553kJ$ |
| 产品活性度 | $\geqslant 380$ |
| 残余 $CO_2$ | $\leqslant 2\%$ |
| 煅烧温度 | $1100 \sim 1200℃$ |
| 平均年工作日 | 330d |

## 9.5.3 双 D 窑附属设备

### 9.5.3.1 双 D 窑系统

双 D 窑主要由上料系统、煤气燃烧系统、燃烧空气系统、喷枪冷却窑系统、石灰冷却空气系统、液压系统、排烟除尘系统、卸灰系统和 PLC 控制系统等组成。

双 D 窑系统图如图 9-20 所示。

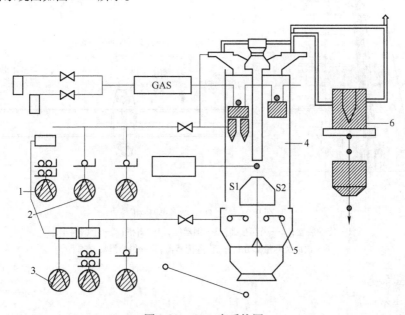

图 9-20　双 D 窑系统图

1—喷枪冷却风机；2—燃烧空气风机；3—石灰冷却空气风机；4—双 D 窑；5—出料台；6—除尘器

### 9.5.3.2  双 D 窑附属设备

双 D 窑使用的设备与双膛竖窑相近。不同之处是上料部分的单斗提升机顶部有称料重的功能，窑体下部出料部分的抽拉式出灰机（托板出料机）结构上有所不同，采用了双层的出料板结构。

A  单斗提升机

| | |
|---|---|
| 容积 | 5.5m³ |
| 提升能力 | 8t |
| 装机功率 | 37kW |

卷扬机附带电子称重单元

双 D 窑的单斗提升机把称量料重的工作放在了单斗提升机的顶部，通过放在窑顶绳轮支架下的压力传感器来检测料车中物料的多少，这是它的一个特点；另一个特点是提升机斜桥和窑壳体平台之间的连接和固定方式与其他斜桥支撑不同，采用了可垂直相对移动的滑动连接，这样斜桥和窑壳体之间因热膨胀不同而产生的不同垂直移动就不会相互干扰（其他部分可参看竖窑 8.1 部分），单斗提升机顶部结构，滑动支撑结构如图 9-21 所示。

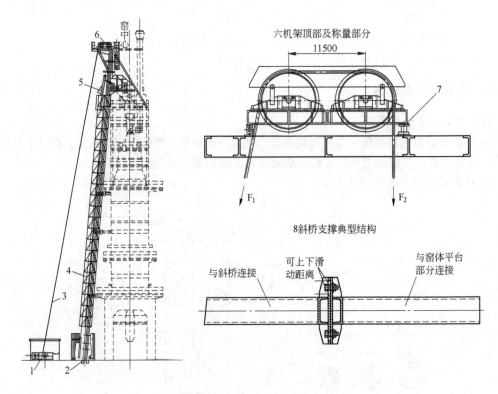

图 9-21  双 D 窑单斗提升机

1—传动装置；2—底部基础；3—钢丝绳；4—斜桥；5—上料料车；
6—顶部及称量部分；7—称重传感器；8—斜桥滑动支撑

B  液压系统

| | |
|---|---|
| 液压泵 | 2 台 |
| 工作压力 | 10MPa |
| 装机功率 | 15kW/台 |

C 煤气压缩机

公称流量 $80m^3/min$

数量 2 台

排气压力 0.18MPa

电机功率 220kW/台

D 燃烧空气风机

罗茨风机 3 台

流量 $113.6m^3/min$

压力 39.2kPa

电机功率 110kW/台

E 石灰冷却风机

罗茨鼓风机 3 台

流量 $146m^3/min$

压力 39.2kPa

电机功率 132kW/台

F 喷枪冷却风机

罗茨鼓风机 2 台

流量 $26.6m^3/min$

压力 60kPa

电机功率 45kW/台

G 抽拉式出灰机

抽拉式出灰机用于窑的出料,出料托板下部分上下两层辊轮,在水平面成垂直布置。两组托板的四个推拉油缸如图 9-22 所示。油缸行程 160mm,分别顺序运行推拉动作,完成下料工作。两层垂直布置是为了最大限度地保证窑内下料面的均匀合理,由于油缸推拉速度和行程可调,从而使托板往返速度和位置发生改变,以达到控制窑膛内出料量的目的,保证了工艺调整的需要,整个控制动作完全微机控制。

抽拉式出灰机的结构如图 9-22 所示。

### 9.5.4 影响双 D 窑能耗的主要因素

影响双 D 窑能耗的因素主要是窑的气密性能、工艺参数的控制、原料石灰石的质量等。

#### 9.5.4.1 窑的气密性能

窑的气密性不好,窑内热气体外泄会带走较多热量,既增加能耗,又对石灰的质量带来不利的影响。因此,在窑的施工安装时要特别注意窑壳焊接质量和窑的连接部分的处理,要严格按图纸施工,在施工过程中不断检查焊接质量,发现问题,及时纠正。窑壳焊接后先做气密试验。合格后再砌筑耐火材料。耐火材料砌筑完毕后,再做气密试验,试验合格后方可进行下一步工作。

#### 9.5.4.2 工艺参数的控制

A 空气过剩系数

空气过剩系数的选择要以满足煤气充分燃烧为前提,过小,会导致没有完全燃烧的煤气流到连接通道时遇到石灰冷却空气,再次燃烧,导致连接通道废气温度偏高,出窑石灰温度较

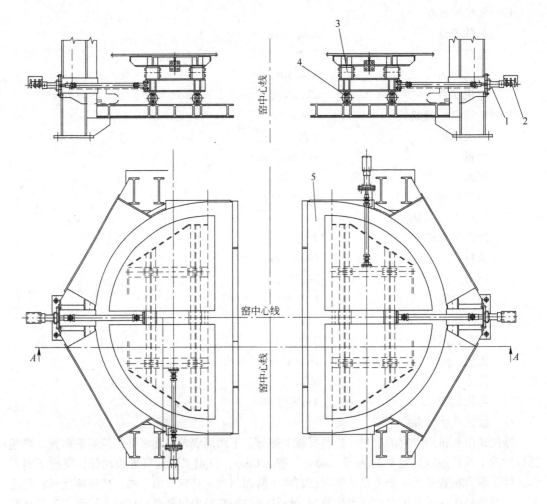

图 9-22　双 D 窑抽拉式出灰机

1—液压推拉装置；2—换向控制装置；3—上层辊轮；4—下层辊轮；5—托板

高，造成热量流失，增加了热耗。没有完全燃烧情况严重时，可见烟囱排出的废气发黑，则需及时处理。空气过剩系数又不能过大，过多的空气量不仅增加窑内的压力，对各项参数的控制带来不利影响，同时风机负荷增加，造成电耗和维修量增大。

燃料热值波动较大时，宜选用手动控制空气过剩系数，随时根据热值的变化调整风机转速，满足空气过剩系数的要求，注意空气过剩系数曲线的变化。实际生产中，空气过剩系数以 1.25～1.35 为宜。窑产量增加，则空气过剩系数变小。

**B　废气温度**

很明显，废气温度越高，热损失越大；而废气温度过低，窑内物料预热不充分，出灰温度偏高。所以，废气温度须在一个合理的范围，可以有效地控制燃烧带的长度。由图 9-23 可见，在每个换向周期内，废气温度随着燃烧的进行逐渐升高，换向后有所降低，然后再逐渐升高，如此反复。实际生产中，低温和高温分别以 70～120℃ 为宜。点火期间和生产中特殊情况需注意除尘器布袋的适宜温度范围，以 50～150℃ 为宜，在此范围内排放，以避免对除尘器布袋造成不利影响。实际生产中，要注意控制石灰冷却风量。合理的冷却风量可以保持煅烧区在窑内

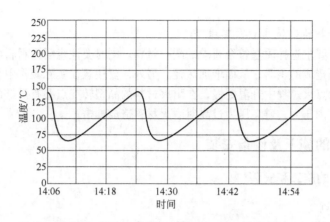

图 9-23 双 D 窑烟气温度随时间变化曲线

比较理想的位置。表 9-3 为某钢厂试验数据,由表可见,废气温度上限以 120~130℃为宜,出灰温度以 70℃左右为宜。

表 9-3 试验数据

| 废气温度上限/℃ | 80 | 100 | 110 | 120 | 130 | 140 | 150 | 160 | 170 |
|---|---|---|---|---|---|---|---|---|---|
| 出灰温度/℃ | 100 | 90 | 80 | 70 | 60 | 50 | 40 | 30 | 20 |
| 单位热耗/kJ·kg⁻¹ | 3495 | 3453 | 3412 | 3474 | 3370 | 3349 | 3370 | 3433 | 3474 |

C 煤气流量

煤气流量的控制对热耗的影响很大。热耗指标确定后,测算出每循环的煤气量,如煤气分析仪检测出的热值较准确的话,可以采用在线控制方式,根据煤气热值变化,自动调整煤气流量和空气流量。如果煤气热值仪不太准确,可根据经验列出热值和流量对应表,再以连接通道温度的变化调整煤气流量。正常情况下,调整幅度不宜过大,如热值为 10046kJ/m³,生产中连接通道温度缓慢下降,说明实际煤气热值低于 10046kJ/m³,可改用 10465kJ/m³ 对应煤气流量输入,并继续观察和调整。如在一个循环内温度变化较大,可临时调整煤气流量,下一循环可适当加大调节幅度,实际生产中不断验证热值和流量、煤气密度对应值的准确性,以达到较为精确的目的。

D 煤气压力

入窑煤气压力在 0.03~0.04MPa 为宜,压力过低,煤气消耗量增加。如果煤气管路较长煤气压力要有保障,必须使用煤气加压机,来保证入窑煤气压力。

9.5.4.3 石灰石的质量

首先是石灰石的粒度,以 50~80mm 为宜,过大的石灰石不易烧透,能耗加大;石灰石块度过小,易造成窑内压力过高,气流受阻,煤气流量加大,能耗增加,且对窑内衬带来不利影响。

9.5.4.4 其他因素

A 连接通道的清理和计划检修的安排

连接通道是废气通道,生产过程中一部分石灰和粉料逐渐堆积在上方,影响废气的流通。在物料清理时,打开连接通道会产生一定的温降,带来热量损失。所以在气流不受影响时,尽可能延长清理周期。并尽可能将通道的清理和其他设备计划检修同时进行,从而提高设备作业率，降低能耗。

　　B　窑内耐火材料砌筑质量及其维护

　　首先要按设计要求选择质量符合要求的耐火材料。同时要注意耐火材料的砌筑质量，尽可能避免因砌筑问题造成的剥落，从而增加热耗。另外，要注意在实际操作中控制窑内温度的变化及窑内压力，再点火过程中升温要慢，在耐火材料的晶型转变点要有足够的保温时间。实际生产中注意控制窑内压力，避免压力过高对耐火材料造成冲击。

## 9.6　双膛竖窑的施工及设备安装

### 9.6.1　窑炉主体的施工和安装

#### 9.6.1.1　总则

　　双膛竖窑的工作压力约为 0.05MPa。窑体钢结构的焊缝必须绝对严密。这一点对车间和现场的焊接工作都应一样严格。

#### 9.6.1.2　车间内的准备工作

　　(1) 所有钢结构都必须按图纸上的要求制造，最大限度地满足运输尺寸和重量。

　　(2) 在车间加工制造期间应特别注意在图纸上示出的"基本公差"。

　　(3) 所有部件必须在车间制造，并用防水涂料做上中心线标记（窑或窑膛中心线）以便在现场正确地安装。

　　(4) 所有编号和标记必须与图号对应，并与图上的编号一致。

　　(5) 每个部件都必须提供起吊用的吊钩。

　　(6) 机械部件在运往现场之前必须组装好并进行性能测试合格。

　　(7) 为了防止在运输和起吊时变形，所有窑体部件及管道末端必须有加强支柱支撑。

　　(8) 为了便于在现场安装，所有的小附件都应尽可能在车间装配好。

　　(9) 所有钢制部件都必须刷防锈漆，根据工作温度和周围环境条件选用相应的涂漆，所有加工部件都必须涂漆保护以防机械损害和腐蚀。

#### 9.6.1.3　施工设备和工具

　　下列设备为常用的施工设备，也可根据现场条件和施工人员的实际经验有所改变。

　　(1) 1 台 50t 汽车吊，起吊高度 40m（起重能力取决于起重机 - 窑的位置）。

　　(2) 1 台 150t 汽车吊或回转塔吊，起吊高度 60～70m，取决于窑炉尺寸，作为暂时使用（起重能力取决于起重机 - 窑的位置）。

　　(3) 1 台 10t 电动卷扬，绳长 200～300m；1 台 5t 电动卷扬，绳长 100m。

　　(4) 6 台电焊机，有效量程 300A，带所有必须的附件。

　　(5) 4 盏手灯，24V。

　　(6) 8 根电缆，其中 4 根长 20m，4 根长 50m。

　　(7) 3 台手钻，2 台轻的，1 台重的，1 台带 10 个圆柱螺旋钻头 $\phi 3\sim 10mm$ 和 10 个圆锥螺旋钻头 $\phi 11\sim 25mm$；8 把锉刀。

　　(8) 4 台氧焊机，带所有的软管、压力计，有必须的顶端切口。

　　(9) 1 台磨床，双向的；2 台手动磨床，带柔性轴。

　　(10) 1 台空压机，$12m^3/min$，1.0MPa。

　　(11) 3 根空气软管，带接头，长 30m。

　　(12) 1 台空气锤；1 台空气钻机，带打点机构。

（13）2 台螺纹攻丝机，1 英寸。

（14）4 个手动定滑轮，3t。

（15）4 个棘齿提升机，3t（3m 长链带棘齿）。

（16）6 台液压起重机，其中 2 台 10t，4 台 50t（长短各 2 台）。

（17）3 台手动卷扬，其中 2 台 3～10t，1 台 5t。

（18）6 套标准工具箱；6 套重锤扳手，46～65mm；6 套固定扳手，13～65mm。

（19）4 套螺纹攻丝机用于盖形螺母，3～27mm；1 台扳钳，1/2 英寸，带有盖形螺母，3～27mm；2 套攻丝用螺母，1 英寸，$\phi14$～46mm；4 盒盖形螺母，3/4 英寸，$\phi14$～19mm；4 套螺纹攻丝机，3，5，7，10。

（20）8 个雪橇锤，$2\times10kg$，$3\times3kg$，$3\times1.5kg$。

（21）8 根撬棒，$\phi30mm$；10 根小的夹紧铁棒。

（22）2 根短的厚量规；2 根长的厚量规；4 根长 2m 的尺。

（23）4 根弹簧角钢。

（24）各种打孔机（冲床），$\phi18$，20，22mm。

（25）各种凹字形键用的止退键，$45mm\times25mm\times300mm$。

（26）3 个水平仪；1 个软管式水平仪，30m；10 个公制测量仪；2 根测量带。

（27）3 台手动泵。

（28）4 圈拉线，4m，$\phi36mm$；4 圈拉线，2m，$\phi16mm$；1 圈拉线，100m，$\phi16mm$。

（29）3 个吊挂滑轮，5t；3 个双滑轮，5t；20 个夹子，$\phi16mm$；3 盘尼龙线，500m，$\phi2$～3mm；6 个螺纹夹子，300，500，750。

（30）2 台铲土机。

（31）4 个绳梯；各种纤维绳；10 个 U 形钩套，M16；10 个 U 形钩套，M24。

（32）2 个梯子，每个长 4m，5m，6m。

（33）弯管机及安装液压管道的专用工具。

以上是经过长期的施工石灰窑总结出来的经验。实际需要时不局限于这些。可根据现场的实际情况、安装设备的大小和施工单位的情况进行调整。

#### 9.6.1.4　施工准备

（1）检查材料供应情况。检查已到的材料是否齐全，确认所有所需的设备是否按期到达以保证正确的施工进度。

（2）预留孔。检查窑的锚固螺栓的所有预留孔的位置是否正确。孔内必须干净，没有灰尘。用压缩空气进行吹扫。

（3）梯子和栏杆。窑上所有栏杆必须安装上，通往基础的通道必须设置梯子和扶手。

（4）窑中心线。在窑基础上明显地标出窑的中心线和窑膛的中心线。

（5）预安装。由于运输条件的限制，窑膛钢结构件不可能整体供货，所以必须在靠近窑基础的预安装地进行组装和焊接。预安装地点必须是平整的并在施工用吊车的工作范围之内。

无论任何时候，在有可能的情况下应将平台焊接到已经放到地面上的各自的窑膛部件上，然后将它们一起吊装到最终的位置上。

（6）焊接。"金属材料对照表"图纸包括要使用的金属材料的相关信息和不同标准的对照。

"焊接符号"图纸对在原图纸上基于新、旧标准所使用的焊接符号进行了解释，此外还包括含有对焊缝检查的标准。

在石灰窑工作压力下，所有焊缝必须保证严密不漏气。最终的气密性实验只有在完成钢结构的安装和耐火材料的砌筑之后进行，在施工现场和加工车间加工的大部分窑壳的内部焊缝应达到完全的严密不漏气。

在石灰窑操作过程中，对一定区域内允许钢结构的受热膨胀是非常重要的。仅焊接在图纸上示出的适当的膨胀部位，且必须执行。

当进行任何焊接工作时，特别是在最后安装阶段，在试车期间和窑操作时要特别注意不要将压力传感器接地，液压缸和轴承等元件应避免损坏。

### 9.6.1.5　施工进度计划表

下列描述的是以双膛竖窑的施工经验为基础的。有经验的施工人员可按自己的经验调整。

**A　上窑基础和鼓风机室的梯子**

上窑基础的梯子在窑施工的最初阶段安装。同时安装栏杆。为了安全至少要在窑基础上安装临时护栏，这样当下一步施工时也可容易移动和重新安装。

上鼓风机室的梯子当鼓风机室完工后就安装，同时安装扶手。

**B　锚固螺栓、卸料装置及窑膛第 1 部分**

卸料装置安装顺序是非常重要的，必须按顺序安装。

（1）第一部分"卸料斗下部安装顺序"；

（2）第二部分"卸料斗上部安装顺序"。

开始安装辅助梁之前确认基础豁口相对窑膛中心线位置，以便卸料装置下部上面的梁恰好能够插入其间。

根据相应各部件的重量确认吊车的规格和能力。当安装卸料斗下部时临时需要一台辅助吊车。

锚固螺栓应在卸料斗安装之前安装，之后就不可能安装上了。

锚固螺栓在窑膛第 I 部分安装完之前都要确保拧紧螺母。

卸料斗各部分在车间或窑基础附近场地预装配完毕。可是大的辅助开孔只有在耐火材料施工完毕后才能安装。

此时应预安装辊子，并与出料台组装在一起。

调整好上下滚筒板位置之后焊接在支撑梁及出料台上。

辊子被再次拆除，只有当全部的耐火材料砌筑完毕后才能最终安装辊子。

为了便于它们最终安装，辊子出料台必须做出记号。

安装卸料斗下部件。

定位窑膛立柱、对准基础预埋板将导向板焊接在基础板。立柱也焊接在卸料斗上。辅助梁现在可以拆除。

在此阶段卸料装置的高度必须调整。竖窑的操作过程中必须保证卸料台和卸料斗上部边缘的高度距离在 400mm 之间。

混凝土基础会有不同标高偏差，垫片放置在垂直立柱下或低于"十字"支撑下。

接着将全部预安装完毕的卸料闸板上部料斗用螺栓固定在卸料斗上。

所有卸料装置内部的螺栓头都要密封焊接，卸料斗下部周边密封焊接。

下一步是卸料斗上部部件的安装。这个阶段的安装非常困难，并且要十分小心地进行。因为在下一阶段焊缝是接触不到的，所以要求必须有精确的制造，尤其是对气密性的要求。

将地脚螺栓上的螺母拆卸下来之后，两个整体预安装好的窑膛第 1 部分调正及放入正确的位置中。必要时候使用垫板找平。

现在卸料斗上部的窑壳钢板与窑膛第1部分的底板封闭焊接。

锚栓孔及窑膛第1部分下部用灌浆料二次浇灌。

带垫圈的螺母被安装在地脚螺栓上并拧紧。

将中央带料钟的十字横梁安装在该卸料台上部。横梁上的开孔用钢板封死，钢板需周边焊接。

C 卸料闸板、出料料斗、卸料平台

卸料闸板与出料斗在窑附近的预安装场地用螺栓锚固在一起。

现在卸料平台的支撑结构已被定位并安装于支撑基础上。

接着出料斗与卸料闸门预先安装完毕，被提升并与卸料闸板上方料斗下部焊接在一起。

D 窑膛

窑膛筒体的每一部分施工完后都要核对标高。

(1) 窑膛第1部分。窑壳Ⅰ分段运输到现场，在运输和安装期间应保持窑壳的正确形状，每段部件应用支柱固定。

单个部件应在靠近窑附近进行组装。

(2) 窑膛第2部分。窑壳Ⅱ也应在窑基础附近的预安装地点进行预安装。然后分成两部分吊至窑膛第1部分的上面。

为了便于安装，可在窑膛第1部分的边缘焊接一些楔形钢板。如图9-24所示。

这些钢板使得两部分窑膛筒体的连接更加便利。经过适当地调整以后，必须将窑膛第2部分与第1部分焊接严密。安装全部完成后，加固件都要拆除。

窑膛连接通道接缝处距离必须为6mm。窑壳Ⅱ在此位置与窑壳Ⅰ焊接。然后将螺栓插入加固管箍使窑膛部分整体配合，直到接缝处距离达到2mm。将接缝处焊接（这样设计的理由是窑壳Ⅱ被预拉紧。当它受热的时候由窑壳的热膨胀来补偿）。

(3) 窑膛第3部分。窑壳Ⅲ在运往工地以前也应该在车间整体装配好。平台梁和钢板都应该在预安装地焊接以便于下一步安装工作顺利进行。

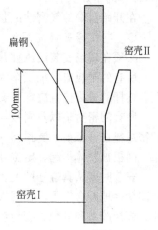

图9-24 安装附件

将窑壳Ⅲ吊起放在窑壳Ⅲ上，采用与窑膛第2部分类似的安装附件找准位置。

(4) 窑膛第4部分。与窑壳Ⅲ一样，窑壳Ⅳ在车间整体装配好。

一个直径300mm的爆破板被安装到窑壳Ⅳ上，为保护窑膛内压力超过0.05MPa时泄压。

石灰布料器和喷枪盒按下列方式进行装配：

窑壳的装配结束之后，第一步在窑壳内安装石灰石布料器枢轴。安装布料器时，特别注意窑膛与轴连接，正确地安装并严密地锚固到窑壳上。接下来安装石灰石布料器。

焊接喷枪盒。注意焊缝，因为在后面的阶段想做任何的修补或调整都将是困难的。

炉墙顶部盖板将在砌砖工作完成之后安装和焊接。

安装橡胶密封的挡圈。密封在做窑炉密封试验之前安装。

现在将窑壳Ⅳ提升并放置于窑壳Ⅲ之上。

E 梯子和平台

梯子以单个装配好的形式运到工地。根据施工顺序先安装梯子。

除了平台不能固定到窑壳上的情况外，其他平台都应随施工进度的要求及时施工完。要求最大限度地在预安装地将平台焊接于相应的窑壳上一起吊上去安装好。

石灰石料斗平台在地面上预安装为两件，梁也用螺栓固定上去。将平台的安装部分吊起至窑膛上方，放在窑膛第 4 部分上面，对正位置后焊接好。平台的安装完成了，安装栏杆。

内部支撑结构整体安装完毕，焊接在加料平台上。接着将外部支撑结构与石灰石布料平台和石灰石料斗平台装配到一起。

楼梯依照装配进度进行安装。

F　窑膛关闭闸板

预装配好的窑膛关闭闸板临时安装到窑膛上。轴承装置焊接到内外支撑结构上。调节径向长度，以使盖板准确地定位于窑膛开口上方，焊接固定。

对闸板进行转轴测试。检查旋转圆筒铰链轴承的运动。旋转圆筒（制动在端部位置）位置彻底移开向外移动，闸板必须与窑膛开口完全对中。

安装挡板，并在圆筒完全进入的位置进行焊接。所有的螺栓与螺母拧紧及固定。

封闭环内不安装橡胶密封垫，以免损坏密封。但是考虑到准确对中和闸板定位，准许插入 30mm 厚的垫片。

在开始窑炉的气密性试验之前，装入橡胶密封垫，以便于对闸板进行最终调节。

G　空气废气换向闸板、废气除尘换向闸板、燃烧空气和冷却空气释放闸板

必须在现场安装液压缸并核对其准确的最终位置。

所有的闸板应在加工车间装配完毕并调试。仅仅将液压缸的连杆临时地连接到闸板的轴上。连杆的最终位置决定于安装液压缸的位置。

所有的密封垫以及闸板与门上的硅橡胶密封垫必须在焊接工作完成以后才能安装，以保护密封垫在开工前不受损坏。

闸板被整体吊起、定位并焊接好。注意液压缸、门和孔的位置，要方便操作。

安装时要认真遵守图上相应的指示。当调节闸板和释放阀时，要确认橡胶密封垫和金属密封圈精确地配合好了。在闸板的最终调节以前要安装橡胶密封垫。在窑上开始压力试验以前，非石棉橡胶垫和硅橡胶密封垫都必须安装到相应的开孔和门上。

检查所有油嘴是否通畅。若有必要，应延长润滑管线。

H　拨火门

与砌筑配合安装。

I　连接通道及观察孔的盖

拨火孔用观察孔盖在安装结束时安装。连接通道盖必须在炉顶砌筑完成之前安装。

J　通往窑膛的小平台

平台安装完以后要安装小平台的附属梯子和栏杆。当安装平台时要注意便于到达窑膛第 4 部分和第 5 部分上的观察门。防止喷枪冷却空气环形主管或燃料主管碰撞梯子和栏杆。

K　窑顶小房

窑上工作间的屋顶部分和侧墙应在车间进行预安装。在现场将两个屋脊互相连接，吊起放到窑上。并将两件对好位置焊好。接着将屋顶吊起、定位并焊到屋脊上。焊接平台梁之间的垂直支撑。调整并安装门架。

在安装窑上工作间的盖板以前应该安装好所有的空气和废气管道、烟囱和石灰石运输设备。

L　窑加料斗

加料斗的施工顺序可以有所变化。取决于加料系统的类型，它可以有一个用于给带可逆皮带机的窑炉加料的出口，或者有两个用于给带有振动给料机的窑炉加料的出口。在加料斗被运

往装配地点以前要在车间整体装配完毕。

将加料斗吊至相应的平台，通过该平台开口降下。如果这个加料斗作为石灰石加料斗，将其定位并随后焊接到平台结构上；如果该料斗作为称量斗，也将其定位放在安装附件上，并调整螺栓以备压力传感器装配用。通过螺栓该称量料斗在安装该压力传感器之前被提升。压力传感器装配完毕之后，拧出螺栓，加料斗置于压力传感器之上。

#### 9.6.1.6 砌砖时及砌砖后安装的部件

**A 拨火门和塞子**

与砌筑无关的零件在砖衬的施工结束之后再进行安装。测量塞子也在砖衬施工结束之后安装，然而测温计和热电偶，要在窑炉启动前不久才安装。塞子用捣打料或浇注料现场填充。

**B 卸料台用辊子、驱动杆和拖板**

卸料台下面的辊子（图9-25）要待砌砖完成后才能安装。因为在砌窑过程中大部分的耐火材料要经过卸料台送到窑内，此时卸料台越低越好。

驱动杆与辊子一起安装。要特别注意将驱动杆安装到卸料台的中部。卸料台必须在两个方向都有75mm的自由活动空间，而辊子在适当的操作范围内。这样，辊子的顶板和底板才能焊接固定。

然后安装液压缸和润滑管道。

**C 膨胀缝钢板**

当砌砖工作到达相应高度时将膨胀缝钢板砌在砖缝中。注意砖面下部钢板要干净和平整。

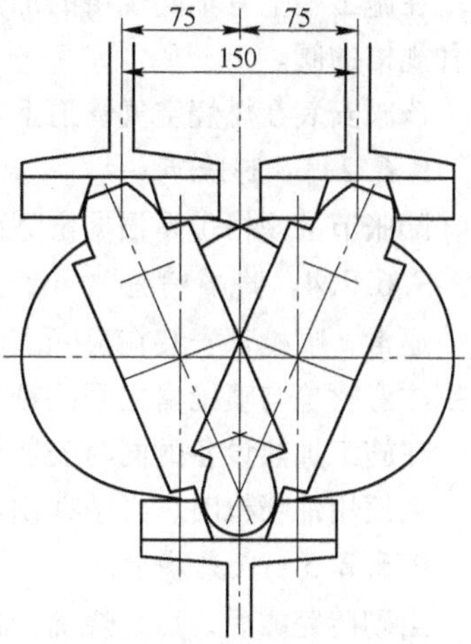

图9-25 卸料台的辊子

**D 爆破板**

爆破板的角钢架既可安装在窑膛第4部分也可安装在窑膛第5部分上，既可在车间安装好也可在施工现场安装。

**E 料位指示器**

料位指示器应完全在加工车间装配完毕。按一般规则来说，编码器（带有采集和发射信号功能）和液压设备在稍后的工序中安装。

（1）安装耦合件和驱动装置。

（2）转动链轮直至液压驱动装置所到达的最终的位置。

（3）固定链轮，在靠近垂直于窑中心线一侧用螺栓固定，并将计数器重锤安装在链子的另一端。

（4）连接液压元件和解码器。

保证两个窑膛内的料位指示器的链条长度相同，重锤在窑膛中的水平高度一样，并探测的料位高度相同。

**F 换向箱**

卸料台液压缸的换向箱在施工后期安装到窑的钢结构上。要注意换向箱的准确位置以便以后安装限位开关。

**G 旋转单门**

通常门应该在车间时与相应的窑壳部分一起安装好，但不安装橡胶垫。如果没安上，应在窑体砌砖完以后安装这些门。注意贮存期间已在轴上涂黄油以防生锈。

### 9.6.2　窑炉附属设备及管道的安装

9.6.2.1　单斗提升机加料斗

加料斗在吊运到施工现场之前都应在车间安装好并进行调试。液压缸只能在施工现场安装。

如果加料斗被用作称量斗，压力传感器定位、安装顺序如前所述。

9.6.2.2　加热阀

在施工图上有不同规格的加热阀。阀的规格根据窑的规格而定。对于某一规格的窑只能用一种规格的阀。

该阀安装在燃烧空气管道上以控制窑开工时供给开始点火的空气量，要注意方便操作。

9.6.2.3　膨胀节

膨胀节的规格也是根据窑型而定的。膨胀节也安装在燃烧空气管道上。

9.6.2.4　烧嘴喷枪

通常，喷枪都安装在窑壳上。在窑体砌砖完成以后按图上要求安装、定位、拧紧螺栓。要特别注意喷枪与喷枪盒之间的密封。

在施工加热设备的同时安装好燃料供应系统和喷枪冷却空气系统，并进行试压。

当使用油喷枪时，必须在制造厂进行气密性试验。

9.6.2.5　点火烧嘴

当砌砖完成后，点火烧嘴的预安装空气箱安装到连接通道处的拨火孔上，即将来安装光学高温计的法兰上。若是矩形窑，点火木材要在安装空气箱之前放入窑内。当是圆窑时，通过靠近点火烧嘴的开孔将木材放入窑内。

调整连接到空气箱的所有管道和准备程序。若是矩形窑，当点火所需木头都放进窑内以后就将点火烧嘴及所需的连接件和密封件安装好。当是圆窑时，点火所需木头都放进窑内之前就已经将点火烧嘴安装好了。

安装完点火烧嘴后，应确认其位于中心，保证喷出最适宜的火焰和火焰 UV 控制器的功能。

所有的燃料、空气及属于仪表的阀门都必须安装在靠近点火烧嘴的观察孔处。同时可操作切断阀、控制阀及观察火焰和仪表。

9.6.2.6　限位开关的安装

限位开关要等液压设备安装完毕闸板都能动作时才安装。首先将限位开关工作时要撞击的碰铁安装到闸板上相应的位置，然后在闸板的末端安装上限位开关及其固定装置并调整好。再安装硅橡胶密封垫。闸板的末端位置可以通过活动其液压电磁阀来找到。在紧固螺栓前必须反复核对限位开关的位置。

9.6.2.7　燃烧空气管道、冷却空气管道、集气管道、喷枪冷却空气管道、喷枪冷却空气环形主管

这些管道以大件运到工地，在预安装地进行预安装。

加热阀和膨胀器在地面上已经安装到了燃烧空气管道上。应确认加热阀的安装位置是否正确，从平台上是否容易到达安装地点。

用吊车吊起管道，定位、调整、安装上并焊接好。

连接闸板和阀门的法兰应为松套法兰。法兰的焊接最好在地面上进行，那样较方便。

鼓风机室的空气集气管最好调正位置，在地面上进行临时固定。等鼓风机及其连接件都安装完以后最后焊接好。然后安装鼓风机室外面的管道与集气管之间的膨胀节。

喷枪冷却空气管道应整体装配和安装。通常安装在燃烧空气管道上。

每个窑膛的喷枪冷却空气环形主管分为 2 块进行安装。将其放在焊在窑壳上的角钢上。

注意窑膛 1 与窑膛 2 的喷枪连接位置不同。

### 9.6.2.8　烟囱

烟囱的安装应在换向闸板安装以后窑上工作间安装以前进行。

烟囱以整体的形式运往工地并用吊车吊上去。注意在烟囱被吊上去就位以前，应该先与换向闸板焊接。这样，烟囱的安装就容易多了。

### 9.6.2.9　废气管道

废气管道的设计可根据除尘器的位置和形式而有所变化。

在任何情况下管道都应以尽可能大的结构形式运往工地。

废气管道在预安装地装配成两个部件。

上部管道用吊车提上去并定位。

如果换向闸板出口侧焊接了滑环，这样安装会更容易些。因此管道插入滑环内能准确的对接。接着废气管道支架焊接到相应的平台上。

下部管道和膨胀节一起以同样的方式安装。将下部管道与上部管道及除尘器接上。

### 9.6.2.10　除尘器后的烟囱

烟囱应以尽可能大的结构形式运往工地。可安装在窑除尘器侧的基础平台上，也可安装在排烟机室附近的地上。

### 9.6.2.11　加热管道

加热空气管道只有当第一次开工和以后的重新点火时才使用。因此，这一段管道很容易拆卸和安装。管道做成一体，不用时存放在拨火平台上或检查孔平台上。

### 9.6.2.12　去单斗提升机料斗的溜槽

该溜槽在称量料斗的下面，装有铁链帘子。铁链帘子是为了阻止石灰石自由的滚动。

校正完溜槽后，与称量料斗焊在一起。应确认称量料斗闸板能自由地开关，提升机斗也能自由经过溜槽。

通常在溜槽底部和两侧装衬橡胶，以减小噪声。

### 9.6.2.13　单斗提升机

单斗提升的斜桥根据窑型不同分成若干节运往工地。

斜桥最好在预安装地进行组装。包括所有的滑轮但头部除外。头轮单独吊至加料平台安装。

将斜桥吊起使单斗提升的底板安装在提升机基础上，上面将斜桥与单斗提升头部连接。

斜桥支点固定在各层平台上，保证斜桥成一条直线。

安装提升机卷扬，穿钢丝绳。

### 9.6.2.14　石灰石加料斗振动机

石灰石加料斗下面的振动给料机吊架，在用于给旋转料斗加料的可逆皮带机安装之后才被安装。吊架整体预装配完毕，提升至加料平台。吊架被一台提升起重机提升，定位在加料斗上，然后将加强件焊接到加料斗上。

安装振动给料器。

#### 9.6.2.15　供风系统

**A　鼓风机的安装**

在安装鼓风机前应清理鼓风机室，安装吊车梁并将单机吊安装在吊车梁上。

鼓风机的安装也可用叉车。鼓风机室的消声门应该安装好。墙上所有的孔洞、空气管道、消声器和过滤器的入口通道应该暂时盖上。

所有鼓风机都应带消声垫块。喷枪冷却和煤粉输送空气用的小型风机都带消声垫块。注意基础表面应该水平和干净以保持消声垫块与混凝土之间的连接性。小风机直接放在基础上，没有锚固螺栓。

预先安装了消声垫块的大风机也直接放在基础上。

从距风机室门较远的一端开始安装。

调整好鼓风机的位置（水平和垂直中心线）后，浇注锚固螺栓孔。施工完混凝土以后安装工作才能连续进行。然后安装鼓风机、消声器、过滤器、膨胀节、逆止阀、鼓风机与集气管之间的接管。注意膨胀节安装时不得受任何力。

**B　鼓风机室的消声器的安装**

安装槽形框以前要检查鼓风机室顶上入口通道的尺寸，看是否正确。将槽形框插进去，用螺栓将槽形框固定上，固定槽形框的上端与下端。要先插入宽的槽形框，接着插入小的。槽形框安装前要清扫干净。

**C　入口过滤器的安装**

将槽形框安装到入口通道以后接着安装入口过滤器。安装在混凝土墙内的钢支架。用螺栓固定过滤器架，插入过滤器，用夹子固定。为了以后的清洁工作，应尽可能地做成容易拆卸件。

#### 9.6.2.16　燃烧设备

燃烧系统由于燃料的不同而不同，下面介绍以煤粉为燃料的燃烧系统。

**A　煤粉仓及附件**

首先，用吊车提升支撑结构，在水平和垂直方向定位并校准基础，锚固螺栓固定在基础孔中。如果需要，使用垫片来保持水平。用吊车将煤仓提升到支撑结构上，和支撑结构焊接在一起。固定好装煤管、回煤管和平台。

检查附件是否齐全，包括安全阀、过滤器、测量仪表以及煤粉仓锥体。带充气装置的锥形槽出口在现场预组装好，用吊车提升到其位置，在煤仓的下方。吊车吊钩的钢丝绳通过仓顶盖插入。

当锥形出口位置正确时，将其焊接到仓上。注意不要损伤锥的抛光内面，这会导致在操作期间仓内的物料膨料。锥体出口安装完之后，固定安全性附件和料仓过滤器。注意当固定附件时，要使其易于从平台上通过，以便于维修和维护。

**B　称量料斗和煤粉仓附件**

煤粉用称量料斗和其支撑结构要预组装好，称量用荷载传感器先不安装。

称量料斗包括支撑结构，在水平和垂直方向上与专门提供的基础板校准，锚固螺栓用水泥灌浆。

安装输送空气、压缩空气和氮或二氧化碳气体管道。

煤粉输送空气用的管道是预组装的。称量料斗区域内的管道已安装。用弹性膨胀节来连接输送空气管，是为了不影响平衡和避免任何的称量错误。注意所有膨胀节在所有方向都是可自由移动的。

在管道安装之后，固定煤粉仓和称量料斗之间的阀。此处要用的弹性膨胀节。然后，固定荷载元件。

在所有法兰连接处，要安装铜接地带。

C 管道

如上所述，煤粉输送空气管道以大件组装，安装于鼓风机室和煤粉称量料斗之间。

由烧嘴喷枪来确定管道数目。这些管道应该对称安装，在窑腔的两侧有同样的长度。

安装从煤粉称量料斗到双路管阀平台的管道，再到Y型分配器的管道。双路管阀安装在平台上。注意双路管阀的液压缸和限位开关都是方便操作的。为了在双路管阀平台上进行检查和维修，应提供足够的通道。窑结构上的管道和最下面的管道一起，用托架固定。在托架上，用卡子固定。安装Y型分配器。Y型分配器必须精确地在垂直位置校准，一旦偏差将导致窑操作期间煤粉的非均匀分布。Y型分配器与喷枪前的转向盘之间的管道在车间组装好，然后运到现场。在安装完喷枪后，再安装转向盘，然后与管道相连。

在所有法兰连接处提供铜接地带。

D 点火烧嘴和管道

燃煤石灰窑预热主要用柴油或气体。

当使用柴油时，安装一个独立的小的泵站，配备安全性附件、流量测定和控制。用压缩空气雾化燃油。燃油和压缩空气管道靠在燃烧空气管道旁边，并固定。点火烧嘴前安装关闭阀。

在安装点火烧嘴前，两个窑腔之间的盖一定要安装上。在两个窑腔之间的吊车梁安装上1t的链式葫芦，便于安装和烧嘴的拆卸。在烧嘴定位后，用螺栓固定，烧嘴法兰间垫无石棉垫。安装烧嘴和燃烧空气管道之间的管道。

E 喷枪

窑体砌砖完成并安装上窑腔第4部分或第5部分的连接环后就可以开始安装喷枪（图9-26）。安装喷枪时，喷枪之间的距离以及喷枪与窑壳之间的距离都要控制好。

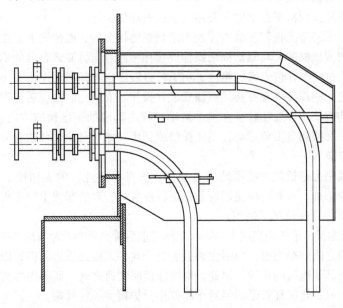

图9-26 烧嘴喷枪的安装

**9.6.2.17　液压系统的安装**

**A　准备工作**

液压系统的所有部件到达现场时都应贮存在干燥干净的地方。要核对到达现场的全部设备和材料。核对所供材料和设备是否有对应的标签。管子的两端都必须有塑料帽保护。管道必须在专门为其准备的干净的工作间上进行预安装。

工作间必须装备有工作台、切管机、一个盒式钳子、一台可调径弯管机和各种规格的螺纹扳手。螺纹扳手的长度应为螺纹宽度的 15 倍（必要时用管子加长）。

**B　泵的安装**

泵必须在车间预安装好再送到工地，并安装在由甲方准备的一间专门的屋内混凝土基础上。在泵的旁边必须有足够的维修空间。泵的所有设备都要便于拆卸和安装。

泵的底座位于水平或垂直位置，安装在带垫板的支架上。定位后浇注基础孔的二次浇灌层混凝土。混凝土施工完成以后，可以开始进行泵组和液压块之间的管道安装。

**C　液压块的安装**

液压块安装在窑的平台上，要便于操作，包括从后方的操作。液压块要带脚，安装时应注意液压块的脚应固定在平台的梁上而不是平台板上。液压块应安装在前面带门的保护箱内。箱的后面的连接管道也要按液压系统图标上编号。

**D　液压缸的安装**

窑上所有的液压操作元件都必须配液压缸。为了避免损坏液压缸，必须在窑体钢结构施工全部完成以后才能开始对其的安装。

闸板和阀门上的液压缸也可在车间安装上再一起运往工地。但此时要特别注意在运往工地时要将液压缸再次拆除，这样才能免受损坏。

注意不要用工具去碰液压缸的杆以防损坏。要注意连接管道、安装阀门时要方便操作。连接周围的管道时应有足够的空间。

液压系统焊接时应注意保持一定的距离，不要有电流通过液压缸以防止对其造成损坏。注意焊接和切割时不要损坏液压缸的杆。

采用吊车吊液压缸到窑平台上时，要用绳子或铁丝保护。

要根据钢结构图的情况将液压缸用螺栓固定到钢结构上的正确位置上。当把液压缸安装到卸料台上时必须把液压缸的杆与驱动杆用螺栓连接在一起。当拆卸卸料台的驱动杆的连接件以后，驱动杆可以通过一个孔进入卸料箱内，用螺栓将液压缸与卸料箱连接到一起。原先拆卸的卸料台与驱动杆之间的连接件现在必须重新安装并锁住。安装完润滑管后再安装换向箱。

当安装柔性连接管时注意使软管在整个运动过程中都应处于正确的方向。它们不能变弯、伸展或扭曲。它们必须能自由地运动，不能受磨或受压。绝对避免柔性软管的任何扭曲。

**E　管道的安装**

所有管道必须是无缝钢管并经预处理（浸渍、洗涤和油洗）的高精度的钢管。安装管道时应尽可能地减少弯管。弯管时应使用弯管机进行冷弯。管道的弯曲半径不得小于管子内径的 3 倍。90°弯管只能在特殊情况下使用。

管道不要靠近窑膛。最小距离应为 200mm。弯管前后管夹之间的距离应在 1.2 ~ 1.5m 之间。

确定液压管道之间的距离时，应考虑到是否易于对各连接处进行调整，以免出现调整某一连接处还必须松开其他连接的情况。因此，螺栓连接应交错排列，而不得并排。

使用塑料管夹时，要保证管子的绝对干净并用保护帽保护好管端。

除所提供的管道为焊接管道外，要绝对避免对管道进行焊接。在这种情况下应选用经特殊培训的人员进行操作。在焊接安装前，管道的焊接区域要清扫好，并经盐酸溶液浸泡。

　　F　安装和处理管道时要特别注意下列情况

　　切管应切成直角，清理芒刺、磨渣和锯末。

　　攻螺纹和切环时必须用机油（不能用黄油）。在管端加工螺纹和接环时应将连接件固定在箱式夹内。放上螺帽并拧紧直到环切入管道而且再也不能移动为止。必须保证管道与连接件始终位于一条线上。也就是说管道不能脱离螺帽。管道固定在管座上以后将连接件拧紧。连接时要用两个扳手反向把持。

　　如果连接件位于弯管附近，距离连接件的管件必须有不少于 2 倍螺帽长度的直管段。

　　如果用铜垫圈做连接件的密封垫，要注意密封垫的大小和放的位置准确才不会受压过大。

　　在每根管道的最高点和最低点都要设排气和排油污的措施。为此要用连接件或塔形接头。要为底部的油罐或排油污管道提供足够的空间。

　　所有管道安装完以后要用油冲洗。冲洗用油不能进入液压块、液压缸或阀门。也就是说冲洗前使液压块位于旁路。管道全部冲洗完以后，要将冲洗油抽出。管道内注满液压油（不能用合成油），然后排出。

　　通常在液压系统进行性能试验时电气安装还没有完成。所以，这些电磁阀必须手动操作。并临时接上一台液压泵的马达。注意这个连接必须有一个带保险丝的开关。

　　液压系统的试压要根据漏油情况逐步进行。在进行下一步试验以前及时修改漏油部位。

## 9.7 竖窑系统设备的空负荷试车和负荷试车

### 9.7.1 调试的前提条件

　　（1）窑体钢结构及砌筑工程施工完毕，并按有关技术要求检查、验收合格；

　　（2）全部附属设备安装完毕，并进行单机试运转，联动试运转，某些设备要进行负荷试运转，并按有关技术要求检查、验收合格；

　　（3）全部管道及金属结构件制作及安装完毕，有关管线打压试验完毕，并按有关技术要求检查、验收合格；

　　（4）与窑有关的水、电、风、气（汽）、油等系统按要求准备就绪。

### 9.7.2 系统的调试

　　（1）设备的安装与润滑情况的检查。检查设备的地脚螺栓是否松动，润滑是否良好，启停或开闭是否灵活，有无异常现象。

　　（2）计量、调节及电气设备的检查。

　　（3）电动机的检查。对全部电动机进行运转试验，检查方法：首先用手检查电动机是否运转自如，这一点对于设备单体试运转之后间隔较长时间再进行调试的情况尤为重要，供给电源之后，应反复启动电动机，检查其旋转方向，如果方向正确，则在电动机停止以后，鼓风机即慢慢停止；如果旋转方向不正确，鼓风机将会突然停止并产生较大的噪声。

　　（4）信号灯与液压缸及闸板对应位置的检查。检查全部液压油缸和闸板的位置，检查方法：通过电气系统用相应的信号灯显示其操作，人工控制操作开关的换向，需要反复进行检查，保证不存在操作问题。

　　一般情况下，推荐窑自动换向调试8h，每个换向周期时间约为10min，在此期间对竖窑必须连续监测。

（5）报警系统的检查。模拟各种报警情况，检查报警系统是否正常操作。

（6）称量设备和自动换向装置的检查。检查称量设备和自动换向装置的操作过程，验证其操作的正确性。

（7）测量和控制设备的检查。在可能范围内，检查各种仪表在冷态情况下的操作情况，其中最主要的是检查安全和报警电路，有些仪表要在烘窑过程中或以后进行进一步调整。

### 9.7.3　液压系统的调试

#### 9.7.3.1　调试前的准备工作

（1）利用液压油泵把全部液压系统（包括管道及油缸）清洗干净。

（2）清除系统中全部液压油，同时拆除油过滤器并进行清洗。

（3）向系统中注入指定的规定量的干净液压油，并安装好清洗后的或新的油过滤器。

#### 9.7.3.2　系统的调试

系统的调试按其试验压力的高低，一般将升压过程分为若干阶段，直至试验压力为止。

在向系统送油时，应将与系统有关的排气孔打开，待其空气排除干净后，即可封闭排气孔（当有液压油从孔中喷出时，即可认为空气已排除干净）。

每一阶段的调试，都要完成以下试验过程。

（1）用人工启动电磁换向阀来进行全部开关的操作，一组设备试验完毕之后再试验另一组设备。

注意：上述调试过程，应使全部的液压油缸和机械部件（阀门等）能够很轻松地移动。

（2）在调试过程中全部的液压油泵都要交替运转，以便试验每一台液压油泵。调试过程中，系统出现不正常响动时，<u>应立即停止试验</u>，彻底检查。待查出故障原因并消除后，再进行试验。

（3）在试验压力下，每个液压油缸至少运行达 2h 方为合格。

（4）在系统调试合格后，将系统供油压力调至工作压力的 80% 下运行。

（5）从调试期间起，操作 48h 后必须更换液压油，更换液压油后 500h 再更换一次液压油，以后每隔 2000h 更换一次液压油。

#### 9.7.3.3　液压闸板的调整

（1）液压设备的密封。

（2）硅橡胶垫的密封。

（3）液压缸调至合适的速度。

注意：在调试期间，必须切实注意安全。

### 9.7.4　鼓风系统的调试

（1）启动风机前，要将与该风机有关的管路系统的阀门（安全阀、止回阀除外）全部打开，保持进出口管道通大气，使鼓风机的启动接近于无负荷状态。但试验燃烧空气系统及冷却空气系统时，窑的程序选择开关置于"启动和试验"位置。

（2）采用机旁控制开关启动鼓风机，观察风机启动后的运转情况直至正常运转。

（3）采用压力侧管路阀门逐渐关闭的办法，将管路系统的升压过程划分为若干段，直至达到管路系统的试验压力为止。在此同时对每一升压阶段做好以下工作：

观察鼓风机在负荷状态下的运转情况，异常运转应及时停机处理。

检查管路系统（包括阀板）的密封情况，对渗漏之处要采取相应措施及时处理。

在可能的情况下，将安全阀调节到使其达到开启状态，以检验安全阀开启的敏感性，最后将安全阀在试验压力下调整并固定好。

升压过程中的每一升压阶段都要有一定的时间以观察系统的工作情况，直至合格为止。

### 9.7.5　窑体的压力试验

#### 9.7.5.1　准备工作
现场操作的项目有：

（1）关闭入窑前冷却空气管道上的阀门；

（2）关闭入窑前喷枪冷却空气管道上的阀门；

（3）关闭煤粉管道上的阀门；

（4）封闭所有窑体上的开口（如检修门，观察门，排气孔等）。

#### 9.7.5.2　操作台上的操作项目
操作台上的项目包括：

（1）将窑的程序选择开关置于"启动和试验"位置，关闭释放闸板、卸料闸板；

（2）启动 1 台用于燃烧空气的调速鼓风机，启动前先将转速调至较小数值，待其启动正常运转后，再加大其运转速度；

（3）通过调整运转速度，使压力逐渐达到并稳定在 10kPa、20kPa、30kPa、试验压力（约 35kPa），在每一种压力下都要仔细检查系统的密封情况，特别要注意闸板、法兰盘及其他密封部位，如果发现有气体渗漏，及时采取措施处理；系统在超过 30kPa 的压力下，窑体必须不渗漏气体；系统在试验压力下除窑体密封件外，其余部分特别是换向闸板均应密封完好或很少渗漏；

（4）在试验过程中，窑的设备要进行 3～5 个循环的换向试验，以检查换向操作过程中窑的各种闸板的密封情况；

（5）升压过程中的每一升压阶段都要有足够的时间以观察系统的工作情况，直至合格为止。

### 9.7.6　供热系统的调试（以燃煤系统为例）

#### 9.7.6.1　准备工作
煤粉贮仓及煤粉称量喷吹设备在装入煤粉之前，必须对煤粉贮仓和煤粉称量斗以及与煤粉贮仓和煤粉称量斗连接的管道进行彻底的清扫，清除杂物，以保护设备正常工作，同时需对部分设备进行下述试验：

煤粉输送空气鼓风机在工作压力下需运转 2h 以上，以检查其长期运转的可靠性。

测定每个支管道内的空气流量，掌握空气在支管道中的分配情况，以便在流量相差较大时，采取必要的措施调整。

煤粉双路管阀需操作 10 次以上，以检查工作的可靠性。

煤粉计量阀需运转 2h 以上，以检查计量阀的工作情况及运转速度情况。

煤粉称量秤的调试，采用标准砝码进行秤的校准，煤粉称量料斗在无荷重时，将秤的称量数值定为零点，然后加标准砝码校秤。

煤粉贮仓顶部的过滤器风机需运转 2h 以上，以检查其运转情况，此期间应调整贮仓顶部的负压止回阀的负压开启压力。

#### 9.7.6.2　煤粉仓装填煤粉
在控制台上启动煤粉贮仓过滤器风机。

在操作条件满足的情况下,计算机将输出"煤粉贮仓准备装填"信号给煤粉制备车间。

煤粉制备车间在收到"煤粉贮仓准备装填"信号后,将陆续地把煤粉送入煤粉贮仓,直到煤粉贮仓填满或强制中断为止。在此期间检查煤粉贮仓过滤器的工作情况及过滤效果。

### 9.7.6.3　煤粉计量阀的调试

计量阀的煤粉返回管道上通往煤仓的全部手动阀门打开。

启动煤粉贮仓的过滤器风机。

启动煤粉输送空气鼓风机。

设定煤粉称量料斗加料量。

启动煤粉计量系统。

改变计量阀设定转速,观察计量阀运转情况。

注意:试验过程中需要记录下不同计量阀在同转速下每一个煤粉管道的输送空气压力值。

上述系统在工作正常的情况下,系统试验需历经几个小时的操作方可为合格。对异常情况应分析原因,找出问题,采取相应的措施及时处理。

## 9.7.7　供料系统的调试

### 9.7.7.1　装窑前的调试及准备

(1)石灰石称量秤的调试。调整石灰石称量料斗闸板能开关自如。校准石灰石称量斗秤。

(2)窑的料位指示计的调试。正确固定限位开关。旋转传感器的信号测试。用节流阀将检测器重砣调至合适的速度。

(3)单斗提升机的调试。正确固定限位开关、变速开关、等待开关、断绳保护开关等。

(4)信号测试。

(5)调节料车速度。

(6)垫窑物料的准备。准备一些较小块的石灰石物料送入石灰石贮仓。这些小块物料大约装到窑的连接通道以上1m左右的高度,以保护下部窑衬免遭大块物料冲击而损坏。小块物料的块度一般为 10～20mm。

### 9.7.7.2　装窑过程操作及调试

设定石灰石称量料斗每次的称量数值。最初阶段按单斗提升机料斗额定提升重量的60%,提升机正常运行约10次后,再设定提升机额定负荷的80%称量数值,提升机正常运行约10次后,再设定提升机额定负荷的100%称量数值至提升机正常工作。

机旁手动启动电振给料机向称量斗给料,调整电振给料机的振幅、倾角确定给料速度。

打开称量料斗的闸板,向停止在下限位置的单斗提升机料车供料。

在单斗提升机的机旁开关箱中,将选择开关置于"机旁"位置,然后,利用提升机"上升"和提升机"下降"及"紧急停止"按钮,来控制提升机的运行。

当上述操作重复数次,并确信手动操作阶段已安全可靠后,进行操作台上的手动操作。

将单斗提升机的机旁开关置于"远程"位置,在操作台上将单斗提升机开关置于"手动上料"位置即可。

注意:由于在使用初期拉绳被抻长,应及时检查料车速度和开关位置信号,发现问题及时调整。

当窑正常生产时上料改为自动操作。

#### 9.7.8　卸料系统的调试

##### 9.7.8.1　装窑前的调试及准备

液压设备的密封。硅橡胶垫的密封。液压缸调至合适的速度。调整出料机的液压油缸行程。

##### 9.7.8.2　出窑过程中的手动操作及调试

（1）操作台上手动操作开启出料机卸料。

（2）停止出料机卸料。

（3）启动用于卸出石灰的皮带输送机和电机振动给料机。

开启卸料闸板，将物料卸到下部的料斗中。

调整电振给料机的振幅、倾角确定给料速度。

装料和烘窑期间采用手动操作且间断出料，防止长时间不出料窑内膨料。当窑转向生产时改为自动模式。

#### 9.7.9　废气净化系统的调试

（1）检查脉冲除尘器控制仪的工作情况。

（2）启动除尘器的卸灰机，检查运转情况。

（3）启动引风机，检查它在无负荷状态下的运转情况（关闭其入口阀门）。

利用引风机检查系统在负压下（在脉冲除尘器允许的范围内）的密封情况（此时要关闭除尘器入口闸板，并调节引风机入口闸板的开度），系统的密封应基本完好。

#### 9.7.10　柴油点火系统的调试

（1）确定柴油注入贮油罐中。启动设备。

（2）准备 2～3 个空油桶，放在窑的点火烧嘴附近。

（3）将点火烧嘴前的油软管从点火烧嘴上拆下，导入空油桶中。

（4）打开系统有关阀门，并启动油泵向点火烧嘴处供油。

（5）调节油阀的开度确定油流量调节范围。

## 9.8　双膛竖窑的内衬

### 9.8.1　双膛竖窑内衬结构及对耐火材料的要求

现以圆窑为例说明双膛竖窑内衬结构及对耐火材料的要求。

#### 9.8.1.1　窑体砌砖及其特点

窑膛自上而下分成预热带、煅烧带和冷却带。采用耐温、耐磨、隔热性能良好的耐火材料砌筑而成。两个窑膛在煅烧带与冷却带的交接处设有连接通道。

窑的预热和冷却区衬以耐磨内衬，后面衬以保温砖。燃烧区的耐磨内衬由优质镁砖制成，及两层保温衬。工作衬厚度为250mm，后面的保温衬由轻质耐火砖和硅酸钙板组成。

窑体砌砖是保证双膛竖窑热工性能的基础。窑体砌砖根据窑体外表温度≤70℃配置。在煅烧带由内外分别配有：镁砖、黏土隔热耐火砖、陶瓷纤维板、硅酸钙板等材料。这样可以降低窑表面温度，减少表面散热损失。预热带和冷却带的内衬主要以高铝砖为主。

窑体具有两个窑膛。两个窑膛砌砖采用对称砌筑。每个窑膛都有各自的预热带、煅烧带和冷却带。每窑冷却带砌有 8 个支撑柱，煅烧带下部的砌体重量通过 8 个支撑拱作用在支撑柱上，支撑拱下是通往环形通道的风道。两个窑身分别设有环形通道，中间有连接通道相连，使两个窑膛的废气可彼此相通。

窑体砌砖是上下两段结构。两段重量分别由窑壳承受并传递到窑基础，由此可减少下部砌体所承受的压力，有利于延长窑内衬的使用寿命。两段分界位置在窑连接通道上面几百毫米处，分界处留有环形膨胀缝，用来吸收窑衬加热时产生的膨胀量，防止窑壳受力上升。分界处内外呈曲封结构，并设有一个弯曲圆周封闭的钢板片。

为了保证窑衬的严密性和隔热性，窑体砌筑使用了多种砖型和多种耐火材料。在保证窑衬满足使用要求的基础上，产地化的原则是力求减少耐火材料种类、简化砖型。结果所使用的材料种类由原来的 19 种减少到 17 种，砖型由 47 种减少到 40 种。特别是对较难制作加工的耐火砖品种作了调整。

原设计连接通道处采用镁铬砖，通道上部的 36 个拨火孔均需手工加工砖。镁铬砖质地坚硬，加工十分困难。鉴于窑体砌砖较复杂，尤其是窑连接通道部位更为显著，造成砌筑中砖型加工量很大，因此在制定国产化方案时，根据各部位的使用条件对砖种作了一些调整，通道外环采用三等高铝砖，通道顶部采用二等高铝砖。这样，既降低了工程费用，又方便砌筑施工。同时也降低了窑体的散热量。

近年来，由于高价铬存在环境公害问题，有由镁砖代替铬镁砖的趋势。砖的排列很简单，在窑膛内没有烧嘴桥接或其他设备来阻止石料和煅烧产品的自由流动。

#### 9.8.1.2　对内衬耐火材料的要求

图 9-27 示出了燃烧区内耐火材料内衬结构的典型断面。

考虑到窑中使用的耐火材料，在窑操作期间不能超过以下温度，以确保耐火材料的使用寿命。

（1）燃烧区和所有镁砖区：

1300℃（额定最高温度）；

1350℃（最多 10h 期间最高温度）；

1250℃（额定最高温度）。

（2）隔热砖：

1050℃（额定最高温度）；

1150℃（最多 10h 期间最高温度）。

（3）预热和冷却区的耐火砖：

900℃（额定最高温度）；

1000℃（最多 10h 期间最高温度）。

钢壳
钙硅板
轻质黏土砖0.6g/cm³
轻质黏土砖1.0g/cm³
陶瓷纤维垫
镁质材料

窑膛内部直径

1100℃
1030℃
990℃
790℃
590℃
50℃
室温

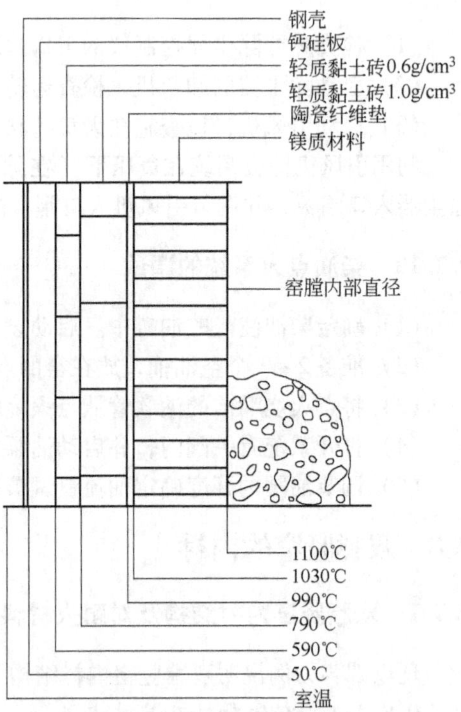

图 9-27　内衬结构的典型断面

### 9.8.2　双膛竖窑常用耐火材料的理化性能

A　特种镁砖

| | |
|---|---|
| MgO： | ≥94% |
| $Al_2O_3$： | ≤3% |
| 常温耐压强度： | 55N/mm² |
| 气孔率： | ≤20% |

荷重软化开始温度：　　　≥1700℃

体积密度：　　　　　　　≥2.90g/cm³

B　镁砖

MgO：　　　　　　　　　≥85%

$Al_2O_3$：　　　　　　　　　≤6%

常温耐压强度：　　　　　50N/mm²

气孔率：　　　　　　　　≤20%

荷重软化开始温度：　　　≥1550℃

体积密度：　　　　　　　≥2.88g/cm³

C　特硬质黏土砖（As）

$Al_2O_3$：　　　　　　　　　≥35%

$Fe_2O_3$：　　　　　　　　　≤1.4%

常温耐压强度：　　　　　75N/mm²

体积密度：　　　　　　　≥2.22g/cm³

气孔率：　　　　　　　　≤15%

荷重软化开始温度：　　　≥1250℃

D　特硬质黏土砖（As1）

$Al_2O_3$：　　　　　　　　　≥30%

$Fe_2O_3$：　　　　　　　　　≤1.4%

常温耐压强度：　　　　　80N/mm²

体积密度：　　　　　　　≥2.22g/cm³

气孔率：　　　　　　　　≤15%

荷重软化开始温度：　　　≥1250℃

E　黏土砖（AⅡ）

$Al_2O_3$：　　　　　　　　　≥42%

$Fe_2O_3$：　　　　　　　　　≤1.6%

常温耐压强度：　　　　　60N/mm²

体积密度：　　　　　　　≥2.22g/cm³

气孔率：　　　　　　　　≤17%

荷重软化开始温度：　　　≥1250℃

F　高铝砖

$Al_2O_3$：　　　　　　　　　≥71%

$Fe_2O_3$：　　　　　　　　　≤0.8%

常温耐压强度：　　　　　100N/mm²

体积密度：　　　　　　　≥2.62g/cm³

气孔率：　　　　　　　　≤20%

荷重软化开始温度：　　　≥1600℃

G　轻质黏土砖

$Al_2O_3$：　　　　　　　　　≥33%

使用温度：　　　　　　　1330℃

体积密度：　　　　　　$1g/cm^3$

气孔率：　　　　　　　60%

常温耐压强度：　　　　$6N/mm^2$

导热系数：　　　　　　800℃：$\leqslant 0.40W/(m \cdot K)$

　　　　　　　　　　　1000℃：最大 $0.45W/(m \cdot K)$

尺寸公差：　　　　　　$\leqslant \pm 1.5\%$

**H　轻质黏土砖**

$Al_2O_3$：　　　　　　14%

使用温度：　　　　　　1050℃

体积密度：　　　　　　$0.58g/cm^3$

气孔率：　　　　　　　75%

常温耐压强度：　　　　$1.5N/mm^2$

导热系数：　　　　　　600℃：　　$\leqslant 0.20W/(m \cdot K)$

　　　　　　　　　　　800℃：　　$\leqslant 0.25W/(m \cdot K)$

尺寸公差：　　　　　　$\leqslant \pm 1.5\%$

**I　黏土浇注料**

$Al_2O_3$：　　　　　　$\geqslant 42\%$

$CaO$：　　　　　　　$\leqslant 4\%$

使用温度：　　　　　　1200℃

体积密度：　　　　　　$\geqslant 2.12g/cm^3$

粒度：　　　　　　　　$\leqslant 6mm$

**J　隔热浇注料**

$Al_2O_3$：　　　　　　$\geqslant 40\%$

使用温度：　　　　　　1350℃

体积密度：　　　　　　$\leqslant 1.3g/cm^3$

导热系数：　　　　　　600℃：　　$\leqslant 0.44W/(m \cdot K)$

　　　　　　　　　　　800℃：　　$\leqslant 0.48W/(m \cdot K)$

**K　隔热浇注料**

$Al_2O_3$：　　　　　　$\geqslant 10\%$

使用温度：　　　　　　1000℃

体积密度：　　　　　　$\leqslant 0.33g/cm^3$

导热系数：　　　　　　600℃：　　$\leqslant 0.13W/(m \cdot K)$

　　　　　　　　　　　800℃：　　最大 $0.17W/(m \cdot K)$

**L　黏土喷补料**

$Al_2O_3$：　　　　　　$\geqslant 22\%$

$CaO$：　　　　　　　最大 19%

使用温度：　　　　　　1150℃

体积密度：　　　　　　$\geqslant 1.85g/cm^3$

粒度：　　　　　　　　$\leqslant 6mm$

**M　耐磨黏土喷补料**

$Al_2O_3$：　　　　　　$\geqslant 51\%$

CaO：　　　　　　　　最大 10%

使用温度：　　　　　　1300℃

体积密度：　　　　　　$\geqslant 1.95 \mathrm{g/cm^3}$

粒度：　　　　　　　　$\leqslant 6 \mathrm{mm}$

N　隔热板

基本材料：　　　　　　硅酸钙

使用温度：　　　　　　1000℃

体积密度：　　　　　　$\geqslant 0.25 \mathrm{g/cm^3}$

常温耐压强度：　　　　$1.5 \mathrm{N/mm^2}$

导热系数：　　　　　　200℃：　　　$\leqslant 0.06 \mathrm{W/(m \cdot K)}$

　　　　　　　　　　　400℃：　　　$\leqslant 0.10 \mathrm{W/(m \cdot K)}$

　　　　　　　　　　　600℃：　　　$\leqslant 0.12 \mathrm{W/(m \cdot K)}$

O　陶瓷纤维板

使用温度：　　　　　　1400℃

体积密度：　　　　　　$\geqslant 0.28 \mathrm{g/cm^3}$

强度：　　　　　　　　$0.3 \mathrm{N/mm^2}$　在压缩 10% 时

导热系数：　　　　　　400℃：　　　$\leqslant 0.08 \mathrm{W/(m \cdot K)}$

　　　　　　　　　　　600℃：　　　$\leqslant 0.11 \mathrm{W/(m \cdot K)}$

　　　　　　　　　　　1000℃：　　$\leqslant 0.20 \mathrm{W/(m \cdot K)}$

P　陶瓷纤维板

使用温度：　　　　　　1400℃

体积密度：　　　　　　$\geqslant 0.40 \mathrm{g/cm^3}$

导热系数：　　　　　　400℃：　　　$\leqslant 0.12 \mathrm{W/(m \cdot K)}$

　　　　　　　　　　　600℃：　　　$\leqslant 0.15 \mathrm{W/(m \cdot K)}$

　　　　　　　　　　　800℃：　　　$\leqslant 0.19 \mathrm{W/(m \cdot K)}$

　　　　　　　　　　　1000℃：　　$\leqslant 0.24 \mathrm{W/(m \cdot K)}$

　　　　　　　　　　　1200℃：　　$\leqslant 0.31 \mathrm{W/(m \cdot K)}$

Q　陶瓷纤维板

使用温度：　　　　　　1100℃

体积密度：　　　　　　$\geqslant 0.9 \mathrm{g/cm^3}$

R　陶瓷纤维毡

使用温度：　　　　　　1430℃

体积密度：　　　　　　$\geqslant 0.160 \mathrm{g/cm^3}$

S　陶瓷纤维毡

使用温度：　　　　　　1260℃

体积密度：　　　　　　$\geqslant 0.128 \mathrm{g/cm^3}$

T　陶瓷纤维棉

使用温度：　　　　　　1260℃

体积密度：　　　　　　$\geqslant 0.100 \mathrm{g/cm^3}$

### 9.8.3　双膛竖窑内衬的使用效果及使用寿命

双膛竖窑内衬的设计使用寿命：

| 连接通道区： | $2 \sim 3a$ |
| --- | --- |
| 燃烧区： | $5 \sim 7a$ |
| 预热和冷却区： | $8 \sim 12a$ |

国内工程图纸在设计转化过程中，采用国内的耐材替代，另有些厂家根据生产经验改用其他种类的耐材。从综合统计使用效果来看使用寿命基本在 5 年左右。

### 9.8.4　双膛竖窑内衬耐火材料的砌筑施工

砌筑人员必须按供货厂家对材料提出的专门说明进行施工。

由于矩形双膛窑结构简单，异型砖少。下面耐火材料的砌筑施工按圆形双膛窑介绍。

A　砌砖人数

要聘请有经验的经过培训的砌筑人员。建议每个窑膛的砌筑人数如下：

| 工 作 内 容 | 每个窑膛人数 | 合　计 |
| --- | --- | --- |
| 领　班 | | 1 |
| 砌　工 | 5 | 10 |
| 窑内运砖 | 5 | 10 |
| 窑外运砖 | | 4 |
| 叉车司机 | | 1 |
| 切　砖 | | 2 |
| 火泥和捣打料准备 | | 1 |
| 合　计 | | 29 |

B　工具和设备

为了工作的顺利进行，必须安装 $2 \sim 3$ 台切砖机。

切割碱性砖时要用金刚砂轮来切割，以免在烘窑过程中产生水化现象。约有 $250 \sim 300 m^2$ 要切。1 个直径 500mm 的砂轮大约能切约 $100 m^2$ 的砖。

所需工具和设备清单：

3 台带电动切床的切割机；1 个切保温板的圆形锯；1 台 2t 叉车；1 台 2t 吊车或卷扬用于将材料运到窑平台上；2 台 1t 的带斗卷扬机用于在窑内运送材料；1 台手动提升小车用于在平台上运输托板；1 台混合机，100L；1 个 100L 的水桶；1 台火泥搅拌器；几个罐或塑料桶用于运输火泥和捣打料。

C　砌砖用工具和辅助材料

每人一个橡胶锤子，一个泥瓦匠锤，一把泥铲，一把卷尺，一把水平尺；4 个垂直度测量尺；1 个管式水平尺；2 台伸缩梯子；2 根 3m 长的铝制板条；2 根 2m 长的铝制板条；10 个装火泥和捣打料的塑料桶；砖上画记号的石笔；切砖机操作工的防护镜、工作鞋、手套、安全帽、防灰面具、护耳；细绳、钉子、角尺、小刀、木楔、铁铲、可更换锯条的手锯、2 把弯锯；木头盖板（25mm 厚的板，约 80mm 方木）；至少 22 个有最小 550mm 开口的螺旋钳子；捣打料用的振动器；50m 型号为 50mm 的角钢；30m 型号为 40mm 的角钢；30m 型号为 10mm 的角钢；15m 型号为 14mm 的角钢；带 5 个形砂轮和 5 个钢轮的对角打磨机；1 台钻床；$4 \times 3mm$ 钻头、$2 \times 10mm$ 钻头、$2 \times 14mm$ 钻头；照明设备和备用灯泡用于窑炉内部及外部工作区域，保护变压器（最高电压 40V）；电缆、插座和插排。

D　窑内的脚手架和砖的运输

通常，脚手架是由钢管做的，并立于卸料台上。

较长的钢管可以从窑顶放入窑内，砌砖完后从原路拿出来。根据砖和操作人员的重量估算在支撑拱处约为10t，尤其在窑的上部必须从侧面支撑以防摆动。

工作平台上的中心部位必须有一个孔并盖上盖板以便于运输材料。

每个窑膛内必须安一台运砖用电动卷扬机。为安全起见应提供一个带自动切断的限位开关。在窑膛上部特别应注意卷扬机的安全。为了安全所有材料必须从下面往上运。往窑内运材料时要使用卸料台的孔。当砌筑矩形窑时，为方便往窑内运耐火材料在窑上开一个专门的孔。

E　砌砖注意事项

a　总则

为了使砖体具有较好的气密性，整个窑炉砌筑，比如磨损衬、窑炉钢壳里衬及隔热层，必须用火泥砌筑。

砌筑用到了下面三种火泥：

（1）特殊镁质和镁质碱性材料砌筑用镁质火泥。

（2）窑炉内部受热面的高铝砖和硬质黏土砖用高铝火泥进行砌筑。

（3）黏土火泥用于非碱性砖里衬：硬质黏土砖、轻质黏土砖以及窑壳的隔热板。

用于窑炉各个断面砖体砌筑的碱性和非碱性散状料都只能用水来混合。混料只能用干净的水，因为脏水可能会影响到结合性能。

砌筑进行前，需要准备好碱性及非碱性火泥和捣打料的样品并检查其结合性能。拨火平台和窑膛上部的所有开口必须覆盖，避免雨水进入窑膛。

如果火泥中加入的水过多，窑炉加热过程中将产生蒸气，这会引起碱性砖体出现水化现象。

为了保证火泥和捣打料具有良好的结合性能，砌砖的环境温度不能低于5℃。如果不得不在较低温度下施工，应该使用电加热装置。存储耐火材料的地方可用燃油或煤气采暖。

由于砖型众多，且备用数量有限，因此在整个砌筑过程中要仔细观察实际条件，这可以参考碱性和非碱性磨损衬的砌筑图。砖中可能出现的一些公差用火泥找平。

b　脚手架

通常，圆形双膛窑的砌砖是通过使用钢管脚手架来进行的。这套系统适合于窑膛直径的变化和立柱间尺寸的变化，将脚手架安装在所需高度。不同平台之间的垂直距离保持在1.5～1.7m的范围内。

每一平台的中心应开一个1m² 左右的开口，用来进行窑内的材料运输。

支撑拱区域的平台承载，包括砖体在内，大概每个窑膛为10～12t。

在特殊情况下，窑炉砌筑使用的脚手架悬挂在固定于窑膛上端的4根绳索上。这类脚手架在立柱间使用了可抽出式的结构，它仅仅用于具有相同立柱数目的窑炉。因此，这套系统可以很方便地用于相同的窑炉。

c　膨胀

砖体的径向膨胀可由陶瓷纤维板和陶瓷纤维毡来吸收。

在烧成带设计预留了膨胀缝以吸收窑膛下部砖体的垂直方向的膨胀。这些空隙用陶瓷纤维毡填充，之后再用弯曲的金属片封接，这样可以避免进入灰尘和物料块。

窑膛上部的砌体上面有足够的空间来吸收砖体垂直方向的膨胀。

窑膛内部碱性砌体的径向膨胀缝内插入纸板。

F　砌砖工作

a　支撑板的准备工作

用软水管检查耐火材料衬体的基础底板是否水平。15mm 以下的偏差可以在最初 10 ~ 15 砖层用火泥来找平。窑膛底部环形处的凹处必须用黏土捣打料找平。

如果基底板出现较大的缺陷，可用黏土捣打料找平 30mm 以内的高差。

注意保持两个窑膛的砖层起始位置处于同一平面。

b　冷却带和立柱

立柱的精确施工对炉衬长远的稳定性至关重要。因此必须精确施工使之能很好地支撑拱。

要以窑膛中心线为依据从这个高度上决定立柱的排列和分步，必须在窑壳上做出标记。

从第 4 层到第 15 层，支撑立柱砌成锥形，外墙的磨损衬与立柱连接在一起。更高的区域彼此不连接。

从窑壳算起，墙体结构如下：

50mm 隔热板；64mm 的轻质黏土砖；124mm 的轻质黏土砖；19mm 的陶瓷纤维毡；250mm 的致密黏土砖。

在这部分，将连接空气炮的管子砌入砖体。

c　拱与拱座

拱与拱座的施工必须十分精确，因为这些部分要承受很高的载荷，还要经受窑炉内向下极大热负荷。因此这些部分使用高纯度的镁质制品。

建议切割拱座时，提前在窑炉外将整个拱组装好。

拱座区域的所有立柱必须处于同一平面。不平的材料不许用在拱座下。必须对砖层进行找平。

在一个窑膛里安装砌筑支撑拱砖所需的木模板。

要干砌拱座和支撑拱。砌筑时用 1mm 的纸板代替 1mm 的砂浆进行黏结。调整支撑拱套砖对正上部窑膛的中心。将木楔楔入支撑拱。

抬出拱座，在其后部涂火泥，直到砌筑环形通道外墙。

砌筑完所有的拱座，抬出单个拱并用火泥砌筑。注意表面的砂浆要涂抹得均匀，使砖所受载荷均匀。

均匀填充和捣固镁质捣打料，所有支撑拱上面用镁质捣打料找平。砖层的上部外沿必须要与外墙保持水平，可调整拱上的捣打料水平面标高。

捣打料养护好后（时间取决于环境温度，大约 24h），可以撤去模型，施工内筒体环。

模板和护套可以用于第二个炉膛施工。

d　内筒体

在安装用作内筒体的第一砖层之前，准备好木质环。此木模对中后固定在支撑拱上的第一砖层处，这关系到上炉膛的砖体砌筑。

施工内筒体，高度要与外层环形通道墙高度匹配。

顶部封闭前，先完成对悬顶的浇注施工。然后再砌筑最后的内筒体。

用油纸覆盖浇注料的内表面，以防止背面的水浸入镁砖。

确保留有 50mm 的膨胀空隙。

e　连接通道

砌筑连接通道的立柱时，要注意倾斜段中每两砖层的连接砌筑。在连接通道中砖层内悬挂隔离板，焊接在窑壳下部。

在连接通道的砌筑施工中，立柱的第一角砖应该与下面砖层重叠半砖或 64mm。尾砖应砌在距外环通道墙 1 ~ 1.5m 处。

连接通道中两个空气炮如图 9-28 安装。

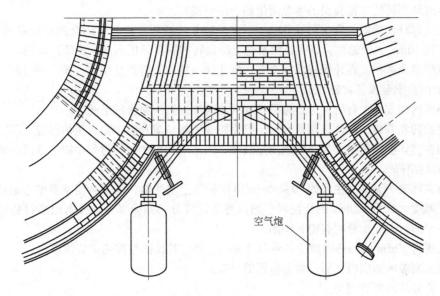

图 9-28　安装在连接通道里的空气炮

f　环形通道和连接通道顶部

施工从连接通道的相对面开始,可以配备两个工作组在窑炉中央施工。注意在顶部施工过程中不要损坏用来测温度的细管,拨火孔用油纸包裹,黏土捣打料浇注后,浇注两层隔热材料。

确保到钢质盖板留设大约为 149mm 间隙, 能够膨胀。

在连接通道区, 隔热材料的浇注通过中心开口孔进行。

g　连接通道顶部

必须借助木质模型正确砌筑圆拱。切割内表面砖使之成为拱脚。

按照圆拱的剖面制作木质模型,以提高施工精度。圆拱砌筑完成后,窑膛中心通道的开口就施工完毕了。保留此开口作为拨火孔。

在悬吊顶上浇注隔热层。仍然保留用作拨火孔的开口。用矿渣棉填充浇注体与钢结构之间的空隙。

插入拨火孔管(经油纸包裹),在剩余的缺口上浇注 3 层。

窑中心的金属板用作气体隔离层。在此阶段将其焊接在通道里。

h　上部窑膛基础

砌筑支撑圈第一环砖时,要注意用特硬黏土砖砌在支撑环上。

特硬黏土砖与支撑环之间必须插入 10mm 的陶瓷纤

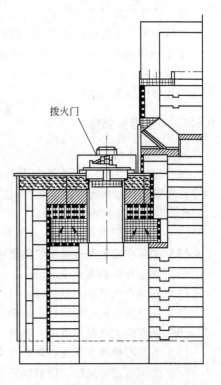

图 9-29　有膨胀气体的环形通道顶

维板，支撑环上不平整的位置可以通过不同厚度的板来找平。

砌筑此环形砖后，窑壳里的空隙用绝热浇注料捣打。

基础支撑环砖的定位砌筑可在 60mm 厚泡沫聚苯乙烯板上进行，闭合此环后将此板拆除。必须压缩留 10mm 大的缝隙，以便补偿窑壳上部砌砖的高负荷压缩泡沫聚苯乙烯板。

砌筑两层耐磨衬。在外侧浇注隔离层，浇注前要将陶瓷纤维毡条放入镁砖的后面。

i　上部窑膛至顶部衬砖

砖体向内砌成 4 个台阶，这是为了石灰预热时能有自由膨胀的空间。

用短的砖和其后的薄片砖砌筑台阶，要用陶瓷纤维毡填充整个窑衬里的胀缝。

必须在砖体上端用耐火浇注料砌出隔挡层，用来防止窑炉操作过程中砖体背面的窜气。

j　窑衬顶部

窑衬顶部砌砖上部浇注大约 70 ~ 80mm 厚度的黏土浇注料，为了封闭覆盖整个耐磨衬，其上再浇注厚度大致为 100mm 的浇注料。油纸将浇注层分为两个部分。覆盖耐磨衬的部分可以移动，位于后衬上的部分则起密封作用。

用火泥将 50mm 的隔热板固定在锥形外壳的上部。其余的空隙用矿渣棉填充。

焊接完窑膛内的钢板之后，将窑衬顶部封盖。

G　装料区的壳体保温

锚固件也是钢结构的一部分。在低温区域，隔热板固定在金属窑壳上，锚固件穿过此板。板表面应该涂有水玻璃以增强对喷涂料的吸附能力。

借助木质或钢质框架，可形成 750mm × 750mm 喷涂区域。每一个这样的区域形成后，多余的喷涂料被刮抹去掉以使表面光滑。喷射过程中必须始终控制水含量，如果料太湿会出现滑落，如果太干，回弹材料增加，从而材料的损失将会增加。

H　窑体砌筑工作的完成

窑膛砌筑结束后应进行清扫，并撤去脚手架。此时密封钢板必须安放到环形空隙中。

将 Y 形锚固件焊接到冷却区的布料料锥，并涂以沥青。

安装布料料锥的金属套。用搅拌器进行耐火捣打料喷涂。对于小尺寸的布料料锥来说，无需为膨胀预留特别的措施。

### 9.8.5　双膛竖窑烘窑

A　烘窑曲线

在烘窑加热之前，要将内衬用的耐火浇注料先干燥，干燥过程由相应的耐火材料生产方来确定。烘窑加热过程要遵循以下所示的加热曲线（参见图 9-30）。

B　烘窑加热前准备

（1）窑必须装满石灰石；

（2）必须在安装并连接到供热管后开启燃烧装置；

（3）确定点火烧嘴完全清洁；

（4）压缩空气系统必须运转；

（5）应急发电机必须就位，如果发生电力故障可以自动开启；

（6）所有的消耗品像供电、燃料、压缩空气等等必须准备好；

（7）石灰石处理系统及石灰处理系统必须准备好为自动模式；

（8）必须有足够的原、燃料以满足启动模式和生产模式下窑的连续运行；

（9）人工在窑的连接通道里装入 300kg 木头；

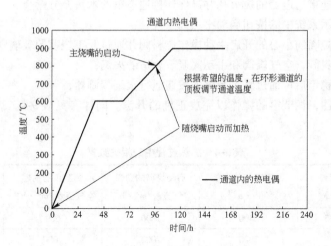

图 9-30 烘窑加热曲线

（10）准备一个用于手动点燃连接通道中木头的火炬。

C 窑加热程序

（1）设定下列窑参数：

| | |
|---|---|
| 生产率/t | 25 |
| 石灰/石灰石 | 0.57 |
| 每个周期的石灰石/kg | 2000 |
| 正常转换时间/s | 60 |

（2）将鼓风机设定为手动模式；

（3）将助燃空气鼓风机速度设为 350r/min；

（4）将冷却空气鼓风机速度设为 350r/min；

（5）将本地操作装置上所有的关键开关设为远程并保证所有急停开关为开；

（6）将窑的模式设为启动；

（7）将窑的装料模式设为转换时间内中止装料；

（8）将窑的装料模式设为蓄热窑筒装料；

（9）将单斗提升机设为自动；

（10）将旋转料斗装料顺序设为自动；

（11）将窑出料系统设为自动；

（12）启动液压泵；

（13）设定烟囱的过滤器/烟囱闸板；

（14）关闭通到换向阀上压缩空气管的手动操作蝶阀；

（15）打开通到启动烧嘴上压缩空气管的手动蝶阀；

（16）在启动烧嘴前关闭手动操作燃料阀；

（17）启动窑；

（18）启动助燃空气鼓风机；

（19）手动点燃窑连接通道里的木头；

（20）通过显示系统中的按钮停用火焰探测器；

（21）关闭窑连接通道处的拨火孔并确保连接通道里的木头充分燃烧；

（22）通过显示系统中的按钮启动窑点火系统；

（23）在启动烧嘴前小心的开启手动操作燃料阀并通过开工烧嘴的玻璃观察燃料的点火；

（24）通过燃料阀，空气蝶阀和手动阀调节合适的火焰；

（25）在火焰稳定后可通过显示系统的按钮运行火焰探测器；

（26）按加热图，调节窑的操作以完成正确的升温。同样参见表 9-4，表中显示了加热过程中的相关数据。

表 9-4　加热过程中的相关数据

| 时　间 | 热流量 /MJ·h$^{-1}$ | 助燃空气总流量 /m$^3$·h$^{-1}$ | 启动烧嘴的助燃空气流量/m$^3$·h$^{-1}$ | 到窑顶的助燃空气流量/m$^3$·h$^{-1}$ | 冷却空气流量 /m$^3$·h$^{-1}$ |
|---|---|---|---|---|---|
| $X$ | 5023 | 2400 | 1800 | 600 | 1000 |
| $X+6h$ | 6279 | 3000 | 2000 | 1000 | 1000 |
| $X+9h$ | 8372 | 4000 | 2000 | 2000 | 1500 |
| $X+18h$ | 9628 | 4600 | 2200 | 2400 | 2000 |
| $X+40h$ | 9628 | 4600 | 2200 | 2400 | 2000 |

D　注意事项

（1）只要火焰探测器没激活就必须一直有人看火。如果火焰超出燃料供应的范围，要启动烧嘴，必须在启动烧嘴前关闭手动操作燃料阀。

（2）如果要窑内部达到理想的温升，就要进行微调。

（3）无论如何加热程序不能中断，且完成后窑应通过主烧嘴按正常程序进行操作。应避免在加热过程中的任何温降。

（4）在正常窑操作使用生产模式及主烧嘴烧窑前必须完成加热程序。这意味着达到了连接通道的最低温度且环形通道达到了 900°C。

（5）应避免任何情况的连接通道局部过热。

## 9.9　关于煤粉燃烧系统

在国外，并流蓄热式双膛竖窑多数是采用气体燃料或液体燃料。采用煤粉作燃料的窑，绝大部分在我国。由于使用时间较短，缺乏经验，致使初期系统调整不准确，操作不熟练，造成系统紊乱、窑况不稳定，生产不正常。国内相关企业，对煤粉加热燃烧系统做了大量工作，进行了有益的探索，改进了系统，积累了经验。

某公司的 150t/d 双膛竖窑，经过一段时间的摸索，总结出一套行之有效的经验。以下简要介绍。

### 9.9.1　煤粉加热系统的主要设备组成

煤粉加热系统主要由以下设备组成：

（1）30m$^3$ 煤粉仓顶部脉冲除尘器，风量 3000m$^3$/h，21 个除尘布袋，过滤面积 21.9m$^2$，主要用于利用压缩空气向 30m$^3$ 煤粉仓输送煤粉时，将煤粉输送气体过滤并排向大气。

（2）30m$^3$ 煤粉仓，主要起保证竖窑连续生产所需煤粉的暂存作用。在煤粉仓体上，还配套安装了高料位计、低料位计、流化装置、手动滑阀、CO 分析仪、测温仪、防爆阀、自动充氮装置等，以确保 30m³ 煤粉仓安全正常地工作。

（3）350mm×350mm 回转阀（或称格式给料机）。供给量 90m³/h，用于定期定量向煤粉称量斗内补充煤粉。

（4）煤粉称量斗顶部的脉冲除尘器。该除尘器由 3 个 4 袋小除尘器组成，过滤面积共计 7.25m²，主要用于在煤粉仓通过回转阀向煤粉称量斗补充煤粉之前及补充过程中，过滤从称量斗排向大气的气体。

（5）计量回转阀。转速 3~30r/min，给料量 0.41L/r，安装在煤粉称量斗底部，并配有一套靠气体密封的，防止煤粉通过计量回转阀阀芯与壳体之间的间隙漏粉的压缩空气管路。计量回转阀两侧，靠膨胀连接器与煤粉输送管相连。

（6）煤粉称量斗。容积 4m³，冲击压力 1.4MPa，并配装一套流化装置、搅拌器（在生产实践中证明，搅拌器工作不稳定，且关停后对系统生产无任何影响，故于 1997 年将其拆除）、φ300mm 加料蝶阀、φ150mm 气体释放蝶阀、预放阀等。主要用于对煤粉的计量、暂存及定期定量的输送作用。煤粉称量斗系统能否正常工作，关键是其与外部设备是否确保软性连接、气路是否正确、气压是否合理及各类相关阀是否可靠等。

（7）各种阀类、气路、仪表及液压系统等。

## 9.9.2 故障分析及处理方法

### 9.9.2.1 防爆阀

防爆阀故障分析及处理方法如表 9-5 所示。

表 9-5 防爆阀故障分析及处理方法

| 故障现象 | 故障分析 | 排除方法 | 备注 |
|---|---|---|---|
| 频繁爆开 | 1. 高位料计故障，造成煤备向 30m³ 煤粉仓送粉过多，送粉气体不能及时排出，仓内压力过高 | 修复高位料计 | 可观看仓内料面，即可判定 |
| | 2. 煤备 DF1-50 送粉电磁阀失灵。当煤备不向仓内送粉时，仓顶部除尘器处于停机状态，而大量的压缩空气仍通过本应处于关闭状态的 DF1-50 电磁阀充入仓内，造成仓内压力过高 | 修复 DF1-50 电磁阀 | 可观看煤备单仓泵上的压力表是否有压，即可判定 |
| | 3. 仓顶部的除尘器布袋透气性差，致使送粉的压缩空气不能及时排出 | 更换除尘布袋，检查除尘器的反吹装置是否可靠，以及反吹气体中是否液体过多 | 可观看除尘器的压差表，即可判定 |
| | 4. 防爆阀锁紧装置的锁紧力过小 | 调整缩紧装置，使其开启压力为 10.0MPa | |
| | 5. 手动换向阀开关位置有误 | 1. 将手动阀开关置于正确位置；<br>2. 手动阀磨损泄漏 | 1. 观看阀门手柄位置，即可判定；<br>2. 更换 |
| | 6. 充氮系统故障，向仓内长期充氮所致 | 检查充氮系统中的相关阀门 | |

| 故障现象 | 故 障 分 析 | 排 除 方 法 | 备 注 |
|---|---|---|---|
| 泄 漏 | 1. 防爆阀密封材料损坏 | 更换密封材料 | 直 观 |
| | 2. 防爆阀锁紧装置的锁紧力过小 | 调整锁紧装置，使其开启压力为10.0MPa | |
| | 3. 仓内压力过高 | 参见防爆阀频繁爆开的故障分析及排除方法 | |
| | 4. 防爆板变形 | 整形或更换防爆板 | 直 观 |

#### 9.9.2.2　30m³ 煤粉仓

30m³ 煤粉仓故障分析及处理方法如表9-6 所示。

**表9-6　30m³ 煤粉仓故障分析及处理方法**

| 故障现象 | 故 障 分 析 | 排 除 方 法 | 备 注 |
|---|---|---|---|
| 底部下料困难 | 1. 煤粉仓锥体底部煤粉结块 | 检查流化装置工作是否可靠；煤粉含水量应小于4% | 1. 修复流化装置；2. 检查煤粉制备 |
| | 2. 有异物堵塞 | 清除异物 | 一般是顶部防爆阀的密封材料脱落，或煤粉制备过程中有杂物混入到仓中所致 |
| | 3. 手动滑阀打开量过小 | 手动阀全部打开 | |
| | 4. 计量阀转子与壳体间隙过大，当换向期间，向称量斗加粉时，因称量斗内有气压，因此煤粉无法正常加入 | 更换计量阀，并要求计量阀转子与壳体间隙为0.08~0.2mm | 更 换 |

#### 9.9.2.3　回转阀

回转阀故障分析及处理方法如表9-7 所示。

**表9-7　回转阀故障分析及处理方法**

| 故障现象 | 故 障 分 析 | 排 除 方 法 | 备 注 |
|---|---|---|---|
| 漏 粉 | 1. 阀芯与壳体间隙过大 | 修复，使其间隙在0.08~0.2mm | 更 换 |
| | 2. 30m³ 煤粉仓的流化装置故障，长期处于流化状态 | 检查，修复流化装置 | |
| 不运转 | 1. 电气故障 | 电气故障处理 | |
| | 2. 有异物，将阀转子卡死 | 清除异物 | |
| | 3. 转子轴损坏 | 更换轴承 | |

#### 9.9.2.4　流化装置

流化装置故障分析及处理方法如表9-8 所示。

**表 9-8　流化装置故障分析及处理方法**

| 故障现象 | 故障分析 | 排除方法 | 备注 |
|---|---|---|---|
| 无流化 | 1. 管路或电磁阀堵塞 | 清通管路或清洗电磁阀 | |
| | 2. 电磁阀处于常闭状态 | 电气故障处理 | |
| | 3. 无气源 | 保证气体供应 | 直观 |
| 泄漏 | 1. 流化阀损坏 | 更换 | 直观 |
| | 2. 气路状态有误 | 检查项目号 87 的球阀,该阀应处于常闭状态 | 直观 |
| | 3. 金属软管或连接件损坏 | 更换相应管件 | 直观 |

### 9.9.2.5　$\phi$150 释放蝶阀

$\phi$150 释放蝶阀故障分析及处理方法如表 9-9 所示。

**表 9-9　$\phi$150 释放蝶阀故障分析及处理方法**

| 故障现象 | 故障分析 | 排除方法 | 备注 |
|---|---|---|---|
| 泄漏 | 1. 液压驱动执行器不到位 | 调整活塞杆<br>调整液压缸安装位置 | 直观 |
| | 2. 蝶阀的密封套或阀芯损坏 | 更换密封套或阀芯 | |
| | 3. 蝶阀阀芯的固定销断裂或阀轴的键损坏 | 更换固定销或轴的键 | |
| 阀板打不开 | 1. 液压系统故障 | 检查电磁换向阀,液压缸,调速阀及其执行机构 | |
| | 2. 蝶阀阀芯的固定销断裂或阀轴的键损坏 | 更换固定销或轴的键 | |
| | 3. 煤粉称量斗内压力过高 | 预放阀故障所致,处理故障 | 直观 |
| | 4. 信号故障 | 处理 | |

### 9.9.2.6　预放阀

预放阀故障分析及处理方法如表 9-10 所示。

**表 9-10　预放阀故障分析及处理方法**

| 故障现象 | 故障分析 | 排除方法 | 备注 |
|---|---|---|---|
| 不进行气体预放 | 电磁阀故障 | 检查处理 | |
| 泄漏 | 1. 关闭预放阀的压缩空气压力过小 | | |
| | 2. 预放阀的胶囊破损 | 更换胶囊 | |

### 9.9.2.7　计量阀

计量阀故障分析及处理方法如表 9-11 所示。

**表 9-11　计量阀故障分析及处理方法**

| 故障现象 | 故障分析 | 排除方法 | 备注 |
|---|---|---|---|
| 不运转 | 1. 有异物将阀芯卡住 | 清除异物 | 手动试车检查 |
| | 2. 阀芯轴承损坏 | 整台更换 | 离线修复，直观 |
| | 3. 传动链条卡住 | 清除异物或调整传动链 | 直　观 |
| | 4. 滑差式联轴器损坏 | 修复 | 负载过大所致 |
| | 5. 链条齿轮的胀套损坏 | 修复 | |
| | 6. 煤粉输送管堵塞后，煤粉也将计量阀堵塞 | 清通，分析输送管堵塞原因并相应处理 | |
| | 7. 电机或减速机故障 | 故障处理 | |
| 主控室无运转显示 | 1. 测速器故障 | 检查线路及测速器调节 | |
| | 2. 变送器故障 | 修复 | |
| 阀内漏粉 | 1. 壳体与阀芯间间隙过大 | 整台更换 | 离线修复，其间隙为 0.08 ~ 0.2mm |
| | 2. 封闭计量阀的气路堵塞 | 清通，检查球阀，应处于常开状态 | |
| 阀体外漏 | 1. 轴的骨架密封及轴承损坏 | 整台更换，注意日常对骨架密封处加 3 号锂基脂 | |
| | 2. 其法兰或与其相连管路的密封不好 | 密封处理 | 直　观 |

#### 9.9.2.8　煤粉输送管路

煤粉输送管路故障分析及处理方法如表 9-12 所示。

**表 9-12　煤粉输送管路故障分析及处理方法**

| 故障现象 | 故障分析 | 排除方法 | 备注 |
|---|---|---|---|
| 堵塞 | 1. 煤粉输送风压过低 | 检查处理风机，一般风压在 45 ~ 60kPa | 针对本厂竖窑风压应满足设计要求 |
| | 2. 煤粉输送管中有异物，或内壁黏结物过多造成管径过小 | 清通 | 清通时，在计量阀空气侧未打开情况下，绝不可逆煤粉输送风的方向吹扫 |
| | 3. 紧急停窑时，煤粉输送管内未吹扫干净，积粉过多 | 清通，注意停窑时对煤粉输送管的吹扫 | |
| | 4. 计量阀漏粉过多 | 更换计量阀 | 离线修复 |
| | 5. 称量斗内气压相对于煤粉输送管内的气压过高，称量斗内煤粉输送过快 | 检查压缩空气及氮气气路是否正常 | 相关阀的开关位置应处于正确 |
| | 6. 在竖窑检修除瘤过程中，大量水蒸气窜入煤粉输送管路中，冷凝成水，造成管路内壁黏结大量煤粉，甚至形成煤泥 | 检查清通，注意除瘤之前，将竖窑的 24 支喷枪与煤粉管拆开，用布将管口包好，防止水蒸气或其他杂物进入 | |

| 故障现象 | 故 障 分 析 | 排 除 方 法 | 备 注 |
|---|---|---|---|
| 压力过高 | 1. 煤粉输送管路堵塞 | 清通，根据上述6条，彻底解决 | |
| | 2. 有压缩空气或氮气通入 | 检查球阀（项目号240，239）应处于关闭状态 | |
| | 3. 球阀（项目号175.1~175.6及176.1~176.6） | 当正常生产时，项目号为176.1~176.6的球阀打开，175.1~175.6的球阀关闭。当窑前煤粉仓打循环时，175.1~175.6的球阀打开，176.1~176.6的球阀关闭，且30m煤粉仓顶部除尘器处于工作状态 | |
| | 4. 调速风机风压过大 | 根据工艺参数重新调整或窑内结瘤所致 | |

#### 9.9.2.9 $4m^3$ 煤粉称量斗

$4m^3$ 煤粉称量斗故障分析及处理方法如表9-13所示。

**表9-13 $4m^3$ 煤粉称量斗故障分析及处理方法**

| 故障现象 | 故 障 分 析 | 排 除 方 法 | 备 注 |
|---|---|---|---|
| 煤粉输送过慢 | 1. 斗底部煤粉结块 | 检查流化装置工作是否可靠 | 年修时，对斗内清扫 |
| | 2. 煤粉输送管路的气压高于称量斗内气压 | 检查称量斗是否有泄漏之处；检查阀（项目号240）是否关闭；检查球阀（17.1~17.2）应打开，液压驱动阀（18）工作是否可靠，该气路是否畅通 | |
| | 3. 煤粉输送管路堵塞 | 参见设备序号8中故障分析及排除方法 | |
| | 4. 计量阀故障 | 参见设备序号7中相关故障分析及排除方法 | |
| | 5. 煤粉称量紊乱 | 参见本设备序号中相关故障分析及排除方法 | |
| 煤粉输送过快 | 1. 计量阀阀芯与壳体间隙过大 | 更换计量阀 | 离线修复 |
| | 2. 称量斗内压力过大 | 检查球阀（项目号239，84）应关闭，电磁阀（项目号112，81）工作可靠 | |
| | 3. 煤粉称量紊乱 | 参见本设备序号中相关故障分析及排除方法 | |
| | 4. 窑前煤粉仓煤粉循环系统球阀开关位置不对，或球阀阀芯磨损（项目号为175.1~175.6） | 手动至关闭位置；更换球阀 | |

| 故障现象 | 故 障 分 析 | 排 除 方 法 | 备　注 |
|---|---|---|---|
| 向称量斗内加粉时时间过长 | 1. 液压驱动蝶阀不能完全打开（项目号 103 的 φ300mm 蝶阀） | 调节驱动机构行程；<br>阀芯固定销断裂，修复；<br>调节液压缸的调速阀；<br>驱动连杆故障，修复 | |
| | 2. 软连接堵塞 | 检查 φ300mm 蝶阀工作是否可靠；<br>称量斗内有气压，见本故障序号 3 中排除方法；<br>回转阀漏粉，见设备序号 3 中相应内容 | |
| | 3. 称量斗内有气压 | 检查除尘布袋透气性是否很好；<br>检查与称量相连的各气路及阀门是否可靠，重点检查项目号 18 的液压驱动阀，81、112 的电磁阀，239、238 和 95、84 的手动阀；<br>计量阀阀芯与壳体间间隙过大，造成煤粉输送风窜入斗内，更换；<br>设定的称量斗煤粉总量过大，1000kg 为宜 | |
| | 4. 煤粉称量紊乱 | 见本设备序号中相关故障分析及排除方法 | |
| | 5. 30m³ 煤粉仓锥部流化装置故障 | 清通管路或增加流化气体压力 | |
| 煤粉称量紊乱 | 1. 系统的电气仪表故障 | 检查线路，校验称量压头 | |
| | 2. 称量斗支撑框架变形 | 检查，测量框架及其地基沉降，并进行调整，使三个称量压头在同一水平面上 | |
| | 3. 称量斗内有气压 | 见本设备序号中相关故障分析及排除方法 | |
| | 4. φ300mm 蝶阀故障 | 见本设备序号中相关故障分析及排除方法 | |
| | 5. 称量系统与其他设备产生硬连接 | 见下面故障原因及排除方法 | |
| | 6. 计量阀间隙过大，造成煤粉输送风窜入，称量斗进料口处的软连接变成硬性连接 | 计量阀转子与壳体间隙过大；<br>更换计量阀 | 可在计量阀停机情况下，打开其后面所有煤粉输送管路，并通过煤粉输送风吹扫，观察各管道风的颜色来判定哪台计量阀漏粉 |
| | 7. 称量斗内设定的煤粉量过大，煤粉将三个除尘的布袋掩埋，换向期间，称量斗内气体无法及时排出，斗内仍存在气压，造成向称量斗内加粉过慢和称量斗与其他设备产生硬连接现象 | 称量斗内煤粉总量设定值为 1000kg 为宜 | |
| | 8. 各气路阀是否工作状态正确、可靠 | 参见项目 4 中的各类阀的状态及其变化 | |

| 故障现象 | 故 障 分 析 | 排 除 方 法 | 备 注 |
|---|---|---|---|
| 煤粉称量紊乱 | 9. 回转阀间隙过大，漏粉过多，造成称量斗上部进料口软连接变成硬连接 | 参见设备序号 3 中相关内容 | |
| | 10. 窑前煤粉仓煤粉循环系统球阀开关位置不对，或球阀阀芯磨损（项目号为 175.1～175.6） | 手动至关闭位置；更换球阀 | |
| 称量系统与其他设备产生硬连接 | 1. 有杂物搭连在称量系统设备上 | 清除 | |
| | 2. 项目号为 102 的软连接头产生硬连接 | φ300mm 蝶阀故障，见本设备序号中相关内容；回转阀漏粉，见设备序号 3 及序号 9 中相关内容；向称量斗内加粉时，斗内有气压，见本设备序号中相关内容 | |
| | 3. 系统金属软管被煤粉充实 | 清通 | |
| | 4. 橡胶软接头（项目号 140.1～140.6、141.1～141.6）堵塞煤粉 | 清通，确保软接头吹扫系统畅通有效 | |
| 橡胶软接头产生硬连接 | 1. 项目号 140.1～140.6 橡胶软接头：因整体煤粉输送管堵塞；清通煤粉输送管时，计量阀空气侧未打开，用压缩空气逆煤粉输送方向吹扫所致 | 见设备序号 8 中相应内容；杜绝此做法 | |
| | 2. 项目号 141.0～141.6 橡胶软接头：软接头吹扫装置堵塞，气路不通；压缩空气中油水过多 | 清通吹扫装置和软接头，检查球阀（241 和 143.1～143.6）处于打开状态；检查压缩空气系统中的相关设备，尽量减少压缩空气中的液体 | 建议每 3 个月清通一次软接头及其吹扫装置 |

#### 9.9.2.10　各种电磁阀

各种电磁阀故障分析及处理方法如表 9-14 所示。

**表 9-14　各种电磁阀故障分析及处理方法**

| 故障现象 | 故 障 分 析 | 排 除 方 法 | 备 注 |
|---|---|---|---|
| 工作不可靠 | 1. 电气故障 | 处理故障 | |
| | 2. 气体中油水等杂质过多 | 清洗阀体，采取措施净化气体 | |

#### 9.9.2.11　各单向阀

各单向阀故障分析及处理方法如表 9-15 所示。

**表 9-15　各单向阀故障分析及处理方法**

| 故障现象 | 故 障 分 析 | 排 除 方 法 | 备 注 |
|---|---|---|---|
| 工作不可靠 | 气体中油水等杂质过多 | 清洗阀体，采取措施净化气体 | |

#### 9.9.2.12　各气路金属软管

各气路金属软管故障分析及处理方法如表 9-16 所示。

表 9-16　各气路金属软管故障分析及处理方法

| 故障现象 | 故障分析 | 排除方法 | 备注 |
|---|---|---|---|
| 堵塞 | 气体中油水过多 | 清通金属软管，并采取措施净化气体 | |

### 9.9.3　各类阀的状态及其变化

在煤粉加热系统中，阀类设备较多，每个阀的状态是否正确、工作是否可靠，直接关系到整个窑系统的正常运行。对于这些阀在生产中的状态及其变化（液压系统阀除外），在原资料中，没有逐一明确。在多年的生产实践中，通过对各个阀功能的理解和处理各种故障的经验总结，明确了在生产过程中各个阀的状态及其变化。参见表 9-17。

表 9-17　各类阀的状态

| 序号 | 阀的型号名称 | 项目号 | 竖窑生产一个周期 | | 停窑时间内 | 状态控制手段 | 备注 |
| | | | 燃烧时间内 | 换向时间内 | | | |
|---|---|---|---|---|---|---|---|
| 1 | DN200 止回阀 | 7.1 ~ 7.2 | 自动开 | 自动关 | 自动关 | 风压 | 取决于风机的开、停状态 |
| 2 | DN200 滑阀 | 8.1 ~ 8.2 | 常开 | 常开 | 常开 | 手动 | 检修用 |
| 3 | DN50 空气控制阀 | 11.1 ~ 11.6 | 常开 | 常开 | 常开 | 手动 | 调节 6 支煤粉输送管路的空气量分配，使之均衡阀芯不一定全打开 |
| 4 | 3/4 英寸球阀 | 14.1 ~ 14.2 | 常闭 | 常闭 | 常闭 | 手动 | 排冷凝水用 |
| 5 | 2 英寸球阀 | 17.1 ~ 17.2 | 常开 | 常开 | 常开 | 手动 | 检修用 |
| 6 | 2 英寸球阀 | 18 | 开（烧光时间内关闭） | 关（换向完毕后同时打开） | 常闭 | 程序控制液压驱动 | 注意此阀的阀芯、轴易损坏 |
| 7 | $1\frac{1}{2}$ 英寸止回阀 | 19.1 ~ 19.2 | 自动开或闭（烧光时间内关闭） | 关闭（换向完毕后同时打开） | 常闭 | 靠自身弹簧和气压 | 随时均衡煤粉称量斗与煤粉输送管之间的压力 |
| 8 | 3/4 英寸球阀 | 21 | 常开 | 常开 | 常开 | 手动 | 检修用 |
| 9 | 3/4 英寸止回阀 | 22 | 闭 | 闭 | 闭 | 风压 | 当称量斗需充氮气时，靠风压打开 |
| 10 | 350mm × 350mm 手动滑阀 | 45 | 常开 | 常开 | 常开 | 手动 | 检修用 |
| 11 | 冷凝阀 | 53 | 常开 | 常开 | 常开 | 不需控制 | 冷凝压缩空气中水分 |
| 12 | 3/4 英寸减压阀 | 55 | 常开 | 常开 | 常开 | 手调 | 调节气压为 0.3MPa |
| 13 | 3/4 英寸球阀 | 56 | 常开 | 常开 | 常开 | 手动 | 检修用 |
| 14 | ID = 200mm 止回阀 | 60 | 常闭 | 常闭 | 常闭 | 气压 | 安全放气作用；开启压力 -0.5 ~ 1.5kPa |
| 15 | ID = 1150mm 止回阀 | 61 | 常闭 | 常闭 | 常闭 | 气压 | 安全防爆阀开启压力 10.0kPa |

续表9-17

| 序号 | 阀的型号名称 | 项目号 | 竖窑生产一个周期 | | 停窑时间内 | 状态控制手段 | 备 注 |
| --- | --- | --- | --- | --- | --- | --- | --- |
| | | | 燃烧时间内 | 换向时间内 | | | |
| 16 | 3/4 英寸球阀 | 71.1~71.2 | 常开 | 常开 | 常开 | 手动 | 检修用 |
| 17 | 3/4 英寸减压阀 | 73 | 开 | 开 | 开 | 手调 | 调节后气压为0.3MPa |
| 18 | 3/4 英寸电磁阀 | 74 | 闭 | 闭 | 闭 | 程序控制电磁驱动 | 当向煤粉称量斗加料过慢时，此阀打开向30m³ 煤粉仓底部煤粉进行流化；否则关闭 |
| 19 | 3/4 英寸球阀 | 79 | 常闭 | 常闭 | 常闭 | 手动 | 放散阀 |
| 20 | DN50 球阀 | 80 | 常开 | 常开 | 常开 | 手动 | 进行用 |
| 21 | DN50 球阀 | 83 | 闭 | 闭 | 闭 | 程序控制电磁驱动 | 当30m³ 煤粉仓和煤粉称量斗内 CO 浓度或温度过高时，程序控制此阀打开充氮，而后关闭 15min 再打开，直至 CO 含量低于 2000r/min，温度低于 70℃ |
| 22 | DN50 球阀 | 84 | 常闭 | 常闭 | 常闭 | 手动 | 手动充氮旁通阀 |
| 23 | DN30 止回阀 | 85 | 闭 | 闭 | 闭 | 气压 | 充氮时打开 |
| 24 | DN32 球阀 | 86 | 常开 | 常开 | 常开 | 手动 | 检修用 |
| 25 | 3/4 英寸球阀 | 87 | 常闭 | 常闭 | 常闭 | 手动 | 手动流化煤粉用 |
| 26 | 3/4 英寸止回阀 | 88 | 常闭 | 常闭 | 常闭 | 气压 | 手动流化煤粉用 |
| 27 | DN150 蝶阀 | 90 | 闭（在烧光时间内打开） | 开（换向后同时关闭） | 开 | 程序控制液压驱动 | 释放煤粉称量斗内气体 |
| 28 | DN50 溢放阀 | 92 | 闭（在 DN150 蝶阀打开之前先打开） | 开（换向后同时关闭） | 开 | 程序控制电磁驱动 | 确保 DN150 蝶阀正常工作，并起保护作用 |
| 29 | 3/4 英寸球阀 | 95 | 常闭 | 常闭 | 常闭 | 手动 | 吹扫用 |
| 30 | 350mm×350mm 回转阀 | 100 | 停（在烧光时间内，向称量斗加料时运行） | 运行（在向称量斗加完料后停止） | 停 | 程序控制电气驱动 | 向称量斗补充煤粉 |
| 31 | DN300 蝶阀 | 103 | 闭（在烧光时间内，向称量斗加粉时打开） | 开（在换向完毕的同时关闭） | 闭 | 程序控制液压驱动 | 向称量斗加粉和封闭称量斗的作用 |

| 序号 | 阀的型号名称 | 项目号 | 竖窑生产一个周期 | | 停窑时间内 | 状态控制手段 | 备 注 |
|---|---|---|---|---|---|---|---|
| | | | 燃烧时间内 | 换向时间内 | | | |
| 32 | 3/4 英寸电磁阀 | 112 | 闭 | 闭 | 闭 | 程序控制电磁驱动 | 当称量斗向窑内送粉变慢时，此阀打开对称量斗底部煤粉进行流化 |
| 33 | $1\frac{1}{2}$英寸安全释放阀 | 114 | 闭 | 闭 | 闭 | 气动 | 当称量斗内压力过高时打开 |
| 34 | 3/4 英寸球阀 | 119.1 ~ 119.7 | 常开 | 常开 | 常开 | 手动 | 检修用 |
| 35 | 3/4 英寸减压阀 | 122.1 ~ 122.4 | 常开 | 常开 | 常开 | 手动 | 调节压力一般0.4MPa |
| 36 | DN150/150计量回转阀 | 131.1 ~ 131.6 | 运行（烧光时间内停机） | 停（换向结束后运行） | 停机 | 程序控制电气驱动 | 计量输送煤粉 |
| 37 | 1/4 英寸球阀 | 143.1 ~ 143.6 | 常开 | 常开 | 常开 | 手动 | 气量控制及检修之用 |
| 38 | DN50 双管路阀 | 150.1 ~ 150.6 | 开/闭 | 开/闭 | 开/闭 | 程序控制液压驱动 | 为 1 号或 2 号窑膛输送煤粉时换向用 |
| 39 | DN40 球阀 | 170.1 ~ 170.2 | 常开 | 常开 | 常开 | 手动 | 控制喷粉冷却空气或检修之用 |
| 40 | DN50 球阀 | 175.1 ~ 175.6 | 常闭 | 常闭 | 常闭 | 手动 | 当窑前煤粉仓打循环时才手动打开 |
| 41 | DN50 球阀 | 176.1 ~ 176.6 | 常开 | 常开 | 常开 | 手动 | 只有当窑前煤粉仓打循环时，才手动关闭 |
| 42 | 安全释放阀 | 185.1 ~ 185.3 | 闭 | 闭 | 闭 | 气动 | 当气压超过80.0kPa时打开 |
| 43 | DN200 止回阀 | 186.1 ~ 186.3 | 开 | 开 | 开 | 气动 | |
| 44 | DN200 滑阀 | 187.1 ~ 187.2 | 常开 | 常开 | 常开 | 手动 | 检修用 |
| 45 | 1/2 英寸球阀 | 188 | 常开 | 常开 | 常开 | 手动 | |
| 46 | 1/2 英寸球阀 | 236 | 常开 | 常开 | 常开 | 手动 | |
| 47 | DN50 球阀 | 190.1 ~ 190.2 | 开 | 开 | 开 | 手动 | 调节风量 |
| 48 | 3/4 英寸球阀 | 238 | 常闭 | 常闭 | 常闭 | 手动 | 检修用 |
| 49 | 3/4 英寸球阀 | 239 | 常闭 | 常闭 | 常闭 | 手动 | 手动充氮作用 |
| 50 | 3/4 英寸球阀 | 240 | 常闭 | 常闭 | 常闭 | 手动 | 吹扫管路作用 |
| 51 | 3/4 英寸球阀 | 241 | 常闭 | 常闭 | 常闭 | 手动 | 备用 |

注：燃烧时间 = 供燃料时间 + 烧光时间。

### 9.9.4 对窑前煤粉仓压缩空气系统的液体控制

在原设计中，原料区域所使用的压缩空气，来源于本区域型号为 4L-20/8 的 3 台空压机。但是，自石灰窑投产以来，由于压缩空气中油水过多，油水分离器的气液分离效果很差，造成使用压缩空气的设备长期不能正常运行。如脉冲除尘器在反吹时，由于油水在布袋上黏结灰尘，使其失去透气性。所有压缩空气管路中的电磁阀失去作用，尤其在通往窑前煤粉仓的压缩空气管路中，没有任何气液分离装置，造成该系统中 18 支压缩空气金属软管长期堵塞，6 支煤粉输送管路及煤粉仓经常堵粉，煤粉称量紊乱等。

1998 年 3～6 月，煤粉称量斗出现计数漂移不定的现象。在日产 150t 正常生产情况下，煤粉喷入量一般为 165kg/周期，而此期间煤粉喷入量值高达 240kg/周期以上（此为虚值）。单纯从数值而言，大大超过了每周期所需的燃料用量和厂规定的能耗指标，而且石灰活性度极不稳定，曾一度由 330mL 跌至 240mL 以下，竖窑生产工艺系统失去控制。经过两个多月的现场试验、参数分析，利用排除法，终于找到此故障的根本原因是由于压缩空气中油水及竖窑检修除瘤时，水蒸气在煤粉输送管路中冷凝的水，在计量阀煤粉侧的膨胀连接管与其保护管之间，将煤粉黏结成块，产生隐性硬连接所致。当竖窑生产时，由于煤粉输送空气的通入使其呈硬性连接；当停窑检查或校验电子秤时，因无煤粉输送空气的通入而又呈软性连接。

窑前煤粉仓系统的油水来源有三个：一是通过氮气管路，在实际生产中尚未发现；二是当竖窑检修除瘤时，水蒸气通过煤粉输送管路冷凝进入。对于这一问题，须在竖窑除瘤之前，先将 24 支喷枪与煤粉输送管拆开，并用布把煤粉输送管口包好的措施，以防水蒸气或其他杂物进入；三是来源于通入该系统的压缩空气，这也是窑前煤粉仓系统油水来源的主要渠道。对压缩空气中油水含量的控制难度很大。因此，须对压缩空气系统进行了一系列革新改造。例如：对空压机冷却器密封垫的革新，并采取在冷却器安装使用之前，进行水压密封试验；对旋风式油水分离器及气路的改造；对木炭脱水器过滤装置的改造；窑前煤粉仓压缩空气过滤系统增加木炭脱水器等。加强管理措施，要求操作人员对所有的压缩空气过滤器中的液体每 4h 排放一次。

经过一系列革新改造效果极好，收到明显的经济效益和社会效益。窑前煤粉仓不再发生因压缩空气中的液体而导致的设备故障，设备运行可靠，工艺操作稳定，石灰活性度稳步提高。

## 9.10 并流蓄热式双膛竖窑煅烧小块石灰石

通常采用包括并流蓄热式双膛竖窑在内的竖窑只能处理大于 30mm 的石灰石。而石灰石在开采和加工过程中会产生许多小于 30mm 的石灰石。以前，为了充分利用矿产资源，加工小于 30mm 的石灰石一般采用回转窑。但是，回转窑的热效率较低，其热耗通常要大大高于竖窑。

使用并流蓄热式双膛竖窑处理小块石灰石（如 20～50mm）时不仅窑的产量下降，而且产品石灰的质量还大幅下降。为使并流蓄热式双膛竖窑能加工小块石灰石，它做了如下改进。

### 9.10.1 石灰石加料系统

石灰石块度越小，窑中越容易产生"气沟"，即热气流大量从易通过的气路穿过石灰石料柱，致使窑断面的热量分布不均，导致了产品质量不均匀。为此，方法之一是增加了使窑筒对称加料的加料系统。采用垂直定位的料斗，取代普通的倾斜溜槽加料系统。另外，加料装置必须能将小块料加到窑横断面的周边，来克服"窑壁效应"。为此，先将入窑料分成两部分，比如 10～20mm 和 20～30mm，并将其单独地分别加入窑内。设置一个特殊的闸板系统，使小块料加到窑横断面的周边，见图 9-31 和图 9-32。

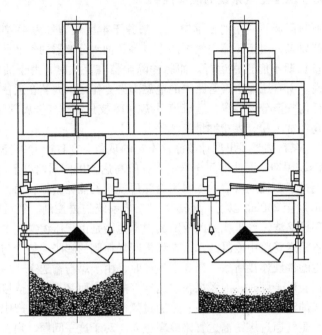

图 9-31  小块石灰石闸板关闭

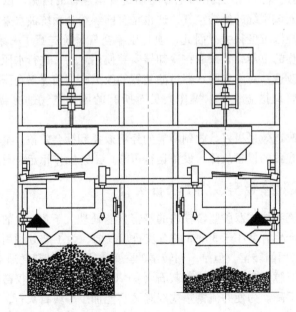

图 9-32  小块石灰石闸板开启

## 9.10.2  燃料供给系统

燃料燃烧过程受石灰石料的块度和块度分布的影响。采用小块料，料间的缝隙总体积减小，烧嘴顶部的火焰较小，热量分布不均匀。为了克服这个问题，相应地增加烧嘴数，比如 330t/d 窑的烧嘴由 300t/d 的 18×2 支改为 22×2 或 33×2 支，以改进窑膛断面供热量分布不均的问题。

### 9.10.3  窑的断面形状

处理小粒石灰石的窑必须是圆形断面的，矩形断面的窑既不能均匀地布料，又不能使空气与燃烧气体均匀地流动，所以矩形断面的窑不能烧细粒料（或是说获得质量好的产品）。

某钢厂 2 号并流蓄热式双膛竖窑烧普通石灰石时设计产量为 410t/d，烧细粒石灰石时设计产量为 330t/d。

### 9.10.4  冷却带的设计

为使窑筒内煅烧后的料容易向下自流到卸料装置内，冷却带窑壁设计成直形，而不是像通常的圆形窑带有斜度。

## 9.11  部分企业双膛竖窑及双 D 窑的统计资料

国内部分企业双膛竖窑及双 D 窑的统计资料如表 9-18、表 9-19 所示。

表 9-18  国内双膛竖窑概况

| 企业名称 | 产量/t·d⁻¹ | 原料粒度 | 燃料种类 | 窑膛断面结构 | 窑座数 | 使用情况 |
|---|---|---|---|---|---|---|
| 唐 钢 | 300 | 标 准 | 煤 粉 | 圆 形 | 1 | 投 产 |
| 太 钢 | 300 | 标 准 | 煤 粉 | 圆 形 | 2 | 投 产 |
| 太 钢 | 500 | 标 准 | 煤 粉 | 圆 形 | 2 | 投 产 |
| 杭 钢 | 120 | 标 准 | 煤 粉 | 矩 形 | 1 | 投 产 |
| 杭 钢 | 150 | 标 准 | 煤 粉 | 矩 形 | 1 | 投 产 |
| 包 钢 | 300 | 标准 40~60 | 煤 粉 | 圆 形 | 1 | 投 产 |
| 包 钢 | 330 | 细粒 20~40 | 煤 粉 | 圆 形 | 1 | 投 产 |
| 包 钢 | 600 | 60~90 | 贫煤气 | 圆 形 | 1 | 投 产 |
| 天津无缝 | 150 | 标 准 | 煤 粉 | 矩 形 | 1 | 投 产 |
| 天津无缝 | 200 | 标 准 | 天然气 | 矩 形 | 1 | 投 产 |
| 昆 钢 | 300 | 标 准 | 煤 粉 | 圆 形 | 2 | 投 产 |
| 广 钢 | 210 | 标 准 | 煤 粉 | 矩 形 | 1 | 投 产 |
| 天 钢 | 300 | 标 准 | 煤 粉 | 圆 形 | 2 | 投 产 |
| 马 钢 | 600 | 标 准 | 煤 粉 | 圆 形 | 5 | 投 产 |
| 邯 钢 | 500 | 标 准 | 煤 粉 | 圆 形 | 2 | 投 产 |
| 元 进 | 300 | 细粒 20~40 | 天然气 | 圆 形 | 1 | 投 产 |
| 莱 钢 | 400 | 标 准 | 煤 粉 | 圆 形 | 2 | 投 产 |
| 禄思伟 | 300 | 细 粒 | 煤 粉 | 圆 形 | 1 | 投 产 |

表 9-19  国内双 D 窑概况

| 企业名称 | 产量/t·d⁻¹ | 原料粒度 | 燃料种类 | 窑膛断面结构 | 窑座数 | 使用情况 |
|---|---|---|---|---|---|---|
| 南 钢 | 300 | 标 准 | 混合煤气 | D 形 | 1 | 投 产 |
| 南 钢 | 300 | 标 准 | 混合煤气 | D 形 | 1 | 投 产 |
| 东方钙业 | 300 | 标 准 | 煤 粉 | D 形 | 1 | 投 产 |

# *10* 焙烧石灰用套筒式竖窑

## 10.1 套筒式竖窑焙烧的特点

在各种竖窑中，焙烧的物料与燃烧气流存在两种流动换热方式，即燃烧气流与物料同向流动的并流（又称顺流）方式和燃烧气流与物料流动反向相反的逆流方式。理论和实践证明，在活性石灰焙烧中，顺流换热、焙烧要优于逆流换热焙烧，其焙烧物料受热均匀，石灰活性度高，产品质量好；而逆流具有换热热效率高的特点。套筒式竖窑通过其比较复杂的结构，使用了并流和逆流两种方式换热、焙烧。

从结构上看，套筒式竖窑由窑外壳和内套筒组成，从上至下大致可分为四个区域，即石灰石预热带、上、下燃烧室之间逆流焙烧带、下燃烧室下部并流焙烧带和石灰冷却带，物料与气流就在内、外壳体之间流动。在物料流动方向上，窑顶的横梁、上拱桥、下拱桥和出料门四部分结构，上下两两之间成60°角交错分布，实现了物料在向下流动的过程中的自动再次分布，保证了不同粒度的物料在窑体内均能均匀受热焙烧。物料在环形空间内自上而下，进行四次布料。套筒式竖窑另一个结构特点是有独立的燃烧室，燃烧室沿圆周方向均匀布置，位于每个拱桥下面。燃料在燃烧室内充分燃烧后，均匀和稳定的高温气流进入物料层，避免火焰直接与物料接触，燃料变化对套筒式竖窑影响相对较小。

从气固流动方向来看，套筒式竖窑属于并流焙烧石灰窑。利用从喷射管内喷出的高速流动热空气，在下燃烧室处产生低压区，使从下烧嘴进入的燃料和助燃空气与窑内的物料在下燃烧室下部同方向流动并与之反应，形成并流焙烧带。在并流焙烧区域内，石灰石原料充分与高温气体接触，反应生成石灰产品。

通过控制循环气体的温度，使焙烧过程得到控制并充分利用热量。套筒式竖窑内的循环气体是指从下烧嘴进入的燃料和助燃空气，在下燃烧室下部的并流焙烧带与石灰石原料充分反应后，与从窑底冷却带进入的冷却空气一起进入到下内套筒上段内，然后经过上拱桥内的循环气体通道管流入喷射器，与喷射管内的热空气混合后一起再次喷射进入下燃烧室。循环气体的产生，在窑内形成了并流焙烧带；同时循环气体也使窑内的热量得到了充分的利用，降低了石灰产品的热耗。人们通过控制循环气体在窑内的流量和气体温度，实现了对环形套筒窑焙烧过程的控制，生产出来的石灰质量得到很好的控制。

## 10.2 套筒式竖窑的结构及规格

### 10.2.1 套筒式竖窑的结构

套筒式竖窑结构如图10-1所示。

套筒窑用料斗1或皮带通过一个密封系统进行装料以防止空气渗入。要焙烧的料通过窑顶部的加料斗进入窑筒体内的一个环形空间，故又称为环形套筒窑。窑由外筒4和与外筒同心布置的两个内筒5、6组成，内外筒都衬有耐火材料砖衬。石灰石先进入预热带，再进入焙烧带。在两个燃烧器平台上根据窑的产量要求，在窑的外筒上对称布置着至少3个烧嘴20，每个烧嘴沿径

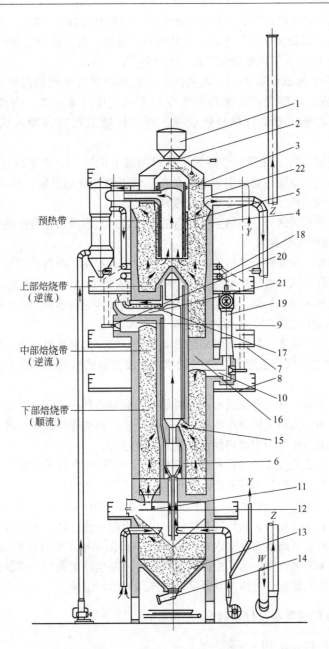

预热带

上部焙烧带
（逆流）

中部焙烧带
（逆流）

下部焙烧带
（顺流）

图 10-1　套筒式竖窑结构简图

1—料斗；2—料口；3—加料斗；4—外筒；5—上内筒；6—下内筒；7—上烧嘴平台；8—下烧嘴平台；
9—上燃烧室；10—下燃烧室；11—液压推杆系统；12—出料台；13—石灰仓；14—振动出料机；
15—循环气体入口；16—拱桥；17—冷却梁；18—环形管道；19—喷射器；
20—烧嘴；21—循环气体管道；22—环形烟道

向安装在圆筒形燃烧室 9、10 中，这两排烧嘴把窑体的这个部分分成两个逆流操作的焙烧区（上
部焙烧带和中部焙烧带）和一个顺流操作的焙烧区（下部焙烧区）。

在逆流焙烧区（上部焙烧带和中部焙烧带）里，燃烧气流与石灰石逆流运动。在顺流焙
烧区（下部焙烧带）里，燃烧气流与石灰石同向顺流或称并流运动。

　　下部焙烧带的下部是冷却带，由于窑内是负压，冷却空气被自然吸入，烧好的石灰与冷却空气气流逆流运动，石灰被冷却，冷却空气被预热。最后，石灰由液压驱动的出料机构 11 卸到窑的下部石灰仓 13 里，再由振动出料机 14 卸到窑外。

　　上部燃烧室和下部燃烧室 9、10 以及位于并流和冷却带之间的内筒上的循环气体入口 15 相互不重合布置，从而保证了窑的整个截面上的气体分布均匀。内筒和外筒靠耐火材料砌成的拱桥 16 相连，燃烧气体经燃烧室，沿一定喷射角方向喷入拱桥下部空间的料层里。

　　在每个燃烧室出口的上部有一个用耐火材料砌成的拱桥 16，它把内筒和外筒连接起来。从燃烧室出来的燃烧气体通过物料由于安息角在拱桥下面形成的空间，沿一定方向喷入料层。多个燃烧室的气流均匀地分布在整个竖窑的截面上。

　　内筒分为上 5 下 6 两部分，加热空气所需的废气通过上内筒被送到换热器；下内筒设有循环气体入口 15 和循环气管道 21。

　　上、下内筒都有一个圆柱形钢板箱，箱体内外砌耐火材料。内筒板箱内通过空气冷却。从下内筒排出的热空气经拱桥内的冷却梁 17 汇集到环形管道 18 中，作为烧嘴 20 的二次空气。

　　由鼓风机把空气送到换热器，与废气进行热交换后进入空气环形管道 18，然后分配各个喷射器 19。在使用油作燃料时，也可作为烧嘴 20 的雾化气。

　　在喷射器抽力的作用下，从冷却带来的石灰冷却空气与高温废气混合，经内筒循环气体入口 15 和上拱桥内的循环气体管道 21，在喷射器内与喷射器的喷射空气混合，然后进入下燃烧室 10。

　　在下燃烧室，燃料在进入燃烧的石灰石料层前与剩余空气一起完全燃烧。

　　从下燃烧室喷出的高温气体分成两股，一股由于喷射器的作用，经并流带向下走，另一股由于废气引风机的抽力作用经中部焙烧带（逆流）向上走。

　　在并流向下走的燃烧气体把热量释放给石灰石，因而燃烧气体的温度不断下降，在并流带的末端与冷空气混合，在经喷射器和废气风机的抽力下进入内筒。

　　在上燃烧室 9，燃料与不足量的空气燃烧，不完全燃烧的气体从上部燃烧室经拱桥进入料层，与下方来的过剩空气相遇，达到完全燃烧。由于上部焙烧区的石灰石仅部分脱出 $CO_2$，所以在此继续焙烧，对石灰的质量及窑内衬不会造成不好的影响。通过环形烟道 22 离开预热带的废气和从换热器来的废气相汇合，由废气引风机排入除尘器或大气。该窑配备有必要的安全监测仪表，需要监测的温度、气体流量等都可以连续显示并记录。

## 10.2.2　套筒式竖窑的规格及技术数据

　　套筒式竖窑的规格如表 10-1 所示。

表 10-1　套筒式竖窑规格

| 参数 ＼ 日产量/t | 150 | 300 | 500 | 600 | 参数 ＼ 日产量/t | 150 | 300 | 500 | 600 |
|---|---|---|---|---|---|---|---|---|---|
| 窑高/m | 46 | 49 | 49 | 50 | 下燃烧室数量/个 | 4 | 5 | 6 | 7 |
| 窑有效高/m | 22.83 | 25.1 | 24.3 | 25.3 | 喷射器数量/个 | 4 | 5 | 6 | 7 |
| 窑壳直径/m | 5 | 6.7 | 8 | 9 | 出料机数量/台 | 4 | 5 | 6 | 7 |
| 内套筒直径/m | 1.82 | 2.7 | 3.8 | 4.8 | 风机数量/台 | 4 | 4 | 5 | 5 |
| 上燃烧室数量/个 | 4 | 5 | 6 | 7 | | | | | |

套筒式竖窑技术数据如表10-2所示。

**表 10-2 套筒式竖窑技术数据**

| 石灰品级 | 特 级 | 焙烧温度/℃ | 900~1250 |
|---|---|---|---|
| 焙烧热工原理 | 顺流和并流 | 燃料热值要求/kJ·kg$^{-1}$ | 大于4598 |
| 石灰活性度/mL | 大于360 | 产品热耗/kJ·kg$^{-1}$ | 3344~4389 |
| 原料粒度/mm | 20~60,40~80,60~90 | 产品电耗/kW·h·t$^{-1}$ | 24 |
| 燃料种类 | 天然气、重油、煤气、煤 | 年工作日/d | 340 |

## 10.3 套筒式竖窑的附属设备

### 10.3.1 上料设备

上料设备主要由上料小车、导向轮、钢丝绳和卷扬机组成。上料小车通过卷扬到达窑顶，加料到溜槽，上料小车和卷扬机能力的大小，是由石灰石总量来决定的。在卷扬机上装有过载保护开关和松绳开关，以确保安全。

上料小车有两种速度，在开始阶段和末尾处于低速，中间阶段处于高速。在上料轨道的上部，有一个紧急开关，如果开关动作，整个上料系统停止工作。上料指令来自于窑顶的料位探尺。

### 10.3.2 窑顶设备

窑顶设备主要由溜槽、旋转布料器、料位探尺和换热器组成。溜槽底部设有液压驱动密封闸门；旋转布料器由料钟和旋转料仓组成，液压泵驱动料仓转动，料钟的上下移动由液压驱动；料位探尺的内部装有一个绞盘马达，探测高度范围为1m。

换热器是利用30%的废气来预热驱动空气的工艺设备，它是一种固定管板式高温换热器，管程热变形量较大，每根换热管管端应增加补偿器。换热器制作完成后，应在工厂进行气密性试验。

换热器的工艺要求如表10-3所示。

**表 10-3 换热器的工艺要求**

| 工艺参数 | 出口温度/℃ | 进口温度/℃ | 工艺参数 | 出口温度/℃ | 进口温度/℃ |
|---|---|---|---|---|---|
| 管程废气 | 350~450 | 650~750 | 壳程驱动空气 | 350~450 | 0~30 |

整个卸料和布料是一个连续系统，阻止空气在窑顶泄漏。在旋转布料器中间的料钟与溜槽下面的密封闸板形成互锁关系，当料钟向下移动时，石灰石在窑顶布料，此时溜槽的密封闸板关闭。旋转料仓布料是以一定角度为单位沿圆周布料，由角度编码器来定位。当料位探尺探到最低点时，给出上料信号，上料系统一直工作到料位探尺的高位，然后等待下一次上料信号。

### 10.3.3 出窑设备

出窑设备包括出料机和仓下振动出料机。出料机在圆周方向均匀布置，每斗出料量为50kg，出料机的数量根据总石灰量来决定。

将烧成的石灰从窑体放入窑底料仓，石灰的产量由出料推杆的频率来决定。出料的速度是一个重要工艺参数，不仅影响石灰的焙烧时间，而且影响循环气体温度。出料速度对石灰的质量有直接关系。

所有出料机同时工作，并由液压缸驱动。但每个出料机也可通过各自的电磁阀单独控制，以防布料的不平衡。在每个出料平台上装有温度传感器，保证出料温度不要太高；出料机的推杆受时间控制，在设定的时间内，推杆没有达到限位开关，表明操作有误，可能石灰挡在出料机的行程里。出现上面两种现象，在控制室应有报警，在短时间内不能消除故障，整个窑自动停止工作，烧嘴停止燃烧，窑底振动出料门关闭，驱动风机和废气风机停止工作，废气三通阀关闭，冷却风机继续工作。

料仓中的石灰通过窑底的振动出料机直接卸到传送皮带上。在振动出料机下面，有一个出料阀，由液压驱动。当窑体出现故障时，这个阀门将关闭，阻止空气进入窑体内。石灰的窑底料仓装有料位报警，主要是低位和高位报警。

### 10.3.4　燃料燃烧系统

现有套筒式竖窑的基本结构为筒状窑身内含有内套筒，窑身设有上、下燃烧室，底部设有石灰冷却空气进口，燃烧室外侧分别安装上、下烧嘴，烧嘴径向接源自内套筒夹层的一次风，下燃烧室的烧嘴喷焰处径向还经引射器接源自换热器的二次风，燃烧室经窑身内的气流通道与内套筒底部连通，内套筒上方经回流通道与引射器连通。

进入下燃烧室的一次风在冷却内套筒同时被预热到 200℃ 左右；经过换热器预热后的二次风（也叫驱动风）温度为 450℃ 左右，从径向进入燃烧室，窑内呈负压状态，而这两股风均为正压。预热的二次风进入引射器，在一定压力作用下（现有工艺技术的压力为 30kPa 左右）从引射器管口高速流动，同时造成内套筒上方回流（参见图 10-2 中 X 处）区域的小范围强负压，将内套筒内的气体吸入引射管内，与二次风一起沿径向进入下燃烧室。到达燃烧室内的气体与燃气燃烧后，分两部分进入窑体：一部分由于废气风机的抽吸向上流动；另一部分由于 X 区域的小范围强负压造成整个内套筒内为负压区而向下流动，与石灰冷却空气在内套筒入口处混

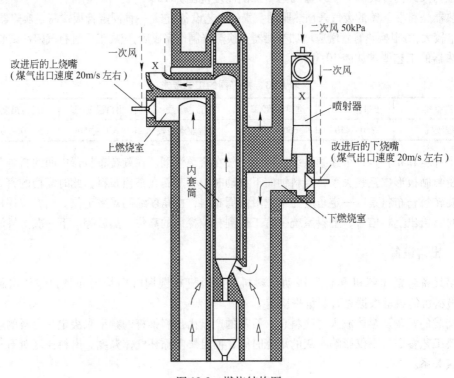

图 10-2　燃烧结构图

合，进入内套筒内部。此部分混合气体称为循环气体，其温度直接决定了石灰焙烧的质量。

燃烧系统主要设备包括燃烧室、喷射器和烧嘴。下面分别加以说明。

烧嘴的结构如图 10-3 所示。

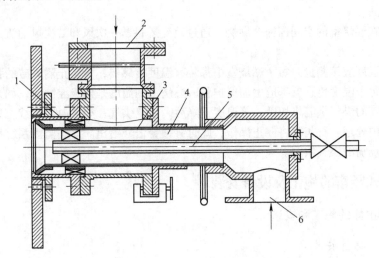

图 10-3　烧嘴结构简图

1—外套管；2—一次风接管；3—内套管；4—燃气通道；5—观察接管；6—燃气接管

燃气通过接管 6 进入烧嘴，经过通道 4 的导向叶片后，旋流进入燃烧室。一次风经过接管 2 进入烧嘴，通过内套管与外套管的环形空间，旋流进入燃烧室。

喷射器结构如图 10-4 所示。

400℃，30kPa 以上的二次风进入喷射管，在喷射管管口处以 30m/s 以上流速引射，带动循环气体由 1 处进入喷射器。混合后的气体切向进入下燃烧室，通常称为驱动风。

燃烧室位置如图 10-5 所示。

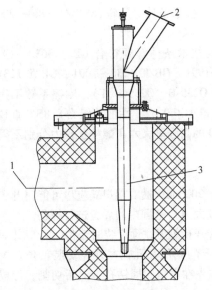

图 10-4　喷射器结构图

1—循环气体入口；2—二次风入口；3—喷射管

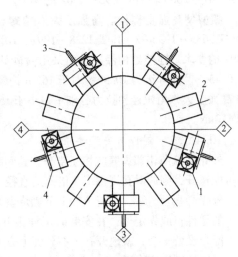

图 10-5　燃烧室位置图

1—喷射器；2—上燃烧室；3—烧嘴；4—下燃烧室

　　上燃烧室与下燃烧室不在同一截面，上下燃烧室沿圆周均布。上下燃烧室的数量是相同的，燃烧室的数量是根据产量大小来决定的。燃烧室的大小基本相同，随燃料的不同有所变化。燃烧室分成窑壳外面部分和窑壳内部分两个部分，窑壳内部分是由顶部拱桥和两边下降的石灰组成的空间。

　　燃气应该在燃烧室的空间内完全燃烧，通过改变燃料、一次风和二次风的流量来要改变火焰的长短。

　　燃烧室的温度应该测量。每个燃烧室中都装有温度传感器，为防止耐火砖的移动对温度传感器的影响，每个温度传感器都应增加保护管。燃烧室的温度是两级控制的，如果温度超过极限温度，此烧嘴的煤气供应将切断，等温度下降后，恢复供气；如果温度继续上升，故障不能在规定的时间内处理，石灰窑将停止操作，此时有报警信号给出。火焰监测系统控制烧嘴，自动点火将关闭烧嘴的煤气供应。

## 10.4　套筒式竖窑的施工及设备安装

### 10.4.1　窑炉主体的施工和安装

#### 10.4.1.1　材料要求

　　窑体钢结构均应采用平炉或氧气转炉钢制作，窑体及主要梁柱应不低于《碳素结构钢》（GB/T 700—2006）中有关 Q235-B 机械性能的规定，应保证抗拉强度、伸长率、屈服点、冷弯试验及碳、硫、磷的含量符合 GB/T 700—2006 中的有关规定。其他钢结构件可以采用 Q235-B(F)，应保证上述要求中除冷弯试验外的其他四项要求。

　　手工焊时，Q235-B 的焊接应采用 E4315 或 E4316 型号焊条，Q235-B(F) 的焊接应采用 E4301 或 E4303 型焊条，16Mn 钢的焊接采用 E5001、E5003 型号焊条，焊条的性能须符合《碳钢焊条》（GB5117—1995）的规定。

　　自动焊或半自动焊时，Q235-B 和 Q235-B(F) 的焊接采用 H08A 焊丝，16Mn 钢的焊接采用 H08A 或 H08MnA 焊丝。

　　螺栓采用 Q235-B 制造。螺栓、螺母、垫圈的尺寸及技术条件等须符合 GB/T 5780—2000、GB/T 41—2000 和 GB/T 95—2002 的规定。

　　扭剪型高强度螺栓、高强度大六角螺栓的尺寸及技术条件等须符合 GB/T 3632—1995、GB/T 3633—1995 及 GB/T 1228—1991、GB/T 1229—1991、GB/T 1230—1991、GB/T 1231—1991 的要求。连接处构件接触面采用喷砂处理，对于 Q235-B、Q235-B(F)，摩擦系数不得小于 0.45，性能等级为 10.9S；对于 16Mn 钢摩擦系数不得小于 0.55，性能等级为 8.8S。直径为 20 高强度大六角螺栓预拉力分别不得小于 155kN，M20 的高强度大六角螺栓预拉力分别不得小于 110kN。

#### 10.4.1.2　制作与安装要求

　　外壳的纵向相邻焊缝应相互错开，其间距不得小于 200mm，横对接焊缝应尽可能错开，若不可能错开，则应对孔周围 1.5 倍孔的直径（或孔的较大边）范围内的焊缝进行探伤。

　　外壳必须预组装，外壳上的上下燃烧室开孔、风管开孔等应在预组装时定位，开口并焊接有关的零件；或先定位，在安装时用样板开孔。外壳上的其他开孔，在外壳安装就位、校正后，配合设备安装，就地开孔。在外壳上方开孔时，应先在方角四周钻孔，然后切割，形成方孔，所有切割区应磨平。

　　外壳各部分圆心应严格对中，地脚螺栓应在各接口位置校准后，方可固定死。

梁、柱、翼缘板和腹板的拼接应采用加引弧板（其厚度和坡口与母材相同）的对接焊缝，并保证焊透。翼缘板和腹板的对接焊缝应相互错开，焊缝的外观检查及对接焊缝的无损检验应符合《钢结构工程施工质量验收规范》（GB 50205—2001）规定的二级质量标准。

高强度螺栓的施工要求：贴合面上严禁有电焊、气割溅点、毛刺飞边、尘土及油漆等不洁物。在螺栓的上下接触面的斜度大于 1/20 时，应采用垫圈垫平。

10.4.1.3 窑体钢结构的防腐要求

涂装前必须将钢材表面的毛刺、铁锈、油灰及其他附着物进行表面处理，除锈等级要求达到 Sa2 1/2 级。

涂刷耐高温防锈漆（耐热温度大于300℃）两遍，耐高温面漆（耐热温度大于300℃）两遍，颜色或色卡可根据客户的要求执行。

## 10.4.2 窑炉附属设备及管道的安装

竖窑的附属设备主要有风机，液压站，除尘等。

10.4.2.1 风机

风机包括驱动风机、冷却风机和废气风机。

驱动风机一般选用两台，一台采用固定转速风机，一台采用变频风机。风机的大小根据石灰产量来选择，出口压力大于 50kPa。风机进口设有消声器，出口设有安全阀。驱动风经过换热预热后进入环管，然后均匀进入每个喷射器。

内套筒冷却风机选用两台，一台正常运转，一台备用。风机的大小根据石灰产量来决定。冷却风一部分从窑底进入下内套筒，冷却内套筒后，从上拱桥中间出窑体，再进入环管，均匀进入上下烧嘴助燃；另一部分冷却风进入上内套筒，然后直接放散。冷却风机应配备紧急电源。

废气风机的大小由进入窑体的总风量来决定，一般选用一台。废气风机能承受的最高温度 350℃，废气风机可采用液力耦合变速，也可采用变频器调节转速。废气来自于窑顶的废气管道和从换热器过来的废气。

10.4.2.2 液压站

液压站的工作压力在 10MPa，设计压力在 15MPa。整个窑系统使用一个液压站。

10.4.2.3 布袋除尘器

套筒式竖窑采用布袋除尘。在选择除尘器时，废气通过布袋的速度控制在 1m/min 左右，保证除尘效果。废气温度过高，不允许进入除尘器。除尘后的烟气通过烟囱排放。

## 10.4.3 竖窑系统设备的空负荷试车和负荷试车

（1）石灰石运输和筛分。应将符合基本设计要求的石灰石输送到料车中，保证要求的粒度、数量和质量。在焙烧过程中，石灰石应不易破碎，保证一定透气性。

（2）环形套筒窑上料系统准备。根据液压系统图、电气安装图和控制线路图完成设备安装和接线工作。检查设备地脚螺栓和管道法兰的连接，利用润滑油和润滑脂对所有运动部件进行润滑，主要有电动机、卷扬机、料斗轮、缆绳、转动销和导轮。检查石灰窑上设备准备情况，如报警，信号输送，液压站用油，液压站加热，压缩空气等。利用现场控制盘进行单机试验。

（3）内套筒冷却空气系统检验。安装好设备及管道，完成电气及控制安装，检查安装处是否牢固。在活动部分加润滑油或润滑脂，如电机和应急发电机组。检查阀门开关、电动机转动方向和应急发电机组，没有应急发电机组时，配另外一路电源。

（4）排气系统准备。根据液压系统图、电气安装图和控制线路图完成设备安装和接线工作。检查设备地脚螺栓和管道法兰的连接，利用润滑油和润滑脂对所有运动部件进行润滑。检查阀门开关，电动机转动方向。废气风机属可调速的，从小到大进行调节，电动机能以最小速度启动。检查布袋除尘器是否正常操作，现场控制是否正常，清理用的压缩空气是否正常，螺旋出料机运行是否正常，压差开关的信号输送是否正常，电磁阀工作是否正常。

（5）出料系统准备。

（6）燃气系统准备。

（7）辅助系统检验。包括压缩空气和氮气。

（8）冷态试车。应对石灰窑上的主要设备进行检验，保其性能正常。必须有数量充足和质量满意的燃气；须有数量充足、粒度均匀和质量满意的石灰；石灰石的输送设备就位；石灰的输出设备就位；除尘设备就位；电气装备和测量仪表功能完好；24h 的人员配置，保证运行和维护的需要；保证没有烧好的石灰石输出。

（9）石灰窑点火的准备。应准备棉手套；控制室、上下烧嘴平台上应备有粉末灭火器；控制室和冷却风机的备用电源；应急用照明系统。如控制室，在各个平台和备用电源处要备好一定数量配件；准备标准气体用于测量；电火装置放置烧嘴平台；设定装料方式和装料周期；设定下列值：内套筒冷却空气的压力开关、窑顶的压力开关、环管中压力开关、驱动风压力开关、压缩空气压力开关、燃烧室吹扫风压力开关；所有挡板就位；用氮气吹扫管道；点火控制箱接上电源。

## 10.5　套筒式竖窑的内衬

### 10.5.1　竖窑内衬结构及对耐火材料的要求

套筒式竖窑的内衬结构主要包括内套筒内外衬、燃烧室及喷射器内衬、窑壳内衬和拱桥等几个部分。窑壳内衬的厚度在 500 ~ 550mm，其他部分的厚度为 200 ~ 300mm。在焙烧区的面砖一般使用的是镁铝尖晶石砖，其综合性能较好。

拱桥是套筒式竖窑中较特别结构，它位于燃烧上部，两边是 2 ~ 3 个拱，拱的顶部有平顶砖连接两边的拱。

耐火材料的牌号、级别、砖型和数量以及其他砌筑材料应符合国家现行有关标准和设计要求。对易变质或必须经二次检验的材料，应经试验室检验合格后方可使用。

泥浆的品种、牌号、配合比，必须符合设计要求。泥浆的稠度及适用范围、砌体类别，必须符合《工业炉砌筑工程施工及验收规范》（GB 50211—2004）的规定。

运至现场的耐火材料应具有出厂合格证，并进行外观及断面的检查，参照《耐火制品尺寸、外观及断面的检查方法》（GB/T 10326—2001）的标准。

耐火材料不得淋雨和受潮，对易受潮变质的材料和时效性材料应采取防潮措施，有防冻要求的材料应采取防冻措施；工地仓库内的耐火材料，应按砌筑顺序和牌号、级别、砖型分类堆码。耐火泥浆、不定形耐火材料，必须分别保管在防潮和防污染的仓库内，不得混淆。耐火材料的堆放、保管执行 GB/T 10325—2001 的要求。

### 10.5.2　竖窑常用耐火材料的理化性能

竖窑常用耐火材料的理化性能如表 10-4 所示。

表 10-4 常用耐火材料的理化性能

| 项 目 | $w(Al_2O_3)$ /% | $w(MgO)$ /% | $w(Fe_2O_3)$ /% | 体积密度 /g·cm$^{-3}$ | 常温耐压强度 /MPa |
|---|---|---|---|---|---|
| 高档镁铝尖晶石砖 | 10~13 | ≥82 | ≤1.0 | ≥3.0 | ≥55 |
| 中档镁铝尖晶石砖 | 10~15 | ≥76 | ≤1.0 | ≥2.9 | ≥50 |
| 特种镁砖 | $ZrO_2$≥3 | 92~96 | ≤0.6 | ≥2.95 | ≥50 |
| 高铝砖 LZ-75 | ≥75 | | | | ≥53.9 |
| 特种高铝砖 | ≥70 | | ≤2.0 | ≥2.62 | ≥100 |
| 黏土砖 N-2a | | | | ≥2.2 | ≥50 |
| 致密黏土砖 | ≥42 | | ≤1.5 | ≥2.30 | ≥80 |
| 轻质黏土砖 NG0.6 | | | | ≤0.6 | ≥1.5 |
| 轻质黏土砖 NG1.0 | | | | ≤1.0 | ≥6 |
| 轻质高铝砖 LG1.0 | ≥48 | | ≤2.0 | ≤1.0 | ≥6 |
| 高铝高强钢纤维浇注料 JD-85（高耐磨） | ≥85 | | | ≥2.9 | ≥90（110℃×24h） ≥110（1350℃×3h） |
| 高铝浇注料 JD-75（氧化铝） | ≥75 | | | ≥2.7 | ≥70（110℃×24h） ≥90（1350℃×3h） |
| 高铝（钢纤维）浇注料 G2L | ≥65 | | | ≥2.1 | ≥25（110℃×24h） ≥60（1350℃×3h） |
| 黏土轻质浇注料（隔热浇注料） | | | | 1.0~1.2 | ≥8.0（110℃×24h） ≥7.0（1350℃×3h） |
| 普通低水泥浇注料 | ≥60 | | | ≥2.3 | ≥40（110℃×24h） ≥60（1300℃×3h） |
| 硅酸铝耐火纤维 | ≥45 | | ≤1.2 | | |
| 无石棉硅钙板 | | | | ≤0.2 | |
| 镁铝尖晶石泥浆 | 10~15 | ≥82 | | | |
| 磷酸盐高铝质泥 65A | ≥65 | | | | |
| 黏土质耐火泥浆 NN-42 | ≥42 | | | | |
| 镁质泥浆 | | ≥82 | | | |
| 镁质捣打料 | | ≥94 | | ≥2.9 | ≥5（110℃×24h） ≥20（1500℃×3h） |
| 高铝质捣打料 | ≥60 | | | ≥2.0 | ≥12（110℃×24h） ≥40（1350℃×3h） |
| 硅藻土砖 GG0.7A | | | | ≤0.7 | ≥2.5 |
| 蛭石轻质浇注料 | | | | ≤0.5 | 1.2~2.6 |

## 10.5.3 竖窑内衬的使用效果及使用寿命

套筒式竖窑原设计内衬的寿命是 5 年，但在我国最初几年使用情况不是十分理想，出现问题部位集中在拱桥和上内套筒。有的用户在点火几个月就出现拱桥的坍塌。我国耐火材料专家也不断研究出新型的材料，但也没有达到预期的效果。

套筒式竖窑在国外使用工况与我国工况有较大的不同，我国引进的技术存在一定问题。通过我国工程技术人员不断摸索发现，影响内衬寿命不仅仅是耐材和砌筑质量，最为重要的是工艺技术。通过对不同工况工艺技术改进，内衬寿命大部分已超过 3 年，部分竖窑达到 5 年。

套筒窑的结构比较复杂，内衬耐火砖的砖型较多，砖型也比较复杂。这些，都给施工增加了难度。力求简化砖型和选择合理、适用的材料是改进套筒窑的方向之一。

### 10.5.4　竖窑内衬耐火材料的砌筑施工

套筒式竖窑砌砖一般分三部分进行：即窑壳内侧砖的砌筑、内筒砖的砌筑及燃烧室和喷射器的砌筑。以日产 300t 套筒式竖窑为例说明如下。

#### 10.5.4.1　炉窑中心线的测量定位

窑内中心线的定位采用炉内下底圆中心（标高 12.5m 处）与炉内上顶圆中心（标高 40m 处）的连线为中心线，用 $\phi$1mm 的细钢丝或棉丝线，分段连通固定，以此为中心线来测量窑壳内径及窑壳内壁垂直度。如椭圆度偏差，在施工规范要求范围内（小于直径的 0.5%），砌筑将以炉壳作导面进行砌筑，并用样板进行检查，如偏差较大，则按中心线来砌筑。同时，根据窑内中心线来确定标高 12.5m 处砌筑基准面的找平，砌筑基准面必须与窑体中心线垂直，基准面的定位将根据炉窑壳体安装方及设计单位提供的标高测量点和炉体中心线来进行。该标高将引投到窑壳内壁上，并在圆周内分八点做好标记，且每隔 2m 将逐步逐点往上引测，其他标高（如上下燃烧室、换热器、过桥拱脚砖、下内筒砖、检修门拱等）亦将据此测出。

#### 10.5.4.2　基准面找平

砌筑基准面，经标高定位后，根据施工图要求用耐火浇注料捣实找平，并用靠尺、水平尺结合 U 形管法检查，对不符合要求的地方，必须修正找平，以利于上面砖的砌筑。

#### 10.5.4.3　窑壳内侧的砌筑

窑壳内侧砖的砌筑，要求先预砌，再抹灰砌筑，每环砖按施工图中要求进行，严禁随意加工或增减砖数。灰缝要饱满、均匀，圆弧面要平整、光滑、无错台，砌至标高 13.5m 和 29.35m 处，预留门洞，砖暂不砌筑封堵，以作下部和上部窑体砌筑施工人员和材料的进出通道。

#### 10.5.4.4　内筒砖的砌筑

严格按施工图中要求施工，各砖号必须准确砌筑到位，内筒下段砌筑完毕后拟在标高 18m 处窑内搭设一铺满厚木板的工作平台，以作上部砌筑及下部砌好部分的保护之用。同样在标高 29.35m 处亦搭设一工作平台，作用同上。上、下内筒的外侧耐材施工与窑壳的耐材内衬施工同步进行，内筒内侧耐材采用在筒内搭设环形脚手架进行施工。

下内筒下段立柱的钢纤维浇注料施工，应先将锚固件按要求进行焊接完毕后，刷上沥青，然后进行内部耐火纤维的包扎，最后再支模进行浇注，浇注时，一边浇注，以便振捣。导流帽的高铝浇注料的浇注，应在下内筒上段内侧耐火材料施工完毕后、脚手架拆除后进行。

下内筒上段耐火材料施工时，其工作层的第一层砖在砌筑时要进行预摆，做到：（1）砖的放射缝均匀；（2）上、下所有燃烧室孔洞的中心线均有砖的放射缝与它对齐。施工时采用 2m 靠尺和弧度板对工作层的砌筑质量进行检查和控制。砌筑工作层时，应根据砌筑的基准标高和设计要求对加工层的砖进行加工以控制加工层的砌筑标高；同时根据设计要求在烧成段区域的砖缝内设置特殊质量的硬纸板作为膨胀缝。在施工至上、下过桥的位置时应与过桥交替施工（一般为：过桥施工至一半高度后进行大墙的砌筑，然后完成过桥剩余部分，接着继续大墙的施工）。下内筒的上导流帽的耐材施工应在上内筒耐材施工完毕、脚手架拆除后方可进行。

上内筒的外侧耐材施工时，应先砌筑外环砖，内环紧靠外环依次砌筑，施工时采用2m靠尺和弧度板对工作层的砌筑质量进行检查和控制。

内筒的内侧耐火材料的施工。内筒上部内侧砖砌筑时，应先砌内环砖，外环紧靠内环依次砌筑，施工时采用2m靠尺和弧度板对工作层的砌筑质量进行检查和控制。上、下内筒的通风管接口处的浇注料应支模一次浇注成型；内筒顶盖浇注施工时，应在顶盖钢板上开出浇注孔，并按设计要求分层浇注，在浇注完成后封上浇注孔；浇注料施工时应在其与钢壳间设置耐火纤维作为膨胀缝。上、下内筒内侧浇注料的底模应在浇注料有一定强度后方可拆除。

### 10.5.4.5 燃烧室和喷射器的耐火材料的施工

燃烧室与筒体的接口部位应随筒体施工同时进行，其炉外部分与喷射器内衬一起施工，砌砖应注意砖缝大小符合标准，灰浆饱满，不出现空缝；浇注料浇注时应支模牢固，振捣密实，以保证整个浇注质量，保证浇注尺寸不发生偏移。

### 10.5.4.6 导流帽的施工

上、下导流帽施工时，应先砌筑耐火砖后浇注浇注料，其锥体的浇注模板可分两次支设，浇注时要分次进行并按设计要求留设施工缝，如图10-6所示。

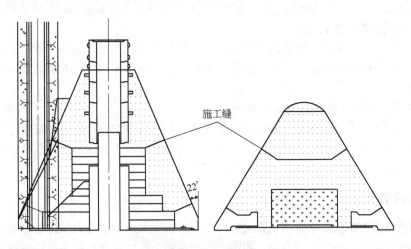

图10-6 导流帽结构

### 10.5.4.7 下部过桥和桥支撑的施工

与标高22.4m段窑壳内侧砖及内筒砖的砌筑同步进行，砌筑过桥拱时，必须预砌，以检查各砖的连接是否符合设计。预砌要按照施工图中要求进行，根据预砌情况确定氧化镁尖晶石砖的加工尺寸，预砌完后，在各砖的端头标明层次与编号，并做好预砌记录，以备正式砌筑之需。

拱桥施工顺序为：测量放线→拱桥拱脚砖的定位→支拱胎→砌筑主拱→支设过桥曲面拱胎→砌内拱→砌拱侧面砖N7、N8砖。

（1）测量放线。上、下燃烧室孔洞分别标出十字中心线，然后把调整后的同一水平十字中心线和每个孔洞的十字中心线分别引投在内外套筒壁上，作为拱桥部位的基准线。

（2）第一层拱四块拱脚砖的定位砌筑。根据各个过桥的基准十字线分别标出每个过桥四块拱脚砖的水平方向定位线和垂直方向标高线。预摆、加工拱脚砖，拱脚砖标高为同一高度，并保证在同一跨上的两块拱脚砖其侧面在同一垂直面上，保证 1450mm 处尺寸的准确性。之后，实砌固定。

（3）支设拱胎。支设内筒到外筒跨度为 1450mm 的拱模，砌两端面拱，首先用浇注料固守第一层 4 块拱脚砖，避免其在施工中发生滑动影响拱桥砌筑质量，砌筑砖拱共有 2 层，每层有 17～20 块咬齿砖（即指一面是凸面，一面凹面，相邻两砖正好吻合），3 块合门砖（其中有两个预留孔，合门后用 φ12 铁杆打紧）。两层拱间铺一层 12mm 厚的耐火纤维（使其压缩后为 10mm）作为膨胀缝。

（4）支设过桥曲面拱模，加工拱桥砖使其成为拱脚砖的加工方法。将拱胎边线即拱胎与拱桥砖接触的相交线画在小块砖上，这样在每块砖厚度方向上会出现一条斜线，再根据放样模板，在每块砖厚度方向上的两个面上放出样线，作为加工线。加工后的多块砖形成同一斜面，仔细打磨。砌筑内拱，以上述加工好的砖为拱脚，以 Z38-200 为拱砖进行砌筑，由内而外直至与外墙厚度平齐。当遇到加工小于砖的 1/3 时，即采用浇注料进行填充，最后尖角处无法用加工砖时采用优质捣打料进行施工，从上一直向下直至与内筒外墙厚度平齐。

（5）拱桥侧面砖的砌筑。在拱桥砖上用 N8 砖作找平层并加工斜面，加工倾斜角 15°，使顶面成一扭曲状，作为拱顶宝塔形状的基准砖，上面再砌 9 层 N7 砖，每三层砖填浇注料，每次填料均低于砖高 50mm，且每层砖的端头均需进外筒墙大于 70mm。砌 N7 前须按图纸尺寸在非工作墙上画出 N7 与外墙接触的边线，保证 N7 倾斜至 9 层刚好形成 1m 宽的长方形口，以便于上部钢纤维浇注料浇注到位。

（6）做完 9 层 N7 砖后，准备加工最上一层 N7 砖的加工方法。在内外筒之间拉水平线，该直线与 N7 的接触线即为加工基点，用水平尺在砖侧面画水平线，再用角度板向下画出 15°即为加工线。

### 10.5.4.8　上部过桥和桥支撑的砌筑

要求基本同上，只是砌筑斯瓦普公司改进的两侧面两环拱的拱脚砖时，需精心预摆、准确定位、精细加工。砌筑拱桥砖要严格控制好灰缝，并掌握好改进砖四面都有凹凸槽的特性，做到灰浆饱满、使之紧密咬合，以确保过桥的砌筑质量。

## 10.5.5　竖窑烘窑

新砌的耐材在开窑前有一个试生产过程，主要去掉耐材中的水分和保持耐材的平稳升温。

作为新砌筑耐材，必须进行烘炉。烘炉的位置应在下燃烧室或出料平台。使用的燃料一般是少量的轻质油、轻质石油和丁烷气，如果使用焦炭，应将焦炭放置在出料区。在烘炉时，窑顶应打开，便于通风，但也不允许有雨水进入窑内。

烘炉后，将窑内装满干净、干燥和均匀的细小石灰石，石灰粒度在 20～40mm，装进的石灰石的高度到上拱桥，拱桥应被盖住。每个加料周期，石灰石的量应在 2～3t，从而保护拱桥不被冲击。当加料到下拱桥时，出料每小时应工作 6～8 次，保证石灰石在窑内移动。

首先用最少的煤气点燃下燃烧室的烧嘴，一次风的量应按一定比例调整。

若使用最小量煤气，下燃烧室的小时温升仍超过 10℃，就必须增加一次风的量，确保温升不超过 10℃。如果在 2～3h 内，下燃烧室的温度保持不变，就要微微增加煤气，也可减少一次风的量，但一次风量不能处于最小的比例，否则窑内可能结瘤。

出料的数量应保持是设计产量的 50%～60%，一旦有部分焙烧好的石灰出来，就应增加上料速度，保证出料量是设计产量的 50%～60%。

冷却空气的量要根据加料情况来决定，这个比例在后面部分说明。

在整个升温过程中，废气应是低温的。废气调节阀和石灰冷却空气调节阀按一个方向调整，保证废气风机不要过载。

窑顶的压力必须高于最低的允许压力，否则，驱动风机不能启动和烧嘴不能点火。

上燃烧室的温升应保持在每小时10℃。当上燃烧室内的温度传感器指示温度为700~800℃时，上烧嘴开始点火。点火时，煤气量处于最小量，空气过量，然后，调节空气量，使上燃烧室的温度1000℃左右。在整个升温过程中，一次风量根据计算来选定。

增加一次风量有两种方法，一是关闭下内套筒排空调节阀；二是调小进入上内套筒的冷却空气量。

在上烧嘴点火后的1h内，上燃烧室的温度变化将十分明显，如果温升过快，就要减少煤气量，或增加空气量；如果温度下降，就应减少一次风量。

在整个温升过程中，为了避免灰尘堵塞换热器的管道，通向换热器的废气阀应该关闭。只有当废气温度达到600~700℃时，才打开换热器后的废气阀。在操作换热器的卸灰阀时，应不允许水进入。卸灰一旦结束卸灰阀应立即关闭，以免空气进入系统。

升温结束后，除尘系统应清理。

在整个升温过程中，调节其他气量时，可能造成废气温度超过300℃，这是最高废气温度，应及时处理。

## 10.6 套筒窑的操作与维修

### 10.6.1 循环气体的温度

循环气体温度必须保持恒定。石灰的质量主要是通过设定和保持循环气体的温度来实现的，循环气体的温度是通过热电偶测量，实际上是并流焙烧区气体与石灰冷却风的混合温度。

在冷却空气流量保持恒定的情况下，出料的速度对循环气体的温度产生影响。当石灰石进入并流区时，如果其焙烧程度较低，石灰石将要在并流区完全焙烧，就需要吸收较多的热量，循环气体的温度将下降；当石灰石进入并流区时，如果其焙烧程度较高，石灰石将要在并流区完全焙烧，就需要吸收较少的热量，循环气体的温度将升高。因此石灰石在进入并流区时，应保持相同焙烧程度。改变出料速度，就能改变石灰石在不同区的停留时间。在改变出料速度之前，石灰冷却区和并流区必须重新达到平衡。环境温度对循环气体的温度影响，一般不改变出料速度。

可以通过调节下燃烧室的温度来将循环气体的温度保持在要求值上。

### 10.6.2 石灰石料位

石灰石的料位是由料位探尺来控制的。石灰石达到上料位时，通知小车停止加料，随出料的进行，料位不断下降，石灰石的料位达到最低料位时，通知小车加料，直到上料位。如果料位探尺出现故障，则可能导致下面两个结果，一是石灰石充满窑顶，旋转布料器不工作；二是石灰石料位不断下降，废气温度上升。

### 10.6.3 燃烧室

所有的清理孔、检查孔等都始终处于关闭状态，以防空气进入。空气的进入将增加石灰窑的热耗，并提高上燃烧室的温度。在正常的工作状态下，下燃烧室的负压应控制在150Pa左右，当窑顶处于加料状态时，燃烧室可能出现负压。

### 10.6.4 内套筒冷却空气

进入上下内套筒的冷却空气可以分别由两个阀门来调节，这两个阀在空气进入内套筒的入口管线上。如果出现某个空气导管的温度超过400℃，可以打开此导管的排气阀门，将其他导管的排气阀门关小。如果仍然不能控制温度的上升，则要停窑检修，重新进行热平衡的计算。当石灰窑停窑时，应将下内套筒的冷却空气放散，因为随着燃烧室和一次风的关闭，下内套筒的冷却风唯一的出口就是放散，但随着停窑的时间增加，逐渐关闭放散阀，以免下内套筒过冷。

### 10.6.5 驱动风

布置在喷射器前面的蝶阀是用来清理相应的喷射器时关闭驱动风。在任何情况下不能将所有的驱动风蝶阀同时关闭。

### 10.6.6 停窑

燃烧室关闭：用点火控制箱关闭气动阀门、关闭手动阀门、用压缩空气对燃烧室附近的管路吹扫、关闭一次风。

风机的关停：关闭驱动风机、关闭废气风机、将下内套筒的冷却风的放散阀打开、关闭废气总阀和换热器废气阀。

### 10.6.7 石灰窑的维护

卷扬机系统维护：定期向下列部位加入润滑油或润滑脂，卷扬机的轴承、小车导轮、缆绳，检查齿轮箱油位。

上下燃烧室：必须定期检查燃烧室附近的内衬上是否有灰尘，如果有，就用压缩空气枪来吹扫，开始时按照每天一次的频率来进行，此后，根据实际情况来进行维护。在下燃烧室右侧，一般设有一个出料门，要每天进行一次清理。下燃烧室突然升温主要有下列几个原因，燃气增大，热值增加、一次风过小、石灰石焙烧程度偏高、循环气体流量减小、驱动风减小、喷射管偏心；上燃烧室温度突然升高有下列几个原因，环境空气进入燃烧室、燃气过小、一次风过大、过多下燃烧室的空气。

喷射器和循环管：喷射器内容易积灰，随着积灰的增加，喷射器内体积减小，循环气体量也减少，影响窑的操作。在喷射器侧边有一个维护门，一个星期左右打开一次，对喷射管上的灰尘和循环气体通道灰尘进行清理。也可用压缩空气来吹扫。当驱动风和循环气流量降低时，通常是在喷射管管口处黏结灰尘，应及时加以清除。如果喷射器或循环气体管中有积灰，造成混合气体偏心，清除灰尘后，要重新安装喷射管。

定期更换冷却风机和驱动风机的过滤器。

换热器是套筒窑的关键设备之一，但换热器内极易积灰，所以要定期检查换热器顶部的废气进口箱，灰尘容易在管口处堆积，造成废气流量减小，压力增加，驱动风预热不到设计温度。发生这种情况应及时清洗，清洗前，换热器冷却4~5h。

热电偶出现故障应及时更换。

石灰窑定期检查时间如表10-5所示。

表 10-5 石灰窑定期检查时间

| 建议检查频率 | 内　容 | 建议检查频率 | 内　容 |
|---|---|---|---|
| 4h | 清理石灰石筛 | 24h | 料车润滑、导轮润滑、缆绳润滑、卷扬齿轮箱油位、缆绳的固定点、转动销、备用电源 |
| 8h | 石灰窑外观检查、燃烧室火焰、燃气和废气现场的温度和压力、石灰石分析 | 停窑期间 | 废气风机和冷却风机的叶片、气体系统过滤器、驱动风过滤器、液压站的油位 |

# *11* 焙烧石灰用梁式烧嘴竖窑

## 11.1 梁式烧嘴竖窑的热工原理

梁式烧嘴竖窑由上至下分为储料带、预热带、煅烧带、冷却带。根据石灰窑的生产能力在煅烧带分上下两层布置数量不等的烧嘴梁，并在每根梁上布置烧嘴。上下层烧嘴梁均错位布置，以使热分布达到最大限度的均匀。原则是，在整个煅烧带空间内都有合理布置的烧嘴，而每个烧嘴所负责的煅烧空间又很小，这样就确立了热传导方式以辐射传热为主，对流传热为辅，从而保证热穿透炉料的能力强，石灰烧得透。

梁式烧嘴煅烧系统的燃料由烧嘴梁内的燃料管分配，使整个煅烧带空间合理而均匀地布热。烧嘴梁系统可以使用的燃料种类包括固体、气体和液体燃料，气体燃料包括天然气、焦炉煤气、转炉煤气等；固体燃料包括煤粉、焦粉等；液体燃料有重油、柴油等。

热分布由燃料量和其他运行参数助燃风、窑顶负压、出灰量的调节及废气成分的分析等加以控制。

燃料通过烧嘴梁均匀地喷吹到石灰石料层上。烧嘴梁横跨窑断面，每个烧嘴梁实际上是一个细长的导热油的钢箱组件。导热油冷却系统装有控制设备，可避免烧嘴梁温度过高，以便其安全工作。导热油作为换热介质，具有良好的热稳定性能、良好的抗氧化性能，导热系数高，无腐蚀性，可大大提高烧嘴梁工作的稳定性和使用寿命。

燃料送入烧嘴梁，从梁上喷口处均匀喷入石灰石料层中，与烧嘴梁端部送入的一次空气和窑底部上来的二次空气混合在烧嘴梁下的料面形成 V 形空间燃烧。由于喷嘴布置合理，燃料与空气比严格控制，混合均匀，以保证并控制石灰石分解所需热量，可生产出高质量的活性石灰。

为了更好地煅烧石灰，在冷却带上部安装了抽气梁，将冷却带冷却石灰的空气抽出窑外，这样就在下层烧嘴梁和抽气梁之间形成一个后置"煅烧带"，这里几乎是零压，但温度依然很高，从上面煅烧带落下的石灰，可继续被煅烧，从而进一步地精整了石灰，提高了产品质量。

在储料带、预热带上方，布置有废气集气管，以废气引风机为动力，通过集气管将废气抽出窑外。该废气可通过换热器预热助燃空气，废气集气管的设计特点是保证窑内热烟气均衡上升，以使热分布均匀。

## 11.2 梁式烧嘴竖窑的结构和规格

### 11.2.1 梁式烧嘴竖窑的结构

梁式烧嘴竖窑的窑体钢结构——窑壳采用准矩形断面结构形式，外表面设有横向加固筋，窑壳上设有检修门和人孔等，窑壳坐落在窑的圈梁混凝土结构上，其底座用基础螺栓固定，窑顶部的两根钢梁作用在窑顶平台和窑壳上，钢梁上共有四点拉杆自上而下将各层操作平台的两根支撑梁连接起来，从而使整个竖窑的钢结构连成一个整体，与窑上设备及物料等共同作用在窑的基础上。300t/d气烧梁式石灰竖窑总布置图如图11-1所示，窑体上部设置废气排出管，

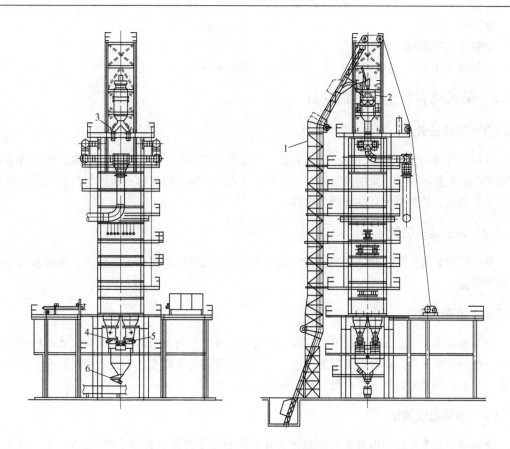

图 11-1  300t/d 气烧梁式石灰竖窑总布置图

1—斗式提升机；2—两端密封阀；3—分叉布料器；4—电磁振动给料机；

5—电子称重秤；6—电机振动给料机

窑体中部设置两层烧嘴梁，窑体下部设置冷却空气梁。如不设冷却空气梁时，则在窑墙上设冷却空气孔。窑体纵向分为 4 个带，储料带、预热带、煅烧带和冷却带，储料带贮备的石灰石量可供 2~3h 生产用量。窑体横断面的形状尺寸根据石灰石块度、窑的生产能力不同而不同，当石灰石的块度大于 120mm 时，宜采用圆形断面，当块度为 40~80mm 时则采用矩形窑。生产能力大时断面尺寸就大，烧嘴梁数量也多，生产能力小时，断面尺寸则小，烧嘴梁数量也少。

## 11.2.2  梁式烧嘴竖窑的规格及其技术性能

以 300t/d 石灰，燃料以转炉煤气的梁式烧嘴竖窑为例，其技术性能如下：

| | |
|---|---|
| 日产量 | 300t |
| 转炉煤气热值 | $Q_{DW}^{Y} = 7436 ~ 8407kJ/m^3$ |
| 石灰石块度 | 40~90mm |
| 利用系数 | 0.5~1.10t/(m³·d) |
| 1kg 石灰产品热耗 | 3936kJ |
| 1kg 石灰产品电耗 | 16kW·h |
| 石灰出窑温度 | ≤100℃ |
| 废气出窑温度 | 约220℃ |

| 窑前煤气压力 | ≥0.08MPa |
| 烧嘴梁前导热油压力 | ≥0.6MPa |
| 窑顶废气压力 | 约 -3.5kPa |

## 11.3　梁式烧嘴竖窑的附属设备

### 11.3.1　加料设备

加料设备由一台单斗提升机、炉顶料仓、两段密封门及一个分叉布料器组成。由于窑系统在窑顶部采取负压操作，采用两段密封门以后，可在布料时始终保持一道密封门密封或两道密封门经常密封，使窑系统有良好的气密性。

### 11.3.2　料位监控装置

料位监控装置安装在窑体侧部、废气抽气梁下部开孔处的料位计支撑管上，普遍采用 γ 射线探测装置。

### 11.3.3　出灰装置

出灰装置由 4 个或 6 个料仓组成且每个料仓各配备一台振动给料机，每台振动给料机下各配备一台称重电子秤，两台电子秤为一组，这几组称重装置下部有一个大的集灰料仓，其下部配备一台电机振动给料机，再由带式输送机运往成品仓。

### 11.3.4　燃料燃烧系统

烧嘴梁煅烧系统是根据石灰窑的日产量在窑内分上下两层，每层 1 个、2 个、3 个或 4 个不等、错位布置合适数量的烧嘴梁，300t/d 气烧梁式石灰竖窑烧嘴梁分布，如图 11-2 所示；北营用 2 号圆筒形焦炭石灰竖窑改造成 300t/d 气烧梁式石灰竖窑烧嘴梁分布，如图 11-3 所示。

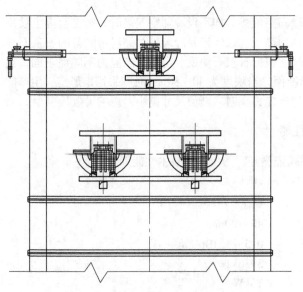

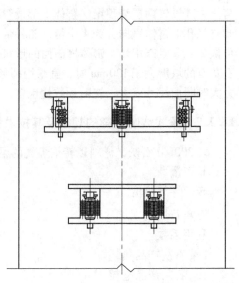

图 11-2　300t/d 气烧梁式石灰　　　　　图 11-3　改造成 300t/d 气烧梁式
竖窑烧嘴梁分布图　　　　　　　　　石灰竖窑烧嘴梁分布图

烧嘴梁是个夹层金属钢箱,横跨窑截面,按照烧嘴位置不同将长度不等的集束燃料喷管和烧嘴(即喷管端部)置于烧嘴梁内,烧嘴总数 80 ~ 100 个。烧气体、液体燃料时,每个烧嘴的煅烧面积≤0.1m²;烧固体燃料时为 0.25m²。每排烧嘴的燃料量是不等的,烧嘴喷孔的大小也不相同,根据需要,可在下层烧嘴梁下部设若干个周边烧嘴。采用不同燃料,烧嘴梁的形式和喷嘴出口的位置也不相同。

烧嘴梁内有滑轨,集束喷枪和烧嘴固定在轮子上,方便更换烧嘴。

助燃风鼓入烧嘴梁内,在烧嘴处与燃料混合形成燃烧气体。

为了更好地煅烧石灰,在冷却带上部安装了抽气梁,抽气梁也是一种夹层金属钢箱,横跨窑截面,沿抽气梁下部中心至两侧合理分部若干抽气口,将冷却带冷却石灰的空气抽出窑外,这样就在下层烧嘴梁和抽气梁之间形成一个无压的、温度高的后置"煅烧带",从而进一步提高了产品质量。

烧嘴梁和抽气梁是一个钢制箱体,靠近外壁的夹套内通导热油,导热油系统经由烧嘴梁、抽气梁夹层有效地冷却烧嘴梁和抽气梁,延长烧嘴梁和抽气梁的使用寿命,导热油出油温度 180 ~ 200℃,进油温度比出油低约 20℃ 左右。烧嘴和燃烧一次空气从烧嘴梁的两端伸入梁中间空腔,并从烧嘴喷出口喷入窑内。

烧嘴梁的更换可在不停窑的情况下进行,拆除导热油、燃料和一次空气连接管,用新梁顶出老梁,把新梁推进到位,重新安上管子即可。

为了进一步降低热耗,可利用窑顶废气预热一次空气,下部抽气梁抽出的热气体预热干净的助燃空气。

燃料供给系统,对于液体燃料和气体燃料是比较简单的,燃煤粉时较为复杂,介绍如下:

某钢厂窑前设 2 个煤粉贮仓,每个煤粉仓为 1 个供煤系统,供给窑一半烧嘴的煤粉。供煤系统见煤粉供应系统图,如图 11-4 所示。

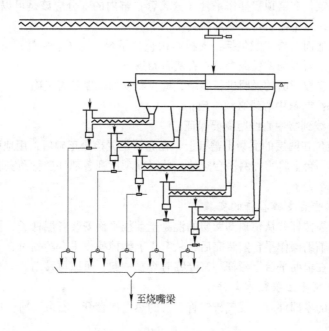

图 11-4 煤粉供应系统示意图

煤粉经输出螺旋和输送螺旋分配到 4 个带称重的伺服料斗,每个伺服料斗装有 5 个由变频电动机带动、并有手动机械调速的计量螺旋,每个计量螺旋下面配有喷射器,用罗茨风机送来的高压空气引射煤粉，每个喷射器供 2 个烧嘴，2 个烧嘴间的煤粉流量分配靠 1 个手动分配器控制。

### 11.3.5　导热油系统设备

用于冷却烧嘴梁的导热油系统由两台循环泵（一用一备）以及三台冷却风机组成的翅片散热器构成，当循环泵停电或故障时，该回路用柴油发电机辅助泵来保证导热油系统的正常工作。

## 11.4　梁式烧嘴竖窑的施工及设备安装

### 11.4.1　窑炉主体钢结构件及主要机械设备的安装

在安装工作开始前，应准备在地面上进行各部件预装配所需的足够的空间和场地。

在石灰窑混凝土结构上进行梯子和栏杆的预安装。

在地平面上进行窑出灰支撑框架的预安装，并将它安装在混凝土圈梁上。

#### 11.4.1.1　窑壳和操作平台的安装

在地平面上，预安装并最终焊接 2～3 节窑壳，检查并保证窑壳在每个标高的垂直度。窑壳在整个高度的垂直公差必须保持在 ±1cm 以内，方形窑壳的对角线公差必须保持在 ±3cm 以内。窑壳预装配时要点焊上，当核对完公差后再连续焊接。

在混凝土圈梁上对窑壳的第一节进行定位和锚固，再进行窑壳各节和操作平台的安装，检查并保证窑壳在每个标高的垂直度。

检查地脚螺栓是否拧紧以保证窑壳在安装阶段所承受的风荷载后仍有好的稳定性。

#### 11.4.1.2　窑加料系统安装

先将分叉管先定位在窑顶盖操作平台（分叉管在窑内的部分应该是可以活动的），分叉管在和窑加料料仓连接且定位后再最终焊接到窑顶上。

窑加料结构在地面上预装配包括：支撑结构包括平台、梯子、栏杆；窑顶料仓包括顶门；单斗顶部结构；石灰石卷扬钢丝绳卷筒；石灰石卷扬机。

以上这些部件应按下面的说明进行装配，检查卷扬的位置是否正确：

（1）卷筒中心线与窑中心线必须一致；

（2）卷筒中心线到窑中心线距离要保证；

（3）将卷扬定位在两层的混凝土盖板上，在卷筒位置检测正确后，用地脚螺栓固定。

在窑顶盖操作平台上将窑加料平台定位，并对前项所列各部件进行预安装，将窑加料平台焊接在窑顶盖操作平台上。

#### 11.4.1.3　窑平台支撑拉杆的安装

安装窑平台支撑拉杆并从窑顶到两层的混凝土盖板平面安装各层梯子、栏杆。

在支撑拉杆和辅助操作平台安装完后，从窑壳上撤掉操作平台的临时支撑，将操作平台的盖板和栏杆焊完。在辅助平台上栏杆和窑壳临时焊在一起，可以再移动。

#### 11.4.1.4　在窑壳上安装零部件

在窑壳上安装的零部件有：废气排气管、窑的热电偶套管、石灰石料位控制管、石灰石料位控制计支撑件。

废气抽气管支撑梁必须只能在一侧窑壳焊接，另一侧不焊，允许窑内支撑梁热拉伸。

#### 11.4.1.5　在窑顶安装部件

在窑顶定位并焊接的部件有：分叉管、安全释放阀。

11.4.1.6 安装烧嘴梁、抽气梁

烧嘴梁和抽气梁的安装是在窑内衬耐火砖砌筑的同时进行的。

砌筑完耐火衬砖以后，在窑顶盖内部用隔热耐火浇注料保温，并对废气抽气管和耐火砖墙之间的缝隙进行密封，撤掉所有窑内的脚手架，直到烧嘴梁位置。

安装烧嘴梁要用耐火砖保护烧嘴梁，对烧嘴梁和耐火砖墙之间进行密封，撤掉所有窑上脚手架，直到抽气梁位置。

安装抽气梁，对烧嘴梁和耐火衬砖墙之间的缝隙进行密封，将窑内脚手架完全撤掉直到窑底。

11.4.1.7 安装出灰系统

完成出灰系统安装包括：石灰贮仓、石灰贮料仓振动给料机、石灰窑出灰料仓、石灰窑振动出灰机、石灰称重秤。

11.4.1.8 其他设备的安装

窑加料支撑结构和窑料仓安装完成后应完成下面的安装：单斗提升机并检查导向轮直线性、定位钢丝绳卷筒、石灰石单斗和钢丝绳、单斗在地面上时，钢丝绳在卷筒上至少卷3圈。

## 11.4.2 竖窑系统冷态调试和热态调试

参见某厂用圆筒形焦炭石灰竖窑改造成300t/d气烧梁式石灰竖窑流程图，如图11-5所示。

11.4.2.1 冷态调试的前提条件

（1）窑体钢结构及砌筑工程施工完毕，并按有关技术要求检查、验收合格；

（2）全部附属设备安装完毕，并进行单机试运转，联动试运转，某些设备要进行负荷试运转，并按有关技术要求检查、验收合格；

（3）全部管道及金属结构件制作及安装完毕，有关管线打压试验完毕，并按有关技术要求检查、验收合格；

（4）与窑有关的水、电、风、气、导热油等系统按要求准备就绪。

11.4.2.2 冷态调试

A 设备的安装与润滑情况的检查

检查设备工作情况：地脚螺栓是否松动、润滑是否良好、启停或开闭是否灵活、有无异常现象。

B 计量、调节及电气设备的检查

在系统调试的同时需对以下有关项目进行检查。

（1）电动机的检查 对全部电动机进行运转试验。检查方法：首先用手检查电动机是否运转自如，这一点对于设备单体试运转之后较长时间再进行调试的情况尤为重要，供给电源之后，应反复启动电动机，检查其旋转方向，如果方向正确，则在电动机停止以后，鼓风机即慢慢停止；如果旋转方向不正确，鼓风机将会突然停止并产生较大的噪声。

（2）信号灯与液压油缸及闸板对应位置的检查 检查全部的液压油缸和闸板的位置。检查方法：用相应的信号灯显示其操作，开关或换向操作和检查需要重复进行，直至在冷态下保证不存在操作问题。

（3）模拟操作系统的检查 模拟各种设备工作状态及报警情况，检查报警系统是否正确操作。

（4）测量和控制设备的检查 在可能范围内检查各种仪表在冷态情况下的操作情况，最重要的是检查安全和报警电路，有些仪表要在烘窑过程中或以后进行进一步调整。

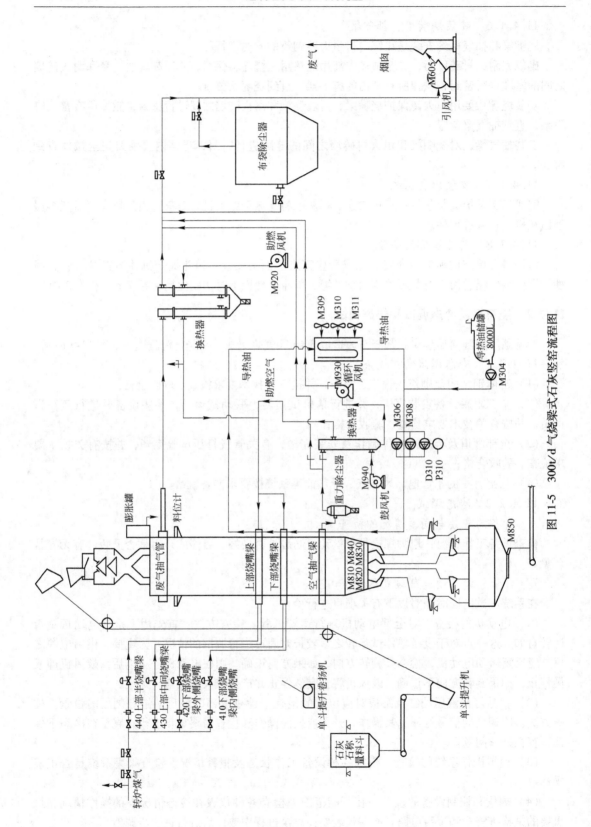

图 11-5　300t/d 气烧梁式石灰竖窑设备流程图

（5）导热油系统要清除系统中所有灰尘及固体颗粒，防止系统中混入水和其他杂质；检查两台循环泵联轴节的同轴度；检查每一个单体设备是否运转正常：

1）阀门开关正常；

2）该系统中所有电机运转正常；

3）在控制盘控制下，无负荷运行柴油机马达；

4）检查现场设备的报警装置；

5）检查 PC 机上报警信号，并且正确设置出现报警后的安全保护；

6）检查使导热油系统中发生低压报警时柴油电机能否正常操作；

7）通过温度开关和温度报警装置来检查翅片散热器上的风机操作是否正确；

8）检验为翅片散热器的一台冷却风机提供动力的应急电源在停电情况下自动启动供电；

9）按照下面的程序给系统注入导热油：打开系统中所有阀门→用注油泵从导热油储油罐开始向系统中逐渐注入导热油→密切注意系统中是否有泄漏→每当导热油液面达到任意一个空气放散阀后将其关闭→当导热油液面达到导热油膨胀罐的最高液压时，停止向系统注油→关闭卸放导热油的阀门→关闭膨胀罐的一个排放阀→当虹吸管内充满油后，在虹吸管上塞上 3/4 英寸塞子。

要说明的是下列阀门必须是常开的：

柴油泵上的 2 个 DN150 阀；

电动泵上 4 个 DN150 阀；

过滤器上 2 个 DN150 阀；

烧嘴梁上 12 个 DN65 阀；

空气抽气梁上 4 个 DN65 阀（它们只有在设备维修时才关闭）。

过滤器旁通上 1 个 DN150 阀是常闭的，只在清理过滤器时才打开。

在开窑之前，开启任意一台电动泵，在石灰处于冷态状态下，导热油至少连续运行 8h。

说明：当循环系统第一次启动前，必须检查过滤器中填充的金属网，清除其固体颗粒，当检查过滤器时，建议停泵检查。

定期将系统回路中的空气全部排除。

C　鼓风系统的调试

（1）启动鼓风机前，由于是离心风机，启动前应使风机入口阀关闭，使风机的启动接近于无负荷状态。

（2）启动鼓风机，观察鼓风机启动的运转情况，直至运转正常。

（3）采用压力侧管路阀门逐渐关闭的办法，将管路系统的升压过程划分为若干阶段，直到达到管路系统的试验压力为止。同时对每一升压阶段要做好以下工作：

1）观察鼓风机在负荷状态下的运转情况有无异常；

2）检查管路系统（包括阀门）的密封情况，对泄漏之处及时处理，升压过程的每一个升压阶段都要有一定的时间以观察系统的运行情况，直至合格为止。

D　排废气系统的调试

（1）检查布袋除尘器及脉冲控制仪的工作情况。

（2）启动除尘器的卸灰阀，检查运转情况。

（3）反复开关阀门，检查其运转情况。

（4）启动排烟机，检查它在无负荷状态下的运转情况。

（5）该系统的调试要在窑点火以后的热负荷状态下进行调试。

开工初期只投入旋风除尘器。

E 加料系统的调试

（1）装窑前准备：

1）装窑物料的准备 准备一些较小块的石灰石，这些小块物料要装入窑的上排烧嘴梁处，小块物料的块度一般约 10mm，最大块度不超过合格物料的最小块度。上排烧嘴梁以上一般采用合格物料块度装窑，一直加到自动模式下的最高料位，排烟机必须始终运转，每小时出料 1~2 次；

2）操作单斗提升机，检查料车上升或下降是否正常，并对单斗提升机的限位开关及安全保护开关的位置进行调整，使其达到要求；

3）检查料位计，使其投入工作状态。

（2）装窑过程中的手动操作及调试：

1）低速启动工艺上料系统振动给料机，振动给料机由相应的变频器来控制；

2）启动带式输送机使其连续运转；

3）启动振动筛使其连续运转；

4）最初单斗提升机料车装料量按额定提升质量的 60% 装料 10 次后再提升到装料量的 100%；

5）启动卷扬电机，提升机下降；

6）在料车达到上极限位之前，通过电磁阀打开顶部第一道密封门；

7）料车到达窑顶，停止卷扬电机，倒料 0~10s；

8）启动卷扬电机，提升机下降；

9）提升机启动后，窑顶部第一道密封门通过电磁阀延时关闭，顶部第二道密封门电磁阀打开料钟，石灰石入窑；

10）通过顶部第二道密封门电磁阀关闭料钟；

11）通过分叉管的换向电磁阀完成分叉管的换向动作。

至此，石灰的加料周期完成了。

（3）手动操作向自动操作过程的转换：

手动操作过程中，当确定手动操作阶段已安全可靠，并按规定要求装料后，则加料系统的操作过程可由手动操作转向自动操作，操作如下：

1）利用单斗提升机机旁开关将料车调整在下限位置后，将提升机机旁选择开关置于"自动"位置，再将操作台上提升机置于"自动"位置；

2）将机旁加料设备选择开关置于"自动"位置，再将操作台选择开关置于"自动"位置；

3）料位计投入工作状态；

4）在点火之前设定窑前煤气压力下限报警值为零压；

5）根据窑的产量，在操作台上设置加料周期计时器的加料周期数值，并启动该计时器，一般情况下，单斗提升机按额定提升质量工作，窑的产量变化时，仅相应地调整加料周期计时器的加料周期数值；

（4）出料系统（包括出窑）的调试：

1）出料过程中的手动操作及调试：启动成品输送系统带式输送机及 M850 振动出灰机；调试期间手动设定每一称量秤的出灰量为 20kg；关闭称量秤的排灰门；延时，等称量秤稳定后，测秤的皮重；延时，等称量秤稳定；启动 M810、M820、M830、M840 振动给料机，称量秤达到预定值后停 M810、M820、M830、M840 振动给料机；打开各自排灰门，均通过各自的

电磁阀断电来完成;

　　2) 手动操作向自动操作过程的转换,在点火烘窑之前不要将窑内物料排空,否则将按重新装窑进行操作,当确定手动操作阶段已安全可靠,并按操作规程达到要求后,则出料系统的操作可由手动操作转向自动操作,操作如下:

　　(1) 启动成品输送系统带式输送机、M850 振动出灰机;

　　(2) 用键盘输入日产量 t/d,每个出灰周期中,每一称量秤的出灰量通常是固定的为 30kg;

　　(3) 在操作台上选择"重量控制"自动操作。一般在烘窑阶段或窑内未填满料时,不能自动操作,待窑的料位填充到正常料位时,方可选择自动出料;

　　(4) 在烘窑阶段将窑底出料温度上限报警值设在 100℃ 为宜。

## 11.5　梁式烧嘴竖窑的内衬

### 11.5.1　梁式烧嘴竖窑的内衬结构

　　窑体砌筑沿厚度方向分为三层结构:工作层、永久层、保温层。工作层视其工作环境等因素影响,采用不同材质的耐火材料,煅烧带采用镁砖或 LZ-75 高铝砖砌筑,预热带和冷却带采用黏土砖,煅烧带与预热带、冷却带的过渡部分采用 LZ-75 高铝砖砌筑。永久层和保温层由内至外依次为黏土砖及轻质黏土砖,最外层采用耐火纤维毡粘贴在窑壁上,整个砌体厚度为 444 ~ 674mm。

### 11.5.2　梁式烧嘴竖窑常用耐火材料的理化性能

　　梁式烧嘴竖窑主要耐火材料应符合如下技术要求:

　　(1) 高铝砖 (LZ-55),应符合 GB/T 2988—2004 之规定;

　　(2) 高铝砖 (LZ-75),应符合 GB/T 2988—2004 之规定;

　　(3) 黏土砖 (N-2a),应符合 YB/T 5106—1993 之规定;

　　(4) 黏土质隔热耐火砖 (NG-1.3a),应符合 GB/T 3994—2005 之规定;

　　(5) 硅酸铝耐火纤维毡 (pxz-1000),应符合 GB/T 16400—2003 之规定;

　　(6) 磷酸盐结合高铝质耐火泥浆 (LN-55B),应符合 GB/T 2994 之规定;

　　(7) 黏土质耐火泥 (NN-38),应符合 GB/T 14982—1994 之规定;

　　(8) 硅酸铝质隔热耐火泥 (NGN-120),应符合 YB/T 114—1997 之规定;

　　(9) 轻质浇注料 (LN-1):

| | |
|---|---|
| $w(Al_2O_3)$ | ≥40% |
| $w(SiO_2)$ | ≤36% |
| 110℃ 烘干后体积密度 | ≤1.15g/cm$^3$ |
| 最高使用温度 | 1200℃ |
| 110℃ ×24h 耐压强度 | ≥4.4MPa |
| 110℃ ×24h 抗折强度 | ≥2.25MPa |
| 110℃ ×24h 烧后线变化 | -0.1% ~0% |
| 导热系数:　450℃ | ≤0.27W/(m·K) |
| 　　　　　700℃ | ≤0.31W/(m·K) |

### 11.5.3　梁式烧嘴竖窑的内衬砌筑施工

11.5.3.1　砌筑总则

（1）窑体砌筑工程必须按设计要求进行施工。

（2）窑体砌筑工程所用的材料，应按设计要求采用，并应符合有关技术要求规定的质量标准。

（3）窑体砌筑工程应在窑体钢结构（包括窑壳、平台等）和有关设备安装完毕，经检查合格，并签订工序交接证明书后，方可进行施工。

（4）窑体砌筑工程施工的安全技术，劳动保护必须符合国家现行有关规定。

11.5.3.2　施工准备

（1）材料的验收应按设计指定的有关技术要求进行验收，当设计无特殊注明时，按照国家或行业现行有关规定执行，专利产品除外。运至施工现场的材料必须有产品质量证明书。

（2）耐火制品在运输、装卸时，应轻拿轻放，以防破损，并应预防受潮。

（3）有防冻要求的耐火材料，应采取防冻措施。

（4）砌筑所用的耐火材料要按砖种、砖型分别堆放，并要有必要的防雨、防潮措施。

（5）对窑体内衬砖包括拱顶，要求按厚度逐块检查，分级堆放待用，并按厚度级差1mm区分。

（6）窑体砌筑必须由专业筑炉队施工，未经培训的、不是熟练的筑炉工不得进行砌筑。

（7）施工现场要配备人工和机械加工耐火砖的设备和工具。

11.5.3.3　窑体砌筑施工

（1）要严格按设计图纸施工，正确使用筑炉材料及砖种，做到尺寸准确。

（2）窑体砌筑的基准是以窑砌体底面标高及窑的垂直中心线为基准，以该中心线为准，可在窑膛的四角边缘用8根铁线由下至上固定在窑体上下钢结构上，形成窑体砌筑轮廓，以此轮廓进行砌筑。

（3）筑炉原则：窑体必须错缝砌筑，即上下层错缝，内外层错缝。

（4）窑墙在砌筑时，既要平整又要垂直，砌筑时必须按拉紧的线绳进行。

（5）窑内墙在砌筑过程中，必须随时用靠尺检查，如不合格立即拆除。

（6）拱顶的砌筑：

1）拱胎必须支设正确和牢固，并经检查确认合格后方可砌筑；

2）在拱脚砖及靠近拱脚砖的砌体砌完后，方可砌筑拱顶；

3）在拱顶砖砌筑之前，应先进行预砌筑，以便确定使用不同尺寸级差的砖的块数和保证砖缝的尺寸均匀，预砌后编排砖号备用；

4）拱顶砖采用错砌，拱顶砖的砌筑顺序是由两侧拱脚处向中心砌筑；

5）为保证锁砖正确打入，拱顶的纵向砖缝必须平直；拱顶砖之间的放射缝应与半径方向相吻合；

6）打入拱顶的锁砖不得加工；

7）锁砖在打入之前，砌入拱顶深度不应大于砖长的2/3，打入锁砖用木槌，如用铁锤应垫方木；

8）打入的锁砖如发现断裂、破损或锁砖不严，必须重新砌筑；

9）对于两层拱顶施工时，注意将两层拱间的一切灰浆及杂物清除干净，不得有残留物；

10）拱顶砖上部找平层时，采用加工砖的方法，小的局部可用相应材质的浇注或捣打料代替；

11）拆除拱胎必须在拱顶砖全部砌完，火泥及相关的浇注料硬化后方可进行。

（7）测量孔的砌筑：测量孔处的耐火材料在砌筑时，必须火泥饱满，内墙的开孔处要按图纸中尺寸留设。

（8）窑体膨胀缝的留设：膨胀缝应严格按图纸要求的部位留设，膨胀缝内要保持清洁，砌筑时用规定的纸板填充在缝内。

（9）窑体砌筑全部采用湿砌，对各部位砌体砖缝厚度要求是：拱顶砖及窑的内衬水平砖缝不大于 2mm，其他部位砖不大于 3mm，砖缝内的泥浆饱满度不得低于 90%。

（10）浇注料在施工时，参照有关使用说明书，根据图中所示的位置使用相应的浇注料。浇注料一般以浇注形式施工，当允许时也可以捣打形式施工在指定位置，但要注意其混练时间，混练水分要适宜，以保证具有足够的使用性能。

（11）耐火纤维毡和石棉板的施工：耐火纤维毡必须贴紧窑壳放置，采用湿砌方法用火泥黏结施工；石棉板要放在指定位置，并贴紧窑壳，也可以采用湿砌方法用火泥黏结施工。

（12）岩棉的施工：岩棉要填充在指定位置，其松实程度要适宜。

（13）对砌筑体使用耐火泥浆的要求：砌筑高铝砖及刚玉莫来石砖使用磷酸盐结合高铝质耐火泥浆；砌筑轻质黏土砖、硅酸铝耐火纤维毡使用硅酸铝质隔热耐火泥浆；砌筑黏土砖使用黏土质耐火泥浆。

（14）已砌好的砌体，施工中断一昼夜后继续往上砌筑时，应将砌体的顶面清扫干净，必要时用少许水稍加润湿，但尽可能不使用水。

（15）窑体的砌筑工程量，推荐每天不超过 1.7m。

（16）在耐火材料与下列部件底面间留一间隙允许耐火砖向上膨胀：

1）在抽气梁下部最小 5cm；

2）在烧嘴梁下最小 10cm；

3）废气管下面最小 15cm；

4）料位控制器保护管下面最小 15cm；

5）窑顶盖下 15cm；

6）缝内填充耐火纤维毡。

（17）在烧嘴梁侧部和顶部的耐火纤维毡必须压紧。

（18）烧嘴梁衬砖之间留 3mm 间隙不用火泥。

（19）烧嘴梁衬砖安装后，在烧嘴梁顶部及侧部用橡胶保护，以免由于石灰石落下而损坏。

### 11.5.3.4　窑体砌筑的允许尺寸误差

（1）垂直误差：

墙　　　　　　　　　　　每米高 ±3mm，全高 ±10mm

拱脚砖底面　　　　　　　标高 ±2mm

烧嘴中心　　　　　　　　标高 ±1mm

测量孔中心　　　　　　　标高 ±2mm

（2）表面平整误差（用 2m 靠尺检查，靠尺与砌体之间的间隙）：

墙面　　　　　　　　　　±3mm

拱脚砖下的窑墙上表面　　±2mm

底面　　　　　　　　　　　　　　±2mm

（3）线尺寸误差：

窑膛长度和宽度　　　　　　　　±5mm

窑膛对角线长度　　　　　　　　±8mm

拱的跨度和高度　　　　　　　　±3mm

膨胀缝　　　　　　　　　　　　±2mm

烧嘴水平定位尺寸　　　　　　　±2mm

本说明中未尽事宜参照《工业炉砌筑工程施工及验收规范》（GB 50211—2004）。

### 11.5.4　竖窑烘窑

点火前的准备工作（以烧转炉煤气为例），首先进行煤气系统的置换。

#### 11.5.4.1　置换前的检查及准备

（1）在煤气未到车间接点之前，应做好以下检查：检查电动切断阀、手动切断阀及调节阀的开关是否灵活，安装方向是否正确，有无其他异常情况。

（2）准备好置换所需的氮气，其流量不小于 $5m^3/min$，压力不低于 0.6MPa。

（3）准备好氧气分析仪及煤气爆破试验筒。

（4）煤气系统的置换窑与煤气加压站系统密切进行。

#### 11.5.4.2　用氮气的操作

（1）点火之前 2~3h，利用氮气对煤气系统管道进行分段置换，以车间接点之前电动阀处为界，接点之前为一段，接点之后为一段。

（2）打开系统的煤气放散阀，利用氮气吹扫装置向管道内通入氮气来排空气。

（3）置换 10~20min 后，在放散管取样装置处取样，用氧气分析仪分析，当氧气浓度小于 1.0% 即认为置换合格。

（4）按管道的流向顺序进行置换，车间接点处置换合格的，关闭该点放散阀，依次打开窑上煤气环管放散阀进行置换。

（5）置换合格后，关闭放散阀，停止氮气吹扫，即用氮气置换空气结束。

#### 11.5.4.3　输送煤气的操作

（1）在送煤气前，撤离窑体附近危险范围内的非有关人员。窑体标高 10.2m 及以上平台严禁有人逗留。

（2）用氮气置换空气结束后，打开煤气切断装置向窑供气。

（3）打开一个窑上煤气管道放散阀就验证一个。

（4）在每个煤气放散管的取样装置处用煤气爆破试验筒取样，然后做爆破试验，如取样煤气能正常燃烧，即可认为煤气放散合格。

（5）煤气放散合格后，关闭煤气放散阀，煤气即可使用。

在向窑内喷煤气之前，必须准备好下列材料和设备：

（1）40L 轻柴油，用于点火把；

（2）破布，用作火把；

（3）棉手套；

（4）干粉灭火器，放在操作室和烧嘴梁附近；

（5）200L 轻柴油，用于柴油马达油泵和应急发电机；

（6）事故照明：控制盘室、柴油马达、导热油油泵；

（7）开工用的少量备件；

（8）废气分析仪标准气瓶；

（9）干木材；

（10）现场准备6支点火喷枪（长2.5m），6个胶皮软管（长4m）；

（11）便携式CO报警装置8个。

在石灰窑点火前的最终检查：

（1）导热油在管路中循环正常；

（2）排烟机在最低转速下启动并运转正常；

（3）选择重量控制自动出灰方式；

（4）应急发电机柴油罐必须充满柴油；

（5）提供的氮气压力调整到0.7MPa；

（6）石灰窑内应装满石灰石；

（7）烧嘴梁处检修门必须关闭；

（8）选择窑的加料方式为"料位控制自动加料"；

（9）煤气火把设在下部烧嘴梁的每一个端部；

（10）木材规格为20mm×3mm×200mm；

（11）每根木材用棉布捆扎并把棉布固定在木材上；

（12）用柴油浸湿棉布，并把两根木材分别插到下部烧嘴梁的两个窥视孔的下面；

（13）空气阀均开50%；

（14）将所有烧嘴的球阀和孔板流量计之间的小煤气切断阀手动打到全开；

（15）拟用焦炉煤气开工。

### 11.5.4.4　烧嘴点火顺序（产量设定100t/d、150t/d、200t/d、300t/d）

（1）点6支临时点火烧嘴（用煤气分配器的临时点火用煤气管接头），先点下排4个再点上排2个。

（2）点下排烧嘴梁内侧烧嘴。

（3）点下排烧嘴梁外侧烧嘴。

（4）点上排烧嘴梁烧嘴。

（5）点半烧嘴梁烧嘴。

（6）抽掉6支临时点火烧嘴。

### 11.5.4.5　点火及升温

在这个阶段中排出的石灰，要用事故情况下的石灰输送系统。

（1）启动6支喷枪的操作如下：

1）设置窑顶断面 -392Pa；

2）启动煤气控制程序；

3）手动使FIC410（下内）、FIC420（下外）和FIC430（上）开20%，用点火烧嘴的头部一个接一个点着喷枪，调整每支喷枪的流量大约为60m³/h，意味着FIC410、FIC420和FIC430的流量大约为120m³/h；

4）监测火焰，大约2~3h调整一次废气的抽力；

5）当6支点火烧嘴在加热烧嘴梁时，每小时排石灰石一到两次，始终保持石头活动，以免膨料。

（2）3h后烧嘴梁处足够热，启动烧嘴梁点火系统。

设置下列参数：

1）每个断面出料 25%；

2）产量 150t/d；

3）热耗 2093kJ/kg；

4）煤气分配：

| | |
|---|---|
| FIC440（上侧） | 0 |
| FIC430 | 25.6% |
| FIC420 | 25.6% |
| FIC410 | 25.6% |

5）窑负压 -980Pa；

6）助燃空气 - M920 由计算机内预先设定的公式（$1.4 \times K \times Q$ 煤气量 - FIC930，$K = 1.2$）计算确定；

7）循环空气 - M930 由计算机设定为 1kg 石灰 0.6m³；

8）选择煤气模块。

（3）一旦这些参数设定好后，一个接一个地检查助燃空气通向烧嘴梁的阀门、煤气手动切断阀，检查每个梁的末端，通过侧面玻璃观察所有火焰的情况。

这一步骤中，由手动调节使阀 FIC430、FIC420 和 FIC410 开 25%～30%，就足以满足每个断面要求的煤气供应量。

当在自动模式下自动调节达到了 FIC430、FIC420 和 FIC410 流量变化值。

（4）24h 以后，热耗 HC 值提升到 2512kJ/kg。

（5）48h 以后，设定热耗 HC 值到 2931kJ/kg，监测衬砖处、废气和出灰处温度。

（6）72h 以后，设定热耗 HC 值到 3349kJ/kg，并做相同的检查。

（7）96h 以后，同样设定并点着上部半烧嘴梁的烧嘴。

| 设定 | FIC440 | 8% |
|---|---|---|
| | FIC430 | 25.6% |
| | FIC420 | 25.6% |
| | FIC410 | 25.6% |

在启动上部半烧嘴梁前，调节到每个烧嘴去的助燃空气阀门，同样地检查、调整废气的抽力。

（8）120h 以后做新的设定如下：

| | |
|---|---|
| FIC440 | 16% |
| FIC430 | 25.6% |
| FIC420 | 25.6% |
| FIC410 | 25.6% |

同样地检查、调整废气的抽力。

（9）144h 以后做最后的设定如下：

| | |
|---|---|
| FIC440 | 23.2% |
| FIC430 | 25.6% |
| FIC420 | 25.6% |
| FIC410 | 25.6% |

从这时起，所有的烧嘴都已工作。所有窑的生产在分析的基础上逐渐调整到额定产量。

尽可能逐渐提高热耗，衬砖的质量将逐渐提高，因为衬砖需 20 天时间来稳定它的膨胀和温度。在窑升温期间，废气除尘器走旁通，而当温度在安全工作范围内除尘器才能工作。

## 11.6 梁式烧嘴竖窑的操作与维修

### 11.6.1 梁式烧嘴竖窑的操作

（1）司窑人员要经常查看入窑石灰石质量是否符合要求，随时检查以下重要指标是否在要求范围内：窑上部废气抽气梁的废气温度：180~250℃；出灰处温度：60~150℃。

（2）检查送风量是否在规定的范围内，也可根据废气成分中 $\varphi(CO+H_2)\leqslant1\%$，$\varphi(O_2)=2\%~4\%$ 来调整风量。

（3）经常查看出灰质量情况，司窑工应了解烧成石灰的质量指标。每 45min 检查一次所有烧嘴燃烧情况，燃烧梁下方要经常捅料，使其不结坨为宜。各烧嘴处石灰的颜色应为淡黄色（1080℃）和黄色（995℃）为宜。各烧嘴处的火焰颜色应呈橘黄色，不能呈现蓝色或飘忽不定的火焰，否则应调整煤气量和空气量。

（4）各观察口处的石灰应均匀下降，否则易出现粘窑，在这种情况下应及时用手动阀调整相应烧嘴的煤气量和下边所有排灰处相应部位的出灰量。

（5）柴油泵及柴油发电机必须保证运转正常，蓄电池有充足的电能，在停电时保证它们能自动启车运行，正常情况下，每白班人工启动一次，雷雨天、雪天增加启动次数，如果启动不正常应立即修复。

（6）如发现石灰生烧或过烧较严重，又没有其他特殊情况影响，结合煤气实际热值，设定热耗，对煤气量、空气量进行调节。

（7）如果出灰温度较高，可适当提高冷却风机的风量，同时减少助燃风量。

（8）如果废气温度较高可以使用降低负压或减少煤气量或增加出灰量的方式进行调整，提高废气温度可使用与之相反的方式进行。

（9）如果烧嘴处火焰颜色呈红色或暗红色，应增加助燃风量，同时结合废气成分中 $\varphi(CO+H_2)\leqslant1\%$，$\varphi(O_2)=2\%~4\%$，随时观察和调整风量，若生石灰仍有生烧现象，应增加单耗值；如果烧嘴处火焰颜色呈亮白色，应减少助燃风量，同时结合废气成分调整，若生石灰有过烧现象，应降低单耗值。

### 11.6.2 梁式烧嘴竖窑的维修

（1）原料石灰石需洁净，粒度均匀，杂质含量达到设计要求，防粘窑，结坨。

（2）导热油系统测温预留孔都要用专用丝堵，防止喷油，其他部位防止喷冒。

（3）窑顶料位计周围耐火砖受下料直接冲击，严重影响窑顶温度和预热带温度，此处耐火砖需经常维护，应选用耐磨、耐冲刷的材质。

（4）点检润滑，要想保证设备正常运转，点检润滑必须及时、到位。按照设备能力，润滑周期进行润滑，给设备提供一个良好的运行环境。

（5）司炉工基本操作：

1）每天上班以后，司炉工必须及时对所有现场设备进行点检，将可能发生的事故及时发现处理，尽量减少停机时间，保证石灰质量；

2）随时观察火焰颜色，保证煅烧带温度稳定；

3）随时清理设备和现场环境卫生。

（6）仪表工基本操作，仪表工是保证梁式窑正常生产的最重要岗位，通过各种数据观察，能够及时发现窑存在的问题。及时向司炉工和维修人员反馈准确信息，是保证窑正常运转的关键所在。

（7）各种管路的密封，由于窑基本是负压操作，对各种管路的密封尤为重要，随时检查，发现漏点及时补漏。

（8）定期进行检修。要想保证生产出优质石灰，必须保证窑上设备正常运转，减少事故发生率，减少热停时间，定期检修非常重要。

### 11.6.3　梁式窑操作控制的几点要领

A　合理控制煅烧带温度

根据产量的高低，控制煅烧带的长短，产量越高，煅烧带越长，要保证石灰石在通过煅烧带时，有足够的时间煅烧。控制煅烧带的长短，由 M605、M930 引风机来实现。

B　合理分配煤气量和空气量

合理分配煤气量和空气量，保证石灰在煅烧带充分燃烧，减少热损失。

C　正确认识 M930 风机

M930 风机担负着冷却石灰温度和控制后置煅烧带温度的任务，是稳定煅烧的关键设备。

D　及时检查

随时检查煤气管路和空气管路是否畅通，泄漏。

## 11.7　部分企业梁式烧嘴竖窑的统计技术资料

部分企业梁式烧嘴竖窑的统计技术资料如表 11-1 所示。

**表 11-1　部分企业梁式烧嘴竖窑的统计技术资料**

| 项　目 | 石　钢 | 北台 3 号窑 | 北台废钢厂 4 号窑 |
|---|---|---|---|
| 日产量/t·d$^{-1}$ | 300 | 设计 300 实际 260 | 500 |
| 原料 $w$/% | CaO：50.78，MgO：3.2，SiO$_2$：1.69 | CaO：52.14，MgO：2.62，SiO$_2$：1.99 | CaO：52，SiO$_2$：2.2 |
| 燃料条件 | 煤粉 C：78.23%，H：3.5%，O：4%，N：1.2%，S：0.9%，灰分：12.17%；粒度 < 90μm 的占94%；$Q_{DW}^{Y}$ = 30354kJ/kg | 混合煤气 $Q_{DW}^{Y}$ = 7436 ~ 8407kJ/m$^3$ | 混合煤气 $Q_{DW}^{Y}$ = 8374 ~ 9630kJ/m$^3$ |
| 原料块度/mm | 40 ~ 80 | 40 ~ 90 实际来料小于 20mm 占15% | 60 ~ 100 |
| 单位产品热耗/kJ·kg$^{-1}$ | 3684 | <3726 | 3559 |
| 电耗/kW·h·t$^{-1}$ | 19 | 16 | 16 |
| 烧嘴数量 | 上下两层烧嘴梁共 80 支烧嘴 | 上下两层烧嘴梁共 60 支烧嘴 +18（周边烧嘴） | 上下两层烧嘴梁共 126 支烧嘴 |
| 石灰出窑温度/℃ | 40 ~ 50 | ≤100 | ≤100 |
| 废气出窑温度/℃ | 530 | 170 | 200 ~ 300 |
| 窑前煤气压力/MPa | | 0.09 ~ 0.1 | ≥0.08 |
| 烧嘴梁前热油压力/MPa | ≥0.6 | ≥0.6 | ≥0.6 |
| 窑前废气压力/Pa | -3140 | -5360 | -3000 |
| 产品活性度/mL | >300 | 280 ~ 330 | ≥290 |
| 投产时间 | 1999 年 | 2003 年底 | 2005 年 |
| 数据来源 | 2000 年 1 ~ 10 月生产指标统计表 | 2002 年 7 月 24 日现场实测 | 2007 年 1 月现场提供 |

# *12* 焙烧石灰用回转窑

## 12.1 回转窑的结构

回转窑是对散装或浆状物料进行加热处理的热工设备，属于回转圆筒类设备，广泛应用于有色冶金、黑色冶金、化工、水泥、耐火材料、石灰等工业部门。

回转窑一般由筒体、滚圈、支撑装置（带挡轮或不带挡轮）、传动装置、窑头罩、窑尾罩等部分组成，如图 12-1 所示。

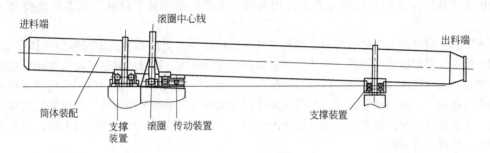

图 12-1　回转窑组成示意图

回转窑筒体内有耐火衬砖和换热装置，筒体倾斜安装，以低速回转。为便于计算，回转窑的斜度习惯上取窑轴线与水平线夹角 $\beta$ 的正弦 $\sin\beta$ 值，石灰窑的斜度一般为 0.03～0.035。物料从窑的高端（又称窑尾端）加入，筒体回转时，窑内物料在沿周向翻滚的同时沿轴向移动。燃烧器在窑的低端（又称窑头端）喷入燃料，与物料进行逆流换热，烟气由高端排出。物料在移动过程中得到加热，经过物理与化学变化，成为合格产品从低端流出。

### 12.1.1　回转窑筒体

回转窑筒体由钢板卷制焊接而成，是物料完成物理与化学变化的容器，因而是回转窑的基体。窑内物料温度可达 1450℃以上，筒体内均须砌筑耐火材料（即窑衬），起到隔热保护筒体和减少热耗的作用。按照物料的变化过程，筒体内划分为烘干带、预热带、分解带、烧成带、冷却带等工作带。工作带的种类和长度随物料的特性而变化。

筒体应具有足够的刚度和强度。筒体的刚度主要是筒体截面在巨大的径向力作用下抵抗径向变形的能力，运输、安装、砌砖过程中对筒体刚度也有一定的要求。筒体上每点的径向变形在运转中是变化的，过大的径向变形会导致衬砖的松动，影响其使用寿命，因此筒体的各段厚度的确定须按实际应力仔细确定。一般根据经验初定筒体各部分跨度，再按筒体载荷计算筒体各部分的应力。为保证筒体的强度和刚度，一般许用应力 $[\sigma]$ 值不大于 20MPa，允许个别点20～25MPa。滚圈下的大段节厚度最大，悬臂段远端和跨间厚度（通常为同一厚度值）最小，其间通常用厚度居中的过渡段节相连。常需根据计算结果调整各跨跨度，使各支座反力值趋于接近，从而使各支座的规格尺寸得到统一。其次是满足等弯矩原则，使各支座处筒体的弯矩趋于接近，避免为满足个别截面的要求而加厚筒体。

筒体常用 Q235、Q345 等材料制成，由于需满足筒体的刚度要求，在回转窑的设计计算中，其许用应力是相同的。

回转窑各个部件的尺寸一般与窑筒体内径有关，如滚圈、托轮、齿圈的直径，窑头、窑尾密封装置的尺寸都随窑直径而定。筒体的有效长度 $L$ 与筒体内径 $D$（变径窑为筒体平均内径）的比值 $L/D$ 称为长径比，确定长径比首先要能保证窑内反应过程的完成。近年来由于采用了窑外预热分解的高效竖式预热器，使石灰窑的长度大大缩短，长径比减小，如日产 600t $\phi$4m × 60m 石灰窑、日产 1000t $\phi$4.9m × 70m 石灰窑，其长径比均不超过 15。

对于长径比均不超过 15 的大型石灰窑，经过对各跨长度的合理布置可采用两挡支撑，可避免三支撑的超静定弊端，同时可减轻回转窑的总重。由于避免了支座的不均匀沉降和滚圈、托轮的不均匀磨损等原因造成的超静定结构筒体应力的增大，跨间许用弯曲应力可达 30MPa 左右，可减小筒体的厚度而使筒体的总质量减轻，同时也避免了附加阻力的产生，可减小驱动电机的功率和能耗并提高传动装置的使用寿命。支撑数量的减少降低了设备的造价和土建费用。

滚圈套在筒体上，筒体、窑衬、物料等所有回转部分的质量都通过滚圈传到支撑装置上。滚圈有矩形、箱形的结构形式，由铸造碳钢和合金铸钢制成。滚圈应满足接触强度和弯曲强度的要求，与筒体之间隔有垫板，冷态时滚圈内孔与垫板外圆间留有间隙。为了利用刚性很大的滚圈来加强筒体，减小变形，理想的情况是冷态时间隙的大小等于筒体的径向热膨胀间隙的减小量，这也有利于减少滚圈和垫板接触面的磨损。当松套式滚圈与垫板间隙过大时，两者相对滑动大，接触面的磨损大。

垫板传递筒体与滚圈间的巨大压力和筒体轴向窜动力，垫板与筒体之间可采用焊接固定，焊接后加工垫板外圆，对间隙的控制较准确，安装方便。由于垫板与筒体的弧面不可能完全贴合，如果垫板周边与筒体完全焊接，会在焊缝中产生很大的应力而造成焊缝开裂，因此应只在垫板的一端连续焊接，而相邻垫板应焊接另一端。还可采用活动垫板，只在加工垫板外圆前将垫板点焊固定，外圆加工后将焊缝铲除。

大齿圈为剖分式组合结构，用弹簧板与筒体相连，弹簧板与筒体用铰制孔螺栓联结，也可与筒体焊接（筒体材质焊接性能不好时不宜采用），弹簧板应受拉力。为使齿圈的啮合少受热膨胀影响，齿圈设在邻带挡轮支撑装置处。大齿圈的齿数为偶数，以便在齿沟处剖分。采用斜齿可增大啮合重合度，使传动平稳并提高轮齿承载能力，延长其使用寿命。采用斜齿传动时大齿圈所受的啮合轴向力应与筒体下滑力方向相反。

## 12.1.2 回转窑的支撑和传动装置

### 12.1.2.1 回转窑的支撑装置

支撑装置承受回转窑整个回转部分的质量，并使筒体、滚圈能在托轮上平稳转动，其示意图如图 12-2 所示。为阻挡筒体的下滑和上移，在一部分支撑装置上须设置挡轮，挡轮有普通挡轮和液压挡轮。

普通挡轮是固定不动的，成对安装在与齿圈邻近的滚圈两侧。普通挡轮在工作时仅能起到限制筒体轴向移动的作用，为使筒体向上窜动，可定期将托轮调斜以使窑获得上窜力。这种做法的缺点是：滚圈与托轮沿轴向接触不均，使受力不均甚至局部过载；滚圈与托轮因轴线不平行而产生滑动摩擦，使磨损加速并增加功率消耗；滚圈与托轮间不能进行有效的润滑；需经常注意和调整，生产不方便。

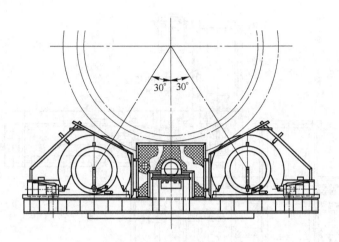

图 12-2　回转窑支撑装置示意图

　　液压挡轮可在液压缸的推动下推动滚圈，滚圈再带动筒体缓慢向上移动，至上限位后筒体在下滑力的作用下缓慢向下移动，可使托轮和滚圈的外圆在整个宽度上均匀磨损。

　　液压挡轮的移动速度过大过小都是不适宜的，移动速度过大会造成托轮与滚圈、小齿轮与大齿圈接触面的滑移擦伤；过小则不易获得稳定的移动速度。一般较适宜的移动速度为 0.2～0.5mm/min，每 4～8h 一个循环；也可采用每向上推几分钟，原地停几十分钟的方式。在滚动状态下筒体的上移不需要很大的力，液压缸的推力大约等于筒体下滑力的 1.2～1.5 倍即可，不可设定过大，以免使某些部件因受力过大而损坏。

　　为使窑运转中滚圈与托轮沿宽度能全部接触到，液压挡轮的行程应除不小于托轮与滚圈宽度之差外，还应考虑筒体热膨胀量的计算值与实际情况会有的偏差、滚圈横向中心距的偏差，根据这些因素来确定液压挡轮的最大行程。

　　托轮和托轮轴之间采用过盈配合抵抗其所受的轴向力，为减小应力集中对托轮轴疲劳寿命的影响，一般托轮在托轮轴上不采用轴肩定位。

　　托轮浸水冷却会加速托轮和轮带的磨损。

#### 12.1.2.2　回转窑的传动装置

　　回转窑的传动装置由主电机、主减速器、小齿轮、大齿圈、辅助电机（或柴油发动机）、辅助减速机等组成，如图 12-3 所示。在回转窑的转速较低，一般正常生产时的转速为 1～3 r/min，主电机需要调速。由于载荷很大，传动装置的零部件尺寸较庞大。主传动用于正常生产，辅助传动的作用是主电机或主电源发生故障时使用或定期转窑及砌砖、检修时使用，辅助传动的电机上设有制动器，可使窑停止于特定的位置，还可避免停窑后窑体往复摆动造成辅助减速器和辅助电机的高速旋转。当辅助传动采用电动机时，与主电机分别用不同的电源供电，制动器与辅助电机同时接通或断电；当采用柴油发动机时，制动器须设手动释放装置，以便在无电力供应的情况下释放制动器，启动柴油发动机，还须在现场设置操作按钮，控制制动器的通、断电，以便在有电的情况下与柴油发动机配合使用。辅助减速器低速轴和主减速器高速轴之间设置离合器，启动主电机之前应脱开，并应联锁控制。辅助电动机一般采用 Y 系列交流异步电动机，规格比较小的窑可用其他方法盘窑，不一定设置固定的辅助传动装置。

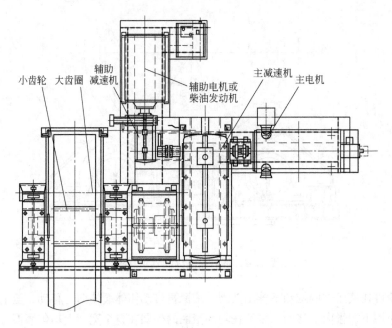

图 12-3　回转窑传动装置示意图

A　电动机的选择

驱动回转窑的主电机均需要调速，煅烧石灰的回转窑调速范围一般为 1∶10 。回转窑的启动转矩大，启动往往是在满载情况下进行，此时托轮轴承内未形成油膜，阻力矩也大，通常启动力矩是正常力矩的 3.5～4 倍。

B　常用电机和调速方法

（1）直流电动机。直流电动机的调速范围广，可实现平滑调速，启动平稳，启动性能好，可实现窑的自动化操作。直流电动机在基本转速以下采用调磁调速，此时为恒功率调速，可在低速时获得很大的启动力矩；在基本转速以上采用调压调速，恒力矩调速。

（2）交流变频异步电动机。采用变频调速，近年得到大量采用。回转窑专用变频电动机可满足回转窑的启动特性要求，但普通的变频电动机应考虑较大的功率裕度，调速范围可达 1∶10 ，50Hz 以下为恒力矩调速，50Hz 以上为恒功率调速，此种情况下为了保持电动机输出的力矩不变，需要相应增加电动机的功率。

（3）交流电磁调速异步电动机，能实现 1∶10 的平滑无级调速。该种电动机的效率低，特别是在低速运转时，启动性能差，须增加较多的功率裕量，只在小规格的回转窑上偶有应用。

C　回转窑用减速器

根据我国目前减速器的设计制造情况，普遍采用硬齿面圆柱齿轮减速器，具有较高的使用寿命，且重量轻，外形尺寸小。回转窑的载荷特点是连续、平稳、不经常启动，选择减速器应按计算运转功率，考虑工况、温度等系数，应不大于减速器的允许输入功率，还要考虑其许用热功率。

D　齿轮、齿圈

齿轮、齿圈一般采用直齿圆柱齿轮，近年斜齿圆柱齿轮也有一些应用。为了提高轮齿的强度，国外多采用 25° 的压力角。为了提高传动的平稳性，齿轮的模数较以前有所减小，以增加齿轮的齿数，增加啮合重合度。齿轮的磨损主要是齿面滑动造成的，以小齿轮根部为最重，可采用正变位，应引起注意的是采用角变位齿轮传动时会因啮合重合度的减小而降低此种办法获得的益处，这一点对斜齿轮更为显著。

### 12.1.3　窑头罩、窑尾罩和密封装置

经过回转窑处理的物料，从回转的筒体经过固定的窑头罩进入冷却机或输送设备。窑头罩和筒体间设有窑头密封装置。由于回转窑一般采用逆流操作，因此在窑头罩内设有燃烧器或热风孔，还设有用于操作观察的看火孔。窑头罩内砌筑耐火砖或浇注耐火浇注料，窑头罩和筒体之间设有窑头密封装置。窑头罩的结构如图12-4 所示。

带竖式冷却器的石灰窑窑头罩合在一起，为固定式。

进入窑内检修设备及窑衬砌筑等工作，有时要经过窑头罩，中小型回转窑的窑头罩带有车轮，可以整体拉开；大型窑的窑头罩很笨重，整体移动很困难，故设计成固定的而在正面上设有较大的移动窑门，检修时出入很方便。

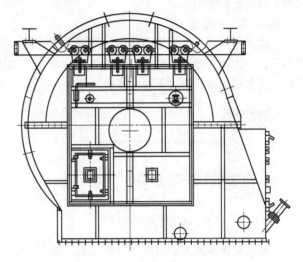

图 12-4　回转窑窑头罩示意图

窑尾罩是联结窑体和生产流程中其他设施的中间体，窑的喂料装置及一些窑的窑灰返回溜管装设在窑尾罩上。原料由此进入窑内，窑的烟气经过窑尾罩进入排风除尘系统，窑尾罩上设有窑尾密封装置。带竖式预热器的石灰窑通过转运流槽向窑内送料，窑尾密封装置设在其上。有些窑的窑尾设置沉降室，使烟尘粗粒及漏出的物料在此沉降，如图12-5 所示。

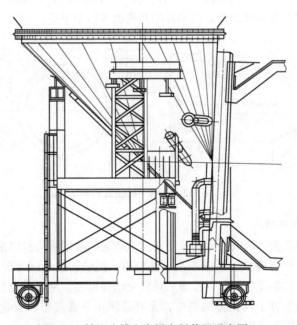

图 12-5　转运流槽和窑尾密封装置示意图

在回转窑的筒体和固定装置如窑头罩、窑尾罩之间不可避免地存在间隙，为防止外界空气被吸入窑内及窑内空气携带物料外泄，必须有密封装置。回转窑一般是在负压下进行操作，窑头处负压比较小，位于整个系统的压力零点附近，偶尔还会出现正压，密封不好会使物料喷出来。对密封装置的基本要求是：（1）密封性能好；（2）能适应筒体的形状误差（圆度、偏心等）和运转中沿轴向的往复窜动；（3）磨损轻，维护和检修方便；（4）结构简单。下面介绍几种常见的密封结构。

### 12.1.3.1　迷宫式

迷宫式密封是让空气流经弯曲的通道，产生流体阻力，使漏风量减少。根据迷宫通道方向的不同，分为轴向迷宫式密封和径向迷宫式密封，如图 12-6、图 12-7 所示。迷宫式密封结构简单，没有接触面，因此不存在磨损问题。

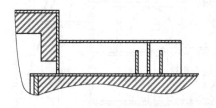 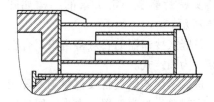

图 12-6　轴向迷宫式密封　　　　　　　　图 12-7　径向迷宫式密封

考虑到筒体和迷宫密封圈本身存在制造误差、筒体的挠度等因素，迷宫密封圈间的径向间隙不能太小，一般不小于 20 ~ 40mm。间隙越大，迷宫密封圈数量越少，密封效果就越差。因此，迷宫式密封只适用于气体压力小的场合，或与其他密封结构联合使用。

### 12.1.3.2　轴向接触式

轴向接触式密封又称端面式密封，结构如图 12-8 所示。固定环与窑头罩固定，活动环靠弹簧压力与固定环的端面相接触实现密封。活动环松套在筒体端部以适应筒体的轴向窜动，且可补偿筒体的摆动。活动环与筒体间的间隙是这种密封的漏风处。为使活动环的重量不压在筒体上而随筒体自由摆动并减轻磨损，活动环的自重由重锤来平衡。

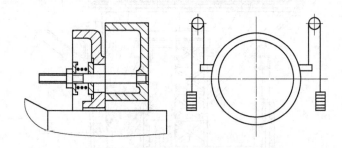

图 12-8　轴向接触式密封

### 12.1.3.3　径向接触式

筒体和密封元件间沿径向有接触面来防止气流流通的装置称为径向接触式密封，用作径向接触式密封元件的材料有铸铁、石墨制品、橡胶带、毛毡、弹性鳞片等。图 12-9 所示的密封结构多用于温度较低的窑尾密封，一圈橡胶带或毛毡固定在窑尾罩的锥形筒上，另一端包在窑筒体上，为使橡胶带沿整个圆周紧贴筒体，尤其是防止下部胶带因自重下垂而与筒体脱离接触，可在胶带外缠一圈两端以弹簧拉紧的钢丝绳。

　　图 12-10 是以铸铁作摩擦密封板的结构，若干块摩擦板组成一圈，用弹簧压向筒体。也可用石墨块作摩擦板，以减轻磨损和延长摩擦材料的使用寿命。

　　弹性鳞片径向接触式密封是近几年广泛采用的一种，其结构如图 12-11 所示。沿圆周均匀分布的窄长耐热弹性薄钢板一端固定在固定的环形架上，另一端则利用弯曲变形所产生的弹力压在与筒体相连的圆筒上，薄钢板之间呈鳞片状重叠排列以消除间隙。这种结构能很好地适应筒体的形状误差和窑的偏摆及轴向窜动，经济耐用，维护方便。

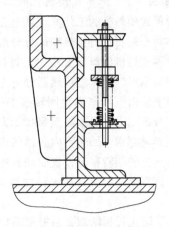

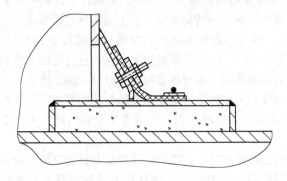

图 12-9　径向接触式密封

图 12-10　铸铁作摩擦密封板
径向接触式密封

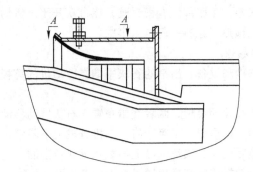
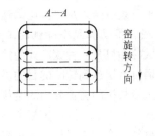

图 12-11　弹性鳞片径向接触式密封

## 12.2　回转窑的规格

　　目前我国冶金石灰行业现有的几种回转窑的规格和技术数据如表 12-1 所示。

表 12-1　常见的几种冶金石灰回转窑规格和技术数据

| 规格/m×m | $\phi 3.6 \times 55$ | $\phi 3.6/3.8 \times 70$ | $\phi 4 \times 60$ | $\phi 4.3 \times 62$ | $\phi 4.9 \times 70$ |
|---|---|---|---|---|---|
| 斜度/% | 3 | 3 | 3.5 | 3.5 | 3.5 |
| 内表面积/m² | 542 | 695 | 667 | 748 | 976 |
| 煅烧品种 | 活性石灰 | 活性石灰 | 活性石灰 | 活性石灰 | 活性石灰 |
| 煅烧温度/℃ | 1350 | 1350 | 1350 | 1350 | 1350 |
| 燃　料 | 煤气/煤粉 | 煤气/煤粉 | 煤气/煤粉 | 煤气/煤粉 | 煤气/煤粉 |
| 设计能力/t·d⁻¹ | 400 | 600 | 600 | 800 | 1000 |
| 预热装置 | 竖式预热器 | 箅式预热器 | 竖式预热器 | 竖式预热器 | 竖式预热器 |
| 冷却装置 | 竖式冷却器 | 箅式冷却机 | 竖式冷却器 | 竖式冷却器 | 竖式冷却器 |

## 12.3　炉箅式预热机和推动箅式冷却机

### 12.3.1　炉箅式预热机和推动箅式冷却机的工作原理

#### 12.3.1.1　炉箅式预热机的工作原理

炉箅式预热机的工作原理就是在低速移动的箅板上装载石灰石，用回转窑燃烧生成的高温烟气体对石灰石进行预热和部分分解。

炉箅预热机的箅板安装在与箅板移动方向相垂直的贯穿数列链环的连接杆上形成一个箅床。铺满原料的箅床将预热器分为上下两个隔室，来自回转窑的废气从上隔室穿过原料层，进入下隔室后由下隔室远离回转窑的一端排出。烟气经过与石灰石热交换后温度降至300℃左右，石灰石则由常温预热至800℃以上，且其中一部分石灰石得到分解。石灰石进行热交换后从预热器尾部送入回转窑内。预热机顶部设有辅助烟囱，用于应急排烟或旁通一部分热烟气。

预热机的回转窑侧设置驱动装置，驱动轴转动带动轴上的链轮，卷动链环使箅板与之一起移动，箅板上的石灰石从入料端移动至出料端并送入回转窑内，完成在预热器内的一个行走过程。

为了防止箅板堵塞，由振动筛把原料分为粗粒和细粒。在进料端设双层布料器，可使粗颗粒料先布于箅床上，然后使细颗粒料再布到粗颗粒料上面。一般箅板上的料层厚度控制在300~600mm。

从箅床漏下的物料，堆积在下部集灰斗，斗底部设有密封阀，能自动开闭，将物料收集后排出经输送提升设备送入预热器尾部连同预热好原料一起送入窑内。

#### 12.3.1.2　推动箅式冷却机的工作原理

推动箅式冷却机是一种骤冷式的熟料冷却设备，出窑的石灰平铺在冷却机的箅板上，用鼓风机使冷风通过料层达到骤冷的目的。

推动箅式冷却机的箅板分为固定箅板和移动箅板，两者交错布置。石灰借助移动箅板的往复运动将石灰向前推动。固定箅板和移动箅板形成一个箅床将冷却机分成上下隔室，上隔室周边内衬耐火材料，冷却空气与石灰热交换后成为高温空气经上隔室靠近回转窑的一侧进入回转窑内作为助燃空气；而冷却后的石灰从冷却机排料端排出通过输送设备送至成品库。

下隔室底部设有一台链板输送机，收集排出从箅板上漏下的小颗粒石灰。

推动箅式冷却器箅板下隔室为几个风室，分别设有不同型号的风机鼓入与箅板上部物料温度阻力相适应的不同压力和不同量的冷空气，以期达到更好的冷却效果。

### 12.3.2　炉箅式预热机和推动箅式冷却机的结构和技术规格

#### 12.3.2.1　炉箅式预热机的结构和规格

炉箅式预热机由传动装置、链箅板、双层布料器、壳体及柱梁、侧部密封、集灰斗等组成，如图12-12所示。金属外壳内壁内衬耐火材料。

箅板按适当的间隙安装在与箅板移动方向相垂直的贯穿数列链环的连接杆上形成箅床，由支撑轴支撑，环绕支撑轴呈环状。预热机回转窑一侧设置的驱动装置驱动轴上设有链轮，链轮卷动链环使箅板与之一起移动，预热机通过改变电动机转速来调节箅板的运行速度。

驱动轴和支撑轴均为中空轴，可通冷风进行冷却。链条由高强镍铬钢制成，箅床两侧设有侧部密封结构。铺满原料的箅床将预热器分为上下两个隔室，来自回转窑的废气从上隔室穿过原料层，进入下隔室后由下隔室尾部排出；下隔室作为集灰斗收集箅床漏下的物料。

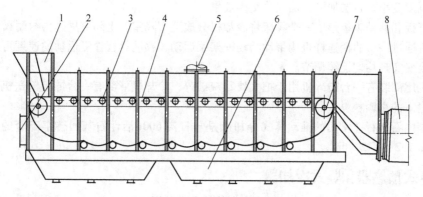

图 12-12　炉箅式预热机

1—双层布料器；2，6—排烟口；3—支撑轴；4—链箅；5—辅助排烟口；7—驱动轴；8—回转窑

　　在铺满原料的箅床左右两端设置有防止原料磨损的侧壁铸件和防止热烟气偏流喷出的密封装置。

　　预热机的双层布料器由两个料斗和料层调节装置组成，两个料斗分别装有两种不同粒度级的原料并按照将大颗粒料铺设到下层，小颗粒料铺设到上层的方式先后铺设到箅床上。料层厚度调节装置可以通过调节挡板的位置控制每层原料的厚度。

　　目前国内石灰行业常用的炉箅预热机是与日产 600t 活性石灰回转窑配套的一种，具体规格为 3.0m×21.69m。

### 12.3.2.2　推动箅式冷却机的结构和规格

　　推动箅式冷却机由机械传动装置、箅板、壳体、破碎机、链式输送机等组成，如图 12-13所示。

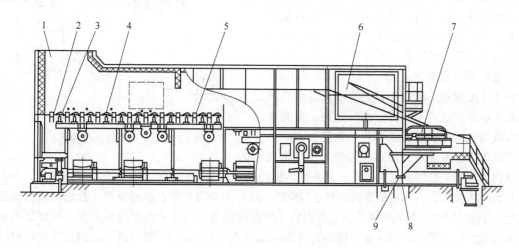

图 12-13　推动箅式冷却机

1—入料口；2—固定箅板；3—活动箅板；4—活动框架梁；5—固定箅板梁；
6—气体排出口；7—破碎机；8—链式输送机；9—出料口

　　推动箅式冷却机的箅板分为固定箅板和移动箅板，两者交错布置，移动箅板置于活动框架梁上，活动框架梁由曲柄机构带动，以与水平方向成一定角度的倾角往复运动。装载在箅板上的石灰借助移动箅板的往复运动将石灰向前推动。冷却器入料端配有盲孔板和特殊箅板，使进料端物料宽度变小，料层加厚，加强热交换效果。

固定箅板和移动箅板形成一个箅床将冷却机分成上下隔室，上隔室周边内衬耐火材料。

冷却机通过一个曲柄连杆机构带动活动框架梁运动，移动箅板往复运动的速度可以通过电机转数的改变实现均匀连续调节。

冷却机尾部装有一台破碎机用于把大块石灰破碎，冷却机下部有一台链板输送机用于排掉从箅板上漏下的小颗粒料。

目前国内石灰行业常用的推动箅式冷却机是与日产 600t 活性石灰回转窑配套的一种，具体规格为 2.132m×12.26m。

## 12.4　竖式预热器和竖式冷却器

### 12.4.1　竖式预热器和竖式冷却器的工作原理

#### 12.4.1.1　竖式预热器

图 12-14 是目前常用的一种与石灰回转窑配套的多边形竖式预热器的结构图。竖式预热器由顶部石灰石料仓、下料溜管、预热器本体、液压推料装置、转运溜槽等几部分组成。

竖式预热器外形为多边形，被分成多个仓体。石灰石通过液压推料装置的推头组件从每个仓体内被推到预热器的中心漏斗。推头组件由统一的液压动力装置驱动，液压缸活塞杆的拉出及缩回驱动推杆运动，推杆带动推头往复移动即完成推料过程。可通过调节液压动力装置来调节产量。推头为耐热合金钢铸件。它是预热器里唯一的非耐火材料构件。石灰石被推出预热器后进入转运溜槽中。石灰石在转运溜槽倾斜面下滑，然后进入回转窑。

竖式预热器有多边形、方形和圆形几种。它的工作原理就是将位于预热器顶部的料仓的物料通过溜管送入一个环形预热室内，窑尾来的高温烟气对其中的石灰石进行预热分解。预热器周边布置有多个液压推料装置，用于将在

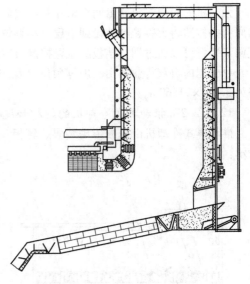

图 12-14　竖式预热器结构图

预热机内预热好的物料推入窑内。进入预热机的烟气温度在 1100℃ 左右，直接穿过料层，与石灰石进行热交换，石灰石预热温度可达 900℃，约有 30% 左右的石灰石分解，排出的废气温度较低，小于 220℃。热利用率高，不仅回收了大量的热能，而且有利于提高窑温，焙烧出高质量的石灰。竖式预热器的优点是预热效果好、运动部件少、运行可靠；预热器制作采用的材质除推料装置的推头外基本上是普通钢，造价低。

目前国内常用的竖式预热机规格根据石灰的日产量分为三个规格：用于日产 1000t 活性石灰的 18 推头预热机、用于日产 600t 活性石灰的 12 推头预热机和用于日产 300～400t 活性石灰的 6 推头预热机。

#### 12.4.1.2　竖式冷却器

竖式冷却器属于骤冷式冷却设备，主体截面为方形或圆形的筒体，筒体周围砌有内衬耐火

材料，下部连接出料装置，冷却器底部设置一个或多个风帽。熟料经窑头罩进入冷却器中，被从风帽鼓入的冷风冷却。冷风与熟料进行热交换后，成为热风，这些热风一部分进入窑内作为二次空气，多余部分被引出作其他用途或排放掉。

竖式冷却器的优点是冷却效果好、结构简单、运动部件少、易维护；制造材质基本以普通钢为主，设备重量小，造价低。

图 12-15 是石灰回转窑常用的一种竖式冷却器。

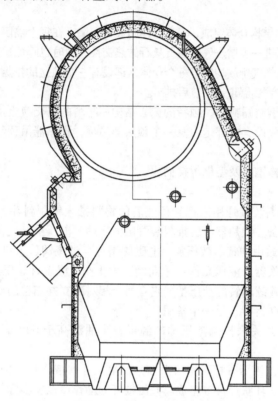

图 12-15　竖式冷却器结构

## 12.4.2　竖式预热器和竖式冷却器的结构和技术规格

### 12.4.2.1　竖式预热器的结构和技术规格

A　石灰石料仓及下料溜管

石灰石料仓位于预热器的上部，在仓内配备一个能够由电脑控制且提供高、低位报警的料位指示器。送到 PLC 的高位报警可自动关闭石灰石供给设备，当达到低料位时石灰石供给设备由控制系统自动启动，这样可以确保生产的正常进行。

石灰石料仓上部外形为圆形，下部为圆柱状，内有一圆锥体，物料沿着锥面流到预热器的下料溜管，它是金属结构的贮仓。仓体顶部有一个原料入口、一个检修门和一个料位计安装孔，仓体底部按圆周均匀分布多个下料口，下料口分别接预热器的下料溜管。

下料溜管垂直放置，其下部接预热器本体的进料口。物料通过下料溜管，从顶部料仓进入预热器内，下料溜管在石灰石料仓与预热器本体之间形成一个空气密封段来阻挡预热器内部的烟气。

目前国内外设计的竖式预热器下料溜管都无法调整料层厚度，随着原料粒度的改变，料层阻力也相应改变，导致出窑废气量不稳定，影响窑的操作制度的稳定。中冶焦耐工程技术有限公司在预热器进料处进行设计改进，增加调节手段，根据物料粒度的变化，调节预热器内料层厚度，稳定窑的产量和质量。

石灰石料仓及下料溜管采用碳素钢板及型钢焊接而成。

**B　预热器本体**

预热器本体实际上就是一个内衬耐火材料的料仓，物料在其内部停留一段时间，经预热后被送入回转窑。

预热器本体由多个钢结构仓体组成，每个仓体间设有隔墙，在每个隔墙的底部为气体流进料层建立一个通道，这样可以进一步增进气体与石灰石的热交换，同时也降低预热器出口的气体温度并减少气体压降。为了保证烟气排放均匀，每个仓体顶部设有一个独立的排烟管，通过阀门单独调节每个仓体的废气排量，在预热器顶部汇总后排出。

仓体下部设有一个钢制漏料斗，独特的偏心结构使物料的热交换更加充分。

仓体围成的中间部分设有内部走台及一个预热器吊顶，预热器吊顶经钢结构桁架吊挂，稳定可靠。

预热器采用碳素结构钢板及型钢焊接而成。

**C　液压推料装置**

(1) 预热器液压推料装置是用来把经预热后的物料推入钢制料斗，再经转运溜槽进入回转窑的一种专用给料设备。预热器液压推料装置由液压站、液压推杆机构组成。

(2) 液压站。液压站由油箱、液压泵、电磁阀组件、溢流阀、入口过滤器、回油过滤器、油箱加热器、水冷热交换器及液压元件（单向阀、截止阀、温度计、压力表、压力继电器等）组成。系统为每天24h连续运转的液压站，它有两个相对独立并完整的回路。这两个回路既可以同时运行，也可以单独运行，另一个备用。

液压站用油温检测开关来控制液压油的温度，当油温高于60℃，低于15℃，泵均不能启动。

(3) 液压推杆机构。液压推杆机构由平衡梁、集灰斗、液压缸、轴承、安装板、连接叉、销轴、柱塞杆、填料盒、环状焊件等组成。液压推杆的动作可根据实际生产的需要，采用单个轮流推料方式或面对面的两个推杆同时推料的方式，亦可通过调整推杆间歇时间来调整单位时间内的推料量。

预热器推头结构为箱形结构，是采用耐热钢整体铸造而成。

**D　转运溜槽**

液压推杆机构将预热后的石灰石从预热器推入中心漏料斗，石灰石经转运溜槽进入回转窑内；窑内热烟气经转运溜槽导入预热器。溜槽底面衬有碳化硅砖，以耐冲击和磨蚀。

转运溜槽由碳素结构钢制成，内部衬有耐火材料。

转运溜槽溜嘴处设有冷却风机，以降低此处的温度。

**E　预热器的主要耐材**

(1) 锥体部分用45%铝含量低水泥浇注料。

(2) 仓壁用耐磨浇注料的体积密度：$2.04g/cm^3$；主要成分：$Al_2O_3$ 42%～47%；$SiO_2$ 42%～47%。

(3) 挡墙用含3%钢纤维45%铝含量低水泥浇注料。

(4) 吊挂砖（黏土）理化指标按 GB/T 5106—1993N-1 制造。

(5) 转运溜槽用60%氧化铝含量低水泥浇注料指标：体积密度：$2.4g/cm^3$；主要成分：$w(Al_2O_3) = 59.3\%$；$w(SiO_2) = 35\%$。

### 12.4.2.2　竖式冷却器

#### A　概述

竖式冷却器是一种经实践证实的十分有效地利用逆流冷却空气的冷却装置,此冷却装置的冷却效果十分明显,能将烧成的石灰冷却到高于环境温度大约40℃,其安装于回转窑低端。它有两种基本功能,其一是物料冷却,使其温度降低到一定程度,以便于后面的输送、贮存;其二是这个冷却的过程可以使鼓入的空气温度提高至600℃以上,为回转窑提供二次高温助燃空气。以上两种功能是通过向窑内鼓入正压、与下落的物料逆流的空气而实现的。

除了安装在冷却器侧面的大块料排出门由汽缸推动开闭,是运动部件,其余都是钢结构焊接件,所以冷却器结构简单、安装及维修方便、运行可靠性高。

竖式冷却器设备主要由窑头罩、冷却器本体等组成。

#### B　窑头罩

窑头罩位于回转窑的出料端,用于衔接回转窑和冷却器。烧嘴穿过窑头罩,深入到窑内。窑头罩内有一个倾斜安置的算板,算板及算板支撑梁皆为耐热钢铸件。小块物料可以直接穿过算板落到下部冷却器内,大块物料则沿算板料面滚至气动排料门侧,启动汽缸,大块物料即可排出。窑头罩上设有检修门、观察孔、火焰观察器、光学高温计、压力检测计及烧嘴安装架等。

#### C　冷却器本体

冷却器本体为正方形结构,其整体框架的下部被分成四个冷却区域,每个区域包括中心气窗、空气分布挡板和下部漏斗。每个冷却区域分别与冷却空气管道相连,这四个冷却区域的物料可以分别进行冷却。每个冷却区域的出口处设有一个电磁振动出料器,它可以对出料的速度进行控制。

为了提高冷却器中心处物料的冷却效果,在冷却器的中心处(四个冷却区域的交汇处)设有一根单独的冷却风通入管道,通过调节阀调节通风量,可以控制冷却器中心处物料的温度。冷却器上设有检修门、温度检测计、压力检测计及料位控制计等装置。

冷却器冷却风由一台高压离心风机鼓入,风机出口设计有电动调节阀,冷却风量可在操作室人工设定流量自动调节,避免现场手动操作时,受噪声、粉尘等影响,改善了作业条件。

针对冷却器内因高温引起的料位计选型困难,采用雷达料位计测量冷却器内料位,测量信号连续,有利于随时控制冷却器内料位。

窑头罩及冷却器本体均采用碳素结构钢板及型钢焊接而成。

#### D　冷却器主要耐材

(1) LZ-75 高铝砖理化指标按《高铝砖》(GB/T 2988—2004) LZ—75 制造。

(2) 耐磨浇注料。

高强度喷涂料理化指标:

体积密度: $2.03g/cm^3$;

主要成分: $w(Al_2O_3) = 45.9\%$; $w(SiO_2) = 40.7\%$。

## 12.5　回转窑的内衬

### 12.5.1　回转窑内衬结构及对耐火材料的要求

煅烧活性石灰的回转窑一般按产量分为日产 300t、400t、600t、800t、1000t、1200t 等几种窑型,煅烧带的温度在1350℃左右。回转窑从窑头端起依次分为卸料端、冷却带、烧成带、预热带、进料端,窑内各段温度从 1000℃ 至 1350℃ 不等,对耐火材料的要求也不相同。窑内耐火材料不仅承受高温冲击,而且需承受物料的侵蚀磨损、窑体转动产生的应力等,因此不但对耐材的理化指标有严格的要求,还要求施工砌筑时需严格把关。

目前国内煅烧活性石灰的回转窑耐材的配置方案如下:

卸料端:低水泥高铝浇注料加3%钢纤维;

冷却带和烧成带:干砌的镁铝尖晶石砖加轻质高铝砖;

预热带高温段:高铝砖;

预热带低温段:黏土砖加轻质黏土砖;

进料端:低水泥高铝浇注料加3%钢纤维。

除此之外,耐火砖的外形尺寸等也有相应的要求:

尺寸公差:应用在不同部位的尺寸公差要求不一样,一般控制在±2mm之内;

边角损坏:一般允许边损长40mm和深5mm之内,角损在冷热面只允许有一处,三条棱的长度和不超过50mm;

裂缝:不允许有平行于使用面的裂缝存在,砖面上的细微裂缝允许存在。

### 12.5.2　回转窑常用耐火材料的理化性能

回转窑常用耐火材料的理化性能如表12-2所示。

**表12-2　回转窑常用耐火材料的理化性能**

| 材料名称 | 常温耐压强度/MPa | 荷重软化温度/℃ | 热震稳定性(1100℃,冷水)/次 | 体积密度/g·cm$^{-3}$ |
| --- | --- | --- | --- | --- |
| 镁铝尖晶石砖 | ≥50 | ≥1700 | ≥12 | ≥2.95 |
| 高铝砖 | ≥75 | ≥1520 | ≥8 | ≥2.57 |
| 轻质高铝砖 | ≥50 | ≥1700 | ≥12 | ≤1.0 |
| 黏土砖 | ≥30 | ≥1400 | ≥12 | ≥2.30 |

### 12.5.3　回转窑内衬耐火材料的砌筑施工

A　施工准备

窑体砌筑必须在窑体安装完毕经检查和试运转合格后进行。运至现场的耐火材料应有符合设计要求的质量说明书和检验报告,逐块检查砖的公差并分级堆放。准备好必要的施工机具:磨砖机、砂浆搅拌机、螺旋顶撑、硬木、木楔、铲子、照明灯、木榔头、水平仪、小车等。

B　保证砌筑质量须做到

砌筑的环向砖要与窑轴向垂直,轴向砖缝与窑轴向平行;每块砖四角落地,砌体表面不出现台阶。若要做到以上几点,砌筑前需做好窑内基准线的放线工作,在窑壳内壁画出等分圆周的四条平行于窑中心的纵向直线,每隔1m画出一条环向基准线,基准线可借助水平仪和激光装置绘制。

C　十字支撑法

目前国内活性石灰回转窑的砌筑大部分采用十字支撑法。

十字支撑法的分段砌筑长度一般在4m左右,从窑头端向窑尾端砌筑,以防砌体随窑的转动向下滑落。支撑窑用的支撑器和操作顺序见图12-16及图12-17。

首先从底部同时向两侧砌砖,直至超过半周1~2层砖处;

放置垫木,垫木应压住最上一层耐火砖厚度的3/4,在每块砖与垫木间加放两个木楔,每隔1m左右设置顶杠;

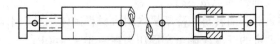

图 12-16　支撑窑用的支撑器

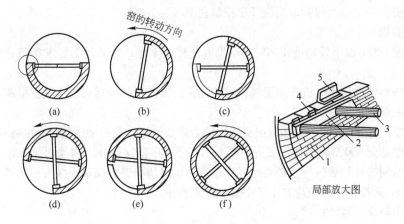

图 12-17　操作顺序示意图

（a）～（f）窑转动的位置

1—内衬；2—木板；3—支撑器；4—木楔；5—角钢

旋转窑体 90°左右，继续砌砖至超过半周 1～2 层砖处；

再次加顶杠；

旋转窑体 90°左右，继续砌砖并进行锁砖。

重复以上操作，进行第二段砌筑，直至砌筑完成。

### 12.5.4　回转窑烘窑

回转窑点火运行前，用于保证预热机、回转窑、冷却机等设备安全运行的辅助系统（如冷

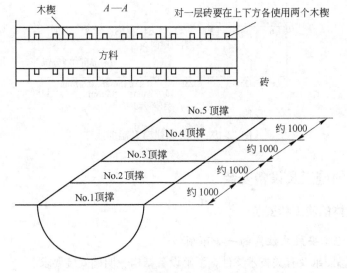

图 12-18　顶撑之间的距离位置示意图

却水、润滑系统等）应提前投入正常运行。

运转排烟机，在预热器、回转窑、冷却机内耐火材料砌体水分未干燥完毕之前烟气不经过除尘器直接排放掉，排烟机的开度应调至窑尾压力在 − 50 ～ − 40Pa。

排烟机运转 10 ～ 20min 后启动一次风机。

向烧嘴提供一次空气的管道闸板开度控制在 10% ～ 20%。

回转窑的操作：

窑尾温度 600℃ 以下投料前用回转窑辅助电机转动窑体，窑体转动要求参照升温及投料计划表；

回转窑进料前改用主电机连续运转，窑转速按升温及投料计划表要求逐步提高。

预热器的运转：

窑尾温度达到 500℃ 时，预热机推头液压动力装置油泵电机启动空运转，准备向窑内加料；

窑尾温度达到 600℃ 时加料，推头按照 1 ～ 18 号顺序依次动作，将物料推入窑内。每个推头动作间隔时间按计划表执行，必要时可根据实际生产情况进行调整。推头一次推入的石灰石量约为 350kg，较准确的数值应在生产中逐步摸索确定。

冷却机出料机的运转：

回转窑将要出料前 1 ～ 2h，冷却机的出料机开始运转；

出料机出料量应与窑的产量相一致，并与冷却器内的料位及出料温度连锁。在生产初期要特别注意出料温度，防止出料温度过高烧坏输送皮带。物料的温度要控制在 100℃ 以下。

回转窑烘窑的升温曲线如图 12-19 所示。

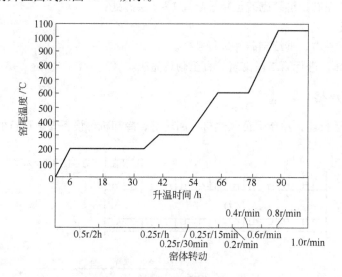

图 12-19　回转窑烘窑升温曲线

## 12.6　回转窑的施工及设备安装

### 12.6.1　窑炉主体的施工和安装

#### 12.6.1.1　施工安装应注意的一般事项

安装前要熟悉图纸及有关技术文件，了解设备结构，明确安装要求。

根据具体条件确定安装顺序及方法，准备必要的安装工具与设备，编制施工与安装计划，进行精心施工，优质快速地完成安装任务。

回转窑筒体的制造必须由具有相关资质的厂家完成并由经验丰富的专家负责。回转窑筒体体积大，宜在安装现场制造，也可分段在车间制造现场组装。

回转窑筒体由托轮支撑，具有一定的斜度。回转窑的总负荷包括自重、衬砖重量、物料重量由回转窑筒体通过滚圈传递给托轮组。

回转窑的安装必须由经验丰富的专家进行指导。安装前要对设备的几何尺寸进行测量验证，安装前要检查设备基础的施工是否正确，安装前要检查筒体及主要部件的材质检验单是否与设计相符。

回转窑的筒体及传动装置安装好后空负荷试运转，检查同心度必须在设计允许范围内。

### 12.6.1.2 核对基础、画基准线

（1）画出水平基准线，其标高误差不允许超过 0.5~1.5mm。

（2）画出纵向中心线，允许误差不大于 0.5mm。

（3）相邻两基础中心距，误差不允许超过 1.5mm。

### 12.6.1.3 支撑装置的安装

由于窑筒体支撑在支撑装置上，所以窑筒体中心线是否能在运转时保持一条直线，首先取决于支撑装置的定位，因此安装支撑装置要必须满足下列安装要求：

（1）底座经过找正后，满足下列要求：

底座纵向中心距允许偏差                0.5mm；

相邻两底座中心距允许偏差           1.5mm；

相邻两挡底座标高允许偏差           0.5mm；

底座加工表面斜度允许偏差        0.05~0.16mm。

（2）托轮轴承组的安装，装配托轮轴承组时，必须检查轴承座、球面瓦及衬瓦编号，确认是同一号码后才能进行组装。用涂色方法检查，衬瓦接触斑点应均匀，沿母线全长等宽，并主要在中部区域连续分布，否则必须进行现场刮研。两端的瓦口侧间隙每侧略大于 0.1%D，球面瓦与衬瓦间接触点在 25mm×25mm 上不少于 3 点，球面瓦与轴承座接触点在 25mm×25mm 上应不少于 1 点。托轮轴承组要满足下列要求：

1）两托轮中心线与底座纵向中心线间的距离应符合图纸尺寸，允许偏差不得超过 0.5mm；

2）通过斜度规和水平仪检查全窑各个托轮工作表面，使得各个托轮倾斜度应该一致，允许倾斜不得超过 0.05~0.16mm/m，同一挡两托轮工作表面中点连线应呈水平，允许误差不得超过 0.05~0.16mm/m，超过允许误差时，可以在轴承底座下加垫板调整；

3）测量各挡托轮工作表面中点标高，相邻两挡的允许偏差不得超过 0.5mm，首尾两挡的允许偏差不得超过 1mm；

4）要求检查所有托轮工作表面，如果标高或倾斜度有误差，都通过调节螺栓进行调整，将底座略微升高或降低直至完全符合上述各项要求。

### 12.6.1.4 筒体安装和焊接

A 准备工作

（1）对窑筒体段节接口进行清除飞边、毛刺、油污、铁锈等污物保护其清洁和干燥，并按出厂标示的接口字码（或接口连接直线标志）在地面初步组装，查对是否符合图纸要求。

（2）对每节筒体段节两边接口进行检查，其圆周长允许误差不应大于 $(0.001~0.0015)D$，其椭圆度在轮带及齿圈处允许值不大于 $0.0015D$，其余部位允许值不大于 $0.002D$。当超过允许值时，必须用筒体安装工具进行校正，但不得采用热加工方法。

（3）测量轮带内径和垫板外径，计算其间隙是否符合图纸要求。

　　B　组装和找正筒体

组装筒体段节顺序由现场条件决定，保证筒体各段节接口间隙在 0～3mm 范围内。通过测量和调整后，必须符合下列要求：

（1）筒体径向偏摆，窑头窑尾不得超过 5mm，齿圈及轮带处不得超过 2mm，其他各处不得超过 8～12mm；

（2）筒体焊缝接口处，内壁应先保证平齐且圆周任何位置上最大错边量不得大于 3mm。

　　C　筒体焊接特别要注意下列事项

（1）筒体焊接是回转窑安装工作中重要环节，其质量好坏直接关系着正常运转与工作寿命，因此必须给予高度重视，焊接工必须技术熟练并经过考试合格后，才能参加焊接工作。

（2）视现场条件，筒体焊接可采用内部手工封底，外部自动焊接或人工焊接。焊条要保证绝对干燥，使用前要在 250℃ 温度下干燥 2h。

（3）在焊接筒体时窑内不得同时进行任何其他作业。

（4）在雨天或大风、下雪时，不应进行焊接工作，在低温（5℃ 以下）焊接时，焊接工艺、操作方法要采取措施，同时坡口要预热，焊后采取保温措施等。当筒体受日光暴晒时，筒体阴阳两面温差较大，使筒体弯曲，此时不宜焊接，应等到太阳落山后再开始焊接；同样道理，当窑体一侧受生产着的窑热辐射而引起弯曲时，则要用石棉板作隔热墙防护，再进行焊接。

（5）各层焊肉间起焊弧点不得重叠，焊缝不得有缺肉、咬边、夹渣、气孔、裂纹等外观缺陷。每条焊缝都必须进行探伤检验，纵、环焊缝交汇处及其他可疑部位必须进行射线探伤或超声波探伤检验。检验结果必须符合我国焊缝射线探伤标准 GB3323 中Ⅲ级质量标准；超声波探伤必须符合 GB/T 11345 中Ⅱ级的要求。不符合者必须返修。

（6）筒体焊接完结后进行安装，检查轮带宽度中心与托轮宽度中心的距离，应符合图纸上冷态尺寸，允许偏差 ±3mm，轮带与两侧挡块应按图纸要求留有均匀的间隙。

（7）筒体安装以两轮带处筒体中心连线为基准，筒体中心线的直线度：大齿圈和轮带处为 $\phi4mm$，其余部位为 $\phi10mm$。

### 12.6.1.5　传动装置的安装

在窑组装成整体后，应立即把传动装置安装上去，加以临时固定，利用传动装置盘动窑筒体，以便找正筒体和焊接筒体。

安装传动装置时，必须满足下列要求：

（1）安装齿圈处筒体上纵焊缝要用砂轮打平，其宽度要比弹簧板两侧各宽 50mm；

（2）借助于安装工具的调整螺栓仔细找正，以符合齿圈外圆径向跳动公差 1.5mm，基准面端面跳动公差 1mm 的要求；

（3）注意弹簧板安装方向，当窑运转时弹簧板只能受拉力，弹簧板与筒体之间的连接可采用焊接的方式，也可采用铰孔螺栓连接；

（4）安装传动装置底座时，其横向位置应根据窑中心线决定，其轴向位置应根据热膨胀来决定齿圈中心位置（注意此时窑尾轮带宽度中心应与该挡托轮宽度中心重合），其表面斜度应与支撑装置底座斜度相同；

（5）以齿圈为基准安装小齿轮装置，其位置尺寸应符合图纸要求，允许偏差 ±2mm，用斜规找正斜度，其允许误差不得超过 0.05～0.16mm/m；在冷态状将窑转动一周，小齿轮与齿圈的顶隙应为 $0.25m_n + (2～3)mm$，窑体达到正常温度后，其齿顶隙不得小于 $0.25m_n$；检查齿圈与小齿轮齿面接触情况，接触面沿齿高应在40%以上，沿齿长应在50%以上；

（6）主减速机的低速轴应与小齿轮轴同心，允许误差不得超过±$\phi$0.2mm，在减速机机体与机盖剖分面上测量其横向水平偏差，轴向斜度误差不得超过±0.05mm/m。

### 12.6.1.6 试运转

（1）试运转前要检查基础标高是否有变动；检查各处螺栓是否拧紧；检查各润滑点润滑油、脂是否加足，在转窑前托轮轴颈上用油壶先浇上一层润滑油；检查转动部位是否有东西卡住；各冷却水管路是否畅通。各处检查无误后才能进行试运转。

（2）窑试运转前，必须先进行单机试运转；主、辅电动机各空运转2h，主、辅电动机带动主、辅减速器各空运转2h，记录电流和温度，并注意是否有不正常声音。

（3）窑筒体砌砖前试运转。由辅助电动机带动，试运转2h；主电动机带动试运转8h。要求作下列检查：

1）检查各部位润滑情况，如温升、电流，是否有漏油现象，温升不应超过30℃，电动机负荷不应超过额定功率的15%；

2）检查传动装置有无振动、冲击等不正常噪声，齿轮与小齿轮接触是否正常；

3）轮带与托轮的接触是否正常；托轮轴上止推圈与轴承衬瓦之间间隙是否正常；

4）窑筒体两端的密封装置及冷风装置运转中是否能保证良好的状态，不允许有过大漏风间隙；

5）各处螺栓有无松动现象。

### 12.6.1.7 试运转的检查工作

窑筒体砌砖后试运转，与窑衬烘干同时进行。这时要做下列检查工作：

检查各润滑点温升不超过35℃，轴承温升不得超过40℃，电动机负荷不应超过额定功率的20%，特别检查托轮调整得是否正确，托轮与轮带表面是否均匀接触等。其他检查项目同砌砖前试运转。

### 12.6.1.8 回转窑正常运转的经常性维护

（1）挡轮和传动系统的各个部件必须每小时检查一次，发现有异常声音、振动和过热等不正常现象，应及时处理。

（2）检查轮带与托轮之间的接触和磨损是否均匀，有无受力过大和出现表面损伤等情况。

（3）观察转动一周后轮带与其垫板之间的相对位移，判明间隙及磨损情况，注意垫板焊接有无裂纹等。经常地向轮带与垫板、挡块的摩擦面注入润滑脂。

（4）每班应检查一次传动底座和支撑装置的地脚螺栓和固定螺栓，如有松动应立即拧紧。

（5）观察基础有无振动和下沉现象。

（6）观察窑尾密封及窑头密封装置的密封性是否良好，磨损是否严重。

（7）每小时要检查一次托轮轴温度及其润滑情况，观察止推圈与衬瓦之间的间隙是否处在正常的状态。

（8）定期检查辅助传动装置，每周应不接离合器开动一次辅助传动，以保证主电源突然中断时能够顺利启动。

（9）经常检查筒体温度，特别是烧成带附近的筒体温度，应维持正常值。如长期超过允许值不作处理而继续运转，则为违章操作。

### 12.6.1.9 运转中的异常现象、处理方法及安全注意事项

A 运转中不正常现象及处理办法

（1）任何一挡的两个托轮轴轴线处于不正确位置，应按上述托轮调整办法进行调整。

（2）发现基础下沉，应降低窑速，报请上级研究处理。

（3）当主电源发生事故突然切断时，应立即采用辅助传动装置进行转窑，直至窑体完全冷却。

（4）火焰不准直接接触耐火砖，如发现"红窑"，一般是由于耐火砖脱落或被磨得很薄引起的，应立即停窑修补，不许进行热补。

（5）当轮带与托轮脱开时，应立即报告并查明原因，应小心谨慎地进行调整。

（6）托轮与轮带表面磨损成多边形的原因及处理：

1）托轮轴线与窑中心线不平行，如所谓"大、小八字"等；

2）传动齿轮啮合不正确，轮齿严重磨损引起冲突；

3）托轮偏斜而轴瓦磨损不均匀，或轴瓦出现不均匀磨损后只更换其中一个轴瓦；

4）轮带与托轮之间产生滑动和不均匀的表面磨损；

5）基础下沉，基础刚度不够而发生振动；

6）托轮与轮带表面润滑不良磨损过大，使支座产生纵向窜动；

7）托轮与轮带材料或结构有缺陷，较弱处被磨成凹沟，较硬处出现突棱；

8）必须消除过度磨损的原因，磨损较轻微时，在形成原因被消除后，可自动磨平；磨损较严重时必须车削后才能正常使用；

9）短期停窑后启动困难，一般是由于盘窑不够及时而引起窑中心线的弯曲所致，如弯曲不大，可将窑转180°使窑筒体弯曲部分向上，并加热弯曲部分筒体，当温度较高时，需将窑慢转几周，并使弯曲部分停在上部，反复进行，至恢复原状为止，如弯曲很大，建议进行大检修处理。

B　安全注意事项

（1）任何修理工作必须在停窑后进行，并应在电机开关上挂上"禁止开动"的标志。

（2）在运转过程中禁止用手或其他工具插入轴承、减速机或大齿圈罩内部进行任何修理、检查或清理工作。不能拆除任何安全防护设施。

（3）检修工具及零件不得放在回转机件上，特别是托轮上。

（4）看火时，必须使用看火镜，不得用肉眼直接观看，不看火时视孔应关闭。

（5）转窑前应发报警信号并严格检查，确认窑内无人，然后才能启动传动装置。

### 12.6.1.10　停窑和启动

A　短期停窑

停窑初期，窑正处于炽热状态，如不经常转动窑体，窑中心线容易发生弯曲，保证窑中心线不发生弯曲是十分重要而谨慎的工作，切不可疏忽，为此建议：

在停窑第一个小时内，每3～10min转窑1/4转；

在停窑第二个小时内，每10～20min转窑1/4转；

在停窑第三个小时内，每30min转窑1/4转；

其后每小时都要转动一次，每次仍转窑1/4转，如主电源中断，可用辅助传动盘窑。

B　长期停窑及检查

（1）停窑初期，按上述规定周期转窑，直至完全冷却，人可以进入窑内为止。

（2）停窑熄火后，将烧嘴拉出来，根据检修任务要求，将窑内部分或全部物料卸出。

（3）停窑后应检查：

1）如为冰冻时节，检查各部分冷却水是否完全排除干净；

2）各个工作面的磨损情况、轴瓦的间隙和大小齿轮的间隙等情况；

3）所有连接螺栓是否有松动、损坏现象，特别是大齿圈的连接螺栓，筒体及垫板的焊缝有无裂缝等；

4）各润滑点的润滑剂是否需要更换、清洗或补充，如需要更换应将存油放掉，清除干净，再注入新油。

C  辅助传动的开停

当主电源中断时，为了避免窑筒体弯曲而需要盘窑时，可以使用辅助传动；此外为了检修，想把窑体转动到一定方位停住时，也可以使用辅助传动。

应该指出，使用辅助传动时，由于窑的转速很慢，托轮轴承的油勺就形成间歇润滑，因此使用时间不宜超过0.5h，否则容易产生轴瓦发热、电耗上升，甚至翻瓦从而产生撞击声及烧瓦。如果必须连续使用，应密切注意各托轮轴承的润滑情况，并人工定时浇油润滑，同时应注意到主减速机轴承的温升情况。

启动和停车的操作如下：

利用辅助传动转窑时，必须首先使斜齿离合器啮合，这时手把下的压块离开行程开关，行程开关复位，主电机电源完全断开，辅助传动动力才能接通电源。如需启动主电动机，除应切断辅助传动的电源外，必须首先扳动斜齿离合器手把，使斜齿离合器脱开的同时，手把下的压块触动行程开关，主电动机才可能与电源接通而启动。主、辅传动电动机的电源切断或接通，均需要通过此行程开关控制。

应该注意，切勿在窑转动期间操作离合器。离合器的接合必须完全无间隙的进入啮合位置，如斜齿位置不相符，可盘动辅助传动机旁的联轴器来对准。脱开离合器必须经人工扳拨，且斜齿必须全部脱开接触。

**12.6.1.11  润滑与冷却**

维护回转窑的另一重要工作就是要对回转窑各运动部件给予良好的润滑，以此来延长寿命，降低修理费用。必须把润滑剂作为一个必要的"机械组件"予以重视。

回转窑润滑和冷却要注意下列事项。

（1）润滑油、润滑脂应按规定使用，使用代用品时必须符合规定的油质性能要求，如供应困难，只能用黏度较大的同种润滑剂代替黏度较小的。

（2）新窑连续运转400～500h，齿轮及轴承已得到跑合，这时润滑油应全部排净，并将油池清洗干净，再加新油。以后按6～8个月为周期更换新油。

（3）每班检查一次油位，如果低于油位下限时，必须立即加油至其上限。

（4）发现漏油时，应立即采取措施止漏。若油漏到基础上应及时处理，以免侵蚀基础，酿成隐患。

（5）窑经过长期停转后，如窑再启动，不宜直接使用主传动，而应采用辅助传动转窑1～2圈，然后再用主传动转窑，这时必须注意托轮轴承应预先浇润滑油。

（6）维护工作要经常检查托轮轴承循环水系统，检查水流指示器是否有水循环流动。停窑时间较长或冰冻时节时，应将各处冷却水全部放净，以免冰冻造成胀裂而漏水，应将出水管处的截止阀关闭片刻，再迅速地将进口处的三通阀旋转90°，使之接通大气，同时打开截止阀，冷却水基于虹吸现象的原理将自然流出。如仍流不干净，则可以从三通阀通大气的孔处，用压缩空气将残水吹净。

（7）托轮浸水冷却有害于轮带与托轮的工作表面，不应采用。

**12.6.1.12  检修**

窑运转过程中，零件磨损和设备精度降低都将影响其运转率，必须实施检修加以修复或更换。在贯彻预防维修的原则下，应预先编制检修计划。目前主要修理方法是小修和中修，一般在停窑砌砖时穿插进行。规模较大的中修，最好分阶段在 2 ~ 3 次停窑砌砖的时间内进行。检修传动装置宜在砌砖工作结束后进行，但应该在短期内（如 8 ~ 12h）从速完成。大修的时间较长（例如 10 ~ 20 天），应更换各损耗零件，检验并调整全部机组（如更换筒体段节、齿圈、轮带、托轮、挡轮等重要零件，找正窑中心线等）。

回转窑主要易磨损件的修理和更换标准如下：

（1）传动齿轮的齿厚磨损了 30%，或轮缘具有不可恢复的损伤；

（2）窑筒体段节有裂纹和局部变形；

（3）轮带断面磨损了 20%，或表面磨损成锥形、多边形以及局部出现穿通裂纹；

（4）托轮与挡轮轴颈直径磨小了 20%，或托轮轮缘厚度磨去了 25%；轮缘磨成圆锥形或其他异形，或轮缘直穿通裂纹，更换托轮时，其相应的衬瓦必须重新刮研或更换。

### 12.6.2　窑炉附属设备及管道的安装

活性石灰回转窑的附属设备及管道包括以下系统：一次风系统、二次风系统、窑头冷却风系统、煤气系统、窑头排出大块料管道、出大块料门压缩空气管道、窑尾漏料管道、预热机推杆处漏料管道等。

一次风系统包括风机（一般一用一备）、风机出口阀门、管道、流量调节阀、压力测点、连接烧嘴的金属软管。

二次风系统包括风机、风机进出口阀门、管道、压力测点。

窑头冷却风系统包括风机、风机进口阀门、管道、鸭嘴状管件。

煤气系统包括煤气加压机、进出口切断阀门、进出口软连接、消声器、回流冷却装置、安全阀、测温测压点、流量孔板、热值仪、流量调节阀、切断阀加眼镜阀（或者用水封阀）、手动蝶阀、金属软管、烧嘴、氮气吹扫装置、蒸汽吹扫装置、煤气放散及取样装置。

窑头排出大块料管道包括溜槽和料箱。

出大块料门压缩空气管道包括管道、空气过滤减压器、三位四通阀。

窑尾漏料管道包括溜槽、管道和料箱。

预热机推杆处漏料管道包括溜槽、管道和料箱。

### 12.6.3　回转窑系统设备的空负荷试车和负荷试车

回转窑系统设备安装结束后，开始空负荷试车，空负荷试车包括单体试车和联动试车。单体试车分为机旁单动和控制室单动，全部运转设备、阀门等均需按设计院和供货厂家给出的规定和标准进行试运转。单体试车全部合格后开始联动试车，联动试车一般先分局部联动调试，由主控室通过 PLC 程序控制各个局部如原料、成品、燃烧系统、回转窑系统、除尘系统等分别调试，局部程序全部调试修改完毕进行全线联动。空负荷试车结束后进行负荷试车，活性石灰回转窑的冷态负荷试车一般只在预热器这一局部进行，先从预热器顶部料仓中加原料约 50t，对空负荷试运转合格的预热器推头进行少许次冷态负荷试运行。确认推头运转灵活，无涩滞现象后开始准备点火烘窑和试生产。

回转窑点火运行前，用于保证预热机、回转窑、冷却机等设备安全运行的辅助系统（如冷却水、润滑系统等）应提前投入正常运行。运转排烟机，在预热器、回转窑、冷却机内耐火材料砌体水分未干燥完毕之前烟气不经过除尘器直接排放掉，排烟机的开度应调至窑尾压力为 −40 ~ −50Pa，排烟机运转 10 ~ 20min 后启动一次风机。窑尾温度 600℃ 以下投料前用回转窑辅助电机转动窑体，窑体转动要求参照设计院提供的升温及投料计划表。回转窑进料前改用主电机连续运转，窑转速按升温及投料计划表要求逐步提高。窑尾温度达到 500℃时，预热机推头液压动力装置油泵电机启动空运转，准备向窑内加料。窑尾温度达到 600℃时加料，推头按照顺序依次动作，将物料推入窑内。每个推头动作间隔时间按计划表执行，必要时可根据实际生产情况进行调整。回转窑将要出料前 1～2h，冷却机的出料机开始运转。出料机出料量应与窑的产量相一致，并与冷却器内的料位及出料温度联锁。在生产初期要特别注意出料温度，防止出料温度过高烧坏输送皮带，出料的温度要控制在 100℃ 以下。当窑尾温度达到 1050～1100℃时且各设备连续运转后，回转窑基本上可转入正常生产。

## 12. 7　回转窑的操作与维修

### 12. 7. 1　试运转前的检查

A　窑筒体

（1）核实窑头窑尾护板安装螺栓螺母是否松动。

（2）核实安装人孔用螺栓螺母是否充分紧固，以及防松螺母松弛。

（3）检查耐火材料内衬是否松弛。

B　滚圈

检查滚圈和滚圈下垫板的间隙里是否有异物。

C　支撑装置

（1）检查滚圈和托轮接触面是否有杂物。

（2）检查隔热罩与回转窑的间隙，确认没有接触。

（3）检查各部位螺栓螺母是否有松动现象。

（4）检查轴承温度计是否被损坏。

D　驱动装置

（1）检查齿圈与齿轮的节圆线是否在安装时调整的位置。

（2）检查齿圈与齿轮的啮合部位确无杂物。

（3）检查各部位螺栓螺母是否有松动现象。

（4）检查齿圈罩与齿轮罩确实不接触回转部分。

（5）检查齿轮轴承温度计和油面计是否被损坏。

（6）核实齿圈罩与齿轮罩的下部及齿轮底座内的贮油池内确无杂物。

E　窑尾气封

（1）检查当滑动面的间隙变为 0 时，压紧装置是否轻微压紧。

（2）检查各部位螺栓螺母是否有松动现象。

F　窑头罩（包括窑头气封装置）

（1）检查耐火材料内衬是否松弛。

（2）在正面的门及烧嘴回转处充填盘根，用螺栓螺母拧紧使其不漏气。

（3）正面的人孔要关闭但不要锁紧。

（4）检查气封装置各部位螺栓螺母是否有松动现象。

（5）检查转动部分与固定部分之间确无障碍物。

（6）核实粉尘溜槽的空气挡板是否可以用手轻快地动作。

### 12.7.2　运转中的机械调整

A　窑筒体

（1）要经常监视窑体表面温度并予以记录。

（2）在温度急剧变化时要特别注意是否有耐火材料剥离。

（3）筒体表面温度在滚圈的两侧不同时，将高温侧筒体进行空冷使其相等。

B　滚圈

（1）监视滚圈是否经常与托轮处于整个宽度都接触。

（2）检查滚圈对于窑筒体的安装是否经常保持直角。

（3）滚圈大致在托轮宽度的中央运转为好，在极端偏移的情况下需要调整。

C　支撑装置

（1）监视托轮是否经常与滚圈处于整个宽度都接触。

（2）安装时，在无荷载状态下两侧托轮都是与窑的中心线平行。在运转状态变成大荷载的时候平行度会有失常的时候。此时应该再次检查托轮的平行度，切不可撤离托轮。

滚圈与托轮在整个宽度上不均匀接触时要查明原因，可能的原因如下：

1）滚圈与窑筒体的垂直度不对（滚圈下垫板和挡块的不均匀磨损）；

2）滚圈两侧窑筒体温度差；

3）由于筒体受热的永久变形；

4）滚圈的不均匀磨损；

5）托轮的不均匀磨损；

6）托轮的平行度不对。

上述机械原因调查结果如果不符合时，就要查找各支撑点的基础是否有不均匀下沉的情况。当找不出任何原因时，可任其原样磨损。但对于极度强烈接触部分，用磨具人工修磨。

液压挡轮的各项参数也要进行检查，当液压挡轮与挡圈的接触较频繁且推力较大时说明窑已下窜。此时应微调托轮成八字形，消除窑体下移的力，保持窑体自然下窜状态。

（3）检查托轮温度。

（4）检查各部位有无异常噪声。

（5）安装时两托轮的轴中心线和窑中心线是平行的，如果因为窑体变形需要将托轮向外移动时，每次移动量必须小于0.5mm。

D　驱动装置

（1）检查齿圈与齿轮的齿宽方向有无偏差。

（2）检查齿接触是否均匀。

（3）检查齿轮轴承温度。

（4）检查各部位有无异常噪声。

E　窑尾气封

（1）根据滑动板的磨损量调整压紧装置的油缸压力，使其滑动面没有间隙。

（2）预热器出料溜槽外壳正面板上安装的密封件与安装滑动板之间要保持间隙。如果出现接触的情况，调整支撑棒中间的松紧螺栓。

F　窑头罩（包括窑头气封装置）

（1）检查耐火材料内衬与窑筒体端部的护板之间是否保持着间隙。

（2）检查窑头护板是否红热。红热时，打开冷却风机的闸板。增加冷却风量。

（3）检查粉尘溜槽的空气密封阀是否动作灵活。

（4）检查气封装置的转动部分与固定部分无异常噪声。

### 12.7.3 润滑装置

A 窑筒体

滚圈下垫板与滚圈之间的间隙、滚圈与止推挡块之间的间隙注入含石墨的润滑脂润滑。

B 支撑装置

（1）滚圈与托轮表面的润滑用石墨块进行，石墨块靠自重润滑托轮表面，当石墨块体积变小时要更换新的。

（2）托轮轴承润滑，采用油勺给油方式，要检查油勺给油是否确实进行。

（3）油量保持在油位计的中央位置。油的颜色改变或有金属粉末时需更换新油。

（4）液压挡轮的表面润滑与托轮表面润滑方法相同。

（5）液压挡轮轴承、液压挡轮轮子及固定挡轮轴承的润滑采用润滑脂，用手动润滑脂枪经常、少量、缓慢补充。

C 驱动装置

（1）齿轮表面的润滑采用自动喷油润滑方式，要经常检查喷油状态。确认能喷出油。

（2）齿轮轴承采用强制给油方式，要根据轴承座下部侧面的油位计的油位调整在轴承座上部的可视给油阀。确保轴承经常有一定的油。

D 窑尾气封

（1）对滑动板的滑动面的润滑，将加入石墨粉的润滑脂充填到在预热器前面立柱上安装的专用润滑脂油杯里，转动手柄给脂。

（2）需要经常分次给脂，直至滑动面的接触受脂情况均匀为止。

（3）由于气封吊挂装置的上部轴承部位安装了润滑脂杯，窑停止转动时要充填加入石墨的润滑脂。

E 窑头罩

在正面门用辊的轴端上安装了润滑脂杯，窑停止转动时用手动润滑脂枪从润滑油脂嘴给脂。

### 12.7.4 定期检查

定期检查的项目及频率如表 12-3 所示。

表 12-3 定期检查表

| 检查项目 | 检查频率 | 备 注 |
| --- | --- | --- |
| 1. 窑筒体 | | |
| （1）筒体表面温度 | 连续记录 | 保持300℃以下 |
| （2）内衬砖 | 每次定期停窑时 | 剩余厚度小于80mm以下时更换 |
| （3）滚圈下垫板及挡块 | 每次定期停窑时 | 记录磨损量 |
| （4）窑头窑尾护板 | 每次定期停窑时，8h 1 次 | 是否烧损或脱落 |
| 2. 滚圈 | | |
| （1）与托轮的接触情况 | 8h 1 次 | 要求均匀接触 |
| （2）与筒体的直角度 | 定期停窑前后 | 滚圈接触不均匀时也要测量直角度 |

| 检查项目 | 检查频率 | 备　注 |
|---|---|---|
| （3）滚动面情况 | 8h1 次 | 如有损伤，及早修理 |
| 3. 支撑装置 | | |
| （1）托轮和滚圈的接触情况 | 8h1 次 | 在托轮宽度上的大致中央处，使滚圈全宽度均匀接触 |
| （2）托轮滚动面状况 | 8h1 次 | 如有损伤，及早修理 |
| （3）轴承温度 | 运转初期 30min1 次<br>轴承温度稳定后 1h1 次<br>以后 8h1 次记录 | 通常 30 ~ 40℃；<br>上限为环境温度 + 35℃ |
| （4）轴承冷却水 | 8h1 次 | 视轴承温度增减水量；<br>在增加水量的情况下调节底座内贮水池水面，使托轮滚动面不没入水中 |
| 4. 驱动轴承 | | |
| （1）轴承温度 | 运转初期 30min1 次<br>轴承温度稳定后 1h1 次<br>以后 8h1 次，记录 | 通常 30 ~ 40℃；<br>上限为环境温度 + 35℃ |
| （2）齿轮及齿轮面检查 | 每次定期停窑时，须 1 年 1 次 | 目视检查结果，如有损伤，把红铅单涂于池面用透明胶带印下来 |
| （3）齿顶间隙 | 每次定期停窑时 | 规定在 7 ~ 8mm<br>齿圈与齿轮的节圆线应在安装调节位置 |
| 5. 窑尾（原料人口侧）气封 | | |
| 滑动板 | 每次定期停窑时 | 剩余厚度在 20mm 时换新的；<br>根据磨损量调整压紧装置 |
| 6. 窑头罩（包括窑尾气封） | | |
| （1）衬砖及浇注料 | 每次定期停窑时 | 从开窑时开始到每次定期停窑为止的期间内根据烧损情况判断是否需要补修 |
| （2）滑动板 | 每次定期停窑时 | 剩余厚度在 20mm 时换新的；<br>根据磨损量推进滑动板，气体泄漏不影响正常运转时也要推进 |

## 12.7.5　维修

### A　窑筒体

筒体表面局部温度升高时，由于考虑到衬砖脱落，因此要特别注意。筒体表面温度升高的原因若是衬砖的脱落，则宜及早更换。

砖的剩余厚度到 80mm 以下时，需要更换砖，否则会出现砖大面积脱落的现象。

在筒体上侧，测量滚圈外径与其下面的垫板内径之间的间隙，其值为 20mm 时更换滚圈下垫板。希望此值小一点也可以更换。窑筒各支点处的值应该相同，如果某一支点的值增大了，应推进该支点支撑装置的托轮。要调整各支点处筒体中心高度至安装时的高度。调节不能过度。如果该间隙太小会导致加速齿轮的磨损。

B　滚圈

滚圈与托轮在宽度方向上要一致。在窑运转过程中，由于热膨胀会产生不一致的情况，一旦发现就要调整。

滚圈与托轮接触时，如果出现局部接触而找不出原因时，应将接触面的凸起部分进行人工修磨。

C　支撑装置

托轮的宽度比滚圈的宽，因此托轮的两端部分不磨损，转动面经常出现磨损成凹形的情况，一旦发现就要及早修整。

当托轮或滚圈经过修整以后，尺寸会变小，应该将托轮向窑中心方向平行推进，否则会减小齿圈与齿轮的齿顶间隙，导致齿轮破损。

轴瓦的更换方法：

（1）记录好更换前托轮及支撑的位置以及滚圈两侧的窑筒体外径和底座以上的高度。现场各部件要做好标记，便于更换后安装复原；

（2）在滚圈的正下方装设支撑架，用液压千斤顶顶起筒体；

（3）拆除隔热板、石墨块安装架、冷却水配管、调节螺栓等辅助件；

（4）将轴承及相关组装件一起向远离窑中心的方向拿出，在托轮侧面与轴承本体之间插入木质隔热板；

（5）将轴承及相关组装件一起送到修理厂；

（6）拆除轴承侧盖，拆除止推圈；

（7）拆除在轴承本体托轮侧安装着的油封；

（8）在托轮的下方装设机架，将托轮固定在机架上；

（9）由轴向抽出轴承；

（10）拆除2个轴瓦固定件，在轴瓦的止推面上有2个螺栓孔，拧紧吊环螺栓，用其将轴瓦沿轴向拿出来；

（11）将新轴瓦与轴承本体及轴进行安装和调整。

止推轴承的更换方法：

（1）在托轮与底座的间隙里放入调整块并进行固定。使托轮轴向不移动；

（2）使窑筒体不下窜，用夹具及拉紧螺栓将滚圈与托轮固定；

（3）将液压缸从液压挡轮轴承本体上拆下，将液压挡轮轴承本体沿窑筒体中心线方向拉出来；

（4）拆下来的液压挡轮送到修理厂进行解体检查；

（5）要对损伤情况进行拍照、记录；

（6）根据检查结果对不影响使用效果的可以继续使用，但热装裕量必须符合有关规定。

D　驱动装置

小齿轮的更换方法：

（1）拆下喷油板侧的小齿轮罩，之前要拆卸小齿轮罩的油封挡板；

（2）拆卸小齿轮与主齿轮减速机之间的齿轮联轴器的外圈，之前要放出内部的油；

（3）拿出联轴器的螺栓；

（4）拆卸小齿轮轴承本体安装螺栓及挡板，将轴承座从窑中心线向远离的方向拉出；

（5）整体搬到修理厂，将两轴承的油封挡板及侧盖拆卸下，拆掉上部轴承盖，吊起小齿轮，将轴承拉出；

（6）松开活动侧轴承的紧定套并从轴上取下，卸下固定侧轴承的齿形联轴器，要注意不要划伤轴；

（7）按解体的方法相反的顺序进行组装，要注意不要把固定侧和活动侧混淆了。

E　窑尾（原料入口侧）气封

（1）滑动板的厚度剩余量到 20mm 时就要更换。

（2）共有 12 块滑动板，各用 5 个螺栓螺母固定，更换滑动板时可用气焊切断螺栓。要事先准备好螺栓螺母。

（3）回转侧滑动板更换时要用备品。

F　窑头（包括窑头侧气封装置）

滑动板的厚度剩余量到 20mm 时就要更换。

共有 12 块滑动板，各用 4 个螺栓螺母固定，更换滑动板时可用气焊切断螺栓。要事先准备好螺栓螺母。

与窑筒体一起转动的滑动板（厚度 16mm）磨损到有一处出现孔洞时才需要更换，更换时整个一圈一起更换。

### 12.7.6　运转中常见故障及处理措施

运转中常见故障及处理措施如表 12-4 所示。

**表 12-4　常见故障及处理措施**

| 常 见 故 障 | 原 因 | 处 理 措 施 |
|---|---|---|
| 1. 窑筒体 | | |
| （1）筒体局部烧损 | 衬砖脱落 | 运转中喷水；<br>更换衬砖；<br>窑筒体形状不符合要求妨碍砌砖时更换筒体 |
| （2）筒体的挠曲 | 紧急停车时点动不良 | 用紧急驱动发动机使筒体反转，挠曲消除后，以低速度连续回转 |
| 2. 滚圈及托轮 | | |
| 滚动面上有裂纹或剥离 | 润滑不好；<br>滚动面接触不好 | 用砂轮研磨光滑；<br>焊接修补 |
| 3. 支撑装置 | | |
| （1）轴瓦烧损 | 混入杂物；<br>油脂劣化 | 去除杂物，清扫内部；<br>换油；<br>更换轴瓦 |
| （2）轴承本体漏油 | 油封或盘根不好 | 更换油封或盘根 |
| （3）液压挡轮用轴承烧损 | 混入杂物；<br>油脂供应不足 | 解体、检查、清扫；<br>更换油脂 |
| 4. 驱动装置 | | |
| （1）轴承烧损 | 混入杂物；<br>油脂劣化；<br>给油不足 | 解体、检查、清扫；<br>更换轴承；<br>换油 |
| （2）轴承本体或小齿轮漏油 | 油封或盘根坏了 | 更换油封或盘根 |
| （3）齿面损伤 | 给油不良；<br>齿顶间隙不足 | 喷嘴解体、检查、清扫；<br>推进托轮，调节窑筒体中心高度（保持齿顶间隙7~8mm） |

## 12.8　部分企业石灰回转窑的统计技术资料

### 12.8.1　重点冶金石灰企业回转窑石灰产量

全国重点冶金石灰企业回转窑石灰产量的变化情况如表12-5所示。

表12-5　全国重点冶金石灰企业回转窑石灰产量变化情况

| 年　份 | 2003 | 2004 | 2005 | 2006 | 2007 |
|---|---|---|---|---|---|
| 回转窑石灰产量/t | 1849617 | 2372502 | 3010751 | 3301698 | 3872680 |
| 比上年增长/% | | 28 | 27 | 10 | 17 |
| 全年石灰总产量/t | 9813674 | 11036778 | 13277076 | 13233276 | 11119690 |
| 占全年石灰总产量比例/% | 18.8 | 21.5 | 22.7 | 24.9 | 34.8 |

从表12-5的统计数据看，随着近年来钢铁工业的迅速发展，石灰产量也在迅速增加。需要说明的是由于部分企业没有上报以及一些新建的企业没有纳入报表之内，2007年的统计数据总产量偏低，并不表示实际总产量比上年度降低了。由于回转窑煅烧的石灰活性度高、产品质量稳定，在石灰行业内的比例在稳步上升。特别是在淘汰落后生产工艺、提倡环保生产的大形势下，产品质量低的石灰企业正在被淘汰或改造升级。石灰回转窑就是大多数企业优先选择的石灰煅烧设备。

### 12.8.2　重点冶金石灰企业石灰质量

全国重点冶金石灰企业生产石灰质量变化情况如表12-6所示。

表12-6　全国重点冶金石灰企业石灰质量变化情况

| 年　份 | | 2003 | 2004 | 2005 | 2006 | 2007 |
|---|---|---|---|---|---|---|
| 活性度<br>/mL | 平　均 | 345 | 362 | 353 | 360 | 348 |
| | 最　高 | 384 | 389 | 389 | 390 | 382.6 |
| | 最　低 | 278 | 332 | 310 | 315 | 254 |

石灰活性度是按滴定法（4N-HCl，10min）测得的。从表12-6中可以看出，只有个别企业数值较低，大部分都在360mL以上，而且很稳定。

### 12.8.3　重点冶金石灰企业石灰煤耗

全国重点冶金石灰企业生产石灰煤耗变化情况如表12-7所示。

表12-7　全国重点冶金石灰企业生产石灰煤耗变化情况

| 年　份 | | 2003 | 2004 | 2005 | 2006 | 2007 |
|---|---|---|---|---|---|---|
| 标准煤耗<br>/kg·t$^{-1}$ | 平　均 | 165 | 198.6 | 194 | 161 | 158.6 |
| | 最　高 | 205 | 420 | 420 | 213 | 220.8 |
| | 最　低 | 117 | 126 | 128 | 123 | 120 |

由表12-7可知各企业窑炉状况和操作水平以及管理水平存在差异，能源消耗情况存在很大差别，需要各企业之间针对各自的情况加以改进。对于窑炉状况有问题的企业要加强设备的更新改造，对于操作水平以及管理水平不够高的企业，要多加强学习培训，尽早提高操作水平

和管理水平。对于操作水平和管理水平比较高的企业，要总结推广先进经验，为提高石灰行业的整体水平作出贡献。

### 12.8.4　重点冶金石灰企业石灰生产电耗

全国重点冶金石灰企业生产石灰电耗变化情况如表 12-8 所示。

**表 12-8　全国重点冶金石灰企业生产石灰电耗变化情况**

| 年　份 | | 2003 | 2004 | 2005 | 2006 | 2007 |
|---|---|---|---|---|---|---|
| 电耗<br>/kW·h·t$^{-1}$ | 平　均 | 47.8 | 41.6 | 44.2 | 42.3 | 39.2 |
| | 最　高 | 64 | 51.3 | 63.5 | 59 | 53.5 |
| | 最　低 | 35 | 26.9 | 34.1 | 27.5 | 23 |

电耗主要取决于生产系统的装备水平，与设备作业率和操作水平也有一定关系。从表 12-8 的统计结果看，电耗指标变化不大，没有明显的变化规律。

### 12.8.5　重点冶金石灰企业生产成本

全国重点冶金石灰企业生产石灰的生产成本变化情况如表 12-9 所示。

**表 12-9　全国重点冶金石灰企业生产成本变化情况**

| 年　份 | | 2003 | 2004 | 2005 | 2006 | 2007 |
|---|---|---|---|---|---|---|
| 生产成本<br>/元·t$^{-1}$ | 平　均 | 352.3 | 372 | 388.3 | 323.5 | 302 |
| | 最　高 | 450 | 465.9 | 554.1 | 450.1 | 530.8 |
| | 最　低 | 233.9 | 213.1 | 236 | 268 | 176 |

生产成本的变化影响因素很多，原材料价格变化，生产消耗品价格变化。节能降耗措施的落实，工艺改进、操作人员水平的提高都在一定程度上影响着生产成本的变化。有的企业不愿提供数据也在一定程度上影响了表 12-9 统计结果的完整性、客观性和准确性。

### 12.8.6　重点冶金石灰企业产品销售价格

全国重点冶金石灰企业产品销售价格变化情况如表 12-10 所示。

**表 12-10　全国重点冶金石灰企业产品销售价格变化情况**

| 年　份 | | 2003 | 2004 | 2005 | 2006 | 2007 |
|---|---|---|---|---|---|---|
| 产品销售价格<br>/元·t$^{-1}$ | 平　均 | 419 | 423.5 | 393.8 | 392.8 | 363 |
| | 最　高 | 567 | 567 | 567 | 530 | 530 |
| | 最　低 | 262.6 | 280.8 | 257 | 247 | 181 |

产品销售价格的变化影响因素很多，市场需求的变化，产品质量的改进，都在一定程度上影响着产品销售价格的变化。企业的生存环境不同，如地理位置，所依附的企业的不同，在很大程度上影响着产品销售价格的差距。有的企业不愿提供数据也在一定程度上影响了表 12-10 统计结果的完整性、客观性和准确性。

# *13* 焙烧石灰用其他窑型

## 13.1 悬浮窑

### 13.1.1 概述

悬浮预热和预分解技术是 20 世纪 70 年代发展起来的新型干法水泥生产新工艺、新技术的核心,是近代水泥工业发展中的重大技术革新。悬浮预热窑的特点是在缩短回转窑筒体的条件下用多级悬浮预热器代替部分回转筒体,使窑内以堆积状态进行气固换热的过程,一部分转移到多级悬浮预热器内在悬浮状态下进行。由于呈悬浮状态的生料粉能够与从窑内排出的炽热气流充分混合,气固两相接触面积大,传热速率快,效率高,因此有利于窑系统生产效率的提高和熟料烧成热耗降低。

丹麦史密斯(F. L. Smidth)公司最早于 1932 年获得了利用悬浮预热原理的多级旋风预热器的专利权,继而,伯利休斯(Polysius)公司也进行这方面的研究,而第一台工业应用的旋风预热窑则是由德国洪堡(Humboldt)公司于 1953 年研制成功并正式投入生产。随后,各种悬浮预热窑相继出现,到 20 世纪 60~70 年代大量大型悬浮预热窑投入生产。至 70 年代以后,又诞生了预分解窑。进而,悬浮预热和预分解技术日臻成熟。由于这些技术的发展,水泥工业降低了水泥综合能耗和生产成本,并在环保、电耗、生产规模以及预热、废渣、工业垃圾综合利用等方面均达到了相当高的水平。到 20 世纪 80 年代,作为独立的悬浮焙烧窑在生产中得以应用。1984 年 Polysius 公司为奥地利 Veitscher 公司设计建设了 150t/d 轻烧菱镁矿的悬浮窑,以后又为化工厂设计建造了 4t/d $Zn(OH)_2$ 悬浮窑。1986 年 Smidsh 公司为挪威 Norsio Hydro 公司设计了 430t/d 轻烧白云石悬浮窑。1988 年 Polysius 公司为我国海城镁矿设计了一座 150t/d 轻烧菱镁矿的悬浮窑,焙烧石灰是将水泥的悬浮预热和预分解技术移植到石灰生产来的,1991 年 Polysius 公司为宝钢提供了世界上第一座生产活性石灰的 350t/d 悬浮窑。

悬浮窑用于焙烧石灰的显著特点是可以利用加工原料石灰石时生成的碎料,可以焙烧小于 2mm 的细粒石灰石。

### 13.1.2 悬浮窑的热工原理

悬浮窑由若干个旋流器用管道连接而成,各旋流器及其管道分别起预热、焙烧、冷却的功能。它不同于其他窑炉的是其他窑炉物料多数呈堆积状态,焙烧物料的传热过程是在堆积状态与气态热介质进行换热的;而悬浮窑内的物料呈悬浮状态,焙烧物料是在悬浮状态与气态热介质进行换热的,细小的石灰石颗粒在气体中被悬浮预热、焙烧和冷却,气固相之间有巨大的传热传质面积,因此传热速率极快,快速缩小气、固相之间的温差,燃烧温度被分解平衡温度所抑制,故不会发生过烧现象。

悬浮焙烧窑是轻烧菱镁石、石灰石、白云石的最新装置,比其他轻烧法有更多的优越性。

(1)原料利用率高,可焙烧小于 2mm 的细粒矿石,使石灰石矿山利用率提高,可利用竖窑和回转窑所不能使用的原料。生产 1kg 石灰原料消耗要比回转窑降低 0.26kg。

（2）产品活性度高，由于它具有生产高活性度粉的最佳工艺条件——矿粉在反应管内分解迅速，焙烧温度不会升高到反应温度以上，因而产品的活性度高，质量均匀。出窑即是成品，不需再破碎筛分，可高于 160mL（4mol/mL HCl，25g 生石灰，10min 滴定值）。

（3）热效率高，<2mm 的矿粉悬浮在气流中，热交换效率最高，静态焙烧系统有最佳的隔热措施，整个系统热损失极少，焙烧 1kg 生石灰的热耗不大于 5000kJ。

（4）工艺参数灵活，该装置的生产能力可以在 70% ～110% 之间任意调节。使得生产控制非常灵活。

（5）结构简单、换料清扫方便、便于维修，该装置的结构决定了它可以在短时间内将系统中的物料排空，便于清扫和换料。该装置没有大型运转部件，因而维修工作量很小。

（6）占地面积小，该装置是在高度方向上依次布置，空间高度高，而占地面积小。

（7）焙烧速率极快，固相的矿石与气相的传热介质在瞬间完成热交换，并及时离开焙烧区域，物料在窑内停留时间短，数量少，易于设备启动和停窑，操作灵活。

以下以 350t/d 悬浮窑为例，具体介绍。

### 13. 1. 3　悬浮窑的生产系统

悬浮窑的生产系统如图 13-1 所示。

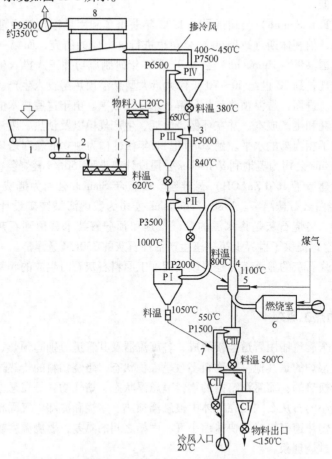

图 13-1　悬浮窑生产系统图

1—加料箱；2—称量运输设备；3—旋流预热器；4—煅烧器；

5—烧嘴；6—燃烧室；7—旋流冷却器；8—除尘器

全系统由旋流预热器、焙烧设施和旋流冷却器构成，另外还配有上料、出料、输送、除尘设备等辅助设施。图 13-1 所示为 4 级旋流预热器和 3 级旋流冷却器，实际的级数可根据具体情况来确定。

靠排烟机的抽力，全系统在负压下操作。

粒度小于 2mm，水分小于 1% 的石灰石由气动输送机经管道送至窑顶，首先进入 PⅢ 级旋流器的气体上升管内，物料处于悬浮状态，随气流进入 PⅣ 级旋流器，与此同时进行热交换。在 PⅣ 级旋流器中，悬浮状态的石灰石被预热，约 450℃ 的烟气由上升管抽出，经除尘器净化后送去干燥原料，多余部分排入大气。悬浮料从气体中沉降下来，经下料管进入 PⅡ 级旋流器的气体上升管内，随气流再进入 PⅢ 级旋流器。以此方法物料在 Ⅰ、Ⅱ、Ⅲ 级旋风器中进行预热。由 PⅡ 级旋流器分离出来的已经预热到较高温度的物料经下料管及双层锁气阀进入焙烧器下端，物料与燃烧烟气充分混合，在焙烧器中停留时间约为 1.5s，被迅速加热到 950℃ ±10℃，被燃烧烟气迅速加热和均匀焙烧，悬浮物料随一定流速的烟气流上升，在此过程中完成了焙烧。悬浮物料随有一定流速的燃烧烟气上升，进入 PⅠ 级旋流器进行分离。烟气上升又经 PⅡ、PⅢ、PⅣ 三级旋流器多次预热物料。焙烧好的物料进入 CⅢ、CⅡ、CⅠ 三级旋流器多次冷却。在 CⅠ 级旋流器气体管道入口吸入冷却空气，通过连续热交换，冷却空气被预热到较高温度（约 580℃）送到煅烧器作为燃烧二次空气。经冷却的物料（<150℃）经下料管和卸灰阀卸出，作为成品运到成品仓。

### 13.1.4　悬浮窑的结构和技术规格

以日产 350t 的悬浮窑为例。

#### 13.1.4.1　悬浮窑的结构

如上所述，悬浮窑主要由 3 级预热旋流器、1 个焙烧器、1 级成品分离旋流器、3 级冷却旋流器、1 个作为热气体发生器的燃烧室及各级旋风器的气体管道和下料管组成。它们均为钢板焊制，内衬耐火材料。整个系统竖向布置，支撑在各层楼板上。

每个旋风器的锥形底部设一环压缩空气喷吹孔，自动控制，每 2s 喷吹 1 次，防止结拱，保持下料顺畅。在喷吹孔上方设 γ 射线料位计，控制旋风器锥部料层高度，在料层上方设有人工处理结拱的吹扫孔，结拱时，插入压缩空气管吹扫。

在各级旋风器的出口处设有压力和温度测量，系统温度控制的关键点在煅烧器的温度。在Ⅳ级旋风器的出口处的温度测量有显示、记录、报警。在Ⅳ级旋风器的锥部还设有料位报警。

煅烧器是个倒 U 形管，约 25m，其直径与产量和烟气量有关。作为热气体发生器的燃烧室为卧式燃烧室，设有 1 支烧嘴和燃烧空气鼓风机，燃烧废气经管道进入焙烧器下端。开工时，热烟气将焙烧器内温度提升到 800℃ 后再点燃焙烧器烧嘴。在短时间停窑期间，燃烧室不灭火为重新启动准备条件，正常生产后，主要由煅烧器下的烧嘴燃烧燃料供热，燃烧室变成辅助用，两者供热的比例大约是 85∶15。烟气在煅烧器内的流速大约 16m/s，温度约 1100℃。烟气与物料的温度差较小，其大小取决于物料的粒度。物料粒度小，比表面积大，受热面积大，热传导效率高，温差就小；反之，温差就大。

气体管道是连接下一级旋风器气体出口与上一级旋风器入口的管道，气体流速一般为 15m/s。气体管道的直段上设波形膨胀器，入旋风器的弯管处设压缩空气人工吹扫孔，靠近旋风器入口处设人孔门。

下料管是每个旋风器物料溜出的管道，管道上设波形膨胀器和锁气阀，第Ⅰ、Ⅱ、CⅠ、

CⅡ、CⅢ级旋风器下为回转格式阀，第Ⅲ、Ⅳ级旋风器下为双层摆动阀。

13.1.4.2　悬浮窑的规格

A　预热旋流器直径

PⅠ级　4650mm　配1个水冷式回转锁气阀，电机功率4kW（PⅠ级又称成品分离旋流器）；

PⅡ级　4650mm　配1个回转锁气给料机，电机功率2.2kW；

PⅢ级　4100mm　配1个回转锁气给料机，电机功率2.2kW；

PⅣ级　4200mm　配1个回转锁气给料机，电机功率2.2kW。

B　冷却旋流器直径

CⅠ级　3370mm　配1个回转锁气给料机，电机功率2.2kW；

CⅡ级　2850mm　配1个回转锁气给料机，电机功率2.2kW；

CⅢ级　2230mm　配1个回转锁气给料机，电机功率2.2kW。

C　煅烧器

煅烧器（管）全长25m，在扩大段设有3组煤气烧嘴，每个烧嘴的燃烧能力为2500$m^3$/h（$460 \times 10^5$kJ/h）。燃烧空气风机2200$m^3$/h，7.5kW。

D　燃烧室

燃烧室1座，设1组高压煤气烧嘴及点火器。燃烧室发热能力为$192.6 \times 10^5$kJ/h，出口温度为1250℃。燃烧空气风机7500$m^3$/h，7.5kW。

E　空气冷却器

处理废气量：　　　　　98000$m^3$/h；

入口温度：　　　　　　最大480℃；

出口温度：　　　　　　最小180℃；

冷却面积：　　　　　　900$m^2$；

鼓风机：　　　　　　　87000$m^3$/h，7700Pa，电机功率：350kW，转速100～1500r/min；

旋转式锁气给料机电机功率：$2 \times 1.1$kW。

## 13.1.5　使用燃料

使用焦炉煤气，低发热值为$18.42 \times 10^5$kJ/$m^3$，煤气经脱硫工艺处理，$H_2S$含量小于200mg/$m^3$。

细颗粒石灰石在焙烧过程中易吸收燃气中的S，而使石灰产品的S含量增加。对于对S有严格要求的产品，使用的气体燃料需是低S的。一般焦炉煤气须经脱硫处理。

## 13.1.6　悬浮窑的热工控制

悬浮窑生产机械化、自动化程度较高，采用自控连锁和监测仪表控制生产。

13.1.6.1　压力控制

全系统靠1台排烟机维持负压操作，系统总阻力约为8kPa。每个旋风器的出口气体管道上均设压力测量点，可通过改变排烟机的转速及调节排烟机前阀门来调节系统的负压和流速。

另有3处阀门可以调节，以达到控制系统气体流速和系统阻力，它们是：冷却段冷却空气入口处阀门、焙烧器的一次空气入口阀门、热气体发生器的燃烧空气入口阀门。

13.1.6.2　温度控制

各级旋风器和热气体发生器的出口气体管道上设有温度测量点，位于重点部位：（1）在

Ⅳ级旋风器出口气体管道上设有温度显示、记录和报警,以控制煅烧温度;(2)在Ⅰ级旋风器出口气体管道上设有温度显示、记录和报警,以调节掺冷风阀的开度,保证进入除尘器的烟气温度不超过其使用温度;(3)在冷却段CⅢ旋风器的出料口设有温度显示、记录和报警,据此调节进入系统的冷却空气量,以控制合适的出料温度。

### 13.1.6.3 气体分析

在Ⅳ级旋风器出口气体管道上和Ⅱ级旋风器出口气体管道上设有 $O_2$ 和 CO 测定分析仪,以控制燃料和空气的供给量,达到完全燃烧的目的。

## 13.1.7 技术性能

| | |
|---|---|
| 生产能力 | 350t/d(14.6t/h); |
| 入窑原料粒度 | <2mm; |
| 入窑原料水分 | <2%; |
| 焙烧温度 | 950℃±10℃; |
| 燃　料 | 气体燃料、液体燃料、粉状固体燃料; |
| 热　值 | 18390kJ/m³(焦炉煤气); |
| 烧嘴使用压力 | 约7650Pa; |
| 燃料消耗 | <5000kJ/kg; |
| 出窑温度 | <150℃; |
| 年工作日 | >330d; |

成品质量:

| | |
|---|---|
| $w(CaO)$ | 88.5%~90.5%; |
| $w_{残留}(CO_2)$ | 3%~5%; |
| 活性度(25g试样) | >160mL。 |

## 13.1.8 悬浮窑的内衬

### 13.1.8.1 内衬材料砌筑

由于悬浮窑煅烧温度不高,内部主要砌筑黏土砖。具体部位及砌筑材料如下:

(1)Ⅰ~Ⅳ级旋风器工作层砌筑124mm黏土砖,局部砌高铝砖,外层砌124mm硅藻土砖;

(2)焙烧器和热气体管道由里向外依次砌筑124mm优质黏土砖,124mm硅藻土砖,60mm钙硅板;

(3)CⅠ~CⅢ级冷却旋风器工作层砌筑124mm黏土砖,局部砌高铝砖,外层砌124mm硅藻土砖;

(4)气体管道里向外依次砌筑124mm黏土砖,60mm硅藻土砖;

(5)各级下料管内层砌60mm浇注料,外层为25mm钙硅板。

局部旋风器、焙烧器和气体管道也用了少量浇注料。

350t/d悬浮窑砌筑用耐火材料重量约500t。

### 13.1.8.2 主要内衬材料

(1)耐火浇注料A。

| 指标: | $Al_2O_3$ | 35%; |
|---|---|---|
| | 体积密度 | 1.9t/m³; |

　　　　　常温耐压强度　　　35MPa（1000℃）；

　　　　　最高使用温度　　　1350℃。

使用部位：预热旋流器和冷却旋流器及其烟气、气体管道，燃烧室。

使用量：　　约57t。

（2）耐火浇注料B。

指标：　　Al₂O₃　　　　　68%；

　　　　　体积密度　　　　　2.3t/m³；

　　　　　常温耐压强度　　　35MPa（1000℃）；

　　　　　最高使用温度　　　1550℃。

使用部位：煅烧管路、高温烟气管道、旋流器气体进口。

使用量：　　约58t。

（3）各种黏土砖、高铝砖。

使用部位：预热旋流器和冷却旋流器及其烟气、气体管道，燃烧室；

使用量：　　约222t。

（4）轻质硅藻土隔热砖、黏土隔热砖、硅钙隔热板等。

使用部位：预热旋流器和冷却旋流器及其烟气、气体管道，燃烧室；

使用量：　　约62t。

## 13.2　CID窑

　　CID窑是根据制造商的首字缩写命名的，该公司为位于德国杜塞尔多夫的工业与发展咨询公司（Consultants Industry and Development GmbH）。1985年以来，在德国有5座CID窑在生产，其中一座窑产量在80~120t/d之间。CID窑型独特，既不同于回转窑，也不同于竖窑。其生产的活性石灰质量优良，原料、燃料适用范围广，较适用于中小型钢铁企业。该窑的特点是宽大的燃烧室提供了气体、液体或粉状燃料充分燃烧的良好条件；带有强制传动的机构将石灰石均匀地流动，保证了均匀的产品质量，并且可以使用小粒石灰石烧制合格的产品。

### 13.2.1　CID窑的结构和热工原理

#### 13.2.1.1　CID窑的结构

　　CID窑可以划分为以下几个部分：预热段、焙烧段、二次分解段（也称继续分解段）和冷却段，如图13-2所示。

#### 13.2.1.2　CID窑的各段功能

　　A　预热带

　　如图13-3所示，石灰石通过倾斜带式运输机供到窑顶供料槽，石灰石从料槽口排出流入立筒预热器，料通过一个专门设计的布料器均匀分布到约6m宽的立式预热器的断面上。废烟气是从煅烧室引出，经侧面的气体管道进入立筒预热器；或是直接从煅烧室上部穿过料层进入立筒预热器。立筒上方与空气排出口相连接，窑内废烟气从这里被抽出。即预热以逆流的方式进行，石灰石向下流动，废烟热气自下而上从废气出口排出。

　　B　焙烧段

　　经立筒预热器预热的石灰石料直接进入焙烧段的第一个液压移动平台上，由料的自重形成第一个斜坡，这些料直接受燃烧室烧嘴喷射气流及燃烧室热辐射加热。燃烧室内设4~5个阶

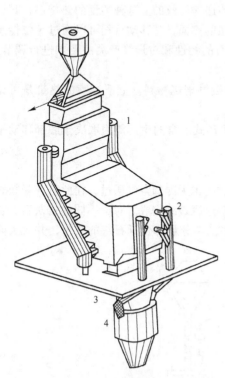

图 13-2　CID 窑外形示意图

1—预热带；2—燃烧室；3—二次
分解带；4—冷却带

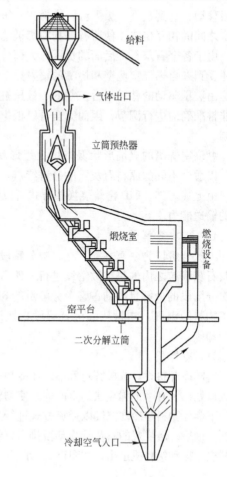

图 13-3　CID 窑断面图

梯式液压移动平台，石灰石经一级级液压平台逐级向下移动，直至最后一级平台后落到二级分解段。焙烧段有一个宽大的燃烧室（见图13-3、图13-4），物料均匀地平摊在约 6m 宽、4～5 个阶梯式液压移动平台上，料面自然形成斜坡。料流对面有上下两组烧嘴，烧嘴燃烧产生的热烟气在引风机的抽力作用下，穿过各平台的物料层，将物料加热，实现热量传递，同时物料斜坡还能吸收燃烧室墙和烧嘴的辐射热。这两种热量的使用，可以根据石灰石的特性和对成品的质量要求进行调整、控制。

物料在各级平台一级一级运动的过程是：受液压驱动而前移的平台接到从上面落下的物料时，原料斜坡前部失去支撑而下滑，落入为下一个平台上的物料起缓冲作用的中间箱；向前输送的物料又形成一个斜坡，并在平台作反向移动时使物料又有了新的支撑；依此，物料

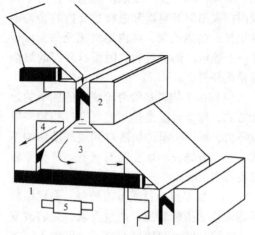

图 13-4　CID 窑燃烧室放大图

1—平台；2—中间立筒；3—石灰；
4—侧面气体出口；5—液压驱动装置

逐级移动，直到最下一级平台。物料在一级一级地移动中不断被翻动，促进了不同料温的石灰石块之间的相互传热，使所有的物料都被均匀地加热。中间箱料位由 γ 射线控制。

由于各个石灰石堆后面的负压，大部分燃烧气体通过料堆的上部断面抽出，同时，斜坡料面还受到来自燃烧室侧壁和烧嘴的辐射热，所以热的传递是高效的。这种类型的热传递，其料流是由液压驱动的移动平台控制的，液压缸装在窑外墙的侧面，其移动行程可以通过定位传感器非常准确地进行调节，因而完全可以根据原料石灰石的特性和对最终产品的要求进行调节、控制。

燃烧室烧嘴的火焰形状保持短火炬形状，不直接接触焙烧物料。上下烧嘴的热量是可调的，以适合不同的原料石灰石的分解特点。

由上述可知，CID 窑焙烧换热方式可以说成横流滚动式。窑的生产能力取决于底部移动平台的输送能力。

C  二次分解段

二次分解段为一直立筒，在二次分解段既无热量供给也无冷却空气通过，在此石灰颗粒之间及石灰颗粒之内的热扩散继续进行，使石灰石的分解过程最终完成。对于不同的石灰石，在二次分解段的分解量大约占整个分解量的 8% ~ 10%。二次分解均化了石灰的质量，并大大降低了物料的温度。物料从二次分解段直接进入冷却段。

D  冷却段

窑的冷却机设计成椭圆对称形，在冷却机的入口处，装有一个漏斗状的空心体，使物料均匀下落。物料与冷却空气以逆流方式进行热交换。最后，焙烧好的石灰从冷却段排出，经出料机、振动给料机运出，如图13-5所示。

### 13.2.2  CID 窑的特点

(1) 焙烧过程稳定，石灰石料流保持滚动、翻动，在一级一级地从移动平台向下移动时接收辐射的料面和进行热交换的物料不断更换，受热均匀，窑内物料无死角，保证了一个稳定的焙烧过程，因而石灰石的焙烧质量高并稳定。

(2) 由于物料是沿台阶滚动的独特的运动方式，每个台阶换热气流要穿过的物料厚度不大，所以物料的块度对其透气度影响不大，可以焙烧较小块度的石灰石。最小原料块度可为 10mm。

(3) 物料流动过程可以控制。根据原料的物理化学指标状况、产量要求，只需改变几个参数，即可很快调节窑况。可以人工控制，也可以实现自动控制。当原料石灰石成分波动较大时，这种窑更具有优越性。

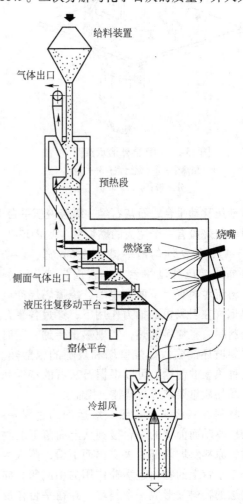

图 13-5  CID 窑焙烧原理图

### 13.2.3 CID 窑的技术经济指标

(1) 生产能力：                         80 ~ 120t/d；

(2) 原料石灰石粒度：        15 ~ 45mm 或 10 ~ 45mm；

(3) 产品石灰的活性度：       温升法：   60℃，1min；

                                    残余 $CO_2$  < 1%；

(4) 1t 石灰热耗：              3866kJ；

(5) 1t 石灰电耗：              22kW·h；

(6) 使用燃料：                 天然气/重油/煤气/褐煤粉；

(7) 占地面积：       厂房       35m×20m；

                   窑体平台   15m×15m；

(8) 建窑用钢材：             230t（其中耐热钢30t）；

(9) 建设用耐火材料：       $200m^3$（约500t）全部为耐火浇注料；

(10) 职工人数：               38 人；

(11) 建设费用：              350 ~ 450 德国马克（1997 年估价）。

CID 窑的钢结构如图 13-6 所示。

CID 窑使用的耐火材料如表 13-1 所示。

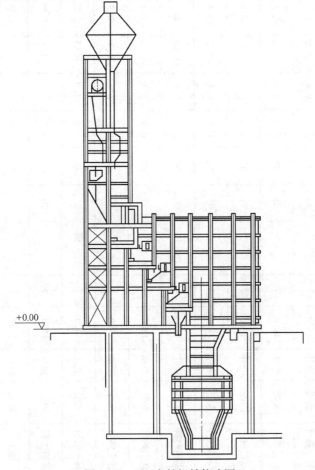

图 13-6  CID 窑的钢结构略图

## 表13-1　CID窑使用的耐火材料

| 主要原料 | 结合方式 | 施工方法 | 最高使用温度/℃ | 最大颗粒尺寸/mm | 现场每100kg的加水量/L | 化学成分 w/% | | | | 性能 | | | | | | 烧后体积密度 /g·cm⁻³ | 热导率(500℃)/W·(m·K)⁻¹ | 热膨胀率(1000℃)/% |
| | | | | | | Al₂O₃ | SiO₂ | Fe₂O₃ | CaO | 烧后线变化/% | | | 烧后常温耐压强度/MPa | | | | | |
| | | | | | | | | | | 110℃ | 1000℃ | /℃ | 110℃ | 1000℃ | /℃ | | | |
| 黏土熟料 | 水凝 | 喷补 | 1320 | 7 | | 35 | 46 | 3.9 | 9.8 | -0.05 | -0.5 | -0.6/1200 | 60 | 35 | 45/1200 | 1.95 | 0.75 | 0.6 |
| 黏土熟料 | 水凝 | 喷补 | 1450 | 7 | | 55 | 34 | 0.7 | 7.7 | -0.05 | -0.3 | -1.95/1400 | 75 | 50 | 30/1400 | 2.10 | 1.0 | 0.65 |
| 高铝矾土 | 陶瓷 | 喷补 | 1700 | 7 | | 71 | 23 | 1.3 | | | -0.6 | -0.55/1400 | | 17 | 16/1400 | 2.35 | 1.36 | 0.65 |
| 板状氧化铝 | 水凝 | 浇注 | 1820 | 7 | 8~10 | 95 | 0.1 | 0.1 | 4.4 | -0.05 | -0.1 | -0.3/1600 | 65 | 60 | 55/1600 | 2.65 | 1.79 | 0.80 |
| 高铝熟料 | 水凝 | 浇注 | 1580 | 4 | 10~12 | 60 | 30 | 0.8 | 5.7 | -0.05 | -0.1 | +0.2/1400 | 70 | 40 | 50/1400 | 2.12 | 1.06 | 0.60 |
| 高铝熟料 | 水凝 | 振动 | 1500 | 7 | 6~7.2 | 51 | 42 | 0.9 | 3.9 | -0.05 | -0.4 | +0.8/1400 | 75 | 75 | 60/1400 | 2.32 | 1.34 | 0.7 |
| 黏土熟料 | 水凝 | 振动 | 1480 | 7 | 6.4~7.6 | 50 | 43 | 0.8 | 4.2 | -0.1 | -0.3 | -0.4/1400 | 90 | 90 | 75/1400 | 2.27 | 1.35 | 0.6 |
| 黏土熟料 | 水凝 | 浇注 | 1320 | 7 | 12~14 | 40 | 41 | 4.4 | 11.0 | -0.05 | -0.35 | -0.7/1200 | 55 | 30 | 23/1200 | 2.0 | 0.76 | 0.6 |
| 高铝熟料 | 陶瓷 | 捣打 | 1650 | 7 | | 70 | 23 | 1.2 | | -1.3 | -1.45 | +1.5/1400 | 12 | 25 | 10/1400 | 2.42 | 1.32 | 0.7 |
| 刚玉 | 陶瓷 | 捣打 | 1750 | 7 | | 84 | 12 | 0.6 | | -1.2 | -1.35 | +2.5/1600 | 6 | 30 | 23/1600 | 2.67 | 1.76 | 0.77 |
| 高铝熟料 | 无机化合物 | 捣打 | 1650 | 7 | | 70 | 22 | 0.5 | | -0.7 | -0.9 | -0.5/1600 | 45 | 65 | 85/1600 | 2.50 | 2.38 | 0.7 |
| 高铝熟料 | 水凝 | 振动 | 1450 | 7 | 10~11 | 67 | 25 | 0.8 | 5.8 | -0.05 | -0.1 | +1.5/1400 | 60 | 50 | 35/1400 | 2.24 | 1.13 | 0.64 |

# *14* 我国冶金石灰窑炉的发展方向

随着我国钢铁工业的高速发展，我国冶金石灰行业也得到迅速发展，对冶金石灰窑炉提出了更高的要求。而现阶段，在生产规模、产品质量、装备水平、能源消耗、环境保护、作业条件、综合利用等方面都存在较大差距。冶金石灰窑炉是冶金石灰生产的核心关键设备，其技术状态决定冶金石灰行业的技术水平，它直接影响产品质量、能源消耗、环境保护等诸多方面。以下，结合我国钢铁工业的现状和发展趋势，探讨我国冶金石灰窑炉发展方向。

## 14.1 冶金石灰窑炉向大型化规模化生产发展

2004 年产钢 27279.79 万 t，产钢材 29723.12 万 t。到 2004 年底，我国共有钢铁企业 3800 家，其中产钢企业 264 家，本年钢铁产量居第一位的宝钢集团产量 2141 万 t，占全国的 7.86%。行业前 4 名市场占有率 15.7%，超过 500 万 t 的前 15 名市场占有率 45%。而日本前 5 家钢铁企业的钢产量占全日本钢产量的 75%；欧盟 15 国 6 家钢铁企业钢产量占欧盟整个钢产量的 74%；韩国浦项钢铁厂的钢产量就占韩国的 65%；法国的阿赛洛钢铁公司几乎囊括了法国的钢铁生产。我国的企业集中度明显低于发达国家。

2005 年 7 月，国家发展和改革委正式发布《钢铁产业发展政策》，鼓励通过跨地区的联合重组，扩大具有比较优势的骨干企业集团规模，提高产业集中度。明确提出了对钢铁产业结构进行调整的目标：到 2010 年，形成两个 3000 万 t 级，若干个千万吨级的具有国际竞争力的特大型企业集团；钢铁冶炼企业数量较大幅度减少，排名前 10 位的钢铁企业集团钢产量占全国产量的比例达到 50% 以上，2020 年将达到 70% 以上。

2007 年生产粗钢 48924.08 万 t，2007 年生产钢材 56460.81 万 t。全行业产业集中度低的问题还没有解决，2007 年产钢最多的十家大企业集团粗钢产量合计 17996.94 万 t，占全国总量的比重为 36.79%，比 2006 年下降 0.78 个百分点，没有提高，反而下降。

进入 21 世纪以来，中国钢铁工业经历了前所未有的大发展，为中国经济的发展、社会的进步和人民生活的改善作出了重要贡献。也对冶金石灰窑炉的发展提出了更高要求，按炼 1t 钢消耗 50kg 石灰烧结 1t 烧结矿消耗 50kg 石灰计，2008 年需要冶金石灰约 5200 万 t，需 300t/d 石灰窑 520 座，或 600t/d 石灰窑 260 座，或 1200t/d 石灰窑 130 座。可以看出，随着钢铁工业淘汰落后的中小企业，向特大型企业集团规模化生产发展，冶金石灰窑炉必然向大型化规模化生产发展。过去几年，国内石灰企业已经向大型化规模化生产迈进了一大步，已经建设了 500t/d 套筒窑、600t/d 迈尔兹窑、600 ~1000t/d 回转窑，总计约 50 座以上。但是，同时还有相当数量的小型烧固体燃料竖窑在生产。

大型化规模化生产对于节能降耗、自动化生产、资源综合利用等有明显的效果，开发 800t/d 以上竖窑，1200t/d 以上回转窑是将要发展的目标。

## 14.2 冶金石灰窑炉向节能型精细化生产发展

能源已成为本世纪最受关注的问题，石油价格高涨，生物燃料与人类争食。我国也制定了单位 GDP 能源消耗考核政策，2006 ~2010 年，单位 GDP 的能源消耗降低 20%。这是一个非常艰巨的任务，全国，特别是耗能较大的企业，都必须特别重视节约能源、降低能耗。无论是国家、政府，还是企业、个人都必须重视燃料、水、电、汽、气等能源介质的消耗，能源成本的不断提高，人们不得不关注能源消耗，通过降低能源消耗，达到降低生产成本，提高企业市场竞争力的目的。冶金石灰窑炉是冶金石灰企业的耗能大户，约占企业能耗的3/4以上，搞好石灰窑炉节能成为企业的重中之重。

石灰窑炉节能一方面是要开发选用节能型窑炉，在燃烧技术、内衬结构、耐火材料、余热利用、配套机电设备等方面有突破；另一方面是要精细化操作，达到稳定生产、节能降耗的目的。竖窑每1kg石灰能耗降到3558 ~ 3767kJ以下，回转窑能耗降到4605kJ以下。

## 14.3　冶金石灰窑炉向机械化自动化生产发展

机械化自动化生产是现代企业的发展方向，随着我国现阶段社保政策的实施，劳动力成本不断提高，按我国现行的计划生育政策，我国再过10 ~20年将出现劳动力缺乏，因此，机械化自动化生产是企业长期发展的需要。同时，机械化自动化生产也是大型化规模化生产所必需的，一是非人力所及，二是人为因素不利于稳定生产。

近几年，我国冶金石灰窑炉的机械化自动化水平有了很大提高，在PLC控制、CRT监控方面有了很大进步，将来要向窑炉全自动化操作发展，不但实现加、出料机械化自动化，还要对各项工艺参数实现自动控制，甚至建立必要的数学模型。对主要设备运行状态，关键部位实现视频监视，达到无人值守的目的。

## 14.4　冶金石灰窑炉向环保型洁净化生产发展

以人为本、尊重生命是现代文明的标致，环保型洁净化生产是企业文明生产的表现，创造良好的生产条件，改善劳动环境是企业义不容辞的责任，也是对社会应尽的义务。

冶金石灰企业主要的污染源是噪声、粉尘，石灰窑炉还要注意高温、排烟废气。现代的石灰窑炉要把烟气净化，降低二氧化碳气体排放放在第一位，还要注意降低加、出料的噪声和粉尘，风机噪声控制，窑表面温度的降低。

## 14.5　冶金石灰窑炉向综合利用循环经济发展

矿物资源是不可再生的，现代文明要求我们必须珍惜资源、充分利用一切资源。冶金石灰窑炉向综合利用循环经济发展，要从原料石灰石、白云石，成品石灰、轻烧白云石，烟气三方面考虑。

原料石灰石、白云石要考虑矿山资源，开采破碎后的粒度分级，破碎成本，合理搭配选择窑炉，尽最大可能提高利用率。如悬浮窑、回转窑、竖窑合理搭配，基本可利用0 ~120mm的石灰石、白云石。

要将粒度合适的成品石灰、轻烧白云石尽量满足炼钢需要，剩余的经破碎供烧结采用，品质好的石灰可用于生产脱硫剂，轻烧白云石细料可压制成球，用于转炉溅渣护炉。

烟气要将净化回收的粉尘用于烧结，气体要考虑二氧化碳回收、余热利用。有条件、有市场的情况下，要回收二氧化碳气体，不但可减少温室气体排放，还可获得较好的经济效益。烟气余热利用既可用于窑炉自用燃料、空气的预热，也可用作其他物质的干燥热源。

# *15* 煤粉制备系统

## 15.1 磨煤系统的选择

冶金石灰工业用煤粉作燃料的窑炉主要有回转窑、双膛窑和梁式烧嘴窑等竖窑。

### 15.1.1 磨煤机的选型

冶金石灰厂制备煤粉所用的磨煤机主要有钢球磨煤机和辊式磨煤机两种。辊式磨煤机又称立式磨，包括平盘式弹簧压力磨、碗式弹簧压力磨、滚球式弹簧压力磨等。

钢球磨煤机结构简单、操作可靠，对各种煤的适应性较强，设备投资较小；其缺点是设备重量大、体积大、单位产品电耗高、噪声大，一般在所磨煤质硬、含杂质（铁块、矸石等）较多，且需磨碎很细时采用。

辊式磨煤机重量轻、体积小、噪声低、单位产品电耗低，其缺点是设备投资较高、对各种煤的适应性较差。生产经验表明，用于粉磨烟煤较为合适。若煤质或煤中杂质较硬，就不易磨得很细，而且研磨部件易于损坏。

两种磨煤机的粉磨电耗如表 15-1 所示。

表 15-1 两种磨煤机的粉磨电耗

| 磨煤机类型 | 电机功率/kW | 产量/t·h$^{-1}$ | 粉磨电耗/MJ·t$^{-1}$ (kW·h·t$^{-1}$) | 90μm 筛筛余/% | 风机功率/kW | 风机电耗/MJ·t$^{-1}$ (kW·h·t$^{-1}$) |
|---|---|---|---|---|---|---|
| 钢球磨煤机 | 75 | 4.0 | 62.28 (17.3) | 26 | 60 | 60.12 (16.7) |
| | 112 | 3.9 | 78.48 (21.8) | 20 | 65 | 54 (15.0) |
| | 205 | 9.0 | 81.72 (22.7) | 50 | 54 | 20.16 (5.6) |
| 辊式磨煤机 | 75 | 5.6 | 29.52 (8.2) | 22 | 73 | 60.12 (16.7) |
| | 112 | 10.0 | 24.84 (6.9) | 36 | 150 | 54 (15.0) |
| | 150 | 9.0 | 28.08 (7.8) | 10 | 185 | 78.48 (21.8) |
| | 260 | 22.0 | 30.96 (8.6) | 45 | 410 | 67.32 (18.7) |

### 15.1.2 原煤的干燥

当入钢球磨煤机的原煤水分不超过 12%，入辊式磨煤机的原煤水分不超过 8% 时，其干燥可在粉磨过程中同时进行。只有水分超过规定值时，才需另设干燥器预先干燥。

干燥筒是常用的一种干燥设备，以热烟气作干燥介质，按热烟气和煤的接触方式干燥筒的筒体结构分直接接触干燥和间接接触干燥两种。前者结构简单，应用较广。为避免煤着火，干燥筒内的热烟气与煤成顺流运行。当原煤水分为 10% ~ 15% 时，入干燥筒的热烟气温度可达

400～500℃，再高则易着火，此时出干燥筒的废气温度为100～120℃，干燥后的煤温为75～85℃，容积气化强度可达60kg/(m³·h)，单位热耗量为5400～5800kJ/kg水。

### 15.1.3　磨煤系统工艺流程的选择

煤粉制备系统的工艺流程有许多种，归纳起来可分为直吹式和中间仓式两类。

上述两类工艺流程均需要热风作为磨煤机的烘干热源。热风一般有两种来源，一是来自热风炉燃烧产生的热风；二是来自石灰窑的出窑废气。出于操作安全性和余热利用的考虑，冶金石灰生产中常用石灰窑的出窑废气作为磨煤机的烘干热源。竖窑因废气温度较低（约100～200℃），一般采用热风炉燃烧产生的热风作为烘干热源，也可将竖窑废气与热风炉产生热风混合作为烘干热源。回转窑的窑尾预热器出来的废气温度虽然不高（约200～300℃），但窑头冷却器机产生的热风温度较高（约500～700℃），窑尾废气用窑头热风调温后，可作为磨煤机的烘干热源。

#### 15.1.3.1　直吹式煤粉制备系统流程

A　直吹式辊式磨煤机系统流程

原煤从煤仓1经给料机2均匀地喂入辊式磨煤机3中。被磨细的煤粉经磨盘周围风环的上升气流送至磨煤机上部的选粉机中进行风选，合格的煤粉随气流经鼓风机4直吹入窑5中燃烧，不合格的颗粒重新回到磨煤机中研磨。由热风炉8来的热风或从预热器6抽取并经过旋风收尘器7除尘的热风，作为磨煤机的烘干热源。如图15-1所示。

B　直吹式钢球磨煤机系统流程

原煤从煤仓1经给料机2均匀地喂入钢球磨煤机3中。出磨煤机的煤粉被气流送至粗粉分离器4中进行风选，不合格的颗粒返回到磨煤机中重新研磨，合格的煤粉经旋风分离器5分离后随气流经鼓风机6直吹入窑7中燃烧。由热风炉9来的热风或从预热器8抽取并经过旋风收尘器10除尘的热风，作为磨煤机的烘干热源。如图15-2所示。

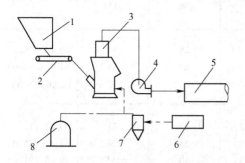

图 15-1　直吹式辊式磨煤机系统

1—煤仓；2—给料机；3—辊式磨煤机；4—鼓风机；
5—窑；6—预热器；7—收尘器；8—热风炉

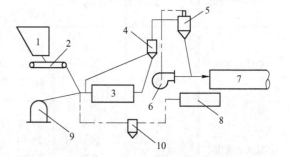

图 15-2　直吹式钢球磨煤机系统

1—煤仓；2—给料机；3—钢球磨煤机；4—粗粉分离器；
5—旋风分离器；6—鼓风机；7—窑；
8—预热器；9—热风炉；10—收尘器

C　直吹式煤粉制备系统的优缺点

优点：

（1）不需要煤粉收集设备和煤粉仓，故系统比较简单；

（2）几乎没有滞留煤粉的地方，减小了因煤粉滞留自燃而导致爆炸的危险性；

（3）直吹式系统的投资一般比中间仓式系统低40%～50%左右。

缺点：

(1) 在直吹式煤粉制备系统中，磨煤的全部风量入窑作为窑的一次风，从而减少了高温二次风的入窑量，影响了窑的热效率；

(2) 当窑的产量变化时，需要相应改变磨煤机的产量，但直吹式系统不能及时应变，一般要有一定时间的滞后；

(3) 当磨煤机发生故障时，将直接影响窑内煤粉的供应，进而影响窑的生产。

鉴于上述缺点，冶金石灰生产企业一般采用中间仓式煤粉制备系统以保证窑的生产稳定。

### 15.1.3.2 中间仓式煤粉制备系统流程

#### A 中间仓式辊式磨煤机系统流程

原煤从煤仓 1 经给料机 2 均匀地喂入辊式磨煤机 3 中。被磨细的煤粉经磨盘周围风环的上升气流送至磨煤机上部的选粉机中进行风选，不合格的颗粒重新回到磨煤机中研磨，合格的煤粉随气流进入煤粉收集器 6 中，收集下来的煤粉进入中间煤粉仓 7 中。中间仓中的煤粉由煤粉输送机 9 卸出，由鼓风机 8 送入窑 10 中燃烧。由热风炉 13 来的热风或从预热器 11 抽取并经过旋风收尘器 12 除尘的热风，作为烘干热源送入磨煤机。出煤粉收集器的废气由循环风机 5 抽出，将其中的一部分返回磨煤机循环使用，其余废气经收尘器 14 净化后由排风机 4 排入大气。如图 15-3 所示。

#### B 中间仓式钢球磨煤机系统流程

原煤从煤仓 1 经给料机 2 均匀地喂入钢球磨煤机 3 中。出磨煤机的煤粉被气流送至选粉机 4 中进行风选，不合格的颗粒返回到磨煤机中重新研磨，合格的煤粉随气流进入煤粉收集器 6 中，收集下来的煤粉进入中间煤粉仓 7 中。中间仓中的煤粉由煤粉输送机 9 卸出，由鼓风机 8 送入窑 10 中燃烧。由热风炉 13 来的热风或从预热器 11 抽取并经过旋风收尘器 12 除尘的热风，作为烘干热源送入磨煤机。出煤粉收集器的废气由循环风机 5 抽出，将其中的一部分返回磨煤机循环使用，其余废气经收尘器 14 净化后由排风机 15 排入大气。如图 15-4 所示。

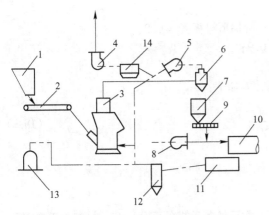

图 15-3 中间仓式辊式磨煤机系统

1—煤仓；2—给料机；3—辊式磨煤机；4—排风机；
5—循环风机；6—煤粉收集器；7—中间仓；
8—鼓风机；9—煤粉输送机；10—窑；
11—预热器；12，14—收尘器；
13—热风炉

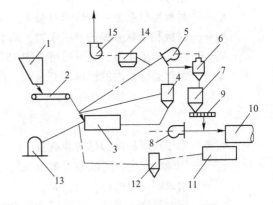

图 15-4 中间仓式钢球磨煤机系统

1—煤仓；2—给料机；3—钢球磨煤机；4—选粉机；
5—循环风机；6—煤粉收集器；7—中间仓；8—鼓风机；
9—煤粉输送机；10—窑；11—预热器；12，14—收尘器；
13—热风炉；15—排风机

C　中间仓式煤粉制备系统的优缺点

主要优点：

（1）窑的一次风量不受磨煤机风量的限制，可以根据窑的生产需要把风量控制在合理的范围内；

（2）磨煤机和窑互不影响，可以根据各自的需要进行调节；

（3）当磨煤机出现故障时，短时间内不会影响窑的正常生产。

主要缺点：

（1）基建投资高，维修费用高；

（2）系统比较复杂；

（3）煤粉易在系统中积存，有发生爆炸的危险，需采取必要的安全保护措施。

## 15.2　磨煤系统的计算

### 15.2.1　磨煤机的生产能力和所需功率的计算

原煤的干燥和粉磨通常是在磨煤机中同时进行的，因此磨煤机的生产能力取决于粉磨能力和烘干能力中的较小者。通常情况下，原煤水分都不高，磨煤机的生产能力主要取决于粉磨能力，故以下仅叙述磨煤机粉磨能力的计算方法。

#### 15.2.1.1　钢球磨煤机的生产能力和所需功率的计算

A　钢球磨煤机的生产能力

$$G_F = \frac{0.1 D_i^{2.4} L n^{0.8} \varphi^{0.6} K_B K_{W1} K_{W2} K_1 K_2}{K_d \sqrt{\ln \dfrac{100}{R}}} \tag{15-1}$$

式中　$G_F$——钢球磨煤机的粉磨能力，t/h；

$D_i$——钢球磨煤机的内径，m；

$L$——钢球磨煤机的有效长度，m；

$n$——钢球磨煤机的转速，r/min；

$K_1$——衬板形状系数：波纹形衬板 $K_1 = 1$，阶梯形衬板 $K_1 = 0.9$；

$K_2$——衬板和钢球磨损的修正系数，$K_2 = 0.9$；

$K_d$——粒度修正系数，其系数可查图 15-5；

$\varphi$——钢球磨煤机内的钢球填充系数，可计算如下：

$$\varphi = \frac{W_b}{\gamma_b V} \tag{15-2}$$

$W_b$——钢球磨煤机内钢球的装载量，t；

$\gamma_b$——钢球的密度，可取 $\gamma_b = 4.9 t/m^3$；

$V$——钢球磨煤机的内容积，$m^3$；

$K_B$——煤的易磨性系数，混合煤的易磨性系数可按每种煤的百分比和其易磨性系数计算其平均值；

$K_{W1}$——水分对煤的易磨性系数的修正系数，可计算如下：

$$K_{W1} = \sqrt{\frac{W_{max}^2 - W_m^2}{W_{max}^2 - W_{NZ}^2}} \tag{15-3}$$

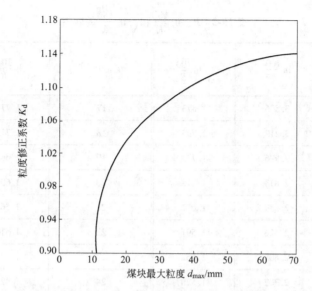

图 15-5　煤块入磨煤机最大粒度与粒度修正系数的关系

$W_{max}$——煤的最大水分,% , 如无煤的最大水分资料, 可按下式估算:

$$W_{max} = 4 + 1.06W_1 \tag{15-4}$$

$W_{NZ}$——煤的附着水分 (内在水分),% ;

$W_m$——钢球磨煤机内煤的平均水分,% , 可按下式计算:

$$W_m = 0.25W_1 + 0.75W_2 \tag{15-5}$$

$W_1$——入磨煤机原煤水分,% ;

$W_2$——煤粉水分,% ;

$K_{W2}$——从水分 $W_m$ 换算成水分 $W_1$ 的原煤重量换算系数, 可按下式计算:

$$K_{W2} = \frac{100 - W_m}{100 - W_1} \tag{15-6}$$

粗粉经分离器后煤粉细度, 以 4900 孔/cm² 筛筛余 $R$ 表示, 可按下式计算:

$$R = (0.9 - 0.01A)(4.0 + 0.5V) \tag{15-7}$$

$A$——煤的灰分含量,% ;

$V$——煤的挥发分含量,% 。

煤粉在 4900 孔/cm² 筛的筛余应不大于 0.5% 。

式 (15-7) 中, $\ln \dfrac{100}{R}$ 和 $\sqrt{\ln \dfrac{100}{R}}$ 的数值可按表 15-2 查得。

钢球磨煤机生产能力的计算公式适用范围:

$$D = 1.7 \sim 3\text{m}; \qquad L/D = 1.5 \sim 2.0; \quad \varphi = 0.04 \sim 0.28;$$

$$K_B = 0.9 \sim 2.0; \qquad R = 4\% \sim 50\%; \quad n = (0.6 \sim 0.8)n_c$$

式中　$n_c$——钢球磨煤机的临界转速, r/min 。

表 15-2　$R$、$\ln\dfrac{100}{R}$ 和 $\sqrt{\ln\dfrac{100}{R}}$ 的数值

| $R/\%$ | $\ln\dfrac{100}{R}$ | $\sqrt{\ln\dfrac{100}{R}}$ | $R/\%$ | $\ln\dfrac{100}{R}$ | $\sqrt{\ln\dfrac{100}{R}}$ |
|---|---|---|---|---|---|
| 3 | 3.506 | 1.873 | 17 | 1.772 | 1.332 |
| 4 | 3.219 | 1.795 | 18 | 1.715 | 1.310 |
| 5 | 2.996 | 1.733 | 19 | 1.661 | 1.290 |
| 6 | 2.813 | 1.678 | 20 | 1.609 | 1.270 |
| 7 | 2.659 | 1.632 | 21 | 1.561 | 1.250 |
| 8 | 2.526 | 1.591 | 22 | 1.514 | 1.233 |
| 9 | 2.408 | 1.552 | 23 | 1.470 | 1.213 |
| 10 | 2.302 | 1.520 | 24 | 1.427 | 1.197 |
| 11 | 2.207 | 1.488 | 25 | 1.386 | 1.178 |
| 12 | 2.120 | 1.457 | 26 | 1.347 | 1.161 |
| 13 | 2.040 | 1.430 | 27 | 1.309 | 1.145 |
| 14 | 1.966 | 1.405 | 28 | 1.273 | 1.130 |
| 15 | 1.897 | 1.380 | 29 | 1.238 | 1.113 |
| 16 | 1.832 | 1.353 | 30 | 1.204 | 1.100 |

B　钢球磨煤机的所需功率

$$N_0 = 0.105 D_i{}^3 Ln\gamma_b\varphi^{0.9}K_1K_3 + 0.1D_iLn \tag{15-8}$$

式中　$N_0$——钢球磨煤机的所需功率，kW；

$\quad\quad K_3$——燃料性能系数，磨无烟煤时，$K_3 = 0.95$；磨其他煤时，$K_3 = 1.05$；

$\quad\quad$ 其他符号同前。

电动机功率

$$N = \frac{1.1}{0.8}N_0 = 1.38N_0 \tag{15-9}$$

式中　$N$——电动机功率，kW；

$\quad\quad$ 1.1——电动机储备系数；

$\quad\quad$ 0.8——传动效率。

磨煤机的单位产品耗电量

$$e = \frac{N_0}{0.92G_F} \tag{15-10}$$

式中　$e$——磨煤机的单位产品耗电量，kW·h/t；

$\quad\quad$ 0.92——电动机效率。

15.2.1.2 平盘式弹簧压力磨煤机的生产能力和电动机功率的计算

A 平盘式弹簧压力磨煤机的生产能力

$$G_L = \frac{K_L D^3 K_B K_{W1} K_{W2}}{K_d \sqrt{\ln \frac{100}{R}}}$$ (15-11)

式中 $G_L$——平盘式弹簧压力磨煤机的粉磨能力，t/h；

$D$——磨盘直径，m；

$K_L$——系数，取5.9。

B 平盘式弹簧压力磨煤机的电动机功率

$$N = \frac{8.47 K_L D^3}{0.9 \times \eta} = 10.46 K_L D^3$$ (15-12)

式中 $N$——平盘式弹簧压力磨煤机的电动机功率，kW；

0.9——减速机效率；

$\eta$——电动机效率，$\eta$ 取0.9。

15.2.1.3 碗式弹簧压力磨煤机的生产能力和电动机功率的计算

A 碗式弹簧压力磨煤机的生产能力

$$G_B = \frac{K_R K_B K_{W1} K_{W2}}{K_d \ln \frac{100}{R}}$$ (15-13)

式中 $G_B$——碗式弹簧压力磨煤机的生产能力，t/h；

$K_R$——系数，国产151型碗式弹簧压力磨煤机（磨盘直径 $D = 1.55$m，磨辊直径 $d = 0.575$）为12.6。

B 碗式弹簧压力磨煤机的电动机功率

$$N \approx \frac{6.95 K_R}{0.9 \times \eta} = 8.58 K_R$$ (15-14)

式中 $N$——碗式弹簧压力磨煤机的电动机功率，kW；

$\eta$——电动机效率，$\eta$ 取0.9。

15.2.1.4 滚球式弹簧压力磨煤机的生产能力计算

滚球式弹簧压力磨煤机的生产能力

$$G_E = \frac{K_E D^{1.5} K_B K_{W1} K_{W2}}{K_d \ln \frac{100}{R}}$$ (15-15)

式中 $G_E$——滚球式弹簧压力磨煤机的生产能力，t/h；

$D$——磨环直径，m；

$K_E$——系数，取5.6。

## 15.2.2 磨煤系统的通风量和热平衡计算

15.2.2.1 磨煤机的通风量计算

原煤的干燥和粉磨通常是在磨煤机中同时进行的，因此磨煤机通风量的确定应同时考虑粉磨和烘干的要求。

A　钢球磨煤机按粉磨要求确定的排风机风量

可按下式计算：

$$V_F = V(1000\sqrt[3]{K_B} + 36R\sqrt{K_B}\sqrt[3]{\varphi}) \tag{15-16}$$

式中　$V_F$——按粉磨要求确定的磨煤机系统的排风机风量，$m^3/h$；

$\quad\quad V$——钢球磨煤机的内容积，$m^3$；

$\quad\quad K_B$——煤的易磨性系数，混合煤的易磨性系数可按每种煤的百分比和其易磨性系数计算其平均值；

$\quad\quad \varphi$——钢球磨煤机内的钢球填充系数，参见式 15-2；

$\quad\quad R$——粗粉分离器后煤粉细度，4900 孔/$cm^2$ 筛筛余%，参见式（15-7）。

B　钢球磨煤机按烘干要求确定的热风量

可根据磨煤机系统热平衡计算所确定的烘干每公斤原煤所要求的热风量来计算，计算式如下：

$$g_1 = \frac{\gamma_1}{1+K_s}\left(\frac{V_G}{1000G_F} \times \frac{273}{273+t_2} - \frac{\Delta W}{0.805}\right) \tag{15-17}$$

式中　$g_1$——烘干 1kg 原煤所要求的热风量，kg/kg(原煤)；

$\quad\quad V_G$——按烘干要求确定的磨煤机系统的排风机风量，$m^3/h$；

$\quad\quad \gamma_1$——入磨煤机热风的标况下重度，$kg/m^3$；

$\quad\quad K_s$——系统的漏风系数，可查表 15-3；

$\quad\quad G_F$——钢球磨煤机的粉磨能力，t/h；

$\quad\quad t_2$——出排风机气体温度，℃；

$\quad\quad \Delta W$——1kg 原煤的水分蒸发量，kg，可按下式计算：

$$\Delta W = \frac{W_1 - W_2}{100 - W_2} \tag{15-18}$$

$\quad\quad W_1$——入磨煤机原煤水分，%；

$\quad\quad W_2$——出磨煤机煤粉水分，%。

表 15-3　磨煤机系统的漏风系数 $K_s$

| 系　统 | DTM 型钢球磨煤机 | | | | 弹簧压力磨 |
|---|---|---|---|---|---|
| | 220/260 | 220/330 | 250/360<br>250/390 | 287/410<br>287/470 | |
| 中间仓式 | 0.42 | 0.38 | 0.33 | 0.3 | |
| 直吹式 | 0.29 | 0.26 | 0.23 | 0.21 | 0.1 |

总漏风值在系统中的分配如表 15-4 所示。

表 15-4　总漏风值在系统中各部分的分配

| 漏风地点 | 单　位 | 中间仓式系统 | 直吹式系统 | |
|---|---|---|---|---|
| | | 钢球磨煤机 | 钢球磨煤机 | 弹簧压力磨 |
| 原煤入口管 | % | 15 | 20 | 100 |
| 磨煤机出口管 | % | 70 | 80 | |
| 旋风分离器出口管 | % | 15 | | |

对于离心式粗粉分离器，当用折向片调节煤粉细度时，按烘干要求确定的热风量 $V_G$ 与按粉磨要求确定的排风机风量 $V_F$ 之间的关系可按表15-5考虑。

**表 15-5 $V_G$ 与 $V_F$ 之间的关系**

| $R/\%$ | < 10 | 10 ~ 28 | > 28 |
|---|---|---|---|
| $V_G/m^3 \cdot h^{-1}$ | 允许 $\leq V_F$ | $(0.85 \sim 1.15) V_F$ | 允许 $\geq V_F$ |

钢球磨煤机的通风量 $V_F$ 也可按磨煤机内风速的经验值来确定，一般可取 $1 \sim 1.5 m/s$。

弹簧压力磨按烘干要求的热风量 $g_1$ 应在 $1.5 \sim 2.0 kg/kg$（原煤）范围内。

当采用直吹式系统时，通过磨煤机的空气量必须与窑的一次空气量相适应。

### 15.2.2.2 磨煤系统的热平衡计算

磨煤系统的热平衡计算以 0℃、1kg 原煤为基准。

热平衡计算的起点为原煤和热风进磨煤机的入口，终点为排风机的出口。

#### A 热收入

（1）热风的显热：

$$q_1 = g_1 C_1 t_1 \tag{15-19}$$

式中　$q_1$——热风带来的显热，kJ/kg（原煤）；

　　　$g_1$——磨煤机入口处的热风量，kg/kg（原煤）；

　　　$C_1$——磨煤机入口处热风的质量热容，kJ/(kg·℃)；

　　　$t_1$——磨煤机入口处热风的温度，℃，钢球磨煤机不超过400℃，弹簧压力磨不超过400℃。

（2）粉磨过程中产生的热量：

$$q_2 = 3.6 K_m e \tag{15-20}$$

式中　$q_2$——粉磨过程中产生的热量，kJ/kg（原煤）；

　　　$K_m$——粉磨过程中部分能量转变为热量的系数，对钢球磨煤机为0.7，弹簧压力磨为0.6；

　　　$e$——磨煤机的单位产品耗电量，kW·h/t，参见式（15-10）。

（3）漏入冷空气的显热：

$$q_3 = K_s g_1 C_a t_a \tag{15-21}$$

式中　$q_3$——漏入冷空气带入的显热，kJ/kg（原煤）；

　　　$K_s$——系统的漏风系数，即漏入的冷空气与热风的重量比值，kg/kg 热风，可查表15-3；

　　　$C_a$——漏入冷空气的质量热容，kJ/(kg·℃)；

　　　$t_a$——漏入冷空气的温度，℃。

（4）原煤带入的显热：

$$q_4 = [W_1 C_w + (1 - W_1) C_c] t_c \tag{15-22}$$

式中　$q_4$——原煤带入的显热，kJ/kg（原煤）；

　　　$W_1$——入磨煤机原煤水分，%；

　　　$C_w$——原煤中水分在 $t_c$ 温度下的质量热容，kJ/(kg·℃)；

　　　$C_c$——原煤在 $t_c$ 温度下的干基质量热容，kJ/(kg·℃)，

　　　　　无烟煤、瘦煤：0.921；

烟煤：　　　　1.088；

褐煤：　　　　1.130；

$t_c$——原煤的温度，℃。

（5）热风中粉尘带入的显热：

$$q_5 = K_d g_1 C_d t_1 \qquad (15\text{-}23)$$

式中　$q_5$——热风中粉尘带入的显热，kJ/kg（原煤）；

$K_d$——热风含尘系数，即热风中粉尘与热风的重量比值，kg/kg（热风）；

$C_d$——热风中粉尘的质量热容，kJ/(kg·℃)。

B　热支出

（1）蒸发水分所消耗的热量：

$$q_6 = \Delta W(2491.146 + 1.884t_2 - 4.187t_c)$$

$$= \frac{W_1 - W_2}{100 - W_2}(2491.146 + 1.884t_2 - 4.187t_c) \qquad (15\text{-}24)$$

式中　$q_6$——蒸发水分消耗的热量，kJ/kg（原煤）；

$\Delta W$——水分蒸发量，kg/kg（原煤）；

$W_1$——入磨煤机原煤水分，%；

$W_2$——出磨煤机煤粉水分，%；

$t_2$——离开系统的热风温度，℃：

中间仓式系统：$t_2 = t_M - 10$；

直吹式系统：$t_2 = t_M - 5$；

$t_M$——磨煤机出口的热风温度，℃，可查表15-6；

$t_c$——原煤的温度，℃。

表15-6　磨煤机出口的热风温度　　　　　　　　　　　（℃）

| 燃　料 | 中间仓式 | | 直吹式 | |
|---|---|---|---|---|
| | $W_1 \leqslant 25\%$ | $W_1 > 25\%$ | 非竖井式磨煤机 | 竖井式磨煤机 |
| 褐　煤 | 70 | 80 | 80～100 | 100 |
| 烟　煤 | | | 80～130 | 130 |
| 瘦煤、贫煤 | 100 | | 130～150 | — |
| 无烟煤 | 不限制 | | 不限制 | — |

（2）出系统热风带走的热量（不包括蒸发水分所产生的水汽）

$$q_7 = (1 + K_s)g_1 C_2 t_2 \qquad (15\text{-}25)$$

式中　$q_7$——出系统热风带走的热量，kJ/kg（原煤）；

$C_2$——出系统热风的质量热容，kJ/(kg·℃)。

（3）加热燃料消耗热：

$$q_8 = \frac{100 - W_1}{100}\left(C_c + \frac{4.187W_2}{100 - W_2}\right)(t_2 - t_c) \qquad (15\text{-}26)$$

式中　$q_8$——加热燃料消耗的热量，kJ/kg（原煤）。

（4）系统的散热损失：

$$q_9 = \frac{Q}{1000 G_F} \tag{15-27}$$

式中　$q_9$——系统的散热损失，kJ/kg（原煤）；

　　　$Q$——系统的小时散热损失，kJ/h，可查表 15-7 和表 15-8。

**表 15-7　钢球磨煤机系统的散热损失**

| 项目　　　　　规格 D/L | 160/235 | 207/265 | 220/330 | 250/360 | 250/390 | 287/410 | 287/470 |
|---|---|---|---|---|---|---|---|
| 直吹式系统/kJ·h⁻¹ | 54428 | 66989 | 83736 | 100483 | 100483 | 121417 | 125604 |
| 中间仓式系统/kJ·h⁻¹ | 58615 | 71176 | 92110 | 104670 | 104670 | 129791 | 133978 |

**表 15-8　弹簧压力磨直吹式系统的散热损失**

| 磨烟煤时产量 $G_F$/t·h⁻¹ | 2 | 4 | 6 | 8 | 10 | 12 | 16 | 22 |
|---|---|---|---|---|---|---|---|---|
| 系统散热损失 $Q$/kJ·h⁻¹ | 37681 | 46055 | 54428 | 62802 | 71176 | 79549 | 96296 | 121417 |

C　热平衡

$$q_1 + q_2 + q_3 + q_4 + q_5 = q_6 + q_7 + q_8 + q_9 \tag{15-28}$$

由上式可以求出入磨煤机的热风应有的温度 $t_1$ 和流量 $g_1$：

$$t_1 = \frac{q_6 + (1 + K_s) g_1 C_2 t_2 + q_8 + q_9 - q_2 - K_s g_1 C_a t_a - q_4}{g_1 C_1 + K_d g_1 C_d} \tag{15-29}$$

$$g_1 = \frac{q_6 + q_8 + q_9 - q_2 - q_4}{C_1 t_1 + K_S C_a t_a + K_d C_d t_1 - (1 + K_s) C_2 t_2} \tag{15-30}$$

### 15.2.2.3　入磨煤机热风成分的计算

入磨煤机热风的成分可计算如下：

有循环风时：

$$C_g t_g \varphi_g + C_2 t_2 \varphi_{re} = C_1 t_1$$

$$\varphi_g + \varphi_{re} = 1$$

$$\varphi_g = \frac{C_1 t_1 - C_2 t_2}{C_g t_g - C_2 t_2} \tag{15-31}$$

$$\varphi_{re} = \frac{C_g t_g - C_1 t_1}{C_g t_g - C_2 t_2} \tag{15-32}$$

式中　$C_g$——热烟气（或热空气）的质量热容，kJ/(kg·℃)；

　　　$t_g$——热烟气（或热空气）的温度（由于防爆原因不得超过 400℃）；

　　　$\varphi_g$——热烟气（或热空气）占入磨煤机热风的百分比，以小数表示；

　　　$\varphi_{re}$——循环风占入磨煤机热风的百分比，以小数表示。

入磨煤机热风中的循环风量及热烟气量分别用 $\varphi_{re}$ 及 $\varphi_g$ 乘以入磨煤机的热风总量 $g_1$ 即得。

无循环风时，以冷空气代替循环风进行计算。

### 15.2.2.4　入排风机的废气量和湿含量的计算

入排风机的废气量（有循环风时）可计算如下：

$$g_2 = (\varphi_g + \varphi_{re} + K_s)g_1 + \Delta W \tag{15-33}$$

$$V_2 = \left[\left(\frac{\varphi_g}{\gamma_g} + \frac{\varphi_{re}}{\gamma_{re}} + \frac{K_s}{\gamma_a}\right)g_1 + \frac{\Delta W}{0.804}\right]\frac{273 + t_2}{273} \tag{15-34}$$

式中　$g_2$——入排风机的废气量，kg/kg（原煤）；

　　　$V_2$——入排风机的废气量，$\mathrm{m^3/kg}$（原煤）；

　　　$\gamma_g$——热烟气（或热空气）的标况下重度，$\mathrm{kg/m^3}$；

　　　$\gamma_{re}$——循环风的标况下重度，$\mathrm{kg/m^3}$；

　　　$\gamma_a$——冷空气的标况下重度，$\mathrm{kg/m^3}$。

其中循环风重度

$$\gamma_{re} = \frac{g_1(\varphi_g + K_s) + \Delta W}{g_1\left(\frac{\varphi_g}{\gamma_g} + \frac{K_s}{\gamma_a}\right) + \frac{\Delta W}{0.804}} \tag{15-35}$$

无循环风时，以冷空气代替循环风进行计算。

入排风机的湿含量（有循环风时）可计算如下：

$$d_2 = \frac{g_1(\varphi_g d_g + \varphi_{re} d_{re} + K_s d_a)g_1 + 1000\Delta W}{g_1\left(1 + K_s - \frac{\varphi_g d_g + \varphi_{re} d_{re} + K_s D_a}{1000}\right)} \tag{15-36}$$

式中　$d_2$——入排风机废气的湿含量，g/kg（干空气）；

　　　$d_g$——热烟气（或热空气）的湿含量，g/kg（干空气）；

　　　$d_a$——冷空气的湿含量，一般采用10g/kg（干空气）；

　　　$d_{re}$——循环风的湿含量，g/kg（干空气）；可采用等于$d_2$。

无循环风时，以冷空气代替循环风进行计算。

根据 $d_2$ 查图 15-6 得露点温度 $t_d$（相对湿度
100%）。对中间仓系统取 $t_d \leqslant t_2 - 5℃$，对直吹式
系统取 $t_d \leqslant t_2 - 2℃$，但不能低于 $50 \sim 60℃$。根据
$d_2$ 和 $t_2$ 从图 15-6 还可查得入排风机废气的相对
湿度。

### 15.2.3　磨煤系统的流体阻力计算

　　在计算磨煤系统流体阻力时，先根据系统各部
分气体量和推荐的速度来确定管道的尺寸，然后根
据实际风速、煤粉浓度和气体重度来计算流体
阻力。

#### 15.2.3.1　磨煤系统风管内风速

　　在磨煤系统各部分风管内应保持一定的风速，
以防止煤粉在管道内沉积，产生自燃或爆炸事故。
确定风管内风速时，应考虑风管的斜度，斜度越
小，风速应越大。表 15-9 为磨煤系统各部分风管的
推荐风速，可供设计时参考。

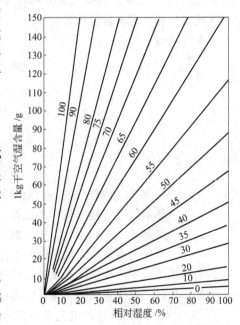

图 15-6　空气湿含量和相对湿度的关系

**表 15-9 磨煤系统各部分风管内风速**

| 项 目 名 称 | 推荐风速/m·s$^{-1}$ | 项 目 名 称 | 推荐风速/m·s$^{-1}$ |
|---|---|---|---|
| 入磨煤机的热风烟道 | 5~7 | 由粗粉分离器至旋风分离器的管道 | 16~22 |
| 入磨煤机的热风管 | 20~25 | 由旋风分离器至排风机的管道 | 16~18 |
| 磨煤机的进口连接管 | 25~35 | 由排风机至窑头鼓风机的管道 | 25~30 |
| 磨煤机的出口连接管和由磨煤机至粗粉分离器的管道 | 16~20 | 循环风管道 | 25~30 |

### 15.2.3.2 管道内气体的煤粉浓度

管道内气体的煤粉浓度如表 15-10 所示。

**表 15-10 管道内气体的煤粉浓度**

| 管 道 位 置 | 计 算 式 |
|---|---|
| 磨煤机出口至粗粉分离器 | $\mu_1 = \dfrac{(1 - \Delta W)K_{re}}{g_1(1 + xK_s) + \Delta W}$ |
| 粗粉分离器至旋风分离器 | $\mu_2 = \dfrac{1 - \Delta W}{g_1(1 + xK_s) + \Delta W}$ |
| 旋风分离器至排风机及排风机至窑头鼓风机 | $\mu_3 = \dfrac{(1 - \Delta W)(1 - \eta)}{g_1(1 + xK_s) + \Delta W}$ |

表中 $\mu$——1kg 气体煤粉浓度，kg/kg（气体）；

  $x$——总漏风值在各部分的分配，%，查表 15-4；

  $g_1$——1kg 原煤磨煤机入口处的热风量，kg/kg（原煤）；

  $K_{re}$——磨煤机粗粉再循环系数，无烟煤：3.0；烟煤：2.2；褐煤：1.4；

  $\Delta W$——1kg 原煤水分蒸发量，kg/kg（原煤）；

  $K_s$——系统的漏风系数，即漏入的冷空气与热风的质量比值，可查表 15-3；

  $\eta$——旋风分离器效率取 0.85。

### 15.2.3.3 磨煤系统管道的摩擦阻力

$$\Delta P_f = \Sigma\lambda_a(1 + \mu)\frac{L}{d_n}\frac{\omega^2\gamma}{2} \tag{15-37}$$

式中 $\Delta P_f$——管道的摩擦阻力，Pa；

  $\lambda_a$——摩擦阻力系数：

    钢板空气管道：$d > 400$mm，$\lambda = 0.02$；

    钢板煤粉管道：$d > 400$mm，$\lambda = 0.045$；

    砖砌烟道：$d > 400$mm，$\lambda = 0.04$；

  $\mu$——1kg 气体煤粉浓度，kg/kg（气体）；

  $L$——管道长度，m；

  $d_n$——管道的当量直径，m；

  $\omega$——管道内风速，m/s；

  $\gamma$——气体重度，kg/m$^3$。

#### 15.2.3.4　磨煤系统管道的局部阻力

$$\Delta P_\mathrm{p} = \Sigma\zeta_\mathrm{a}(1 + 0.8\mu)\frac{\omega^2\gamma}{2} \tag{15-38}$$

式中　$\Delta P_\mathrm{p}$——磨煤系统的局部阻力，Pa；

　　　　$\zeta_\mathrm{a}$——局部阻力系数，见表 15-11。

**表 15-11　磨煤系统各设备和部件的局部阻力系数**

| 名　称 | 局部阻力系数 $\zeta_a$ | 计算风速所取部位 | 备　注 |
|---|---|---|---|
| 钢球磨煤机（不包括风管接头） | 3.1 | 磨煤机出口 | |
| 磨煤机风管接头，椭圆形管<br>变径管 | 1.23<br>0.7 | 管接头末端 | |
| 平盘式弹簧压力磨（包括粗粉分离器） | 15 | | 5000~6000Pa |
| 滚球式弹簧压力磨（包括粗粉分离器） | 25 | | 5000~6000Pa |
| 粗粉分离器：离心式<br>回转式<br>惯性式 | | | 约 1000Pa<br>约 500Pa<br>约 200Pa |
| 旋风分离器：CLT/A 型<br>ДККБ 型 | 2.3<br>2.3 | 外部筒体<br>入口管接头 | |
| 节流孔板：$\dfrac{孔板直径\ d}{管道直径\ D} = 0.7~0.9$ | 0.5~0.3 | | |

#### 15.2.3.5　煤粉上升的流体阻力

$$\Delta P_\mathrm{h} = (h_1\mu_1 + h_2\mu_2)\gamma g \tag{15-39}$$

式中　$\Delta P_\mathrm{h}$——煤粉上升的流体阻力，Pa；

　　　　$h_1$——从磨煤机中心到粗粉分离器的高度，m；

　　　　$h_2$——从粗粉分离器到旋风分离器的高度，m；

　　　　$\mu_1$——进粗粉分离器的煤粉浓度，kg/kg(气体)；

　　　　$\mu_2$——进旋风分离器的煤粉浓度，kg/kg(气体)；

　　　　$g$——重力加速度，9.81m/s²。

#### 15.2.3.6　磨煤系统的总流体阻力

$$\Delta P = \Sigma\Delta P_\mathrm{f} + \Sigma\Delta p_\mathrm{p} + \Sigma\Delta P_\mathrm{h} \tag{15-40}$$

式中　$\Delta P$——磨煤系统的总流体阻力，Pa。

## 15.3　磨煤机和分离器的规格性能

### 15.3.1　钢球磨煤机的规格性能

　　冶金石灰厂制备煤粉所用的钢球磨煤机主要有带烘干仓和不带烘干仓两种。不带烘干仓钢球磨煤机的外形尺寸见图 15-7 和表 15-12，其规格性能见表 15-13。

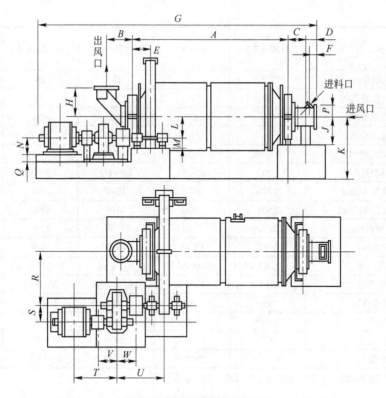

图 15-7 钢球磨煤机的外形

**表 15-12 钢球磨煤机的外形尺寸** （mm）

| 规格/m×m | A | B | C | D | E | F | G | H | J | K |
|---|---|---|---|---|---|---|---|---|---|---|
| φ1.7×2.5 | 3450 | 885 | 575 | 285 | 475 | 380 | 5540 | 950 | 825 | 1825 |
| φ2.2×3 | 4430 | 1050 | 770 | 300 | 620 | 200 | 8445 | 1075 | 900 | — |
| φ2.2×4.4 | 5690 | 1670 | 620 | 335 | 680 | 305 | 10075 | 1600 | 1100 | 2200 |
| φ2.2×4.4 | 5340 | 1050 | 775 | 300 | 615 | 200 | 9610 | 1075 | 1100 | — |
| φ2.4×4.755 | 6090 | 970 | 665 | 400 | 702.5 | 265 | 10790 | 1100 | 1100 | 2400 |

| 规格/m×m | L | M | N | P | Q | R | S | T | U | V | W |
|---|---|---|---|---|---|---|---|---|---|---|---|
| φ1.7×2.5 | 725 | 300 | 527 | 380 | — | 1335 | 400 | 1195 | 960 | 430 | 445 |
| φ2.2×3 | 570 | — | 500 | 500 | 50 | 1792 | 500 | 1215 | 1345 | 477.5 | 552.5 |
| φ2.2×4.4 | 925 | — | 850 | 500 | — | 1899 | 600 | 1595 | 1810 | 635 | 740 |
| φ2.2×4.4 | 570 | 300 | 500 | 500 | 50 | ~1733 | 600 | 1375 | 1385 | 535 | 575 |
| φ2.4×4.755 | 784 | 345 | 650 | 400 | 180 | 2154 | 600 | 1617 | 1765 | 565 | 690 |

**表 15-13 钢球磨煤机的规格性能**

| 项 目　　　　规格/m×m | φ1.7×2.5 | φ2.2×3 | φ2.2×4.4 | φ2.2×4.4 | φ2.4×4.755 |
|---|---|---|---|---|---|
| 生产能力/t·h$^{-1}$ | 3 | 5~6 | 8~9 | 8~9 | 14 |
| 产品细度，4900 孔筛余/% | 10~12 | 10~12 | 10~12 | 10~12 | 10 |
| 最大进料粒度/mm | 25 | <25 | 25 | 25 | 25 |
| 磨煤机转速/r·min$^{-1}$ | 24.5 | 22 | 22.7 | 22 | 20.4 |
| 钢球平均直径/mm | — | 41 | 40 | 40 | — |

续表 15-13

| 规格/m × m<br>项　目 | $\phi1.7 \times 2.5$ | $\phi2.2 \times 3$ | $\phi2.2 \times 4.4$ | $\phi2.2 \times 4.4$ | $\phi2.4 \times 4.755$ |
|---|---|---|---|---|---|
| 钢球装载量/t | 7.5 | 13 | 18 | 18 | — |
| 钢球最大装载量/t | — | — | 20 | 20 | 22 |
| 入磨原煤水分/% | — | <12 | <10 | <10 | — |
| 出磨原煤水分/% | — | <1.5 | <1.5 | <1.5 | — |
| 入磨气体温度/℃ | ≤350 | <400 | <350 | <350 | <300 |
| 出磨气体温度/℃ | 70 | 60 ~ 80 | 60 ~ 80 | 60 ~ 80 | 60 ~ 80 |
| 筒体有效直径/mm | 1700 | 2070 | 2080 | 2070 | 2270 |
| 筒体有效长度/mm | 2500 | 3050 | 4310 | 4400 | 4750 |
| 有效断面积/m² | 2.27 | 3.36 | 3.4 | 3.36 | 4.05 |
| 有效容积/m³ | 5.67 | 10.25 | 14.6 | 14.8 | 19.25 |
| 减速器型号 | ЦО-40Ⅱi=4.5 | ZD500-9-Ⅰ | ЦО600i=4.5 | ZHD500-11ⅡJ | ZD600 |
| 电动机型号 | JR116-6 | JR136-8 | JSQ157-10 | JR136-6 | JSQ1410-8 |
| 额定功率/kW | 95 | 180 | 260 | 240 | 280 |
| 额定电压/V | 220/380 | 380 | 6000 | 380 | 6000 |
| 转数/r·min⁻¹ | 975 | 750 | 590 | 1000 | 750 |
| 设备重量/kg | 19436① | 27800① | 41600 | 37257 | 49000 |

①设备重量不包括物料、钢球、减速器、电动机、润滑装置。

　　沈阳重型机械厂生产的 DTM 型钢球磨煤机的外形见图 15-8 和尺寸见表 15-14，装配形式见图 15-9，技术性能列入表 15-15。

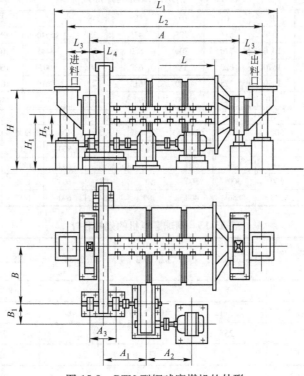

图 15-8　DTM 型钢球磨煤机的外形

表 15-14　DTM 型钢球磨煤机的外形尺寸　　　　　（mm）

| 规格/mm | $A$ | $A_1$ | $A_2$ | $A_3$ | $B$ | $B_1$ | $H$ | $H_1$ | $H_2$ | $L$ | $L_1$ | $L_2$ | $L_3$ | $L_4$ |
|---|---|---|---|---|---|---|---|---|---|---|---|---|---|---|
| 2200/2600 | 3870 | 1313 | 1456 | — | 1505.7 | 450 | 2520 | 1700 | 880 | 2670 | 6260 | 7050 | 1195 | 540 |
| 2200/3300 | 4580 | 1313 | 1456 | — | 1505.7 | 450 | 2520 | 1700 | 880 | 3380 | 6970 | 7760 | 1195 | 540 |
| 2500/3600 | 4900 | 1607 | 1658/1608 | 900 | 1894 | 600 | 2950 | 1950 | 1080 | 3700 | 7470 | 6500 | 800 | 540 |
| 2500/3900 | 5200 | 1607 | 1708/1608 | 900 | 1894 | 600 | 2950 | 1950 | 1080 | 4000 | 7770 | 6800 | 800 | 540 |
| 2870/4100 | 5500 | 1652 | 1628/1728 | 1000 | 2301.5 | 750 | 3300 | 2100 | 950 | 4100 | 8330 | 7260 | 880 | 585 |
| 2870/4700 | 6100 | 1652 | 1728 | 1000 | 2301.5 | 750 | 3300 | 2100 | 950 | 4100 | 8930 | 7860 | 880 | 585 |

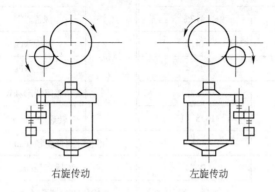

右旋传动　　　　　　　左旋传动

图 15-9　DTM 型钢球磨煤机装配形式

表 15-15　DTM 型钢球磨煤机的规格性能

| 项　目 ＼ 规格/mm | 2200/2600 | 2200/3300 | 2500/3600 | 2500/3900 | 2870/4100 |
|---|---|---|---|---|---|
| 生产能力/t·h$^{-1}$ | 4 | 6 | 8 | 10 | 12 |
| 有效直径/mm | 2200 | 2200 | 2500 | 2500 | 2870 |
| 有效长度/mm | 2600 | 3300 | 3600 | 3900 | 4100 |
| 转速/r·min$^{-1}$ | 22 | 22 | 20 | 20 | 18.6 |
| 钢球最大装载量/t | 10 | 14 | 20 | 25 | 30 |
| 电动机型号 | JS136-8 | JS137-8<br>JS136-8 | JSQ148-8<br>JSQ157-8 | JSQ1410-8<br>JSQ158-8 | JSQ158-8<br>JSQ1510-8 |
| 额定功率/kW | 145/180 | 170/180 | 310/320 | 370/380 | 500/475 |
| 额定电压/V | 3000/380 | 3000/380 | 3000/6000 | 3000/6000 | 3000/6000 |
| 转速/r·min$^{-1}$ | 735 | 735 | 735/740 | 735/740 | 735/740 |
| 设备总重（磨煤机＋电动机）/kg | 37400 | 39150 | 57400 | 59100 | 73050 |

注：1. 2200/2600、2200/3300，按 3000V 电源设计，如采用 380V 时，仅供应电动机低压控制板。2500/3600、2500/3900、2870/4100 电动机有两种型号，可根据电压需要选择。

2. 本机不带润滑站，根据实际需要采用多机集中润滑时，在主机订货中可附带提出，参照表 15-16。

**表 15-16　润滑站选型表**

| 磨机台数 | 1 | 2 | 3 | 4 | 5 |
|---|---|---|---|---|---|
| 油站号 | H5101 | H5101 | H5102 | H5103 | H5103 |
| 排油量/L·min⁻¹ | 35 | 35 | 50 | 70 | 70 |

表 15-17 ~ 表 15-20 是 $\phi2.2m \times 4.4m$ 钢球磨煤机的性能参数和热工测定数据。

**表 15-17　$\phi2.2m \times 4.4m$ 钢球磨煤机的规格和性能**

| 规　格 | $\phi2.2m \times 4.4m$ | 规　格 | | $\phi2.2m \times 4.4m$ |
|---|---|---|---|---|
| 有效内径/m | $\phi2.07$ | | 风量/m³·h⁻¹ | 21600 |
| 有效长度/m | 4175 | | 风温/℃ | 80 |
| 有效容积/m³ | 14.1 | | 静压/kPa | 4410 |
| 转速/r·min⁻¹ | 22.4 | 风机 | 全压/kPa | 5190 |
| 电动机容量/kW | 200 | | 需用功率/kW | 70 |
| 装球量/t | 16.5 ~ 17 | | 转速/r·min⁻¹ | 1460 |
| 平均球径/mm | 35 | 粗粉分离器直径/mm | | $\phi2200$ |
| 填充系数/% | 26.4 | 旋风分离器直径/mm | | $\phi2750$ |
| 衬板形式 | 压　条 | 小旋风收尘器直径/mm | | $\phi1400$ |
| 出口算条缝隙/mm | 8 ~ 10 | | | |

**表 15-18　$\phi2.2m \times 4.4m$ 钢球磨煤机的热工测定值**

| 项　目 | 1 | 2 | 3 |
|---|---|---|---|
| 操作情况 | 正　常 | 加大放风 | 正　常 |
| 原煤水分/% | 9.7 | 9.9 | 10 |
| 煤粉水分/% | 2.3 | 2.6 | 2.4 |
| 回料水分/% | 4.3 | 3.0 | |
| 煤粉细度/% | 11.9 | 11.95 | 12.4 |
| 回料细度/% | 63.4 | 64.2 | |
| 原煤喂入量/t·h⁻¹ | 7.3 | 9.08 | 8.84 |
| 煤粉产量/t·h⁻¹ | 6.75 | 8.4 | 8.15 |
| 干煤粉产量/t·h⁻¹ | 6.59 | 8.18 | 7.96 |
| 回料量/t·h⁻¹ | 20.3 | 27.4 | |
| 回料温度/℃ | 40 | | |
| 循环负荷/% | 301 | 326 | |
| 选粉效率/% | 45 | 43.5 | |

| 各 点 温 度 | | | （℃） |
|---|---|---|---|
| 项　目 | 1 | 2 | 3 |
| 入磨煤机热风温度 | 334 | 340 | 387 |
| 入磨煤机混合风管温度 | 200 | 295 | 282 |
| 出磨煤机风管温度 | 48 | 54 | 54 |
| 入旋风分离器温度 | 42 | 50.5 | 43 |
| 进排风机温度 | 44 | 50 | 48 |
| 排风机到磨煤机头风管温度 | 46 | 49 | 52 |
| 排风机到磨煤机尾风管温度 | 49 | 54 | 51 |
| 排风机到小旋风除尘器温度 | 51 | 52 | 53 |
| 小旋风除尘器到窑风管温度 | 50 | 52 | 52 |
| 小旋风除尘器到窑风管温度 | 47 | 54 | 44.5 |

| 各 点 静 压 | | | （Pa） |
|---|---|---|---|
| 项　目 | 1 | 2 | 3 |
| 入磨煤机混合风管静压 | −118 | −137 | −196 |
| 磨煤机出口风管静压 | −2499 | −3136 | −1568 |
| 入旋风分离器风管静压 | −3478 | −3528 | −3295 |
| 进排风机风管静压 | −3920 | −4410 | −3332 |
| 排风机到磨煤机头风管静压 | −137 | −29.4 | −32.3 |
| 排风机到磨煤机尾风管静压 | −764 | −666 | −686 |
| 排风机到小旋风除尘器风管静压 | +1274 | +588 | +823 |
| 入窑风管静压 | +9.8 | +58.8 | +764 |

| 各 点 风 量 | | | | （m³/h） |
|---|---|---|---|---|
| 项　目 | | 1 | 2 | 3 |
| 出磨煤机风管风量 | 工　况 | 13850 | 14600 | 9800 |
| | 标　况 | 10450 | 10400 | 7080 |
| 入旋风分离器风量 | 工　况 | 19200 | 20300 | 19000 |
| | 标　况 | 14130 | 14500 | 13950 |
| 进排风机风量 | 工　况 | 20100 | 21500 | 21400 |
| | 标　况 | 14600 | 15350 | 15450 |
| 排风机到磨煤机头风量 | 工　况 | | | |
| | 标　况 | | | |
| 排风机到磨煤机尾风量 | 工　况 | | | |
| | 标　况 | | | |

表 15-19　磨煤机系统的测点位置和热工参数

| 序　号 | 测点位置 | 热工参数范围 | 备　注 |
|---|---|---|---|
| 1 | 入磨煤机热气体温度/℃ | 500～800 | 由冷却机或窑头抽取气体 |
| 2 | 入磨煤机混合气体温度/℃ | 150～450 | |
| 3 | 出磨煤机气体温度/℃ | 65～90 | 设超温报警信号 |
| 4 | 煤粉仓温度/℃ | 65～80 | |
| 5 | 除尘器进口温度/℃ | 65～80 | |
| 6 | 磨煤机进口负压/Pa | 0～490 | |
| 7 | 磨煤机出口负压/Pa | 980～2450 | |
| 8 | 旋风分离器进口负压/Pa | 2450～4900 | |
| 9 | 磨煤机排风机前负压/Pa | 3430～5880 | |
| 10 | 除尘器排风机前负压/Pa | 2450～3920 | |
| 11 | 磨煤机排风机到窑头鼓风机风量 | 根据计算确定 | |
| 12 | 磨煤机排风机到磨煤机头循环风风量 | 根据计算确定 | |
| 13 | 磨煤机排风机前风量 | 根据计算确定 | |
| 14 | 磨煤机热风炉热风温度/℃ | 500～1000 | |
| 15 | 磨煤机热风炉热风负压/℃ | 49～490 | |

表 15-20　各点风速及产品质量参数　　　　　　　　（m/s）

| 项　目 | | 1 | 2 | 3 |
|---|---|---|---|---|
| 出磨煤机风管（φ550mm） | | 27 | 28.4 | 19.1 |
| 入旋风分离器风管（φ580mm） | | 24 | 25.7 | 24.15 |
| 进排风机风管（φ600mm） | | 20.3 | 21.9 | 21.85 |
| 排风机到磨煤机头风管（φ550mm） | | 2.12 | 23.9 | 4.96 |
| 排风机到磨煤机尾风管（φ210mm） | | 44.6 | 40.65 | 36.4 |
| 入窑风管 $K_1K_3$（φ400mm） | | 25.8 | 16.1 | 18.6 |
| 入窑风管 $K_2$（φ400mm） | | 4.69 | 16.05 | 13.9 |
| 磨煤机内风速/m·s$^{-1}$ | | 16.8 | 16.8 | 14.15 |
| 单位产品电耗/kW·h·t$^{-1}$ | | 1.05 | 1.2 | 1.17 |
| 标况下出旋风分离器含尘率/g·m$^{-3}$ | | 27.7 | 22.3 | 25.7 |
| 标况下进旋风分离器含尘率/g·m$^{-3}$ | | 80 | | |
| 标况下进粗粉分离器含尘率/g·m$^{-3}$ | | 550 | | |
| 气体含湿量/g·kg$^{-1}$ | | 2300 | | |
| 露点温度/℃ | | 56 | 61.9 | 72.2 |
| 相对湿度/% | | 90 | 74 | 90 |
| 原煤粒度筛析/% | 筛孔 >30mm | 6.3 | 3.1 | |
| | >20mm | 23.9 | 12.5 | |
| | >10mm | 30.2 | 34.4 | |
| | >5mm | 17.4 | 28.1 | |
| | <5mm | 22.2 | 21.9 | |
| 合计/% | | 100 | 100 | |

续表 15-20

| 项 目 | | 1 | 2 | 3 |
|---|---|---|---|---|
| 回料粒度筛析/% | 筛孔 >1mm | 2.3 | 1.0 | |
| | >0.5mm | 4.7 | 4.0 | |
| | >0.3mm | 6.6 | 6.2 | |
| | >0.088mm | 49.8 | 5.3 | |
| | <0.088mm | 36.6 | 35.8 | |
| 合计/% | | 100 | 100 | |

### 15.3.2 辊式磨煤机的规格性能

常用的辊式磨煤机有三种：平盘式弹簧压力磨、碗式弹簧压力磨和滚球式弹簧压力磨。

表 15-21 列举了国内电厂采用的几种辊式磨煤机的规格性能。

**表 15-21 国内电厂采用的辊式磨煤机的规格性能**

| 型式 项目 | 平盘式 | | | 碗式 | | 滚球式 | |
|---|---|---|---|---|---|---|---|
| | $\phi1600/1380$ | $\phi1400/1200$ | LM10/570 | 151 | 603 | E-44 | E-70 |
| 磨盘直径/m | 1.6 | 1.4 | 0.95 | 1.55 | 1.55 | 1.1 (44in) | 1.78 (70in) |
| 磨盘转速/r·min$^{-1}$ | 50 | 50 | 69 | 87 | 58~74 | 107 | 50 |
| 磨盘周速/m·s$^{-1}$ | 4.18 | 3.66 | 3.43 | 7.1 | 4.7~6 | 6.16 | 4.66 |
| 磨辊（球）数量/个 | 2 | 2 | 2 | 3 | 3 | 12 | 9 |
| 磨辊大头(球)直径/m | 1.38 | 1.2 | 0.817 | 0.575 | 0.575 | 0.265 | 0.534 |
| 电机型号 | JSQ1410-6 | JSQ128-6 | | JS127-6 | | | |
| 额定功率/kW | 380 | 190 | 100 与风机同轴 | 185 | 150 | 125 与风机同轴 | 160 |

表 15-22 列举了 $\phi1250/980$ 平盘式弹簧压力磨的技术性能，其外形尺寸见图 15-10。

**表 15-22 $\phi1250/980$ 平盘式弹簧压力磨的技术性能**

| 项 目 | 数 值 | 项 目 | 数 值 |
|---|---|---|---|
| 磨盘直径/mm | $\phi1250$ | 减速机进轴功率/kW | 160 |
| 磨辊直径/mm | $\phi980$ | 减速机速比 | 29.57 |
| 磨盘转速/r·min$^{-1}$ | 50.05 | 筐式粗粉分离器主轴转速/r·min$^{-1}$ | 48~97 |
| 需要功率/kW | 118~145 | 一个辊上最大工作压力/kg | 25000 |
| 电动机功率/kW | 155 | 弹簧最大工作压力/kg | 10400 |
| 产量(入磨粒度:20~30mm,水分:8%; 细度12%~18%—4900孔/cm$^2$ 筛余)/t·h$^{-1}$ | 7~12 | 弹簧最大预紧压力 (相当于压缩弹簧72.5mm)/kg | 7950 |
| 最大入料粒度/mm | ≤30 | 设备重量/t | 25.9 |

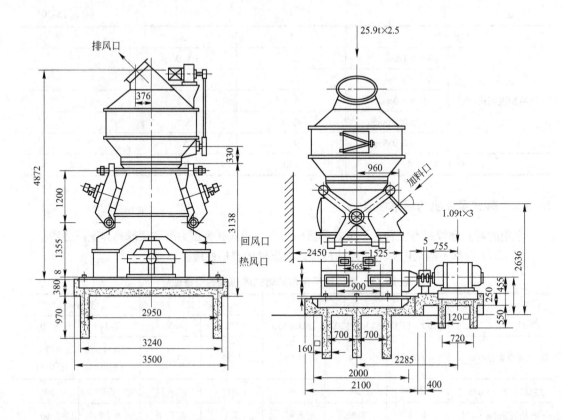

图 15-10  φ1250/980 平盘式弹簧压力磨

### 15.3.3  φ1900mm、φ2200mm 和 φ2500mm 粗粉分离器的规格性能

钢球磨煤机内的煤粉和载煤粉的热风，出钢球磨煤机后即进入粗粉分离器。粗粒煤粉经粗粉分离器内的折流板装置后由底部卸出，返回磨煤机；细粒煤粉随气流由顶部溢出。粗粉分离器的规格和性能见表 15-23，其外形尺寸见图 15-11、图 15-12 和表 15-24 所示。

表 15-23  粗粉分离器的规格和性能

| 规格/mm | φ1900 | φ2200 | φ2500 |
|---|---|---|---|
| 风量/m³·h⁻¹ | 12700~14300 | 15500~17100 | 24000 |
| 重量/kg | 1200 | 2020 | 1722 |

表 15-24  粗粉分离器的外形尺寸　　　　　　　　　　　　（mm）

| 规格/mm | A | B | C | D | E | F | G | H | J |
|---|---|---|---|---|---|---|---|---|---|
| φ1900 | φ1900 | φ2009 | φ1500 | φ1565 | φ1850 | 450 | 3282 | 1583 | 1399 |
| φ2500 | φ2500 | φ2600 | φ1950 | φ2650 | φ2450 | 700 | 4231 | 2100 | 1825 |

| 规格/mm | K | L | M | N | P | Q | R | S |
|---|---|---|---|---|---|---|---|---|
| φ1900 | 300 | 2373 | φ200 | φ500 | 200° | 440 | 90 | 4-φ21 孔 |
| φ2500 | 306 | 3225 | φ200 | φ650 | 200° | — | 150 | 4-φ21 孔 |

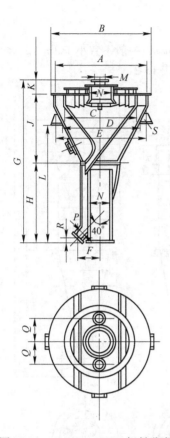

图 15-11 φ1900、φ2500 粗粉分离器

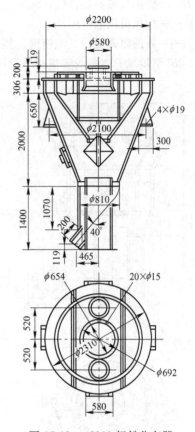

图 15-12 φ2200 粗粉分离器

### 15.3.4 HG-CB 型粗粉分离器的规格性能

HG-CB 型粗粉分离器的型号以其直径 $D$ 来表示，选型时可先确定粗粉分离器的容积 $V_s$。粗粉分离器的容积可按下式计算：

$$V_s = KV_F \tag{15-41}$$

式中 $V_s$——粗粉分离器的容积，$m^3$；

$\quad K$——系数，见表 15-25；

$\quad V_F$——排风机风量，$m^3/s$。

表 15-25 筛余系数 $K$

| 煤粉细度，（4900 孔筛余）/% | 4 ~ 6 | 6 ~ 15 | 15 ~ 28 | 28 ~ 40 |
|---|---|---|---|---|
| 系数 $K$ | 1.8 | 1.44 | 1.03 | 0.8 |

HG-CB 型粗粉分离器的规格和外形尺寸见图 15-13 和表 15-26。

### 15.3.5 HG-XB 型旋风分离器的规格性能

HG-XB 型旋风分离器的型号以其直径 $D$ 来表示。选型时其直径可按下式计算：

$$D = \sqrt{\frac{V_F}{2830\omega}} \tag{15-42}$$

式中　$D$——旋风分离器的直径，m；

　　　$V_F$——排风机风量，$m^3/h$；

　　　$\omega$——外圆筒截面的气流速度，其范围应为 3～3.5m/s，一般不宜小于 3m/s。

HG-XB 型旋风分离器的规格和外形尺寸见图 15-14 和表 15-27。

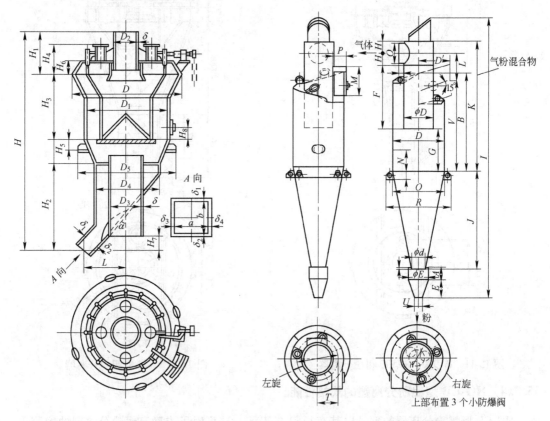

图 15-13　HG-CB 型粗粉分离器　　　　　　图 15-14　HG-XB 型旋风分离器

### 表 15-26　HG-CB 型粗粉分离器的规格和外形尺寸

| 项目 | 规格 | HG-CB 2250 | HG-CB 2500 | HG-CB 3420 | 项目 | 规格 | HG-CB 2250 | HG-CB 2500 | HG-CB 3420 |
|---|---|---|---|---|---|---|---|---|---|
| 容积/$m^3$ | | 4.2 | 5.5 | 14.3 | | $H_4$ | 575 | 600 | 751 |
| 设备重量/kg | | 2398 | 2890 | 5365 | | $H_5$ | 258 | 250 | 250 |
| 主要尺寸/mm | $D$ | $\phi2250$ | $\phi2500$ | $\phi3420$ | | $H_6$ | 310 | 335 | 485 |
| | $D_1$ | $\phi1810$ | $\phi2010$ | $\phi2416$ | | $H_7$ | 254 | 320 | 298 |
| | $D_2$ | $\phi560$ | $\phi660$ | $\phi900$ | | $H_8$ | 300 | 300 | 300 |
| | $D_3$ | $\phi500$ | $\phi820$ | $\phi900$ | 主要尺寸/mm | $L$ | 875 | 970 | 1085 |
| | $D_4$ | $\phi1360$ | | | | $\alpha$ | 40° | 40° | 40° |
| | $D_5$ | $\phi2040$ | $\phi2256$ | $\phi2630$ | | $a \times b$ | 340×310 | 340×320 | 380×360 |
| | $H$ | 4490 | 5020 | 约6294 | | $\delta_1$ | 5 | 5 | 5 |
| | $H_1$ | 950 | 950 | 1080 | | $\delta_2$ | 8 | 8 | 8 |
| | $H_2$ | 1640 | 1970 | 2098 | | $\delta_3$ | 5 | 5 | 5 |
| | $H_3$ | 1350 | 1500 | 2400 | | $\delta_4$ | 5 | 5 | 5 |

**表 15-27  HG-XB 型旋风分离器的规格和外形尺寸**

| 项 目 \ 规 格 | HG-XBZ HG-XBY 1450 | HG-XBZ HG-XBY 1600 | HG-XBZ HG-XBY 1850 | HG-XBZ HG-XBY 2150 | HG-XBZ HG-XBY 2350 | HG-XBZ HG-XBY 2650 | HG-XBZ HG-XBY 3000 |
|---|---|---|---|---|---|---|---|
| 防爆阀方案 | 一 | 一 | 二 | 二 | 二 | 二 | 二 |
| 大防爆阀直径/mm | 600 | 600 | 400 | 500 | 500 | 600 | 700 |
| 小防爆阀直径/mm | 150 | 200 | 200 | 200 | 200 | 400 | 400 |
| 大防爆阀数量 | 1 | 1 | 3 | 3 | 3 | 3 | 3 |
| 小防爆阀数量 | 3 | 3 | 4 | 4 | 4 | 4 | 4 |
| 总重/kg | 1766 | 2088 | 2736 | 3644 | 4298 | 5495 | 6887 |
| 主要尺寸/mm  D | $\phi$1450 | $\phi$1600 | $\phi$1850 | $\phi$2150 | $\phi$2350 | $\phi$2650 | $\phi$3000 |
| A | 350 | 385 | 445 | 515 | 565 | 635 | 6820 |
| B | 3320 | 3655 | 4220 | 4900 | 5350 | 6025 | 6820 |
| C | 73 | 80 | 93 | 108 | 118 | 133 | 150 |
| D′ | 870 | 960 | 1110 | 1290 | 1410 | 1590 | 1800 |
| E | 560 | 615 | 710 | 825 | 905 | 1020 | 1150 |
| F | 2673 | 2934 | 3368 | 3890 | 4235 | 4759 | 5370 |
| G | 1190 | 1312 | 1517 | 1763 | 1927 | 2173 | 2460 |
| H | 348 | 384 | 444 | 516 | 564 | 636 | 720 |
| I | 约9130 | 约9970 | 约11170 | 约12953 | 约14077 | 约15860 | 约17925 |
| J | 2915 | 3215 | 3715 | 4315 | 4715 | 5315 | 6015 |
| K | 4564 | 5019 | 5778 | 6690 | 7295 | 8209 | 9275 |
| L | 1197 | 1304 | 1481 | 1693 | 1831 | 2050 | 2305 |
| M | 977 | 1076 | 1241 | 1439 | 1571 | 1769 | 2000 |
| N | 580 | 640 | 740 | 860 | 960 | 1000 | 1200 |
| O | $\phi$610 | $\phi$675 | $\phi$780 | $\phi$900 | $\phi$1000 | $\phi$1115 | $\phi$1250 |
| P | 370 | 405 | 470 | 550 | 600 | 680 | 770 |
| Q | $\phi$1375 | $\phi$1525 | $\phi$1775 | $\phi$2075 | $\phi$2275 | $\phi$2575 | $\phi$2925 |
| R | $\phi$1875 | $\phi$2025 | $\phi$2275 | $\phi$2575 | $\phi$2775 | $\phi$3075 | $\phi$3425 |
| T | 585 | 645 | 745 | 865 | 945 | 1065 | 1205 |
| U | $\phi$263 | $\phi$263 | $\phi$315 | $\phi$367 | $\phi$367 | $\phi$367 | $\phi$367 |
| V | 3014 | 3326 | 3848 | 4476 | 4895 | 5518 | 6254 |
| W | 0 | 0 | 650 | 730 | 815 | 900 | 1020 |
| X | 1220 | 1340 | 1540 | 1780 | 1950 | 2180 | 2450 |

## 15.3.6  标定资料

某厂标定的磨煤系统参数如表 15-28 所示。

**表 15-28　全部放风时的"标定"参数**

| 项 目 | | 单 位 | 标定次序 | | | |
|---|---|---|---|---|---|---|
| | | | 1 | 2 | 3 | 4 |
| 磨煤机产量 | | t/h | 约5 | 约4 | 约4 | 约4 |
| 原煤水分 | | % | 12 | 10.4 | 9.5 | 10 |
| 煤粉水分 | | % | 1.5 | 2 | 1 | 0.71 |
| 煤粉细度（4900 孔/cm² 筛余量） | | % | 6.5 | 15 | 7 | 7 |
| 标准状态下循环风量（放掉） | | m³/h | 7850 | 11300 | 7030 | 6900 |
| 标准状态下循环风中的煤粉浓度 | | g/m³ | 110 | 45.7 | 72.5 | 110.4 |
| 煤粉飞损量 | | kg/h | 865 | 636 | 535 | 775 |
| 标准状态下循环风中湿含量 | | g/m³ | 9.72 | 3.51 | 8.35 | 13.7 |
| 循环风量温度 | | ℃ | 66 | 66 | 66 | 66 |
| 循环风成分 | $w(CO_2)$ | % | 2 | 2 | | |
| | $w(O_2)$ | % | 19 | 19 | | |
| | $w(N_2)$ | % | 79 | 79 | | |
| 磨煤机入口气体温度 | | ℃ | 420 | 350 | 400 | 400 |
| 磨煤机出口气体温度 | | ℃ | 63 | 62 | 65 | 62 |

设备规格型号：

钢球磨煤机型号　　　　207/265

　　　　　　电动机 ГAM-6-127-8　　　130kW

排风机型号　　　　　　BM20/500

　　　　　　电动机 AO-6　　　　　　75kW

粗粉分离器　　　　　　$\phi$1900

旋风分离器　　　　　　$\phi$1650

## 15.4　煤粉输送系统

### 15.4.1　煤粉输送系统概述

　　煤粉的输送通常采用机械输送或气力输送两种方式。

　　机械输送的优点是输送能力大、输送距离远、单位输送量和输送距离动力消耗小，其缺点是投资大、设备多、工艺布置复杂、占地大、车间内部易泄漏从而导致煤粉损耗和影响环境，因而机械输送方式比较适合大能力、远距离输送。

　　气力输送的优点是输送过程完全是在密闭的管路系统中进行，因而投资省、设备少、系统简单、易布置、少占或不占有效空间、无泄漏、车间环境好，其缺点是输送能力小、输送距离近、单位输送量和输送距离动力消耗大，所以，气力输送比较适合于小能力、近距离输送。

　　冶金石灰厂的煤粉制备系统一般都布置在窑附近，且煤粉输送系统的能力要求能满足窑的需要即可，因而一般均采用气力输送方式，所以，本节将主要介绍煤粉的气力输送系统。

### 15.4.2 气力输送系统简介

气力输送系统是利用管道内的一定速度的空气流来输送物料的一套装置，它的类型可按输送管中所形成的气流的压力而定，大致可分为吸送式和压送式两种。前者用低于大气压力的气流进行输送，后者用高于大气压力的气流进行输送。按产生气力能源的压力大小又可分为低压气力输送、中压气力输送和高压气力输送三种。气力输送系统的分类如表 15-29 所示。

**表 15-29 气力输送系统的分类**

| 通 称 | 气源机械名称 | 气源压力/Pa | 输送类型 |
| --- | --- | --- | --- |
| 低 压 | 离心式风机 | < ±20000 | 吸 送 |
|  |  |  | 压 送 |
|  |  |  | 循环输送 |
| 中 压 | 真空泵 | < −70000 | 吸 送 |
|  | 回转式（罗茨）鼓风机 | > ±20000 | 吸 送 |
|  |  |  | 压 送 |
| 高 压 | 空气压缩机 | > +70000 | 压 送 |

煤粉的输送采用上述方式均可，下面介绍两种常用的气力输送系统。

#### 15.4.2.1 罗茨鼓风机压送系统简介

罗茨鼓风机压送系统图如图 15-15 所示。

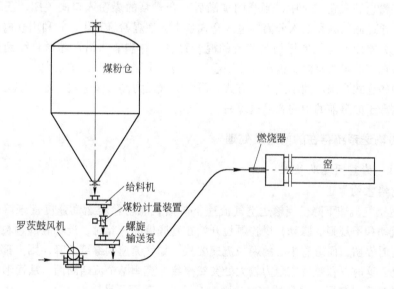

图 15-15 罗茨鼓风机压送系统图

煤粉由煤粉仓中经煤粉计量装置调控计量后，通过螺旋输送泵连续送入混合箱中，与罗茨鼓风机送入的正压气流混合均匀后随气流沿着输送管线前进，通过燃烧器进入窑内燃烧。

本系统中罗茨鼓风机为容积式鼓风机，风量随压力波动变化很小，不会因系统阻力变化而引起气流速度波动导致系统阻塞，因而工作稳定可靠，适用于窑前无中间仓的直供式燃烧系统。

### 15.4.2.2　仓式泵压送系统简介

仓式泵压送系统图如图 15-16 所示。

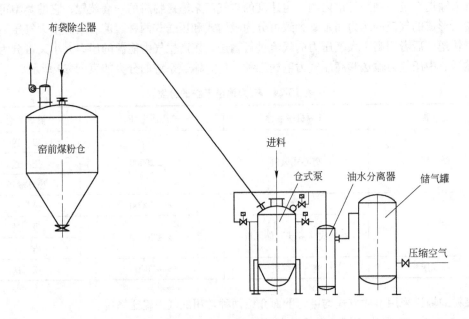

图 15-16　仓式泵压送系统图

　　煤粉由煤粉仓进入仓式泵中，当仓内加满后，仓式泵的煤粉入口阀关闭，压缩空气阀打开，压缩空气通过储气罐和油水分离器进入仓式泵中，使煤粉流态化，并利用仓内压力与排料管内压力的压力差使流态化的煤粉与气流的混合物进入排料管，沿着输送管线到达窑前煤粉仓，煤粉沉降在窑前煤粉仓内，输送气体则经过布袋除尘器除尘后，排入大气。

　　本系统中的仓式泵采用间歇式工作方式，压缩空气压力高，流速快，输送能力较大，输送距离较远，适合于向窑前的中间仓输送煤粉。

### 15.4.3　气力输送系统存在的问题及处理

#### 15.4.3.1　堵塞问题及处理

　　A　造成堵塞的原因

　　(1) 输送空气流速下降。当输送空气流速下降后，煤粉颗粒运动速度逐渐降低，然后产生不均匀的流动和不规则的脉动，煤粉颗粒开始在管底停滞。此时，近管底的颗粒沿着管底壁有时滑动，有时停留；而近管中心的颗粒流速要快。如气流速度继续下降，则上部颗粒开始沉降，即将堵塞。这时，颗粒就在阻力较大处突然聚集，充满整个流通断面，从而形成堵塞。

　　(2) 煤粉较湿、较黏、透气性较差，则较难输送，甚至不易输送。

　　(3) 煤粉中夹有杂物，如木块、铁钉、石头等，横梗在管道中，造成堵塞。

　　(4) 局部阻力增大。由于弯管磨穿后再补焊形成内部卷边起疙瘩，产生局部阻力增大导致堵塞。

　　(5) 输送气源不合格。输送气源压力偏低，无法克服整个系统中的阻力，或是供气不均匀，输送中途压力突然下降。另外，气源湿度较大亦会使煤粉湿度增加导致黏结而堵塞。

（6）管路布置不恰当。水平垂直布置较多，阻力比倾斜布置大。弯管、换向装置等阻力大的部件多而集中布置于管路末端，易发生堵塞。

（7）系统漏气。设备或管路接口密封不严，以及弯管磨穿等中途漏气，导致输送速度下降而造成堵塞。

（8）发送装置出口太小或出口阻力太大，造成出口处堵塞。

（9）换向装置、弯管等曲率半径太小，导致局部阻力太大而阻塞。

（10）管路接头错边或内壁生锈毛糙等，导致局部阻力增大而阻塞。

（11）操作不当或顺序颠倒。

B　防止堵塞的措施

（1）在管路布置中，应尽量按照最短的输送距离并减少管道及其夹角的总度数，并尽可能以小度数弯管分开布置以代替一个大度数弯管。

（2）凡产生局部阻力的设备或部件，如换向装置、弯管等应尽可能靠近发送装置。

（3）合理选择和设计发送装置、换向装置等设备和部件。

（4）弯管等部件的曲率半径 $R$ 应尽量大，对于低压大直径弯管，取 $R = (3 \sim 10)D$；对于高压小直径弯管，取 $R = (10 \sim 20)D$，$D$ 为输送管内径。

（5）设备或管路接口要对准、严密、少间隙、无错边。管路中心线应尽可能成直线，减少曲折，内壁光滑，同时考虑拆装方便。

（6）高压气力输送系统前应设专用的储气罐和油水分离器，以保证气源的压力、流量及品质。

（7）要保证煤粉中不含有杂物。

（8）降低煤粉的湿度，保证煤粉的易输送性。

（9）输送系统应采用自动或半自动控制，以消除误操作造成的堵塞。

15.4.3.2　输送管磨损问题及处理

输送管磨损的影响因素及对策如表 15-30 所示。

**表 15-30　输送管磨损的影响因素及对策**

| 影响因素 | | 影响方式 | 对　策 |
|---|---|---|---|
| 煤粉特性 | 粒度和形状 | 粒度愈大磨损愈大；菱角形比球形磨损大 | 降低煤粉粒度，尽量采用球形颗粒 |
| | 真密度 | 真密度愈大，惯性能量愈大，磨损愈大 | 采用低真密度煤粉 |
| | 硬度和破碎性 | 硬度愈大，磨损愈大；愈不易破碎，磨损愈大 | 采用低硬度和易破碎煤粉 |
| | 含水率 | 含水率高，管壁易生锈，磨损加快 | 降低煤粉含水率 |
| 输送条件 | 煤粉运动速度 | 速度愈快，磨损愈大 | 降低输送速度 |
| | 输送气源压力 | 压力愈高，速度愈快，磨损愈大 | 降低输送气源压力 |
| | 输送浓度 | 浓度愈高，磨损愈小 | 提高输送浓度 |
| | 煤粉运动状态 | 漂浮在管中心，磨损小 | 使煤粉漂浮在管中心 |
| | 管路布置 | 弯管愈少并靠近发送装置、路线愈短，磨损愈小 | 减少弯管并靠近发送装置、缩短路线 |
| 弯管特性 | 材　料 | 愈耐磨，磨损愈小 | 采用耐磨性好的材料 |
| | 曲率半径 | 曲率半径愈大，磨损愈小 | 在制造和安装允许的情况下加大曲率半径 |
| | 结　构 | 不同结构，耐磨性不同 | 采用耐磨结构的弯管 |
| | 曲率夹角 | 曲率的夹角愈小，磨损愈小 | 采用曲率夹角小的弯管 |

### 15.4.3.3　降低动力消耗问题

气力输送系统最大的缺点就是动力消耗较大，直接影响到经常运行费用，尤其是以压缩空气为气源的气力输送系统。影响压缩空气消耗的因素主要有以下几个方面。

**A　输送距离**

输送距离愈长，耗气量愈大，因而应尽量优化输送路线，缩短输送距离。

**B　输送压力**

输送压力愈高，则输送粉、气的混合比愈高，单位动力消耗亦愈小。根据比较，低压、中压、高压气力输送中，以高压输送最为经济。在高压输送系统中，压力愈高，输送时间愈短，压缩空气消耗量亦愈少，但压力愈高，则脉动冲击力愈大，管路磨损亦愈大。

**C　发送装置的结构形式**

发送装置的出口阻力愈大，输送时间愈长，耗气量愈大。另外，发送装置的容量和装载系数也影响耗气量。因为每次输送的始末段都要占用一部分耗气量，而这部分耗气量输送煤粉的数量很少，因而，在输送相同数量煤粉的情况下，如果发送装置容量加大就可以减少输送次数，从而减少许多始末段耗气量。装载系数是发送装置每次所装煤粉体积与发送装置本身的容积之比，装载系数愈高，则耗气量愈低。

**D　输送线路布置**

在输送相同距离的情况下，布置的弯管、换向装置等愈多且靠近管路末端，则输送系统阻力愈大，消耗气量愈大。因此，应尽量减少管路中的弯管、换向装置等部件，且尽量靠近发送装置布置，以减少阻力，节约动力。

**E　进气阀开关速度的快慢**

如图 15-17 所示，压力变化曲线图说明了发送装置内空气补充情况与压力的变化。

在开始输送时，进气阀应当快开，使发送装置内压力迅速升高，有利于输送；当发送装置内煤粉输送完时，进气阀应当快关，让发送装置内的余气将余粉送完，这样耗气量最省。若进气阀关得慢，让压缩空气无阻地直接排空，增加三区的耗气量，使得该区占整个耗气量的比例增大，造成压缩空气的浪费。但是，过早关闭进气阀又会造成堵塞，所以，宜合理控制，以达到最佳效果。

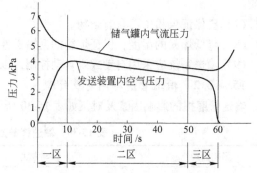

图 15-17　压力变化曲线图

一区：发送装置内充气升压区；二区：发送装置内稳定输送区；三区：发送装置内接近送完的降压区

## 15.5　煤粉制备系统的自动控制系统和安全生产

### 15.5.1　煤粉制备系统的自动控制系统

随着科技的进步和装备自动化水平的提高，煤粉制备系统的自动化水平也愈来愈高，越来越多的煤粉生产企业采用在微机控制下的全自动化生产线进行生产，不仅提高了煤粉制备系统的工作效率，而且减少了操作人员，简化了管理，同时还可以避免了人为误操作。

煤粉制备系统的自动控制系统常见的控制如下：

（1）系统中的所有用电设备均在操作室采用微机集中自动控制、CRT 显示，并对生产中所用的温度、压力、流量、加料量、产量等操作参数进行自动记录，并可随时打印，以备技术分析和进行调整；

（2）所有用电设备都设有事故报警，出现异常就会立刻报警并得到及时处理；

（3）在煤粉仓顶设 CO 测定仪，超标准报警，并自动向煤粉仓中充 $N_2$；

（4）在磨煤机入口热风管道上设自动调节阀根据磨煤机入口温度自动调节冷、热风的配比；

（5）在磨煤机入口热风管道上设自动调节阀根据磨煤机出口温度自动调节入磨煤机热风流量；

（6）在排风机前设置自动调节阀或排风机采用变频调速，根据磨煤机出口压力自动调节排风量；

（7）原煤仓设有上下限料位计或电子秤，自动控制向原煤仓中加料设备的启停；

（8）向磨煤机中加煤采用电子秤自动计量和控制；

（9）煤粉仓设有上下限料位计或电子秤，自动控制向煤粉仓中加料设备的启停；

（10）煤粉输送采用粉体流量计自动计量和控制。

### 15.5.2 煤粉制备系统中常见的安全事故

煤粉制备系统中常见的安全事故有两种。

第一自燃：在堆积状态下的煤，氧化速率超过散热速率就会出现自燃现象。磨煤机运转或停转中，系统中某些沉积的煤粉容易发生自燃，如收尘器内某些死角、灰斗等处沉积的细煤粉，煤粉堆积时自燃温度在 120~150℃，60℃ 以下较为安全。要严格控制磨煤机系统中的 CO 含量，当 CO 浓度达到 875mg/m³（$700 \times 10^{-6}$）时，就应停止磨煤机运转，并进行处理。因此，防止系统中细煤粉沉积，防止漏风，是预防自燃的重要措施。

第二爆炸：当煤粉很细时，在悬浮状态下，直接与空气接触，一旦引燃就能迅速发生氧化反应而发生爆炸。根据对许多次爆炸事故的分析，发生爆炸必须具备以下四个条件：

（1）煤粉高度地分散，煤粉的细度高，比表面积大，当煤粉悬浮于空气中，与空气充分混合，接触良好，一旦引燃，燃烧就能迅速扩散，这是导致爆炸发生的前提条件；

（2）气体中的煤粉浓度在可爆炸极限范围之内，一般认为，标况下气体混合物中煤粉浓度的爆炸极限范围为 150~1500g/m³，但因为煤种、煤粉细度以及混杂于煤粉中的其他可燃物质品种及含量的不同，这个爆炸极限的范围是变化的，当煤粉细度为 4900 孔筛筛余 10%~15% 时，低于爆炸极限下限的浓度范围为 0~150g/m³，这个范围相当窄，在煤的粉磨中不能考虑这个浓度范围，因为这需要过多的空气，即使不存在其他因素，也应避免在煤粉浓度的爆炸极限环境中工作，高于爆炸极限上限的煤粉浓度，才是煤粉制备系统中可以利用的有效浓度；

（3）气体混合物中的含氧量达到足以发生爆炸的程度，气体中的含氧量最好控制在 14% 以下，因此利用窑尾废气作为烘干介质是一种不错的选择，另外，让系统中部分废气循环使用也可以降低含氧量，降低含氧量可以使爆炸极限的下限提高和上限降低，从而缩小爆炸极限范围，提高煤粉制备系统生产的安全性；

（4）有着火源存在，环境中有充分的热能足以引燃，如煤粉的自燃、烘干气体的过多热量、机器部件的过热、电气设备的电火花、静电等。

经验表明，上述四个条件中，任何一个在生产过程中得到有效控制，就可以避免爆炸的发生，但在实际应用中，最好消除两个或更多，以提高生产的安全性。

### 15.5.3 煤粉制备系统生产中的安全措施

煤粉制备系统中常用的安全措施如下：

（1）在系统启动前和停止后对系统进行清扫，以清除系统中沉积的煤粉和积存的挥发分，并尽可能消灭任何着火源。经验表明，真正易于发生爆炸危险的情况，不是在正常运转中，而是在磨煤机等设备的启动和停止之时。

（2）采用窑尾废气作为烘干介质或是让系统中部分废气循环使用以降低系统中的含氧量，并在系统中含氧量超高的情况下通入 $CO_2$ 或 $N_2$ 等惰性气体。为安全起见，系统中的含氧量应控制在10%以下，超过10%自动报警，超过12%时，系统自动停机。

（3）优选设备和优化管路布置，消除系统中设备和管道的死角，存有煤粉的仓体侧壁与水平面的夹角应大于60°，并采用机械或气流搅拌的方法使煤粉流态化，以防止煤粉堵塞和沉积自燃。

（4）在系统中的设备和管道上安装静电接地设施，以便及时消除产生的静电。

（5）所用电气设备必须是防尘、防爆型，并符合国家有关标准的规定，同时要有可靠的散热措施，防止部件过热而发生引燃危险。

（6）合理确定烘干气体温度和用量，避免供热过多而导致引燃危险。

（7）在必要的部位设置温度、压力、流量、料位、CO含量等检测仪表，对生产中的重要操作参数进行实时监测和自动控制，对出现的异常立刻报警并及时处理，使整个系统处于严密的监控之下。

（8）在系统易产生泄漏的地方，采取通风措施，及时消除易燃易爆混合物；在易发生燃烧的地方，设置灭火装置，以防万一。

（9）系统中使用的设备和部件有足够的抗爆强度，不会因爆炸而变形损坏。

（10）系统中的必要部位安装有足够的泄爆装置，如泄爆膜、泄爆阀、排压管等，一旦发生爆炸时，足以保证人身和设备安全。

总之，煤粉制备系统的安全措施归纳起来可分为以下三类：

一次防爆：即防止和限制爆炸混合物的形成，如降低系统含氧量、控制混合物中的煤粉浓度等；

二次防爆：防止爆炸混合物的着火，如防止煤粉自燃、电气设备接地、控制烘干气体温度及用量等；

三次防爆：把爆炸的后果限制在无害或损害最小的程度，如安装泄爆装置等。

# *16* 煤气加压站

## 16.1 煤气加压系统的选择

目前生产活性石灰的窑型主要有竖窑和回转窑，使用的燃料大部分为焦炭、煤粉和煤气。煤气分为焦炉煤气、高炉煤气、转炉煤气和混合煤气。由于煤气烧嘴的工作压力一般都在 10～20kPa，外线送来的煤气压力满足不了使用要求，需要加压机进行加压，所以一般都需设立加压站。

在选择煤气加压站的位置时，应注意以下几个问题：

（1）考虑到加压站前后管道的经济合理，尽可能简化管网和缩短站前、站后管道的敷设长度；

（2）煤气加压站的位置应满足进站总管煤气压力不低于下列数值：

    焦炉煤气　　　0.98kPa；

    高炉煤气　　　1.96kPa；

    混合煤气　　　1.47kPa。

（3）煤气加压站应靠近厂区公路。

煤气加压站一般由主厂房（加压机间）、辅助生产间及相应的生活福利设施组成。

### 16.1.1 工艺布置及建筑要求

（1）主厂房内，加压机一般为单列布置。为便于操作和安全生产，各加压机之间的净距及其与墙壁之间的净距，一般均不应小于 1.5m，主要通道则不应小于 2m。

（2）布置设备时，应同时考虑各种管道的合理配置。

（3）主厂房应设置起重装置，作为吊装和检修设备之用。

（4）为满足安装和检修的要求，加压机应布置在起重机械吊钩的工作范围内，并应留出适当面积作为设备检修的位置。

（5）焦炉煤气和混合煤气加压站属于有爆炸危险的厂房，应为单独的建筑物，并应符合《建筑设计防火规范》（GB 50016—2006）中的有关要求。

（6）辅助生产间的配置，应根据企业的不同编制、不同的规模及各企业的具体情况确定。

### 16.1.2 一般原则

加压机的选定与用户的用量、工作制度和煤气压力等因素有关，同时应结合现行产品系列的规格统一考虑。

（1）单机容量的配置，应根据用户使用煤气的不同特点，企业不同建设时期的规模大小，选用容量适宜的机组。当用户正常生产时，加压机能经常处在较高效率的工作点上运转，并能适应煤气量的波动。

（2）选定加压机的升压能力时，应同时考虑输送管道直径的经济合理性，一般当加压的煤气管道较长时，宜作经济比较确定。

（3）机组的配置应选用规格、型号和性能相同的加压机，以利于机组的并联操作和维护管理。如企业各用户需要供应的煤气压力不同时，应根据加压系统的经济合理性确定是否选用不同的加压机。选用高、低压分别加压的系统，将使加压机台数增多、管道系统复杂，厂房和设备的投资也将增大；如合并按较高的压力设计成一种压力系统，虽基建费用较低，但生产费用较高。两种方案应进行综合比较后确定。

（4）机组的配置应满足正常生产条件下加压机检修时需要的备用能力。

## 16.2　主要设备配置和规格性能

### 16.2.1　煤气加压机台数的确定

煤气加压机的台数应根据加压煤气量和加压机的设计流量确定。

#### 16.2.1.1　加压煤气量的确定

（1）区域性的加压站，加压煤气的平均流量等于各用户的平均用量之和；最大流量等于一个或几个用户的最大用量与其余用户的平均用量之和，而且一般不超过平均流量的 1.3 倍。

（2）单独用户的煤气加压站，加压煤气的平均流量等于车间的平均用量；最大流量等于车间的最大用量。

#### 16.2.1.2　加压机所需提升压力的确定

由加压机提升的最大压力 $\Delta P$，按如下公式计算：

$$\Delta P = P_1 + \Delta P_1 + \Delta P_2 - P_2 \tag{16-1}$$

式中　$P_1$——用户接点处的煤气压力，Pa；

　　　$\Delta P_1$——由加压站至用户接点处煤气管道压力降，Pa；

　　　$\Delta P_2$——加压站内的压力降，Pa，一般取 300～500Pa；

　　　$P_2$——进入加压站的煤气压力，Pa。

### 16.2.2　加压机工作点的选用

在选定加压机性能曲线上的工作点时，应注意以下几点：

（1）工作点宜选在最稳定和最佳效率值范围内，一般应选在加压机额定工作点处；

（2）当设计条件与现行产品的规格（流量或升压）不符时，可改变加压机性能曲线上的额定工作点，即用降低加压机的额定升压值以增大输送流量，或减少加压机的额定输送流量以提高升压值。

### 16.2.3　加压机设计流量的确定

加压机性能曲线上选定的工作点的流量，应根据下列因素进行校核，以确定加压机的设计流量。

（1）加压机性能的允许误差。根据加压机制造厂的规定，产品性能试验的允许误差（压力值或流量值）为 -5%～+10%，因此，加压机的设计流量，等于加压机性能曲线上选定工作点的流量乘以允许误差系数。

（2）加压机的并联系数。实际生产中，并联系数是指同一管网系统中同一规格、型号的加压机，当它们并联工作时，在输送能力上与单机工作时相比（即管径相同而流量不同）所引起的差异。一般并联工作时管道压力降变大，机组的升压值提高，因而相应的降低了输送量。但是，工程设计上所应考虑的并联系数，是指在相同的可比条件下（即管径不同、流量不同、而管网压力降相同），加压机并联工作时，在输送能力上与单机工作时相比所引起的差异。因此，虽都称之为并联系数，但含义不同，不应混淆。设计时必须按照具体的条件，区别对待。

一般，对于新建加压站的设计，此差异主要取决于加压站内的管网特性，而与输送煤气的管网特性无关，当合理地设计加压机进、出口管道的管径及其与加压站进、出口总管的连接部位时，并联系数接近1。

对于扩建加压站的设计，此差异主要取决于原有输送煤气管网的影响。当其他条件不变时，由于增设了加压机，输送煤气管网的压力降增加，站区出口压力及加压机提升压力都随之增加。加压机应在新的工作点运转。此时，加压机的设计流量应按新的工作点计算。

### 16.2.4　加压机台数的确定

加压机型号选定后，加压机的台数 $n$，按公式计算，取最大值。

$$n = \frac{Q_\mathrm{p} K_\mathrm{v}}{k_1 K Q_\mathrm{gz}} + C_1 \tag{16-2}$$

$$n = \frac{Q_\mathrm{max} K_\mathrm{v}}{k_1 K Q_\mathrm{gz}} + C_2 \tag{16-3}$$

$$K_\mathrm{v} = \left(1 + \frac{d_\mathrm{r}}{0.804}\right)\left(\frac{273 + t_\mathrm{r}}{273}\right)\left(\frac{101.325}{p_\mathrm{dq} + p_\mathrm{r}}\right) \tag{16-4}$$

式中　$Q_\mathrm{p}$——加压煤气的平均流量，$\mathrm{m^3/h}$；

　　　$K_\mathrm{v}$——体积校正系数；

　　　$Q_\mathrm{gz}$——加压机性能曲线上选定工作点的流量，$\mathrm{m^3/h}$；

　　　$k_1$——加压机允许误差系数；

　　　$K$——加压机并联系数；

　　　$C_1$——按平均流量确定的加压机备用台数，工作台数 1~2 台时取 1 台，3~5 台时取 2 台；

　　　$Q_\mathrm{max}$——加压煤气的最大流量，$\mathrm{m^3/h}$；

　　　$C_2$——按平均流量确定的加压机备用台数，工作台数 1~2 台时取 1 台，3~5 台时取 2 台；

　　　$d_\mathrm{r}$——加压机设计入口煤气湿含量，$\mathrm{kg/m^3}$；

　　　$t_\mathrm{r}$——加压机设计入口煤气温度，℃；

　　　$p_\mathrm{r}$——加压机设计入口煤气压力，$\mathrm{kPa}$；

　　　$p_\mathrm{dq}$——建站地区平均大气压力，$\mathrm{kPa}$。

## 16.3　煤气输送系统

### 16.3.1　加压机进、出口管道

（1）加压机进、出口管道须装设煤气闸阀，一般为电动闸阀。靠加压机一侧的闸阀旁设置入孔及放散管，阀门处应设有平台，并应满足抽堵盲板的方便条件。

（2）加压机进口管道应装设调节蝶阀，蝶阀的操作方式多采用手动蜗轮蜗杆传动的装置。

（3）为便于抽堵盲板，避免管壁及设备产生较大的应力，加压机进、出口管道宜布置成 Z 形弯管。当立管段长度小于 3m 时，或进、出口管道为水平直管时，应在水平管段上安设一个一级鼓型补偿器。

（4）为排除加压机底部及进、出口管道最低部位积存的冷凝水，应装设排水器。如装设双室排水器时，应将加压机底部及出口管道的最低部位接至排水器的高压侧；而将进口管道的最低部位接至排水器的低压侧。排水器设置在地坑内时，地坑应有足够的维护和检修所需的面积，并能防止雨水、地表水和地下水的渗入。

（5）加压机进口处应装设一个进口收缩管，出口处应装设一个出口扩散管。

（6）加压机进、出口管道的压力降，一般应控制在 294～490Pa 范围内。进、出口管道的煤气流速，可按下列数值选用：

混合煤气　　　　8～14m/s；
焦炉煤气　　　　12～16m/s。

### 16.3.2　站区进、出口总管

（1）站区进、出口总管较长时，应考虑总管伸缩量的补偿。

（2）根据生产实践，站区进、出口总管须设置大回流管，用以调节加压站单机最小的工作流量，防止机组发生喘振。

（3）大回流管上宜装设电动闸阀，并能在管理室内操纵。

（4）大回流管装设的位置，应使煤气回流的途径在站区范围内为最长；当加压机台数较多时，一般宜设在总管的一端。

（5）进口总管的末端须装设放散管。

## 16.4　煤气加压系统的自动控制和生产安全

为保证煤气加压系统的安全生产，需要有电气连锁和发出声光信号的项目有：

（1）进、出煤气加压站的煤气主管压力低于 686Pa 时发出声光信号，并停止一台加压机的运转，当压力低于 490Pa 时加压机全部停止运转；

（2）加压机的给水总管上须设压力降低的报警信号；

（3）焦炉煤气和混合煤气加压站的主厂房均属有爆炸危险的生产厂房，应满足每小时换气不少于 8 次的通风要求。

# *17* 成品石灰的贮运、加工

## 17.1 出窑后石灰的运输和运输设备

### 17.1.1 出窑后石灰的运输

石灰出窑后,要将其输送至成品工段。在成品工段内根据产品方案进行筛分或破粉碎加工,经过加工后的成品卸入成品贮仓进行贮存。成品贮仓下设有带式输送机或装车装置用于装车,将石灰运至炼钢厂或烧结厂;也有的采用气力输送系统将石灰成品送至烧结厂。

### 17.1.2 石灰的运输设备

石灰的运输设备常用的有带式输送机、波状挡边带式输送机、链式输送机、螺旋输送机、斗式提升机等。带式输送机和波状挡边带式输送机主要用于中、小块度及细粒状物料的水平或倾斜提升运输;链式输送机和螺旋输送机主要用于细颗粒或粉料的运输;斗式提升机主要用于中、小块度及细粉物料的垂直运输。带式输送机、斗式提升机参见6.4.3小节。下面主要介绍其他几种运输设备。

#### 17.1.2.1 波状挡边带式输送机

波状挡边带式输送机结构的最大特点是用波状挡边输送带来取代普通输送带。波状挡边输送带由基带、波状挡边和横隔板组成,它的工作原理和结构组成与通用带式输送机相同,因此,像传动滚筒、改向滚筒、驱动装置等部件,都可以与通用带式输送机的相应部件通用,如图17-1所示。

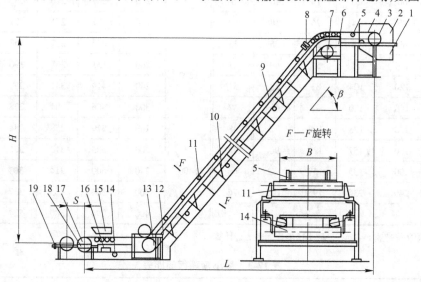

图 17-1 波状挡边带式输送机典型布置图

1—卸料漏斗;2—头部护罩;3—传动滚筒;4—拍打清扫器;5—挡边带;6—凸弧段机架;7—压带轮;
8—挡辊;9—中间机架;10—中间架支腿;11—上托辊;12—凹弧段机架;13—改向滚筒;
14—下托辊;15—导料槽;16—空段清扫器;17—尾部滚筒;18—拉紧装置;19—尾架

波状挡边带式输送机的主要优点如下：

（1）许用的输送倾角大，最大可达 90°，是大倾角（甚至垂直）输送的理想设备，因而可以节约占地面积、节省设备投资和土建费用，取得良好的经济效益；

（2）结构简单，各主要部件均可与通用带式输送机通用，给使用和维修带来方便；

（3）运行可靠，可靠度几乎与通用带式输送机相等；

（4）运行平稳、噪声小；

（5）能耗小；

（6）垂直挡边机还可以在机头和机尾设置任意长度的水平输送段，便于和其他设备衔接。

波状挡边带式输送机主要性能参数如表 17-1 ~ 表 17-4 所示。

### 表 17-1　挡边高度与输送物料最大粒度关系

| 挡边高 $h$/mm | 60 | 80 | 120 | 160 | 200 | 240 | 300 | 400 |
|---|---|---|---|---|---|---|---|---|
| 最大物料粒度/mm | 30 | 50 | 80 | 120 | 160 | 200 | 250 | 300 |

注：物料粒度是指物料对角线长度，表中数值适合输送倾角 45°时选用，倾角小于 45°时可选用较表中数值大的粒度，倾角大于 45°时应选用较表中数值小的粒度；粒度值主要依照挡边高度和输送倾角而定，但选用时也要考虑到带速和带宽。

### 表 17-2　最大输送量

| 带宽 $B$/mm | 挡边高 $h$/mm | 部分输送倾角时的输送量 $Q$/m³·h⁻¹ | | | | 带宽 $B$/mm | 挡边高 $h$/mm | 部分输送倾角时的输送量 $Q$/m³·h⁻¹ | | | |
|---|---|---|---|---|---|---|---|---|---|---|---|
| | | 30° | 45° | 60° | 90° | | | 30° | 45° | 60° | 90° |
| 300 | 40 | 15 | 11 | 8 | 4 | 1000 | 120 | 172 | 137 | 96 | 51 |
| | 60 | 14 | 10 | 7 | 4 | | 160 | 216 | 175 | 124 | 66 |
| 400 | 60 | 20 | 14 | 10 | 5 | | 200 | 267 | 216 | 153 | 82 |
| | 80 | 34 | 26 | 18 | 10 | | 240 | 327 | 271 | 197 | 106 |
| 500 | 80 | 46 | 35 | 25 | 13 | 1200 | 160 | 275 | 222 | 158 | 85 |
| | 120 | 71 | 57 | 40 | 21 | | 200 | 331 | 267 | 190 | 102 |
| 650 | 120 | 104 | 83 | 58 | 31 | | 240 | 419 | 347 | 253 | 136 |
| | 160 | 120 | 97 | 69 | 37 | | 300 | 466 | 384 | 278 | 149 |
| 800 | 120 | 128 | 102 | 72 | 38 | 1400 | 160 | 319 | 258 | 184 | 98 |
| | 160 | 157 | 127 | 90 | 48 | | 200 | 395 | 318 | 226 | 121 |
| | 200 | 195 | 157 | 112 | 60 | | 240 | 500 | 414 | 302 | 162 |
| | 240 | 235 | 195 | 142 | 76 | | 300 | 564 | 465 | 337 | 180 |
| | | | | | | | 400 | 794 | 680 | 524 | 281 |

注：本表 $Q$ 按带速 $v = 1$m/s，最小横隔板间距 $t_{smin}$ 计算。

### 表 17-3　最小横隔板间距表

| 隔板高/mm | 75 | 110 | 140 | 180 | 220 | 270 | 360 |
|---|---|---|---|---|---|---|---|
| 挡边高/mm | 80 | 120 | 160 | 200 | 240 | 300 | 400 |
| $t_{smin}$/mm | 120 | 160 | 200 | 250 | 280 | 350 | 400 |

表 17-4　有效带宽

| $B$/mm $B_f$/mm 挡边高 $h$/mm | 500 | 650 | 800 | 1000 | 1200 | 1400 |
|---|---|---|---|---|---|---|
| 80 | 260 | | | | | |
| 120 | 260 | 370 | 472 | 612 | 752 | |
| 160 | | 326 | 428 | 568 | 708 | 848 |
| 200 | | | 420 | 560 | 700 | 840 |
| 240 | | | 420 | 560 | 700 | 840 |
| 300 | | | | 524 | 664 | 804 |
| 400 | | | | | | 804 |

### 17.1.2.2　板式输送机

板式输送机的结构及其工作原理与板式给料机相似，但比板式给料机输送距离长。板式输送机具有抗热变形能力，一般紧接出窑设备。

### 17.1.2.3　链式输送机

链式输送机主要由输送链、机壳和驱动装置等组成，适于输送细小颗粒物料。链式输送机具有输送能力大，可达 6～500m³/h；输送能耗低；密封和安全性好；使用寿命长；工艺布置灵活，可高架、地面或地坑布置，可水平或爬坡（≤15°）安装；可灵活多点进出料等优点。常用 FU 系列链式输送机，有 FU150、FU200、FU270、FU350、FU410、FU500、FU600、FU700 等各种型号，机型的选择取决于物料的输送量。链式输送机如图 17-2 所示，其主要技术参数如表 17-5 所示。

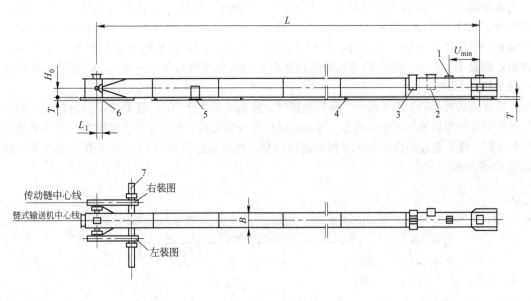

图 17-2　链式输送机

1—上进料口；2—单侧进料口；3—两侧进料口；4—底座；
5—中间节底出料口；6—头部出料口；7—驱动装置

**表 17-5　链式输送机主要技术参数**

| 型　号 | 槽宽 /mm | 理想 粒度 /mm | 10% 最大 粒度 /mm | 最大输送斜度 | 输送量/m³·h⁻¹ 链条速度/m·min⁻¹ | | | | | | | 物料湿度 |
| --- | --- | --- | --- | --- | --- | --- | --- | --- | --- | --- | --- | --- |
| | | | | | 10 | 12 | 13.5 | 15 | 16 | 20 | 25 | |
| FU150 | 150 | <4 | <8 | | 6~9 | | | 9~13 | | 12~18 | 15~23 | |
| FU200 | 200 | <5 | <10 | | 12~16 | | | 18~24 | | 24~32 | 30~40 | |
| FU270 | 270 | <7 | <15 | | 21~30 | 25~36 | 28~48 | 31~45 | 34~48 | 42~60 | 52~75 | |
| FU350 | 350 | <9 | <18 | ≤15% | | 40~56 | | 54~75 | | 72~100 | 90~125 | ≤5% |
| FU410 | 410 | <11 | <21 | | | 55~80 | | 70~100 | | 95~130 | 105~150 | |
| FU500 | 500 | <13 | <25 | | | 80~110 | | 105~145 | | 140~200 | 160~225 | |
| FU600 | 600 | <15 | <30 | | | 115~160 | | | 150~210 | 200~290 | 230~300 | |
| FU700 | 700 | <15 | <30 | | | 142~200 | | 250~260 | 260~280 | 320~350 | 350~430 | |

#### 17.1.2.4　螺旋输送机

螺旋输送机是由机槽、上方可拆卸的密封板和螺旋等组成，螺旋是由转轴与装在转轴上的螺旋叶片构成。按使用场合的不同要求，常用的螺旋有两种形式：实体螺旋面的螺旋，其螺距等于直径的 0.8 倍，适于输送小块状、粒状和粉状物料；带式螺旋面的螺旋，其螺距等于直径，适于输送黏性、易结块和中等块度（ >60mm ）的物料。

石灰厂一般采用实体螺旋面的螺旋。

螺旋输送机广泛选用的螺旋直径为 $\phi 200 \sim 500 mm$，适用于工作环境温度 $-20 \sim 50 ℃$、物料低于 $80 ℃$ 的粉状或粒状（3mm 左右）物料，进行水平或倾斜运输。螺旋输送机内设有吊轴承，螺旋体在吊轴承处断开，因而该处堆料稍高，会导致使轴承磨损较快，故螺旋输送机运输量不宜过大。螺旋输送机输送粉状石灰的填充系数为 $0.35 \sim 0.4$，螺旋输送机长度一般不超过 50m。

螺旋输送机一般为水平布置，倾斜布置时，倾角不得大于 $20°$，驱动装置和出料口一般布置在头节，使螺旋轴处于受拉状态，螺旋输送机需均匀加料，否则容易引起物料的堵塞而造成机器过载。螺旋直径的选择取决于物料的输送量。螺旋输送机如图 17-3 所示其主要技术性能如表 17-6 所示。

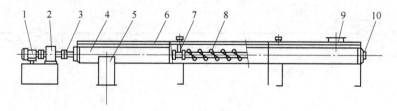

图 17-3　螺旋输送机

1—电动机；2—减速器；3—止推轴承；4—机槽；5—出料口；

6—盖板；7—吊轴承；8—螺旋；9—进料口；10—轴承

表 17-6　螺旋输送机主要技术性能

| 标准螺旋直径系列/mm | | 150 | 200 | 250 | 300 | 400 | 500 | 600 |
|---|---|---|---|---|---|---|---|---|
| 螺旋螺距 $S$/mm | 实体螺旋面 | 120 | 160 | 200 | 240 | 320 | 400 | 480 |
| 螺旋轴标准转速/r·min$^{-1}$ | | 20,30,35,45,60,75,90,120,150,190 | | | | | | |
| 最大输送量 | 煤粉 螺旋轴最大转速/r·min$^{-1}$ | 190 | 150 | 150 | 120 | 120 | 90 | 90 |
| | 煤粉 最大输送量/t·h$^{-1}$ | 4.5 | 8.5 | 16.5 | 23.3 | 54 | 79 | 139 |
| | 黏土 螺旋轴最大转速/r·min$^{-1}$ | 90 | 75 | 75 | 60 | 60 | 45 | 45 |
| | 黏土 最大输送量/t·h$^{-1}$ | 4.8 | 5.5 | 18.6 | 25.8 | 60.8 | 89.3 | 153 |
| | 砂 螺旋轴最大转速/r·min$^{-1}$ | 75 | 60 | 60 | 60 | 45 | 45 | 35 |
| | 砂 最大输送量/t·h$^{-1}$ | 4.6 | 8.7 | 17 | 29.5 | 52 | 102 | 137 |

#### 17.1.2.5　气力输送系统

武钢、马钢、宝钢等厂生石灰粉采用气力输送。

**A　某厂生石灰粉输送**

该厂石灰窑系统扬尘采用电除尘器捕集，粉尘主要成分是 CaO 占 90% 左右，细度 < 0.088mm，容重 1.0t/m$^3$，当窑产量 600t/d 时，电除尘器收尘量为 1.5 ~ 2.0t/h（35 ~ 48t/d）。采用 $\phi$1000 × 3500 风动输送泵输送石灰粉技术指标如表 17-7 所示。

表 17-7　风动输送泵输送石灰粉技术指标

| 送料前风压/MPa | 送料时风压/MPa | 送料时间间隔/min | 吹送时间/min | 送料量/t·h$^{-1}$ | 风量消耗/m$^3$·min$^{-1}$ |
|---|---|---|---|---|---|
| 0.65 | 0.5 | 15 ~ 20 | 5 ~ 6 | 1.5 | 8 ~ 9 |

**B　某厂气力输送系统输送石灰**

该厂气力输送系统输送石灰的示意图如图 17-4 所示；各项技术经济指标见表 17-8 所示。

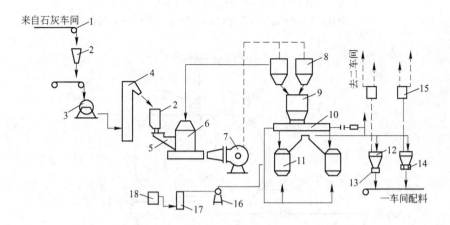

图 17-4　气力输送系统输送石灰的示意图

1—带式输送机；2—生石灰贮仓；3—PEF250 ×400 颚式破碎机；4—斗式提升机；5—板式给料机；
6—5R-401B 悬辊式磨粉机；7—鼓风机；8—收尘器；9—缓冲罐；10—给料机；11—上卸式
仓式泵；12—配料仓；13—星形给料机；14—双螺旋给料机；15—布袋除尘器；
16—空气过滤器；17—1.2m$^3$ 贮气罐；18—3L-16/8 空压机

表 17-8　某厂气力输送石灰技术经济指标

| 编号 | 输送距离 /m | 风量 /$m^3 \cdot min^{-1}$ | 输送能力 /$t \cdot h^{-1}$ | 风料比 /$m^3 \cdot kg^{-1}$ | 空气流速 /$m \cdot s^{-1}$ | 阻力损失 /Pa | 输送时间 /min | 装料量 /t |
|---|---|---|---|---|---|---|---|---|
| 1 | 120 | 20.3 | 39.3 | 0.0300 | 17.4 | $11 \times 10^5$ | 7.5 | 4.9 |
| 2 | 120 | 17.6 | 38.0 | 0.0278 | 16.5 | $9 \times 10^5$ | 7.5 | 4.76 |
| 3 | 120 | 15.7 | 35.0 | 0.0261 | 15.0 | $8 \times 10^5$ | 7.5 | 4.5 |
| 4 | 120 | 12.1 | 22.2 | 0.0327 | 13.4 | $61 \times 10^5$ | 10.5 | 3.89 |

C　某厂烧结用石灰气力输送系统

该厂烧结石灰输送为高浓度、高压气力输送方式。

石灰接受贮存系统如图 17-5 所示，除了空气压缩机、袋式收尘器和接受仓外，主要设备是带有仓式泵的密封罐车。H 型仓式泵的结构参见图 17-6；仓式泵在输送过程中压力、空气流量及物料量的变化如图 17-7 所示。由图可看出，在正常输送时间内，压力和空气量基本上是稳定的，此时压力应略高于输送系统总压力损失，一般为 $(14.7 \sim 19.6) \times 10^4 Pa$，风量一般为 $8 \sim 15 m^3/min$。输送后期，压力降至高于输送系统总压力损失 $(3.92 \sim 5.88) \times 10^4 Pa$，进气阀门即行关闭。

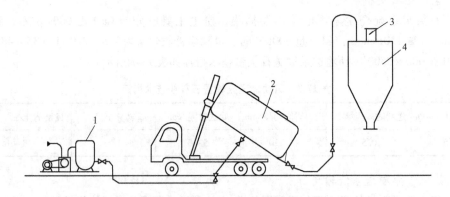

图 17-5　石灰接受贮存系统

1—压力机；2—密封罐车（带仓式泵）；3—袋滤器；4—石灰仓

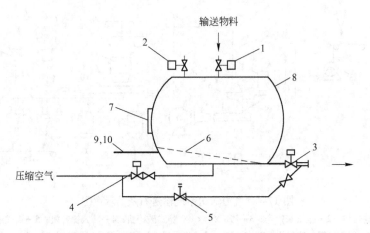

图 17-6　H 型仓式泵（高压气力型）结构示意图

1—给料阀；2—排气阀；3—排出阀；4—进气阀；5—加压阀；6—空气分布板；
7—人孔；8—料位计；9—压力开关；10—压力指示计

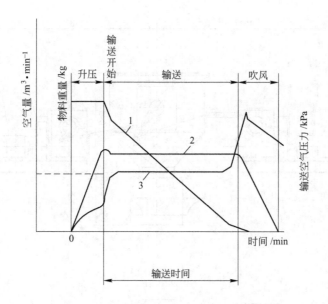

图 17-7　H 型仓式泵工作特性曲线

1—物料重量-输送时间曲线；2—输送空气压力-输送时间曲线；

3—空气量-输送时间曲线

高压输送系统的特点：

（1）需要空气量少，低压输送时 $(2.9 \sim 6.9) \times 10^4 Pa$，混合比为 2～10；高压输送时，混合比为 20～200；

（2）因风量少，输送管径小，分离器结构简单，仓式泵风量为 5～18m³/min，袋式收尘器为 8～40m²，设备小，建设费用低；

（3）节省劳力，可自动控制，事故少，维修工作量小；

（4）输送采用密闭系统，环境保护好。

### 17.1.3　石灰的装车设备

石灰的装车设备主要有 DZC400 型电动装车装置、FLXJ 封闭式卸料机组和汽车碰撞扇形阀。

#### 17.1.3.1　DZC400 型电动装车装置

DZC400 型电动装车装置操纵容易，结构可靠，能迅速开启和快速切断料流，有控制地实现文明装车，适于各种粒状料从料仓卸下装到各种敞车或顶开口棚车车厢及罐车，也可用于倒运输送卸料。

A　结构及工作原理

DZC400 型电动装车装置是由卸料阀、除尘罩、伸缩套筒、阀门、传动装置和伸升机构等组成，为座式如图 17-8 所示。

卸料阀是由 400mm×400mm 工作料斗及单扇形阀组成。料斗有一斜插板可适度调节其有效通过面积，扇形阀旋转中心支座固定于料斗两侧，一端有枢轴伸出，枢轴上固定有曲柄，经连杆与传动装置相连，传动装置减速机出轴上固定 1 个主动轮，轮上有 2 个主动拨块，主动轮上活套 1 个被动轮，其上有 1 个被动拨块，此拨块用销轴与扇形门连杆铰接，当

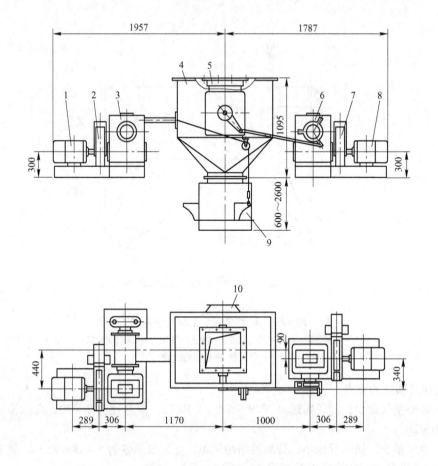

图 17-8　DZC400 型电动装车装置

1—伸缩套筒用电动机；2，7—制动器；3，6—减速机；4—防尘罩；5—卸料阀；

8—卸料阀用电动机；9—伸缩套筒；10—除尘口

主动轮顺时针方向旋转时，拨动被动轮，使连杆推开扇形阀卸料；当扇形阀开启到最远点时（即连杆两端点与传动轮中心通过同一直线时）越过此死点，连杆借阀门重力力矩推动，自行上靠于一个可调位置的支持点上，主传动轮碰块触及开侧的行程开关，电动机停止，连杆自停锁于开启位置。关闭时启动电动机，主动轮反转，另一主动拨块将被动轮反转一微小角度，使连杆越过死点自锁区，带配重块的扇形阀在足够的自重和配重偏心力矩作用下，迅速转向关闭，截断正在卸落的料流，关闭阀门，主动轮继续反转触及关闭侧的行程开关，电动机停止。

除尘罩使卸料扇形阀在密封状态下工作，并可抽风除尘。伸缩套筒用 6 节可相互重叠上下滑行的活动套筒组成，用 1 台 3 绳卷扬机升降，可随卸料位置要求而操纵其升降位置，最大升降行程达 1.99m（该行程可按订货需要调整）。

料流经密闭于防尘罩内的扇形阀门和伸缩套筒在密闭状态下平稳地卸到车厢内，即使在较大落差的情况下也能最大限度减少产尘量，防止粉尘污染环境。

B　主要技术性能

DZC400 型电动装车装置主要技术性能如表 17-9 所示。

表 17-9　DZC400 型电动装车装置主要技术性能

| 项　目 | | | 数　值 |
|---|---|---|---|
| 卸料阀规格/mm×mm | | | 400×400 |
| 卸料能力/m³·min⁻¹ | | | 1~2 |
| 卸料阀传动装置 | 电动机 | 型　号 | YZ132M₁-6 |
| | | 功率/kW | 2.2 |
| | | 转速/r·min⁻¹ | 875 |
| | | 负荷持续率/% | 25 |
| | 制动器 | 型　号 | TJ₂-200 |
| | | 通电持续率/% | 25 |
| | | 电磁铁型号 | MZD₁-200 |
| | | 额定电压/V | 380 |
| | 圆柱蜗杆减速机 | 型　号 | WD150-60-Ⅱ |
| | 阀门开启关闭用行程开关 | 型　号 | LX10-11 |
| | | 数量/个 | 2 |
| 伸缩套筒传动装置 | 电动机 | 型　号 | YZ132M₁-6 |
| | | 功率/kW | 2.2 |
| | | 转速/r·min⁻¹ | 875 |
| | | 负荷持续率/% | 25 |
| | 制动器 | 型　号 | TJ₂-200 |
| | | 通电持续率/% | 25 |
| | | 电磁铁型号 | MZD₁-200 |
| | | 额定电压/V | 380 |
| | 圆柱蜗杆减速机 | 型　号 | WD150-60-Ⅱ |
| | 提升上限行程开关 | 型　号 | LJ18A3-5-J/EZ |
| | 下降行程开关 | 型　号 | LJ18A3-5-J/EZ |
| | 卷扬提升速度/m·min⁻¹ | | 11.2 |
| | 工作行程/m | | 1.99 |
| 设备重量/kg | | | 1700 |

C　操作

伸缩套筒工作完后一般应在最高位置停滞，装车时对准车厢装料点，揿动按钮启动电动机，将套筒降到适当位置（稍高于料面或底板面），使扇形阀门顺时针方向开启后停止，进行快速卸料，应密切注视卸料状况，随时提升套筒使之略高于料面的位置。在保持套筒末端距料面有足够空间的情况下，也可移动车体使之均匀装料，装料毕应立即启动电机反转关门停车，并升起套筒至上限位置，然后方可开出车厢。

调节料斗中间板位置可在一定范围内调节卸料量，当车厢小，要求卸料量小时，可揿动按钮使电机点动，徐徐拨开扇形阀，控制料流大小。关闭时反转放下扇形阀，若此举不足以关严卸料门时，则应在关门时再开大扇形阀，直到悬停于自锁区，然后如前述即刻反转电机，拨动扇形阀使之反转越过死点借自重偏心力矩迅速关闭截断料流。

### 17.1.3.2　FLXJ 封闭式卸料机组

FLXJ 封闭式卸料机组结构和工作原理与 DZC400 型电动装车装置相似，但为吊挂式，整机吊在料仓出料口上。FLXJ 封闭式卸料机组如图 17-9 所示，其主要技术性能如表 17-10 所示。

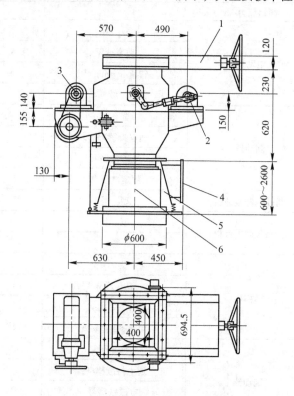

图 17-9　FLXJ 封闭式卸料机组
1—手动闸板；2—卸料阀用电动机；3—伸缩套筒用电动机；
4—除尘口；5—防尘罩；6—伸缩套筒

**表 17-10　FLXJ 封闭式卸料机组主要技术性能**

| 项　目 | | | 数　值 |
|---|---|---|---|
| 卸料能力/m³·min⁻¹ | | | 0~2 |
| 卸料阀传动装置 | 电动机 | 功率/kW | 约 1.5 |
| | 卸料阀 | 全开时间/s | 约 1.4 |
| | | 匀速关闭时间/s | 约 1.2 |
| | | 快速关闭时间/s | 约 0.3 |
| | 阀门开启关闭用行程开关 | 型　号 | LX19-001 |
| | | 数量/个 | 2 |
| 伸缩套筒传动装置 | 电动机 | 功率/kW | 约 1.5 |
| | 上升行程极限开关 | 型　号 | LJ18A3-5-J/EZ |
| | 下降行程开关 | 型　号 | LJ18A3-5-J/EZ |
| | 升降速度/mm·s⁻¹ | | 205 |
| 设备重量/kg | | | 1500 |

### 17.1.3.3 汽车碰撞扇形阀

产量比较小的石灰厂可采用汽车碰撞扇形阀，作为石灰装车的卸料阀。汽车碰撞扇形阀如图 17-10 所示，主要技术参数如表 17-11 所示。

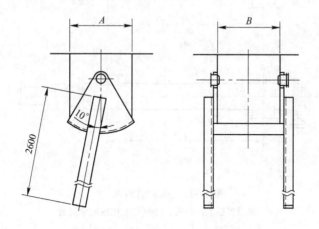

图 17-10 汽车碰撞扇形阀

**表 17-11 汽车碰撞扇形阀主要技术参数**

| 技术参数 | 型 号 | 500×500 汽车碰撞扇形阀 | 600×600 汽车碰撞扇形阀 |
|---|---|---|---|
| 进料口尺寸 | $A$/mm | 500 | 600 |
| | $B$/mm | 500 | 600 |
| 最大外形 | 长/mm | 600 | 720 |
| | 宽/mm | 600 | 720 |
| | 高/mm | 2950 | 3020 |
| 设备重量/kg | | 150 | 240 |

## 17.1.4 石灰的给料设备

石灰的给料设备有电磁振动给料机、电机振动给料机、螺旋给料机、格式给料机和联合给料机组等。电磁振动给料机和电机振动给料机参见 6.4.1 小节内容，下面主要介绍螺旋给料机、格式给料机和联合给料机组三种设备。

### 17.1.4.1 螺旋给料机

螺旋给料机的结构及其工作原理均与螺旋输送机相似，不同之处主要是螺旋给料机的输送距离较短。螺旋给料机适用于输送散装小颗粒物料（＜1mm），直至极微细的粉状物料。本机配以可调节（直至截止）进料口面积的手动闸板阀，可调节给料机工作状况，并便于维修作业。螺旋给料机如图 17-11 所示。该机运行稳定，无噪声，无粉尘溢漏，给料量均匀，可作定量、变量给料，分悬挂式和座式两种，座式用于较长的大型螺旋或不便于悬挂吊装的场合。螺旋给料机主要技术性能如表 17-12 所示。

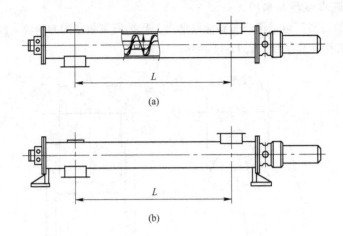

(a)

(b)

图 17-11　螺旋给料机

（a）悬挂式螺旋给料机；（b）双支座螺旋给料机

**表 17-12　螺旋给料机主要技术性能**

| 项目<br>型号 | 电动机 | | | 产量/t · h$^{-1}$ | 重量/kg |
| --- | --- | --- | --- | --- | --- |
| | 型　号 | 功率/kW | 转速/r · min$^{-1}$ | | |
| XDL160 | Y802 – 4 | 0.75 | 1500 | 3 | 140 + 50$L$ |
| XDL200 | Y90L | 1.5 | 1500 | 6 | 212$L$ + 60$L$ |
| XDL250 | Y90L | 1.5 | 1500 | 10 | 275 + 90$L$ |
| XDL320 | Y100L$_2$-4 | 3 | 1500 | 15 | 390 + 140$L$ |
| XDL400 | Y100L$_2$-4 | 3 | 1500 | 20 | 576 + 210$L$ |
| XBL160 | JZTY12-4L | 0.75 | 120 ~ 1200 | 0.3 ~ 3 | 196 + 50$L$ |
| XBL200 | JZTY22-4L | 1.5 | 120 ~ 1200 | 0.6 ~ 6 | 276 + 60$L$ |
| XBL250 | JZTY22-4L | 1.5 | 120 ~ 1200 | 1 ~ 10 | 346 + 90$L$ |
| XBL320 | JZTY32-4L | 3 | 120 ~ 1200 | 1.5 ~ 15 | 488 + 140$L$ |
| XBL400 | JZTY32-4L | 3 | 120 ~ 1200 | 2 ~ 20 | 680 + 210$L$ |
| SDL160 | Y802-4 | 0.75 | 1500 | 3 | 160 + 50$L$ |
| SDL200 | Y90L | 1.5 | 1500 | 6 | 237$L$ + 60$L$ |
| SDL250 | Y90L | 1.5 | 1500 | 10 | 305 + 90$L$ |
| SDL320 | Y100L$_2$-4 | 3 | 1500 | 15 | 42 + 140$L$ |
| SDL400 | Y100L$_2$-4 | 3 | 1500 | 20 | 616 + 210$L$ |
| SBL160 | JZTY12-4L | 0.75 | 120 ~ 1200 | 0.3 ~ 3 | 216 + 50$L$ |
| SBL200 | JZTY22-4L | 1.5 | 120 ~ 1200 | 0.6 ~ 6 | 301 + 60$L$ |
| SBL250 | JZTY22-4L | 1.5 | 120 ~ 1200 | 1 ~ 10 | 376 + 90$L$ |
| SBL320 | JZTY32-4L | 3 | 120 ~ 1200 | 1.5 ~ 15 | 523 + 140$L$ |
| SBL400 | JZTY32-4L | 3 | 120 ~ 1200 | 2 ~ 20 | 720 + 210$L$ |

注：1. XDL 表示悬挂式定速；XBL 表示悬挂式变速；SDL 表示双支座式定速；SBL 表示双支座式变速；

　　2. 表中质量与长度 $L$ 有关，$L$ 为进料口至出料口距离。

### 17.1.4.2 格式给料机

格式给料机是由一水平的带有径向隔板的分格转轮和它的机壳以及端盖等组成。分格转轮径向分成 3~12 个 V 形槽，转轮外缘与机壳内壁圆柱面严密的配合。机壳的上端和下端均制成为开口的法兰盘。

格式给料机适用于输送散装颗粒物料（粒径 $a \leqslant D/30$，$D$ 为格式给料机转子直径），直至超微粉物料。一般用于常温，若处理 70% 以上热料时，必须特殊说明情况以便适应处理。格式给料机密封作业，工作时可保持料仓与外界相对压差，无泄漏，不逸尘。一般为便于控制调节或截止料流，在格式给料机和料仓出料口之间装一手动或电动截止阀串联悬挂。格式给料机分变速（XBG）和定速（XDG）。

格式给料机如图 17-12 所示，其主要技术性能如表 17-13 所示。

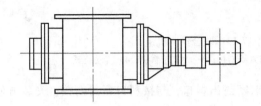

图 17-12 格式给料机

表 17-13 格式给料机主要技术性能

| 项目 型号 | 电动机 | | | 产量/t·h⁻¹ | 重量/kg |
|---|---|---|---|---|---|
| | 型 号 | 转速/r·min⁻¹ | 功率/kW | | |
| XDG200 | Y802-4 | 1500 | 0.75 | 3030 | 234 |
| XDG250 | Y90L-4 | 1500 | 1.5 | 4 | 292 |
| XDG300 | Y90L-4 | 1500 | 1.5 | 8 | 353 |
| XDG400 | Y100L₂-4 | 1500 | 3.0 | 20 | 626 |
| XDG500 | Y100L₂-4 | 1500 | 3.0 | 30 | 967 |
| XBG200 | JETY12-4L | 120~1200 | 0.75 | 0.4~4 | 283 |
| XBG250 | JETY22-4L | 120~1200 | 1.5 | 0.8~8 | 356 |
| XBG300 | JETY12-4L | 120~1200 | 1.5 | 1~10 | 417 |
| XBG400 | JETY32-4L | 120~1200 | 3.0 | 1.2~12 | 734 |
| XBG500 | JETY32-4L | 120~1200 | 3.0 | 2~20 | 1075 |

### 17.1.4.3 联合给料机组

联合给料机组是散状物料的卸料、配料、称量、加工和包装的理想设备，适应各种小颗粒物料（粒径 $a \leqslant D/30$），直至极微细的粉状物料作业；适用于细粒石灰的给料。联合给料机组如图 17-13 所示，它有定量（MDG）和变量（MBG）之分，具有以下几项突出的功能和特点：

（1）以格式给料机卸料配以特制的螺旋输送机输送，卸料转运过程中物料无偏析并具有拌和匀化作用，密封性好，控制性能优越，能准确控制产量和定时定值定量；

（2）机组辅以可调节（直至截止）进料口面积的手动闸板，可调节给料机工作状况，减少不必要的运载阻力并便于维修作业；

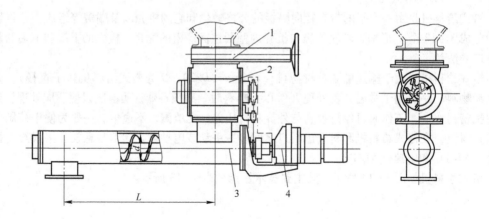

图 17-13　联合给料机组
1—截止阀；2—格式给料机；3—螺旋给料机；4—传动装置

（3）根据用户要求可做成挠性伸缩密封出料口，与接料口密封衔接，安装方便，不影响受料负载，特别适应称量秤斗的要求；

（4）机组由一台电动机经行星摆线减速器出轴联动，大为简化了机组传动控制；

（5）变量联合给料机组用于称量，定值、包装时，在螺旋出料口设电动截止阀，给料过程可自动控制，分快给和慢给阶段，定量到达时立即由电动截止阀切断料流，以免除给料机惯性作用和料流坠落所产生的给料误差，使称量达到更高的精度；

（6）整个机组悬挂于料仓法兰上，方便安装并易于控制，实现无噪音、全封闭作业，无粉尘溢漏。联合给料机组主要技术性能如表 17-14 所示。

表 17-14　联合给料机组主要技术性能

| 项目 | 型号 | MDG/MBG2016 | MDG/MBG2520 | MDG/MBG3025 | MDG/MBG4032 | MDG/MBG5040 |
|---|---|---|---|---|---|---|
| 减速机型号 | 定量机组 | XWD1.5-3 | XWD2.2-4 | XWD3-4 | XWD4-4 | XWD5.5-5 |
| | 变量机组 | XWTD1.5-3 | XWTD2.2-4 | XWTD3-4 | XWTD4-4 | XWTD5.5-5 |
| MDG 定量机组电动机 | 型　号 | Y90L-4 | Y100L$_1$-4 | Y100L$_2$-4 | Y112M-4 | Y132SM-4 |
| | 功率/kW | 1.5 | 2.2 | 3 | 4 | 5.5 |
| | 同步转速/r·min$^{-1}$ | 1500 | 1500 | 1500 | 1500 | 1500 |
| MBG 变量机组电动机 | 型　号 | JZTY22-4 | JZTY31-4 | JZTY32-4 | JZTY41-4 | JZTY42-4 |
| | 功率/kW | 1.5 | 2.2 | 3 | 4 | 5.5 |
| | 同步转速/r·min$^{-1}$ | 120-1200 | 120-1200 | 120-1200 | 120-1200 | 120-1200 |

## 17.2　石灰的筛分、破粉碎加工和加工设备

### 17.2.1　石灰的筛分、破粉碎加工工艺

因用户对冶金石灰的品种和质量的要求不同，特别是对粒度的不同要求，因而在出厂前有的还需进行破粉碎和筛分处理。

#### 17.2.1.1 对出窑后的石灰进行筛分的工艺

工艺流程如图17-14，石灰经过筛分后，筛上料用于炼钢，筛下料用于烧结。

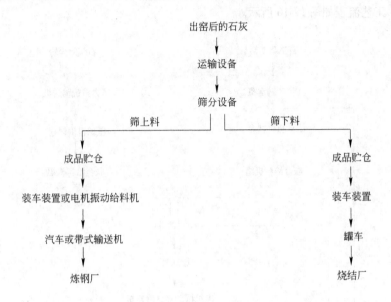

图 17-14 对出窑后的石灰进行筛分的工艺流程

#### 17.2.1.2 对出窑后的石灰进行破粉碎加工的工艺

如果烧结需要的石灰量比较多，对石灰就要进行破粉碎加工，工艺流程如图17-15所示。

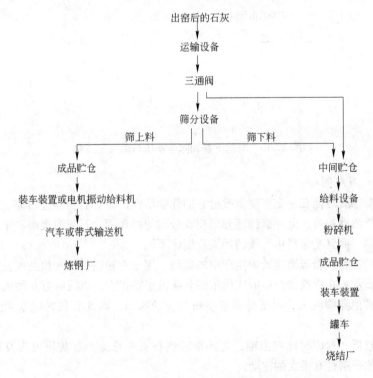

图 17-15 对出窑后的石灰进行破粉碎加工的工艺流程

### 17.2.1.3　对石灰筛下料和除尘粉压球的工艺

为了充分利用石灰筛下料和回收的除尘粉，选用压球工艺，将细粒及粉状石灰压制成球，供炼钢使用。工艺流程如图 17-16 所示。

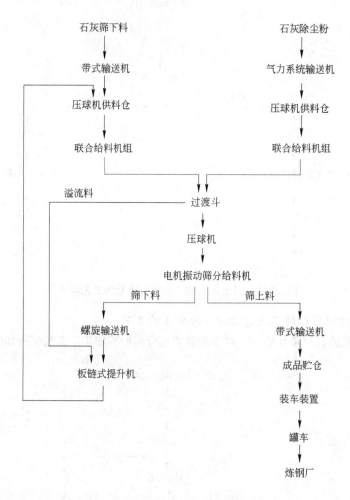

图 17-16　对筛下料和除尘粉压球的工艺流程

### 17.2.1.4　石灰制粉

石灰经过磨细处理能在一定程度上改善它的化学活性。硬烧石灰经过粉碎、磨细，因表面积增加使其化学活性提高，此外磨细还起到使成分均匀的作用。石灰的表面和中心，不仅在煅烧程度上有区别，而且受燃料中杂质的污染程度也不同。

目前由于喷吹石灰粉造渣在转炉生产中的应用、用石灰粉进行钢水预处理及钢水炉外精炼技术的发展，石灰粉在钢铁生产中的应用范围和数量正在扩大。以喷吹方式加入的石灰粉不允许有大颗粒或其他异物混入，否则易堵塞喷粉系统的喉口，因此石灰粉应采用封闭式的容器储运。

石灰硬度较低，粉碎时比较困难，尤其是轻烧石灰更难磨。石灰块由表及里的烧成度不同，也使石灰的研磨性有很大的波动。

目前石灰的磨细设备几乎都用管磨机和悬辊式磨机。管磨机主要用于竖窑石灰的磨细，而悬辊式磨机则适用于制造轻烧石灰粉。

　　磨制过程中，磨出的粉料用空气流输出机外，再用旋风分离器将成品与粗粒分开。在循环研磨系统中，物料可以全部磨至成品，如要选取某一粒级的粗粉，也可由旋风分离器中抽取。为提高细颗粒的收得率，常将几个分离器串联使用，将第一分离器中的粗颗粒转到第二分离器中再分选一次。

　　为改善石灰的磨粉性能，在不影响使用性能的条件下，可加入助磨剂。作为冶金用粉剂，一般不允许含有水分，在选用助磨剂时应予以注意。

　　某厂为确保炼钢铁水和钢水预处理的要求，需要活性度高、水分低且粒度细的石灰粉，粒度除小于 1mm 外，还要求小于 0.14mm 占 80% 以上，水分要求小于 1%，活性度要求大于 180mL。石灰粉制备装置是采用粉碎、分级、细粉收集等设备为主要设备，由循环风机以氮气为循环气体进行气力输送的生产系统。宝钢石灰制粉工艺流程见图 17-17，主要设备选择见表 17-15。

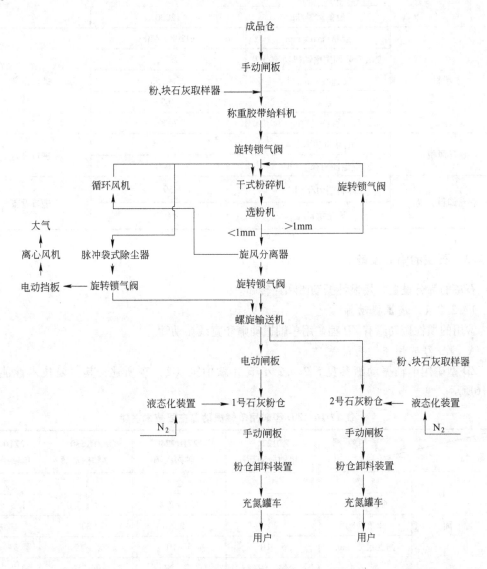

图 17-17　石灰制粉工艺流程

表 17-15　主要设备选择

| 设 备 名 称 | | 数　值 | 备　注 |
|---|---|---|---|
| 称重胶带给料机 | 宽度/mm | 450 | 进口设备 |
| | 长度/mm | 10054 | |
| | 带速/m·s⁻¹ | 0.12 ~ 0.012 | |
| | 直流变速电动机功率/kW | 0.75 | |
| | 链子清扫器功率/kW | 0.25 | |
| | 称量精度/% | ± 1 | |
| 干式粉碎机 | 生产能力/t·h⁻¹ | 7 | 进口设备 |
| | 电动机功率/kW | 75 | |
| | 转速/r·min⁻¹ | 1000 | |
| | 设备重量/kg | 12000 | |
| 选粉机 | 规格/mm × mm | $\phi1200 \times 4500$ | 进口设备 |
| | 交流变频调速电动机功率/kW | 3.7 | |
| | 转速/r·min⁻¹ | 25 ~ 250 | |
| | 电源/V | 380 | |
| | 设备重量/kg | 2000 | |
| 循环风机 | 电动机功率/kW | 37 | 进口设备 |
| | 额定能力/m³·h⁻¹ | 12000 | |
| 料仓卸料装置 | 卸料能力/t·h⁻¹ | 50 | 进口设备 |
| | 设备重量/kg | 986.5 | |

### 17.2.2　石灰的筛分设备

石灰的筛分设备常用惯性振动筛和回转筛。

#### 17.2.2.1　惯性振动筛

常用的惯性振动筛有 ZD 型矿用单轴振动筛和直线振动筛。

**A　ZD 型矿用单轴振动筛**

ZD 型矿用单轴振动筛参见 5.2.3.2 小节 B 款中第（2）项所述，其主要技术性能如表 17-16所示。

表 17-16　ZD 型矿用单轴振动筛主要技术性能

| 项　目 | 型　号 | ZD1224 单轴振动筛 | 2ZD1224 单轴振动筛 | ZD1530 单轴振动筛 | 2ZD1530 单轴振动筛 |
|---|---|---|---|---|---|
| 筛　面 | 层　数 | 1 | 2 | 1 | 2 |
| | 面积/m × m | 1.2 ×2.4 | 1.2 ×2.4 | 1.5 ×3.0 | 1.5 ×3.0 |
| | 倾角/(°) | 20 | 20 | 20 | 20 |
| | 筛孔尺寸/mm | 5 ~ 10 | 5 ~ 10 | 5 ~ 10 | 5 ~ 10 |
| | 结　构 | 编　织 | 编　织 | 编　织 | 编　织 |

续表 17-16

| 项 目 | | 型 号 | ZD1224<br>单轴振动筛 | 2ZD1224<br>单轴振动筛 | ZD1530<br>单轴振动筛 | 2ZD1530<br>单轴振动筛 |
|---|---|---|---|---|---|---|
| 给料粒度/mm | | | ≤100 | ≤100 | ≤100 | ≤100 |
| 处理量/t·h⁻¹ | | | 20~40 | 20~40 | 40~80 | 40~80 |
| 振次/次·min⁻¹ | | | 850 | 850 | 920 | 850 |
| 双振幅/mm | | | 6~7 | 6~7 | 6~7 | 6~7 |
| 电动机 | | 型号 | Y112M-4 | Y112M-4 | Y132S-4 | Y132S-4 |
| | | 功率/kW | 4 | 4 | 5.5 | 5.5 |
| | | 转速/r·min⁻¹ | 1440 | 1440 | 1440 | 1440 |
| 外形尺寸 | | 长/mm | 2471 | 2560 | 3071 | 3071 |
| | | 宽/mm | 2109 | 2099 | 2683 | 2683 |
| | | 高/mm | 1334 | 1780 | 1566 | 2250 |
| 重量/kg | | | 1130 | 1545 | 1650 | 2260 |

### B 直线振动筛

直线振动筛参见 5.2.3.2 小节 B 款第（3）项所述,其主要技术性能如表 17-17 所示。

**表 17-17 直线振动筛主要技术性能**

| 项 目 | | 型 号 | 150-300<br>直线振动筛 | 1842<br>直线振动筛 | 2448<br>直线振动筛 |
|---|---|---|---|---|---|
| 筛 面 | | 层 数 | 1 | 1 | 1 |
| | | 面积/m×m | 1.5×3.0 | 1.8×4.2 | 2.4×4.8 |
| | | 倾角/(°) | 10 | 10 | 0 |
| | | 筛孔尺寸/mm | 10×10 | 10×10 | 5.5×5.5 |
| | | 结 构 | 编织 | 编织 | 编织 |
| 给料粒度/mm | | | ≤50 | ≤50 | ≤50 |
| 处理量/t·h⁻¹ | | | 80~100 | 100 | 80~125 |
| 振次/次·min⁻¹ | | | 960 | 970 | 890 |
| 双振幅/mm | | | 5~7 | 6~9 | 8~10 |
| 电动机 | | 型 号 | TZD-71-6C | Y160M-6 | Y180L-4 |
| | | 功率/kW | 2×5.5 | 2×7.5 | 22 |
| | | 转速/r·min⁻¹ | 960 | 970 | 1470 |
| 外形尺寸 | | 长/mm | 3470 | 4385 | 5380 |
| | | 宽/mm | 2220 | 3150 | 3153 |
| | | 高/mm | 2180 | 2215 | 2335 |
| 重量/kg | | | 4320 | 8300 | 13500 |

#### 17. 2. 2. 2　回转筛

回转筛一般用圆锥形回转筛和六角锥形回转筛。回转筛的原理见 5. 2. 3. 3 小节。

**A　圆锥形回转筛**

圆锥形回转筛筛石灰的主要技术性能如表 17-18 所示。

表 17-18　单层圆锥形回转筛主要技术性能

| 项　目 | | 数　值 | 项　目 | | 数　值 |
|---|---|---|---|---|---|
| 回转筛筛网 | 进料端/mm | $\phi$1030 | 处理量/t·h$^{-1}$ | | 50 |
| | 出料端/mm | $\phi$1730 | 电动机 | 型　号 | Y112M-4 |
| | 长度/mm | 2000 | | 功率/kW | 4 |
| 回转筛转速/r·min$^{-1}$ | | 15. 1 | 重量/kg | | 约 3000 |

**B　六角锥形回转筛**

六角锥形回转筛的优点在于更换筛面较为方便。这种筛子的有效筛面面积有所减少，但由于它在工作时对物料有轻微的抖动作用，所以筛分效率相对圆锥形回转筛有所提高。

六角锥形回转筛如图 17-18 所示，其主要技术性能如表 17-19 所示。

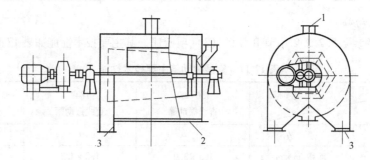

图 17-18　六角锥形回转筛
1—入料口；2—筛下料出口；3—筛上料出口

表 17-19　单层六角锥形回转筛主要技术性能

| 项　目 | | 参　数 | 项　目 | | 参　数 |
|---|---|---|---|---|---|
| 回转筛筛网 | 进料端/mm | $\phi$1100 | 电动机 | 型　号 | Y112M-4 |
| | 出料端/mm | $\phi$1500 | | 功率/kW | 4 |
| | 长度/mm | 2500 | 减速机 | 型　号 | ZQ35-II-1Z |
| 回转筛转速/r·min$^{-1}$ | | 15. 1 | | 速　比 | 48. 57 |
| 处理量/t·h$^{-1}$ | | <50 | 重量/kg | | 约 3000 |

### 17. 2. 3　石灰的破粉碎加工设备

石灰的破粉碎加工设备常用的有环锤式破碎机、笼形粉碎机、管磨机、悬辊式磨粉机和压球机等。

### 17.2.3.1　环锤式破碎机

环锤式破碎机是带有环锤的冲击转子式破碎机。当物料进入破碎机后，首先受到随转子高速旋转并能绕锤销自转的环锤的冲击作用而破碎，被破碎的物料同时从环锤处获得动能，高速度地冲向破碎板，受到第二次破碎，然后落到筛板上，受到环锤的剪切、挤压、研磨以及物料及物料之间的相互作用进一步破碎，并透过筛孔排出。出料粒度的调节，是通过更换不同规格的筛板来实现的。转子与筛板之间的间隙，可根据需要通过调节机构进行调节。环锤式破碎机具有电耗小，调节方便，噪声低等优点。缺点是当算孔较小时，算条容易堵塞。PCH 型环锤式破碎机如图 17-19 所示，其主要技术性能如表17-20 所示。

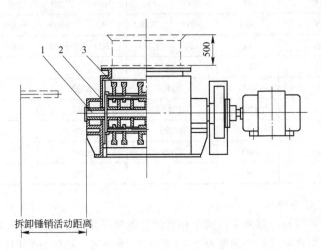

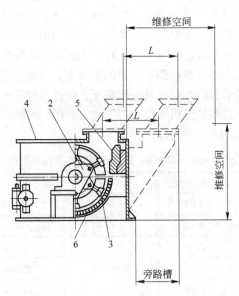

图 17-19　PCH 型环锤式破碎机
1—主轴；2—转子；3—锤头；4—机架；5—破碎板；6—筛条

表 17-20　PCH 型环锤式破碎机主要技术性能

| 项　目 ＼ 型　号 | PCH-0808 | PCH-1010 | | PCH-1016 | | PCH-1216 | | PCH-1221 |
|---|---|---|---|---|---|---|---|---|
| 转子(直径×长度)/mm×mm | 800×800 | 1000×1000 | | 1000×1600 | | 1200×1600 | | 1200×2100 |
| 转子转速/r·min⁻¹ | 740 | 740 | | 740 | | 740 | | 740 |
| 最大进料块度/mm | 120 | 140 | | 140 | | 160 | | 160 |
| 出料粒度/mm | ≤3 | ≤3 | | ≤3 | | ≤3 | | ≤3 |
| 产量/t·h⁻¹ | 20 | 25 | 30 | 50 | 60 | 90 | 100 | 140 |
| 电动机　型　号 | Y280M-8 | Y315M₂-8 | Y315M₂-8 | Y355M₂-8 | YKK400-8 | YKK400-8 | YKK450-8 | YKK450-8 |
| 电动机　功率/kW | 45 | 90 | 110 | 160 | 220 | 280 | 355 | 450 |
| 电动机　电压/V | 380 | 380 | 380 | 380 | 6000 | 6000 | 6000 | 6000 |
| 电动机　重量/kg | 600 | 1100 | 1200 | 1600 | 3100 | 3600 | 4100 | 4300 |
| 外形尺寸　长/mm | 1750 | 2100 | | 2700 | | 3100 | | 3620 |
| 外形尺寸　宽/mm | 1620 | 2000 | | 2000 | | 2800 | | 3350 |
| 外形尺寸　高/mm | 1080 | 1340 | | 1340 | | 1750 | | 1950 |
| 挠力值 | 0.495 | 0.780 | | 1.271 | | 2.310 | | 4.130 |
| 最大部件重量/kg | 1400 | 2700 | | 3280 | | 5100 | | 6830 |
| 总重量（不含电动机）/kg | 3600 | 6100 | | 9200 | | 15000 | | 24000 |

## 17.2.3.2　笼形粉碎机

笼形粉碎机的主要粉碎部件是由两个相对回转的笼子组成，每个笼子都有一个固定在轮毂上的钢盘，垂直于钢盘按同心圆固装着 2～3 圈的钢棒，两个轮毂分别用键和轴端压板安装在水平传动轴上，这两个轴的中心线在一条直线上，每个轴上均装有三角带轮，由电动机经皮带传动分别带动笼子，按相对方向旋转。笼形粉碎机是利用回转的钢棒对物料的撞击作用而将其粉碎。物料由装料斗进入两个彼此相对旋转笼子，物料首先落到最里圈的钢棒上，受到钢棒猛烈冲击而被粉碎，并在离心力的作用下被抛到下一圈的钢棒上，当物料落到第二圈钢棒时继续产生上述粉碎过程，但物料受到的打击方向与前一圈相反，如此进行下去，直至物料通过所有各圈的钢棒为止，被粉碎的物料落到笼外机壳的底部卸出。$\phi1000\text{mm}\times290\text{mm}$ 笼形粉碎机如图17-20 所示，其主要技术性能如表 17-21 所示。

表 17-21　$\phi1000\text{mm}\times290\text{mm}$ 笼形粉碎机主要技术性能

| 项　目 | | 笼形粉碎机 | 项　目 | | 笼形粉碎机 |
|---|---|---|---|---|---|
| 加料粒度/mm | | 20～30 | 外笼电动机 | 功率/kW | 75kW/6P |
| 出料粒度/mm | | 0～3 | | 转速/r·min⁻¹ | 610 |
| 内笼规格 | 直径/mm | φ890 | 外形尺寸 | 长/mm | 2782 |
| | 宽度/mm | 230 | | 宽/mm | 2320 |
| 外笼规格 | 直径/mm | φ1030 | | 高/mm | 1382 |
| | 宽度/mm | 280 | 生产能力/t·h⁻¹ | | 30 |
| 内笼电动机 | 功率/kW | 45kW/6P | 重量/kg | | 约6000 |
| | 转速/r·min⁻¹ | 610 | | | |

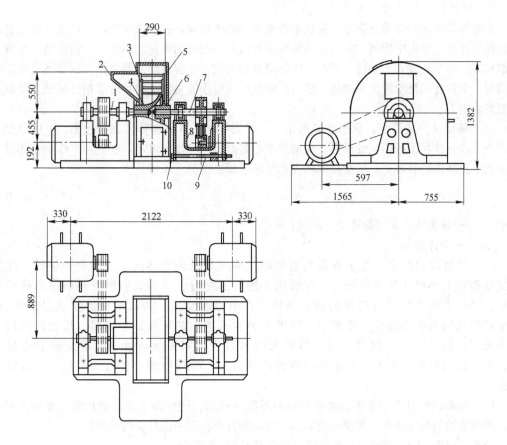

图 17-20  φ1000mm×290mm 笼形粉碎机

1,7—传动轴；2—装料斗；3,5—转笼；4,6—轮毂；8—机架；9—螺杆；10—螺母

笼形粉碎机最易磨损件为笼子的钢棒，检修主要是更换笼子上的钢棒或清洗轴承。一般厂均备有检修备件，事先装好，因而检修比较方便。检修周期 4~5 个月，检修时间 4~6h。

### 17.2.3.3  管磨机

管磨机主要由筒体部、给料部、排料部、主轴承和传动装置等部分组成。管磨机筒体长度 $L=(3~7)D$，用于石灰的细磨。用格子板将管磨机分成两个或三个仓室，多仓磨的优点是物料受到大钢球粉碎，随着粒度逐渐变细受到中钢球、小钢球或钢段的粉碎，从而产生较好的粉碎效果。

影响管磨机生产能力的因素有以下几点。

**A  入磨物料粒度**

减小给料粒度，可以提高磨机产量，但其产量随着产品粒度的变细而降低。入磨物料粒度与磨机生产能力之间关系如表 17-22 所示。

表 17-22  不同粒度产量修正值

| 给料粒度/mm | 40~0 | 20~0 | 10~0 | 5~0 | 3~0 |
|---|---|---|---|---|---|
| 产量修正值 | 0.83 | 0.92 | 1.00 | 1.05 | 1.08 |

　　B　研磨体的装载量、补充与配合

　　研磨体又称研磨介质，钢球是磨机中普遍采用的研磨体，具有高密度、高硬度、高抗磨和高韧性等性能，常用中碳钢、高碳钢或铬钢煅制而成，也有用铸钢和铸铁的。钢段是尺寸较小的圆柱体，它的长度大于直径，具有较大的研磨表面积，适合于作细磨之用。钢棒通常采用轧制圆钢，钢棒首先是粉碎大块物料，然后才依次粉碎较小的物料，对粒度适用性很强，特别适于粗磨之用。

　　(1) 研磨体的装载量。研磨体装载量少，粉磨效率低；研磨体装载量过多，内层球运动时产生干涉，破坏了球的正常循环，粉磨效率也要低，并将增加电耗。在实际工作中常用填充率来表示研磨体的装载量。研磨体的填充率可按下面经验公式求得。

$$\psi = 50 - 127\frac{b}{D} \tag{17-1}$$

式中　　$b$——研磨体表面到筒体中心距离，m；

　　　　$D$——筒体内径，m。

　　(2) 研磨体的配合。为了提高粉磨效率，单纯考虑研磨体的填充率是不够的，还应确定研磨体大小尺寸的适当配合。在磨机中进行粉磨时，一方面物料受到研磨体的冲击作用，另一方面还受到研磨体的研磨作用。在单位时间内，如欲使粉磨作业很快进行，则研磨体与物料的接触点愈多愈好，也就是说当研磨体的装载量一定时，研磨体的尺寸愈小愈好。但从另一方面看，要想将较大的物料粉碎则要求研磨体具有足够的质量才行，即入磨物料粒度愈大，要求研磨体的尺寸愈大。磨机中研磨体的大小尺寸应很好的搭配。

　　(3) 研磨体的补充。由于研磨体和物料不断地运动，研磨体本身亦受到强烈地冲击和研磨。研磨体的消耗量很大，每隔一定时间，应往磨机内补充一部分新的研磨体。

　　管磨机如图 17-21 所示，其主要技术性能如表 17-23 所示。

**表 17-23　管磨机主要技术性能**

| 项目＼型号 | $\phi1200 \times 4500$ | $\phi1500 \times 5700$ | 项目＼型号 | | $\phi1200 \times 4500$ | $\phi1500 \times 5700$ |
|---|---|---|---|---|---|---|
| 最大加料粒度/mm | < 20 | < 25 | 外形尺寸 | 长/mm | 6520 | 10964 |
| 排矿粒度/mm | < 1 | < 1 | | 宽/mm | 2850 | 3362 |
| 生产能力/t·h$^{-1}$ | 1.5～4[1] | 3～7[1] | | 高/mm | 2540 | 3165 |
| 电动机功率/kW | 75 | 132 | 冷却水压力/kPa | | 1～2 | 1～2 |
| 筒体转速/r·min$^{-1}$ | 30.3 | 31.6 | 冷却水温度 | | 常温 | 常温 |
| 研磨体总装入量/t | 5.2 | 12.25 | 设备重量[2]/t | | 13.5 | 26.185 |
| 冷却水用量/m³·h$^{-1}$ | 轴承 | 1.0 | 3.0 | 最重部件重量[3]/t | 9.8 | 12.65 |
| | 筒体 | 0.3 | — | | | |
| | 筒体 | 根据需要决定 | | | | |

①根据 < 1mm 中各种粉料组分不同而取相应的值；

②不包括研磨体重量；

③筒体和衬板重量，供安装时参考。

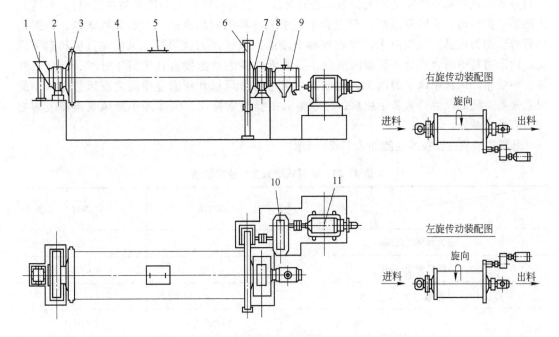

图 17-21 管磨机

1—进料口；2，8—主轴承；3，7—端盖；4—筒体；5—人孔；

6—大齿轮；9—卸料筒；10—减速机；11—电动机

#### 17.2.3.4 悬辊式磨机

图 17-22 为悬辊式磨机流程布置图。悬辊式磨机在粉磨过程中，物料由颚式破碎机初碎后，经斗式提升机输送到贮料斗，再经给料机送入研磨室（即主机）进行研磨，研磨后的

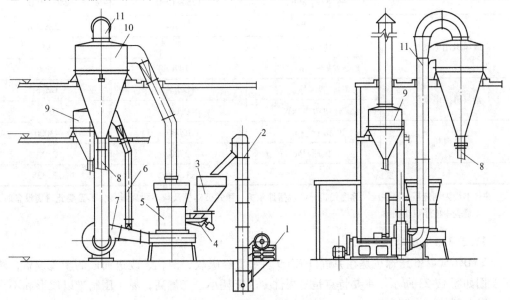

图 17-22 悬辊式磨机流程布置图

1—颚式破碎机；2—斗式提升机；3—贮料斗；4—给料机；5—研磨室；6—废气管；

7—鼓风机；8—出料管；9—小旋风收集器；10—大旋风收集器；11—回风管

粉料被鼓风机吹到研磨室上方的分级器进行分级（它是由叶片轮和传动装置组成），粒度较大的颗粒仍然落入研磨室重磨，粒度合乎要求的物料随同风流进入大旋风收集器，再经出料管排出即为成品。风流由大旋风收集器上端的回风管回入鼓风机，风流在负压状态下流动。由于物料中所含水分在研磨时蒸发，当风管中各法兰盘接合处密封不好时，而泄入气体，导致循环风路中风量的增加，此增加之风量经鼓风机和研磨室中间之废风管导入小旋风收集器，随同风流带入若干粉料，经收集后由排料管排出，气体经小旋风收集器上端之排气管排出系统。

悬辊式磨机主要技术性能如表 17-24 所示。

**表 17-24　悬辊式磨机主要技术性能**

| 项　目 | | 型　号 | 4R3216 | 5R4119 |
|---|---|---|---|---|
| 最大加料粒度/mm | | | 20 | 40 |
| 排矿粒度/mm | | | <1.0 | <1.0 |
| 生产能力/t·h$^{-1}$ | | | ~4 | ~7 |
| 主机用电动机 | | 型　号 | Y225S-4 | Y280S-4 |
| | | 功率/kW | 37 | 75 |
| | | 转速/r·min$^{-1}$ | 1489 | 1450 |
| 分析机用电动机 | | 型　号 | YCT200-4A | YCT200-4B |
| | | 功率/kW | 5.5 | 7.5 |
| | | 转速/r·min$^{-1}$ | 125~1250 | 240~1200 |
| 鼓风机用电动机 | | 型　号 | Y200L-4 | Y225M-4 |
| | | 功率/kW | 30 | 55 |
| | | 转速/r·min$^{-1}$ | 1470 | 1500 |
| 给料机用电动机 | | 型　号 | GZ$_1$F | GZ$_3$F |
| | | 有功功率/kW | 0.06 | 0.2 |
| 鼓风机 | | 风量/m$^3$·h$^{-1}$ | 19000 | 43000 |
| | | 风压/Pa | 2700 | 2700 |
| 重量/t | | | 11.431 | 23.325 |

注：本机为制造厂成套供应，除磨粉机外尚包括翻斗机、颚式破碎机及料斗附属设备，不需要此附属设备时，订货表中应予以说明。

### 17.2.3.5　压球机

YYDQ750-236 压球机是在原进口 K309 机型上经吸收、消化、改进而成的新型设备，结构示意图如图 17-23 所示。主要特点是易损件少、能耗小、产量高，易于压制难以成形和不允许添加黏合剂的干、湿物料。

A　主要技术性能

YYDQ750-236 压球机主要技术性能如表 17-25 所示。

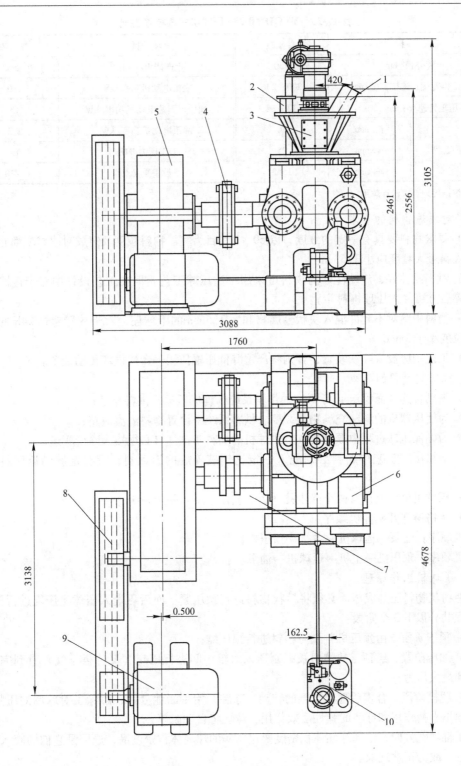

图 17-23  YYQD750-236 压球机

1—进料口；2—排气口；3—预压机；4—联轴器；5—减速机；6—主机；

7—机座；8—大皮带轮；9—主电动机；10—液压机

表 17-25　　YYQD750-236 压球机主要技术性能

| 项　目 | | 参　数 | 项　目 | 参　数 |
|---|---|---|---|---|
| 压辊外径/mm | | 750 | 生产能力/t·h$^{-1}$ | ≥5 |
| 压辊工作宽度；连接宽度/mm | | 200；236 | 主机电动机功率/kW | 110 |
| 压辊转速/r·min$^{-1}$ | | 12～14 | 预压机调速电动机功率/kW | 15 |
| 成品球尺寸① | 长/mm | 30 | 油泵电动机功率/kW | 2.2 |
| | 宽/mm | 25 | 工作压力/MPa | 19 |
| | 厚/mm | 15.5 | 设备重量/t | ~30 |

①可根据用户要求设计球形。

**B　对成球物料的要求**

（1）要求物料要具有一定的细度，以 60～325 目为宜。物料粒度及组成对成球率都有很大影响，入料最大粒度应小于 5mm。

（2）对于黏性好、流动性好的物料可采用干法压球工艺。但在工艺设计中对于返回料必须经破碎后方可加入压球机料斗。

（3）物料中绝对不允许混入块状金属物和大于 5mm 的干球坯，对于放置超过 24h 的返回料最大粒度小于 3mm。

（4）工艺中应设置除铁装置，否则将严重降低压辊使用寿命或损坏传动装置。

**C　对工艺过程的要求**

（1）须具备连续而稳定（可调）的供料系统，确保压球机供料充足；

（2）为使压球机的料斗充满物料，要求供料系统中设置物料溢流通路；

（3）为确保压球过程中顺利排气，压球机的加料斗排气口必须接入除尘管道；

（4）干粉压球工艺中新料必须配入一定比例破碎后的返回料，没有足够的返回料成球困难；

（5）压球机机架上设有两个除尘孔，由工艺任选接入除尘系统；

（6）严格遵守开机停机顺序：

开机顺序：油泵→运球机→主机→预压机；

停机顺序：预压机→主机→运球机→油泵。

**D　压球机工作原理**

为使粉状物料压制成球，必须将粉状物料进行预压紧，而后再送入压球机压辊进行压球，压球过程共分以下 3 个阶段：

（1）预压阶段，由预压机首先对物料进行预压缩；

（2）加压阶段，经预压的物料被强制压入对辊中间进行压制（又称再排气）直到完全合模，达到最大压力；

（3）脱模阶段，合模后随着压辊的转动，球腔开始不断地分开，解除了对球坯的压紧力，由于力的不平衡作用和球坯的弹性后效作用，球坯将自动脱模；

沿压辊辊宽方向，中部球坯体积密度要比两侧的球坯体积密度高，原因是它们的咬入条件不同所致，故为正常现象。

**E　压球机结构**

（1）预压机部分。由调速电动机驱动，经联轴器及减速机带动螺旋转动，对物料进行预压，预压机的供料量必须等于或稍大于压球机的需要量，所以操作人员应根据电机电流大小和出球情况对预压电机进行调速。熟练的操作技术是保证压球机正常工作的重要条件。

（2）主机部分。主机由电动机、双输出轴减速机、联轴器、机架、输送机、压辊等组成，两个成型压辊由两个长联轴器驱动做相反转动，其中一个为固定辊，另一个则为可移动辊。轴承座由四个液压缸推压，该推力保证了在压球过程中具有稳定的压力，同时也起到安全保护作用。推力的大小由物料和对球坯体积密度的要求而定。为确保压球机安全工作，电动机决不可超负荷运转，电气的过流保护装置必须准确设定。

（3）油压系统。它由电动机、油泵、单向阀、溢流阀、卸荷阀、蓄能器及推压油缸等组成，本机的蓄能器能使油压稳定，蓄能器在工作前必须用专用充氮工具进行充氮，不许用其他气体代替。

由于油压系统处于高压下工作，因此必须严格按液压安全规程进行安装调整。该机安全设定压力为19MPa。最高工作压力为19MPa。

### 17.2.4 石灰的除铁设备

除铁设备用在破粉碎加工设备前，以防止铁杂质损坏机器。一般都用在带式输送机上，分电磁除铁器和永磁除铁器。

#### 17.2.4.1 电磁除铁器

电磁除铁器可与带式输送机配套使用，可以从散状非磁性物料中去除 0.1~35kg 的杂铁，适用带速≤4.5m/s，对提高物料品位、保护下道工序机器设备如破碎机、磨粉机或压球机等均是一种良好的选择。常用 RCDB 型电磁除铁器，此种除铁器为盘式自冷电控卸铁，体积小，质量轻，结构紧凑，无噪声，散热效果好，温升低，可实现手控和远程控制。也可选用 RCDB-T 型超强电磁除铁器。RCDB 型电磁除铁器如图 17-24 所示，其主要技术性能如表 17-26 所示。

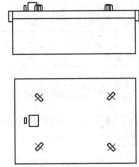

图 17-24　RCDB 型电磁除铁器

**表 17-26　RCDB 型电磁除铁器主要技术性能**

| 项目＼型号 | RCDB-6 | RCDB-8 | RCDB-10 | RCDB-12 | RCDB-14 | RCDB-16 | RCDB-18 |
|---|---|---|---|---|---|---|---|
| 冷却方式 | | | 自 | 然 冷 却 | | | |
| 适用带宽/mm | 650 | 800 | 1000 | 1200 | 1400 | 1600 | 1800 |
| 额定悬挂高度/mm | 200 | 250 | 300 | 350 | 400 | 450 | 500 |
| 励磁功率/kW | ≤3 | ≤4 | ≤7.5 | ≤9.5 | ≤12 | ≤14.5 | ≤18 |
| 额定高度处磁感应强度/mT | ≥70 | ≥70 | ≥70 | ≥70 | ≥70 | ≥70 | ≥70 |
| 外形尺寸　长/mm | 1034 | 1241 | 1441 | 1701 | 1901 | 2108 | 2310 |
| 外形尺寸　宽/mm | 958 | 1158 | 1358 | 1608 | 1808 | 2008 | 2208 |
| 外形尺寸　高/mm | 560 | 665 | 740 | 840 | 935 | 1015 | 1150 |
| 重量/kg | 800 | 1250 | 2100 | 3000 | 4500 | 5850 | 9500 |

#### 17.2.4.2　永磁除铁器

RCY-C 型悬挂式永磁除铁器可与带式输送机配套使用，可以从运动的物料中清除铁磁性杂质，以达到净化物料、提高物料品位和保护下道工序设备的目的。它具有磁场稳定、整机结构紧凑合理、不用电源励磁系统、不用冷却系统、皮带具有自动纠偏功能等特点。RCY-C 型永磁除铁器主要技术性能如表 17-27 所示。

**表 17-27　RCY-C 型永磁除铁器主要技术性能**

| 项目 ＼ 型号 | RCY-C50 | RCY-C65 | RCY-C80 | RCY-C100 | RCY-C120 | PCY-C140 |
|---|---|---|---|---|---|---|
| 适用带宽/mm | 500 | 650 | 800 | 1000 | 1200 | 1400 |
| 额定悬挂高度/mm | 150 | 200 | 250 | 300 | 350 | 400 |
| 额定高度处磁感应强度/mT | >70 | >70 | >70 | >70 | >70 | >70 |
| 适用带速/m·s⁻¹ | ≤4.5 | | | | | |
| 吸铁能力/kg | 0.1~35 | | | | | |
| 工作制 | 连　续 | | | | | |
| 驱动电机功率/kW | 1.5 | | 2.2 | 3.0 | 4.0 | |
| 外形尺寸 长/mm | 1970 | 2110 | 2320 | 2690 | 2890 | 3090 |
| 外形尺寸 宽/mm | 903 | 1053 | 1253 | 1453 | 1713 | 1913 |
| 外形尺寸 高/mm | 722 | 1253 | 722 | 803 | 868 | 868 |
| 重量/kg | 680 | 830 | 1100 | 1710 | 2292 | 3080 |

## 17.3　石灰成品的贮存

为了保证石灰生产的连续进行和均衡生产，需要设立料槽等贮存设施。贮存设施应满足特定的要求，如可供工厂生产天数、可供辅助设备检修的缓冲时间以及用户要求的成品贮量。由于石灰水化性较强，在生产过程中应采取防潮措施，其成品的贮存天数一般不宜超过 3 天。石灰成品采用地上或地下料仓（由于运输条件和地形的原因）贮存。为防止石灰进入料仓摔碎，料仓内设螺旋滑道，参见图 17-25。为防止石灰粉膨料，可采用氮气消拱。

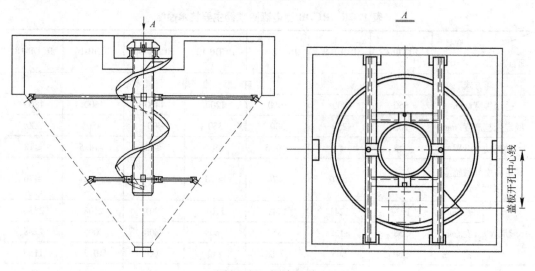

图 17-25　螺旋滑道

## 17.4 冶金用石灰加工产品

石灰加工产品很多,例如重质碳酸钙用于塑料行业、造纸业;轻质碳酸钙用作填料;亚硝酸钙用于混凝土的促凝剂和防冻剂;过氧化钙用于除臭、空气清新剂、漂白和洗涤剂等。

本节着重介绍用于冶金行业的石灰加工产品。

### 17.4.1 石灰用于烧结

烧结矿是高炉的重要含铁原料,可以配用 $0 \sim 3mm$ 的石灰石或石灰。由于石灰与精矿粉中的水分发生反应产生 $Ca(OH)_2$,使烧结配料湿度减少,温度升高,改善了料层的透气性,提高了料层厚度。这样不仅可提高烧结矿质量,而且也提高了烧结机的生产率。烧结用石灰的生产工艺流程可参见 17.2.1.1 及 17.2.1.2 小节内容。

### 17.4.2 石灰用于高炉炼铁

高炉渣中的 CaO 来源于烧结矿或补加的石灰和白云石。石灰生产车间通常不向高炉直接提供石灰,然而,钢铁厂的石灰石矿有约半数的产品是间接(通过烧结矿)地供给高炉炼铁的。这是因为,高炉炼铁的铁渣量要比炼钢的钢渣量大得多。

高炉用石灰石的粒度一般为 $16 \sim 65mm$ 的碎石。

### 17.4.3 石灰用于铁水预处理

根据不同的处理目的,铁水预处理可大体分为:

(1)铁水脱 S,它的目标是将高炉铁水的 S 含量进一步降低到 0.02% 甚至 0.010% 以下;

(2)铁水脱 Si 和脱 P,铁水脱 Si 和脱 P 是一项大幅度降低转炉渣量的技术,二者往往要同时进行,因为不把 Si 降到 0.10% ~ 0.15%,就不能获得良好的脱 P 效果;

(3)铁水同时预脱 P 和脱 S,此方案也需在脱 P 脱 S 前将铁水 Si 降低 0.10% ~ 0.15% 以下。

#### 17.4.3.1 铁水脱 S

铁水脱 S 一般在铁水罐中进行,靠机械搅拌、吹惰性气体或喷吹粉剂使脱 S 剂和铁水充分混合以达到脱 S 目的。

根据钢种要求,用调整脱 S 剂的品种、数量和脱 S 方法来达到目标脱 S 率。一般脱 S 率为 55% ~ 85%,如有必要,脱 S 率可达 95%,将铁水硫脱至小于 0.005%。

目前常用的脱 S 剂为石灰、苏打灰和碳化钙,国外以碳化钙为主,国内则以石灰为主。

碳化钙的优点是脱 S 能力强,速度快,因而能以较少的用量达到脱 S 目的。缺点是价格较高,而且运输和贮存时必须注意密封,受潮易发生爆炸。

采用石灰作脱 S 剂,往往还需加入一定数量的添加剂方能取得良好的脱 S 效果和顺利的排除脱 S 渣。常用的添加剂有碳酸钠(苏打灰)、萤石、焦粉及少量的铝粉或镁粉。

用于铁水脱 S 的石灰应是低 S 和高活性度,粒度为 $10 \sim 1000\mu m$ 的粉剂。生产制备可参见 17.2.1.4。

#### 17.4.3.2 铁水同时预脱 P、脱 S

铁水同时预脱 P、脱 S 的提出是基于分段炼钢的设想。将预先脱 Si 的铁水,再经过预脱 P、脱 S 处理,使转炉只需要完成以脱 C 和提温为主的较单纯的任务。这种工艺,既减少了整个冶炼（包括预处理）过程的石灰单耗和总渣量，又为冶炼低 P、低 S 钢创造了条件。

铁水同时预脱 P、脱 S 是在铁水罐（或车）内，铁水温度在 1300℃的条件下，将氧化剂和造渣剂加入到预先脱 Si 至 0.1% ~ 0.15%的铁水中，然后用机械搅拌或用 $N_2$ 作载气将脱 P 剂喷入铁水中进行脱 P，并同时兼脱部分 S。脱 P 剂有各种不同配方，其中铁矿石和石灰是其基本组成。

### 17.4.4  石灰用于炼钢

石灰主要用于炼钢，是炼钢生产用量最大的辅助材料。石灰用作炼钢过程的造渣材料，块度以 5 ~ 40mm 为宜。生产工艺流程可参见 17.2.1.1 小节内容。

### 17.4.5  石灰用于炉外精炼

根据炉外精炼目的的不同采用不同的精炼方法，但并非所有的方法都涉及造渣工艺，石灰主要用于合成渣脱 S 和喷吹用粉剂。其他方法，有的根据工艺要求也有采用石灰和萤石等补充造渣以完成规定的冶金目的。

#### 17.4.5.1  石灰用于合成渣脱 S

合成渣洗是用几种物质组成的液体或固体合成渣在钢包内进行的精炼方法。

合成渣脱 S 剂为细粒 0 ~ 3mm 石灰，并配以适量的萤石、铝粉或苏打灰等。国内试验表明，在终点钢水含 0.016% ~ 0.048% S 的转炉钢水，加入 5 ~ 12kg/t 钢合成渣，平均脱硫率可达到 46.2%。国外研究也表明有相近的脱硫率。

合成渣脱硫是一种简易的钢包精炼方法，设备投资少，操作工艺简便，但也有脱硫率不稳定，以及为补偿加热和熔化合成渣的热量消耗而使出钢温度需提高 10 ~ 20℃的缺点。

#### 17.4.5.2  喷射冶金法

石灰粉剂（小于 1.0mm）是喷射冶金的粉剂材料之一。喷射冶金精炼法是用氩气作载气将不同粉剂，包括合金粉剂、石灰粉剂等用喷枪直接喷射到钢水内的一种工艺。由于粉剂的弥散度高，与钢水有良好的接触，加以由于氩气泡的浮力而带动钢水按一定的规律运动，以达到均匀钢水温度、成分、脱氧、脱硫和控制夹杂形态等多种冶金目标。

脱硫粉剂常采用 Ca-Si 或石灰粉。石灰粉因粒度细小，当包装、贮存稍有不慎即会从大气中吸收水分。这种水解的石灰粉剂不但流动性差，而且使钢水增氢，因此，对用于喷射冶金的石灰粉剂要求采用专门生产的硬烧石灰或钝化石灰粉，并采用与空气隔绝的密封包装。

石灰钝化处理的原理是利用 CaO 在一定温度下与 $CO_2$ 发生可逆反应生成 $CaCO_3$，使石灰粉粒表面包上一层坚实的 $CaCO_3$ 外壳，以降低吸水性。钝化石灰表面的 $CaCO_3$ 壳占石灰总量的 6% ~ 10%，分解吸热量较石灰石粉要少得多。

石灰的钝化可在 350 ~ 500℃及 650 ~ 700℃两个温度区进行，研究结果发现低温碳酸化的石灰粉有较好的抗水化性能。

喷射冶金法对控制钢中非金属夹杂物形态、深度脱硫非常有效，但处理过程增氮和增氢等技术问题还待解决。

### 17.4.6  消石灰

鞍钢烧结厂从 1950 年起一直在考虑熔剂的选择，1950 年用消石灰强化造球，1954 年采用生石灰，1956 年用生石灰、消石灰和石灰石生产碱度（CaO/SiO₂）为 1.0 的烧结矿，进一步强化烧结，1957 年单独使用生石灰成功。1963 年鞍山矿山设计院等单位，在鞍钢 75m² 烧结机上，曾做过不同熔剂配比试验，得出结论，使用效果如下依次下降：

生石灰 + 消石灰 + 石灰石 > 生石灰 + 石灰石 > 消石灰 + 石灰石 > 石灰石

#### 17.4.6.1　某厂消石灰生产工艺

**A　消石灰生产工艺流程**

消石灰生产工艺流程如图 17-26 所示。

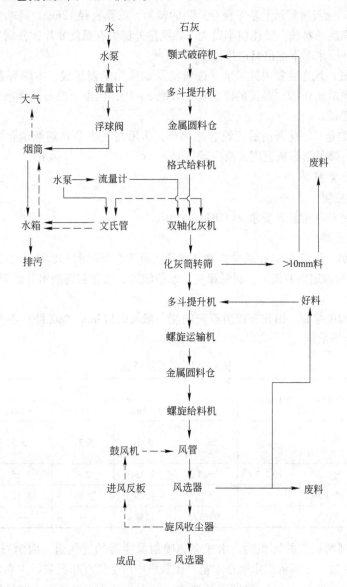

图 17-26　消石灰生产工艺流程

**B　主要设备介绍**

（1）B500×6000 双轴化灰机。双轴化灰机-卧式，机外壳带有蒸汽夹套（冬天开车用），横穿两根长轴，轴上按螺旋线式每隔 180°装一根桨叶，桨叶和轴线成 30°夹角，两根轴自里向外方向转动。

双轴化灰机前半部，两根轴中间上方设有加水管，进水温度 80~85℃，含 Ca(OH)$_2$ 为

2%；在后半部设了微调水管；后端部设溢流板，高度 305mm。

双轴化灰机两根轴的转速为 25r/min，推进物料速度 625mm/min，无溢流板时物料停留时间为 8min，有溢流板时物料停留时间为 16min。双轴化灰机进料口与格式给料机连接，给料块度控制在 25mm 以内，化灰时产生的蒸汽及消石灰粉尘，一部分被湿式高速喷射除尘器的负压吸走，另一部分沿进料口向上窜，使一部分生石灰得到预消化。

（2）化灰筒。化灰筒实际上是一台有外壳的转筛，筛孔直径 12mm，两端支撑轴颈为进出料口，内部设有螺旋导料线。筛体前小后大，筛网里外都焊有螺旋叶片，分别导送筛上料和筛下料，筛下料由外壳末端下部出料口排出。

（3）风选装置。风选装置由鼓风机、选粉机及旋风除尘器组成，本循环系统输送消石灰约 4.6t/h，料风质量比 0.27，经济的混合比一般取 1~10，但由于消石灰含水，有黏性，混合比大了容易堵塞管道。

（4）消石灰贮仓。在化灰筒后应设有陈化仓，作用在于使 CaO 继续消化完全，蒸发消石灰的吸附物理水，降低消石灰温度，减少其黏度。

C　消石灰质量控制

a　原料质量控制

对原料只控制 CaO 含量，要求 $w(CaO) \geqslant 92\%$。

b　生产过程控制

（1）水量控制。从 $Ca(OH)_2$ 化学式看，理论上每吨石灰用水 321.2kg，实际每吨石灰用水 500kg。在石灰质量稳定的前提下，料量稳定，水量稳定，出化灰筒的水分必须小于 6%，否则难以运输。

（2）消石灰细度控制。出化灰筒消石灰细度一般 <0.177mm（80 目）占 90%，实测各环节情况如表 17-28 所示。

表 17-28　消石灰细度

| 项目<br>工序 | 水分/% | 含 f-CaO/% | 粒度/% | | | | |
|---|---|---|---|---|---|---|---|
| | | | <1mm | 1~3mm | 3~5mm | >6mm | >5mm 石子 |
| 格式给料机出口 | | | 26.4 | 8.8 | 5.72 | 23.5 | >15mm<br>35.2 |
| 化灰机出口 | 约0.5 | 约1.3 | 76.1 | 7.15 | 2.4 | 7.85 | 6.54 |
| 消化筒出口 | 约0.8 | | 85 | 4.25 | 2.84 | 3.12 | 4.68 |
| 氯化池进料 | 约0.5 | | 99.99 | 微量 | — | | |

（3）注意清理消石灰的沉积物。水式高速喷射除尘器的进风道，因消石灰的沉积粘壁，大约 1 个月清理 1 次。化灰机用水取自水箱，化灰机中产生蒸汽和石灰粉尘靠水箱沉降，形成闭循环用水。水箱中的 $Ca(OH)_2$ 浓度逐渐变浓，这样一来化灰机的喷头容易堵塞，因此需要及时放浆。

（4）密切注意化灰筒后螺旋输送机的电流变化，如水分过大、消化石灰发黏、筛网破损使石子进入螺旋输送机等会使螺旋输送机的电流变大，这时候需要及时处理。

（5）密切注意风选系统风压变化，注意陈化料的含水量，适时调节给料量。

D　影响石灰消化速度和质量的因素

（1）石灰活性度越高，消化速度越快，质量越好。

（2）消化用水的温度，水温高消化快，消石灰细。一般取 80 ~ 85℃。

（3）适宜的加水量，使出化灰机料含水 ≤2%，水量过多，易出现僵化，黏性增加，消石灰粒子变粗。

（4）石灰中其他化学成分的存在，如 MgO 的存在会降低消化速度。石灰活性度低时，块度对消化速度有明显影响；石灰活性度高时，块度对消化速度没明显影响。

（5）石灰预消化，可以加快消化速度。

### 17.4.6.2　另一种消石灰生产工艺

某 20000t/a 消石灰系统简介如下。

**A　消石灰工艺流程**

消石灰工艺流程如图 17-27 所示。

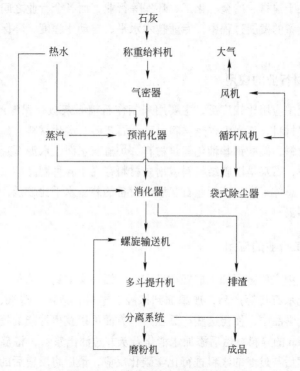

图 17-27　消化石灰工艺流程图

**B　与前面 17.4.6.1 小节所介绍消石灰流程的比较**

（1）采用称重给料装置。为了防止预消化器加料时粉尘飞扬，加设了气密器。预消化器产生的蒸汽，被气密器隔断，降低进预消化器前石灰提前消化的效果。

（2）预消化器采用卧式单轴浆叶，工作容积 1.2m³，搅拌功率 11kW，变频调速 5.6 ~ 22.6r/min，物料停留 5 ~ 19min，性能优于 17.4.6.1 小节中介绍的消石灰。

（3）消化器的结构与预消化器结构相似，容积是预消化器工作容积的 6 倍左右。搅拌转速 11r/min，功率 11kW，物料停留约 30min，渣料沉底排出，排放量 760kg/d，难免带出消石灰。在 17.4.6.1 小节所介绍的流程采用转筛，排渣不带灰，用热水消化。采用蒸汽保温的布袋除尘器除尘，入口含尘量 39kg/m³，过滤面积 110m²，工作温度 100 ~ 140℃。采用文氏管水除尘，产生的蒸汽使水加热，用于消化，节约热能。

（4）消化器不设陈腐仓。选粉后的粗粒，磨细再选，直至达到细度要求，没有废料。

# *18* 石灰在其他领域的应用及石灰窑二氧化碳气体回收利用

## 18.1 石灰在其他领域的应用

石灰窑主要存在于建材、冶金、化工、环保等行业，而各个行业之间由于受到众多因素的影响，在石灰煅烧设备的发展过程中，专业技术水平、自动化程度、环保措施等方面存在着巨大的差异。

### 18.1.1 石灰在建材行业的应用

石灰在建材行业中应用比较广泛，主要用来制作石棉石灰板、保温绝热板、碳化石屑砖、超轻硅酸钙板、隔热材料、高强度耐热材料、砂－石灰砖、碳化材料、高强度粉煤灰基硬化材料、硅质惰性复合材料、硅酸钙基釉化建筑材料、炉渣灰水泥、水泥石灰涂料、高强度混凝土制品等。在该行业中，石灰是以胶结材料或增白材料存在于各种制品中，往往追求的是石灰的细度、白度和活性，总体来讲，该行业石灰煅烧设备的装备水平比较低，土窑烧结的石灰在市场上流通的也比较多。

### 18.1.2 石灰在化工行业的应用

石灰在化工行业中主要被深加工成轻质碳酸钙、活性碳酸钙、消化石灰、磷酸氢钙、氢氧化钙、纯碳酸钙、无水石膏等产品，被添加到橡胶、塑料、染料、造纸、涂料、油墨、饲料、食品、医药、日用化学品中，使得这些产品在某些方面可以获得性能的提高。例如，通过将生石灰破碎成 $20 \sim 40mm$ 的碎料，然后添加水消化石灰并过滤出浆料，将窑顶收集的 $CO_2$ 废气经过净化、冷却、压缩后与过滤的浆料进行化学碳化反应，最后将反应后的浆料进行搅拌，通过离心机脱水并干燥筛分后得出的轻质活性碳酸钙，主要用做橡胶填充补强剂，可使橡胶色泽光艳、伸长率大、抗撕断强度高、耐磨性好。还可以制造人造革、电线、聚氯乙烯、涂料、油墨和造纸等工业的填料。

轻质碳酸钙作为石灰的深加工产品，总体企业的生产规模并不很大。2003 年全国年总产量 350 万吨，2004 年全国年总产量 400 万吨，2005 年全国年总产量 500 万吨，其中干法活性钙 35 万吨，湿法活性钙 25 万吨，超细钙 7 万吨，纳米钙 18 万吨。从轻质碳酸钙生产地看主要有河北井陉有 100 余家企业，其总产量达 1500kt/a，占全国总产量的 1/3；另外山东、广东、广西、浙江、福建、四川、江苏、江西、湖南等全国 30 个省市自治区均有轻质碳酸钙的生产企业。

下面将近年来轻、重钙产量及消费去向列于表 18-1。

轻质碳酸钙在国内的销售比例大致为塑料占 28%、橡胶占 27%、造纸占 13%、涂料占 16%、其他占 16%。

**表 18-1　轻、重钙产量及消费去向** $(10^4 t)$

| 年份 | 塑料 | 造纸 | 涂料 | 橡胶 | 饲料 | 电线/电缆 | 油漆 | 油墨 | 陶瓷 | 其他 | 合计 |
|---|---|---|---|---|---|---|---|---|---|---|---|
| 2002 | 220 | 101 | 68 | 52 | 52 | 18 | 16 | 6 | 6 | 28 | 567 |
| 2003 | 240 | 131 | 75 | 58 | 57 | 20 | 18 | 7 | 8 | 32 | 646 |
| 2004 | 280 | 190 | 85 | 62 | 63 | 25 | 20 | 8 | 10 | 38 | 781 |
| 2005 | 360 | 243 | 137.7 | 75.5 | 87.1 | 28 | 22 | 10 | 12 | 40 | 1021.3 |

表 18-2 为轻质碳酸钙生产的原材料消耗情况。

**表 18-2　轻质碳酸钙生产的原材料消耗**

| 原材料名称 | 全国先进消耗量 | 全国平均消耗量 | 全国最高消耗量 |
|---|---|---|---|
| 1t 成品耗用石灰石/kg | 1150 | 1450 | 1800 |
| 1t 成品耗用窑用煤/kg | 115 | 148 | 260 |
| 1t 成品耗用干燥煤/kg | 100 | 135 | 240 |
| 1t 成品耗用电/kW·h | 70 | 138 | 186 |
| 1t 成品耗用水/t | 3.5 | 12 | 20 |

　　总体上来讲，在化工行业中的石灰专业的企业生产能力和生产规模都不很大（中国碳酸钙含轻质碳酸钙和重质碳酸钙总生产能力已达 1000 万吨/年，生产厂家近 1000 家，换言之，碳酸钙生产企业平均每家生产 1 万吨/年），而且整个专业的装备水平相对比较落后，技术进步缓慢、产品质量不稳定、消耗高、资源和能源浪费大，企业经济效益差。该行业 70%~80% 的企业使用的煅烧窑还是 20 世纪 40~50 年代的老式竖窑，这种窑耗煤高（每吨钙用煤一般都在 150kg 以上）、产量低、质量差、二氧化碳浓度低、操作条件差、机械化程度低、工人劳动强度大。干燥设备绝大多数企业使用的是 20 世纪 60 年代的回转干燥机，此设备虽然产量大，但是能耗高、维修费用大、污染严重、对产品质量有影响。

　　针对目前化工行业中石灰专业的现状，业内人士提出在"十一五"期间发展的方向如下所述。

　　(1) 采用先进设备、先进工艺，保证系统密封。例如多使用机械化竖窑、气烧竖窑等燃烧设备；槽式消化机、三级除尘降温窑气净化系统；振动筛、旋液分离器等三级精制系统；新型组合式碳化塔连续生产、带式过滤机连续过滤，回转、带式、盘式等干燥设备；自动包装机等。

　　(2) 提升自动化水平，减少手工操作，尽量采用连续化生产装置，减少人为因素，确保稳定生产，产品质量稳定，降低物耗及能耗。

　　(3) 加强人员培训，提高技术水平，确保安全生产，减少或避免生产事故，保证人身安全及设备运转正常，达到稳产高产高质量生产。

　　(4) 提高领导及职工清洁生产意识，绿化环境，保护环境。积极开展技术革新，加强宏观管理，确保环境友好。

　　(5) 逐渐走向大型化、联合生产之路。

　　(6) 加强产品应用开发，拓宽产品应用领域，使碳酸钙产品向功能化方向发展。如超细产品、单一晶型产品、专用产品、活性产品、复合型产品、原位聚合产品等。

1）纳米级 PCC（轻质碳酸钙）将进一步发展，提高生产能力，满足造纸、橡胶、胶粘剂、涂料、油墨等行业需求；超细 GCC（重质碳酸钙）设备能力提高，产品产量同样迅速发展，进一步满足造纸、塑料等行业需求；

2）活性化专用碳酸钙产品将日益增加，如片状造纸专用 PCC、PVC、PE、PP 专用碳酸钙，橡胶专用 PCC，涂料专用 PCC 等；

3）复合型专用碳酸钙，例如 GCC-PCC 复合，既有分散性能好的 GCC 性能，又有 PCC 颗粒细、比容小的特性；$SiO_2$-PCC 复合，既有耐酸性能、补强性能，又有价格低廉等特点；$TiO_2$-PCC 复合等；复合改性配方推广使用，既降低表面处理价格，又有多种优良性能；

4）原位聚合碳酸钙母料不仅提高碳酸钙添加量，同时提高制品性能；

5）利用氯化钙制备高纯碳酸钙，满足精密及电子级陶瓷、食品、医药和日化等行业需要；

6）制备牙膏级 PCC，满足牙膏工业需要，高露洁已经使用牙膏级 PCC，效果好，经济效益显著；

7）制备发酵专用碳酸钙，生产抗菌素专用碳酸钙进行发酵，要求 PCC 碱度低且稳定，与普通 PCC 生产成本相近，但售价提高 1 倍以上；

8）制备医药专用 PCC，根据要求控制 PCC 物性指标，特别是 Pb、重金属要达到医药级要求，如 $Pb \leqslant 0.125 \times 10^{-6}$ 等；

9）制备保健食品专用 PCC，例如葡萄糖酸钙、乳酸钙、柠檬酸钙等。

总之，在"十一五"期间，多制备加工出纳米级 PCC、超细 GCC、医药级、食品、日化级碳酸钙，以及各种专用碳酸钙、纺锤形、立方形、链锁形、菱形、针形、晶须形等各种单一晶型的 PCC 投放市场，同时加强企业内外联合、充分发扬优势、研究国情、扬长避短、不断采用新技术、新工艺、新设备，走规模化之路；研发及积极选用高效、廉价活化剂，走精细化、专用化、功能化、系列化之路，必能将化工行业中石灰煅烧及其深加工企业的整体装备水平和技术水平提高到一定的层次。

### 18.1.3　石灰在环保行业的应用

石灰在环保系统中经常被加工制造成粉状，并且与其他各种原材料混合配制出系列复合制剂，用于净化废气、废水，吸附噪声等。例如，将石灰、粉煤灰和水等材料混合并经过 100℃ 养护制成烟气脱 S 剂；将消化石灰、波特兰水泥、纸浆和水等混合固化后制成颗粒状酸性气体吸附剂；用石灰和 $FeSO_4 \cdot 7H_2O$ 混合制成污水处理剂；将消化石灰、$CuSO_4$、氧化钙、碳酸钙、水等混合制成含石油的废水处理剂；用粉煤灰、CaO、水等混合并干燥制成微孔状过滤剂。

环保系统中石灰煅烧设备通常是竖窑，其整体装备水平和技术操作水平与化工行业中的类似，甚至企业生产规模还不如化工行业中的一些石灰深加工企业，无法形成规模效益，仍需要不断地完善和提高，以满足国家对环境保护高度重视的要求。

## 18.2　我国冶金石灰窑二氧化碳回收概况

我国各钢铁公司（厂）都设有石灰厂（车间），但回收二氧化碳的石灰厂，只有宝钢、广钢、重钢（三厂都用 PSA 法）、鞍钢（化学吸收法）等数家。据不完全统计，宝钢产量为 10000t／年，鞍钢产量为 5000t／年。各种窑型产生废气的二氧化碳浓度和石灰产量都不同，如表 18-3、表 18-4 所示。

**表 18-3  各种窑型废气中 $CO_2$ 浓度及石灰产量**

| 窑 型 | 回转窑 | 双膛竖窑 | 普通竖窑 |
|---|---|---|---|
| $CO_2$ 浓度/% | 14 ~ 20 | 20 ~ 25 | 30 ~ 38 |
| 石灰产量/t·d⁻¹ | 600 | 120 | 50 |
| | | 150 | 100 |
| | | 300 | 250 |
| | | | 400 |

**表 18-4  各厂石灰窑气组分及含量**

| 组分 \ 单位 | 宝 钢 | 重 钢 | 本 钢 | 杭 钢 | 广 钢 | 天津碱厂 |
|---|---|---|---|---|---|---|
| $O_2$/% | 11.5 | 9.4 | 3.8 | 7.9 | 7.1 | 0.5 |
| $N_2$/% | 71 | 67 | 60.7 | 66.1 | 65 | 61.6 |
| CO/% | 0.5 | 2 | 0.16 | 0.5 | 1.4 | 1.89 |
| $CO_2$/% | 17 | 21.5 | 31.7 | 25.5 | 26.5 | 36 |
| $NO_x$/mg·m⁻³ | 1000 | 未检出 | 230 | 83 | 46 | |
| $SO_2$/mg·m⁻³ | 10 | 600 | 225 | 86 | 5.4 | |
| $H_2$/mg·m⁻³ | 未检出 | 未检出 | | | 15.1 | 0.07 |
| $CS_2$/mg·m⁻³ | 未检出 | 150 | | | <2.48 | |
| COS/mg·m⁻³ | | | | | 50 | 45 |
| Cl/mg·m⁻³ | 无 | | | | 0.65 | |
| HCl/mg·m⁻³ | 无 | | | | 61.6 | |
| $C_nG_m$/mg·m⁻³ | | | | | 22.73 | |
| $H_2O$/% | 5.8 | | 3.7 | | | |
| $H_2$/% | | 0.04 | | | | |
| 氧化物/mg·m⁻³ | 2.1 | | | 40 | | |
| 粉尘/g·m⁻³ | 9.9 | | 1.8 | 30 | | 1.7 |
| 备 注 | | | 除尘后 | | | 除尘后 |

注：$NO_x$ 为 80% NO，20% $NO_2$。

石灰石煅烧后产出石灰和二氧化碳，比例大致为 54：43，根据石灰产量，可算出二氧化碳产出量。目前除个别石灰厂回收二氧化碳外，都放空了。如要生产二氧化碳，要先除尘、脱硫、脱氮等，经过处理的废气温度在 30℃ 左右，采用罗茨风机压送，压力 50 ~ 100kPa。

回收后二氧化碳的纯度，根据用途，按 GB 6052—1993 和 GB 10621—1989 要求组织生产。在钢铁厂，二氧化碳用于复吹转炉炼钢，$CO_2$ 从转炉底部吹入，起搅拌钢水的作用，代替氩气。

国内几种回收方法的技术经济指标比较列于表 18-5、表 18-6，由于十余年来我国价格变化较大，以下价格可作相对比较。

**表 18-5　几种回收方法技术经济指标比较**

| 回收方法 | 耗蒸汽/t | 耗电/kW·h | 回收率/% | 质量/% | 成本/元·t$^{-1}$ |
|---|---|---|---|---|---|
| 碳酸钠法 | 7.5~10 | 500 | 50 | 99.9 | 800 |
| 热钾碱法 | 3.5~4.0 | 400 | 60~70 | 99.9 | 600 |
| 变压吸附 | — | >800 | 50~85 | 99.5 | 500~600 |
| TBH 吸收 | 2.0~2.5 | <250 | >90 | 99.99 | 400~500 |

注：TBH 吸收——以烷醇胺为主的 30% 的高浓度溶剂吸收 $CO_2$。

**表 18-6　变压吸附法（PSA 法）**

| 废气 $CO_2$ 浓度/% | 耗电/kW·h | 成本/元·t$^{-1}$ | 废气 $CO_2$ 浓度/% | 耗电/kW·h | 成本/元·t$^{-1}$ |
|---|---|---|---|---|---|
| 25~30 | 600~650 | 500~750 | 14~17 | 1000 | 1000 |

## 18.3　二氧化碳回收工艺

二氧化碳的分离回收工艺，当前约有 40 多种，归纳起来，大致可分为以下 4 大类型。

### 18.3.1　吸收工艺

吸收工艺又分物理吸收工艺和化学吸收工艺。物理吸收工艺关键是选择吸收剂，要求吸收剂对二氧化碳溶解度大、选择性好、沸点高、无腐蚀、无毒性、性能稳定；化学吸收法通常采用碳酸钾（钠）水溶液或乙醇胺类的水溶液作为吸收溶剂。

目前正在研究的吸收剂有环氧乙烷、碳酸乙酯、甲醛和脂肪胺的缩聚化合物、新戊醇胺及二甲基新戊醇胺等新型有机醇胺化合物等。

### 18.3.2　吸附工艺

吸附工艺常用的吸附剂有天然沸石、分子筛、活性炭等。美国道化学公司（Dow Chemical Co.）采用带有有机胺类系列吸附剂，可获得纯度 99.5% 的二氧化碳。典型的吸附工艺是变压吸附分离法（PSA），该法普遍采用三只卧式吸附塔，第一塔为吸附塔，第二塔为循环塔，第三塔为脱附解析塔。7~15min 循环一次，自动控制，处理量可达 30000$m^3$/h。某化肥厂的装置，吸附二氧化碳浓度 12% 的锅炉烟气，产品纯度 >98%，其电耗为 0.055~0.07 kW·h/($m^3CO_2$)，耗水 0.007t/($m^3CO_2$)。

变压吸附制备二氧化碳装置的吸附床必须至少包含：吸附（较高压力下）和解吸（较低压力下）两个操作步骤，周期性地重复操作。因此，当只有一个吸附床时，产品二氧化碳的获得是间断的。为了连续获得产品气，在制备二氧化碳装置中通常都设置两个以上的吸附床，并且从节能降耗和操作平稳的角度出发，另外设置一些必要的辅助步骤，如均压、气体冲洗等。

每个吸附床一般都要经历吸附、顺向放压、抽空或减压再生、冲洗置换和均压升压等步骤，周期性地重复操作（以两塔 VPSA 制二氧化碳流程为例，示于表 18-7）。在同一时间，各个吸附床则分别处于不同的操作步骤，在计算机的控制下定时切换，使几个吸附床协同操作，在时间步伐上则相互错开，使变压吸附装置能够平稳运行，连续获得产品气。

表 18-7　两塔流程 VPSA 制二氧化碳装置操作程序表

| 吸附床 | 操作步骤 | | | | | |
|---|---|---|---|---|---|---|
| A | 吸　附 | 顺　放 | | | 冲　洗 | 均　压 |
| | | | | 抽真空 | | |
| B | | 冲　洗 | 均　压 | 吸　附 | | 顺　放 |
| | 抽真空 | | | | | |

根据解吸方法的不同，变压吸附制二氧化碳又分为两种工艺。

A　PSA 工艺

加压吸附（0.2～0.6MPa）、常压解吸。PSA 工艺设备简单、投资小，但气体收率低、能耗高，适用于小规模制二氧化碳。

B　VPSA 工艺

常压或略高于常压（0～50kPa）下吸附，抽真空（−80～−50kPa）解吸。相对于 PSA 工艺，VPSA 工艺设备复杂、投资高，但效率高、能耗低，适用于制二氧化碳规模较大的场合。

### 18.3.3　膜技术分离回收二氧化碳

膜技术分离回收二氧化碳是节能型工艺过程，发展十分迅速，目前常用膜材料有醋酸纤维、聚酰胺、聚砜等。美国 Envirogerics System Co. 采用醋酸纤维膜的 Gasp 装置，回收的二氧化碳浓度为 95%，成本仅 0.0035～0.035 美元/$m^3$，分离膜的寿命为 3 年。

膜分离的工作原理是，膜对于不同气体，具有选择性渗透能力，使二氧化碳得以分离。

膜分离的设备投资只有化学吸收工艺的一半，燃料消耗为 1/3。

回收二氧化碳的各种工艺，都有各自特点和适用范围。化学吸收工艺是比较成熟的方法，适用于处理气体中二氧化碳含量较低的情况，其分离效果良好，可获得浓度高达 99.99% 的二氧化碳，但投资高，能耗高，回收成本高。化学吸收的热碳酸钾法分离回收二氧化碳的成本比物理吸收法成本略低些，比化学吸收的乙醇胺法大约低 20%。热碳酸钾法对设备有腐蚀，需加入 $V_2O_3$ 防腐剂防腐蚀。

膜分离回收二氧化碳技术先进，回收成本低，效率高，寿命长。如果膜分离法和二乙醇胺（DEA）化学吸收法组合成一个新的工艺，其分离回收二氧化碳的成本是所有工艺方法中最低的。随着高功能膜技术的开发，回收二氧化碳成本将进一步降低。目前新型分离膜有生丝膜、硝化纤维素和聚乙二醇的混合膜、聚肽膜、聚酰亚胺膜、聚苯氧改性膜、二氨基聚砜酸复合膜等分离膜。膜分离技术是最有发展前途的工艺技术，在 2000 年前，美国道化学公司、宁波大学等对膜技术有相当研究的单位，还没有考虑过用膜技术对石灰窑烟气进行二氧化碳回收的研究。

### 18.3.4　蒸馏工艺

主要用于油田二氧化碳的分离回收。（略）

## 18.4　二氧化碳回收设备

石灰窑用二氧化碳回收的方法主要有化学吸收法、变压吸附法、膜吸附法等，后两种为常用的吸附方法。被吸附提纯的二氧化碳加压制成液体二氧化碳或固体二氧化碳（干冰），在各行业中广泛使用。

但是无论哪种方法，都要经过二氧化碳的收集、净化过程。石灰窑气的收集、净化设备有：重力除尘器、筛板塔、泡沫除尘器、油水分离器、压缩机等。

重力除尘用来清除高温烟气中的颗粒粉尘；筛板塔用来清除高温烟气中的颗粒粉尘；泡沫除尘用来清除烟气中的 S 等杂质并降温；油水分离是将烟气中的油水液体同气体分离开；压缩机（罗茨风机）是将气体加压输送到下一个工序。

下面简单介绍二氧化碳的分离提纯回收方法——变压吸附法和膜吸附法的设备配置情况。

### 18.4.1　变压吸附法的主要设备

变压吸附法的 VPSA 工艺制二氧化碳设备采用两塔超大气压吸附真空解吸工艺流程，成套设备由鼓风机、真空泵、吸附器、仪表气体系统、仪表控制系统、电气控制系统、切换系统等7 个部件和系统组成。原料气体经过滤器去除气体中机械杂质，经鼓风机压缩后，从吸附器下部进料口进入吸附器（吸附器内装填了具有选择性吸附气体中水汽、$O_2$ 和碳氢化合物的吸附剂），气体中的 $N_2$、$O_2$ 等组分被吸附，二氧化碳气产品从吸附器顶部流出。吸附剂吸附饱和后，通过降低吸附器工作压力使吸附组分解吸并流出吸附器。每一循环，吸附器都经历了吸附、顺向放压、真空解吸、均压、充压五个工作步骤。

吸附器各工作步骤的转换是通过气动阀门的切换来实现的。气动切换阀的动作由 PLC 控制系统根据设定的程序控制，定期自动切换，其流程如图 18-1 所示。

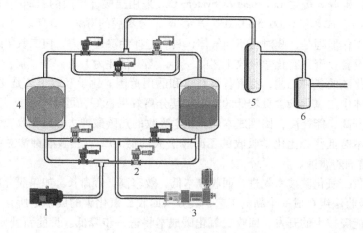

图 18-1　变压吸附提纯二氧化碳流程示意图

1—鼓风机；2—气动阀门；3—真空泵；4—吸附塔；5—气体缓冲罐；6—气体平衡罐

#### 18.4.1.1　动力设备

动力设备及参数如表 18-8 所示。

表 18-8　动力设备及参数

| 序　号 | 设备名称 | 规格型号 | 数　量 |
| --- | --- | --- | --- |
| 1 | 罗茨鼓风机 | ARMG-350，49kPa，220kW | 1 台 |
| 2 | 罗茨真空泵 | ARG-400W，−60kPa，315kW | 1 台 |

#### 18.4.1.2　阀门

各种阀门的规格及数量如表 18-9 所示。

**表 18-9　阀门**

| 序　号 | 名　称 | 规格型号 | 数　量 |
|---|---|---|---|
| 1 | 切换蝶阀 | DN350 | 3 台 |
| 2 | 切换蝶阀 | DN400 | 2 台 |
| 3 | 切换蝶阀 | DN250 | 2 台 |
| 4 | 调节蝶阀 | DN100 | 2 台 |
| 5 | 调节蝶阀 | DN100 | 1 台 |
| 6 | 切换蝶阀（国产） | DN400 | 1 台 |
| 7 | 切换蝶阀（国产） | DN100 | 1 台 |

### 18.4.1.3　非标准设备

非标准设备的规格及数量如表 18-10 所示。

**表 18-10　非标准设备**

| 序　号 | 设备名称 | 规格型号 | 数　量 |
|---|---|---|---|
| 1 | 吸附器 | $\phi2500 \times 5000$ | 2 台 |
| 2 | 气体缓冲罐 | $\phi3400 \times 11000$ | 1 台 |
| 3 | 气体平衡器 | $\phi1400 \times 11000$ | 1 台 |
| 4 | 气体储罐 | $\phi1600 \times 9000$ | 1 台 |
| 5 | 气体过滤器 | AF-200 | 1 台 |
| 6 | 分离消音器 | | 1 台 |
| 7 | 消音器 | CKM 型 | 4 台 |
| 8 | 旁通过滤器 | | 1 台 |
| 9 | 水　箱 | | 1 台 |
| 10 | 弹性接头 | | 3 台 |
| 11 | 波纹接头 | | 2 台 |
| 12 | 冷却器 | $38m^2$ | 1 台 |

### 18.4.1.4　吸附剂及填料

吸附剂及填料的规格及数量如表 18-11 所示。

**表 18-11　吸附剂及填料**

| 序　号 | 名　称 | 规格型号 | 数量/t |
|---|---|---|---|
| 1 | 制气吸附剂 | P-8 | 12 |
| 2 | 脱水吸附剂 | P-8/TS | 4 |
| 3 | 填充磁球 | | 4.86 |

### 18.4.1.5　仪表控制系统及现场仪表

仪表控制系统及现场仪表的规格型号和数量如表 18-12 所示。

**表 18-12   仪表控制系统及现场仪表**

| 序　号 | 名　　称 | 规格型号 | 数　量 |
|---|---|---|---|
| 1 | PLC 系统 | 控制柜、电源、PLC 控制器、显示仪表、编程软件等 | 1 套 |
| 2 | 上位机系统 | Dell 计算机，PIV/256M/40G，Windows 操作系统，激光打印机 | 1 套 |
| 3 | 现场仪表 | 智能压力变送器、智能差压变送器、孔板流量计、铂电阻、振动传感器、浓度分析仪、阀门定位器、调节阀 | 1 套 |
| 4 | 系统调试 | 系统组态、系统调试、组态培训 | 1 套 |

### 18.4.1.6　电控系统

电控系统的设备如表 18-13 所示。

**表 18-13   电控系统**

| 序　号 | 名　　称 | 型　号 | 电　压 | 数　量 |
|---|---|---|---|---|
| 1 | 高压进线柜 | GHK-Z2000 | 380V | 1 台 |
| 2 | 高压启动柜 | GHK-Z2000 | 380V | 2 台 |
| 3 | 低压配电柜 | GHK-Z2000 | 380V | 1 台 |
| 4 | 电容器柜 | GHK-Z2000 | 380V | 1 台 |

## 18.4.2　膜吸附法的主要设备

膜吸附法中吸附系统由大型板式膜组件构成，膜是由高分子复合材料制成。气体透过聚合物膜是个复杂的过程，其透过机制一般是气体分子首先被吸附到膜的表面溶解，然后在膜中扩散，最后从膜的另一侧解吸出来。膜分离技术依靠不同气体分子在膜中溶解和扩散系数的差异来实现气体分离，根据膜分离器结构不同分为中空纤维膜、平板膜、卷式膜等。

膜吸附法主要设备组成：真空泵组、循环水及气水分离器、膜分离器、填料式气体缓冲脱湿罐、控制系统及检测仪表、工艺管路与阀门。

目前，在碳酸钙行业二氧化碳回收并直接应用较为普遍，其收集、净化的方式为采用重力除尘器除尘、筛板塔过滤、泡沫除尘器脱硫降温、油水分离器气液分离、压缩机对气体加压、碳化塔进行碳化反应生成碳酸钙，碳酸钙再经过离心分离机或板框压滤机脱水、干燥机烘干、包装为成品。因为二氧化碳作为一种碳酸钙生产过程中必不可少的反应原料，利用窑气中的二氧化碳比新建二氧化碳发生装置总体投资成本要低，另外受到循环经济和环保因素的影响，在该行业中二氧化碳的回收应用较为常见。

上述方法，冶金行业由于受到石灰窑产生的二氧化碳浓度及加工成本等因素的影响，还没有得到有效的推广。希望能从循环经济利用、环境保护、节省有效资源等方面给予考虑和重视，同时希望技术工作人员能够开发出低成本、更有效的生产工艺，来满足企业、社会的需要。

## 18.5　二氧化碳的深加工利用

二氧化碳在工业、农业、食品、医药卫生、消防等领域都有广泛的用途，但以二氧化碳为原料合成许多有机产品，是人们更为感兴趣的话题。

二氧化碳经常被用来加工生产碳酸钾、碳酸钡、碳酸锶、碳酸氢钠、碳酸氢铵、硼砂、精炼糖或浓缩提纯成液体二氧化碳和干冰，在冶金、化工、医药等行业应用广泛。

二氧化碳是一种弱的电子给予体，强的电子接受体，因此难以氧化而易于还原。有 6 种方法使二氧化碳进行反应，这 6 种方法分别是：配位活化、还原活化、辐射活化、热解活化、生物活化及电催化活化。二氧化碳的反应在动力学方面障碍较大，需要找出适宜的催化剂加速反应的完成。

二氧化碳应用在化学合成上，已经工业化的例子主要有：

$$CO_2 + NH_3 \xrightarrow{\text{高压、高温}} \text{尿素}$$

$$CO_2 + NH_3 \longrightarrow \text{碳酸氢氨}$$

$$CO_2 + \text{苯酚} \longrightarrow \text{水杨酸}$$

$$CO_2 + \text{环氧乙烷} \longrightarrow \text{乙烯碳酸脂}$$

有一些资料报道了用二氧化碳甲烷化实验成功的例子，如加拿大金士登女皇大学迈克尔·贝尔德在实验室实现了温和条件下的二氧化碳甲烷化：

$$CO_2 + H_2 \xrightarrow[\text{275℃ 常压}]{Ru_3(CO)_{12}/Al_2O_3} CH_4(60\% \sim 70\%)$$

对多种催化剂进行选择，镍催化剂有较好的效果。

用二氧化碳合成甲醇的报道有俄罗斯科学院托普切耶夫甲醇工业化生产所、日本东京瓦斯公司技术研究所、美国商业溶剂公司、托普索（Topsoe）公司等。

大连化物所报道过美国商业溶剂公司在 1927 年，用 $Cu/Zn/Cr$ 催化剂，在 30MPa 下合成甲醇的工业生产。1980 年美国托普索公司采用 CDH 法，反应压力 12MPa，温度 280℃ 条件下，完成 $CO_2$ 加 $H_2$ 合成甲醇的中试生产。每吨甲醇消耗纯度 98% 的 $H_2$ 2409$m^3$，纯度 99% 的 $CO_2$ 761$m^3$，电 937kW·h，0.3MPa 水蒸气 1776kg，日本东京瓦斯公司技术研究所进一步把反应压力降到 9MPa，温度在 250～270℃ 条件下取得试验成功。

日本京都大学在二氧化碳甲烷化的基础上，采用含铁的沸石做催化剂，进一步合成了汽油。

采用二氧化碳合成高级烃、合成高分子材料等都有过良好的实验效果。

将二氧化碳转化、合成，不仅可以改善环境，还可以解决资源短缺的问题，因此，世界各国竞相投入人力、物力进行开发研究工作，并逐步形成了二氧化碳化学学科。

# *19* 石灰生产过程控制

## 19.1 电气控制

### 19.1.1 控制系统概述

冶金石灰生产按工艺流程划分为原料输送、焙烧窑炉、除尘地面站、循环水系统及成品输送等控制系统。原料输送按局部工艺流程划分为原料贮仓供给、窑料供给两个子系统。

系统功能由系统运行、输送量监视、启动预示、故障报警、过程监视、数据采集、报表处理、设备控制等组成，系统运行是对系统的选择、启动、运行、停止、切换等的控制；输送量监视是对原料、成品输送量的监视；启动预示是指现场设置的自动广播装置或电笛，在系统运行前预示；故障报警指在集控室中设置自动广播装置或报警音响，故障发生时广播或鸣响，故障确认后停止广播或鸣响；过程监视指工艺设备运行状态，系统中温度、压力、流量、料位及报警显示，参数的设定及显示；数据采集是指对生成报表、监视等使用的数据进行采集；报表处理指统计数据，生成班报表、日报表及月报表等；设备控制是对系统中各种工艺设备进行控制。

系统运行方式分为自动运行、联动运行、集控室单机运行及现场单机运行，自动运行方式根据当日的生产计划等编制作业任务，然后根据任务选择系统，程序自动发出运行、停止指令；联动运行方式为操作人员在集控室操作站上操作使系统运行、停止；集控室单机运行方式为操作人员在集控室操作站上操作使某些设备（如料位计等）运行、停止；现场单机运行方式为操作人员在现场机旁操作使工艺设备运行、停止。自动运行、联动运行、集控室单机运行为正常生产运行方式，现场单机运行为检修方式。

电气控制采用 PLC 控制系统，PLC 控制系统一般由操作管理级、现场控制级和设备级组成。操作管理级由操作站、工程师站、打印机及厂级显示器等组成，一般采用工控机作为操作站和工程师站，厂级显示器可采用一般的计算机，也可采用工控机。设备之间采用工业以太网连接，在工控机上安装运行 2 套工具软件，一是编程工具软件，另一个是监控工具软件。编程工具软件用于上载、下载、编制、调试用户应用程序，每个 PLC 生产商都配有专用的编程工具软件，如西门子为 STEP7，施耐德为 Unity；监控工具软件分为开发版和运行版，开发版用于绘制工艺流程和操作按钮等画面，建立画面与用户应用程序的动态连接，控制系统运行时显示工艺流程、设备状态及系统参数等；运行版只具有显示功能。每个 PLC 生产商都配有专用的监控工具软件，如西门子为 Wincc。市场上也有适用各种 PLC 控制系统的监控工具软件，如 iFIX、Intouch 等。现场控制级由 PLC、分布式 I/O、网络耦合器及工业现场总线等组成。PLC 根据业主的要求和控制系统的复杂程度选择，设备级由网络耦合器、现场设备（如接近开关、按钮、传感器、执行器等）及设备总线等组成。网络耦合器是用于现场控制级与设备级之间的信息交换，设备级通常由一个主站（网络耦合器）和 $n$ 个从站组成；现场设备的有关信息通过设备总线和工业现场总线上传至 PLC，设备总线上通讯管理相对于 PLC 的应用程序是完全透明的；设备总线使用 2 芯电缆连接现场 I/O 设备，节省了大量的控制电缆，减少了施工安装及运行维护的工作量。

### 19.1.2 原料输送

#### 19.1.2.1 工艺概述

矿山水洗后筛选合格的石灰石或白云石由火车或汽车运输，经卸料机、带式输送机及电动卸矿车等设备送入石灰石或白云石贮仓。贮仓中的石灰石或白云石经贮仓下的振动给料机送出，由若干台带式输送机及其他工艺设备转送到筛分楼进行筛分，筛上料经带式输送机送入回转窑中煅烧；筛下料进入贮料槽暂存，再用汽车运出。为了监视原料的流量，在原料进入贮仓、焙烧窑炉前，分别设置带式输送机电子秤，计量原料的瞬时值和累计值，在操作站上动态显示。

#### 19.1.2.2 系统控制

系统启动前对集控室集中联动条件进行检查。操作人员在操作站上选择集中联动方式，确认系统内各联动设备处于联动状态，工艺设备现场选择开关置于"集中"位置，配电室的断路器处于"合闸"位置，任何联动设备处于无故障状态。一切正常后，由操作人员在操作站上选择物料的工作料线。当系统启动的所有条件均满足时，操作站上显示"允许启动"信息，方可以启动，操作人员在操作站上发出系统启动指令后，立即发出启动预示信号，延时一段时间后，首先启动被选择的除尘系统，再延时一段时间后，被选择的工艺设备按逆料流顺序联锁启动，系统处于启动中，工作料线上全部设备运行后，完成启动过程，系统处于运行中。

系统停止包括正常停止、故障停止及紧急停止。当贮仓内物料达到上料位时或操作人员在操作站上发出正常停止指令后，立即停止给料，工作料线处于净化停止中，工作料线上的工艺设备按顺料流方向延时逐台停止，直到料线终点的工艺设备停止，再延时一段时间后除尘系统停止，系统处于停止中。

系统运行中，当工作料线上某一台工艺设备发生重故障停止，此台工艺设备上游的工艺设备立即停止，同时发出故障报警信号，此台工艺设备下游的工艺设备按顺料流方向延时逐台停止，直到料线终点的工艺设备停止，再延时一段时间后除尘系统停止，系统处于故障停止中。

系统运行中，出现异常紧急情况时，实施紧急停止，紧急停止时全系统联动工艺设备立即停止，同时发出紧急停止信号。有两种方法可以实施紧急停止，一是现场人员操作设置在现场的紧急停止按钮；二是集控室操作人员在操作站上发出紧急停止指令。

在原料输送系统中，故障可分为重故障和轻故障，所有的故障均在集控室操作站上监视。重故障时工艺设备立即停止，系统故障停止，操作站上显示该工艺设备的故障状态，发出重故障报警。轻故障时该工艺设备继续运行，操作站上显示该工艺设备的故障状态，发出轻故障报警，由操作人员根据操作规则处理故障。

#### 19.1.2.3 原料贮仓供给子系统

通常有若干个原料贮仓，在原料贮仓上面设置电动卸矿车自动定位系统，操作人员根据来料种类，选择贮仓号，电动卸矿车自动走行到供料位置。

由操作人员在操作站上发出供料指令，系统启动预示信号响一段时间后，启动带式输送机等供料设备，当贮仓料满时自动停止给料，或者由操作人员在操作站上随时发出停止指令。

#### 19.1.2.4　窑料供给子系统

当焙烧窑炉原料仓料空，或者操作人员在操作站上发出供料指令，系统启动预示信号响一段时间后启动除尘设备，逆料流顺序启动带式输送机等工艺设备，给料机启动完成后，系统处于运行中。

当焙烧窑炉原料仓料满，或者操作人员在操作站上发出停止供料指令，给料机立即停止，带式输送机等工艺设备顺料流方向延时逐台停止，直到料线终点的工艺设备停止，再延时一段时间后除尘系统停止，系统处于停止中。

### 19.1.3　竖窑系统

竖窑系统由原料仓、称量斗、单斗提升机、窑顶布料系统、窑体、窑底出料系统、鼓风机、除尘系统及液压站等部分组成。

原料仓中原料经称量斗称量后，进入单斗提升机的料斗中。单斗提升机启动慢速上升，上升一段距离后转为快速上升，当快到顶部时再转为慢速上升，到停车位倒料，倒料结束后慢速下降，下降一段距离后转为快速下降，当快到底部时再转为慢速下降，到底部停车位待料。当需要上料时重复上述过程。

窑顶布料系统由窑顶料位计、窑顶闸板、电机振动给料机、窑顶布料装置等部分组成。单斗提升机到停车位，提起窑顶料位计到上限位，打开窑顶闸板，启动电机振动给料机及窑顶布料装置，窑顶布料装置旋转布料，旋转布料结束后，停止电机振动给料机及窑顶布料装置，关闭窑顶闸板，放下窑顶料位计，完成一次布料过程。

窑底出料系统由锥形出料装置、双层出料闸板、电振卸料机、成品输送系统等部分组成。窑体内料位高于下限位，成品输送系统及电振卸料机运行中。停止锥形出料装置，关闭下出料闸板，打开上出料闸板，延时关闭上出料闸板，打开下出料闸板，延时启动锥形出料装置，锥形出料装置运行一定时间后停止，完成一个出料周期。下一个出料周期重复上述过程。

液压站一般由二台液压油泵、一个液压油加热器、一个液压油冷却器、一个压力继电器、一个回油滤油器、二个电接点温度计、一个电接点液位计等部分组成。二台液压油泵一台工作一台备用，备用油泵与工作油泵自动互换，即工作油泵出故障时，备用油泵自动启动。当液压油液位高于下限，液压油供油压力高于下限，油泵可以启动。当液压油液位低于下限，液压油供油压力低于下限超过一定时间，油泵停止工作。当液压油温度低于下下限，液压油加热器工作；当液压油温度高于下限，液压油加热器停止工作。当液压油温度高于上上限，液压油冷却器工作；当液压油温度低于上限，液压油冷却器停止工作。

### 19.1.4　回转窑系统

回转窑系统由原料仓、预热器液压系统、挡轮液压系统、主传动电机、辅传动电机、一次风机、冷却风机、冷却器给料机及煤气加压站等部分组成。

在回转窑系统中，预热器液压系统、挡轮液压系统为独立的控制系统，操作人员可以在操作站上启动和停止这两个控制系统。主传动电机、辅传动电机、一次风机、冷却风机、冷却器振动给料机及煤气加压站等部分，生产控制方式为集控室操作站上单机操作，检修控制方式为现场单机操作。

预热器液压油箱电加热器与油箱油温联锁，油温达到高值时自动切断电加热器电源并报警，油温达到低值时自动接通电加热器电源。液压推杆泵油箱油位与液压油泵联锁，油箱出现低位时报警，出现低低位油位时停止液压油泵。油箱油温与冷却水管电磁阀联锁，油温达到高值时自动打开电磁阀并报警，油温达到低值时自动关闭电磁阀。

当回转窑体运转，窑体向下移动，使下挡轮碰铁碰下限位开关，油泵自动运行，电磁阀通电，压力油经过调速阀至下挡轮油缸，使窑体上移，上移一段距离，原地停留数分钟时间，再继续上移一段距离，再原地停留数分钟时间，这个过程不断重复，直到下挡轮达到最高位置时碰上限位开关，油泵自动停止，下挡轮油缸在筒体重力作用下缩回，油缸内压力油经过节流阀回油箱，挡轮下移至下限位开关，完成一个循环。

上挡轮的作用是使轮带停止在任何需要的位置，在现场手动操作。

回转窑主传动电机与辅助传动电机不允许同时启动，主传动电机与辅助传动电机联锁由一个限位开关控制。主传动电机采用变频调速，主传动电机与减速机油泵同时启动。

一次风机、冷却器冷却风机、排烟机与烧嘴前煤气切断阀联锁，一次风机、冷却器冷却风机、排烟机故障时关闭煤气切断阀。

冷却器振动给料机启动的前提条件是成品输送设备运行，当冷却器料位到达上限位时振动给料机开始出料，当冷却器料位到达下限位时振动给料机停止出料。冷却器出料温度高于设定温度时停止振动给料机。

## 19.1.5 除尘地面站

### 19.1.5.1 工艺概述

焙烧窑炉在生产过程中，产生大量的粉尘，粉尘依靠除尘通风机的风力通过管道进入脉冲袋式除尘器，经脉冲袋式除尘器的过滤，干净的空气通过管道及烟囱排入空中。依附在过滤袋上的粉尘通过压缩空气反吹使粉尘落下（除尘器清灰），落下的粉尘经排灰格式阀排到刮板输送机上（除尘器排灰），由刮板输送机等设备送入粉尘仓，再用汽车运出。从电气控制的角度可以划分为除尘、除尘器清灰、除尘器排灰、运灰等部分，除尘由通风机、入口阀、变频器（或液力偶合器）等组成；除尘器清灰由压缩空气、脉冲控制仪、离线阀等组成；除尘器排灰由仓壁振打器、排灰格式阀等组成；运灰由刮板输送机等组成。

### 19.1.5.2 系统控制

在系统启动前，对系统联动运行条件进行检查。将工艺设备的机旁选择开关置于"集中"位置，配电断路器合闸，设备未处于故障状态，所有阀门处于正确位置，温度、压力、料位及流量处于正常范围内，当操作站显示"系统准备好"时，可以启动系统。

在操作站上由操作人员发出系统启动指令后，除尘通风机运行，经延时入口阀打开、再延时一段时间运灰部分运行，除尘器清灰部分工作，除尘器排灰部分工作，系统处于运行中。

在操作站上由操作人员发出系统停止指令后，除尘通风机停止，入口阀关闭，除尘器清灰部分停止工作，经延时除尘器排灰部分停止工作，再延时一段时间运灰部分停止，系统处于正常停止中。

当系统发生重故障时，系统按上述过程停止，同时发出报警信号。

系统运行中，出现异常紧急情况时，实施紧急停止。有两种方法可以实施紧急停止，一是现场人员操作设置在现场的紧急停止按钮；二是由集控室操作人员在操作站上操作。紧急停止时所有设备立即停止，同时发出紧急停止信号。

系统故障分为重故障、轻故障两类，所有故障均可在集控室内操作站上监视。重故障系故障停止，操作站画面上显示该设备的报警状态，发出重故障音响。重故障包括主电动机轴承温度达上上限、主电动机定子温度达上上限、变频器重故障（或液力偶合器进油压力达下下限、液力偶合器冷却水量达下下限）、通风机轴承温度达上上限等。轻故障时设备继续运行，操作站画面上显示该设备的报警状态，发出轻故障音响。轻故障包括粉尘仓料位达上限、压缩空气供气压力达下限、变频器轻故障（或液力偶合器进油压力达下限、液力偶合器出油温度达上限、液力偶合器进油温度达上限）、通风机轴承温度达上限、主电动机轴承温度达上限、主电动机定子温度达上限、除尘器清灰部分故障、除尘器排灰部分故障、运灰部分故障等。

### 19.1.6　循环水系统

#### 19.1.6.1　工艺概述

由各种设施引来的热水通过管道进入热循环水槽，热循环水槽中的热水由热循环水泵输送到冷却塔，经冷却后进入冷循环水槽，冷循环水再由冷循环水泵输送到各种设施等用水处。这样反复循环，冷循环水的补充由生产消防给水管道引来。

#### 19.1.6.2　系统控制

在系统启动前，对系统联动运行条件进行检查。将工艺设备的机旁选择开关置于"集中"位置，配电断路器合闸，设备未处于故障状态，所有阀门处于正确位置，温度、压力、液位处于正常范围内，当操作站显示"系统准备好"时，可以启动系统。

在操作站上由操作人员设定工作泵和备用泵，发出系统自动运行指令后，热循环水泵和冷循环水泵进入自动运行状态。

当热循环水槽液位达到上限时，工作热循环水泵由其水满指示器启动，工作热循环水泵处于运行状态；当热循环水槽液位达到下限时，工作热循环水泵停止。当工作热循环水泵故障停止时，备用热循环水泵自动投入工作，同时发出报警信号。

当冷循环水槽液位未达到下限时，工作冷循环水泵由其水满指示器启动，工作冷循环水泵处于运行状态，当冷循环水槽液位达到下限时，工作冷循环水泵停止。当工作冷循环水泵故障停止时，备用冷循环水泵自动投入工作，同时发出报警信号。

### 19.1.7　成品输送

#### 19.1.7.1　工艺概述

成品由焙烧窑炉振动卸料机给出，经过板式输送机、带式输送机、带式输送机电子秤、电动三通阀、振动筛及除尘系统等设备的输送，筛下料送入细料仓，筛上料送入粗料仓。细料仓和粗料仓内部设置料位计，细料仓和粗料仓仓壁安装仓壁振动器，细料仓和粗料仓下面出料口设置给料器将成品送出，出料口设置除尘系统。一般在焙烧窑炉出料料线上设置带式输送机电子秤，计量成品的瞬时值和累计值，在操作站上动态显示。

#### 19.1.7.2　系统控制

系统启动前对集控室集中联动条件进行检查。操作人员在操作站上选择集中联动方式，确认系统内各联动设备处于联动状态，工艺设备现场选择开关置于"集中"位置，配电室的断路器处于"合闸"位置，任何联动设备处于无故障状态。一切正常后，由操作人员在操作站上选择物料的工作料线。当系统启动的所有条件均满足时，操作站上显示"允许启动"信息，方可以启动，操作人员在操作站上发出系统启动指令后，立即发出启动预示信号，延时一段时间后，首先启动被选择的除尘系统，再延时一段时间后，被选择的工艺设备按逆料流顺序联锁启动，系统处于启动中，工作料线上全部设备运行后，完成启动过程，系统处于运行中。

系统停止包括正常停止、故障停止及紧急停止。当料仓内物料达到上料位时或操作人员在操作站上发出正常停止指令后，立即停止给料，工作料线处于净化停止中，工作料线上的工艺设备按顺料流方向延时逐台停止，直到料线终点的工艺设备停止，再延时一段时间后除尘系统停止，系统处于停止中。

系统运行中，当工作料线上某一台工艺设备发生重故障停止，此台工艺设备上游的工艺设备立即停止，同时发出故障报警信号，此台工艺设备下游的工艺设备按顺料流方向延时逐台停止，直到料线终点的工艺设备停止，再延时一段时间后除尘系统停止，系统处于故障停止中。

系统运行中，出现异常紧急情况时，实施紧急停止，紧急停止时全系统联动工艺设备立即停止，同时发出紧急停止信号。有两种方法可以实施紧急停止，一是现场人员操作设置在现场的紧急停止按钮；二是集控室操作人员在操作站上发出紧急停止指令。

在成品输送系统中，故障可分为重故障和轻故障，所有的故障均在集控室操作站上监视。重故障时工艺设备立即停止，系统故障停止，操作站上显示该工艺设备的故障状态，发出重故障报警。轻故障时该工艺设备继续运行，操作站上显示该工艺设备的故障状态，发出轻故障报警，由操作人员根据操作规则处理故障。

## 19.1.8 煤粉制备及输送

### 19.1.8.1 工艺概述

受煤坑中的原煤经振动给料机、斗式提升机送入原煤仓。原煤仓中的原煤经圆盘给料机送入磨粉机，煤粉经粗粒分离器、细粉分离器送入煤粉仓，在料线上设置除尘系统。煤粉仓中的煤粉经叶轮给料机送入单仓泵，单仓泵中的煤粉通过压缩空气送入竖窑。

### 19.1.8.2 煤粉制备系统控制

煤粉制备分为两个电气控制系统，一是受煤坑到原煤仓；二是原煤仓到煤粉仓。

系统启动前对集控室集中联动条件进行检查。操作人员在操作站上选择集中联动方式，确认系统内各联动设备处于联动状态，工艺设备现场选择开关置于"集中"位置，配电室的断路器处于"合闸"位置，任何联动设备处于无故障状态。当系统启动的所有条件均满足时，操作站上显示"允许启动"信息，方可以启动，操作人员在操作站上发出系统启动指令后，立即发出启动预示信号，延时一段时间后，首先启动除尘系统，再延时一段时间后，工艺设备按逆料流顺序联锁启动，系统处于启动中，工作料线上全部设备运行后，完成启动过程，系统处于运行中。

系统停止包括正常停止、故障停止及紧急停止。当原煤仓内原煤达到上料位（或当煤粉仓煤粉达到上料位）时或操作人员在操作站上发出正常停止指令后，立即停止给料，工作料线处于净化停止中，工作料线上的工艺设备按顺料流方向延时逐台停止，直到料线终点的工艺设备停止，再延时一段时间后除尘系统停止，系统处于停止中。

系统运行中，当工作料线上某一台工艺设备发生重故障停止，此台工艺设备上游的工艺设备立即停止，同时发出故障报警信号，此台工艺设备下游的工艺设备按顺料流方向延时逐台停止，直到料线终点的工艺设备停止，再延时一段时间后除尘系统停止，系统处于故障停止中。

系统运行中，出现异常紧急情况时，实施紧急停止，紧急停止时全系统联动工艺设备立即停止，同时发出紧急停止信号。有两种方法可以实施紧急停止，一是现场人员操作设置在现场的紧急停止按钮；二是集控室操作人员在操作站上发出紧急停止指令。

在煤粉制备系统中，故障可分为重故障和轻故障，所有的故障均在集控室操作站上监视。重故障时工艺设备立即停止，系统故障停止，操作站上显示该工艺设备的故障状态，发出重故障报警。轻故障时该工艺设备继续运行，操作站上显示该工艺设备的故障状态，发出轻故障报警，由操作人员根据操作规则处理故障。

### 19.1.8.3　煤粉输送系统控制

煤粉输送由压缩空气将单仓泵中的煤粉输送到竖窑，主要设备有二位三通电磁阀、二位五通电磁阀、二位二通电磁阀、锥形阀、放气阀、电接点压力表、料位计。

单仓泵内的煤粉通过多孔板进行充气流化，然后靠喷气管喷气在单仓泵内所造成的压力差，将煤粉压送单仓泵体外。当单仓泵内煤粉输送完毕，电磁阀延时切断输送气源，将放气阀打开，单仓泵内气体余压消除，接着打开锥形阀，由设置在单仓泵上部的叶轮给料机供料，当料位计发出仓满信号时，将锥形阀关闭停止供料，在锥形阀关闭后延时一段时间，气源电磁阀打开，压缩空气通过分气包分三路进入单仓泵内进行送料，煤粉输送完毕，由电接点压力表发出仓空信号停止送料，此时打开放气阀，接着重复上述动作，完成一个循环周期。当单仓泵内压力超过规定设计压力时，单仓泵顶部的防爆管爆破，并发出报警信号。

## 19.2　仪表自动化

### 19.2.1　概述

在 19.1 节对冶金石灰生产工艺过程的电气控制做了介绍，本节将就仪表自动化做简介。电气控制的重点在于逻辑控制，仪表自动化的重点在于对工艺热工参数的测量与控制，即温度、压力、液位、流量、成分分析等的测量与控制。

耐火材料生产最重要的设备是窑炉，常见的窑炉有：隧道窑、回转窑、竖窑等。各种窑炉测控项目及测控方法有所不同，但总的思路是相同的。本章重点介绍回转窑的仪表自动化测控系统。

### 19.2.2　回转窑仪表自动化测控系统

回转窑可以煅烧各种原料，如镁砂、白云石、高铝矾土、黏土及冶金石灰等。由于它具有生产能力大、机械化和自动化程度较高、能煅烧小颗粒及难烧结和易结坨的原料、煅烧产品质量比较稳定、产品纯度高等优点，在耐火材料及水泥生产中被广泛应用。

回转窑实质上是一种加热设备，物料从冷料到成品是经过在预热器中的预热、回转窑中加热及在冷却器的冷却等过程完成的，其中在回转窑中热废气对原料的加热过程是最关键的一步。影响窑体内的热交换的主要因素除了原料组成变化外，主要还有供热量、原料石灰量、窑体内物料的运动状态等。回转窑过程检测及控制系统如图 19-1 所示。

#### 19.2.2.1　回转窑燃料的合理燃烧控制

燃料的合理燃烧是指为将原料加热成产品需要的加热燃料（这里以气体燃料为例），以合理的空燃比燃烧，达到热效率高、污染小的燃烧过程。从图 19-2 燃烧特性图可见，空气过剩系数 $\alpha$ 在 1.0 ~ 1.1 热效率最高污染也最小。回转窑是耗能大户，如何实现合理燃烧是回转窑的测控系统的重点。如图 19-1 所示煤气是与一次风和二次风分两次混合燃烧的，其中煤气流量（经温压补偿）与一次风流量（经温压补偿）采用比值调节，但这里的空气量是合理燃烧所需全部空气量的约 15%；而二次风是靠冷却风量的随动（设定值为 $F_{总燃空} - F_2$）调节实现的。一次风的作用是保证烧嘴燃烧喷出的火焰稳定且有一定长度和直径；二次风的作用是确保一次燃烧后剩余煤气的合理燃烧。此系统适用于需热量稳定的场合。

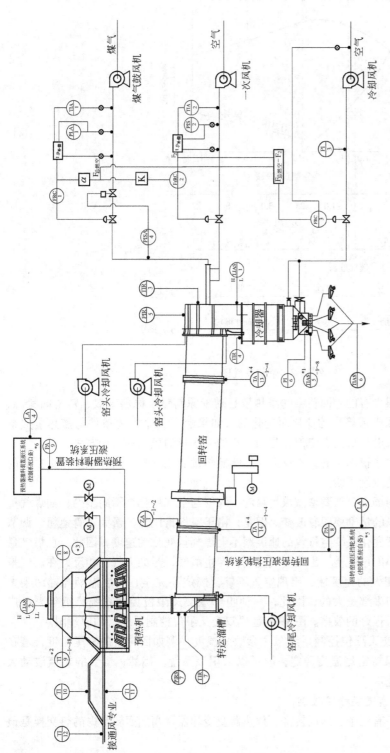

**图 19-1　回转窑过程检测及控制系统图**

F 总空气——指入窑煤气 F1 全部合理燃烧所需的总空气量（即 F2＋F3），其中：F2 为一次风约占总空气量的15%左右，用于产生足够长度及稳定的火焰；F3 为二次风约占总空气量的85%左右，用于全部燃烧余下的煤气，且达到合理燃烧的结果；*1——指含气器下有4个出料格，每格测2点温度，共8个测温点；*2——指预热器下有18个换热单元（也称下料格），每个换热单元上边有一个出风口，每个出风口测一点温度，共18个温点；*3——指总入风口位置用回转窑预热器的温度（入18个换热单元前）；*4——指轴承温度设4点；*5——控制系统自备是指回转窑的下移控制，为防止回转窑因有斜度而产生的下移，该系统将其位置用液压缸推其其挡轮，使其在上下50mm范围内反复移动，移动上下超出范围及油箱液位、油压高时，在中央控制室有报警；*6——控制系统自备是指回转窑预热器的18个下料格推杆推料的控制系统，18个下料推杆可以按2、4、6、8、10、12、14、16、18及1、3、5、7、9、11、13、15、17的顺序推料，也可以按对面下料格一对一推，手动时也可以一个一个下料推进行，且推料的速度及深度可调，而油压及液位报警在中央控制室进行

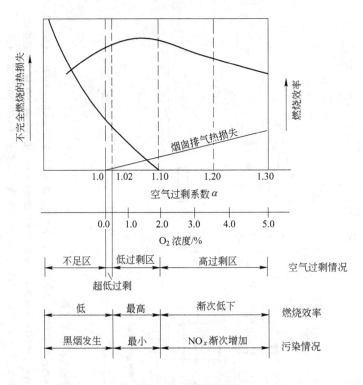

图 19-2　燃烧特性图

　　需热量稳定的场合是很少有的。回转窑的需热量是随着原料量、原料组成、转窑的状态、环境的状态（如：气温、风雨雪等）的变化而变化的，如果建立一个上述条件与需热量关系的前馈数学模型，进而求取燃料量的设定值，是回转窑的供热量的控制的最佳方法。

　　但是，前馈模型的建立是很困难的，不仅因为影响需热量变化的外部条件太多，更主要的是很多参数目前尚无可靠的测量手段。

　　另外，在负载不稳定的场合，需要增减煤气量时，煤气与空气变化是不同步的，如煤气量一旦改变，一次风和二次风的量都要跟着改变。但是，由于空气量比煤气量大、管道粗、调节阀口径大，空气调节阀开度变化改变空气量的速度跟不上煤气量变化的速度，因此，在煤气量向小方向变化时，空气变小的速度慢，出现空气过剩，产生酸气，污染大气；相反，在煤气量向大的方向变化时，空气变大的速度慢，出现空气不够，燃烧不完全，产生黑烟同样污染大气。且无论哪种情况，热损失都是大的，因此，一种叫"双交叉限位控制系统"近年来已广泛在各种窑炉中采用，取得很好的效果。图 19-3 是"双交叉限位控制系统"的原理图。

　　如图 19-3 所示的"双交叉限位控制系统"主参数是温度，例如回转窑的窑尾温度，若在负荷或外界条件变化时，保持窑尾温度稳定，就可以采用该系统。当然，煤气的热值波动大时，系统也应采取补偿措施。

### 19.2.2.2　回转窑内热交换稳定控制

　　回转窑系统热交换设备有三个，即回转窑、预热器及冷却器，当然回转窑内的热交换是最重要的。

　　回转窑内的热交换好坏直接关系产品质量和产量，这里煤气燃烧产生的高温烟气从窑尾流向窑头，与从窑头靠转动的倾斜窑体流下的物料逆向接触，以辐射、对流、传导等方式进行热

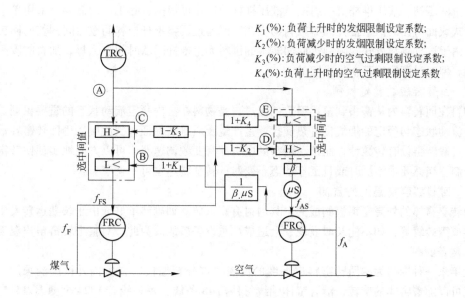

$K_1(\%)$: 负荷上升时的发烟限制设定系数;
$K_2(\%)$: 负荷减少时的发烟限制设定系数;
$K_3(\%)$: 负荷减少时的空气过剩限制设定系数;
$K_4(\%)$: 负荷上升时的空气过剩限制设定系数

图 19-3  双交叉限位燃烧控制系统（防黑烟和空气过剩系统）

交换，使原料被加热烧成为产品。以活性石灰回转窑为例，50mm 左右的原料石灰在预热器预热，从窑头流下，被加热使其高温热分解，生成活性石灰及 $CO_2$ 气体，石灰分解得越完全、分解速度越均匀，不过烧也不欠烧，生成的活性石灰活性越好。因此，如何控制窑体内的热交换状态，就是生产高产、高质活性石灰的关键。

A  回转窑供热量的稳定控制

回转窑的热源是靠煤气燃烧产生的高温热废气提供的，高温热废气的量和温度稳定了，回转窑的供热量就稳定了。一般来说当煤气量稳定时，控制煤气量和空气量合理的空燃比，回转窑的供热量就稳定了。该控制是由图 19-1 中的 FRC-1/FrRC-2/FRC-3 实现的。

实际上，由于燃料燃烧受煤气的组成、空气的湿度、环境及设备状态等多种因素影响，供热量会有些变化的，为此，应该测量转窑烟气入口温度。用温度实现反馈控制，即如果烟气温度变化，改变煤气设定值，空气的流量设定值也随着改变，使窑烟气入口温度保持恒定值。

但由于窑内烟气灰尘多，安装环境恶劣，温度测量不准，用温度实现反馈控制的尚少。

目前，国内外有多家仪表厂生产的温度计可以满足这种要求。例如：一种专用在窑炉上的"在线式红外测温仪"，它适用于测量局部被遮挡的目标，在周围有灰尘、烟雾及水蒸气遮挡时也不影响测量，只要能捕到 5% 的能量，就能达到 100% 的测量效果。为了保护仪表，防止灰尘、水汽的腐蚀，仪表厂还备有专用"保护套"，在"保护套"内配有"空气吹扫器""水冷却套"等配套部件，确保温度计正常运行。

B  回转窑烟气流量稳定控制

如何保证稳定量的高温热烟气在窑内稳定通过并全部与物料实现热交换，是靠控制回转窑的窑头和窑尾的压差为稳定值来保证的。因炉尾压力基本在"0"压，我们采用改变除尘风机的转速来控制窑尾压力恒定，即基本上保证了窑头和窑尾的压差恒定，从而实现通过窑的高温热烟气量的保持基本恒定值。

C  回转窑原料流量稳定控制

原料生石灰进入回转窑的量控制稳定，是靠预热器的液压推料装置控制的。预热器液压推料装置由液压站、液压推杆机构组成。液压推杆的动作可根据实际生产的需要，采用单个轮流推料方式或面对面的两个推杆同时推料的方式，或通过调整推杆推料间歇时间调整向回转窑的供料。由于这种供料方式的限制，向回转窑的供料无论推杆间歇时间多么短，加料的瞬间值是波动的，但通过溜槽后基本是稳定的。

D　回转窑转数稳定控制

物料在回转窑内从窑头到窑尾稳定的流过，是物料在窑内稳定流动状态的重要保证。稳定的物料流动状态与稳定的烟气良好热交换，是产量及质量的保证，因此应采用回转窑转数稳定控制。一般转窑设有转数计，而带动转窑的电机配有变频调速器，可以方便地实现回转窑转数闭环控制。当然要求不严时或日工作状态不变时，转窑转速也可不调节。

E　回转窑窑皮温度的监测

回转窑窑体的外壳是钢板制成的，其内衬有耐火砖。如砌砖不好或由于长期运转发生耐火砖脱落或露砖缝等，如不能及时发现，会造成严重设备事故。为此，对整个转窑窑皮温度的测量是非常必要的。

近年来一种专门为测回转窑窑皮温度的仪表"红外扫描仪"在国内外被广泛采用，这种扫描仪可以随着窑体的旋转，沿着窑体轴线每秒扫 48 条线，每条线有 1024 个测温点，它的分辨率是一块砖的热点。根据这些测量值以热成像和实时温度曲线的形式，显示整个窑体表面的实际状况，从而能及时发现窑体内衬砖的破损情况，实现了预知性点检，确保窑体衬砖破损的及时发现和维修。

F　回转窑控制系统的选择

回转窑控制系统的选择应与全厂控制系统的选择统一考虑，因为耐火厂测控点数较少，可选适当规模的 DCS 或 PLC 系统。

# 20 冶金石灰生产的环境保护

## 20.1 概述

### 20.1.1 冶金石灰生产系统的主要污染

在冶金石灰生产过程中，按污染源划分基本上污染源可分为生产性粉尘排放源、炉窑尾气排放源、噪声排放源、废水排放源及固体废弃物排放源等，其中以生产性粉尘排放源、炉窑尾气排放源及噪声排放源为主要污染排放源，废水排放源及固体废弃物排放源则次之。

#### 20.1.1.1 生产性粉尘排放源

在冶金石灰生产过程中生产系统排放出的粉尘主要可为两部分，其一为生产中的原料及产品粉尘，如石灰石粉尘、石灰粉尘；其二为生产中使用的燃料粉尘，如煤粉尘、焦炭粉尘等。

按照冶金石灰生产工艺过程，在未采取控制措施前，生产性粉尘一般为无组织的面源排放。生产性粉尘排尘量较大的工序及设备如下所述。

A 石灰石原料的运输、运送及给料

在生产过程中，石灰石原料的运输形式主要有汽车运输、带式输送机运输、提升机运输及振动给料机给料等，其中厂外原料运入一般采用汽车运输；厂内物料的运输、运送及给料则主要采用带式输送机运输、提升机运输及给料机给料等方式。在原料的运输、运送及给料过程中原料中的细小颗粒随运输操作逸散至大气中，其逸散量取决于物料落差、机械设备振幅和行程以及风速等因素。

B 原料及成品的筛分

在筛分过程中，细小的石灰石原料或石灰成品颗粒不断逸散至空气中，从而形成粉尘污染源。常用的筛分设备主要为振动筛及滚筒筛，小型企业也有用简易的固定筛。

C 成品的破碎

在破碎工序中，随着破碎机械的运行，同时石灰粉尘也不可避免地不断飞扬至环境大气中。生产性粉尘的排放源主要集中在破粉碎机械设备上，常用的破碎设备主要有环锤破碎机、可逆锤式破碎机等。

D 原料的预热及成品的冷却

石灰石原料的预热一般利用窑内烟气的余热，在烟气与石灰石原料接触过程中，细小的石灰石颗粒被烟气携带并逸散至空气中，从而形成粉尘污染源；石灰成品的冷却一般采用冷风机风冷，同样细小石灰颗粒被气流携带并逸散至空气中，从而形成粉尘污染源。

E 其他

除上述各工序及设备外，炉窑的出料、产品的加工成型、固体燃料(如煤、焦炭等)的贮存运送等环节也向大气排放相应的生产性粉尘，排放粉尘连续性与否和组织生产状态及操作制度有关。

#### 20.1.1.2 炉窑尾气排放源

在生产过程中，炉窑为石灰焙烧设备，最常用的石灰焙烧炉窑有各类竖窑、回转窑等，其烟囱尾气中的污染物主要为燃料燃烧后的烟尘及有害气体产物如二氧化硫、氮氧化物、一氧化碳等,其中烟尘是由燃料燃烧后的飞灰和被煅烧物料细粉组成,各类炉窑燃料燃烧形成的废气,均经烟囱排至大气,烟尘也随废气一起逸散至大气中,从而形成污染源。二氧化硫、氮氧化物、一氧化碳等则主要是燃料中含碳、含氮、含硫物质燃烧后形成的氧化物。

此外上述污染物也可能由于炉窑不严密造成泄漏,从而形成污染源。

经炉窑烟囱排放的尾气一般为有组织有规律的点源排放;而炉窑不严密造成泄漏一般为无组织无规律的面源排放。

### 20.1.1.3　噪声排放源

石灰生产系统产生的噪声主要是机械的撞击、摩擦、转动等所引起的机械性噪声以及由于气流的起伏运动或气动力引起的空气动力性噪声,主要噪声源有破碎机、粉碎机、振动筛、通风机、皮带输送机、螺旋输送机、给料器、提升机、空压机、鼓风机及各种泵类等,此外运输车辆也产生较大的噪声。

### 20.1.1.4　废水及固体废弃物排放源

石灰生产系统排放的废水主要有:各设备的冷却循环水排水、车间地坪的冲洗废水及生活污水等。生产中排放的废水主要含有悬浮性物质,此外由于使用煤气、液化石油气、燃料油等燃料,以及机械设备的润滑系统,使废水中可能含有少量的油类等污染物;而生活污水主要含有 $COD_{cr}$、$BOD_5$、氨氮、悬浮物等污染物。

固体废弃物排放源主要有除尘器、原料筛分设备及炉窑设施等。

产生的固体废弃物有粉尘、原料废料及炉窑不成熟料等,此外尚有炉窑固体燃料燃烧后产生的灰渣。

生产中由原料产生的废料一般无毒,无放射性,其含有较高的氧化物如 $CaO$、$MgO$、$SiO_2$ 和 $Al_2O_3$ 等无机物质;粉尘及炉窑不成熟料一般主要含有 $CaO$、$MgO$ 等无机物质;灰渣无毒,无放射性,一般含有酸性氧化物如 $SiO_2$ 和 $Al_2O_3$ 等无机物质,此外尚有一定量的 $Fe_2O_3$ 等。

## 20.1.2　冶金石灰生产系统的主要污染控制与治理措施

### 20.1.2.1　生产性粉尘的污染控制及其治理

在石灰生产中,生产性粉尘的控制及治理基本可分为两种途径,其一为大力推广清洁生产技术,从生产的源头削减污染;其二为采用先进的污染治理工艺技术,对已造成或产生的污染进行控制和处理,达到保护环境的目的。

生产性粉尘排放限值如表 20-1 所示。

**表 20-1　生产性粉尘排放限值**（摘自 GB 16297—1996）

| 污染源 | 最高允许排放浓度 /mg·m⁻³ | 最高允许排放浓度/kg·h⁻¹ | | | 无组织排放监控浓度限值 | |
|---|---|---|---|---|---|---|
| | | 排气筒/m | 一级 | 二级 | 三级 | 监控点 | 浓度/mg·m⁻³ |
| 现有（1997年1月1日前设立的污染源） | 150 | 15 | 2.1 | 4.1 | 5.9 | 无组织排放源上风向设参照点,下风向设监控点 | 5.0（监控点与参照点浓度差值） |
| | | 20 | 3.5 | 6.9 | 10 | | |
| | | 30 | 14 | 27 | 40 | | |
| | | 40 | 24 | 46 | 69 | | |
| | | 50 | 36 | 70 | 110 | | |
| | | 60 | 51 | 100 | 150 | | |
| 新建（1997年1月1日起立项的污染源） | 120 | 15 | | 3.5 | 5.0 | 周界外浓度最高点 | 1.0 |
| | | 20 | | 5.9 | 8.5 | | |
| | | 30 | | 23 | 34 | | |
| | | 40 | | 39 | 59 | | |
| | | 50 | | 60 | 94 | | |
| | | 60 | | 85 | 130 | | |

A　清洁生产技术

近年来，冶金石灰生产技术不断进步，生产规模在向大型化、集约化发展，生产工艺在向机械化、自动化发展，规模小、落后的生产工艺及分散的冶金石灰生产格局逐渐被淘汰，为采用先进的环保措施奠定了基础，无污染、低污染工艺已得到了迅速的发展。目前，高度机械化、电气化、自动化的设备及生产系统正广泛应用于冶金石灰生产企业中，在冶金石灰生产污染控制及保护环境领域中起着不可替代的作用。

在冶金石灰生产中，采用降低物料落差、减小机械设备操作摆幅和行程，可有效地防止破粉碎、筛分、装卸、贮运等生产工序中的粉尘外逸。生产过程的机械化、自动化，可有效避免手工操作造成的污染，如物料的运输采用运行平衡的带式运输机，避免物料的大幅振动和落差造成的粉尘外逸。

在冶金石灰生产中最常用的清洁生产措施为抑尘措施，目前在生产中广泛应用的抑尘技术主要有密闭尘源、封闭抑尘技术，该技术在原料的筛分、运输、成品的破碎及运输等工序都有应用。

封闭抑尘技术一般来说是将产生粉尘的作业场所或设备置于相对封闭的建筑物或装置内，使生产过程中产生的粉尘限制在建筑物或装置内，以达到向大气环境不排或少排粉尘的目的。实践中常采用的措施主要有：封闭厂房、封闭运输通廊、封闭料仓、在产尘设备上配设防尘罩等，使生产过程封闭化、管道化，其抑尘效果非常明显。如原料石灰石的运输在封闭的运输通廊内运送；给料设备、破碎设备、筛分设备等均置于封闭的厂房内；煤粉贮存于封闭的煤粉仓中，其运送则采用管道运输。

除此以外，洒水抑尘也是一种经济实用、简便易行、效果明显的粉尘控制措施，在生产和工艺条件许可的情况下应首先考虑采用。在原料石灰石的运输、筛分、给料，石灰产品的运输、破碎、筛分，以及煤等固体燃料的破碎、研磨、筛分、装卸、转运过程中往物料喷雾加水，可以减少粉尘的产生和飞扬；在作业场所及积尘区域设置相应的洒水抑尘装置，不但可有效地控制粉尘的飞扬，而且还可以防止二次扬尘污染，并且对改善操作岗位环境卫生状况也极为有益。

B　污染治理与控制

在石灰生产中，粉尘的产生几乎伴随着整个生产的全过程，除搞好清洁生产及防尘工作外，对产生的粉尘采取强制通风除尘措施是石灰生产企业最重要的污染治理手段。

通风除尘就是用通风的方法，将尘源处产生的含尘气体抽出，经除尘器过滤、分离、净化，净化后排入大气，达到净化空气的目的。

近年来，通风除尘设备不断更新，装备水平不断提高，已生产出多种高效除尘器，大量应用于石灰生产中。

在石灰生产系统中，应用最为广泛的除尘器主要有袋式除尘器、电除尘器、水浴除尘器等，此外旋风除尘器、重力沉降室也有少量应用，其主要技术性能及参数如表20-2所示。

C　绿化对冶金石灰粉尘的抑制作用

绿化是控制冶金石灰粉尘污染不可缺少的一个重要组成部分。绿色植物不仅能美化厂容、吸收二氧化碳制造氧气，而且具有吸收有害气体、吸附尘粒、杀菌、改善小气候、避震、防噪声和监测空气污染等许多方面的长期和综合效果，这是任何其他措施所不能代替的。因此，大力开展植树、种草对控制冶金石灰粉尘污染有着十分重要的意义。

**表 20-2  常用的除尘器主要技术性能及特点**

| 除尘器名称 | 性能及特点 | | | | |
| --- | --- | --- | --- | --- | --- |
| | 粉尘粒径 /μm | 气体含尘浓度 /g·m⁻³ | 阻力/Pa | 除尘效率/% | 特　点 |
| 袋式除尘器 | 0.5～1 | 5～50 | 800～1500 | 95～99.5 | 技术成熟，使用广泛，主要用于精净化。除尘效率高，可达标排放。大型设备结构较复杂，滤料及动力消耗较大，是石灰生产系统使用最为广泛的除尘器 |
| 电除尘器 | 0.5～1 | <40 | 100～300 | 90～99 | 技术比较成熟，使用比较广泛，主要用于精净化，除尘效率高，可达标排放，动力消耗小，结构复杂，投资较高 |
| 水浴除尘器 | 1～10 | <20 | 600～1200 | 80～95 | 技术比较成熟，使用比较广泛，主要用于中净化。结构简单，除尘效率较高，可达标排放，投资较小，但须对泥浆进行处理 |
| 旋风除尘器 | 5～15 | <100 | 500～1500 | 80～95 | 技术比较成熟，运行可靠，使用比较广泛，主要用于中净化。结构简单，制作方便，占地少，除尘效率不高，单独使用时难以达标排放，投资较小。一般多作为多级除尘的一级除尘 |
| 重力沉降室 | >50 | 不限 | 50～150 | 40～60 | 技术比较成熟，运行可靠，阻力小，目前使用已不多，主要用于初步净化。结构简单，制作方便，占地多，除尘效率较低，单独使用时难以达标排放，投资较小。一般多作为多级除尘的一级除尘 |

　　绿化植物都有滞尘的作用，其滞尘量的大小与树种、林带、草皮面积、种植情况以及气象条件有密切关系。绿化植物当蒙尘量达到饱和状态后就不再起作用了，只有经过雨水冲洗后，才能恢复其吸尘能力。当树叶的蒙尘量达到一定量后，不仅影响它对有害气体的吸收，而且影响其光合作用，致使树木生长缓慢。绿化植物的叶上滞留大量石灰等有害尘粒，会造成绿化植物枯萎，因此，当植物的叶上蒙尘量达到一定程度后，则应用水冲洗，以保证其正常生长和滞尘能力。

　　a  树木、绿地的吸尘量

　　(1) 树木的吸尘量　树木蒙尘的方式有停着、附着和黏着三种。叶片光滑，则减尘多为停着；叶面粗糙，有绒毛，则多为附着；叶或枝干分泌树脂、黏液等，则为黏着。

　　根据北京测定：苹果的蒙尘量为 5～8g/m³（树冠体积），核桃为 17g/m³，桧柏为 20g/m³，洋槐为 9.05g/m³。核桃蒙尘量大，主要是叶片有毛，树皮粗糙，郁蔽度大；桧柏蒙尘量大的主要原因是叶片细窄、总面积大，并有树脂黏着尘。

　　根据南京植物所的调查与测定，各种树木叶片单位面积上的滞尘量（水泥粉尘）如表20-3所示。

表 20-3　各种树木叶片单位面积上的滞尘量　（g/m²）

| 树　种 | 滞尘量 | 树　种 | 滞尘量 | 树　种 | 滞尘量 |
|---|---|---|---|---|---|
| 刺楸 | 14.53 | 楝　树 | 5.89 | 泡桐 | 3.53 |
| 榆　树 | 12.27 | 臭　椿 | 5.88 | 五角枫 | 3.45 |
| 朴树 | 9.37 | 构　树 | 5.87 | 乌柏 | 3.39 |
| 木　槿 | 8.13 | 三角枫 | 5.52 | 樱　花 | 2.75 |
| 广玉兰 | 7.10 | 桑　树 | 5.39 | 腊梅 | 2.42 |
| 重阳木 | 6.81 | 夹竹桃 | 5.28 | 加拿大白杨 | 2.06 |
| 女　贞 | 6.63 | 丝棉木 | 4.77 | 黄金树 | 2.05 |
| 大叶黄杨 | 6.63 | 紫　薇 | 4.42 | 桂　花 | 2.02 |
| 刺槐 | 6.37 | 悬铃木 | 3.73 | 栀　子 | 1.47 |

　　绿化树木减尘的效果是非常明显的，绿化树木地带比非绿化的空旷地飘尘量要低得多。根据北京测定，绿化树木地带对飘尘的减尘率为21%～39%；而南京测得的结果为37%～60%。

　　（2）草皮的减尘作用　生长茂盛的草，其叶面积为其占地面积的20倍以上，同时，其根茎与土表紧密结合，形成地被，有风时也不易出现二次扬尘，对减尘有特殊的功能。因此在冶金石灰企业厂内空地种植草皮对减轻粉尘污染作用明显。

　　据北京测定：在微风情况下，有草皮处大气中颗粒物浓度为 0.20mg/m³ 左右；在有 4～5 级风时，裸露地面处的颗粒物浓度可高达 9g/m³。

　　b　防尘树种的选择

　　总叶面积大、叶面粗糙多绒毛、能分泌黏性油脂或汁浆的树种都是比较好的防尘树种，如：核桃、毛白杨、构树、板栗、臭椿、侧柏、华山松、刺楸、朴树、重阳木、刺槐、悬铃木、女贞、泡桐等。

### 20.1.2.2　炉窑尾气的污染控制及其治理

　　在石灰生产中，炉窑尾气的污染控制及治理基本可分为两种途径，其一从燃料本身着手，采用清洁燃料及低污染生产制度，从源头削减污染；其二采取污染治理技术，对炉窑尾气产生的污染进行控制和处理。

　　炉窑烟尘的排放限值如表 20-4 所示。

表 20-4　炉窑烟尘的排放限值（摘自 GB 9078—1996）

| 炉窑类别 | 标准级别 | 排放限值 | | 备　注 |
|---|---|---|---|---|
| | | 烟（粉）尘浓度/mg·m⁻³ | 烟气黑度（林格曼级） | |
| 非金属熔（煅）烧炉窑 | 一 | 100 | 1 | 1997 年 1 月 1 日前安装 |
| | 二 | 300 | 1 | |
| | 三 | 400 | 2 | |
| | 一 | 禁排 | | 1997 年 1 月 1 日后安装 |
| | 二 | 200 | 1 | |
| | 三 | 300 | 2 | |
| 炉窑无组织排烟（粉）尘最高允许浓度 | | 5 | | |

炉窑二氧化硫的排放限值如表 20-5 所示。

**表 20-5　炉窑二氧化硫的排放限值**（摘自 GB 9078—1996）

| 有害污染物 | 标准级别 | 排放浓度/mg·m⁻³ | |
|---|---|---|---|
| | | 1997 年 1 月 1 日前安装 | 1997 年 1 月 1 日后安装 |
| 二氧化硫（燃煤燃油炉窑） | 一 | 1200 | 禁排 |
| | 二 | 1430 | 850 |
| | 三 | 1800 | 1200 |

炉窑氮氧化物的排放限值如表 20-6 所示。

**表 20-6　炉窑氮氧化物的排放限值**（摘自 GB 16297—1996）

| 污染源 | 最高允许排放浓度 /mg·m⁻³ | 最高允许排放浓度/kg·h⁻¹ | | | | 无组织排放监控浓度限值 | |
|---|---|---|---|---|---|---|---|
| | | 排气筒/m | 一级 | 二级 | 三级 | 监控点 | 浓度/mg·m⁻³ |
| 现有（1997 年 1 月 1 日前设立的污染源） | 420 | 15 | 0.47 | 0.91 | 1.4 | 无组织排放源上风向设参照点,下风向设监控点 | 0.15(监控点与参照点浓度差值) |
| | | 20 | 0.77 | 1.5 | 2.3 | | |
| | | 30 | 2.6 | 5.1 | 7.7 | | |
| | | 40 | 4.6 | 8.9 | 14 | | |
| | | 50 | 7.0 | 14 | 21 | | |
| | | 60 | 9.9 | 19 | 29 | | |
| | | 70 | 14 | 27 | 41 | | |
| | | 80 | 19 | 37 | 56 | | |
| | | 90 | 24 | 47 | 72 | | |
| | | 100 | 31 | 61 | 92 | | |
| 新建（1997 年 1 月 1 日起设立项的污染源） | 240 | 15 | | 0.77 | 1.2 | 周界外浓度最高点 | 0.12 |
| | | 20 | | 1.3 | 2.0 | | |
| | | 30 | | 4.4 | 6.6 | | |
| | | 40 | | 7.5 | 11 | | |
| | | 50 | | 12 | 18 | | |
| | | 60 | | 16 | 25 | | |
| | | 70 | | 23 | 35 | | |
| | | 80 | | 31 | 47 | | |
| | | 90 | | 40 | 61 | | |
| | | 100 | | 52 | 78 | | |

**A　清洁生产措施**

清洁生产措施分为采用清洁燃料及采用清洁生产工艺技术两种途径。

在石灰生产中，炉窑（竖窑、回转窑等）燃用清洁的燃料是比较彻底的减污治污手段之一，尤其是对减少炉窑尾气中烟尘、二氧化硫的排放作用明显，对氮氧化物的减排也有一定作用。在各类热工炉窑燃料中，天然气、液化石油气及净化煤气等污染相对较小，而煤炭、焦炭、燃料油等污染相对较大。

清洁燃料是指杂质（主要指含有的硫、氮等元素）含量低、热值高的燃料。资料表明，清洁燃料不但热效率高，并且其燃烧后烟气所含的烟尘及二氧化硫浓度也较低，如果不经控制，燃气炉窑烟气所含的烟尘浓度一般为 300mg/m³ 左右，燃油炉窑烟气所含的烟尘浓度一般为 450mg/m³ 左右，而燃煤炉窑烟气所含的烟尘浓度一般超过 2000mg/m³。因此，目前许多石灰热工炉窑已逐渐由净化煤气、液化石油气甚至天然气代替传统的煤炭、焦炭、燃料油等燃料，环境状况大为改善。为了减少二氧化硫的排放，可采用含硫较低的燃料取代含硫较高的燃料，控制入炉窑硫的总量，从而减少烟气中二氧化硫的生成量。

采用先进的热工炉窑设备及燃烧工艺制度也是控制石灰炉窑尾气污染的有效途径。先进的工艺设备机械化、自动化水平高，燃料的燃烧效率高，产尘量少，设备的气密性好，烟尘污染相对较轻，并且，先进的炉窑也具备装备先进环保设施的条件，以满足有关的环保要求。例如，目前石灰的生产已大量采用机械化竖窑、回转窑等先进炉窑，避免了传统落后的人工竖窑产生的大量烟粉尘污染，使环境状况从根本上得到了改善。

先进合理的炉窑燃烧工艺制度最显著的作用是对氮氧化物及一氧化碳的控制。

由于氮氧化物的生成与燃烧有关，因而治理氮氧化物的主要途径即是优化炉窑的燃料燃烧制度，采用烟道气回流、降低燃烧的预热温度、二段燃烧、注入蒸汽或水等措施，保持适宜的火焰形状和温度，控制过剩空气量，确保原料量和燃料量均匀稳定，采用低氮燃料等。

常用的炉窑尾气氮氧化物控制方法如表 20-7 所示。

表 20-7　常用的炉窑尾气氮氧化物控制方法及效果

| 序　号 | 氮氧化物控制方法 | 典型燃料的氮氧化物减排率/% | | |
| --- | --- | --- | --- | --- |
| | | 天然气 | 燃料油 | 煤 |
| 1 | 烟道气回流 | 60 | 20 | 效果差 |
| 2 | 降低燃烧的预热温度 | 50 | 40 | — |
| 3 | 注入蒸汽或水 | 60 | 40 | — |
| 4 | 二段燃烧 | 50 | 40 | 40 |
| 5 | 降低空气比 | 20 | 20 | 20 |
| 6 | 分级燃烧、降低空气比 | 50 | 35 | 40 |
| 7 | 低氮燃料 | 效果差 | 40 | 20 |

烟气中一氧化碳的生成量也与燃烧有关，控制一氧化碳的排放主要采取优化燃料燃烧制度、供给充分的空气、使燃料充分燃烧等手段。

B　污染治理与控制

设置除尘器是炉窑尾气最常用的治理烟尘的重要措施之一。

目前应用于石灰炉窑的除尘器最主要的类型为袋式除尘器，按清灰方式多采用反吹风、机械振打、脉冲等多种。此外电除尘器也有应用。

燃料中含有的硫在石灰炉窑燃烧过程中一般可被其中的石灰吸收一部分，有利于减少炉窑尾气中的二氧化硫，如燃料含硫较高，导致炉窑烟囱出口二氧化硫浓度仍较高时，可采取烟气专门脱硫措施（如干湿一体化除尘脱硫系统、石灰-石膏法脱硫系统、双碱法脱硫系统等）；对炉窑尾气必要时可采取烟气脱氮措施（如催化还原法、液体吸收法、固体吸附法等），也可大幅度降低二氧化硫及氮氧化物的排放。

此外，根据《大气污染物综合排放标准》（GB 16297—1996）的要求，可适当提高炉窑烟囱的高度，使烟气与大气充分混合并得到扩散与稀释，以满足有关排放标准，也是切实可行的环保措施之一。

20.1.2.3　噪声的污染控制及其治理

石灰生产系统的噪声源相对较多,噪声源种类及分布多样,形成噪声的因素各不相同,噪声污染有些是多因素协同作用的结果,因此,在生产实践中,一般采用综合的控制及治理措施。厂界噪声标准限值如表20-8所示。

**表 20-8　厂界噪声标准限值**（摘自 GB 12348—2008）

| 类　别 | 等效声级 $L_{eq}$[dB(A)] | | 类　别 | 等效声级 $L_{eq}$[dB(A)] | |
| --- | --- | --- | --- | --- | --- |
| | 昼　间 | 夜　间 | | 昼　间 | 夜　间 |
| I | 55 | 45 | III | 65 | 55 |
| II | 60 | 50 | IV | 70 | 55 |

在石灰生产系统中采取的主要控制及治理措施一般有如下几种。

**A　声源治理**

对噪声源进行处理是最基本的噪声控制手段,它包括选择低噪声的生产工艺、选择低噪声的设备、低噪声的生产操作制度等,其实质也就是清洁生产措施。生产实践中常采用以下措施:

(1) 在石灰生产中尽可能采用合格粒度的原料,避免破碎时产生的噪声;

(2) 在工艺中尽可能选用小功率低噪声的设备,缩短部件及物料间的运动距离、减轻碰撞,尽可能缩短物料落差;

(3) 转动的设备尽量做到平稳运行,或采取添加防振填充物等措施;

(4) 降低管道中介质的流动速度,适当扩大管道的横截面积;

(5) 空压机吸入口、蒸汽管道放散口等处装设消声器,通风机、鼓风机、引风机等设置相应的消声装置;

(6) 材料运输过程中避免物件冲击碰撞,使用软橡胶承受冲击,调整输送速度,以皮带取代滚筒。

**B　隔声及吸声措施**

隔声及吸声是在噪声的传播途径上采取措施,也是生产中采用的比较普遍的噪声治理措施,其方法主要有:

(1) 将破碎机、粉碎机、筛分设备、空压机、通风机及各种泵类等噪声较大的设备置于室内隔声,小型设备可设置隔声罩,在噪声设备集中的区域可设置隔声墙或隔声屏障,以防止噪声的扩散和传播;

(2) 对有较高噪声的设备加设隔声罩;

(3) 在建筑设计中采用隔声、吸声材料制作门窗、砌体等,降低噪声的影响。

**C　减振与隔振**

机械设备产生的噪声不仅能以空气为媒介向外传播,还能直接激发固体构件振动以弹性波的形式在基础、地板、墙壁、管道中传播,在产生及传播振动的同时向外辐射噪声。为了减轻振动并防止振动产生的噪声污染,可采取相应的减振及隔振措施进行控制:

(1) 破碎机、粉碎机等产生较强振动的设备可设单独基础,与楼板或地面隔开;

(2) 破碎机、粉碎机、通风机等采取加设木垫块等措施进行相应的减振处理;

(3) 振动较大的设备与管道等连接可采用柔性连接方式;

(4) 在工艺中应衰减噪声源的振动、阻隔振动源、使用阻尼物质、加装减振设备和减小共振面积。

**D　其他措施**

卸料溜槽加装相应的橡胶衬垫等缓冲装置。

在总图布置时考虑地形、声源方向性和车间噪声强弱、绿化等因素，进行合理布局，以起到降低噪声影响的作用。

#### 20. 1. 2. 4 废水的污染控制及其治理

石灰生产系统的生产废水一般可分为两类，一类是用于设备、工艺过程不与物料接触的用水和用汽形成的废水，一般称为生产净废水，如间接冷却水、加热蒸汽冷凝水等；另一类是在工艺过程中与各类物料接触的工艺用水和用汽形成的废水，这一类废水由于直接与物料接触，受到不同程度的污染，一般称为生产污水。

生产净废水用后一般只是水温有所升高，其内的污染物含量较低，冷却后应考虑回收使用。这部分生产净废水水质尚好，符合有关排放标准，也可直接外排。

生产污水按接触物质不同，可分为接触粉尘废水及含油污水。接触粉尘废水主要有冲洗废水、除尘洗涤水、冲灰渣废水等，这种废水主要是含有较高浓度的固体悬浮物如石灰等，这也是石灰生产系统废水的主要特点。对这种废水的处理一般可对其进行沉淀、中和、分离、澄清等处理除去颗粒物后循环使用，或经处理达标后外排，其水质可符合有关排放标准。

含油污水主要有炉窑燃料系统煤气管道水封排水、燃油系统排出的少量含油废水、放空废水及生产系统产生的少量轴封废液等，其中煤气管道水封排水主要含有油、酚、氰等污染物；其余则主要含有油等污染物。

在石灰生产过程中，产生的含油污水量一般比较少，如石灰生产是依托钢铁企业的企业，一般可将这一少量含油污水输送至钢铁企业中的相关污水处理系统（如焦化厂的污水处理站、钢铁厂的综合废水处理站等）统一处理；如石灰生产是相对独立的生产企业可采用小型污水处理装置进行处理，如经小型污水处理装置处理后仍不能满足有关要求，可采用罐车定期运送至最近的有污水处理能力的工厂或企业进行集中处理。

此外，为了防止污染地下水，各生产车间及工段内部可采取相应的防渗措施，如防渗地坪、防渗水井、防渗水池、防渗地沟、防渗地坑及防渗围堰围堤等。

生活污水量一般较少，主要含有 COD、$BOD_5$、溶解性固体等，来源于厂内的厕所、卫生间等生活设施。

对于生活污水，依托钢铁企业的石灰生产厂可排至钢铁企业的生活污水处理系统集中处理，达标后排放；相对独立的石灰生产企业一般可采用常规生活污水处理方法进行处理。如污水量较小，还可以采用小型埋地式生活污水处理设备进行处理。

## 20. 2 粉尘治理

耐火材料各类制品车间原料不同，产生粉尘中游离二氧化硅（$SiO_2$）的含量也不同。石灰石、白云石、石灰等粉尘为含游离二氧化硅（$SiO_2$）10% 以下的生产性粉尘。

为满足国家对各类生产车间空气中可吸入颗粒物卫生标准的要求，控制粉尘污染，对各类耐火材料除尘设计应满足国家对各种材料规定的"大气污染物排放标准"、"工业窑炉烟尘排放标准"等要求，根据粉尘性质按以下原则进行选择除尘设备。

（1）优先采用干式除尘处理各类不同浓度的粉尘。除尘设备优先采用脉冲袋式除尘器或其他类型袋式除尘器，当粉尘浓度很高时，宜采用旋风除尘器与袋式除尘器两级除尘；当粉尘浓度很低采用干式除尘器。回收后粉尘不能返回工艺过程再利用的粉尘（如白云石、石灰石竖窑上料系统），且含尘污水处理又能妥善解决时，方可采用湿式除尘器；非采暖地区小型耐火材料，采用湿式除尘器时，其含尘污水直接排入江河的，必须征得主管部门同意。

（2）冶金石灰、轻烧白云石砂的除尘系统均不得采用湿式除尘器。

（3）耐火材料粉尘比电阻较高，在未采取降低比电阻措施前，不宜选用电除尘器。

（4）各类炉窑排除的高温烟尘净化处理宜优先采用脉冲袋式除尘器，如采用电除尘器应经过经济分析和综合对比确定。高温烟尘的冷却宜采用自然风冷。

### 20.2.1　粉尘性质

#### 20.2.1.1　粉尘成分

石灰石、白云石在加工生产过程中产生粉尘主要有 $CaCO_3$、$MgCO_3$、$CaO$、$MgO$ 等矿物，其中游离 $SiO_2$ 粉尘对人体有很大危害性，容易导致硅肺病的发生。

#### 20.2.1.2　粉尘的密度

粉尘的密度有真密度和体积密度。

粉尘的真密度是指粉尘自身的密度，即将粉尘所含的气体和液体全部排除后，测得的密度。粉尘的真密度对其沉降速度、输送速度、磨琢性及除尘器的除尘效率等均有重要影响。

粉尘的体积密度是指粉尘在自然堆积状态下，即尘粒吸附着气体，尘粒之间的孔隙也含有气体时，单位体积粉尘的质量。粉尘的贮存和运输设备的设计均以粉尘的体积密度为依据。

石灰粉尘的真密度为 $2.59g/cm^3$，体积密度为 $1.0 \sim 1.1g/cm^3$；白云石粉尘的真密度为 $1.86g/cm^3$，体积密度为 $0.9g/cm^3$。

#### 20.2.1.3　粉尘的粒径分布

粉尘的粒径分布是指粉尘中各种粒径的尘粒所占质量或数量的百分数，按质量计的称为质量粒径分布，按颗粒数量计的称为计数粒径分布。在除尘设计中，粉尘的质量粒径分布较为常用。

石灰、白云石在加工生产过程中产生粉尘的质量粒径分布列于表 20-9 中。

**表 20-9　石灰、白云石在生产中产生粉尘的质量粒径分布**

| 粉尘名称 | 质量粒径分布/% | | | | | | 游离 $SiO_2$ 量/% |
| --- | --- | --- | --- | --- | --- | --- | --- |
| | >40μm | 40~30μm | 30~20μm | 20~10μm | 10~5μm | <5μm | |
| 石　灰 | 11.6 | 13.6 | 51.2 | 18.5 | 4.2 | 0.9 | 微　量 |
| 白云石 | 76.9 | 8.8 | 6.3 | 3.4 | 1.5 | 3.1 | 2.81 |

#### 20.2.1.4　粉尘的比电阻

粉尘的比电阻是衡量粉尘导电性的指标。

粉尘的比电阻（$\rho/\Omega \cdot cm$）的定义为：

$$\rho = \frac{VA}{I\delta} \tag{20-1}$$

式中　$V$——施加在粉尘层上的电压，V；

　　　$A$——粉尘层的表面积，$cm^2$；

　　　$I$——通过粉尘层的电流，A；

　　　$\delta$——粉尘层的厚度，cm。

根据粉尘的比电阻的高低，可将粉尘分为 3 类，即低比电阻粉尘，$\rho < 10^4 \Omega \cdot cm$；中等比电阻粉尘，$10^4 \Omega \cdot cm \leqslant \rho \leqslant 5 \times 10^{10} \Omega \cdot cm$；高比电阻粉尘，$\rho > 5 \times 10^{10} \Omega \cdot cm$。

电除尘器最适宜捕集中等比电阻粉尘，对低比电阻粉尘及高比电阻粉尘，如不采取适当措施，电除尘器的效率就会降低。

　　为使电除尘器净化高比电阻粉尘，可对含尘气体进行预处理，以降低其比电阻，一般可采用向含尘气体中喷水、蒸气等措施。

　　由于粉尘比电阻不仅与其本身性质有关，而且与含尘气体的温度、湿度和化学成分有关，因此，在实际操作条件下测定的粉尘比电阻更具有实用意义。

　　石灰、白云石粉尘的比电阻列于表20-10中。

表 20-10　石灰、白云石粉尘的比电阻

| 粉尘名称 | 比电阻/$\Omega \cdot cm$ | | | | | | |
| --- | --- | --- | --- | --- | --- | --- | --- |
| | 烟 气 温 度 | | | | | | |
| | 20℃ | 50℃ | 100℃ | 150℃ | 200℃ | 250℃ | 300℃ |
| 石 灰 | $3.3 \times 10^7 \sim$ $5.7 \times 10^9$ | $1.8 \times 10^9 \sim$ $2.2 \times 10^{11}$ | $6.1 \times 10^{11} \sim$ $1.72 \times 10^{12}$ | $4.04 \times 10^{12} \sim$ $8.6 \times 10^{12}$ | $3.0 \times 10^{11} \sim$ $8.96 \times 10^{12}$ | $1.88 \times 10^{12} \sim$ $4.38 \times 10^{12}$ | $4.10 \times 10^{10} \sim$ $9.91 \times 10^{11}$ |
| 白云石 | $3.15 \times 10^8$ | | | $4 \times 10^{12}$ | | | |

**20.2.1.5　粉尘的黏附性**

　　粉尘具有与尘粒或其他物体表面相互黏附的特性。悬浮尘粒相互接触后会产生凝聚现象，几个小颗粒粉尘吸附后，形成大颗粒粉尘；当尘粒接触到其他物体表面时，由于分子吸引力、尘粒荷电吸引力（静电力）以及尘粒表面存在水分，而产生的液体表面张力和毛细管负压作用形成吸引力，也会产生吸附现象。过滤等烟气净化方法就是利用尘粒的凝聚和吸附特性。

**20.2.1.6　粉尘的吸湿性**

　　粉尘吸收空气中的水分，增加含湿量称为粉尘的吸湿性。石灰等是吸湿性强的粉尘，由于吸湿后其相对湿度增加，黏附性也增强，容易导致除尘器粘灰，造成清灰难。

**20.2.1.7　粉尘的浸润性**

　　粉尘粒子原有固-气界面被固-液界面代替时，形成了液体对粉尘的浸润，造成水对粉尘粒子的浸润，主要是由于粉尘对水分子的吸引力大于水分子之间引力。易被水浸润的粉尘称为亲水性粉尘，反之则称为憎水性粉尘。

**20.2.1.8　粉尘的水硬性**

　　水硬性粉尘吸水后，发生一系列的化学变化，形成不溶于水的硬垢粉尘。

　　石灰、白云石粉尘均属水硬性。石灰石、白云石的主要成分是碳酸钙或碳酸镁，在煅烧过程中析出二氧化碳，成为氧化钙或氧化镁。氧化钙和氧化镁粉尘属于水硬性，因为它们遇水后生成氢氧化钙或氢氧化镁，再遇二氧化碳则生成碳酸钙或碳酸镁，结为硬垢。

　　水硬性粉尘容易使湿式除尘器和排水管路结垢堵塞，因此，对水硬性粉尘，应优先选用干式除尘器净化。

**20.2.1.9　粉尘的安息角**

　　粉尘的安息角有运动安息角与静止安息角之分。

　　粉尘的运动安息角是使粉尘从漏斗状开口徐徐落到水平面上，自然堆积成一个圆锥体，圆锥体母线与水平面的夹角，一般为 35°~55°。

　　粉尘的静止安息角是将粉尘置于光滑的平板上，使该板倾斜到粉尘能沿直线滑下的角度，一般为 40°~55°。

　　除尘设备的灰斗的倾斜角按粉尘静止安息角考虑，一般不应小于 55°，以保证灰斗内的粉尘能够自然卸出。

　　石灰石、石灰、白云石粉尘的安息角列于表20-11中。

表 20-11　石灰石、石灰、白云石粉尘的安息角

| 粉尘名称 | 堆积密度/t·m⁻³ | 安息角/(°) | | 备注 |
| --- | --- | --- | --- | --- |
| | | 运动 | 静止 | |
| 石灰石 | 1.2~1.5 | 约35 | 40~45 | 小块 |
| 石灰 | 0.72 | | 40 | 微粒 |
| 白云石 | 1.2~1.6 | 35 | 41 | 小块 |

### 20.2.2　原料工段粉尘治理

#### 20.2.2.1　原料仓库除尘

原料工段主要构筑物为原料仓库、燃料仓库，用于卸料、装料并产尘的设备为桥式抓斗起重机、料槽。为防止仓库内抓斗起重机工作中产生的粉尘外逸，原料仓库除尘设计采取如下措施：

（1）原料仓库应采取全封闭式建筑，减少粉尘外逸；

（2）受料料槽设除尘系统，采用袋式除尘器，每个料槽宜设独立的除尘系统；

（3）全封闭式原料仓库的吊车司机室设带过滤净化的送风机组；

（4）料槽受料产生的粉尘为阵发性，并以一定速度扩散运动，料槽周边吸气罩罩口风速可取 2~3m/s，含尘浓度（$C$）平均为 500~800mg/m³；

（5）除尘设备布置在仓库上料胶带机上部，当破碎设备也在仓库内时，除尘设备可与破碎除尘设备统一布置在仓库外侧胶带机上部。

原料仓库及破碎机除尘常规做法如图 20-1 所示。

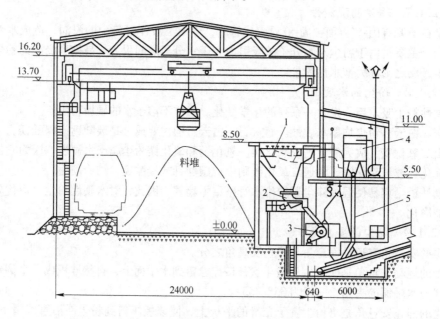

图 20-1　原料仓库及破碎工段除尘
1—抓斗受料槽；2—电振给料机；3—颚式破碎机；4—袋式除尘器；5—回料管

冶金石灰、白云石原料仓库为敞开式或半敞开式建筑，可不设置除尘。水洗过的石灰石原料一般不设计除尘。

在不冻结季节或地区内，对原料仓库内的料堆采取喷水浇湿，有利于抑制粉尘的产生。

### 20.2.2.2 破碎机除尘

破碎工段又称粗破碎工段，主要产尘设备为颚式破碎机，一般布置在原料仓库内或相近处。常用的颚式破碎机规格有 250mm × 300mm 和 400mm × 600mm 两种，其给料方式有人工投料、电磁振动给料机给料、胶带机给料和溜槽给料 4 种。颚式破碎机除尘形式如图 20-2 所示。

颚式破碎机产尘点位于投料口和落料点，含尘浓度与入料块度成反比，不同品种物料其含尘浓度（$C$）如下：

石灰石　　　　　　　　　　$C = 300 \sim 500 \text{mg/m}^3$
白云石熟料（检选后）　　　$C = 1000 \sim 2000 \text{mg/m}^3$
白云石熟料（检选前）　　　$C = 10000 \sim 15000 \text{mg/m}^3$

颚式破碎机抽风方式如图 20-2 所示，其抽风量（$L$）及抽风罩局部阻力系数（$\xi$）参见表 20-12。

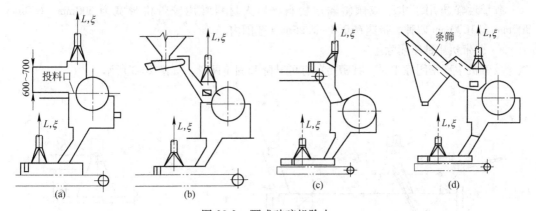

图 20-2　颚式破碎机除尘
（a）人工投料；（b）电振给料；（c）胶带机给料；（d）溜槽给料

**表 20-12　颚式破碎机抽风量及局部阻力系数**

| 给料方式 | 250mm × 400mm 颚式破碎机 | | | | 400mm × 600mm 颚式破碎机 | | | |
|---|---|---|---|---|---|---|---|---|
| | $L_1/\text{m}^3 \cdot \text{h}^{-1}$ | $\xi_1$ | $L_2/\text{m}^3 \cdot \text{h}^{-1}$ | $\xi_2$ | $L_1/\text{m}^3 \cdot \text{h}^{-1}$ | $\xi_1$ | $L_2/\text{m}^3 \cdot \text{h}^{-1}$ | $\xi_2$ |
| 人工投料（图20-2a） | 1500 | 0.25 | 2000 | 0.5 | 2000 | 0.25 | 2500 | 0.5 |
| 电振给料（图20-2b） | 1000 | 0.5 | 2000 | 0.5 | 1500 | 0.5 | 2500 | 0.5 |
| 胶带机给料（图20-2c） | 1500 | 0.25 | 2000 | 0.5 | 2000 | 0.25 | 2500 | 0.5 |
| 溜槽给料（图20-2d） | 1500 | 0.5 | 2000 | 0.5 | 2000 | 0.5 | 2500 | 0.5 |

颚式破碎机除尘系统一般以 1～2 台破碎机设一个除尘系统为宜。除尘设备应安装在破碎机室的顶层，所收集的粉尘应能直接回到胶带机上。为便于除尘设备的维修，应设有单轨吊。

破碎机加料口可设淋水管加湿物料，对水硬性物料（白云石和石灰等）则不应设淋水管。

颚式破碎机除尘设备应选用脉冲袋式除尘器。

### 20.2.3　贮运及加工过程粉尘治理

用于耐火材料运输、提升、贮存的主要设备有斗式提升机、胶带运输机、螺旋输送机、各种料槽、配料车、卸矿车、电子秤、单斗提升机、定量秤、板式运输机等。这些设备在运行中其机械运动部分对空气的扰动性随运动的速度和高度而变化,除尘抽风量和抽风罩位置应根据产尘设备的运动规律和含尘气流的流动方向确定。抽风罩口风速一般可取 1~3m/s,也可按设备除尘经验值设计。

**20.2.3.1　贮运设备除尘**

**A　斗式提升机**

耐火材料常用的斗式提升机为 D 型和 HL 型,主要规格为 D160、D250、D350、D450(带式)和 HL300、HL400(环链式)几种规格。斗式提升机抽风罩应在进料扬尘点上部,当输送熟料时还应在顶部设抽风罩。

除尘抽风量可按提升机斗宽每毫米 3~4m³/s 计算;当胶带机给料时,设在胶带机出料口抽风罩可按提升机抽风量的 50%~60% 计算。由笼型、锤式和反击式破碎机直接给料时,抽风量增加一倍。粉尘浓度 $C = 15000 \mathrm{mg/m^3}$。

**B　胶带运输机**

胶带运输机用于水平或倾斜输送物料。耐火材料常用胶带机带宽为 500mm、650mm、800mm 和 1000mm 四种,带速在 0.8~1.25m/s 范围内。

**a　胶带机中部密闭除尘**

胶带机中部密闭除尘时,其密闭罩有可升降和固定两种,如图 20-3 所示。

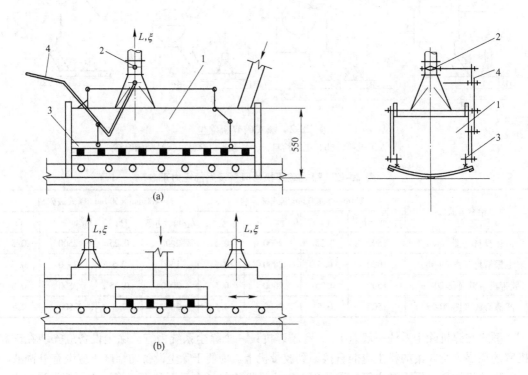

图 20-3　胶带机中部密闭除尘
(a) 中部可升降导向密闭罩;(b) 中部固定密闭罩
1—密闭罩;2—蝶阀;3—导向槽;4—操作连杆

图 20-3 (a) 是多点卸料的胶带机局部密闭和抽风装置图,导向槽和密闭罩是可提升的,操作连杆与抽气罩蝶阀是联动的,放料时导向槽落下,同时打开蝶阀,放完料后抬起导向槽同

时关闭蝶阀。

抽风量 $L=1500\sim2000\mathrm{m^3/h}$，蝶阀关闭时的漏风量为抽风量的 20%，抽风罩局部阻力系数 $\xi=1.0$。

图 20-3（b）是固定可逆给料胶带机中部密闭和抽风装置图，一般用于粉料输送。

抽风量 $L=1000\sim1500\mathrm{m^3/h}$，抽风罩局部阻力系数 $\xi=1.0$。

粉尘浓度 $C=1500\sim3000\mathrm{mg/m^3}$。

b 移动式可逆胶带机

移动式可逆胶带机应在下料口沿胶带顺、逆方向均设抽风罩，运行中关闭下料口物料运动逆向的抽风阀。除尘有外罩式和全密封两种，示意图参见图 20-4。

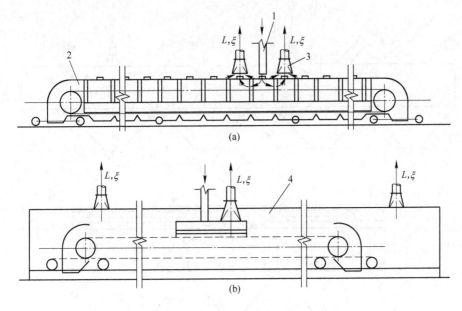

图 20-4 移动式可逆胶带机

（a）移动式可逆胶带机；（b）全密闭移动式可逆胶带机

1—溜槽；2—胶带机外罩；3—抽风罩；4—全密闭罩

图 20-4（a）是有外罩的多点卸料可逆胶带机，进料口尺寸为 $250\mathrm{mm}\times250\mathrm{mm}$。抽风罩设在进料点左右两个进料口所在的位置上，罩口尺寸为 $350\mathrm{mm}\times350\mathrm{mm}$，抽风罩罩口四周应设有 $50\sim100\mathrm{mm}$ 的边缘，以提高抽气罩的抽风效果。

抽风罩可按罩口至进料口顶部之间的面积内保持 $1.0\mathrm{m/s}$ 的风速计算确定。

图 20-4（b）是全密闭式的可逆胶带机，设三个抽风点，每点风量可取 $1000\mathrm{m^3/h}$，抽风罩局部阻力系数 $\xi=1.0$。

图 20-4（a）的粉尘浓度 $C=2000\sim4000\mathrm{mg/m^3}$；

图 20-4（b）的粉尘浓度 $C=1500\sim3000\mathrm{mg/m^3}$。

C 成品料槽

根据进料方式和贮料槽组成不同，有胶带机头部卸料、溜槽卸料、卸矿车卸料、螺旋卸料等 4 种形式。除尘抽风罩可参见图 20-5。

抽风量（$L$）及抽风罩局部阻力系数（$\xi$）如表 20-13 所示。

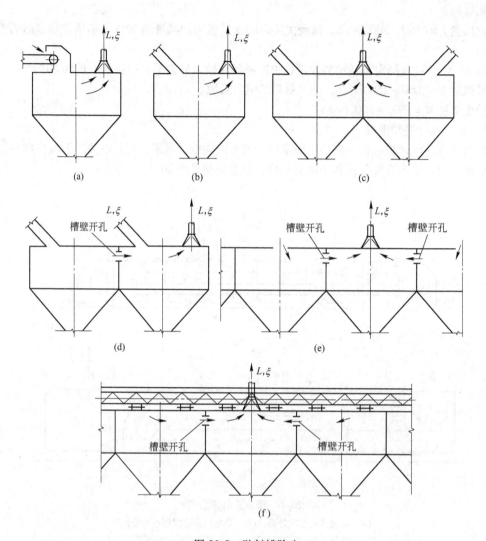

图 20-5　贮料槽除尘

（a）胶带机头部卸料；（b）、（c）、（d）溜槽卸料；（e）卸矿车卸料；（f）螺旋机卸料

表 20-13　料槽抽风量

| 图 20-5 分图号 | 抽风量/m³·h⁻¹ | 抽风罩局部阻力系数 ξ | 图 20-5 分图号 | 抽风量/m³·h⁻¹ | 抽风罩局部阻力系数 ξ |
|---|---|---|---|---|---|
| （a） | 800 ~ 1000 | 0.25 | （d） | 1000 | 0.5 |
| （b） | 500 ~ 800 | 0.5 | （e） | 1200 | 0.5 |
| （c） | 1000 | 0.5 | （f） | 600 | 1.0 |

图 20-5（d）、（e）、（f）抽风方式中，料槽槽壁开孔一般应不少于两个，孔口大小为 150mm × 200mm，总开口面积可按孔口处风速为 2m/s 计算。孔底应留出坡度，以防积灰。当料槽大于 3m × 3m 时风量应增加 50% ~ 100%，粉尘浓度 $C = 800 ~ 1000mg/m^3$。

　　D　单斗提升机

单斗提升机用于竖窑上料，其下部受料斗和上部出料口处除尘形式如图 20-6 所示。

单斗提升机在下部受料，受料坑应设盖板，提升机架四周应设密封围板（一般从地坑开始

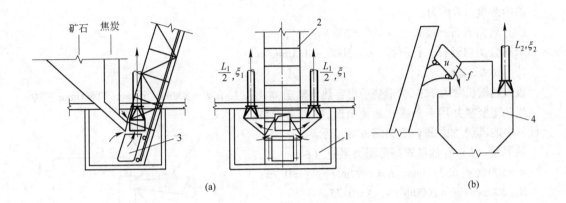

图 20-6  单斗提升机除尘

（a）下部受料坑；（b）上部受料槽

1—受料坑；2—单斗提升机机架；3—上料斗；4—上部受料槽

一直密封到屋面下），并在围板两侧（图20-6（a））及上部受料槽顶部（图20-6（b））设抽风罩。

抽风量（$L$）和抽风罩局部阻力系数（$\xi$）：

图20-6，(a)中 $L_1 = 3000\text{m}^3/\text{h}$，$\xi_1 = 0.25$；

图20-6，(b)中 $L_2 = 3600fv\text{m}^3/\text{h}$，$\xi_2 = 0.25$；（其中 $f$ 是指上部受料口的开口面积 $\text{m}^2$；$v$ 为开口处的风速，一般取 $0.7 \sim 1.0\text{m/s}$）。

粉尘浓度（$C$）为：

经筛分后的白云石、石灰石料   $C = 1000 \sim 1500\text{mg/m}^3$；

未经筛分的白云石、石灰石料   $C = 3000 \sim 4000\text{mg/m}^3$。

E  矿石定量秤

矿石定量秤除尘采用在给料机出口溜槽上或秤的上部设抽风罩，形式如图20-7所示。

抽风量（$L$）和抽风罩局部阻力系数（$\xi$）：

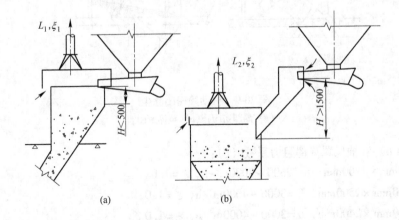

图 20-7  矿石定量秤除尘

（a）落差小于500mm；（b）落差大于1500mm

$L_1 = 1000\text{m}^3/\text{h}$，$\xi_1 = 0.5$；$L_2 = 1500\text{m}^3/\text{h}$，$\xi_2 = 0.5$。

粉尘浓度（$C$）为：

筛分后白云石、镁石　　　　$C = 2000\text{mg/m}^3$；

未筛分的白云石、石灰石　　$C = 3000 \sim 4000\text{mg/m}^3$。

**F　板式运输机**

板式运输机常用于窑、炉煅烧后出窑热料输送,常用规格有 $B = 500\text{mm}$、$650\text{mm}$ 和 $800\text{mm}$ 三种。

当几座竖窑共用一条板式运输机时,在每个受料点上设一个抽风点,抽风罩位置如图 20-8 所示。

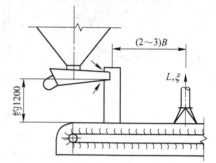

抽风量（$L$）和抽风罩局部阻力系数（$\xi$）：

$B = 500$（或 650）$\text{mm}$，$L = 1500\text{m}^3/\text{h}$，$\xi = 0.75$；

$B = 800\text{mm}$，$L = 2000\text{m}^3/\text{h}$，$\xi = 0.75$。

粉尘浓度（$C$）为：

白云石、石灰竖窑　　　$C = 20000 \sim 30000\text{mg/m}^3$。

图 20-8　板式运输机除尘

**20.2.3.2　筛分设备除尘**

耐火材料常用的筛分设备有振动筛、固定筛、转动筛、圆盘筛、除铁器等,也是产尘较大的设备。其中振动筛应用最广；回转筛常用于烧结白云石砂、冶金石灰的筛分；固定筛用于分离块料；圆盘筛专为筛分泥料用。

筛分设备机械运动部分(筛网)对物料和空气扰动性大,产生粉尘浓度大,除尘抽风量也多。

**A　振动筛**

振动筛分单层和双层筛,规格有 $900\text{mm} \times 1800\text{mm}$、$1250\text{mm} \times 2500\text{mm}$ 和 $1200\text{mm} \times 2400\text{mm}$ 三种。密闭形式一般有局部密闭和整体密闭小室两种,形式如图 20-9 所示。

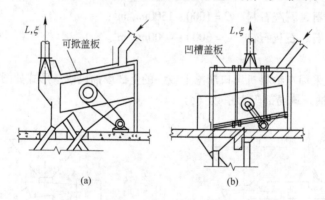

图 20-9　振动筛密闭除尘

（a）局部密闭；（b）整体密闭

抽风量（$L$）和抽风罩局部阻力系数（$\xi$）：

对于 $900\text{mm} \times 1800\text{mm}$，$L = 2500 \sim 3000\text{m}^3/\text{h}$，$\xi = 1.0$；

对于 $1250\text{mm} \times 2500\text{mm}$，$L = 3000 \sim 4000\text{m}^3/\text{h}$，$\xi = 1.0$；

对于 $1200\text{mm} \times 2400\text{mm}$，$L = 3000 \sim 4000\text{m}^3/\text{h}$，$\xi = 1.0$。

粉尘浓度（$C$）为：

白云石　　　　　　　　$C = 3000 \sim 4000\text{mg/m}^3$；

白云石砂　　　　　　$C = 3500 \sim 5000 \mathrm{mg/m^3}$；

石灰、焦炭粉　　　　$C = 4000 \sim 5000 \mathrm{mg/m^3}$。

**B　固定斜筛**

固定斜筛常用于中小型耐火材料，除尘抽风罩形式如图 20-10 所示。

抽风量（$L$）和抽风罩局部阻力系数（$\xi$）：$L = 1000 \sim 2000 \mathrm{m^3/h}$，$\xi = 0.5$；

粉尘浓度：　　　$C = 3000 \sim 4000 \mathrm{mg/m^3}$。

**C　转动筛**

转动筛又叫六角转筛，转动筛除尘抽风罩一般设在外壳上，形式如图 20-11 所示。

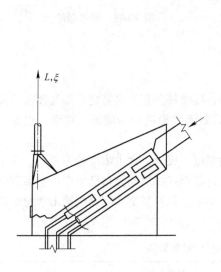

图 20-10　固定斜筛密闭除尘

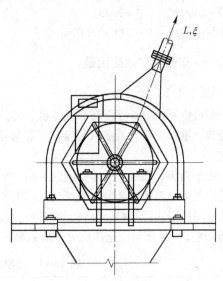

图 20-11　转动筛密闭除尘

抽风量（$L$）和抽风罩局部阻力系数（$\xi$）：$L = 2000 \sim 2500 \mathrm{m^3/h}$，$\xi = 0.5$；

粉尘浓度：$C = 3000 \sim 4000 \mathrm{mg/m^3}$。

**D　圆盘筛**

圆盘筛是用于清除经过混合后的砖料中各种杂物和减少砖料的粒度偏析的一种设备，常用规格为 $\phi 1770 \mathrm{mm}$。

圆盘筛一般为胶带机给料，筛下以料罐或小车接料，运至压砖机旁或通过吊车把料装入压砖机供料槽内，物料的含水量一般不大于 6%。

除尘抽风罩做法在筛的顶面设可掀起的活动密闭盖板，筛下料斗、放料漏嘴设固定围罩，罩的下部设遮尘帘。除尘形式如图 20-12 所示。

抽风量（$L$）和抽风罩局部阻力系数（$\xi$）：

$L_1 = 1000 \mathrm{m^3/h}$，$L_2$ 按遮尘帘底边至料罐顶面的缝隙处保持 0.5m/s 风速计算，并考虑遮尘帘不严密处的缝隙系数 1.4，$\xi = 0.5$；

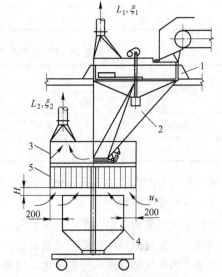

图 20-12　圆盘筛除尘

1—圆盘筛；2—料斗；3—围罩；4—料罐；5—遮尘罩

粉尘浓度：上部抽风：$C = 1000 \sim 1500 \text{mg/m}^3$；

　　　　　　下部抽风：$C = 1500 \sim 2500 \text{mg/m}^3$。

**E　除铁器**

除铁器是用作清除制砖粉料中的铁杂质，以提高砖的质量。除铁器设在胶带机中部时因粉料铁质少，扬尘少一般可不考虑除尘；当除铁器位于胶带机端部下料溜槽较近时，其除尘形式如图 20-13 所示。

抽风量（$L$）和抽风罩局部阻力系数（$\xi$）：$L = 1500 \sim 2000 \text{m}^3/\text{h}$，$\xi = 1.25$；

粉尘浓度：$C = 500 \sim 1500 \text{mg/m}^3$。

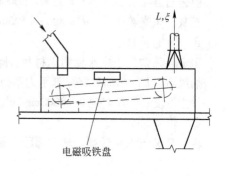

图 20-13　除铁器除尘

## 20.2.4　焙烧窑炉烟尘治理

### 20.2.4.1　竖窑除尘

按煅烧原料分，竖窑有石灰竖窑、白云石竖窑等；按燃料分有焦炭竖窑、煤气竖窑、天然气竖窑、重油竖窑、无烟煤竖窑、煤粉竖窑等；按截面形状构造分为圆形、矩形、双膛形等形式。

由于物料、燃料和操作制度的不同，竖窑废气的温度、成分、含尘浓度各不相同。除尘设计的废气量、温度、含尘浓度等应根据工艺提供的设计数据或参照同类型已生产竖窑实测值确定，也可根据实际原料、燃料、产量等参数进行计算确定。几种竖窑实测废气携出的粉尘粒度分析如表 20-14 所示，化学成分分析如表 20-15 所示。

**表 20-14　竖窑废气携出的粉尘粒度分析**

| 工　厂 | 竖窑类型 | 燃　料 | 粒度分析/$\mu\text{m}$ | | | | | | |
|---|---|---|---|---|---|---|---|---|---|
| | | | $\geqslant 40$ | $40 \sim 30$ | $30 \sim 20$ | $20 \sim 10$ | $10 \sim 5$ | $5 \sim 1$ | $\leqslant 1$ |
| AG 厂 | 白云石 | 焦　炭 | 76.9 | 8.3 | 6.3 | 3.4 | 4.6 | — | — |
| | 石　灰 | 焦　炭 | 11.6 | 13.6 | 51.2 | 18.5 | 4.2 | 0.7 | 0.2 |

**表 20-15　竖窑废气携出的粉尘化学成分分析**

| 工　厂 | 竖窑类型 | 化学成分 $w/\%$ | | | | | | | | | |
|---|---|---|---|---|---|---|---|---|---|---|---|
| | | TFe | FeO | $Fe_2O_3$ | $SiO_2$ | CaO | MgO | $Al_2O_3$ | C | S | $P_2O_5$ |
| AG 厂 | 白云石 | — | — | 0.90 | 2.81 | 4.7 | 45.7 | 1.79 | 12.19 | — | — |
| | 石　灰 | 4.86 | 6.79 | 40.26 | 3.1 | 3.21 | 9.90 | — | — |

废气的含尘浓度和主要成分如表 20-16 所示。

**A　竖窑废气量确定**

竖窑废气组成包括燃料燃烧生成废气、燃料燃烧过剩空气、物料（生料）分解生成废气、生料蒸发水分生成废气和燃烧系统漏风量。一般根据相同竖窑废气分析后确定的空气过剩系数计算确定，但废气的取样和分析手续比较麻烦，因竖窑废气中包含大量原料分解产生的 $CO_2$ 和水蒸气，需要对废气分析并加以校正。当工艺不能给出除尘废气量时，可用下述简易方法计算确定。

表 20-16　竖窑废气的含尘浓度和主要成分

| 工厂 | 窑类型 | 燃料 | 废气温度/℃ | 含尘浓度/g·m⁻³ | | | 废气成分 w/% | | | | | | | | | | | | 干废气密度/kg·m⁻³ |
|---|---|---|---|---|---|---|---|---|---|---|---|---|---|---|---|---|---|---|---|
| | | | | | | | CO$_2$ | | | O$_2$ | | | CO | | | N$_2$ | | | |
| | | | | 最大 | 最小 | 平均 | 最大 | 最小 | 平均 | 最大 | 最小 | 平均 | 最大 | 最小 | 平均 | 最大 | 最小 | 平均 | |
| AG 厂 | 白云石[1] | 焦炭 | 110 | 7.08 | 0.86 | 2.65 | 7.9 | 6.8 | 7.3 | 16.1 | 13.9 | 15.4 | 2.9 | 1.4 | 2.1 | 75.7 | 74.4 | 75.2 | 1.341 |
| SG 厂 | 石灰 | 焦炭 | | 4.2 | 0.54 | 1.64 | — | — | — | — | — | — | — | — | — | — | — | — | — |
| DG 厂 | 石灰[2] | 重油 | 160 | 1.6 | 0.81 | 1.0 | 18.8 | 5 | 10.5 | 18 | 11 | 14.5 | 1.0 | 0.4 | 0.6 | — | — | 74.4 | — |
| PG 厂 | 白云石 | 焦炭 | 500 | 2.24 | 0.64 | 1.2 | — | — | — | — | — | — | — | — | — | — | — | — | — |
| SY 厂 | 石灰[3] | 重油 | | 0.957 | 0.373 | 0.665 | 17.8 | 10.6 | 14.4 | 14.1 | 5.4 | 10.8 | 5.2 | 1.0 | 3.3 | 75.8 | 70.3 | 71.9 | 1.36 |

①摘自某劳研所测定报告；

②系 33℃ 废气含尘浓度；

③测点在排烟机后，已除尘。

(1) 按竖窑产量（熟料）估算废气量：

$$L = V_1 G \frac{273 + t_1}{273} \frac{101325}{P} K \tag{20-2}$$

式中　$L$——竖窑废气量，$m^3/h$；

　　　$K$——生产不均衡系数，可取 $K = 1.3 \sim 1.5$；

　　　$G$——竖窑标定或设计产量，$kg/h$；

　　　$V_1$——熟料生成废气量，$m^3/kg$。应为窑内废气生成量与窑漏风量之和，精确值可通过窑的热工计算求得，一般窑内废气生成量可按 $1.6 \sim 2.2 [m^3/kg(熟料)]$，而窑漏风量各厂相差较大，一般在 $1.2 \sim 1.4 [m^3/kg(熟料)]$，有的厂则高达 $2.6 [m^3/kg(熟料)]$，如采用闭门操作则窑漏风很小；

　　　$t_1$——出窑的废气温度，℃；

　　　$P$——当地大气压力，$Pa$。

在考虑除尘风机能力时，还应增加 $20\% \sim 30\%$ 的储备。

(2) 按单位废气量计算总废气量，根据在相同竖窑测得的按单位燃料计的废气量指标，计算竖窑排除的废气总量可按下式计算：

$$L = \Delta V_0 G_0 B_0 \eta = \Delta V_实 G_0 B_实 \eta \tag{20-3}$$

式中　$L$——竖窑废气量，$m^3/h$；

　　　$G_0$——按出窑料计算窑的产量或设计产量，$kg/h$；

$\Delta V_0$，$\Delta V_实$——分别为由同类型测得的按标准燃料计和按实际燃料计的单位废气量（$m^3/kg$ 或 $m^3/m^3$），几个竖窑的 $\Delta V_0$ 和 $\Delta V_实$ 值如表 20-17 所示；

　　　$B_实$——单位实际燃料消耗百分比（$kg/kg$）；可按下式计算：

$$B_{\text{实}} = B_0 \cdot \frac{29260}{Q_D} \qquad (20\text{-}4)$$

式中　$B_0$——按出窑料计的单位标准燃料消耗量，kg/kg，如表 20-18 所示；

　　29260——标准燃料发热值，kJ/kg；

　　　$Q_D$——燃料低发热值，kJ/kg；

　　　$\eta$——系数，以下式表示：

$$\eta = \frac{K_2}{K_1} \cdot \frac{L_2}{L_1} \qquad (20\text{-}5)$$

式中　$K_1$，$K_2$——分别为测定的和设计的排烟时间系数，可取：$K_1 = 0.8 \sim 1$，$K_2 = 1$；

　　　$L_1$，$L_2$——分别为测定的和设计的漏风系数，可取：$L_1 = 1.1 \sim 1.2$，$L_2 = 1.3 \sim 1.5$。

表 20-17　竖窑单位废气量

| 厂名 | 窑型 | 废气温度/℃ | 废气流量/$m^3 \cdot h^{-1}$ | | 排烟时间系数 $K_S$ | 实际废气量 $V = K_S V_0$ /$m^3 \cdot h^{-1}$ | 燃料消耗量 /$kg \cdot h^{-1}$ | 单位废气量/$m^3 \cdot h^{-1}$ | | 漏风系数 |
|---|---|---|---|---|---|---|---|---|---|---|
| | | | 按标准燃料计 $V_0$ | 按实际燃料计 $V_{\text{实}}$ | | | | 按标准燃料计 $\Delta V_0$ | 按实际燃料计 $\Delta V_{\text{实}}$ | |
| SY 厂 | 白云石（焦）石灰 | 195 | 18200 | 10600 | 0.8 | 8500 | 742 | 12.7 | 11.4 | 1.19 |
| | | 158 | 17400 | 11000 | 0.8 | 8800 | | 13.2 | 11.85 | 1.24 |
| | | 128 | 16900 | 11500 | 0.8 | 9200 | | 13.8 | 12.4 | 1.29 |
| | | 108 | 16300 | 12100 | 0.8 | 9700 | | 14.5 | 13.1 | 1.36 |
| | | 90 | 17150 | 12300 | 0.8 | 9850 | | 14.8 | 13.3 | 1.38 |
| | | 70 | | 13700 | 0.8 | 11000 | | 16.5 | 14.8 | 1.56 |
| | 平均值 | | | 11850 | | 9520 | | 14.4 | 12.3 | 1.33① |
| DG 厂 | 石灰（重油） | 160 | 11900 | 7500 | 1 | 7500 | 344 | 15.3 | 21.8 | 1.45② |
| SY 厂 | 石灰（重油） | 157 | 25100 | 15100 | 1 | 15100 | 622 | 17 | 24.3 | 1.53③ |
| | | 260 | 27500 | 14050 | 1 | 14050 | | 15.8 | 22.6 | 1.42④ |

①废气流量测点在排烟机后烟囱上，废气自然冷却降温，两段干法除尘；焦炭发热值取 $Q_D = 26334$kJ/kg；
②废气流量测点在排烟机前，未掺冷风，重油发热值 $Q_D = 41800$kJ/kg；
③废气流量测点在排烟机后；
④废气流量测点在除尘器前。

表 20-18　单位燃料消耗指标

| 原　料 | 原料等级 | 竖窑类型 | 单位燃料消耗量/$kg \cdot kg^{-1}$ | | |
|---|---|---|---|---|---|
| | | | 焦比 $B_{\text{焦}}$ | 实际燃料 $B_{\text{实}}$ | 标准燃料 $B_0$ |
| 白云石 | 特级、易烧结 | 焦炭竖窑（带汽化冷却壁） | 20 | 36.8 | 33.1 |
| | 特级、难烧结 | 焦炭竖窑（带汽化冷却壁） | 25 | 46.0 | 41.4 |
| | 特级、极难烧结 | 焦炭竖窑（带汽化冷却壁） | 35 | 64.4 | 58 |
| 镁石 | I 级 | 焦炭竖窑（带汽化冷却壁） | 20 | 39.6 | 35.7 |
| | II 级 | 焦炭竖窑（带汽化冷却壁） | 18 | 35.6 | 32.1 |
| | I 级球料 | 重油竖窑 | — | 25 | 35.7 |

| 原　料 | 原料等级 | 竖窑类型 | 单位燃料消耗量/kg·kg$^{-1}$ | | |
|---|---|---|---|---|---|
| | | | 焦比 $B_{焦}$ | 实际燃料 $B_{实}$ | 标准燃料 $B_0$ |
| 石灰石 | Ⅰ、Ⅱ级 | 重油竖窑 | 8.5 | 14.1 | 12.7 |
| | | 无烟煤竖窑 | 8 | 13.3 | 12.3 |
| | | 混末煤竖窑 | 11 | 18.3 | 17.0 |
| | | 重油竖窑 | — | 11.5 | 16.5 |
| | | 煤气竖窑 | — | — | 16 |
| 黏　土 | 特级，Ⅰ等 | 无烟煤竖窑 | 6 | 7 | 6.5 |
| | 特级，Ⅰ等 | 矩形外火箱燃煤竖窑 | — | 10 | 8 |
| 高铝土 | 一、二级 | 焦炭竖窑（带汽化冷却壁） | 10 | 11.0 | 10.5 |
| | | 无烟煤竖窑 | 7.5 | 8.7 | 8.3 |

注：由实际燃料换算标准燃料时，实际燃料发热值采取如下：焦炭 $Q_D = 26334$kJ/kg；无烟煤 $Q_D = 27176$kJ/kg；烟煤 $Q_D = 23410$kJ/kg；重油 $Q_D = 41800$kJ/kg。

**B　废气降温**

竖窑废气温度一般较高，为 100~250℃ 且随加料、煅烧、出料呈周期性波动，活性石灰、白云石竖窑废气温度可高达 400~500℃，当除尘器和除尘风机不允许在高温下使用时，废气应进行降温。废气降温通常有两种基本方法，即掺冷空气降温和间接空冷降温。

掺冷空气降温是在高温废气中掺入外界冷空气以达到降温，其优点是降温快、废气管道较短，除尘设备便于布置和管理。缺点是掺入冷空气后使废气量急剧增加，使除尘设备和风机规格变大，掺入的冷空气量需采用自动调节才能适应废气温度呈周期性的变化。

间接空冷降温是采用长距离废气管道输送废气或增设空气冷却器，利用管道壁、冷却器散热降温。优点是简单、可靠，缺点是耗用钢材多、占地面积大。

**C　石灰竖窑**

石灰竖窑燃料有焦炭、重油、煤气、煤粉等几种，容积有 120m$^3$、150m$^3$、200m$^3$、250m$^3$、300m$^3$、400m$^3$ 等系列。根据原料、燃料、石灰要求的活性度不同，排除的废气温度、含尘浓度也各不相同。

石灰竖窑出窑废气温度较高，一般为 130~250℃，活性石灰竖窑、煤粉竖窑废气温度高达 400~600℃，含尘浓度一般为 0.9~1.7g/m$^3$，最高可达 4~6g/m$^3$。

石灰竖窑废气除尘一般可采用一级袋式除尘器。活性石灰竖窑、煤粉竖窑废气温度较高时，则采用空气冷却器降温后再进入袋式除尘器净化，其流程如图 20-14 所示。

石灰竖窑除尘设计应按如下原则进行：

(1) 石灰竖窑废气粉尘为亲水性、黏结性粉尘，不得采用湿式除尘，而应采用干式除尘；

(2) 采用干式除尘应选用袋式除尘器，并优先采用脉冲除尘器，废气温度为 150~300℃ 时，袋式除尘器应采用耐高温滤料；废气温度小于 150℃ 应采用掺冷风降温；废气温度大于 300℃ 应采用空气冷却器间接冷却降温。

竖窑开工烘窑时，烟气温度高，烟气量少，烟气含湿量大，为防止烟气通过袋式除尘器结

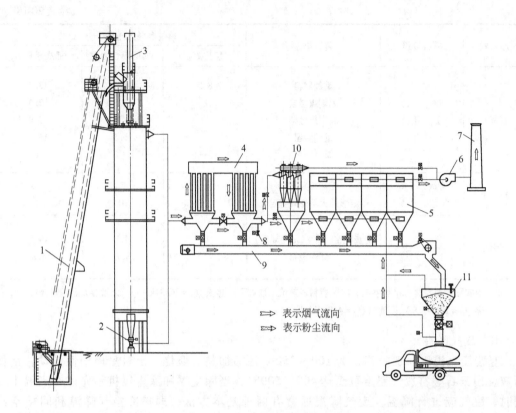

图 20-14　活性石灰竖窑除尘流程图

1—提升机；2—出料机；3—放散烟囱；4—空气冷却器；5—脉冲除尘器；6—风机；

7—排气筒；8—掺空气阀；9—刮板输送机；10—多管旋风除尘器；11—贮灰仓

露，板结滤袋，烟气处理装置会自动关闭袋式除尘器入口电动阀门，打开旋风除尘器进、出口电动阀门，烟气由主排烟机经旋风除尘器及烟囱直接排至大气，系统中的凝结水由风机出口管排水口排至室外。烘窑结束正常情况下，高温烟气先经过管式冷却器冷却，再经过脉冲袋式除尘器净化，净化后的气体由主排烟机经烟囱排至大气，如果脉冲除尘器入口温度测点显示温度高于设定值，系统会自动打开掺冷风阀，直到烟气温度满。竖窑正常生产时，旋风除尘器进、出口电动阀处于常闭状态。

采用其他类型除尘器时应与袋式除尘器进行综合比较后确定。

D　双膛竖窑

双膛竖窑又称并流蓄热式竖窑，亦称迈尔兹窑，用于煅烧活性石灰。

双膛竖窑是采用两个或三个同一规格窑体为一组，示意如图 20-15 所示。在窑体烧成带的下部设有彼此联通的通道，石灰石在窑体 I 中以并流方式加热煅烧，产生的烟气经窑体之间的连接通道，沿窑体 II 预热带流向窑顶，成为废气排出处理。当烟气通过窑体 II 预热带料柱时，大部分热量传给石灰石，使其加热至分解温度。换向后，助燃空气经窑体 II 的预热带时，石灰石又把热量传给助燃空气，所以双膛竖窑的预热带起了热交换器的作用。由于热量供给温和，煅烧的石灰质量好，废气得到充分利用，是各种煅烧石灰窑中耗热最低的。

双膛竖窑燃料一般为煤粉，也可采用重油、天然气、煤气、褐煤等燃料。由于废气热量得到交换利用，废气温度较低，在正常情况下为 70～130℃。废气中含尘浓度一般为 5～10g/m³，

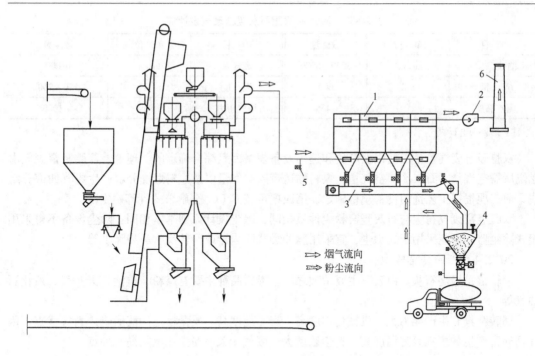

图 20-15 双膛石灰竖窑除尘流程图

1—袋式除尘器；2—风机；3—刮板输送机；4—贮灰罐；5—掺冷风阀；6—排气筒

易于采取净化处理措施。

国内已建成的双膛竖窑规格有日产 120t、150t、200t、300t、600t 等几种规格。

日产 300t、150t 双膛石灰竖窑废气实测值分别如表 20-19、表 20-20 所示。日产 600t 双膛石灰竖窑废气设计值如表 20-21 所示，双膛竖窑除尘流程图如图 20-15 所示。

表 20-19 300t/d 双膛石灰竖窑废气测定值

| 项 目 | 单 位 | 数 量 | 项 目 | 单 位 | 数 量 |
|---|---|---|---|---|---|
| 含尘浓度 | mg/m³ | 14600 | 废气量 | m³/h | 36677 |
| 产 量 | t/d | 266.6 | 温 度 | ℃ | 123（最高 170） |
| 露点温度 | ℃ | 43 | 废气压力 | Pa | -570 |

注：燃料为煤粉。

表 20-20 150t/d 双膛石灰竖窑废气测定值

| 项 目 | 单 位 | 测 定 时 间 | | | | |
|---|---|---|---|---|---|---|
| | | 1987.8.5 | 1986.8.6 | 1987.8.7 | 1987.8.8 | 1987.8.9 |
| 石灰石加料量 | kg/周期 | 200 | 1750 | 1750 | 1750 | 1750 |
| 1 号窑膛温 | ℃ | 600 ~ 800 | 580 ~ 600 | 605 ~ 620 | 610 ~ 640 | 630 ~ 680 |
| 2 号窑膛温 | ℃ | 580 ~ 740 | 570 ~ 580 | 610 ~ 640 | 600 ~ 750 | 610 ~ 630 |
| 废气温度 | ℃ | <50 | 100 ~ 150 | 75 ~ 115 | 170 ~ 235 | 75 ~ 120 |
| 石灰温度 | ℃ | <50 | 140 ~ 235 | 75 ~ 250 | 85 ~ 160 | 75 ~ 192 |

注：设计窑废气量 17000m³/h。

表 20-21　600t/d 双膛石灰竖窑废气设计值

| 项　目 | 单　位 | 数　量 | 项　目 | 单　位 | 数　量 |
|---|---|---|---|---|---|
| 含尘浓度 | mg/m³ | 3000 ~ 5000 | 废气量 | m³/h | 61000 |
| 产　量 | t/d | 600 | 温　度 | ℃ | 120 ~ 200 |
| 露点温度 | ℃ | 45 | 废气压力 | Pa | − 1000 |

注：燃料为电石炉气。

双膛竖窑废气量是工艺根据产量和选用设备规格因素综合确定的。理论上双膛竖窑废气由燃烧所需空气量、石灰冷却空气量、煤粉输送带入空气量以及原料煅烧分解产生废气四部分组成，前三项根据工艺选用设备规格确定，第四项可按 $CaCO_3$ 分解公式计算确定。

双膛竖窑废气粉尘与石灰竖窑粉尘性质相同，除尘设计原则基本相同：除尘设备不得采用湿式除尘器，而应采用干式除尘，宜采用脉冲袋式除尘器或回转反吹扁袋除尘器。

### 20.2.4.2　回转窑除尘

回转窑是煅烧石灰、白云石主要炉型之一，燃料品种主要有煤粉、重油、天然气、液化石油气等。

回转窑具有生产能力大、机械化程度高、产品纯度高、质量稳定、能煅烧碎料等优点，因此回转窑产生的废气具有温度高、粉尘浓度大、废气量大、粉尘比电阻高等特点。

#### A　废气温度

回转窑尾出窑废气温度的高低是影响原料消耗的一个重要因素，在窑型和煅烧物料已定情况下，出窑废气温度与窑的操作有很大关系。如过分强化操作，窑的供热量过多，热量不能充分利用，使窑尾废气温度升高，造成单位燃料消耗增高，除尘困难。

为了有效利用废气带走热量，并降低废气温度，工艺应考虑余热利用措施，通常有设置热交换器和余热锅炉两种办法，使废气经原料热交换器或余热锅炉后温度降到 200℃ 以下，便于采取除尘措施。

#### B　废气含尘浓度

回转窑尾废气含尘浓度大，一般为 20 ~ 30g/m³，最大可高达 70 ~ 80g/m³。

回转窑尾废气含尘浓度与窑型、窑内风速、入窑原料、燃料等因素有关。

回转窑生产中物料与废气是逆向运动的，当窑内气体流速提高，废气携尘量必然显著增加，因此改变废气流通面积，将会改变废气的含尘量，当扩大废气出窑前溜子截面时，对减少飞尘损失是有益的。

入窑原料在窑中煅烧产生分解，当分解带物料的小颗粒所占比例较大时或入窑物料中粉末含量较高时，废气含尘浓度较高。在同样操作制度下，原料经过筛分、水洗等措施后，降低粉末含量，能降低废气含尘浓度。

当采用固体燃料时，固体燃料的灰分部分被废气带走，因此煤粉回转窑废气含尘浓度要比液体、气体燃料为高。

#### C　废气量

出窑废气量应由工艺根据生产选用的窑头鼓风量和煅烧原料等综合确定给出。当无准确废气量时，可按式（20-2）估算，也可按下式进行计算确定：

$$L = L_0 + L_1 + L_2 + L_3 + L_4 \qquad (20\text{-}6)$$

式中　$L$——排出废气量，m³/h；

$L_0$——燃料燃烧理论废气量，$m^3/h$；

$L_1$——燃料燃烧过剩空气量，$m^3/h$；

$L_2$——原料分解生成废气量，$m^3/h$；

$L_3$——入窑物料物理水分蒸发生成废气量，$m^3/h$；

$L_4$——漏风量，$m^3/h$。

（1）燃料燃烧理论废气量：

$$L_0 = L_1 G_实 \tag{20-7}$$

式中　$L_1$——$\alpha = 1$ 时燃料燃烧理论生成废气量，$m^3/kg$；

　　　$G_实$——燃料实际消耗量，$kg/h$。

（2）燃烧过剩空气量：

$$L_1 = (\alpha_1 - 1) L_0 G_实 \tag{20-8}$$

式中　$\alpha_1$——燃烧过剩空气系数，按表 20-22 选取；

　　　$L_0$——燃料燃烧理论空气量，$m^3/kg$。

表 20-22　回转窑的过剩空气系数 $\alpha$ 和窑尾温度

| 回转窑规格$(D \times L)$/m × m | | $\phi 1.5 \times 24$ | $\phi 2.01 \times 30$ | $\phi 2.5 \times 50$ | $\phi 3/3.6 \times 60$ | $\phi 3/3.6 \times 60$ |
|---|---|---|---|---|---|---|
| 煅烧原料 | | 焦宝石黏土 | 黏土 | 三级高铝土 一级高铝土 | 镁石 | 高铝土 |
| 燃　料 | | 重　油 | 混合煤气 | 煤　粉 | 重　油 | 重　油 |
| 预热装置 | | — | — | — | 炉箅机 | 竖式预热器 |
| 空气过剩系数 | $\alpha_1$ | — | 1.1 | — | — | 1.1 ~ 1.2 |
| | 加料端 | 1.5 × 1.8 | 1.8 | | 1.2 | 1.8 |
| | 炉箅机出口 | — | — | | 2 | — |
| | 多管除尘器后 | — | — | | 4 | — |
| | 窑尾排烟机 | — | — | | 5 | 3.5 |
| 温　度 | 窑内火焰温度/℃ | 1500 ~ 1550 | 1280 | 1400 ~ 1420 1550 | >1700 | |
| | 集尘室/℃ | 500 | 350 | 350 550 | 950 ~ 1050 | 800 ~ 1000 |

（3）原料分解生成废气量：

煅烧白云石、石灰石时，

$$L_2 = \frac{GI}{\rho} \tag{20-9}$$

式中　$G$——入窑物量（以干基计）$kg/h$；

　　　$I$——原料灼减，%，见表 20-23；

　　　$\rho$——标准状态下废气中分解出的气体密度 $kg/m^3$，$CO_2$ 密度为 $1.96 kg/m^3$；水蒸气（$H_2O$）密度为 $0.804 kg/m^3$。

表 20-23　几种原料的灼减及理论消耗系数

| 原　料 | 主要成分化学式 | 分解产物 | | 灼减/% | 理论消耗系数/$kg \cdot kg^{-1}$ |
|---|---|---|---|---|---|
| 白云石 | $CaCO_3 \cdot MgCO_3$ | CaO MgO | $CO_2$ | 47.7 | 1.92 |
| 石灰石 | $CaCO_3$ | CaO | $CO_2$ | 44 | 1.785 |

（4）入窑物料物理水分蒸发生成废气量：

$$L_3 = \frac{WG}{(100 - W)0.804} \tag{20-10}$$

式中　$W$——入窑物料相对水分，% 。

（5）漏风量：

$$L_4 = (\alpha_2 - \alpha_1)L_0 G_{实} \tag{20-11}$$

式中　$\alpha_2$——排烟处废气中过剩空气系数，可参照表 20-22 选取。

### D　石灰回转窑

煅烧活性石灰的回转窑主要有带竖式预热器和竖式冷却器的短回转窑两种类型，以及带链算式预热机和推动算式冷却机的长回转窑。

活性石灰回转窑废气温度较高，可达 1000℃，安装预热器后，其废气温度仍高达 216 ～ 600℃。废气含尘量也很大，几个活性石灰回转窑废气含尘量实测值如表 20-24 所示。

表 20-24　活性石灰回转窑废气测定值

| 窑　型 | 入窑块度/mm | 产品粒度/mm | 燃料 | 温度/℃ | | 水分/g·m⁻³ | | 含尘量/g·m⁻³ | | 废气量/m³·h⁻¹ | |
|---|---|---|---|---|---|---|---|---|---|---|---|
| | | | | 窑尾 | 烟囱 | 窑尾 | 烟囱 | 窑尾 | 烟囱 | 窑尾 | 烟囱 |
| $\phi 1.35/1.6 \times 3.05$ | 5 ～ 50 | 5 ～ 45 85% | 煤粉 | 1000 | 550 | 20 | 10 | 24.6 | 8.25 | | 11150 |
| $\phi 3.6/3.8 \times 70$ | 10 ～ 30 | 3 ～ 30 | 煤气 | 950 | 250 | | | 14 | 0.05 | $10.2 \times 10^4$ | |
| $\phi 4.2 \times 44$ | 10 ～ 50 | | 液化石油 | 350 | | 露点 40℃ | | 70 | 20 | | |

石灰回转窑正常生产时废气处理除尘设备通常采用电除尘器或布袋除尘器，另宜配备一套备用湿式除尘系统作为窑尾主排烟除尘系统的辅助设施，烟气量为正常时的 70% 考虑，可对回转窑在开窑升温和停窑降温过程中产生的含湿量大的烟气进行有效处理，或当窑尾除尘系统发生故障时，使回转窑维持低产量运行，降低工序能耗。

$\phi 4.2m \times 44m$ 石灰回转窑废气除尘采用 80m² 电除尘器时，其废气参数、粉尘粒度如表 20-25、表 20-26 所示。粉尘比电阻如图 20-16 所示，除尘流程图如图 20-17 所示。

表 20-25　石灰回转窑废气粉尘成分

| 成　分 | $CO_2$ | $O_2$ | CO | $N_2$ |
|---|---|---|---|---|
| $w/\%$ | 20 | 8 | 0 | 72 |
| 密度/kg·m⁻³ | 0.3928 | 0.1142 | 0 | 0.9 |

表 20-26　石灰回转窑废气粉尘粒度及成分

| 粒度/μm | >40 | 40 ～ 20 | 20 ～ 10 | 10 ～ 5 | 5 ～ 0 |
|---|---|---|---|---|---|
| $w/\%$ | 41.7 | 12.4 | 12.0 | 10.5 | 23.4 |
| 成　分 | 灼减 | $SiO_2$ | $Fe_2O_3$ | $Al_2O_3$ | CaO | MgO |
| $w/\%$ | 8.85 | 0.62 | 0.5 | 0.5 | 89.76 | 0.44 |

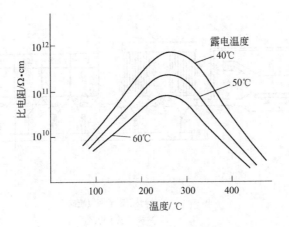

图 20-16　石灰粉尘比电阻曲线

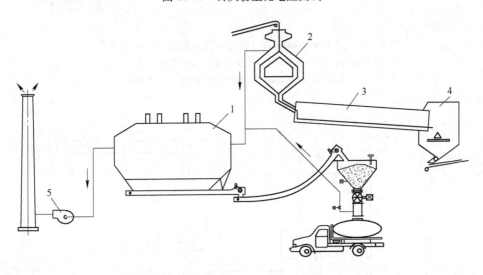

图 20-17　$\phi$4.2m×44m 石灰回转窑除尘流程图

1—电除尘器；2—预热器；3—回转窑；4—冷却器；5—风机

$\phi$3.6m/3.8m×70m 活性石灰回转窑废气除尘采用反吸风袋式除尘器时其废气实测值如表 20-27 所示，除尘流程图如图 20-18 所示，备用湿式除尘系统流程图如图 20-19 所示。

表 20-27　$\phi$3.6m/3.8m×70m 石灰回转窑废气实测值

| 项　目 | 单　位 | 数　量 | 项　目 | 单　位 | 数　量 |
|---|---|---|---|---|---|
| 日产量 | t | 620 | 废气量 | m³/h | 273000 |
| 废气温度 | ℃ | 160 | 含尘浓度 | mg/m³ | 29600 |

石灰回转窑废气除尘应按如下原则设计：

（1）石灰回转窑废气粉尘为亲水性、黏结性粉尘，正常生产时窑尾废气除尘设备不可采用湿式除尘，应采用干式除尘，粉尘浓度大于 20g/m³ 时应设二级除尘，第一级除尘可采用旋风除尘器或多管除尘器；

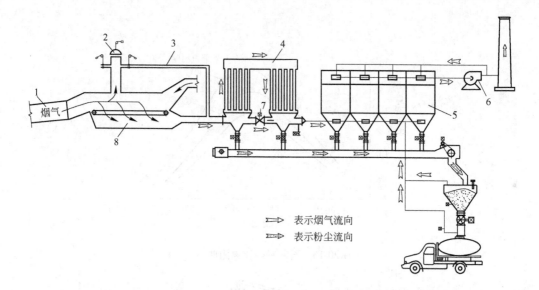

图 20-18　φ3.6m/3.8m×70m 活性石灰回转窑废气除尘流程图
1—回转窑；2—放散孔；3—窑顶旁通管；4—管式空气冷却器；
5—除尘器；6—风机；7—管冷器旁通管；8—预热机

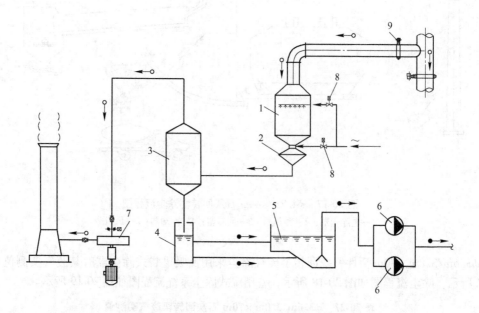

图 20-19　φ3.6m/3.8m×70m 活性石灰回转窑备用湿式除尘系统流程图
1—气体冷却器；2—文丘里洗涤器；3—气水分离器；4—泥浆罐；5—泥浆池；
6—泥浆泵；7—除尘风机组；8—供水电磁阀；9—电动旁通阀

（2）除尘设备可选用电除尘器或袋式除尘器，选用时应进行综合比较确定；

（3）采用电除尘器时，应设置废气 CO 超量事故报警保护装置，废气中 CO 含量大于 0.3% 时报警，含量为 0.5% 时停止供电工作；

（4）废气温度较高时袋式除尘器应设高温保护装置，一般废气温度小于 150℃ 时应采用掺冷空气降低废气温度；废气温度小于250℃时应采用耐高温滤料；废气温度大于250℃时应设旋风除尘器或空气冷却器间接冷却降温；

（5）废气含水量较大或露点温度较高时，除尘设备应采取保温措施；

（6）宜配备一套备用湿式除尘系统。

### 20.2.4.3 悬浮窑除尘

气体悬浮窑的工作原理是被煅烧的物料成细颗粒或粉状从窑上部进入窑内，与煅烧的高温气体逆向运动，物料的预热和分解吸热过程与燃料燃烧和放热过程同时在悬浮状态下极其迅速地进行。由于物料颗粒小，表面积相对增大，物料、气体之间具有巨大的传热面积，传热速度极快，燃烧温度被分解平衡温度所抑制，故不会发生过烧现象。悬浮窑可煅烧小于2mm的细颗粒，不仅提高矿产资源的利用率，而且煅烧均匀，产品质量好，出窑后即为成品，不需再破碎。

因悬浮窑内烟气与物料成逆向流动，出窑的废气含尘量、废气温度都较高。

活性石灰悬浮窑由四级预热旋流器、三级冷却旋流器、一个煅烧器和一个燃烧室组成。用竖式风动输送器把经粉碎和干燥后小于2mm的石灰石送入到第四级预热旋流器上升通风管内，进行与气体的热交换，再到第三级和第二级的预热旋流器内进一步被加热。加热后的物料再到煅烧器内进行快速煅烧分解，分解后的石灰经第一级的预热旋流器到三个冷却旋流器被空气冷却，冷却后的物料约150℃即为成品，经称重后由竖式风动输送器送至成品仓库。废气从三个冷却旋流器冷却降温到450℃左右，从第一个冷却旋流器排出进入除尘器净化。

石灰悬浮窑煅烧器内煅烧温度为950℃，经预热旋流器出来后的废气温度一般高达400～500℃，设置预热器后可使废气温度降到180～200℃，废气含尘浓度降到20～40g/m³。

国内石灰悬浮窑废气除尘采用空气冷却器降低废气温度后进入袋式除尘器除尘，其流程图如图20-20所示，各部废气参数如表20-28所示。

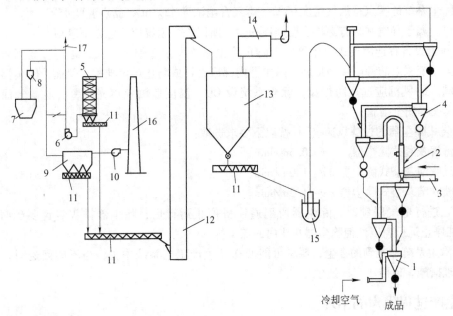

图 20-20　石灰悬浮窑废气除尘流程图

1—冷却旋流器；2—燃烧器；3—燃烧室；4—预热旋流器；5—冷却集尘器；6—引风机；7—干燥、粉碎机；8—分级机；9—袋式除尘器；10—除尘风机；11—螺旋输送机；12—提升机；13—料槽；14—料仓除尘器；15—气力提升机；16—排气筒；17—混合安全阀

表 20-28　石灰悬浮窑废气参数

| 预烧旋流器出口 | | | 袋式除尘器入口 | | | 料仓除尘器入口 | |
|---|---|---|---|---|---|---|---|
| 废气量 /m³·h⁻¹ | 温度/℃ | 含尘浓度 /g·m⁻³ | 废气量 /m³·h⁻¹ | 温度/℃ | 含尘浓度 /g·m⁻³ | 温度/℃ | 含尘浓度 /g·m⁻³ |
| 35000 | 480 | 62 | 44000～38000 | 115～180 | 49 | 80 | 20 |

石灰悬浮窑废气除尘应按如下原则设计：

（1）不得采用湿法除尘，而应采用干法除尘，干法除尘设备应优先采用脉冲袋式除尘器；

（2）当废气温度大于400℃时，应要求生产工艺设置预热旋流器或预热机，降低废气温度；当废气温度大于250℃时，应设空气冷却器或旋风除尘器降低废气温度；当废气温度小于250℃时袋式除尘器应选用耐高温滤料；废气温度小于150℃时可采用掺冷空气降低废气温度；

（3）废气除尘系统回收的粉尘应回到生产中再用。

### 20.2.4.4　煤粉制备系统除尘

煤粉制备上煤系统全年煤水分大于8%时，除了破碎机之外，其他生产设备一般不设除尘系统；煤水分小于8%，上煤系统转运点及破碎机均设除尘系统。

煤粉制备磨机系统中煤粉烘干一般采用热烟气，热烟气可以通过热风炉或窑炉高温烟气直接获得。

磨机除尘系统的特点：烟气温度65℃、烟气含尘浓度45g/m³、露点温度45℃。

由于煤尘属于导电并具有爆炸、燃烧性粉尘，所以除尘系统应注意以下事项：

（1）除尘设备宜选用袋式除尘器，为防止除尘系统发生爆炸和火灾，滤料应选用防静电材质，除尘系统采取防静电接地措施，除尘器内部应设计成防止煤尘堆积的斜面，除尘器壳体应设泄爆阀，通风机应选用防爆型，除尘系统设 CO、温度监测及声光报警、通氮气保护及 $CO_2$ 自动灭火等安全措施；

（2）袋式除尘器的过滤风速（$v$）按以下要求选取：

逆气流清灰袋式除尘器　　$v < 0.6 \text{m/min}$；

回转反吹清灰袋式除尘器　　$v < 1.0 \text{m/min}$；

脉冲喷吹清灰袋式除尘器　　$v < 1.2 \text{m/min}$。

（3）在进行电气联锁时，除尘器所配通风机停止运行后，除尘器排灰装置要延时 5～10min 才能停止运行，以便使除尘器灰斗内的煤尘排尽；

（4）除尘系统捕集到的煤尘，要尽可能回送到生产工艺系统中去，当不能回送时，亦要有妥善处理措施，以防止二次扬尘。

## 20.3　生产过程噪声的治理

### 20.3.1　除尘系统的噪声源

除尘系统的噪声源主要有风机、电机等机械设备产生的噪声，气流产生的噪声以及入射到风管内而传出的噪声等。

### 20.3.1.1　通风机噪声及其估算

通风机噪声的产生和许多因素有关，尤其与风机叶片形式、片数、风压等参数有关。风机噪声是由叶片上紊流而引起的宽频带的气流噪声以及相应的旋转噪声，后者可由转数和叶片数确定其噪声的频率。在除尘系统所用风机中，按照风机大小和构造不同，噪声频率大约在 200～800Hz，也就是说主要噪声处于低频范围内。为了比较各种风机噪声的大小，通常用声功率级来表示。

$$L_\text{w} = L_\text{wc} + 10 \times \lg L + 20 \times \lg H - 20 \tag{20-12}$$

式中　$L_\text{w}$——通风机的声功率级，dB；

$L_\text{wc}$——通风机的比声功率级，dB；

$L$——通风机的风量，$\text{m}^3/\text{h}$；

$H$——通风机的风压，Pa。

风机制造厂应提供其产品的声学特性资料，当缺少资料时，风机的声功率级也可按下式估算（与实际的误差在 ±4dB 内）

$$L_\text{w} = 5 + 10 \times \lg L + 20 \times \lg H \tag{20-13}$$

如果已知风机功率 $N$（kW）和风压 $H$（Pa），则可按下式估算：

$$L_\text{w} = 67 + 10 \times \lg N + 10 \times \lg H \tag{20-14}$$

上述风机声功率级的计算都是指风机在额定范围内工作时的情况，如果风机在低效率下工作，则产生噪声远比估算大。

### 20.3.1.2　除尘管道的气流噪声

气体在流过直管道和局部构件（如弯头、三通、变经管、吸气罩、阀门等）时都会产生噪声。噪声与气流速度有密切关系，当气流速度增加一倍，声功率级就增加15dB。

### 20.3.1.3　噪声源声功率级的叠加

几个相同声功率级的噪声源叠加可按下式计算：

$$L_\text{w} = L_\text{w1} + 10 \times \lg n \tag{20-15}$$

式中　$L_\text{w}$——$n$ 个声源的声功率级，dB；

$L_\text{w1}$——一个声源的声功率级，dB；

$n$——同样声功率级声源的数。

几个不相同声功率级叠加时，先由大到小依次排列，然后逐个进行叠加。叠加时根据两个声功率级差值在其中较高的声功率级上加附加值，附加值列于表 20-29 中。

**表 20-29　不同声功率级叠加的附加值**

| 两个功率级差值/dB | 1 | 2 | 3 | 4 | 5 | 6 | 7 | 8 | 9 | 10 | 15 |
|---|---|---|---|---|---|---|---|---|---|---|---|
| 附加值 | 3 | 2.5 | 2.1 | 1.8 | 1.5 | 1.0 | 0.8 | 0.6 | 0.5 | 0.4 | 0.1 |

## 20.3.2　除尘系统的噪声控制

### 20.3.2.1　降低除尘系统噪声的措施

降低噪声一般应注意到声源、传声途径和工作场所的吸声处理三个方面，但以在声源处将噪声降低最为有效。为了降低风机噪声，首先要选用高效率低噪声风机，叶轮尽可能采用后倾叶片，应使其工作点位于或接近风机的最高效率点，此时风机产生噪声功率级最小；其次，当系统风量一定时，选用风机压头的安全系数不宜过大；第三，风机进出风口处的管道不得急剧转弯，风机与电机之间尽量采用直联或联轴器传动；第四，风机进出风口处管道应装设柔性软管，其长度一般为 200 ~ 300mm。

当采用上述措施后，如还不能满足环保对噪声的要求，应考虑采用消声器。

**20.3.2.2　消声器**

消声器是除尘系统噪声控制的重要措施，消声器的作用是降低和消除通风机噪声沿通风管道传入室内或传向周围环境。

除尘系统消声器有多种形式，根据消声原理不同，大致可分为阻性和抗性两大类。阻性消声器原理是借助装在通风管道内壁上或在管道中按一定方式排列的吸声材料或吸声结构的吸声作用，使沿管道传播的声能部分地转化为热能而消耗掉，以达到消声的目的，它对中高频有较好的消声性能。抗性消声器并不直接吸收声能，它的消声原理是借助管道截面的突扩、收缩或接共振腔，使沿管道传播的某些特定频率或频段的噪声，在突变处向声源反射回去而不再向前传播，从而达到消声的目的。抗性消声器对低频和中低频有较好的消声效果。

评价一个消声器性能的好坏，必须从它的声学性能、空气动力性能、几何形状、结构性能以及经济指标等方面综合考虑。

消声器的声学性能主要指声压级差，即在消声器的进口管段测得的声压级 $L_{p1}$ 与消声器的出口管段测得的声压级 $L_{p2}$ 的差值：$L_{p1} - L_{p2}$（dB）。

消声器的空气动力性能主要指阻力，即给定温度和空气流量时，通过消声器的空气压力降。消声器内空气流速一般取 12 ~ 15m/s。

在几何形状方面，要求消声器形状尽量简单，便于施工，同时要求消声器结构可靠，以减少维修。

**20.3.2.3　消声器使用中应注意的问题**

消声器宜设置在靠近通风机气流稳定的管道上，当消声器布置在风机房内时，检修门及消声器后室内管道应具有良好的消声性能。

选择消声器时，宜根据系统所需要的消声量、噪声源频率特性、消声器的声学性能及动力性能等因素，经技术经济比较，分别采用阻性或抗性消声器。

在选择消声器时，一般多选用阻性消声器。抗性消声器使用条件要求严格，结构复杂，体积大，费用高，多用于吸收某一范围内的低频噪声，而且消声范围很窄。

孔板消声器是利用孔板和孔板后的多孔吸声材料，对气流产生足够大的声阻，从而具有良好的吸声性能。

## 20.3.3　通风机组的隔振与噪声控制

**20.3.3.1　通风机组的隔振**

通风机除了沿风管传播空气噪声外，还有通过建筑结构、风管等传递固体噪声，对周围环境产生干扰。通风机组产生的振动，直接传给基础和管道，并以弹性波形式外传，又以噪声的形式出现。此外，振动还会引起建构筑物、管道振动，有时会危及安全。因此，对振动必须采取隔振措施，在风机与基础间配置弹性材料或器件，可有效地控制振动；减少固体噪声的传递；在振动设备与管路间采用软连接隔振。常用的基础隔振器有以下几种形式：

（1）金属弹簧剪切型隔振器，是目前常用的隔振器，优点有承受荷载大、自振频率低、使用年限长、价格便宜等，但阻尼比小，共振时放大倍数大，水平稳定性差，型号有 HG、TJ、ZJ 等系列产品；

（2）橡胶剪切型隔振器，自振频率低、仅次于金属弹簧剪切型隔振器，对高频固体噪声有很高的隔声作用，阻尼比较大，不会引起自振，缺点是易受温度、油质、卤代烃气体的侵蚀，容易老化等，型号有 JG、JJQ、TJ 等系列产品。

与工艺振动筛、电振给料器等振动设备相连的除尘风管，为使设备振动不传给风管，在振动设备与风管间设一段 200~300mm 连接软管，起到隔振的作用。

通风机进、出口与风管间的连接软管，宜采用人造织物或挂胶帆布材料制作，6 号以下规格风机连接软管长度宜为 200mm，8 号以上规格风机连接软管长度宜为 400mm。

### 20.3.3.2　通风机组的噪声控制

通风机组的噪声通常在 85dB(A) 以上，除了采用隔振措施减少对环境传播的噪声外，还必须采取其他措施降低通风机组的噪声和隔断向外传播的途径。当然，最积极有效的措施是选用噪声小的通风机组，此外，对通风机组采取隔声和吸声也是行之有效的方法。

除尘系统中，风机是主要的噪声源，对风机本体的隔声显得尤为重要，主要做法就是在风机外壳贴附吸声材料，如玻璃棉板、矿渣棉板等吸声材料，外表面安装镀锌钢板。当风机布置机房内时，为了操作人员的健康，室内采取吸声措施，降低机房内噪声。机房内噪声以低频为主，因此，宜选用低频吸声性能的材料，如石膏穿孔板、珍珠岩吸声板、玻璃棉板、矿渣棉板等。另外，机房的墙体、楼板也具有隔声作用，隔声效果与墙体、楼板的面密度有关，面密度愈大，隔声效果愈好。但仅靠增加厚度来提高隔声量，不是好办法，一般情况下，厚度增加一倍，也就能增加 5dB(A) 左右的隔声量，增加隔声量最好的方法是在墙体、楼板中增加空气层，如果在空气层内放置吸声材料，隔声效果更好。

## 20.4　污水治理

冶金石灰生产中产生的污水主要是洗涤原料石灰石、白云石产生的污水。

石灰焙烧工艺中，原料贮运水洗系统是其主要生产过程之一，洗涤后的泥水经浓缩池、过滤机处理，清水循环使用，过滤后的泥饼送入泥饼堆场集中存放，统一处理。

少量的生活污水通常送到上一级污水处理厂集中处理，不再单独设计污水处理装置。

### 20.4.1　洗石水来源及水质

#### 20.4.1.1　洗石水来源

洗石水来源于冶金石灰生产中的原料洗涤过程，洗石采用圆形滚筒式洗石机，洗石水大部分从洗石机加入，由桶体中心的喷水管喷向矿石，其余部分经喷淋水管通过喷头喷向振动筛，此外运石料皮带上还设有喷水消尘系统。洗石水从振动筛排出，大于 0.15mm 的振动筛筛下料由分级机回收，分级机排水与振动筛排水排至中间槽，而后用泵送洗石水处理装置，该系统采用循环供水，一般称为浊循环水系统。

为了保护环境，减少外排水量并尽可能减少生产新水耗量，往往把煤气水封排水、地坪冲洗水、设备轴承冷却水等统统收集到浊循环水系统，作为浊循环水系统的补充水。

20.4.1.2　洗石水质、水量

石灰生产过程中的生产用水主要有某些原料的洗涤用水，另外还包括耐火原料调制用水、某些粉碎设备及高温炉窑等轴承的冷却用水、某些设备减速箱及高温风机油箱的冷却用水、水-气热交换器换热冷却用水、煤气水封用水、生产设备冲洗用水、高温车间室内洒水降温用水及室内空调机用水等。本节主要对洗石用水进行探讨，洗石目的就是洗掉石灰石、白云石表面黏附的泥沙，洗石用水量比例为 1∶1，即 1t 原矿石需要洗石水量也是 1t。其对水质没有特殊要求，只是悬浮物含量越小越好，当悬浮物含量≤100mg/L 就可以满足要求，对水温没有特殊要求，色度没有明显外观颜色。洗石后的浊水含泥沙浓度 3.5%，洗石废水经螺旋分级后泥浆粒度组成如表 20-30 所示。

表 20-30　泥浆粒度组成

| 序　号 | 粒度/mm | 所占比例/% | 序　号 | 粒度/mm | 所占比例/% |
|---|---|---|---|---|---|
| 1 | >0.15 | 22.0 | 3 | 0.053~0.074 | 5.2 |
| 2 | 0.074~0.15 | 14.1 | 4 | <0.053 | 58.7 |

## 20.4.2　洗石水处理方法

原石中含有大量的泥沙，经洗涤后石灰原料泥沙脱除率不小于 90%，洗石灰石水含尘约 2.5%，洗白云石水含尘约 4%，须经处理达标后方可外排或循环使用。当洗石水耗量较大时，一般采用处理后循环使用的方式。

洗石水含尘多为小于 0.15mm 的泥沙颗粒，洗石水中的含尘量多少与被洗原料的含泥量及洗石过程中石料的磨损情况有关，石灰原料含泥沙量一般在 4% 以下。洗石水的自然沉淀速度较慢，一般都采用加药沉淀的方式处理。

洗石水处理方式较多，当洗石水量较小时，可采用简易处理的方式，采用矩形平流沉淀池和抓斗或人工清泥方式，不设专门的污泥脱水设备，但应设泥沙脱水台。大型的洗石废水处理工艺应包括洗石水澄清处理、污泥脱水和药剂投配三部分，洗石水沉淀设施应不少于平行的两套，即至少保证两套并列的处理设施。装备水平较高的水处理沉淀设施可采用圆形竖流或辐流浓缩池，污泥脱水设备可采用真空转鼓脱水机，脱水设备应不少于两台，宜采用非全天工作制，而不考虑备用。洗石水提升泵及泥沙输送泵应选耐磨的渣浆泵，备用率应不小于 33%，其他动力设备的备用率应视具体情况而定。

## 20.4.3　工艺流程及操作管理

20.4.3.1　工艺流程

图 20-21 为一个大型洗石水处理工艺流程图，处理水为洗涤石灰石和白云石废水。该水处理采用了加药沉淀浓缩处理方式，浓缩设备为带刮泥机的辐流式浓缩池，在浓缩池中进行污泥的浓缩，实际上浓缩池与沉淀池的沉积过程相似，靠重力排浓缩后的污泥，浓缩后的污泥采用真空转鼓脱水机进行脱水，分离的上清液循环使用。

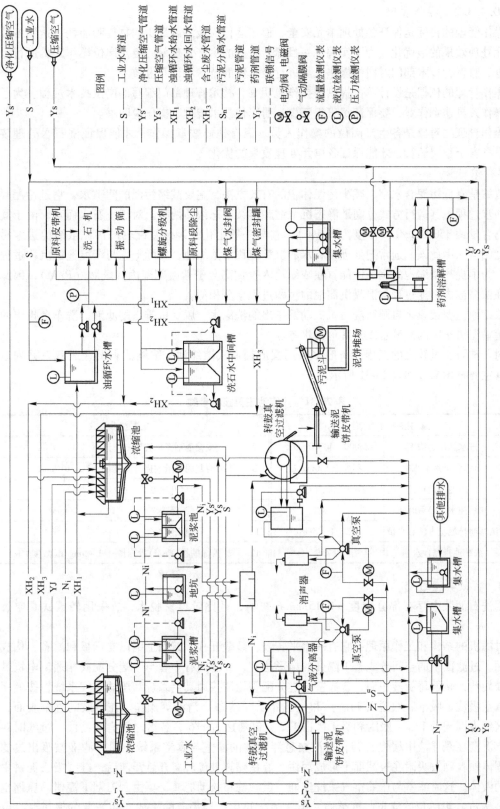

图 20-21　洗石水处理工艺流程图

### 20.4.3.2　操作管理

操作管理的目标是保证各处理单元安全、稳定运行，最终以最少的物耗和能耗，达到各处理单元处理效果的最优化。为了实现这一目标，企业的生产管理部门要对岗位操作人员进行经常检查、监督，技术部门对岗位操作人员进行经常性的技术培训和考核。

操作管理的依据是设计单位提供的操作说明书，技术管理部门编写的岗位技术规程。为了防止操作人员违章作业，要保证每班组至少一册岗位技术规程、操作说明书。

操作管理的对象是各生产岗位的操作人员，只有他们按章操作，才能保证洗石水处理装置、设备安全稳定运行，才能保证各单元处理效果的优化。

**A　浓缩池**

浓缩是降低污泥含水率、减少污泥体积的有效方法，主要减缩污泥的间隙水，它是污泥脱水的初步过程，其运行方式分间歇静态沉浓缩和连续动态浓缩两种。对于洗石水而言，由于其悬浮物含量约 35000mg/L（浓度为 3.5%），它与一般生化处理装置配套的污泥浓缩池进池污泥浓度相当，因此人们通常把处理洗石水的沉淀池称为浓缩池，实际上它与沉淀池的沉积过程相似。为了提高浓缩池的沉降性能，在浓缩池内投加高分子絮凝剂聚丙烯酰胺（PAM），因此污泥在浓缩池内沉淀过程与混凝沉淀池的沉积过程十分相似。

浓缩池主要接收来自圆筒洗石机振动筛排出的洗涤水、脱水机排出的滤液、洗车台排出的清洗运输泥饼车辆的冲洗水以及其他污水等。

对于洗石水量较大的工程，一般多采用圆形辐流式浓缩池，浓缩池须设置成双系并列运行，其主要技术参数如表 20-31 所示。

**表 20-31　浓缩池主要技术参数**

| 序号 | 主要技术参数 | | 序号 | 主要技术参数 | |
|---|---|---|---|---|---|
| 1 | 进水悬浮物浓度 | 25000 ~ 40000mg/L | 7 | 浓缩池刮泥机转速 | 0.1r/min |
| 2 | 出水含悬浮物浓度 | 不大于 100mg/L | 8 | 浓缩池刮泥机最大提升高度 | 610mm |
| 3 | 浓缩池表面负荷 | 0.7 ~ 1.0m³/(m²·h) | 9 | 耙提升速度 | 50mm/min |
| 4 | 浓缩池水力停留时间 | 2 ~ 4h | 10 | 耙下降速度 | 20mm/min |
| 5 | 浓缩池排泥量占洗石水量 | 2.5% ~ 5% | 11 | 池底斜度 | 6° |
| 6 | 浓缩池排泥含水率 | 约 75% | 12 | 聚丙烯酰胺(PAM)投加量 | 1 ~ 5mg/L(浓度 1‰) |

**B　转鼓真空过滤机**

因洗石泥浆中存在部分粒度 > 0.15mm 石灰石，且比较容易脱水，故采用转鼓式真空过滤机。

过滤机的结构和工作原理：它有一水平转鼓，鼓壁开孔，鼓面上铺以支承板和滤布，构成过滤面。过滤面下的空间分成若干隔开的扇形滤室，各滤室有导管与一端分配阀相通。电机带动转鼓旋转，转鼓每旋转一周，各滤室通过分配阀轮流接通真空系统和压缩空气系统，按顺序完成真空吸滤、吸干、吹脱（卸渣）和过滤介质（滤布）清洗等操作。在转鼓的整个表面，过滤区约占圆周的 1/3，吸附和吸干区占 1/2，卸渣区占 1/6，各区之间有过渡段。过滤时转鼓下部沉浸在悬浮液中缓慢旋转，浸没在悬浮液内的滤室与真空系统连通，滤液被吸出过滤机，固体颗粒则被吸附在过滤面上形成泥饼。滤室随转鼓旋转离开悬浮液后，继续吸去泥饼中饱含的液体。这时滤室与压缩空气系统连通，反吹滤布松动滤渣，再由刮刀刮下泥饼。压缩空气（或蒸汽）继续反吹滤布，可疏通孔隙，使之再生。当需要除去滤布中残留的泥饼时，可在滤室旋转到转鼓下部（刮板的后面）时喷洒洗涤水。

转鼓式真空过滤机具有连续操作、运转平稳、处理能力大、洗涤效果好、易于操作和维修等特点，适合分离流动性好，含固相物粒度 0.01～1mm，固相物颗粒特性变化不大，不太稀薄的悬浮液。转鼓式真空过滤机的过滤器驱动装置通常选用变频或电磁调速型，根据污泥脱水情况及泥饼的厚度来调整真空过滤机的转数，其主要技术参数如表 20-32 所示。

**表 20-32 转鼓式真空过滤机主要技术参数**

| 序 号 | 主要技术参数 | | 序 号 | 主要技术参数 | |
|---|---|---|---|---|---|
| 1 | 真空过滤机面积负荷/kg·(m²·h)⁻¹ | 100～150 | 5 | 吹脱空气量(最大)/m³·min⁻¹ | 0.1 |
| 2 | 吸附区、脱水区吸滤真空度/kPa | 80 | 6 | 空气压力(最大)/kPa | 20.7 |
| 3 | 脱水后泥饼含水率(不大于)/% | 30 | 7 | 滤布冲洗水量(最大)/m³·min⁻¹ | 0.12 |
| 4 | 转鼓转速/r·min⁻¹ | 1～10 | 8 | 滤布冲洗水压力/kPa | 276 |

C 水环式真空泵

水环式真空泵是转鼓式真空过滤机的配套设备，它产生一定的真空度像自吸水泵一样把滤液从过滤机的吸附和吸干区抽出，最终使转鼓式真空过滤机完成泥浆脱水目的。

一般根据转鼓式真空过滤机设备本身的技术要求，来选用水环真空泵。如果水环真空泵性能（抽气量、真空度）达不到技术要求，那么脱水后泥饼含水率就会超过要求值。

为转鼓式真空过滤机配套的真空泵必须配有气水分离器、消声器，这样才能保证真空过滤机的滤液进入气水分离器后大部分通过排水泵排掉，确保只有少量汽化后的净水通过真空泵、消声器随压缩气体外排。气水分离器、消声器通常由真空泵配套提供，每套转鼓式真空过滤对应一套真空泵。真空泵主要技术参数如表 20-33 所示。

**表 20-33 真空泵主要技术参数**

| 序 号 | 主要技术参数 | | 序 号 | 主要技术参数 |
|---|---|---|---|---|
| 1 | 抽气量 | 根据过滤机规格确定 | 4 | 附配套的气水分离器 |
| 2 | 真空度 | 90%～80% | 5 | 附配套的消声器 |
| 3 | 密封水耗量 | 由设备本身性能确定 | | |

D 浊循环水槽

浊循环水槽用来储存洗石原水，它接收的是浓缩池排出的上清液，再通过浊循环水泵将洗石原水分别送到工艺的洗石机、振动筛和螺旋分级机等用户。为了提高自动化水平，浊循环水泵通常采用 PLC 控制，即它的启动、停运和工艺的洗石机联锁，一般先于洗石机 3～5min 启动，停止时可以与洗石机同步或滞后 0.5～1min。浊循环水泵要设计为自灌式启动，出口配备电动阀门，为了安全，泵壳高点设水满检测器也是必要的。

原石经圆筒洗石机洗后含水率会提高 5% 左右，经中间仓后含水率会降到 2.5% 左右，这样会带走部分洗石水，过滤后的泥饼含水率 30% 以下，同样带走部分洗石水，另外空气中蒸发、管道渗漏还损失大约 1.5% 的洗石水，带走或损失的浊循环水量要进行不断的补充，以保持系统水量的平衡。为了减少外排水量并保护环境，同时降低新水用量，一般把脱水机室地坪冲洗水、水循环真空泵密封水以及净循环水系统的排污水作为浊循环水补充水的一部分，其余部分用生产新水补充。

由于浊循环水污染物主要是悬浮物，含量不大于 100mg/L，粒径小于 0.053mm，因此浊循环给水泵选用一般的离心泵即可，但浊循环水槽的容积除满足设计规范要求外，还要考虑供水的安全可靠性，其主要技术参数如表 20-34 所示。

表 20-34　浊循环水槽主要技术参数

| 序　号 | 主要技术参数 | | 序　号 | 主要技术参数 | |
|---|---|---|---|---|---|
| 1 | 有效容积 | 2.5Q | 2 | 补充新水量 | 1.5%Q |

注：Q 为浊循环水量。

　　E　洗石水中间槽

洗石用的浊循环水通过水泵加压送到圆筒洗石机、振动筛等其他用户，其中圆筒洗石机、振动筛排出的洗石水进到洗石水中间槽，然后通过渣浆泵送到浓缩池；其他用户排出的泥浆靠重力自流入地坑，再通过渣浆泵送到浓缩池。渣浆泵须设计为自灌式启动，该泵与洗石水中间槽液位自动联锁，中间槽存水到高液位时，泵自动启动，中间槽存水到低液位时，泵自动停止，另外该池还设有高低液位报警等监视仪表。

由于圆筒洗石机排出废水中含有一定粒度的石灰石，且浓度达 3.5% 左右，因此该系统一定要选用渣浆泵。尽管在池形结构设计过程中，充分考虑如何解决中间槽容易发生堵塞问题，但还是应该把中间槽设计为能够并列运行的两格。

### 20.4.4　主要设备结构及维护

任何一个污水处理系统要想取得良好的处理效果，必须使各类设备经常处于良好的工作状况和保持应有的技术性能，正确操作、保养、维护设备是洗石水处理系统正常运转的先决条件，因此了解并熟悉设备结构性能、特点以及有关保养、维护常识十分必要。

　　20.4.4.1　主要设备结构

洗石水处理系统使用的设备可以分为专用设备、通用设备、电气设备和仪表设备等：

（1）专用设备包括转鼓式真空过滤机、污泥浓缩池刮泥机等；

（2）通用设备包括各类水泵（污水泵、清水泵、计量泵、渣浆泵）、水环式真空泵、各种电动手动或气动阀门、启闭机和止回阀等；

（3）电气设备包括专用设备或通用设备配套的交、直流电动机、调速电动机及启动开关设备、变电或配电设备、照明设备等；

（4）仪表设备包括电磁流量计、超声波液位计、孔板流量计等。

　　A　转鼓式真空过滤机

转鼓式真空过滤机主要由转鼓、驱动电机、搅拌装置、碳钢水槽、转换阀、洗涤管、过滤机滤布等组成。

（1）转鼓为低碳钢外壳，水平布置，带有内部加强筋的钢板转鼓，内部有钢制支撑环，鼓壁开孔，鼓面上铺以支承板和滤布，构成过滤面，过滤面下的空间分成若干隔开的扇形滤室，各滤室有导管与一端分配阀相通。电机带动转鼓旋转，转鼓每旋转一周，各滤室通过分配阀轮流接通真空系统和压缩空气系统，按顺序完成真空吸滤、吸干、吹脱（卸渣）和过滤介质（滤布）清洗等操作。

（2）驱动电机通过传动系统带动转鼓旋转，该电机一般为调速电机，调速范围 1 ~ 10r/min。传动系统由齿轮、铸铁轴瓦、铸铁涡轮等组成，操作人员根据污泥脱水情况及泥饼的厚度来调整真空过滤机的转数。

（3）搅拌装置为弧形振动耙子，安装在低枢轴上，并用轴销固定。搅拌器传动连接杆和齿轮减速器由 V 形皮带传动的曲轴和卧式电机驱动，搅拌器转速（振动频率）为 16r/min。搅拌器的作用是保证水槽内的泥浆随时处于悬浮状态，不至于沉淀。

（4）碳钢水槽是转鼓式真空过滤机组成部分，作用之一是用来支撑转鼓部分，另一作用是储存待过滤的泥浆，设有放空、溢流及进料口。

（5）转换阀安装在转鼓式真空过滤机的非驱动端，材质为铸铁、金属、热塑料耐磨板。支持组件包括两个可挠曲的连接器和两个真空表，可挠曲的连接器与气水分离消声器相连，真空表用来监测真空泵运行状况。另外转换阀上还安装一根空气吹脱管，吹脱的目的使泥饼松动，泥饼容易刮下。用于吹脱的空气压力要求不得高于 0.02MPa，最大流量约 4m³/min。

（6）洗涤管一般为不锈钢材质，用来冲洗转鼓式真空过滤机的滤布，保证滤布有良好的通透性，沿钢线布置，通常放在刮板的后面即刮板和滤布间锐角范围内。洗涤管处于连续冲洗状态，同转鼓同步运行，压力要求不得低于 0.2MPa，流量约 7m³/h。

（7）过滤机滤布，滤布应有较好的滤水性、抗腐蚀性、耐磨性和耐老化性，并应有足够的机械强度，其材质为聚丙烯 929，厚度 0.79mm，重量 2.2kg/m²，透过空气量 1076m³/h，使用寿命约半年。

（8）刮刀，刮刀和滚筒（滤布）之间的距离可以根据泥饼的厚度自动调整，确保滤布不被刮伤。

B  水环式真空泵

水环式真空泵在泵体中装有适量的水作为工作液，当叶轮按设计方向旋转时，水被叶轮抛向四周，由于离心力的作用，水形成了一个决定于泵腔形状的近似于等厚度的封闭圆环。水环的下部分内表面恰好与叶轮轮毂相切，水环的上部内表面刚好与叶片顶端接触（实际上叶片在水环内有一定的插入深度）。此时叶轮轮毂与水环内界面之间形成一个月牙形空间，而这一空间又被叶轮叶片分成和叶片数目相等的若干个小腔。如果以叶轮的下部 0° 为起点，那么叶轮在旋转前 180° 时小腔的容积由小变大，且与端面上的吸气口相通，此时气体被吸入，当吸气终了时小腔则与吸气口隔绝；当叶轮继续旋转时，小腔由大变小，使气体被压缩；当小腔与排气口相通时，气体便被排出泵外。

水环真空泵是靠泵腔容积的变化来实现吸气、压缩和排气的，因此它属于变容式真空泵，水环真空泵与空气压缩机就其本身结构来说是完全一样的，区别在于用途的不同，真空泵是使与泵的进口相连接的装置或系统造成一定的真空，被真空泵抽吸的空气通常排在大气中，因此真空泵的排出端为大气常压，而压缩机则是提供具有一定压力的压缩气体，因此压缩机出口与有压系统相连接，进口与气源（大气）连接。

为了保护环境，降低噪声污染，水环真空泵的出口通常设有消音器。

C  污泥浓缩池刮泥机

废水处理用浓缩池多为圆形结构，采用沉淀池形式，一般为竖流式或辐流式，其刮泥机按结构形式可分为全跨式与半跨式；按驱动形式分为中心驱动式与周边驱动式。

工作原理：电机（减速机）带动蜗轮蜗杆转动，刮臂随传动轴转动，刮臂上的刮泥板将沉淀污泥由池边逐渐刮至中心集泥斗，在静水压的作用下将污泥排出池外。

a  半跨式与全跨式

半跨式刮泥机为周边驱动式刮泥机，适用于直径 20~30m 中小型沉淀池。

全跨式沉淀池刮泥机有两种驱动形式，一种是桥架的两端固定在沉淀池上，中部安装驱动装置，适用于直径不大于 20m 中小型沉淀池；另一种是刮泥机中部与沉淀池中心柱上的旋转支座相接，两端安装驱动装置和滚轮，桥架做回转运动，适用于直径 20~60m 大中型沉淀池。

　　b　中心驱动式与周边驱动式

　　中心驱动沉淀池刮泥机的桥架是固定的，桥架所起的作用是固定中心架位置与安装操作维修用的走台。驱动装置安装中心，电机通过减速机使悬架转动。悬架转动速度非常慢，减速比大，主轴的转矩也大。为了防止因刮板阻力太大，引起超扭矩造成机、电设备损坏，联轴器上都安装剪断销。刮泥板安装在悬架下部，为了保证刮泥板与池底的距离并增加悬架的支持力，可以采用在刮泥板下安装尼龙支撑轮的措施，双边式刮泥板还可以采取在中心立柱与两侧悬臂架之间对称安装可调节拉杆的措施。

　　周边驱动沉淀池刮泥机的桥架围绕中心轴转动，驱动装置安装在桥架两端，这种刮泥机的挂板与桥架通过连接支架固定在一起，随桥架绕中心转动，完成刮泥任务。由于周边驱动使刮泥机受力状况改善，其最大回转直径可以提高到60m。周边驱动沉淀池刮泥机的滚轮需要在池边的环形轨道上行驶，如果行走滚轮是钢轨，则需要设置环形钢轨；如果行走滚轮是胶轮，则需要一圈水平严整的环形池边。

　　对于处理洗石水，应选择中心驱动形式浓缩池刮泥机，如果水池单个直径超过20m，应选择多个直径小于20m水池组合。另外，浓缩池刮泥机还应该有如下功能：当发生转矩超负荷时，自动提升装置可自动控制提升转动机械（刮泥耙子），下降时可以实现自动或手动来完成。

　　c　刮泥机构成

　　包括传动装置（电机减速机、蜗轮箱）、工作桥（含栏杆、走道板）、传动轴、稳流筒、拉杆、刮臂、大小刮泥板（橡胶板）及控制箱等。

　　主要结构特点：工作桥（全桥）采用工字钢及数根角钢拼装焊接而成，上铺走道板，并在两侧设置栏杆。每平方米承受负荷大于2000kg的重量，工作桥具有安全、牢固，外形美观特点；稳流筒采用钢板制作而成，上端设置钢板制成的圆弧加强圈，起加强作用，使其具有一定的强度，不易变形，沉淀池进水从侧面进入稳流筒；传动装置由电机、减速机和蜗轮蜗杆等组成。刮泥板采用钢板制作，通常成套设备附有机械和电气过载保护装置，使电机、减速机超负荷时不受损伤。

　　d　进水管

　　为了提高浓缩池的沉降性能，在浓缩池的进水管内投加高分子絮凝剂聚丙烯酰胺（PAM），这样洗石水浓缩池的进水管与其他沉淀池进水管功能略有不同，洗石水浓缩池的进水管应该具有快速反应混合功能，因此，局部应该装有同尺寸的管道混合器。

　　e　底部排泥管

　　从浓缩池底部排水锥斗接出一根排泥管（公称直径不小于200），该管道应该配有手动和气动两套阀门。手动为闸阀，当经常操作阀门事故检修时，用来切断介质。气动为隔膜（泥浆）阀，是经常操作阀门，介质与阀体通过橡胶隔膜隔开，不容易发生污泥堵塞现象。该阀由汽缸、活塞杆和阀体组成，由压缩空气驱动，当泥浆槽处于低液位时，超声波液位计发出电信号给压缩空气管道上的三通电磁阀，电磁阀关闭，气动隔膜阀打开，将浓缩污泥排到泥浆槽内，当泥浆槽内达到高液位时，电磁阀接到打开指令，接通气源，压缩空气驱动橡胶隔膜隔关闭排泥管。

　　D　各类水泵

　　泵是一种将能量传递给被抽送的液体，使其能量增加，从而达到抽送液体目的的机械。水泵是废水处理站用来输送水和增加水能量的常用设备，废水处理中使用的水泵以离心水泵为主，有的工程也使用一些螺旋泵、螺杆泵等，用于提升洗石后废水的泵通常选用渣浆泵或泥浆泵。

离心水泵的原理是在电动机的驱动下，叶轮高速旋转产生的离心力将水从叶轮中心抛向叶轮外缘，水便以很高的速度流入泵壳，在壳内减速进行能量转换，得到较高的压力，从排出口进入管道。当叶轮内的水被抛出后，叶轮中心形成真空，在大气压的作用下，水沿吸入管道源源不断流入叶轮中心而进入泵内填补已被排出的水的位置。只要叶轮转动不停，离心泵便不断地吸入和排出水。离心泵之所以能够输送水，是因为叶轮高速旋转所产生的离心力，这就是离心泵的名称由来。由此可见，离心泵的工作过程，实际上是一个能量的传递和转化的过程，它把电动机高速旋转的机械能转化为被抽升液体的动能和势能。在能量的传递和转化的过程中，伴随着能量的损失，能量损失越大，该离心泵的性能越差，工作效率越低。

离心泵是由许多零件组成的，主要包括：叶轮、泵轴、泵壳、泵座、轴承座及联轴器等。

叶轮（又称工作轮）是水泵最重要的工作元件，也是离心泵中的转动部件，是过流部件的心脏，选择叶轮材料时，除要考虑它的机械强度外，还要考虑它的耐磨和耐腐蚀性能，废水处理工程一般采用铸铁或铸钢材质的叶轮。

泵轴是用来旋转泵叶轮的，常用材料是碳钢和不锈钢，输送非腐蚀性较强介质的泵轴一般采用碳钢材质。

泵壳通常铸成蜗壳形，其过流部分要求有良好的水利条件。泵壳的材料选择除考虑耐磨和耐腐蚀以外，还应具有足够的机械强度。洗石水处理工程一般采用铸铁泵壳。

轴封装置是用来密封泵轴穿出泵壳时轴与壳之间存在的间隙，否则，间隙就会有介质泄漏。轴封装置有填料密封、机械密封，填料密封一般由轴封套、填料、压盖等部件组成，填料又名盘根，一般选用的是浸油或浸石墨的石棉绳填料，各种填料性能对比如表 20-35 所示。

表 20-35 填料性能对比

| 填料名称 | 聚四氟乙烯填料 | 纤维编织填料 | 石墨、石棉编织填料 | 纤维橡胶复合填料 | 酚醛纤维编织填料 | 聚四氟乙烯纤维编织填料 |
|---|---|---|---|---|---|---|
| 压力/MPa | 5 | 2~5 | 2.5 | 3 | 1 | 8~10 |
| 介质 | 强酸、强碱 | 除浓硝酸外的酸、碱及有机溶剂 | 碱、盐及蒸汽 | 强酸、强碱 | 碱及有机溶剂 | 强酸、强碱及有机溶剂 |
| 特点 | 强度高、摩擦系数小、耐腐蚀，是较好的密封材料 | 机械强度好、耐腐蚀、耐磨、使用寿命长 | 柔性好、自润滑性好、弹性大，但强度差、不易于高压密封 | 耐腐蚀、弹性大、密封性能好 | 自润滑性好、耐腐蚀、强度高，是较好的密封材料 | 耐酸、耐磨、强度高、自润滑性好、密封性能好 |

### 20.4.4.2 设备维护

一个洗石水处理装置要想取得良好的处理效果，必须使各类设备经常处于良好的工作状态，并保持应有的技术性能。设备的正确操作、维护是洗石水处理系统正常运转的先决条件。

洗石水处理系统使用的各种设备均有它的运行、操作、维护的规定和操作规程，正确的操作和维护保养，才能使这些设备始终处于良好的工作状态。

各种设备均要按照设备制造厂的说明书并结合工艺流程、运行参数编写操作规程，工人必须严格按照操作规程进行操作并做好记录。

设备的维护是由工厂操作人员来完成，即包括使用设备，也包括对设备的检修、维修及保养。按设备制造商提供的说明书，并结合工厂情况由主管部门制定维护保养条例，除了以上的管理条例以外还要制定设备的清洁、防腐、紧固等制度，并作好保养记录，一般维护保养可分为：以巡视检查为主的例行维护保养和以停机检查为主的定期维护保养和换季保养。另外，对主要设备应按设备制造商提供的说明书结合本系统制定设备的检修标准，使设备通过检修来达到、恢复原有的技术性能。一些主要设备要有一定的大、中、小修的制度，做到定期检修，并做好修理记录。

对设备的维护保养，一般应达到如下标准：（1）设备性能良好，基本达到设备铭牌所示；（2）各项指标（运行参数、振幅、噪声等）满足设计要求；（3）设备运转达到安全、可靠、稳定；（4）设备外观整洁、无泄漏（漏油、漏水、漏气）现象；（5）操作记录、运转记录、检修记录，各种技术资料完好齐全；（6）做好备品备件申报计划。

设备维护管理的目的是为了更好地使用设备，只有了解设备的结构特点、工作原理并正确操作它，才能减轻维护管理工作量，提高工作效率、降低管理费用。洗石废水处理设备种类繁多，但主要设备是真空泵、水泵、刮泥机及转鼓式真空过滤机等。

A　真空泵

真空泵的工作压力不大于常压，进出口不用配备控制阀门，开机、停机没有其特殊要求，使用前，须经电工检查，许可后方能启动电机。

a　开车操作

（1）用手盘动联轴器，检查应轻松无杂音；

（2）检查润滑部分是否注入润滑油脂，油箱油位是否在规定油位线以上，应先确认水封水源是否满足要求，然后打开供水阀，否则不许开机；

（3）检查机械紧固件是否完好；

（4）检查电机和油箱温度计是否完好；

（5）按启动按钮，同时注意观察电流、真空泵的响声振动等情况；

（6）待真空泵运行正常后方可离开现场，并做好各种数据记录。

b　停车操作

（1）切断电源；

（2）挂好牌子，做好记录。

c　特殊情况下的操作

发生的特殊情况包括：

（1）真空泵发生强烈振动，有金属撞击声或其他异声；

（2）发生重大设备事故，影响设备继续运行；

（3）真空泵、电机的轴温，电流超过额定值，保护装置失灵时；

（4）真空泵水封水供给故障。

发生特殊情况的操作：

（1）切断电源；

（2）向上一级管理部门汇报并做好记录；

（3）严守岗位等候有关人员到现场分析处理。

d　设备维护保养制度

（1）保护设备和仪表整洁，每班擦车一次；

（2）根据润滑油管理制度，管好油，用好油，按设备说明书要求选用润滑油，一般夏季、冬季采用润滑油型号是有区别的；

（3）真空泵工作满 500～1000h 后调换润滑油，满 2000h 后小修一次，满 3000h 后中修一次，满15000h要进行大检修，最终应以设备说明书要求为准；

（4）备用设备每天要盘车一次，每周至少开1h。

B　离心水泵（污水泵、清水泵、渣浆泵、污泥泵）

a　开泵操作

（1）检查各部位螺栓的紧固；

（2）检查轴承润滑油油位、质量符合要求；

（3）用手盘动联轴器，检查应轻松无杂音；

（4）检查压力表应完好，吸水井水位符合要求；

（5）检查出口阀门是否关闭，进口阀门是否打开；

（6）向泵内注水排气（自吸泵或非自灌泵），后关闭排气阀；

（7）按启动按钮，启动水泵；

（8）立即检查泵的转向是否符合要求、声音、振动、压力是否正常；

（9）待压力上升后，逐渐打开出口阀，根据流量要求，调节阀门开启度；

（10）做好开泵记录。

b　停泵操作

（1）关闭泵的进口阀门，再关闭出口阀门；

（2）按停运按钮；

（3）做好停泵记录。

c　正常运行检查维护

（1）注意电流变化情况；

（2）轴承密封漏水和轴承润滑情况，轴承填料密封处滴水是正常的，但不能流水；

（3）检查轴承、电机温升（一般不超过环境温度35℃）；

（4）检查有无杂音和异常振动；

（5）检查水泵流量、压力是否正常；

（6）设备运行时是否有异常焦味；

（7）做好泵房、泵机组表面清洁工作；

（8）轴承润滑油一般800h换一次，轴承润滑脂一般2000h换一次，最终应以设备说明书要求为准。

C　转鼓式真空过滤机

a　转鼓式真空过滤机手动操作

（1）电源接通，工作方式选择旋钮置于"手动"位置；

（2）认真检查滤布，确保滤带上无硬质杂物、无其他物件刮滤布；

（3）确认钢制污泥槽放空是否关闭，溢流管是否通畅，同时进一步确认相关设备如真空泵、排水泵、泥浆输送渣浆泵处于待工作状态；

（4）按下启动按钮，转鼓驱动装置、搅拌器驱动装置、泥饼皮带输送机等设备进入正常工作状态；

（5）滤布冲洗管道阀门打开，打开污泥管道阀门；

（6）根据经验观察脱水后的泥饼含水率情况，适当调整转鼓式真空过滤机转鼓的转速，并调整污泥管道阀门开启度，最好保持污泥槽内物料的平衡；

（7）泥饼含水率高于设计值时，降低转鼓的转速；泥饼含水率低于设计值时，可以维持现有参数不变也可以适当提高转鼓的转速；

（8）手动停机：可以单机停止，也可以采用 PLC 进行系统停机；

（9）短期（10 ~ 30min）停机，可以关闭转鼓驱动装置及其相关电机，但不用停止搅拌器驱动装置，一旦关闭搅拌器驱动装置，就应该将钢制污泥槽内的污泥放空；

（10）当遇紧急情况需停机时，只要按下机旁的急停按钮即可，使整机停止工作。

b　转鼓式真空过滤机自动操作

（1）电源接通，工作方式选择旋钮置于"自动"位置；

（2）用鼠标拾取 PLC 系统启动按钮，转鼓驱动装置、搅拌器驱动装置，泥饼皮带输送机、真空泵、滤布冲洗管道阀门等相关设备自动进入正常工作状态；

（3）进入正常工作状态的过滤机可以人工调节转鼓转速，并随时调节有关阀门的开启度；

（4）用鼠标拾取 PLC 系统自动停止按钮，所有转鼓式真空过滤机相关设备自动进入停止工作状态；

（5）当遇紧急情况需停机时，只要按下机旁的急停按钮即可，使整机停止工作。

c　转鼓式真空过滤机问题解决

脱水泥饼含固率低（含水率高）时：

（1）真空泵真空度没有达到要求，吸水力不足、泥饼变薄，对策是查找真空泵；

（2）转鼓（滤布）转速快，导致污泥吸附时间短，对策是降低转鼓速度；

（3）滤布堵塞，水分无法滤出，停止进泥，加大冲洗水强度及延长冲洗时间；

（4）污泥黏度大，解决办法是减少脱水药剂（PAM）的投加量；

（5）局部有真空度泄漏点，解决办法是找出泄漏点，并密封好。

滤布上的泥饼不均匀时：

（1）过滤机进泥不均匀，解决办法检查污泥搅拌装置；

（2）滤布局部堵塞，解决办法是加大冲洗水强度及延长冲洗时间。

D　污泥浓缩池刮泥机

a　加药装置开启

加药装置要先于工艺洗石机开机前 2.5h 开启。

（1）打开高分子絮凝剂聚丙烯酰胺（PAM）溶解槽的进水阀门，溶解槽内进水至工作液位，有条件的地方，可以向溶解槽内通入蒸汽，使水温达 40℃ 左右；

（2）关闭进水阀门，开启搅拌电机；

（3）向溶解槽内注入定量聚丙烯酰胺（PAM）；

（4）搅拌电机连续运转 2h 左右然后关闭；

（5）根据需要随时启动或关闭加药计量泵。

b　污泥浓缩池

污泥浓缩池的主要作用是用来分离浓缩洗石产生的泥水混合液，浓缩后的污泥送到过滤机脱水，分离的上清液作为洗石的原料水。为此，其日常操作管理至关重要，每班须定时巡视浓缩池数次，检查刮泥机运行状况，观察出水是否清澈、是否带泥，出水堰要保持水平，防止短流，及时清除积累在出水堰板上的漂浮物等。另一方面应使池内的污泥保持平衡，若出浓缩池污泥多于进池污泥，则排出污泥中水分过多；若出池污泥少于进池污泥，则污泥在浓缩池越积越多，致使刮泥机负荷加大。

c　启动刮泥机的操作

（1）检查各部位螺栓的紧固；

（2）检查轴承润滑油油位、质量符合要求；

（3）按启动按钮，启动刮泥机电机；

（4）检查电机的转向是否符合要求声音，振动是否正常；

（5）做好开机记录。

d　停止刮泥机的操作

（1）确认进口污泥管道的阀门已经关闭；

（2）按停运按钮；

（3）做好停泵记录。

e　正常运行检查维护

（1）注意电流变化情况；

（2）注意检查轴承润滑情况；

（3）检查轴承、电机温升（一般不超过环境温度35℃）；

（4）检查有无杂音和异常振动；

（5）设备运行时是否有异常焦味；

（6）做好机组表面清洁工作；

（7）轴承润滑油一般800h换一次，轴承润滑脂一般2000h换一次，最终应以设备说明书要求为准。

f　特殊情况下的操作

（1）不管污泥浓缩池是否进水，只要确认池内有污泥，其刮泥机就要保持连续运转，除非运转电机故障；

（2）如果出水带泥，应适当调整（加大）聚丙烯酰胺（PAM）的投加量；

（3）如果刮泥机运转电流加大，说明刮泥机负荷增加，应适当提高浓缩池的排泥量，或者提升刮泥耙高度；

（4）通过观察污泥浓缩池中心稳流筒矾花大小，调整聚丙烯酰胺（PAM）的投加量，矾花大要适当减少药剂投加量；矾花小要适当加大药剂投加量。

E　气水分离器

气水分离器安装在转鼓式真空过滤机和水环式真空泵之间，用来存放从脱水机抽出的分离水，并保证分离水不进入水环式真空泵，由于气水分离器内为负压操作，内部的分离水必须通过排水泵克服一定的真空度才能将其抽出排掉。排水泵与气水分离器的液位需要联锁，当分离器内的液位达到高位时，排水泵就要启动；反之就要关闭排水泵。为了防止泵停运时系统的真空度被破坏，排水泵出口必须设有止回阀或电动阀等。另外该装置还应设有超高液位、超低液位报警系统，如果发出报警信号，必须立即查找报警原因。当达到超高液位以上时，气水分离器本身失去作用；当达到超低液位以下时，系统的真空度将被破坏，最终影响污泥的脱水效果，因此，必须及时解决出现的各种问题。

# *21* 石灰生产安全

## 21.1 石灰生产系统的主要劳动安全因素分析

在冶金石灰生产过程中，主要劳动危害因素基本可分为两类，其一为自然因素形成的危害或不利影响，一般包括地震、不良地质、寒冻、雷击等因素；其二为生产过程中产生的危害，包括有毒气体、火灾爆炸事故、机械伤害、烫伤、触电事故、坠落及碰撞等各种因素。详情如表 21-1 所示。

表 21-1　主要劳动危害因素

| 危害因素 | | 后　果 | 特　点 |
|---|---|---|---|
| 自然因素 | 地　震 | 损坏建构筑物、机器设备，造成停产 | 突发，偶发 |
| | 不良地质 | 损坏构筑物，造成停产 | 偶　发 |
| | 寒　冻 | 损坏设备管道，影响生产 | 冬季，经常性 |
| | 雷　击 | 损坏建构筑物、机器设备，造成停产 | 突发，偶发 |
| 生产因素 | 有毒气体 | 危害操作人员身体健康 | 经常性 |
| | 火灾爆炸 | 危害操作人员身体健康及生命安全，造成停产 | 突发，偶发 |
| | 机械伤害 | 危害操作人员身体健康及生命安全 | 偶　发 |
| | 烫　伤 | 危害操作人员身体健康及生命安全 | 偶　发 |
| | 触　电 | 危害操作人员身体健康及生命安全 | 偶　发 |
| | 腐　蚀 | 损坏建构筑物、机器设备，影响生产 | 经常性 |
| | 坠落及碰撞 | 危害操作人员身体健康及生命安全 | 偶　发 |

自然因素形成的危害一般为非人为因素，大多涉及全厂性、大范围，有些危害如地震、雷击等具有无规律、不可预测性，其中多数与工厂选址有关。依托钢铁企业的石灰生产厂一般在选址时即已充分考虑了自然因素形成的危害，但相对独立的石灰生产企业尚需对自然因素形成的危害采取可靠的防范措施。生产过程中产生的危害多数为局部的、小范围的，一般都有一定的规律性、可控制，其既有人为操作的因素，也有管道设备失修、老化等因素，并且有些也涉及自然形成的因素。

## 21.2 劳动安全主要防范措施

### 21.2.1 对自然危害因素的防范措施综述

#### 21.2.1.1 抗震

地震是一种自然灾害，它的破坏力较大，不言而喻，它造成的后果是比较严重的。如果对其做好相应的预防和补救措施，就能最大限度地减少地震所造成的损失。

同其他工业企业一样，抗震工作是一项系统工程，它贯穿于震前的预防、震时的应急措施及震后的抢险救灾过程中。一般来说，根据冶金石灰生产与应用特点，其抗震工作应着重以下几个方面。

A 抗震准备必须重视

抗震准备包括指挥、训练、器材等方面的准备，其中尤为重要的是抗震防灾训练，它包括防火、防爆和紧急停车等方面的训练。根据冶金石灰生产与应用特点，其使用燃料的炉窑系统是防火、防爆的抗震防灾重点，因此应对其格外重视。

B 基础工程必须坚固

地震中，冶金石灰生产与应用企业建筑物、构筑物及设备因基础工程不坚固而下沉、倾斜或破坏的实例很多，如1975年辽宁海城7.3级地震对当地冶金石灰生产企业造成不小的损失。

因此，在设计、施工中，必须保证基础工程足够的安全和质量。为此，在建筑物、构筑物设计、施工中必须严格执行《中国地震参数区划图》（GB 18306—2001）、《建筑抗震设计规范》（GB J50011—2001）及《构筑物抗震设计规范》（GB 50191—1993）的相应规定；在工艺设计、施工中对有关设备底座加固处理，管道采用必要的抗震连接方式。

C 重视炉窑燃料系统的防震抗震

冶金石灰生产过程中炉窑燃用的燃料油、煤气、天然气等在地震中危害性较大，如不采取妥善的防震抗震措施，有可能造成火灾爆炸事故。为此对燃料油贮罐，要设有可靠的防油堤、使用软管连接燃料油贮罐与炉窑、燃料供应系统要设置可靠的防静电装置、配备完善的消防器材等。

### 21.2.1.2 防地质危害

为防止不良地质造成的地质危害，在厂址选择时应做好地质勘探工作，避开不良地质区域；对于局部的不良地质，可采取换土、夯实、专门的地基处理等措施。

### 21.2.1.3 防寒防冻

冶金石灰生产过程中，对贮存、输送水或蒸汽介质的设备及管道采取必要的保温措施；在工艺设计中采取必要的管道伴热措施；上下水、蒸汽管道等避免静流、湍静流；在操作管理上规定相应的放空措施，以防止冻坏设备及管道。

### 21.2.1.4 防雷

雷击破坏建筑物和设备，并可能导致炉窑燃料系统火灾和爆炸事故的发生，其出现的机会虽然不大，作用时间短暂，但其造成的后果比较严重。

根据冶金石灰生产与应用特点，按《建筑物防雷设计规范》（GB 50057—1994）（2000年版）防雷建筑物的类别划分，其建筑物、构筑物多属第二类及第三类防雷建筑物，一般均应采取相应的防直击雷和防雷电感应的措施；炉窑烟囱则设避雷带（针）。

## 21.2.2 对生产危害因素的防范措施综述

### 21.2.2.1 对有毒气体的防护

根据冶金石灰生产特点，有毒气体主要来自于含有毒的一氧化碳、硫化氢等物质的煤气和炉窑燃料燃烧后产生的含有毒的二氧化硫、一氧化碳等物质的废气。

对于煤气的泄漏防护，主要采取加强系统的气密性、设置煤气泄漏检测等措施；对于炉窑烟囱产生的废气防护，则一般采取高空放散的控制措施。此外，还可以在生产操作岗位设置便携式有害气体检测仪，随时对有害气体浓度进行检测与监控。

### 21.2.2.2 防火与防爆

冶金石灰生产过程中的火灾爆炸危险物品和火灾爆炸危险特性如表 21-2 所示。

表 21-2　冶金石灰生产过程中火灾爆炸危险物品和危险特性

| 序　号 | 火灾爆炸危险物品 | 危险特性 |
|---|---|---|
| 1 | 煤 | 可燃物质，丙类火灾危险品，粉尘具有燃爆性，燃爆下限浓度为 33 ~ 45g/m³（粉尘平均粒径为 5 ~ 10μm）。高温表面沉积粉尘（5mm 厚）的引燃温度为 280℃，云状粉尘引燃温度为 610℃。煤堆积在一起时间过长可使煤温升高，煤料氧化而引起自燃 |
| 2 | 焦　炭 | 可燃物质，引燃温度组别为 T11。焦炭粉尘具有燃爆性，其燃爆下限浓度为 37 ~ 50g/m³（粉尘平均粒径为 4 ~ 5μm）。高温表面沉积粉尘（5mm 厚）的引燃温度为 430℃，云状粉尘的引燃温度大于 750℃。焦炭属丙类火灾危险物质 |
| 3 | 燃料油 | 一般指渣油和重油，可燃液体，闪点一般约为 220℃，自燃点为 230 ~ 330℃ |
| 4 | 焦炉煤气 | 焦炉煤气为燃爆性气体，一级可燃，其燃爆极限浓度（体积分数）为 4.72% ~ 37.6%，自燃点为 560℃ |
| 5 | 发生炉煤气 | 发生炉煤气为燃爆性气体，二级可燃，其燃爆极限浓度（体积分数）为 20.7% ~ 73.7% |
| 6 | 天然气 | 天然气为易燃物质，甲类火灾危险品，具燃爆性，与空气混合能形成爆炸性混合物。引燃温度组别为 T3，引燃温度为 482 ~ 632℃，爆炸极限浓度（体积分数）为 5.14% ~ 15.495%，遇明火高热易引起燃烧爆炸，与氟、氯等能发生剧烈的化学反应 |
| 7 | 液化石油气 | 液化石油气为易燃易爆物质，其主要成分是丙烷、丙烯、丁烷、丁烯等烃类物质，液化石油气和空气混合后易燃易爆，着火温度约为 450℃，其爆炸极限浓度（体积分数）为 1.70% ~ 9.83% |
| 8 | 柴油 | 柴油为可燃物质，乙类火灾危险品，气态时在空气中具燃爆性，其燃爆极限浓度（体积分数）为 0.6% ~ 6.5%，闪点 >28℃ |

在冶金石灰生产中，火灾与爆炸危险主要来自于炉窑燃料系统。主要的防火与防爆措施如下：

（1）对于燃料的贮存设施如贮油槽、贮油罐、贮气设施、贮煤设施等，根据有关防火防爆要求设置足够的防火防爆安全间距；

（2）炉窑油、气燃料系统采取可靠的防静电措施；

（3）在爆炸和火灾危险场所严格按照环境的危险类别或区域配置相应的电气设备和灯具，避免电气火花引起的火灾；

（4）在炉窑油、气燃料系统设置可燃气体检测、监控与报警装置；

（5）在有火灾危险的场所设置相应的消防器材；

（6）燃用煤气的炉窑设备和管道设低压报警及自动切断煤气的装置，防止煤气管道吸入空气而造成危险。

**21.2.2.3　防机械伤害**

（1）所有机械都应符合《生产设备安全卫生设计总则》（GB 5083—1999）的要求。完善设备的防护装置及设施，减少或避免设备、设施缺陷造成的伤害。新购设备必须保证本质安全，符合安全人机要求，消除安全隐患。大型生产设备应设置紧急制动开关。

（2）易发生卷入伤害事故的外露机械转动或传动设备可动部件，如传动带轮、明齿轮、联轴器、转轴等，均应设置牢固可靠的安全防护罩、安全防护网等安全装置，并采取可靠的防松脱措施，防止剐伤、碰伤等伤害事故。

（3）所有类型的起重机应全面符合《起重机械安全规程》（GB 6067—1985）的规定要求。新购起重机的设计、制造和安装单位，必须由经过有关部门对其资质进行了安全认可。起重机经由相关检测部门的安全检验合格，取得准用证。按起重机不同型号和吨位要求配备齐安全防护装置，安全防护装置应灵敏、可靠。关系起重机安全的关键零部件，如制动器、钢丝绳、吊钩、电气设备和金属结构按安全标准严格把关，不得带病运行。起重机司机和维修人员属于特种作业人员，必须经过专门考核取得合格证者方准上岗独立操作。上岗证须经定期复审，并对配合使用起重机的其他地面操作人员进行起重作业专门安全培训和教育，明确使用者的安全责任并给予监督。

（4）皮带运输机分布面广、设备数量大，易发事故的危险点多，应作为安全管理重点。

设置必要的安全防护装置，如胶带打滑、跑偏及溜槽堵塞的探测器和自动调整跑偏装置、机头、机尾自动清扫装置、倾斜胶带的防逆转装置等。

输送机通廊两侧的人行道净宽不得小于0.8m，人行道上不得设置人孔或敷设蒸气管、水管等妨碍行走的管线。

沿输送机走向每隔50～100m应设一个横跨胶带的过桥，过桥走台平面的净空高度应不小于1.6m。

输送机的传动装置、机头、机尾和机架等与墙壁的距离不得小于1m，机头、机尾和拉紧装置应有防护设施。

多台输送机联合运送物料应设置中央控制台集中控制并联锁，保证传动性能和动作准确可靠，当其中某一输送机出现故障停机时，其料流上游的输送机应立即停止，在紧急情况下能迅速切断电源安全停机。

### 21.2.2.4　防烫伤

炉窑等高温设备和管道采取防烫保温措施，炉窑操作人员应采取必要的安全防护措施，防止高温设备造成烫伤。

### 21.2.2.5　防触电事故

为了防止触电事故并保证检修安全，走行机械的裸露滑触线一般设置高度大于3.5m，当裸露滑触线高度小于3.5m时则设安全防护网，并设防止触电的警示标志。两处及多处操作的设备在机旁设事故开关，保证检修的安全。

为了防止触电事故，电气设备的外露导电部分应按系统的接地形式通过保护线（PE线）或保护中性线（PEN线）接地，有些设备必要时设置漏电保护。

移动式电气设备均应具有保护接零措施。保护接零线应有足够的导电截面，线上不得设置熔断器或开关，中间不得有接头。

新增设备中，所有的电气设备必须具有国家指定机构的安全认证标志。

电气设备（特别是手持电动工具）的外壳和电线的金属护管，应有接零或接地保护以及漏电保护器。

电动车辆的轨道应重复接地，轨道接头应用跨条连接。

采取屏护措施，防止人体有意、无意触及或过分接近带电体，金属屏护要接地或接零，屏护的高度、最小安全距离、网眼直径和栅栏间距应满足《防护屏安全要求》（GB 8197—1987）的规定。

当安全距离无法达到规定时，应采取其他安全措施。

变配电室应设置联锁保护（包括带负荷拉合闸、带地线合闸、带电挂地线、误拉合开关、误入带电间隔的联锁装置），以及防止人体直接接触或接近带电体的联锁装置（如当通往禁区的门和窗打开时立即断电）。

在遮栏、栅栏等屏护装置上悬挂禁止标志（"止步，高压危险"、"禁止攀登，高压危险"等）。

建立必要、合理的规章制度（如保证高压检修安全的工作票制度和工作监督制度等），对于一些设备（开关设备、临时线路、临时设备等）应建立专人管理的责任制。

### 21.2.2.6　防坠落及碰撞事故

生产场所梯子、平台及高处通道均设置安全栏杆；人行通道、管沟、坑池边、安装孔等设有栏杆、围栏或盖板；在有危险性的场所设置相应的安全标志及应急照明设施。易于产生坠落等伤亡事故场所，均设置安全保护装置，防止坠落事故的发生。

机动车辆在使用、操作与维护方面应符合《机动工业车辆安全规范》（GB 10827—1999）的要求，保证机动车辆的完好状态和安全性能。

落实安全责任制，教育运输司机和企业员工遵守机动车辆各项规章制度。

机动车辆坚持在安全使用范围内使用，严禁车辆超速、超高、超宽、超重载物行驶。未经批准不得修改、增加或拆除车辆零件以免影响车辆性能。

合理设计布局厂区道路，厂区应设有人流、物流出入口，实行人与货分流。

建设符合安全规范要求的运输道路，确保车辆和载荷有足够的通过空间。设置保证车辆安全运行的必要安全标志，标牌和标志应醒目、清晰，符合交通安全标准。

## 参 考 文 献

[1] 马军，柏林霖．活性石灰是钢铁企业结构调整中的重要环节[J]．石灰，2000（1）．

[2] 刘世洲，詹庆林，张树勋，等．冶金石灰[M]．沈阳：东北工学院出版社，1992．

[3] 孙锡生．影响炼钢用活性石灰质量的因素[J]．石灰，1998（4）．

[4] E. 席勒著．石灰［M］．陆华等译．北京：中国建筑工业出版社，1981．

[5] H. П. 塔邦希科夫著．石灰的生产[M]．甄文彬译．北京：中国建筑工业出版社，1982．

[6] 冯小平等．石灰的煅烧工艺及其结构对活性度的影响[J]．武汉理工大学学报，2004，26（7）．

[7] 钟伟飞等．石灰消化工艺的研究与优化[J]．环境污染与防治，2004，26（6）．

[8] 张洪峰等．转炉溅渣护炉改质剂的开发研究[J]．鞍钢技术，2002（3）．

[9] 周传典．高炉炼铁生产技术手册[M]．北京：冶金工业出版社，2002．

[10] 宋建成．高炉炼铁理论与操作[M]．北京：冶金工业出版社，2005．

[11] 史宸兴．实用连铸冶金技术[M]．北京：冶金工业出版社，2005．

[12] 张承武．炼钢学[M]．北京：冶金工业出版社，1991．

[13] 王明海．炼铁原理与工艺[M]．北京：冶金工业出版社，2006．

[14] 邱绍崎，祝桂华．电炉炼钢原理及工艺[M]．北京：冶金工业出版社，2001．

[15] 张鉴．炉外精炼的理论与实践[M]．北京：冶金工业出版社，1993．

[16] 刘麟瑞，王丕珍．冶金炉料手册[M]．北京：冶金工业出版社，2000．

[17] 殷瑞钰．中国电炉流程与工程技术文集[C]．北京：冶金工业出版社，2005．

[18] 盘昌烈．应用活性石灰炼钢的效果[J]．石灰，1994（2）．

[19] 林彬荫．耐火矿物原料[M]．北京：冶金工业出版社，1989．

[20] 李锦文．耐火材料机械设备[M]．北京：冶金工业出版社，1985．

[21]《耐火材料工厂设计参考资料》编写组．耐火材料工厂设计参考资料[M]．北京：冶金工业出版社，1981．

[22] 应美珏，梁庚煌．机械化运输工艺设计手册[M]．北京：化学工业出版社，1998．

[23] 冶金工业部长沙黑色冶金矿山设计研究院．烧结设计手册[M]．冶金工业出版社，1990．

[24] 中国无机盐工业协会钙镁盐分会．2006年全国钙镁盐行业论文集[C]．2006．

[25] 宋建成．高炉炼铁理论与操作[M]．北京：冶金工业出版社，2005．

[26]《钢铁厂工业炉设计参考资料》编写组．钢铁厂工业炉设计参考资料[M]．北京：冶金工业出版社，1979．

[27] 韩昭沧．燃料及燃烧[M]．北京：冶金工业出版社，1984．

[28]《煤气设计手册》编写组．煤气设计手册[M]．北京：中国建筑工业出版社，1983．

[29] 白礼懋．水泥厂工艺设计实用手册[M]．北京：中国建筑工业出版社，1997．

[30] 于润如，严生．水泥厂工艺设计[M]．北京：中国建材工业出版社，1995．

[31] 上海市机电设计院．铸造车间机械化：气力输送装置[M]．北京：机械工业出版社，1981．

# 冶金工业出版社部分图书推荐

| 书　名 | 作　者 | 定价(元) |
|---|---|---|
| 炼钢设备维护（第2版） | 时彦林 | 39.00 |
| 炼钢生产技术 | 韩立浩　黄伟青　李跃华 | 42.00 |
| Steelmaking Technology 炼钢生产技术 | 李秀娟 | 49.00 |
| 电弧炉炼钢技术 | 杨桂生　李亚东 | 39.00 |
| 耐火材料学（第2版） | 李　楠　顾华志　赵惠忠 | 65.00 |
| 耐火材料与燃料燃烧（第2版） | 陈　敏　王　楠　徐　磊 | 49.00 |
| 钢铁生产虚拟仿真认知实践 | 吕庆功　秦　子　许文婧 | 56.00 |
| 冶金工程专业实习指导书——钢铁冶金 | 钟良才　储满生 | 59.00 |
| 钢铁冶金虚拟仿真实训 | 王　炜　朱航宇 | 28.00 |
| 洁净钢与清洁辅助原料 | 王德永 | 55.00 |
| 钢铁厂实用安全技术 | 吕国成　包丽明 | 43.00 |
| 钢铁质量检验技术 | 本钢板材股份有限公司<br>检化验中心 | 66.00 |
| 轧钢生产典型案例——热轧与冷轧带钢生产 | 杨卫东 | 39.00 |
| 轧钢工（高级技师） | 杨卫东 | 36.00 |
| 钢铁材料及热处理技术 | 张文莉　杨朝聪 | 38.00 |
| 轧钢机械设计（第2版）（上册） | 马立峰 | 46.00 |
| 轧钢机械设计（第2版）（下册） | 马立峰 | 49.00 |
| 特种轧制设备 | 周存龙 | 46.00 |